U0916073

珍藏本
纪念版

汉译世界学术名著丛书

天球运行论

〔波兰〕哥白尼 著

张卜天 译

商务印书馆
SINCE 1897 The Commercial Press

2017年·北京

Nicholas Copernicus

ON THE REVOLUTIONS

根据1978年麦克米兰公司英译本译出

特别鸣谢：波兰中心－波兰大使馆文化处

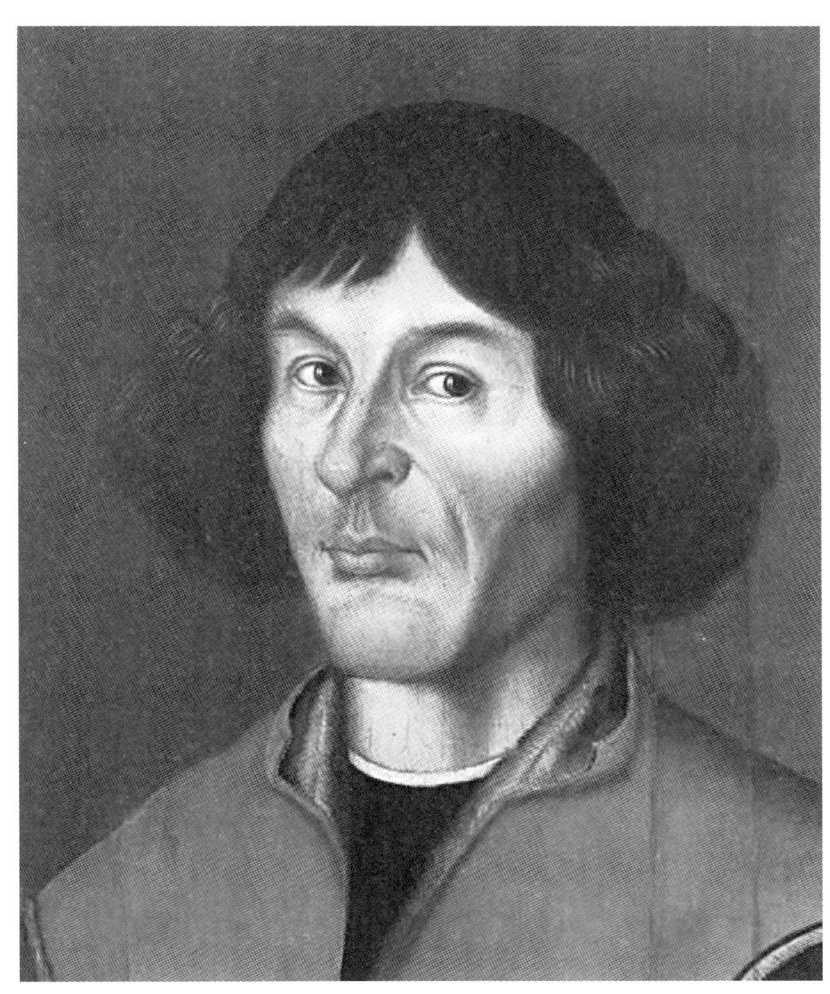

尼古拉·哥白尼（1473～1543）

NICOLAI CO
PERNICI TORINENSIS
DE REVOLVTIONIBVS ORBI-
um cœlestium, Libri VI.

Habes in hoc opere iam recens nato, & ædito, studiose lector, Motus stellarum, tam fixarum, quàm erraticarum, cum ex ueteribus, tum etiam ex recentibus obseruationibus restitutos: & nouis insuper ac admirabilibus hypothesibus ornatos. Habes etiam Tabulas expeditissimas, ex quibus eosdem ad quoduis tempus quàm facillime calculare poteris. Igitur eme, lege, fruere.

Ἀγεωμέτρητος οὐδεὶς εἰσίτω.

Norimbergæ apud Ioh. Petreium,
Anno M. D. XLIII.

《天球运行论》第一版扉页，1543年，纽伦堡

AD LECTOREM DE HYPOTHESIBVS HVIVS OPERIS.

ON dubito, quin eruditi quidam, uulgata iam de nouitate hypotheseon huius operis fama, quòd terram mobilem, Solem uero in medio uniuersi immobilē constituit, uehementer sint offensi, putētq; disciplinas liberales recte iam olim constitutas, turbari nō oportere. Verum si rem exacte perpendere uolent, inueniēt authorem huius operis, nihil quod reprehendi mereatur cōmisisse. Est enim Astronomi proprium, historiam motuum cœlestium diligenti & artificiosa obseruatione colligere. Deinde causas earundem, seu hypotheses, cum ueras assequi nulla ratione possit, qualescunq; excogitare & confingere, quibus suppositis, iidem motus, ex Geometriæ principiis, tam in futurū, quàm in præteritū recte possint calculari. Horū autē utrunq; egregie præstitit hic artifex. Neq; enim necesse est, eas hypotheses esse ueras, imò ne uerisimiles quidem, sed sufficit hoc unum, si calculum obseruationibus congruentem exhibeant. nisi fortè quis Geometriæ & Optices usq;adeo sit ignarus, ut epicyclium Veneris pro uerisimili habeat, seu in causa esse credat, quod ea quadraginta partibus, & eo amplius, Solē interdum præcedat, interdū sequatur. Quis enim nō uidet, hoc posito, necessario sequi, diametrum stellæ in περιγείῳ plusq; quadruplo, corpus autem ipsum plusq; sedecuplo, maiora, quàm in ἀπογείῳ apparere, cui tamen omnis æui experientia refragatur? Sunt & alia in hac disciplina non minus absurda, quæ in præsentiarum excutere, nihil est necesse. Satis enim patet, apparentiū inæqualium motuū causas, hanc artē penitus & simpliciter ignorare. Et si quas fingēdo excogitat, ut certe quāplurimas excogitat, nequaquā tamen in hoc excogitat, ut ita esse cuiquam persuadeat, sed tantum, ut calculum recte instituant. Cum autem unus & eiusdem motus, uarie interdum hypotheses sese offerant (ut in motu Solis, eccentricitas, & epicyclium) Astronomus eam potissimum arripiet, quæ comprehensu sit quàm facillima. Philosophus fortasse, ueri similitudinem magis re-

gis re-

《天球运行论》1543年第一版中奥西安德尔的匿名序言首页

INDEX EORVM

QVAE IN SINGVLIS CAPITIBVS, SEX librorum Nicolai Copernici, de reuolutionibus orbium cœlestium, continentur.

LIBER PRIMVS.

LIBER SECVNDVS.

《天球运行论》1543年第一版中的目录页首页

NICOLAI
COPERNICI TO-
RINENSIS DE REVOLVTIONI-
bus orbium cœlestium,
Libri VI.

IN QVIBVS STELLARVM ET FI-
XARVM ET ERRATICARVM MOTVS, EX VETE-
ribus atq; recentibus obseruationibus, restituit hic autor.
Præterea tabulas expeditas luculentasq; addidit, ex qui-
bus eosdem motus ad quoduis tempus Mathe-
matum studiosus facillime calcu-
lare poterit.

ITEM, DE LIBRIS REVOLVTIONVM NICOLAI
Copernici Narratio prima, per M. Georgium Ioachi-
mum Rheticum ad D. Ioan. Schone-
rum scripta.

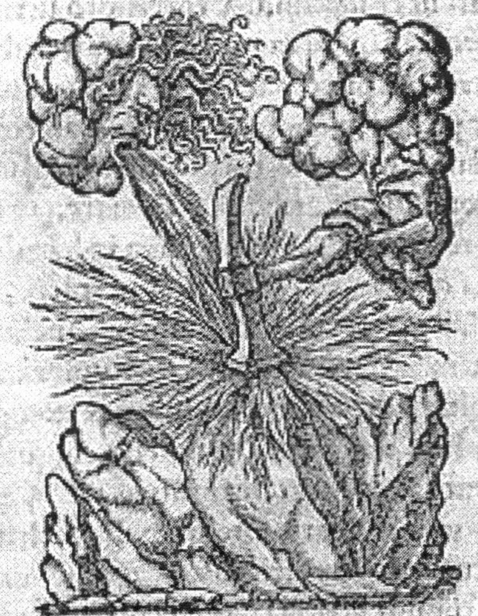

Cum Gratia & Priuilegio Cæs. Maiest.

BASILEAE, EX OFFICINA
HENRICPETRINA.

《天球运行论》第二版扉页，1566年，巴塞尔

哥白尼《天球运行论》手稿，对开本1正面

vigilantesque redderet civitatem; et si quis inquam necessariam hanc negat homini optimarum doctrinarum cuilibet, perquam stultissime cogitabit: et multum abesse putat, ut quisquam divinus effici appellarique possit: qui nec Solis: nec Lunae, nec reliquorum syderum necessariam habeat cognitionem. Porro divina haec magis quam humana scientia: quae de rebus altissimis inquirit: non caret difficultatibus. Praesertim quod circa eius principia et assumptiones quas Graeci hypotheses vocant plerosque discordes fuisse videamus: qui ea tractare aggressi sunt: ac proinde non eisdem rationibus innixos. Praeterea quod syderum cursus et stellarum revolutio non potuerit certo numero definiri: et ad perfectam notitiam deduci: nisi cum tempore: et multis antecedentibus observationibus: quibus ut ita dicam per manus traderetur posteritati. Nam etsi Cl. Ptolemaeus Alexandrinus: qui admiranda sollertia et diligentia caeteris longe praestat ex quadringentorum et amplius annorum observationibus totam hanc artem pene consummaverit ut iam nihil deesse videretur: quod non attigisset. Videmus tamen pleraque non convenire iis quae traditione eius sequi debebant aliis etiam quibusdam motibus repertis illi nondum cognitis. Unde et Plutarchus ubi de anno Solis vertente disserit: hactenus inquit syderum motus mathematicorum peritiam vincit. Nam ut de anno ipso exemplificem, quam diversae semper de eo fuerunt sententiae puto manifestum: adeo ut multi desperaverint posse certam eius rationem inveniri. Attamen ne huius difficultatis praetextu ignaviam videar contegere, tentabo favente Deo: sine quo nihil possumus, latius de his inquirere cum tanto plura habeamus adminicula: quae nostrae subveniant institutioni: quanto maiori temporis intervallo huius artis autores nos praecesserunt: quorum inventis: quae a nobis quoque de novo sunt reperta comparare licebit. Multa praeterea aliter quam priores fateor me tradituram: ipsorum licet munere: utpote qui primum inquirendi aditum patefecerunt.

Ita de aliis stellis

Quod mundus sit sphaericus. Cap. primum.

Principio advertendum nobis est globosum esse mundum sive quod ipsa forma perfectissima sit omnium: nulla indigens compagine tota integritas: ~~cui nec addi vel minui possit~~ sive

哥白尼《天球运行论》手稿，对开本1反面

ratione salva manente, nemo enim convenientiore allegabit
quam ut magnitudine orbium multitudo temporis metiatur, ordo sphae-
rarum sequitur in hunc modum a summo capientes initium.
Prima et suprema omnium est stellarum fixarum sphaera seipsam et omnia continens ideoque immobilis nempe universi locus ad quem motus et positio

1 Stellarum fixarum sphaera immobilis
2 Saturnus XXX anno revolvitur
3 Jovis xij annorum revolutio
4 Martis bima revolutio
5 Telluris cum Luna annua
6 Veneris nonimestris
7 Merc. LXXX dierum
Sol

ceterorum omnium syderum conferatur. Nam quod aliquo modo illam etiam mutari existimant aliqui: nos aliam, cur ita appareat
in deductione motus terrestris assignabimus causam. Sequitur
errantium primus Saturnus: qui XXX anno suum complet circu
itum. Post hunc Jupiter duodecennali revolutione mobilis. Deinde
Mars qui biennio circuit. Quartum in ordine annua revolu
tio locum optinet: in quo terram cum orbe Lunari tanquam epicyclio
contineri diximus. Quinto loco Venus nono mense reducitur

哥白尼《天球运行论》手稿，对开本 9 反面

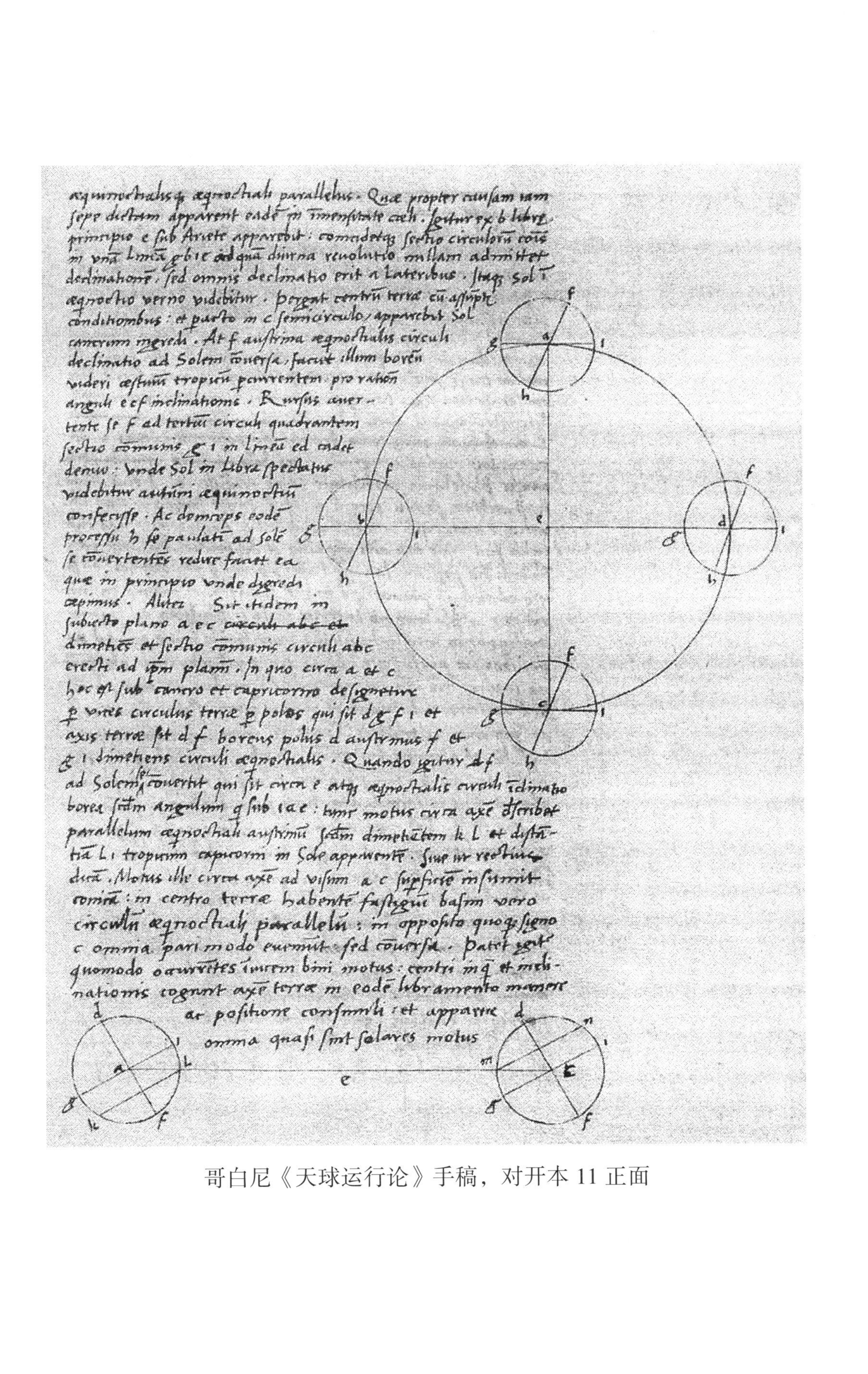

哥白尼《天球运行论》手稿，对开本 11 正面

Canon subtensarū in circulo rectarū linearū							
Circuferentia		semisses dup circu	vnius grad partes	Circuferentia		semisses duplae circufe	vnius grad part
6	10	10742	289		10	21076	284
	20	11031			20	21360	
	30	11320			30	21644	
	40	11609			40	21928	
	50	11898			50	22212	
7	0	12187		13	0	22495	283
	10	12476			10	22778	
	20	12764			20	23062	
	30	13053	288		30	23344	
	40	13341			40	23627	
	50	13629			50	23900	282
8	0	13917		14	0	24192	
	10	14205			10	24474	
	20	14493			20	24756	
	30	14781			30	25038	281
	40	15069			40	25319	
	50	15356	287		50	25601	
9	0	15643		15	0	25882	
	10	15931			10	26163	
	20	16218			20	26443	280
	30	16505			30	26724	
	40	16792			40	27004	
	50	17078			50	27284	
10	0	17365		16	0	27564	279
	10	17651	286		10	27843	
	20	17937			20	28122	
	30	18323			30	28401	
	40	18509			40	28680	
	50	18795			50	28959	278
11	0	19081		17	0	29237	
	10	19366	285		10	29515	
	20	19652			20	29793	
	30	19937			30	30071	277
	40	20222			40	30348	
	50	20507			50	30625	
12	0	20791		18	0	30902	

哥白尼《天球运行论》手稿，对开本 16 正面

汉译世界学术名著丛书
（120年纪念版·珍藏本）
出版说明

2017年2月11日，商务印书馆迎来120岁的生日。120年前，商务印书馆前贤怀揣文化救国的理想，抱持“昌明教育，开启民智”的使命，立足本土，放眼寰宇，以出版为津梁，沟通中西，为中国、为世界提供最富智慧的思想文化成果。无论世事白云苍狗，潮流左右激荡，甚至战火硝烟弥漫，始终践行学术报国之志，无改初心。

迻译世界各国学术名著，即其一端。早在20世纪初年便出版《原富》《天演论》等影响至今的代表性著作，1950年代后更致力于外国哲学和社会科学经典的译介，及至1980年代，辑为“汉译世界学术名著丛书”，汇涓为流，蔚为大观。丛书自1981年开始出版，历时三十余年，迄今已推出七百种，是我国现代出版史上规模最大、最为重要的学术翻译工程。

丛书所选之书，立场观点不囿于一派，学科领域不限于一门，皆为文明开启以来，各时代、各国家、各民族的思想与文化精粹，代表着人类已经到达过的精神境界。丛书系统译介世界学术经典，引领时代思想，为本土原创学术的发展提供丰富的文化滋养，为推动中国现代学术和现代化进程做出了突出的贡献。

为纪念商务印书馆成立120周年，我们整体推出“汉译世界学术名著丛书”120年纪念版的珍藏本，寄望既利于文化积累，又便于研读查考，同时向长期支持丛书出版的译者、编者和读者致以敬意。

两甲子后的今天，商务印书馆又站在了一个新的历史时间节点上。我们不仅要铭记先辈的身影和足迹，更须让我们的步伐充满新的时代精神。这是商务人代代相传的事业，更是与国家和民族的命运始终紧密相连的事业。我们责无旁贷，必须做好我们这代人的传承与创造，让我们的努力和成果不仅凝聚成民族文化的记忆，还能成为后来人可以接续的事业。唯此，才能不负前贤，无愧来者。

商务印书馆编辑部

2017年10月

《天球运行论》中译本序

今年是哥白尼诞辰540周年，逝世470周年，也是他的划时代的巨著《天球运行论》在德国纽伦堡出版470周年。历史记载说，1543年5月24日，他在垂危之际收到了这本书刚刚问世的印刷本，他只用手轻轻地触摸了一下就与世长辞了。

这本书是用拉丁文写作的，原书名为*De revolutionibus orbium coelestium*。其拉丁文第二版1566年在巴塞尔出版，第三版1617年在阿姆斯特丹出版。头两版各印行了约400—500本，如今约有250本第一版和290本第二版保存下来。我国国家图书馆保存有第二版，是由当年的耶稣会士带入中国的。第四版1854年在华沙出版。这些版本基本按照纽伦堡版重排。1873年纪念哥白尼诞辰400周年时，按照不久前发现的他的手稿进行了校订，在他的故乡托伦(Thorn)出版了第五版。从19世纪后半叶以来，不断有现代欧洲语言译本问世。

这个书名在今天的中国学界普遍被译成《天体运行论》，但这个译名是不确切的。问题出在对“*orbium*”一词的理解上。对哥白尼来说，这个词并不是指我们今天很容易接受的“天体”，而是古代天文学家假想的带动天体运行的那个透明的“天球”。今天我们不承认有“天球”的存在，便想当然地把这个词译成了“天体”。

这个误译并不是中国人首创的。1879年出版的由德国人门泽尔（Carl Ludolf Menzzer）翻译的德译本便把书名译成了*Über die Kreisbewegungen der Weltkörper*，这里的Weltkörper（cosmic bodies）意思就是“天体”。20世纪出现的英文译本没有重犯这一错误。第一个英译本是瓦里斯（Charles Glenn Wallis）于1939年推出的，译名是*On the Revolutions of the Celestial Spheres*。该译本后来纳入《西方世界的伟大著作》（*Great Books of the Western World*）第16卷，改称*On the Revolutions of Heavenly Spheres*。1973年是哥白尼诞辰500周年。作为纪念活动的一部分，波兰科学院决定出版三卷本的《哥白尼全集》，计划有拉丁文、波兰文、俄文、英文、法文和德文六种语言版本。其中第一卷为哥白尼的手稿影印本，第二卷为《天球运行论》，第三卷是哥白尼的其他小论文。1978年，《全集》英文本的第二卷出版，由罗森（Edward Rosen）翻译和注释，定名为*On the Revolutions of the Heavenly Spheres*。同年出版的德文新译本译名为*Vom Umschwung der himmlischen Kugelschalen*，改正了门泽尔版书名的误译。

哥白尼的巨著历史名声虽大，但真正感兴趣者主要还是科学史家和科学传播家，而科学传播家往往依据科学史家的研究结果来建立自己的学术常识。可能是因为我国的科学史界并没有把自己的研究视野真正对准过哥白尼，所以哥白尼的形象从未被刷新过。西方科学史界非常重视和强调的“天球运行”概念，在我们这里不是闻所未闻，就是听而不闻。在约定俗成为“天体运行论”之前，我国天文学界有一个旧译名“天旋论”。李珩先生于1963年出版的《哥白尼》（商务印书馆知识丛书）一书依然采用这个译名。这个名字相比而言容易上口，而且意思接近，但不知为何没有沿用下来。1953年，在为纪念哥白尼诞辰480周年出版的《纪念哥白尼》一书中，竺可桢、戴文赛等科学家采用了《天体运行论》的译名。1973年科学出版社出版的李启斌翻译的节译本（主要是前言和第一卷），书名是《天体运行论》，不过译者为此加了一个注释，注释中说该书名直译应为“论天球的旋转”，只是因为大家常用才取“天体运行论”之名。1992年由武汉出版社、2001年由陕西人民出版社以及2006年由北京大学出版社相继三次出版的叶式辉先生翻译的全本，书名依然译成《天体运行论》。叶译本依据的正是1978年版的罗森译本，而且全文译出了罗森的译者序。叶译本的罗森序言里有这样的话：“例如《天体运行论》拉丁文标题的第三个字，即‘*orbium*’并不是像门泽尔所误解的那样代表天体，而是带动可见天体的（假想的）看不见的球。”但是，面对罗森如此明确的纠错声明，叶译本对自己把书名译成“天体运行论”没有做任何说明，并且使上面这句中文句子成为一句自相矛盾的话。

科学史和科学哲学界其实早有学者指出这一译名问题。1991年第12期的《自然辩证法研究》刊载了法国科学史家柯瓦雷作品的第一篇中文译文“我的研究倾向与规划”，译者孙永平在一个脚注里介绍了柯瓦雷在1943年一篇小文章中的观点，指出哥白尼这本巨著应译成“天球运行论”或“论天球的旋转”。我本人在1995年出版的《科学的历程》里，采用了《论天球的旋转》的译名。2002年，我主编的《北京大学科技史与科技哲学丛书》出版时，有好几本书涉及这本书的译名。我考虑统一采用“天球运行论”这个译名，以便与既有的译名相衔接。库恩的《哥白尼革命》是这套丛书的一种。书中曾经提道：“*orbs*并非是行星本身而是指行星和恒星被安置其上的同心球壳。”（中译本第58页）我在这段话后面加了一个译者注，重提了哥白尼巨著的译名问题。

“天球”是希腊数理天文学的基本假定，而哥白尼正是这一数理天文学传统的正宗传人，是它伟大的复兴者和光大者。从某种意义上讲，哥白尼还是一个极端的托勒密主义者，比托勒密还托勒密。

大约在柏拉图时期，希腊数理天文学所依据的宇宙论基本确立，有六大要点：宇宙是一个球形（是层层相套的诸天球的组合）、诸天体均镶嵌在各自的天球上随天球运动、天球的运动是均匀的圆周运动、大地是一个球形、地球绝对静止、地球居于宇宙的几何中心。这个天球套地球的宇宙模型被库恩称为“两球宇宙模型”。几乎同时，建立在这个宇宙论模型基础之上的希腊数理天文学的基本任务被规定为，通过天球（匀速的）运动的组合来模拟和再现观测到的不规则行星运动。当时的行星包括太阳、月亮以及金、木、水、火、土五大行星，属于希腊人所谓“漫游者”的行列。因此，希腊数理天文学基本上是行星天文学。

天球是希腊人特有的审美直觉的产物，也正是这同一审美直觉让他们最早领悟到大地是一个球形。毕达哥拉斯学派最早把宇宙看成一个球形，其理由有：球形具有最大的包容性（相同表面积的立体以球体体积为最大）、球体具有完全的对称性（因而具有最完美的形状）、在所有几何形体中球体两两之间最相似、球体的绕轴圆周运动是不改变自己位置的运动。后来的柏拉图、亚里士多德、托勒密直至哥白尼，基本上都认同了这些理由，并以各种各样的方式予以支持。

作为天文学家，托勒密主要从观测证据方面支持“天球”概念。最主要的观测方面的证据就是，所有的天体运动都是周而复始，无论是恒星那样非常规则的，还是行星那样不太规则的，而这种循环运动被认为只有通过正圆运动或它的组合才能获得。所有恒星都保持着固定的相对位置不变，但又步调一致地绕着北天极周日旋转，划出平行的周日圈，这件事情用天球及其旋转运动来说明是最经济、最自然的。托勒密在《至大论》第一卷第3章里专门论述“天球运动”问题。他用恒星运动的周而复始反驳了恒星做直线运动的看法，也反驳了众星在日出前被点亮在日落后被熄灭的古老说法，强调天体以地球为中心做圆周运动。①

欧几里得在他的《现象》一书的前言中说：“由于我们总是看到恒星从同一地方上升，从同一地方落下，并且那些同时上升的总是同时上升，那些同时落下的总是同时落下，而且这些恒星在它们上升到落下的过程中相互间总是保持着相同的距离，而这只有物体做圆周运动，并且正如《光学》已经证明了的，观察者的眼睛在所有方向上与圆周等距离才是可能的，所以，我们必须假定恒星做圆周运动，并且被固定在一个物体上，而眼睛与圆周等距离。”②

近代欧洲人先从阿拉伯文继而直接从希腊文了解到托勒密的工作，是相当晚的事情。哥白尼的《天球运行论》于1543年出

① G J. Toomer, *Ptolemy's Almagest*, Duckworth, 1984, pp. 38-40.

② 转引自T.L.Heath, *Greek Astronomy*, Dover, 1991, p. 96.

版，而托勒密《至大论》最早的拉丁文译本，而且是节译本，直到1496年才出版。这说明，在哥白尼之前，欧洲天文学尚未达到托勒密的水平，而哥白尼则是第一个在数学处理技巧方面达到了托勒密水平的欧洲天文学家。从某种意义上讲，几乎可以把哥白尼和托勒密看成同时代人。他们之间的差异，就哥白尼自己的工作而言，应该属于同一传统内部的调整。一个重要的证据是，哥白尼完全继承了"天球运动"的概念。

在希腊两球宇宙模型的六大要点中，哥白尼改变了地心地静，保留了天球、天旋、匀速、地球。在《天球运行论》第一卷第1章，哥白尼就指出宇宙是球形的，第四章则指出天球运动的基本模式是匀速圆周运动。需要特别提出的是，哥白尼给了地球三重运动，其中一个是周日转动，一个是周年转动。周年运动实际上是地球固定在一个假想的天球上，以太阳为中心的圆周运动，但这样一来，地球的自转轴就不能与黄道面保持一个固定不变的角度，为此哥白尼不得不加入第三重运动。这个第三重运动的存在，从反面印证了，在哥白尼眼里，就连地球绕太阳的运动也是以天球运动的方式进行的。

哥白尼之后的人们完全有理由说，既然恒星天球不再运动，早先假定这个天球的理由也就不存在了，但是对哥白尼而言，恒星天球依然存在，因为只有它的存在，太阳才有可能处在宇宙的"中心"，日"心"说才有可能。对天球的质疑以及天球的最终解体是从第谷·布拉赫开始的，尽管第谷在日心还是地心问题上比哥白尼更加保守。

在这个问题上，科学史的工作似乎没有影响到科学传播工作。

我们现在到处听到看到的还是“天体运行论”。事实上，“天体”还是“天球”，这一字之差，关系到评价科学理论时应有的历史态度，也关系到我们在反省近代科学时所能够达到的理论深度。我认为，把“天球”改译成“天体”至少是有意无意以今日之眼光对哥白尼进行拔高，反映了那个时代中国的科学史研究水平和科学传播理念。

今天，在这部巨著问世470周年之际，商务印书馆推出了张卜天博士翻译的新译本，并且把沿用了半个多世纪的“天体运行论”改成了“天球运行论”，这是特别令人高兴的。随着学术研究的深入，经典著作应该不断有新的译本，其意义无须多说。张卜天的译本与叶式辉先生的译本均以罗森的权威译本为底本，而罗森作为哥白尼研究专家，其译本的最大优点是附有大量研究性注释（篇幅几乎占到全书的三分之一）。叶先生是天文学家，对该书天文学细节的把握是可靠和准确的，新译本对此多有借鉴和继承，但新译本在历史、哲学和拉丁语文方面有突出的优势。卜天是哲学博士，专攻西方早期科学思想史，通晓英、德、拉丁等西方语言，并且已经有丰富的学术著作翻译经验。由他推出的这个新译本，标志着中国的科学史家开始介入西方科学名著的研究性翻译工作。希望有越来越多的年轻一代科学史家研究和翻译科学名著，提高中国人对西方科学的认识水平，丰富中国本土的科学文化。是为序。

吴 国 盛

于北京大学科学史与科学哲学研究中心

2013年12月20日

目　　录

第　一　卷

第　二　卷

第 三 卷

第　四　卷

第 五 卷

第　六　卷

注　释

英译本导言 xiii

1973年，时值尼古拉·哥白尼500周年诞辰，整个文明世界
带着极大的感激之情，回忆起他对世界的巨大恩泽。为了在这次
对现代天文学奠基人的全球纪念活动中有所贡献，波兰科学院决
定首次出版他的《全集》。这项工程计划为三卷本，以如下六种
语言出版：拉丁文、波兰文、俄文、英文、法文、德文（法文本
和德文本与适当的国家机构合作出版）。第一卷的六种版本已经
可以使读者看到《天球运行论》手稿的复制本，因为这份具有划 1
时代意义的杰作由哥白尼亲手写成。第二卷的拉丁文本是《天球
运行论》文本的异文校勘版，并附有大量拉丁文注释。第二卷的
其他五种版本都把《天球运行论》译成了现代语言。在这些译本
中，波兰文本已经问世，接着便是这部英译本，其余的可望在适
当的时候出版。最后，第三卷将包含哥白尼的短篇天文学论著以
及论述其他主题的著作。

依照他那个时代的流行做法，哥白尼用拉丁文撰写了《天球运行论》。500年后，古罗马的这门庄严的语言不再像哥伦布横渡大西洋和马丁·路德公然违抗教皇时那样为有教养的公众所熟悉了。因此，如今把哥白尼的著作忠实地译成英文，即使是那些已经读过西塞罗（Cicero）和贺拉斯（Horace）原著的人也会表示

欢迎。

忠实于原著并不需要绝对化到每一个细节，因为这种刻板硬译会使现代读者难于理解哥白尼的本意。举例来说，众所周知的等号（=）直到哥白尼逝世之后才发明出来。因此，在哥白尼著作的译文中出现“=”无疑是一种时代错置，但这是一个有益而非有害的时代错置。被用来表示数学比值的冒号（：）也是如此。事实上，在哥白尼《天球运行论》的这部新译本中，只要可用，译者都毫不犹豫地使用了哥白尼之后出现的一整套数学符号。

《天球运行论》的这部新英译本并不像已故的查尔斯·格伦·沃利斯（Charles Glenn Wallis）早先的译本（*Great Books of the Western World,* volume 16, Chicago, 1952）那样将哥白尼的文本彻底现代化，以致难以辨识译文与原文的相似之处。在翻译过程中，译者通篇利用了卡尔·卢多尔夫·门泽尔（Carl Ludolf Menzzer）一丝不苟的德译本，同时也充分注意到了它的缺陷，这些缺陷从标题本身就已经开始了：根据由古希腊人提出的、哥白尼及其同时代人仍然接受的宇宙论观念，《天球运行论》拉丁文标题的第三个词“*orbium*”在这里并不像门泽尔所误以为的那样指天体（*Weltkörper*），而是指带动可见天体的（假想的）看不见的球。

在哥白尼之后的宇宙中，这些虚构的球体当然被消除了。被哥白尼视为其世界观不可或缺要素的许多其他传统概念亦是如此。哥白尼和我们之间的漫长岁月已经从人们的记忆中彻底抹去了这些过时的构造，以致现代读者甚至连它们的名字都不熟悉了。由于这个缘故以及别的原因，现代读者也许乐于看到一种

解释性的注释。本书注释者已经根据非常熟悉哥白尼《天球运行论》及其较次要著作的学者的著作编纂了这些注释。 xiv

这些专家的一长串名单从格奥尔格·约阿希姆·雷蒂库斯（George Joachim Rheticus）开始，哥白尼有幸把他招纳为生前唯一的门徒。后来，伟大的哥白尼主义者约翰内斯·开普勒（Johannes Kepler）和他卓有才华的老师米沙埃尔·梅斯特林（Michael Maestlin，他使开普勒接触到了哥白尼学说）也做出了重要贡献。英格兰的托马斯·狄格斯（Thomas Digges）最早把《天球运行论》部分意译为现代语言，新宇宙论的那位悲剧游侠乔尔达诺·布鲁诺（Giordano Bruno），也在英格兰发表了雄辩的意见。另一位意大利伟人是不幸程度稍逊的伽利略·伽利莱。荷兰的尼古拉·米勒（Nicolas Muller）是《天球运行论》第三版（阿姆斯特丹，1617 年）的忠实编者。波兰的扬·巴拉诺夫斯基（Jan Baranowski）对《天球运行论》的第四版（华沙，1854 年）给予了热情关注。德国的马克西米连·库尔策（Maximilian Curtze），还有前面提到其译本的门泽尔，对第五版（托恩，1873年）也投入了极大的关注。更晚近的恩斯特·齐纳（Ernst Zinner）、弗里茨·库巴赫（Fritz Kubach）、弗朗茨·策勒（Franz Zeller）和卡尔·策勒（Karl Zeller）兄弟、弗里茨·罗斯曼（Fritz Rossmann）、汉斯·施毛赫（Hans Schmauch）和威利·哈特纳（Willy Hartner）都曾在哥白尼的葡萄园中英勇地劳作。法国的亚历山大·柯瓦雷（Alexandre Koyré）也是如此。在波兰，卢德维克·安东尼·比肯马耶尔（Ludwik Antoni Birkenmajer）和亚历山大·比肯马耶尔（Aleksander

Birkenmajer）这对父子出版了极宝贵的讨论，在我们这个时代，玛丽安·比斯库普（Marian Biskup）、耶日·多布任斯基（Jerzy Dobrzycki）、卡罗尔·戈尔斯基（Karol Górski）和耶日·扎泰（Jerzy Zathey）等人继续了这种讨论。

从这些著名的先行者和当代人的辛勤劳动中，尤其是从亚历山大·比肯马耶尔和耶日·多布任斯基编纂的类似的拉丁文版中，本书译注者吸收了一切最有可能使当代读者获益的成果。对于这种努力来说，《天球运行论》手稿的影印件是必不可少的，载于本版《尼古拉·哥白尼著作全集》第一卷。细查哥白尼在其手稿中所作的变动，包括增删、修正和修改、计算及其更改，仿佛可以深入到其心灵的运作中去。

这种细查的一个无可置疑的结果是抛弃了一个关于《天球运行论》写作的流传已久的结论。哥白尼在其序言中说，《天球运行论》“apud me pressus non in nonum annum solum, sed iam in quartum novennium latitasset”［至今埋藏在我的书稿中已经不止到第9年而是在第四个9年中了］。以前这段话通常被解释为，哥白尼在《天球运行论》于1543 年付印前36年已经完成了写作，从1507 年起他就把写就的手稿藏匿起来。再没有什么比这更脱离真相了，因为手稿明显表明结尾部分是仓促写成的，而且使用了一个哥白尼1539 年才会用上的一个术语。直到1541 年夏天，原稿仍然在被修订（或扩充）。熟悉哥白尼生平的人不会对手稿的这种不够完善的状态那些感到惊异。他并非养尊处优地在舒适的象牙塔阁楼中逍遥自在。恰恰相反，他成年后大都是在繁忙的行政事务中劳碌奔波，一帮好勇斗狠之徒不时的侵扰使他心力交瘁。《天球运行论》并不是在注重沉思的哲学家所珍爱的那种不受干扰的安宁环境中写就的，而是一个担心丢掉饭碗、偶尔还得在烦扰不断的大教堂教士会任职的成员，利用点滴的空闲时间撰写的。

在结束本篇导言之际，我要向我的合作者埃尔娜·希尔夫施坦（Erna Hilfstein）致以深深的谢意。没有她不懈的热情和无尽的努力，本书可能永远也无法完成。

爱德华·罗森（Edward Rosen）

xv 托伦城的尼古拉·哥白尼

天球运行论，六卷本

6

勤勉的读者，从这部刚刚创作和出版的著作中，您会了解到恒星和行星的运动。这些运动是根据古代以及新近的观测重新确立的，并且用新颖而奇妙的假说加以润色。您还会看到非常方便的表，用它们很容易对任何时刻计算那些运动。因此，请购买、阅读和欣赏[这部著作]吧。

未受几何学训练者请勿入内。

约翰内斯·彼得雷乌斯（Johannes Petreius）

1543年　纽伦堡

安德列亚斯·奥西安德尔（Andreas Osiander）的序言 xvi

与读者谈谈这部著作中的假说

这部著作中的新假说——地球运动，而太阳静止于宇宙的中心——已经广为人知，因此我毫不怀疑，某些学者一定会大为光火，认为早已在可靠基础上建立起来的自由技艺（liberal arts）不应陷入混乱。然而，如果他们愿意认真进行考察之后再作结论，那么就会发现本书作者其实并没有做出什么应受谴责的事情。要知道，天文学家的职责就是通过细致和专业的研究来编写天界运动的历史，然后再构想和设计出这些运动的原因或关于它们的假说。由于他无论如何也获得不了真正的原因，因此任何假设，只要能使过去和将来的运动通过几何学原理正确地计算出来，他就会采用。在这两项职责方面，本书作者做得都很出色。这些假说无须为真，甚至并不一定可能为真，只要它们能够提供一套与观测相符的计算方法，那就足够了。或许碰巧有这样一个人，他对几何学和光学一窍不通，竟认为金星的本轮是可能的，或者认为这就是为什么金星会交替移到太阳前后40°甚至更大角距离处的原因。难道谁还能认识不到，这个假设必然会导致如下结果：行星的视直径在近地点处要比在远地点处大3倍多，从而星体要大15倍还多？但任何时代的经验都没有表明这种情况出现过。在这门科学中还有其他一些同样重要的荒唐事，这里不必考察。事实已经很清楚，这门技艺对视运动不均匀的原因绝对是全然无知的。如果说它凭借想象提出了一些原因（事实上的确已经有很多了），那么这并不是为了说服任何人相信它们是真实的，而只是要为计算提供一个可靠的基础。但由于对同一种运动有时可以提出不同的假说（比如为太阳的运动提出偏心率和本轮），天文学家将会优先选用最容易领会的假说。也许哲学家宁愿寻求类似真理的东西，但除非是受到神的启示，他们谁都无法理解或说出任何确定的东西。

因此，请允许我把这些新的假说也公之于世，让它们与那些现在不再被认为是可能的古代假说列在一起。我之所以要这样做，尤其是因为这些新假说美妙而简洁，而且与大量非常精确的观测结果相符。既然是假说，谁也不要指望能从天文学中得到任何确定的东西，因为天文学提供不了这样的东西。如果不了解这一点，他就会把为了其他目的而提出的想法当做真理，于是在结束这项研究时，相比刚刚开始进行研究，他俨然是一个更大的傻瓜。再见。

尼古拉·舍恩贝格（Nicholas Schönberg）的信 xvii

卡普亚红衣主教尼古拉·舍恩贝格致尼古拉·哥白尼的问候

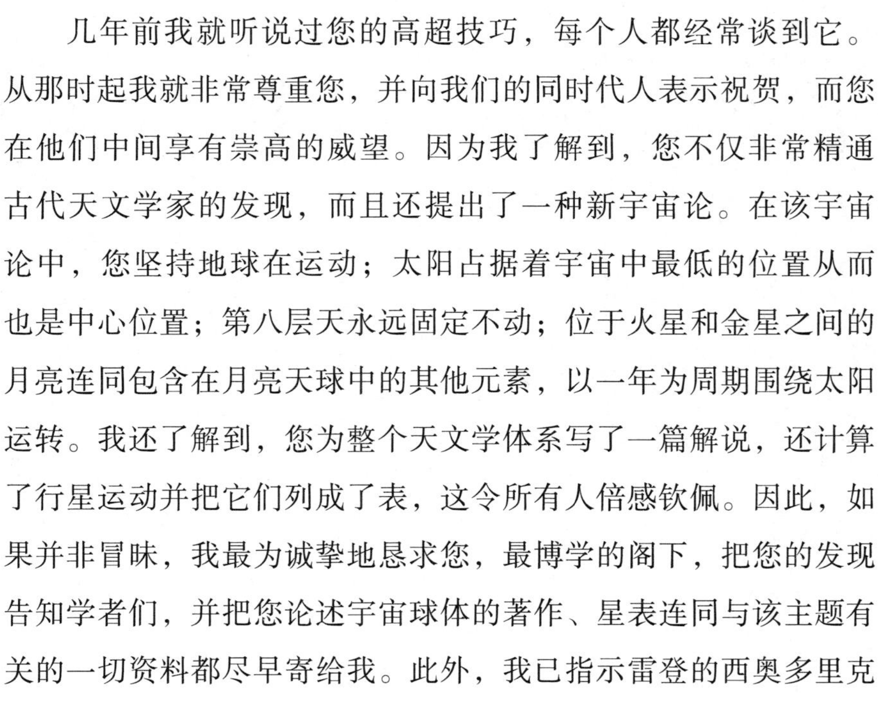

几年前我就听说过您的高超技巧，每个人都经常谈到它。从那时起我就非常尊重您，并向我们的同时代人表示祝贺，而您在他们中间享有崇高的威望。因为我了解到，您不仅非常精通古代天文学家的发现，而且还提出了一种新宇宙论。在该宇宙论中，您坚持地球在运动；太阳占据着宇宙中最低的位置从而也是中心位置；第八层天永远固定不动；位于火星和金星之间的月亮连同包含在月亮天球中的其他元素，以一年为周期围绕太阳运转。我还了解到，您为整个天文学体系写了一篇解说，还计算了行星运动并把它们列成了表，这令所有人倍感钦佩。因此，如果并非冒昧，我最为诚挚地恳求您，最博学的阁下，把您的发现告知学者们，并把您论述宇宙球体的著作、星表连同与该主题有关的一切资料都尽早寄给我。此外，我已指示雷登的西奥多里克

（Theodoric of Reden）把您的一切开支都记在我的账上并且派送给我。如果在这件事情上您能满足我的愿望，您将会看到您正在交往的是这样一个人，他热心支持您的荣誉，并渴望善待具有如此才华的人。再见。

罗马，1536年11月1日

致教皇保罗三世陛下 3

哥白尼《天球运行论》原序[1]

神圣的父啊，我完全可以设想，某些人一听到我在这本关于天球运行的书中把某种运动赋予了地球，就会大嚷大叫，宣称应当立即拒绝接受我和这种信念。我对自己的意见还没有迷恋到那种程度，以致可以不顾别人对它们的看法。我知道，哲学家的想法不应受制于俗众的判断，因为他力图在上帝允许的人类理性范围内探求万物的真理，但我还是认为那些完全错误的看法应予以避免。我深深地意识到，由于许多人都对地球静居于宇宙的中心深信不疑，就好像这个结论已为世世代代所认可一样，所以如果我提出相反的断言而把运动归于地球，那就肯定会被他们视为荒唐之举。因此我犹豫了很久，不知是应把我写的论证地球运动的著作公之于世，还是应当仿效毕达哥拉斯学派（Pythagoreans）和其他一些人的惯例，只把哲学的奥秘口授给亲友而不见诸文字——这有吕西斯（Lysis）给希帕克斯（Hipparchus）写的书信为证。[2]在我看来，他们这样做并非像有些人所料想的那样，是害怕自己的学说流传开来后会遭人嫉妒，而是为了使自己历尽千辛万苦获得的宝贵成果不会遭人耻笑。因为有这样一帮人，除非是有利可图，从不愿投身于任何学术事业；或者虽然受到他人的劝勉和示范而投身于无利可图的哲学研究，却因心智愚钝而只能像蜂群中的雄蜂那样混迹于哲学家当中。想到这些，我不由得担心我理论中那些新奇和不合常规的东西也许会招人耻笑，这个想法几乎使我完全放弃了这项已经着手进行的工作。

然而正当我犹豫不决甚至是灰心丧气的时候，我的朋友使我改变了主意。其中头一位是卡普亚的红衣主教尼古拉·舍恩贝格[3]，他在每一个学术领域都享有盛名。其次是挚爱我的蒂德曼·吉泽（Tiedemann Giese）[4]，他是切姆诺（Chelmno）的主教，专心致力于神学以及一切优秀文献的研究。他经常鼓励我，有时甚至不乏责备地敦促我发表这部著作，它至今埋藏在我的书稿中已经不止到第9年而是在第四个9年之中了[5]。还有别的不少著名学者[6]也建议我这样做。他们勉励我不要因为惧怕而拒绝把我的著作奉献出来，以供天文学学者普遍使用。他们还说，我的地球运动学说当前在许多人看来愈是显得荒谬，将来当我出版的著作用明晰的证明把迷雾驱散时，他们就愈是会对这一学说表示赞赏和感激。在他们的劝说之下并且本着这种愿望，我终于答应了朋友们长期以来的要求，让他们出版这部著作。

4 然而陛下，我在经历了日日夜夜的艰苦研究之后，已经敢于把它的成果公之于世，并且毫不犹豫地记下我关于地球运动的想法，您也许对此不会感到太过惊奇。但您或许想听我谈谈，我怎么胆敢违反天文学家们的传统观点并且几乎违背常识，竟然设想地球在运动。因此我不打算向陛下隐瞒，由于意识到天文学家们在这方面的研究中彼此并不一致，我不得不另寻一套体系来导出天球的运动。因为首先，他们对于日月的运动非常没有把握，甚至无法确定或计算出回归年[7]的固定长度；其次，在确定日月和其他五颗行星的运动时，他们没有使用相同的原理、假设和对视运转和视运动的解释。一些人只用了同心圆[8]，另一些人则用了偏心圆和本轮，而且即便如此也没有完全达到他们的目标。虽然那些相信同心圆的人已经表明，一些非均匀运动可以用这些圆叠加出来，但他们无法得出任何与现象完全相符的不容置疑的结果。另一方面，虽然那些设计出偏心圆的人运用恰当的计算，似乎已经在很大程度上解决了视运动的问题，但他们引入的许多想法明显违背了均匀运动的第一原则[9]；他们也无法由偏心圆得出或推导出最重要的一点，即宇宙的结构及其各个部分的真正对称性。恰恰相反，他们的做法就像这样一位画家：他从各个地方临摹了手、脚、头和其他部位，尽管都可能画得相当好，但却不能描绘出一个人[10]，因为这些片段彼此完全不协调，把它们拼凑在一起所组成的不是一个人，而是一个怪物。因此我发现，在被称为“方法”的示范过程中，那些使用偏心圆的人不是遗漏了某些必不可少的东西，就是塞进了一些外来的、毫不相干的东西。要是他们遵循了可靠的原则，情况就不会是这个样子。因为如果他们所采用的假说没有错，那么由这些假说所得出的任何推论也必定会得到证实。尽管我现在所说的话可能还不能使人明了，但在恰当的场合它终究会变得更加清楚。

于是，当我对天文学传统中涉及天球运动推导的这种混乱思索了很长时间之后，我开始对哲学家们不能更确定地理解这个由最美好、最有系统的造物主为我们创造的世界机器[11]的运动而感到气恼，而在别的方面，对于同这个世界相比极为渺小的琐事，他们却考察得极为仔细。为此，我重读了我所能得到的所有哲学家的著作，想知道是否有人曾经假定过与天文学教师在学校中讲授的有所不同的天球运动。事实上，我先是在西塞罗（Cicero）的著作中发现，希克塔斯（Hicetas）曾经设想过地球在运动[12]，后来我又在普鲁塔克（Plutarch）的著作中发现，还有别的人也持这种观点。为了使每个人都能看到，这里不妨把他的原话摘引如下[13]：

> 5 有些人认为地球静止不动，但毕达哥拉斯学派的菲洛劳斯（Philolaus）相信，地球同太阳和月亮一样，围绕［中心］火沿着一个倾斜的圆周运转。庞托斯（Pontus）的赫拉克利德（Heraclides）和毕达哥拉斯学派的埃克番图斯（Ecphantus）也认为地球在运动，但不是前进运动，而是像车轮一样围绕着它自身的中心自西向东旋转。

因此，从这些资料中获得启发，我也开始思考地球是否可能运动。尽管这个想法似乎很荒唐，但我知道既然前人可以随意想象各种圆周来解释天界现象，那么我认为我也可以假定地球有某种运动，看看这样得到的解释是否比前人对天球运行的解释更加可靠。

于是，通过假定地球具有我在本书中所赋予的那些运动，经过长期认真观测，我终于发现：如果把其他行星的运动同地球的轨道运行联系在一起，并且针对每颗行星的运转来计算，那么不仅可以得出各种观测现象，而且所有行星及其天球的大小与次序都可以得出来，天本身是如此紧密地联系在一起，以至于改变它的任何一部分都会在其余部分和整个宇宙中引起混乱。因此，在本书的安排上我采用了如下次序。在第一卷中，我给出了天球的整个分布以及赋予地球的运动，所以这一卷可以说包含了宇宙的总体结构；在其余各卷中，我把其他行星和所有天球的运动与地球的运动联系了起来，这样我就可以确定，其他行星和天球的运动及现象在多大程度上可以得到拯救。我丝毫也不会怀疑，只要敏锐和有真才实学的天文学家愿意深入而非肤浅地考察和思考我在本书中为证明这些事情所引用的材料（这是这门学科所特别要求的），就一定会赞同我的观点。但是为了使有教养的人和普通人都能看到我决不回避任何人的判断，我愿意把我的这些研究献给陛下而不是别的任何人，因为在我生活的地球偏远一隅，无论是地位的高贵，还是对一切学问和天文学的热爱，您都被视为至高无上的权威。虽然俗话说暗箭难防，但您的权威和判断定能轻而易举地阻止诽谤者的恶语中伤[14]。

也许会有一些对天文学一窍不通、却又自诩为行家里手[15]的空谈家为了一己之私，对《圣经》的某些段落加以曲解[16]，以此对我的著作吹毛求疵、妄加指责。对于这些没有根据的批评，我决不予以理睬。众所周知，拉克坦修（Lactantius）[17]也许在别的方面是一位颇有名望的作家，但很难说是一个天文学家，他在谈论大地形状的时候表现得非常孩子气，而且还讥笑那些认为大地是球形的人。所以，如果学者们看到这类人讥笑我

的话，也无须感到惊奇。天文学是为天文学家而写的。如果我
没有弄错，那么在天文学家看来，我的辛勤劳动也会为陛下所主
持的教廷做出贡献。因为不久以前，在利奥十世治下，拉特兰
6 会议（Lateran Council）考虑了修改教历的问题[18]。会议没有
做出决定的唯一原因是，年月的长度和日月的运动被认为尚不能
足够精确地测定。从那时起，在当时主持编历事务的弗桑布隆
（Fossombrone）主教保罗[19]这位杰出人物的建议之下，我把注
意力转向对这些课题进行更精确的研究。至于在这方面我到底取
得了什么进展，我还是要特别提请陛下以及所有其他有学识的天
文学家们[20]来判定。为了不使陛下觉得我是在有意夸大本书的
用处，我现在就转入正题。

第　一　卷

引　言[1] 7

在激励人类心灵的各种文化和技艺研究中，我认为首先应当怀着强烈感情和极大热忱去研究的，是那些最美好、最值得认识的事物。这门学科探究的是宇宙神圣的旋转，星体的运动、大小、距离、出没以及天上其他现象的原因，简而言之就是解释宇宙的整个现象。的确，还有什么东西能比天更美呢？[2]天包含了一切美的

事物，它的（拉丁文）名字*caelum* 和 *mundus*就说明了这一点：后 *3*
者表示纯洁和装饰，而前者则表示一种雕刻品。由于天至高无上的完美性，大多数哲学家[3]都把它称为可见之神。因此，如果就研究主题来评判各门技艺的价值，那么最出色的就是这样一门技艺，有些人称之为天文学，另一些人称之为占星术[4]，而许多古人则称之为数学的最终目的。它毫无疑问是自由技艺的顶峰，最值得自由人去研究。它得到了几乎所有数学分支的支持，算术、几何、光学、测地学、力学以及所有其他学科都对它有所贡献。

虽然一切好的技艺都旨在引导人的心灵远离邪恶，将其引向更好的事物，但这门技艺可以更充分地完成这一使命，还可以提供非同寻常的理智愉悦。当一个人致力于他认为最有秩序和神所支配的事物时，他通过潜心思索和体认，难道还觉察不到什么

是最美好的事，不去赞美一切幸福和善之所归的造物主吗？虔诚的《诗篇》作者（92：4）宣称上帝的作品使其欢欣鼓舞，这并非空穴来风，因为这些作品就像战车一样把我们引向对于至善的沉思。

柏拉图曾经深刻地认识到，这门技艺能够赋予广大民众以极大的裨益和美感（更不要说对于个人的无尽益处）。他曾在《法律篇》（*Laws*）第七卷[5]中指出，这门学科之所以需要研究，主要是因为它可以把时间划分成年月日，使国家保持对节日和祭祀的警觉和关注。柏拉图说，如果有人否认天文学对于一个想要研究更高学术分支的人是必要的，他的想法就是愚不可及的。他认为，任何不具备关于太阳、月亮以及其他天体的必要知识的人，都不可能变得神圣或被称为神圣[6]。

然而这门研究最崇高主题的、与其说是人的倒不如说是神的科学，遇到的困难却并不少。主要原因是，我发现它的原理和假设（希腊人称之为“假说”[7]）导致这门学科的许多研究者意见并不统一，所以他们并非依赖相同的观念。另一个原因是，除
8 非是随着时间的推移，借助于许多以前的观测结果，这方面的知识才可以被一代代地传给后人，否则，行星的运动和恒星的运转就不可能被精确地测定，从而得到透彻的理解。尽管亚历山大城（Alexandria）的克劳迪乌斯·托勒密（Claudius Ptolemy）远比他人认真勤奋、技艺高超，他利用四十多年的观测，已经把这门技艺发展到了臻于完美的境地，以至于似乎一切缺口他都已经填补了，但我还是发现，仍然有相当多的事实与他的体系所得出的结论不相符[8]，而且后来还发现了一些他所不知道的运动。因此

在讨论太阳的回归年时，甚至连普鲁塔克也说：“到目前为止，天文学家们的技巧还无法把握天体的运动。[9]”以年本身为例，我想人人都知道，关于年的看法大相径庭，以致许多人已经对精确测量年感到绝望。对于其他天体来说，情况也是如此。

然而，为了避免一种印象，即认为这个困难是懒惰的借口，我将试图——这有赖于上帝的帮助，否则我将一事无成——对这些问题进行更广的研究，因为这门技艺的创始者们距离我的时间越长，我用以支持自己理论的途径就越多。我可以把他们的发现同我的新发现进行比较。[10]此外，我承认自己处理事物的方式将与前人有所不同，但我很感激他们，因为正是他们最先开辟了研究这些问题的道路。

第一章　宇宙是球形的

首先应当指出，宇宙是球形的。[11]这或是因为在一切形状中，球形是最完美的，它是一个完整的整体，不需要连接[12]；或者是因为它是一切形体中容积最大的，最适于包容和保持万物；或者是因为宇宙的各个部分即日月星辰看起来都是这种形状；或者是因为万物都有被这种边界包围的趋势，就像水滴或别的液滴那样。因此谁都不会怀疑，这种形状也必定属于神圣物体[13]。

第二章　大地也是球形的

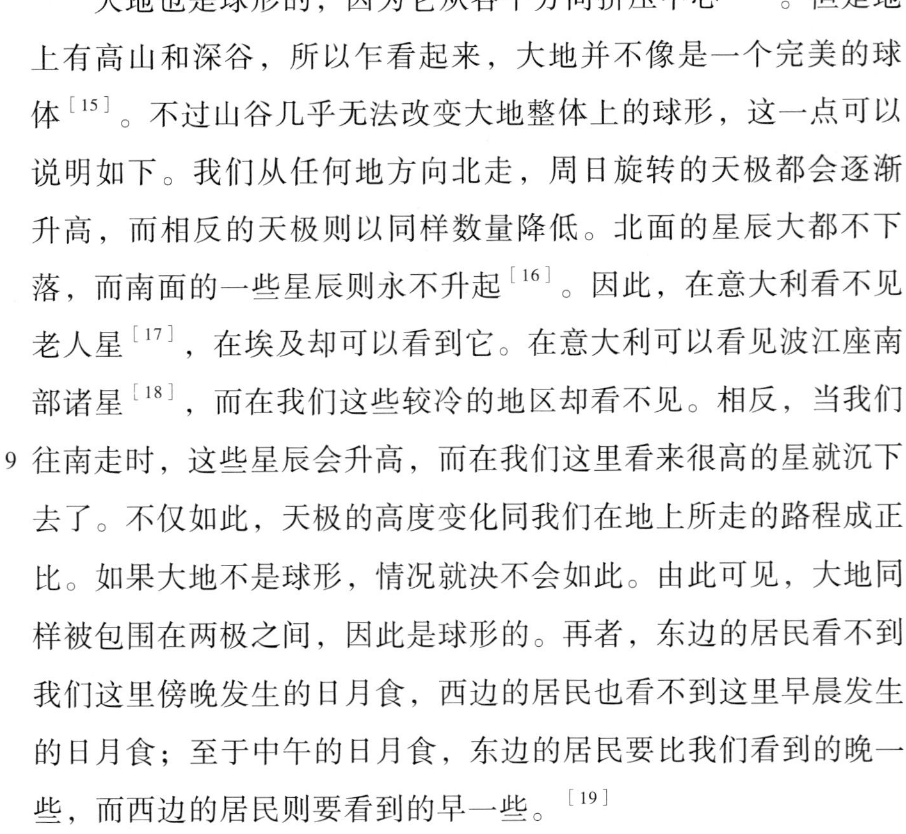

大地也是球形的，因为它从各个方向挤压中心[14]。但是地上有高山和深谷，所以乍看起来，大地并不像是一个完美的球体[15]。不过山谷几乎无法改变大地整体上的球形，这一点可以说明如下。我们从任何地方向北走，周日旋转的天极都会逐渐升高，而相反的天极则以同样数量降低。北面的星辰大都不下落，而南面的一些星辰则永不升起[16]。因此，在意大利看不见老人星[17]，在埃及却可以看到它。在意大利可以看见波江座南部诸星[18]，而在我们这些较冷的地区却看不见。相反，当我们
9 往南走时，这些星辰会升高，而在我们这里看来很高的星就沉下去了。不仅如此，天极的高度变化同我们在地上所走的路程成正比。如果大地不是球形，情况就决不会如此。由此可见，大地同样被包围在两极之间，因此是球形的。再者，东边的居民看不到我们这里傍晚发生的日月食，西边的居民也看不到这里早晨发生的日月食；至于中午的日月食，东边的居民要比我们看到的晚一些，而西边的居民则要看到的早一些。[19]

航海家们知道，大海也是这种形状。比如当从船的甲板上还看不到陆地时，在桅杆顶端却能看到。反之，如果在桅杆顶端放

置一个光源，那么随着船驶离海岸，岸上的人就会看到亮光逐渐减弱，直至最后消失，好像沉没了一样。此外，本性流动的水和土一样，显然总是趋向低处，不会超过它的上升所允许的限度而流到岸上较高的地方去。[20]因此，只要陆地露出海面，它就比海面更高。

第三章　大地和水如何形成了一个球体[21]

于是，遍布大地的海水四处奔流，包裹着大地，填满了其低洼的沟壑。大地和水由于重性都趋向于同一个中心。因此，水应当少于大地，否则整个大地就会被水吞没。大地的某些部分和四处遍布的许多岛屿没有被淹没，以使生物得以存活[22]。有人居住的国家和大陆本身不就是一个比其他更大的岛屿吗？[23]

我们不应听信某些逍遥学派人士的臆测，认为水的体积是整个陆地的10倍[24]。根据他们所接受的猜测，当元素相互转化时，1份土可以变成10份水。他们还断言，大地之所以会高出水面，是因为大地内部存在的空洞使得陆地在重量上不平衡，因而几何中心不同于重心。他们的错误乃是出于对几何学的无知。他们没有意识到，只要大地还有某些部分是干的，水的体积就不可能比大地大6倍，除非整个大地空出其重心并把这个位置让给水，就好像水比它本身更重似的。由于球的体积与直径的立方成正比，所以如果大地与水的体积之比为1∶7，那么大地的直径就不可能大于从（它们共同的）中心到水的周缘的距离。因此，水的体积不可能（比大地）大9倍。

此外，大地的几何中心与重心并无差别，这可以从以下事实来确定：从海洋向内，陆地的曲率并非总是连续增加的，否则陆地上的水会被全部排光，而且内陆海和辽阔的海湾也不可能形成。不仅如此，从海岸向外的海水深度会持续增加，于是远航的水手们无论航行多远也不会遇到岛屿、礁石或任何形式的陆地。
可是我们知道，几乎在有人居住的陆地的正中[28]，地中海东部 10
和红海相距还不到15弗隆（furlongs）[29]。另一方面，托勒密在其《地理学》（*Geography*）[30]一书中，把有人居住的地球几乎拓展到全世界[31]。在他留作未知陆地的子午线以外的地方，现代人又加上了中国（Cathay）[32]以及经度宽达60°的广阔土地。由此可知，有人居住的陆地所占经度范围已经比留给海洋的经度范围更大了。如果再加上我们这个时代在西班牙和葡萄牙国王统治时期所发现的岛屿，尤其是美洲（America，以发现它的船长而得名，因其大小至今不明，被视为第二组有人居住的国家）以及许多闻所未闻的新岛屿[33]，那么我们对于对跖点或对跖人的存在就没有理由感到惊奇。的确，几何学推理使我们不得不相信，美洲与印度的恒河流域沿直径相对[34]。

有鉴于所有这些事实，我最终认为大地和水有同一重心，也就是大地的几何中心。由于大地较重，而且裂隙中充满了水，所以尽管可能有更多的水出现在表面，但水还是比大地少很多。

大地与包围它的水结合在一起，其形状必定与其影子显示的相同[35]。在月食的时候可以看到，大地以一条完美的圆弧遮住了月亮，因此大地既不是恩培多克勒（Empedocles）和阿那克西

美尼（Anaximenes）所设想的平面，也不是留基伯（Leucippus）所设想的鼓形，既不是赫拉克利特（Heraclitus）所设想的碗形，也不是德谟克利特（Democritus）所设想的另一种凹形，既不是阿那克西曼德（Anaximander）所设想的柱体，也不是克塞诺芬尼（Xenophanes）所传授的低处朝下无限延伸、厚度朝底部减小的一个形状，而是哲学家们所理解的完美球形[36]。

第四章　天体的运动是均匀而永恒的圆周运动，或是由圆周运动复合而成

现在我想到，天体的运动是圆周运动[37]，因为适合球体的运动就是沿一个圆旋转[38]。球体正是通过这样的动作显示它具有最简单物体的形状。当球本身在同一个地方旋转时，起点和终点既无法发现，又无法相互区分。

可是由于[天]球有很多，所以运动是多种多样的。其中最明显的是周日旋转，希腊人称之为*nuchthemeron*，也就是昼夜更替。他们设想，除地球以外的整个宇宙都是这样自东向西旋转的。这种运动被视为一切运动的共同量度，因为我们甚至主要是用日数来量度时间本身的。

其次，我们还看到了沿相反方向即自西向东的其他旋转，我指的是太阳、月亮和五颗行星的运动。太阳的这种运动为我们定出了年，月亮定出了月，这些都是人们最为熟知的时间周期。其他五颗行星也都以类似的方式沿着各自的轨道运行。

然而，［这些运动与周日旋转或第一种运动］有许多不同之处。首先，它们不是绕着与第一种运动相同的两极旋转，而是倾
11 斜地沿黄道运行；其次，这些行星看上去并未沿轨道均匀运动，因为我们看到日月的运行时快时慢，其他五颗行星有时还会出现逆行和留。太阳总是径直前行，而行星则有时偏南、有时偏北地漫游。正是由于这个缘故，它们被称为“行星”［漫游者］。此外，它们有时距地球较近（这时说它们位于近地点），有时距地球较远（这时说它们位于远地点）。

尽管如此，我们还是应当承认，这些星体的运动总是圆周运动或是由若干圆周运动复合而成，因为这些不均匀性总是遵循一定的规律定期反复。除非运动是圆周运动，这种情况就不可能出现，因为只有圆周运动才可能使物体回复到先前的位置。例如，太阳由圆周运动的复合可以使昼夜不等且更替不绝，四季周而复始。这里还应觉察出若干种不同的运动，因为一个简单的天体不可能被单一的球体不均匀地推动[39]。之所以会存在这种不均匀性，要么是因为推动力不稳定（无论是从外部施加的，还是从内部产生的）[40]，要么是因为运转物体本身发生了变化。而这两种看法都不能被我们的理智所接受，因为很难设想以最完美的秩序构成的物体会出现这种缺陷。

因此，合理的看法只能是，它们的运动本来是均匀的，但在我们看来却成了不均匀的。这或者是因为其轨道圆的极点有别于地球，或者是因为地球并不位于其轨道圆的中心。当我们从地球上观察这些行星的运行时，其轨道的每一个部分与我们眼睛的距离并非保持不变。［而光学已经证明，[41]］物体从近处看要

比从远处看大一些。类似地，由于观察者的距离在变化，所以即便行星在相同时间内走过相等的轨道弧段[42]，其运动看起来也是不一样的[43]。因此，我认为必须首先仔细考察地球与天的关系，以免我们在考察最崇高物体的时候，会对距离我们最近的事物茫然无知，并且由于同样的错误，把本应属于地球的东西归于天体。

第五章　圆周运动对地球是否适宜？地球的位置在何处？

既已说明大地也呈球形，我认为应当研究在这种情况下它的形状是否也决定了运动，以及地球在宇宙中处于什么位置。如果没有回答这些问题，就不可能正确地解释天象。尽管权威们普遍认为，地球静止于宇宙的中心，相反的观点是不可思议的甚至是可笑的[44]，然而如果我们更仔细地考察一下，就会发现这个问题并未得到解决，因此决不能置之不理。

视位置的任何变化都源于观测对象的运动，或者观测者的运动[45]，或者两者的不等位移。同方向等速运动时，运动是觉察不到的，我指的是观测对象和观测者之间的运动[46]。我们是在
12 地球上看天穹周而复始的旋转，因此如果假定地球在运动，那么在我们看来，地球外面的一切物体也会有程度相同但方向相反的运动，就好像它们在越过地球一样。特别要指出的是，周日旋转就是这样一种运动，因为除地球和它周围的东西以外，周日旋转似乎把整个宇宙都卷进去了。然而，如果你承认天并没有参与这一运动，而是地球在自西向东旋转，那么经过认真研究你就会发

现，这才符合日月星辰出没的实际情况。既然包容万物并为之提供背景的天构成了一切事物所共有的空间，那么立刻就有这样一个问题：为什么要把运动归于包容者而不归于被包容者？为什么要归于空间框架而不归于空间中的东西？事实上，据西塞罗著作记载，毕达哥拉斯学派的赫拉克利德和埃克番图斯，以及叙拉古（Syracuse）的希克塔斯都持有这种观点[47]。他们认为，地球在宇宙的中央旋转，星星沉没是因为被地球本身挡住了，星星升起则是因为地球转开了。

如果我们承认地球在作周日旋转，那么就会产生另一个同样重要的问题，即地球的位置在何处。迄今为止，几乎所有人都相信地球是宇宙的中心。谁要是否认地球占据着宇宙的中心或中央，他就会断言地球与宇宙中心的距离同恒星天球的距离相比微不足道，相对于太阳或其他行星的天球却是可以察觉和值得注意的。他会认为太阳和行星的运动之所以看上去不均匀，是因为它们不是绕地心，而是绕别的中心均匀转动，从而也许可以为不均匀的视运动找到适当的解释。行星看起来时远时近，这一事实必然说明其轨道圆的中心并非地心。至于靠近和远离是由地球还是行星引起，这还不够清楚。

如果除周日旋转外还赋予地球别的运动，这并不会让人感到惊奇。事实上，据说毕达哥拉斯派学者菲洛劳斯就主张，地球除旋转外还参与了其他几种运动，地球是一个天体[48]。据柏拉图的传记作者说，菲洛劳斯是一位卓越的天文学家，柏拉图曾经专程去意大利拜访他[49]。

然而，许多人以为能够用几何推理来证明地球处于宇宙的中心[50]，与浩瀚无垠的天相比就像一个点，正处于天的中心。地球是静止不动的，因为当宇宙运动时，它的中心保持静止，而且最靠近中心的物体运动最慢。

第六章　天之大，地的尺寸无可比拟 13

同天的尺寸相比，地球这个庞然大物真显得微不足道了，这一点可以由以下事实推出：地平圈（这是希腊词 *horizons* 的翻译）平分了整个天球。如果地球的尺寸或者地球到宇宙中心的距离同天相比是可观的，那么情况就不会是这样。因为一个圆要是把球分为两半，就势必会通过球心，而且是在球面上所能描出的最大的圆。[51]

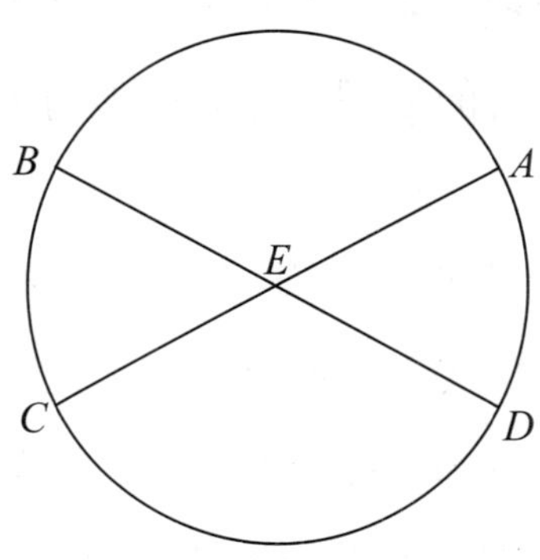

设圆$ABCD$为地平圈，地球上的观测者位于点E，也就是地平圈的中心。地平圈把天分为可见部分和不可见部分。现在，假定

我们用装在点 E 的望筒[52]、天宫仪或水准器[53]看到，巨蟹宫的第一星在 C 点上升的同时，摩羯宫的第一星在 A 点下落，于是 A、E 和 C 都在穿过望筒的一条直线上。显然，这条线是黄道的一条直径，因为可见的黄道六宫形成了一个半圆[54]，而直线的中点 E 就是地平圈的中心。当黄道各宫移动位置，摩羯宫第一星在 B 点升起时，我们可以看到巨蟹宫在 D 点沉没，此时 BED 将是一条直线，并且为黄道的一条直径。但我们已经看到，AEC 也是同一圆周的一条直径，圆周的中心显然就是两条直径的交点。由此可知，地平圈总是将黄道（天球上的一个大圆）平分。但在一个球上，将大圆平分的圆必定是大圆[55]。所以地平圈是一个大圆，圆心就是黄道的中心。

尽管从地球表面和地心引向同一点的直线必定不同[56]，但由于这些线的长度与地球相比为无限长，两线可视为平行线［III，15］。由于它们的端点极远，因此两线可视为同一条线。光学可以表明，这两条线包围的空间与它们的长度相比是微不足道的。这种推理清楚地表明，天不知要比地大多少倍，可以说尺寸为无限大。基于感官的证词，可以说地与天相比不过是物体上的一个小点，如沧海之一粟。

但我们似乎还没有得出其他结论，它还不能说明地球必然静止于宇宙的中心。事实上，如果庞大无比的宇宙每24小时转一圈，而不是它微小的一部分即地球在转，那就更让人惊讶了。主张中心不动，最靠近中心的部分运动最慢[57]，这并不能说明地球静止于宇宙的中心。

考虑一个类似的例子。假定天转动而天极不动，越靠近天极的星运动越慢。譬如说，小熊星座远比天鹰座或小犬座运转得慢[58]，是因为它离极很近，描出的圆较小。但所有这些星座都同属一个球。当球旋转时，轴上没有运动，而球上各个部分的 14
运动都互不相同。随着整个球的转动，尽管每一点转回初始位置所需的时间相同，但移动的距离却并不相同[59]。这一论证的要点是，地球作为天球的一部分，也要分有相同的本性和运动，尽管因为靠近中心而运动较小。因此，地球作为一个物体而不是中心，也会在天球上描出弧，只不过在相同时间内描出的弧较小罢了。这种论点的错误昭然若揭。若果真如此，有的地方就会永远是正午，有的地方永远是午夜，星体的周日出没也不会发生，因为整体与部分的运动是统一而不可分割的。

但情况各不相同的天体都受一种大不相同的关系的支配[60]，即轨道较小的星体比轨道较大的星体运转得快。最高的行星土星每30年转动一周，最靠近地球的月亮每月转动一周，最后，地球则被认为每昼夜转动一周。于是，关于周日旋转的问题再次出现。此外，以上所述使得地球的位置更加难以确定。因为已得到证明的只是天的尺寸比地大很多，但究竟大到什么程度则是完全不清楚的[61]。在另一个极端则是被称为“原子”的极为微小的不可分物体。由于无法感知，如果一次取出很少几个，就不能立即构成一个可见物体；但大量原子加在一起最终是能够组合成可见尺度的。地球的位置也是如此。虽然它不在宇宙的中心，但与中心的距离是微不足道的，尤其是与恒星天球相比。

第七章　为什么古人认为地球静止于宇宙的中心

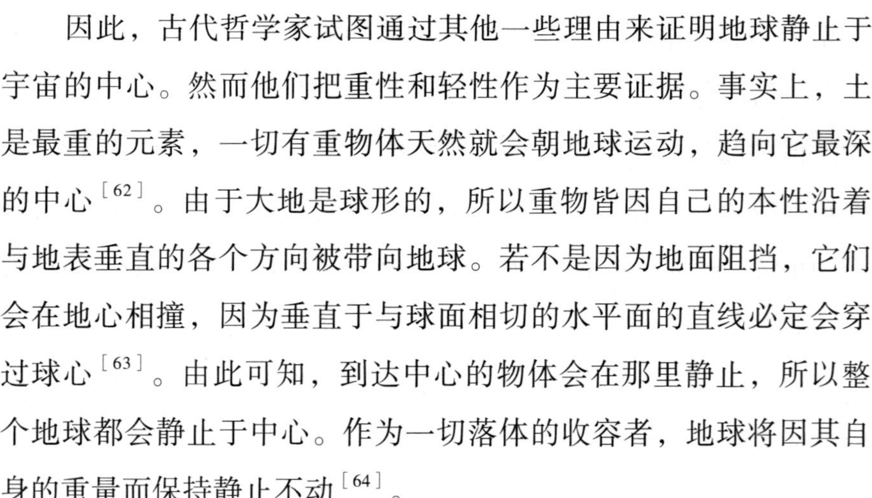

因此，古代哲学家试图通过其他一些理由来证明地球静止于宇宙的中心。然而他们把重性和轻性作为主要证据。事实上，土是最重的元素，一切有重物体天然就会朝地球运动，趋向它最深的中心[62]。由于大地是球形的，所以重物皆因自己的本性沿着与地表垂直的各个方向被带向地球。若不是因为地面阻挡，它们会在地心相撞，因为垂直于与球面相切的水平面的直线必定会穿过球心[63]。由此可知，到达中心的物体会在那里静止，所以整个地球都会静止于中心。作为一切落体的收容者，地球将因其自身的重量而保持静止不动[64]。

类似地，古代哲学家还试图通过分析运动及其本性来证明自己的结论。根据亚里士多德（Aristotle）的说法，单个简单物体的运动是简单运动，简单运动包括直线运动和圆周运动，而直线运动又分为向上和向下两种。因此，每一简单运动要么朝向中心（即向下），要么远离中心（即向上），要么环绕中心（即圆周运动）。只有土和水被认为是重的，应当向下运动，趋于中心；

而被赋予轻性的气和火则应远离中心向上运动。这四种元素作直线运动，而天体围绕中心作圆周运动，这似乎是合理的。这就是亚里士多德的说法。［《论天》，I，2; II，14］

因此，亚历山大城的托勒密曾说［《天文学大成》，I，7］，如果地球在运动，哪怕只作周日旋转，也会同上述道理相违背。因为要使地球每24小时就转一整圈，这个运动必定异常剧烈，速度快到无法超越。而在急速旋转的情况下，物体很难聚在一起。如果它们是由结合而产生的，那么除非有某种黏合剂把它们结合在一起，否则它们更可能飞散开去。托勒密说，如果情况是这样，那么地球早就应该分崩离析，并且从天空中消散了（这当然是一个荒谬绝伦的结论）。不仅如此，生物和其他自由重物都不可能安然无恙[65]。直线下落的物体也不会垂直落到指定位置[66]，因为在此期间，如此快速的运动已经使这个位置移开了。还有，云和其他在空中飘浮的东西也会不断向西飘去[67]。

第八章　上述论证的不当之处和对它们的反驳[68]

根据以上所述以及诸如此类的理由，古人坚持地球必定静止于宇宙的中心，并认为这种状况是毫无疑问的。如果有人相信地球在旋转，那么他肯定会认为其运动是自然的而非受迫的[69]。自然产生的结果与受迫产生的结果截然相反，因为受外力作用或受迫的物体必定会解体，不能长久，而自然产生的东西却会秩序井然，保持其最佳状态。因此，托勒密担心地球和地上的一切物体都会因自然旋转而分崩离析，这是毫无根据的，地球的旋转与源自人的技艺和理智的产物完全不同。

但他为什么不替比地球大得多而运动又快得多的宇宙担心呢？既然极度的受迫运动会使天远离中心，天是否就变得无比广阔了呢？如果运动停止，天也会随之瓦解吗？如果这种推理站得住脚，那么天的尺寸一定会增长到无限大。因为运动的力量把天提得越高，运动就变得越快，因为天在24小时内必须转过越来越大的距离。反过来说，随着运动速度的增加，天也变得越来越广阔。于是越大就越快，越快就越大，如此推论下去，天的尺寸和速度都会变成无限大[70]。然而根据我们所熟悉的物理学公理，无限既不能被穿越，也不能被推动，因此天必然是静止的。

他们又说，天之外既没有物体，也没有空间，甚至连虚空也没有，是绝对的“无”[71]，因此天没有地方可以扩张。然而，16
竟然有某种东西可以为“无”所束缚，这真是令人惊讶。假如天是无限的，只是在内侧为凹面所限[72]，那倒更有理由相信，天之外别无他物，因为无论多大的物体都包含在天之内，而天是静止不动的[73]。天的运动是人们推测宇宙有限的主要依据。因此我们还是把宇宙是否有限的问题留给自然哲学家们去探讨吧。

我们认定，地球限于两极之间，并以一个球面为界[74]。那么，为什么我们迟迟不肯承认地球具有与它的形状天然相适应的运动，而认为是整个宇宙（它的限度是未知的，也是不可知的）在运转呢？为什么我们不肯承认看起来属于天的周日旋转，其实是地球运动的反映呢？正如维吉尔（Virgil）著作中的埃涅阿斯（Aeneas）所说[75]：

我们驶出海港前行，陆地与城市退向后方。

当船在平静的海面上行驶时，船员们会觉得自己与船上的东西都没有动，而外面的一切都在运动，这其实只是反映了船本身的运动罢了。同样，当地球运动时，地球上的人也会觉得整个宇宙都在旋转。

那么，云和空中其他漂浮物以及上升和下落的物体的情况如何呢[76]？我们只需要说，不仅地球和与之相连接的水有这种运动，而且大部分气[77]以及与地球以同样方式连接在一起的东西也有这种运动。这或是因为靠近地面的气中混合了土或水，从而遵循着与地球一样的本性；或是因为这部分气靠近地球而又不受阻碍，所以从不断旋转的地球那里获得了运动。而另一方面，同样令人惊奇的是，他们说最高处的气伴随着天的运动[78]，那些突然出现的星体（我指的是希腊人所说的“彗星”或“胡须星”[79]）便说明了这一点。和其他天体一样，它们也有出没，被认为产生于那个区域[80]。我们可以认为，那部分气距地球太远，因此不受地球运动的影响。于是，离地球最近的气以及悬浮在其中的东西看起来将是静止的[81]，除非有风或其他某种扰动[82]使之来回摇晃。气中的风难道不就是大海中的波浪吗？

我们必须承认，升落物体在宇宙中的运动具有两重性，即都是直线运动与圆周运动的复合[83]。因自身重量而下落的土质物，无疑会保持它们所属整体的本性。火质物被向上驱策也是由于这个原因。地上的火主要来源于土质物，火焰被认为只不过是炽燃的烟[84]。火的一个性质是使它所进入的东西膨胀，这种力量非常大[85]，以至于无论用什么方法或工具都无法阻止它爆发
17 到底。但膨胀运动是从中心到四周的，所以如果地球有任何一部分着火了，它都会从中间往上升[86]。因此，说简单物体的运动是简单运动（特别是圆周运动），这是对的，只要这一物体完整地保持其自然位置[87]。在位置不变的情况下，它只能作圆周运动，因为与静止类似，圆周运动可以完全保持自己的原有位置。而直线运动则会使物体离开其自然位置，或者以各种方式从这个位置上移开。但物体离开原位是与宇宙的有序安排和整个设计

不相容的。因此，只有那些并非处于正常状态、并且没有完全遵循本性而运动的物体才会作直线运动，此时它们已经与整体相分离，失去了统一性。

进一步说，即使没有圆周运动，上下运动的物体也不是在作简单、恒定和均匀的运动。因为它们单凭自己的轻性或重量的冲力是无法取得平衡的。任何落体都是开始慢而后不断加快，而我们看到地上的火[88]（这是唯一看得到的）上升到高处之后就忽然减慢了，这说明原因就在于土质物所受到的迫力[89]。而圆周运动由于有永不衰减的原因，所以总是均匀地转动。但直线运动的原因却会很快停止运作，因为物体以直线运动到达自然位置之后就不再有轻重，运动也就停止了。因此，由于圆周运动是整体的运动，而部分还可以有直线运动[90]，所以“圆周”运动可以与“直线”运动并存，就像“活着”可以与“生病”并存一样。亚里士多德把简单运动分为离心、向心和绕心三种类型，这只能被解释成一种逻辑练习。正如我们虽然区分了点、线、面，但它们都不能单独存在或脱离物体而存在。

再者，作为一种性质，静止被认为比变化和不稳定更为高贵和神圣，因此变化和不稳定更适合地球而不是宇宙。此外，把运动归于空间结构或包围整个空间的东西，却不归于地球这个占据空间的被包围者，这似乎是相当荒谬的[91]。最后，由于行星显然距离地球时近时远，所以同一个天体绕心（被认为是地心）的运动既是离心的又是向心的。因此，必须在更一般的意义上来解释这种绕心运动[92]，充分的条件是，任何这种运动都环绕自己的中心。所有这些论证都表明，地球运动比静止的可能性更大[93]。对于周日旋转来说，情况尤为如此，因为它对地球尤为适宜[94]。我想关于问题的第一部分，就说到这里吧。

第九章　可否赋予地球若干种运动？宇宙的中心

如前所述，既然否认地球运动是没有道理的，我们现在应当考虑，是否有若干种运动适合于地球，以至于可以将其看成一颗行星[95]。行星不均匀的视运动以及它们与地球距离的变化（这些现象是无法用以地球为中心的同心圆来解释的）都说明，地球并不是所有旋转的中心。既然有许多中心，自然就会引出一个问题，即宇 18
宙中心到底是地球的重心还是别的某一点？[96]我个人认为，重性不是别的，而是神圣的造物主植入物体各部分中的一种自然欲望，以使其结合成为完整的球体。我们可以假定，太阳、月亮以及其他明亮的行星都有这种冲动，并因此而保持球状[97]，尽管它们是以各不相同的方式运转的。所以如果说地球还以别的方式运动，比如绕一个中心转动，那么其附加运动一定会在它之外的许多天体上反映出来。周年转动便是这些运动中的一种。如果把周年转动从太阳换到地球，而把太阳看成静止的，那么黄道各宫和恒星在清晨和晚上都会显现出同样的东升西落；而且行星的留、逆行和［重新］顺行都可以认为不是行星的自行，而是地球运动的反映。最后，我们

将会认识到，占据着宇宙中心的正是太阳。正如人们所说，只要我们睁开双眼，正视事实[98]，就会发现支配行星排列次序的原则以及整个宇宙的和谐[99]都向我们揭示了所有这些事实。

第十章　天球的次序

恒星天是一切可见事物中最高的东西，我认为这是谁都不会怀疑的。至于行星，古代哲学家希望按照运转周期来排列它们的次序[100]。他们的原则是，运动同样快的物体离我们越远，视运动就越慢，这一点已为欧几里得的《光学》（*Optics*）所证明[101]。他们认为，月亮转一圈的时间最短，是因为它距离地球最近，转的圆最小；而最高的行星是土星，它转一圈的时间最长，轨道最大。土星之下是木星，然后是火星。

至于金星和水星，意见就有分歧了，因为这两颗行星并不像其他行星那样通过与太阳的任一距角。因此，有些人把金星和水星排在太阳之上，比如柏拉图的《蒂迈欧篇》（*Timaeus*）［38D］；也有些人把它们排在太阳之下，比如托勒密［《天文学大成》，IX，1］和许多现代人；比特鲁吉（Al-Bitruji）[102]则把金星排在太阳之上，把水星排在太阳之下。

根据柏拉图追随者的看法，所有行星本身是暗的，只是由于接受太阳光才发光[103]。因此，位于太阳之下的行星不会有大距，看上去应该呈半圆形或无论如何不是整圆形[104]。因为它们一般是向上也就是朝着太阳反射其所接受的光线，一如我们在新

月或残月中所见到的情形。此外，他们还认为，行星要是在太阳之下，那么当它们从太阳前掠过时必定会遮住太阳[105]，遮住多
19 少要看行星的大小，但历史上从未观察到这种掩食现象，因此柏拉图的追随者们认为，这些行星决不会位于太阳之下。

而那些把金星和水星排在太阳之下的人则援引日月之间的广阔空间为依据[106]。地月之间的最大距离为地球半径的$64^{1}/_{6}$倍，为日地最小距离的$^{1}/_{18}$[107]。而日地间最小距离为地球半径的1160倍，所以日月距离为地球半径的1096（≈1160－$64^{1}/_{6}$）倍[108]。为了不致使如此广阔的空间完全空虚，他们宣称近地点与远地点之间的距离（他们用这些距离计算出各个天球的厚度）大约就等于日月距离。具体说来，月亮的远地点之外紧接着水星的近地点；水星的远地点之外是金星的近地点；最后，金星的远地点[109]几乎紧接着太阳的近地点。他们算出，水星近地点与远地点之间的距离约为$177^{1}/_{2}$个地球半径，剩下的空间差不多刚好可以用金星的近地点和远地点之差，即910个地球半径填满。

因此，他们不承认[110]这些天体是像月亮那样的不透明物体，而认为它们要么是自己发光，要么是通过吸收太阳光来发光。此外，由于纬度经常变化，它们很少遮住我们看太阳的视线，因此不会掩食太阳[111]。还应谈到，这两颗行星与太阳相比非常之小，甚至连比水星更大的金星也不足以遮住太阳的百分之一。因此，根据拉卡（Raqqa）的巴塔尼（Al-Battani）[112]的说法，他认为太阳的直径是金星的10倍，因此，要在强烈的太阳光下看到这么小的一个斑点绝非易事。此外，伊本·鲁世德（Ibn Rushd）在《托勒密〈天文学大成〉释义》[113]（*Paraphrase*）

中谈到，在表中所列的太阳与水星的相合时刻，他看到了一颗黑斑，由此判定这两颗行星是在太阳天球之下运动。

但这种推理也是没有说服力和不可靠的，以下事实可以清楚地表明这一点。根据托勒密的说法［《天文学大成》，V，13］，月球近地点的距离为地球半径的38倍，但下面将会说明，据更准确的测量结果应大于49倍[114]。但我们知道，这个广阔的空间中除了气和所谓的“火元素”之外一无所有[115]。此外，使得金星偏离太阳两侧达45°角距的本轮的直径，必定是地心与金星近地点距离的6倍，这将在适当的地方［V，21］加以说明[116]。如果金星围绕静止的地球旋转，那么在金星的巨大本轮所占据的比包含地球、气、以太、月亮、水星的空间还要大得多的整个空间里，会由什么东西所占据呢？

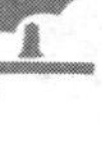

托勒密［《天文学大成》，IX，1］也论证说，太阳应在呈现冲和没有冲的行星之间运行。该论证是不可信的，因为月亮也有对太阳的冲，这一事实本身就暴露出此种说法的谬误。

还有人把金星排在太阳之下，再下面是水星，或者别的什么顺序，他们会提出什么样的理由来解释，为什么金星和水星不像其他行星那样沿着与太阳相分离的轨道运行呢？即使它们的［相对］快慢不会打乱它们的次序，也还是有这样的问题。因此，要 20
么地球并非排列行星和天球所参照的中心，要么实际上既没有次序原则，也没有任何明显的理由说明为什么最高的位置应当属于土星，而不是属于木星或其他某颗行星。

因此，我认为必须重视一部百科全书的作者马提亚努斯·卡佩拉（Martianus Capella）和其他一些拉丁学者[117]所熟悉的观点。

根据他们的说法，金星和水星绕太阳这个中心旋转[118]。在他们看来，正是由于这个缘故，它们偏离太阳不会超过其旋转轨道所容许的范围。因为和其他行星一样，它们并非绕地球旋转[119]，而是“有方向相反的圆”[120]。所以除了意指它们的天球中心靠近太阳，这些作者还能是什么意思呢？于是水星天球必定包含在金星天球——后者公认比前者大一倍多——之内，水星天球可以在那个广阔区域中占据适合自己的空间。如果有人由此把土星、木星和火星都与那个中心联系起来，那么只要他认为这些行星的天球大到足以把金星、水星以及地球都包含在内并绕之旋转，那么他的这种看法并不错，行星运动的规则图像便可以表明这一点。

众所周知，［这些外行星］总是在黄昏升起时距地球最近，这时它们与太阳相冲，即地球在它们与太阳之间；而在黄昏沉没时距地球最远，这时它们在太阳附近隐而不现，即太阳在它们与地球之间。这些事实足以说明，它们的中心不是地球，而是金星和水星旋转的中心——太阳。

但由于所有这些行星都与同一个中心相联系，所以在金星的凸球与火星的凹球之间的空间必定也是一个天球或球壳，它的两个表面是与这些球同心的。这个（夹层的球）可以容纳地球及其伴随者月球以及月亮天球内包含的所有东西。在这个空间中，我们为月亮找到了一个合适而恰当的位置，主要是由于这个原因，我们决不能把月球与地球分开，因为月球无疑距地球最近。

因此我敢毫无难堪地断言[121]，月亮和地球中心所包围的整个区域在其余行星之间围绕太阳每年走过一个大圆（grand circle）[122]。宇宙的中心在太阳附近[123]。此外，由于太阳保持静止，所以太阳的任何视运动实际上都是由地球的运动引起的[124]。尽管与任何其他行星天球相比，日地距离并不是太小，但宇宙的尺寸如此之大，以至于同恒星天球相比，日地距离仍是微不足道的。我认为，这种看法要比那种把地球放在宇宙中心、因而必须假定几乎无数层天球的混乱结果更令人信服[125]。我们应当留意造物主的智慧[126]，为了避免任何徒劳之举或无用之事，造物主往往宁愿给同一事物赋予多种效力。 21

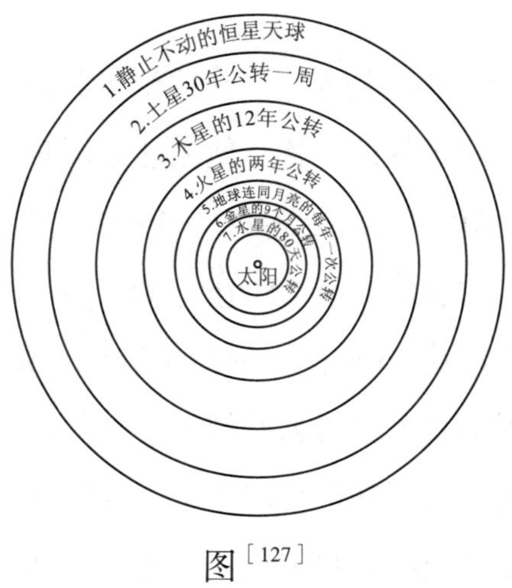

图[127]

所有这些论述虽然难懂，几乎难以设想，当然与许多人的信念相反，但凭借上帝的帮助，我将在下面透彻地阐明它们，至少要让那些懂点天文学的人明白是怎么一回事。因此，如果仍然承认第一原则（因为没有人能提出更适宜的原则）[128]，即天球尺寸由时间长短来度量，那么天球由高到低的次序可排列如下：

第一个也是所有天球中最高的是恒星天球，它包容自身和一切，因而是静止不动的[129]。它毫无疑问是宇宙的处所，其他所有天体的运动和位置都要以此为参照。有人认为它也有某种运动，但在讨论地球的运动时［I，11］，我将对此给出一种不同的解释。

［恒星天球］接下来是第一颗行星——土星，它每30年转动一周；然后是木星，每12年转一周；再后是火星，每2年转一周；第四位是地球以及作为本轮的月亮天球［I，10］，每1年转一
22 周；第五位是金星，每9个月转一周；最后第六位是水星，每80天转一周。

但静居于万物中心的是太阳。在这个华美的殿堂中，谁能把这盏明灯放到另一个或更好的位置，使之能够同时照亮一切呢？有人把太阳称为宇宙之灯、宇宙之心灵、宇宙之主宰[130]，这都没有什么不妥。三重伟大的赫尔墨斯（Hermes the Thrice Greatest）把太阳称为“可见之神”[131]，索福克勒斯（Sophocles）笔下的埃莱克特拉（Electra）则称其为“洞悉万物者”[132]。于是，太阳就像端坐在王位上统领着绕其运转的行星家族。此外，地球并没有被剥夺月亮的护卫。恰恰相反，正如亚里士多德在一部论动物的著作中所说，地球与月亮的关系最为亲密[133]。与此同时，地球与太阳交媾受孕，每年分娩一次。

因此，我们在这种安排中发现宇宙具有令人惊叹的对称性，天球的运动与尺寸之间有一种既定的和谐联系，这用其他方式是无法发现的。细心观察的人会觉察到，为什么木星顺行和逆行的弧看起来比土星长而比火星短，而金星的却比水星的长。对于这种方向转换，土星要比木星显得频繁，而火星和金星却比水星罕见。此外，土星、木星和火星在日落时升起时，要比傍晚沉没或

晚些时候距地球更近。特别是火星，当它彻夜照耀时，其亮度似乎可以与木星相比，只有从它的红色才能将其辨认出来。但在其他情况下，它在繁星中看上去只不过是一颗二等星，只有通过勤勉的跟踪观测才能辨认出来。所有这些现象都是由同一个原因即地球运动引起的。

但恒星没有这些现象，这说明它们极为遥远，以至于周年转动的天球及其反映都在我们眼前消失了[134]。因为光学已经表明，任何可见之物都有一定的距离范围，超出这个范围就看不见了。星光的闪烁也说明，最远的行星土星与恒星天球之间有无比遥远的间隔[135]。这个特征正是恒星与行星的主要区别，因为运动的东西与不动的东西必定有巨大差异。最卓越的造物主的神圣作品无疑是何等伟大啊！[136]

第十一章　地球三重运动的证据[137]

既然行星有如此众多的重要方式来支持地球的运动，我现在就来对这种运动作一概述，并进而用这一原则来解释现象。总的说来，必须承认地球有三重运动：

第一重运动是地球的昼夜自转，正如我所说［I，4］，希腊人称之为 *nuchthemeron*。它使地球自西向东绕轴转动，于是宇宙看起来像是沿相反方向旋转。地球的这种运动描出了赤道，有些
23 人仿效希腊人的术语 *isemerinos* 把它称为“均日圈”。

第二重运动是地心沿黄道绕太阳的周年运转，其方向也是自西向东，即沿着黄道十二宫的次序。正如我所说［I，10］，地球连同其同伴在金星与火星之间运行。由于这重运动，太阳看起来像是沿黄道作类似的运动。例如，当地心通过摩羯宫时，太阳看起来正通过巨蟹宫；当地球在宝瓶宫时，太阳看起来在狮子宫，等等。这些我已经说过了[138]。

需要明确的是，赤道和地轴相对于穿过黄道各宫中心的圆以及黄道面的倾角是可变的。因为如果它们所成的角度是恒定的，并且只受地心运动的影响，那么就不会出现昼夜长度不等的现象了。这样一来，某些地方就会总是有最长或最短的白昼，或者昼

夜一样长，或者总是夏天或冬天，或者总是一个季节，保持恒定不变。

因此需要有第三重运动[139]，即倾角的运动。这也是一种周年转动，但沿着与黄道各宫次序相反的方向，即与地心运动的方向相反。这两种运动周期几乎相等而方向相反，这就使得地轴和地球上最大的纬度圈赤道几乎总是指向天的同一方向，仿佛保持不动。与此同时，由于地心（仿佛是宇宙中心）的这种运动，太阳看起来像是沿黄道在倾斜的方向上运动。这时需要记住，与恒星天球相比，日地距离可以忽略不计。

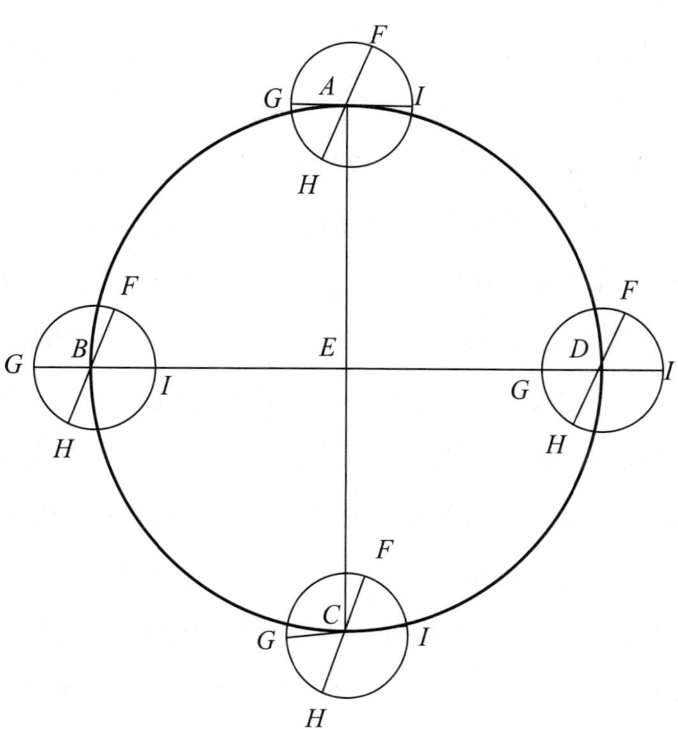

这些事情最好用图形而不是语言来说明。设圆ABCD为地心在黄道面上周年运转的轨迹，圆心附近的点E为太阳，直径AEC和BED将这个圆四等分。设点A为巨蟹宫，点B为天秤宫，点C为摩羯宫，点D为白羊宫。假设地心原来位于点A，围绕点A作地球赤道FGHI，它与黄道不在同一平面上，直径GAI为赤道面与黄道面的交线。作直径FAH与GAI垂直，设点F为赤道上最南的一点，点H为最北的一点。在这些情况下，地球的居民将看见靠近中心点E的太阳在冬至时位于摩羯宫，因为赤道上最北的点H朝向太阳。由于赤道与AE的倾角，周日自转描出与赤道平行而间距为倾角EAH的南回归线。

现在令地心沿黄道各宫的方向运行，最大倾斜点F沿相反方向转动同样角度，两者都转过一个象限到达点B。在这段时间内，由于两者旋转相等，所以角EAI始终等于角AEB，直径FAH和
24 FBH，GAI和GBI，以及和赤道都始终保持平行。由于已经多次提到的理由，在无比广阔的天界，同样的现象会出现。所以从天秤宫的第一点B看来，E看起来在白羊宫。黄赤交线与GBIE重合。在周日自转中，轴线的垂直平面不会偏离这条线。相反，自转轴将完全倾斜在侧平面上。因此太阳看起来在春分点。当地心在假定条件下继续运动，走过半圈到达点C时，太阳将进入巨蟹宫。赤道上最大南倾点F将朝向太阳，太阳看起来是在北回归线上运动，与赤道的角距为ECF。当F转到圆周的第三象限时，交线GI将再次与ED重合。这时看见太阳是在天秤宫的秋分点上。再转下去，H逐渐转向太阳[140]，于是又会重复初始情况。

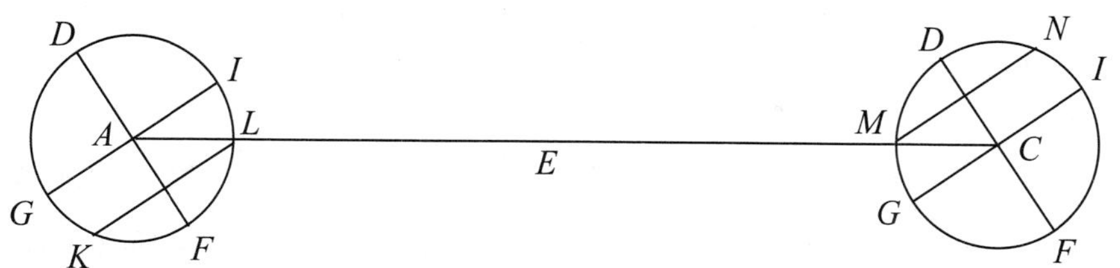

我们也可以用另一种方式来解释：设AEC[141]为黄道面的一条直径，也就是黄道面同一个与之垂直的圆的交线。绕点A和点C（相当于巨蟹宫和摩羯宫）分别作通过两极的地球经度圈$DGFI$。设地轴为DF，北极为D，南极为F，GI为赤道的直径。当点F转向点E附近的太阳时，赤道向北的倾角为IAE，于是周日旋转使太阳看起来沿着南回归线运动。南回归线与赤道平行，位于赤道南面，它们之间的距离为LI，直径为KL。或者更确切地说，从AE[142]来看，周日自转产生了一个以地心为顶点、以平行于赤道的圆周为底的锥面。在相对的点C，情况也是类似，不过方向相反。因此已经很清楚，地心与倾角这两种运动如何组合 25
起来使地轴保持在同一方向和几乎同样的位置，并使所有这些现象看起来像是太阳的运动。

但我已经说过，地心与倾角的周年运转近乎相等。因为如果它们精确相等，那么二分点和二至点以及黄道倾角相对于恒星天球都不会有什么变化。但由于有微小的偏离，所以只有随着时间的流逝变大后才能被发现。从托勒密时代到现在，二分点岁差共计约21°。由于这个缘故，有些人相信恒星天球也在运动，因此设想了第九层天球。当这又不够用时，现代人又加上了第十层天球。然而，他们仍然无法获得我希望用地球运动所得到的成果。

我将把这一点作为一条证明其他运动的原理和假说。

［哥白尼原计划在这里加入两页多点的手稿，但后来删去了。这份删掉的材料在《天球运行论》前四版（1543年、1566年、1617年、1854年）中没有刊印，但包含在哥白尼的原稿被重新发现后出版的版本（1873年、1949年、1972年）中。其内容如下。］

我承认，太阳和月亮的运动也可以用一个静止的地球来显示。然而，这对其他行星是不适宜的。菲洛劳斯[143]出于诸如此类的理由相信地球在运动。这似乎是有道理的，因为根据一些人的说法，萨摩斯（Samos）的阿里斯塔克（Aristarchus）也持相同的观点[144]，这些人没有被亚里士多德提出和拒斥的论证［《论天》，Ⅱ，13—14］所促动。但是只有通过敏锐的心灵和坚持不懈的研究才能理解这些议题。因此当时大多数哲学家对它们都不熟悉，柏拉图并不讳言当时只有少数人精通天体运动理论[145]。即使菲洛劳斯或任何毕达哥拉斯主义者得知了这些，大概也不会把它们传给后人。因为毕达哥拉斯学派不会把哲学奥秘写下来或者向所有人泄露，而是只托付给忠实的朋友和男亲属，并由他们一个个传下来。吕西斯（Lysis）写给希帕克斯（Hipparchus）的一封存留至今的信便是这种习惯的证据。由于这封信提出了值得注意的见解，并且为了说明他们给哲学赋予了什么价值，我决定把它插入这里并以此结束第一卷。以下就是我从希腊文译出的这封信[146]。

吕西斯致希帕克斯，致以问候。

我决不相信，毕达哥拉斯死后，其追随者们的兄弟情谊会消失。但既然我们已经意外地四散远离，就好像我们的船已经遇难损毁，那么追忆他的神圣教诲，不把哲学宝藏传给那些还没有想过灵魂净化的人，这仍是虔敬之举。因为把我们花费巨大努力而获得的成果泄露给所有人，这样做是不妥当的，一如不能把埃莱夫西斯（Eleusis）女神的秘密泄露给不谙此道者。犯有这些不端行为的人应被斥为邪恶和不虔敬。另一方面，值得静心思索一下，经过5年时间，承蒙他的教诲，我们花了多少时间来擦拭我们心灵所沾染的污垢。染匠们清洗织物后，除染料外还使用一种媒染剂，为的是使颜色固定持久，防止其轻易褪色。那位神圣的人用同样的方式来培养热爱哲学的人，以免为他们
中间任何人的才能所怀的希望落空。他不会兜售其箴言， 26
不会像许多智者那样设置陷阱来迷惑青年人，因为这毫无价值。恰恰相反，他所传授的是神的和人的教义。

但有些人长时间大肆模仿他的教诲。他们以一种不正当的混乱程序对年轻人进行指导，致使其听者变得粗鲁而自以为是。因为他们把杂乱而被玷污的道德与哲学的崇高箴言混在一起。结果就像把纯净新鲜的水倒入了充满污垢的深井，污垢被翻搅起来，水也浪费掉了。这就是以这种方式教和被

教的人所发生的情况。茂密而黑暗的树林堵塞了没有正确掌握专门知识和秘密的人的头脑和心灵，完全损害了他们优雅的精神和理智。这些树林感染了各种各样的罪恶，它们茂盛起来会阻塞思想，妨碍它往任何方向发展。

我认为这种干扰主要来源于自我放纵和贪婪，两者都极为猖獗。由自我放纵产生了乱伦、酗酒、强奸、淫乐和某些暴力冲动，它们会导致死亡和毁灭。事实上，有些人的激情冲动极强时，竟然连他们的母亲或女儿也不放过，甚至会触犯法律，与国家、政府和统治者发生冲突。激情设下的陷阱使他们束手就擒，终获审判。另一方面，贪婪会产生故意伤害、谋杀、抢劫、吸毒以及其他种种恶果。因此我们应当竭力用火和剑来根除隐藏这些强烈欲望的林中兽穴。一旦发现自然理性摆脱了这些欲望，我们就可以在其中植入一种非常卓越和多产的作物。

希帕克斯，你也曾满怀热情地学过这些准则。但我的好人啊，你在体验了西西里的奢华之后便不再注意它们了，而为了这种生活你本来什么也不应当抛弃。许多人甚至说，你在公开讲授哲学。这种做法是毕达哥拉斯所禁止的，他把自己的笔记遗赠给了女儿达穆（Damo），嘱咐她不要让家族以外的任何人翻阅。虽然她本可以出售这些笔记赚得一大笔钱，但她拒绝这样做，因为她认为清贫和父亲的命令比黄金更可贵。他们还说，达穆临终时也嘱咐自己的女儿碧塔丽（Bitale）担负起同样的职责。而我们这些男人却没有听从导师的教诲，违背了我们的誓言。如果你改正自己的做法，我会珍爱你。倘若不这样做，在我看来你已经死了。

［哥白尼并不怀疑上面这封信的真实性，他原本打算用这封信来结束第一卷。按照这个方案，在这封信之后，第二卷随即以一份介绍性的材料开始，这份材料后来被删掉了。《天球运行论》的前四版没有刊印这份被删掉的材料，而在哥白尼的原稿被重新发现之后出版的那些版本则把它包括了进去。这份材料见下。］

对于我已经进行的工作，那些作为原理和假说似乎不可或缺的自然哲学命题已有简略考察。这些命题是：宇宙是球形的、浩瀚的、近乎无限，而包容一切的恒星天球则是静止的，所有其他天体都在作圆周运动。我还假设地球在作某些旋转。我力图以此为基础来建立整个关于星星的科学。

［《天球运行论》前四版把原稿中此处删掉材料的余下部分印做以下I，12 的开头。］

在几乎整部著作中，我要用的证明包含平面和球面三角形中的直线和圆弧。虽然关于这些主题的许多知识已见于欧几里得（Euclid）的《几何原本》，但那本著作并未包含这里主要问题（即如何由角求边和由边求角）的答案。

［第一版用“圆中直线的长度”作为I，12 的标题。《天球运行论》接下来三个版本重复了这一标题，但它在原稿中没有直

接根据。

27 而另一方面，在原稿中原打算作为第二卷第一章开头的材料还有以下一段。]

> 弦不能由角来量，角也不能由弦来量，而应当由弧来量。因此，我们发现了一种方法，可以求出任意弧所对应的弦长。借助于这些弦长，可以求出角所对应的弧长；反过来，由弧长可以得到角所截的直线长度。因此，在下卷讨论这些线以及平面和球面三角形的边和角（托勒密曾在个别例子中做过讨论），这对我来说并非不适宜。我这里想彻底结束这些主题，从而澄清我后面所要讨论的问题。

第十二章　圆的弦长

［根据哥白尼原来的方案，为第二卷第一章］

根据数学家的一般做法，我把圆分成360°。古人将直径划分为120单位［例如托勒密，《天文学大成》，I，10］，但为了避免在弦长的乘除运算中出现分数（弦长经常是不可公度的，而且平方后也往往如此）的麻烦，后人也把它分成1200000单位或2000000单位。印度数字符号得到运用之后，有人也使用其他合适的直径体系。把这样的数字符号应用于数学运算，速度肯定要快过希腊或拉丁体系。为此，我也采用把直径分成200000单位的分法，这已足够排除任何明显误差了。当数量之比不是整数比时，我只好取近似值。下面我将用六条定理和一个问题[147]来说明这一点，内容基本是仿照托勒密的。

定理一

给定圆的直径，可求内接三角形、正方形、五边形、六边形和十边形的边长。

欧几里得在《几何原本》[148]中证明，直径的一半或半径等于六边形的边长，三角形边长的平方等于六边形边长平方的3倍，而正方形边长的平方等于六边形边长平方的2倍。因此，如果取六边形边长为100000单位，则正方形边长为141422单位，三角形边长为173205单位。

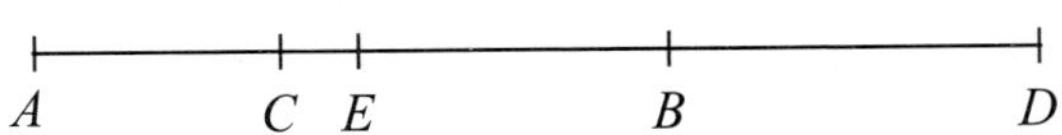

设*AB*为六边形的边长。根据欧几里得《几何原本》II，1或VI，10，设点*C*为它的黄金分割点，较长的一段为*CB*，把它再延长一个相等长度*BD*，则整条线*ABD*也被黄金分割。其中较短的*BD*是圆内接十边形的边长，*AB*是内接六边形的边长。此结果可由《几何原本》[149] XIII，5和9得出。

*BD*可按下列方法求出：设*AB*的中点为点*E*，则由《几何原本》XIII，3可得，$(EBD)^2=5(EB)^2$，而$EB=50000$，所以由它的平方的5倍可得$EBD=111803$，因此，$BD=EBD-EB=111803-50000=61803$，这就是我们所要求的十边形的边长。

28 而五边形边长的平方等于六边形边长与十边形边长的平方之和，所以五边形边长为117557单位。

因此，当圆的直径为已知时，其内接三角形、正方形、五边形、六边形和十边形的边长均可求得。证毕。

推　论

因此，已知一段圆弧的弦，可求半圆剩余部分所对弦长。

内接于半圆的角为直角。在直角三角形中，直角所对的边

（即直径）的平方等于两直角边的平方之和。由于十边形一边所对的弧为36°，［定理一］业已证明其长度为61803单位，而直径为200000单位，因此可得半圆剩下的144°所对的弦长为190211单位。五边形一边的长度为117557单位，它所对的弧为72°，于是可求得半圆其余108°所对弦长为161803单位。

定理二

在圆内接四边形中，以对角线为边所作矩形等于两组对边所作矩形之和。

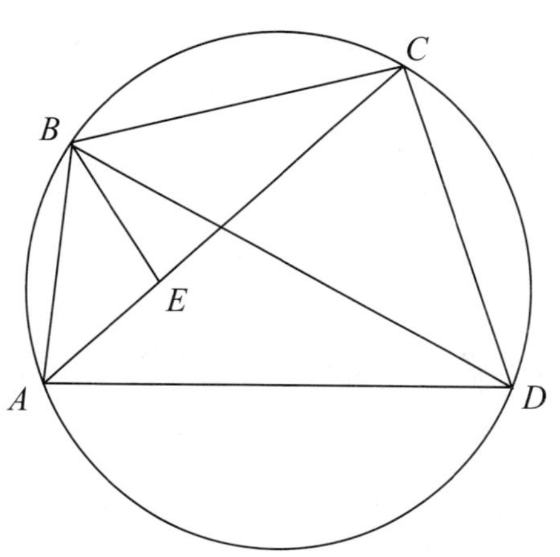

设*ABCD*为圆内接四边形，那么我说对角线*AC*和*DB*的乘积等于*AB*与*CD*的乘积和*AD*与*BC*的乘积之和。取角*ABE*＝角*CBD*，加上共同的角*EBD*，得到角*ABD*＝角*EBC*。此外，角*ACB*＝角*BDA*，因为它们对着圆周上的同一段弧。因此两个相似三角形［*BCE*和*BDA*］的相应边长成比例，即$BC:BD=EC:AD$，于是$EC\times BD=BC\times AD$。而因为角*ABE*＝角*CBD*，由于对着同一段圆弧，角BAC＝角BDC，所以ABE和CBD两个三角形也相似。于是，$AB:BD=AE:CD$，$AB\times DC=AE\times BD$。但我们已经证明了$AD\times BC=BD\times EC$，相加可得$BD\times AC=AD\times BC+AB\times CD$。此即需要证明的结论。

定理三

由上述可知，已知半圆内两不相等的弧所对弦长，可求两弧之差所对的弦长。

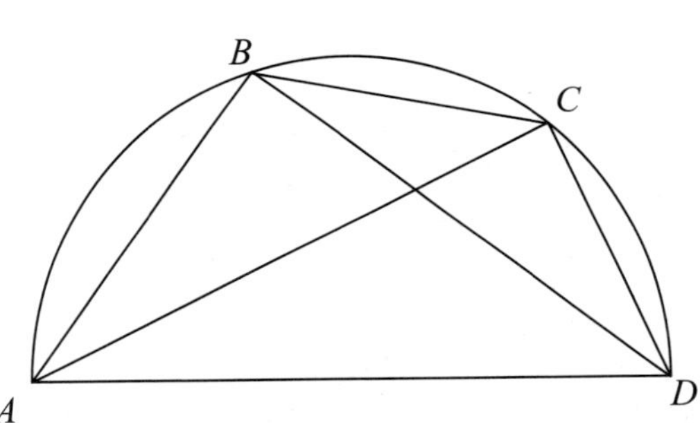

在直径为AD的半圆$ABCD$中，设AB和AC分别为不等弧长所对的弦，我们希望求弦长BC。由上所述［定理一的推论］，可求得半圆剩余部分所对的弦长BD和CD。于是在半圆中作四边形$ABCD$，它的对角线AC和BD以及三边AB、AD和CD都为已知。
29 根据定理二，$AC\times BD=AB\times CD+AD\times BC$。因此，$AD\times BC=AC\times BD-AB\times CD$。所以，$(AC\times BD-AB\times CD)\div AD=BC$，即为我们所要求的弦长$BC$。

由上所述，例如当五边形和六边形的边长为已知时，它们之差12°（即72°－60°）所对的弦长可由这个方法求得为20905单位。

定理四

已知任意弧所对的弦，可求其半弧所对的弦长。

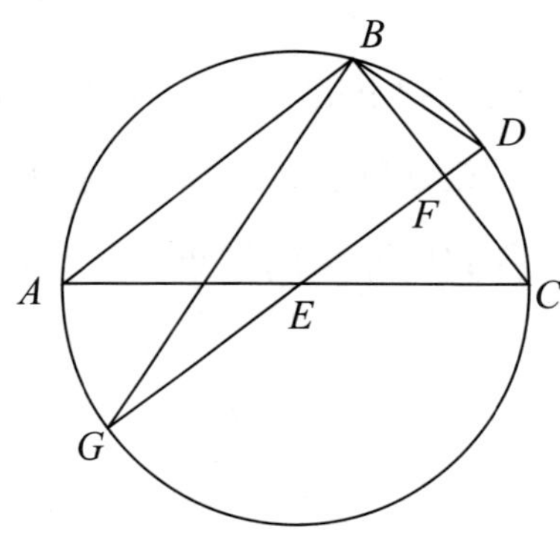

设ABC为一圆，直径为AC。设BC为给定的带弦的弧。从圆心E作直线EF垂直于BC。根据《几何原本》III，3，EF将平分弦BC于点F，延长EF，它将平分弧BC于点D。作弦AB和BD。三角形ABC和EFC为相似直角三角形（它们共有角ECF）。因此，由于$CF={}^1/_2BFC$，所以$EF={}^1/_2AB$。而半圆剩余部分所对弦长AB可由定理一的推论求得，所以EF也可得出，于是就得到了半径的剩余部分DF。作直径DEG，连接BG。在三角形BDG中，从直角顶点B向斜边作的垂线为BF。因此，$GD \times DF=(BD)^2$。于是BDG弧的一半所对的弦BD的长度便求出了。因为12°的弧所对的弦长已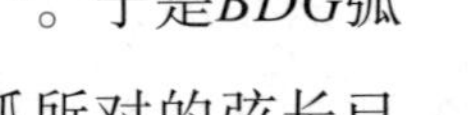经求得［定理三］，于是可求得6°的弧所对的弦长为10467单位，3°为5235单位，$1^1/_2$°为2618单位，$^3/_4$°为1309单位。

定理五

已知两弧所对的弦，可求两弧之和所对的弦长。

设AB和BC为圆内已知的两段弦，则我说整个ABC弧所对的弦长也可求得。作直径*AFD*和*BFE*以及直线*BD*和*CE*。由于*AB*和*BC*已知，而*DE*=*AB*，所以由前面定理一的推论可求得*BD*和*CE*的弦长。连接*CD*，补足四边形*BCDE*。其对角线*BD*和*CE*以及三边*BC*、*DE*和*BE*都可求得。剩下的一边*CD*也可由定理二求出。因此半圆剩余部分所对弦长*CA*可以求得，此即我们所要求的整个*ABC*弧所对的弦。这就是我们所要求的结果。

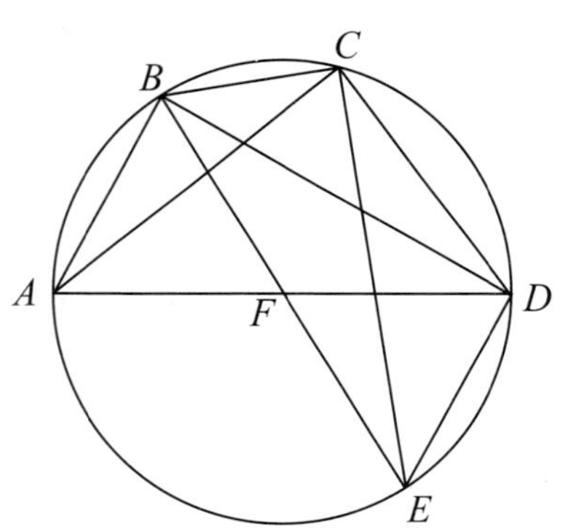

至此，与3°、$1^{1}/_{2}$°和$^{3}/_{4}$°弧所对的弦长都已求得。用这些间距可以制得非常精确的表。然而如果需要增加一度或半度，把两段弦相加，或作其他运算，那么求得的弦长是否正确就值得怀疑了。这是因为我们缺乏证明它们的图形关系。但是用另一种方法可以做到这一点，而不会有任何可觉察的误差。托勒密［《天文学大成》，I，10］也计算过1°和$^{1}/_{2}$°所对的弦长，不过他首先说的是以下定理。

定理六

大弧与小弧之比大于对应两弦长之比。

设AB和BC为圆内两段相邻的弧，其中BC较大，则我说弧BC：弧$AB>$弦BC：弦AB。设直线BD等分角B。连接AC，与弦BD交于点E。连接AD和CD，则$AD=CD$，因为它们所对的弧相等。在三角形ABC中，角平分线也交AC于点E，所以底边的两段之比EC：$AE=BC$：AB。由于$BC>AB$，所以$EC>EA$。作DF垂直于AC，它等分AC于点F，则点F必定在较长的一段EC上。由于三角形中大角对大边，所以在三角形DEF中，$DE>DF$，而$AD>DE$，则以D为中心，DE为半径所作的圆弧将与AD相交并超出DF。设此弧与AD交于点H，与DF的延长线交于点I。由于扇形$EDI>$三角形EDF，而三角形$DEA>$扇形DEH，所以三角形DEF：三角形$DEA<$扇形EDI：扇形DEH。而扇形与其弧或中心角成正比，顶点相同的三角形与其底边成正比，所以角EDF：角$ADE>$底EF：底AE。相加可得，角FDA：角$ADE>$底AF：底AE。同样可得，角CDA：角$ADE>$底AC：底AE。相减，角CDE：角$EDA>$底CE：底EA。而角CDE：角$EDA=$弧CB：弧AB，底边CE：$AE=$弦BC：弦AB。因此，弧CB：弧$AB>$弦BC：弦AB。证毕。

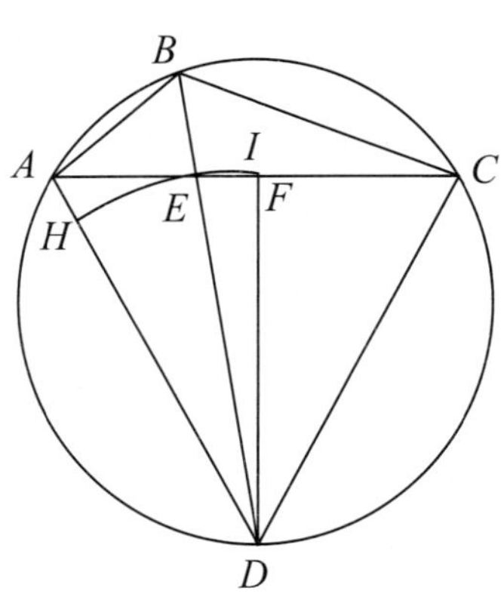

问　题

两点之间直线最短，弧长总大于它所对的弦长。但随着弧长不断减少，这个不等式逐渐趋于等式，以至于最终圆弧与直线在圆的切点处一同消失。所以在此之前，它们的差别必定小到难以察觉。

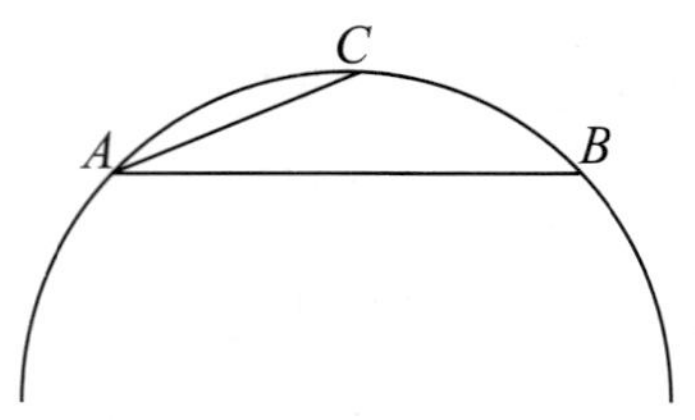

例如，设弧AB为3°，弧AC为$1\frac{1}{2}°$。设直径长200000单位，［按定理四］已经求得弦$AB=5235$，弦$AC=2618$。虽然弧$AB=$弧AC的两倍，但弦$AB<$弦AC的两倍，弦$AC-2617=1$。如果取
31 弧$AB=1\frac{1}{2}°$，弧$AC=\frac{3}{4}°$，则弦$AB=2618$，弦$AC=1309$。虽然弦AC应当大于弦AB的一半，但它与后者似乎没有什么差别，两弧之比与两弦之比现在似乎是相等的。因此当弦与弧差别十分微小以至于成为一体时，我们无疑可以把1309当做$\frac{3}{4}°$所对的弦长，并且按比例求出1°或其他分度所对的弦长。于是，$\frac{1}{4}°$与$\frac{3}{4}°$相加，可得1°所对弦长为1745单位，$\frac{1}{2}°$为$872\frac{1}{2}$单位，$\frac{1}{3}°$约为582单位。

我相信在表中只列入倍弧所对的半弧就足够了。用这种方法，我们可以把以前需要在半圆内[150]展开的数值压缩到一个象限之内。这样做的主要理由是在证明和计算时，半弦比整弦用得更多。表中每增加$\frac{1}{6}°$[151]给出一值，共分三栏。第一栏为弧的度数和六分之几度[152]，第二栏为倍弧的半弦数值，第三栏为每

隔1°的差值。用这些差值可以按比例内插任意弧分的值。此表如下[153]：

圆周弦长表[154]												
弧		倍弧所对半弦	每隔1度的差值	弧		倍弧所对半弦	每隔1度的差值	弧		倍弧所对半弦	每隔1度的差值	32
度	分			度	分			度	分			
0	10	291	291[155]	7	0	12187		13	50	23910	282	
0	20	582		7	10	12476		14	0	24192		
0	30	873		7	20	12764	288	14	10	24474		
0	40	1163		7	30	13053		14	20	24756		
0	50	1454		7	40	13341		14	30	25038	281	
1	0	1745		7	50	13629		14	40	25319		
1	10	2036		8	0	13917		14	50	25601		
1	20	2327		8	10	14205		15	0	25882		
1	30	2617		8	20	14493		15	10	26163		
1	40	2908		8	30	14781		15	20	26443	280	
1	50	3199		8	40	15069		15	30	26724		
2	0	3490		8	50	15356	287	15	40	27004		
2	10	3781		9	0	15643		15	50	27284		
2	20	4071		9	10	15931		16	0	27564	279	
2	30	4362		9	20	16218		16	10	27843		
2	40	4653		9	30	16505		16	20	28122		
2	50	4943	290	9	40	16792		16	30	28401		
3	0	5234		9	50	17078		16	40	28680		
3	10	5524		10	0	17365		16	50	28959	278	
3	20	5814		10	10	17651	286	17	0	29237		
3	30	6105		10	20	17937		17	10	29515		
3	40	6395		10	30	18223		17	20	29793		
3	50	6685		10	40	18509		17	30	30071	277	
4	0	6975		10	50	18795		17	40	30348		
4	10	7265		11	0	19081		17	50	30625		
4	20	7555		11	10	19366	285	18	0	30902		33
4	30	7845		11	20	19652		18	10	31178	276	
4	40	8135		11	30	19937		18	20	31454		
4	50	8425		11	40	20222		18	30	31730		
5	0	8715		11	50	20507		18	40	32006		
5	10	9005		12	0	20791		18	50	32282	275	
5	20	9295		12	10	21076	284	19	0	32557		
5	30	9585		12	20	21360		19	10	32832		
5	40	9874		12	30	21644		19	20	33106		
5	50	10164	289	12	40	21928		19	30	33381	274	
6	0	10453		12	50	22212		19	40	33655		
6	10	10742		13	0	22495	283	19	50	33929		
6	20	11031		13	10	22778		20	0	34202		
6	30	11320		13	20	23062		20	10	34475	273	
6	40	11609		13	30	23344		20	20	34748		
6	50	11898		13	40	23627		20	30	35021		

续表

圆周弦长表

弧		倍弧所对半弦	每隔1度的差值	弧		倍弧所对半弦	每隔1度的差值	弧		倍弧所对半弦	每隔1度的差值
度	分			度	分			度	分		
20	40	35293	272	27	30	46175		34	20	56400	
20	50	35565		27	40	46433	257	34	30	56641	239
21	0	35837		27	50	46690		34	40	56880	
21	10	36108	271	28	0	46947		34	50	57119	238
21	20	36379		28	10	47204	256	35	0	57358	
21	30	36650		28	20	47460		35	10	57596	
21	40	36920	270	28	30	47716	255	35	20	57833	237
21	50	37190		28	40	47971		35	30	58070	
22	0	37460		28	50	48226		35	40	58307	236
22	10	37730	269	29	0	48481	254	35	50	58543	
22	20	37999		29	10	48735		36	0	58779	235
22	30	38268		29	20	48989	253	36	10	59014	
22	40	38537	268	29	30	49242		36	20	59248	234
22	50	38805		29	40	49495	252	36	30	59482	
23	0	39073		29	50	49748		36	40	59716	233
23	10	39341	267	30	0	50000		36	50	59949	
23	20	39608		30	10	50252	251	37	0	60181	232
23	30	39875		30	20	50503		37	10	60413	
23	40	40141	266	30	30	50754	250	37	20	60645	231
23	50	40408		30	40	51004		37	30	60876	
24	0	40674		30	50	51254		37	40	61107	230
24	10	40939	265	31	0	51504	249	37	50	61337	
24	20	41204		31	10	51753		38	0	61566	229
24	30	41469		31	20	52002	248	38	10	61795	
24	40	41734	264	31	30	52250		38	20	62024	
24	50	41998		31	40	52498	247	38	30	62251	228
25	0	42262		31	50	52745		38	40	62479	
25	10	42525	263	32	0	52992	246	38	50	62706	227
25	20	42788		32	10	53238		39	0	62932	
25	30	43051		32	20	53484		39	10	63158	226
25	40	43313	262	32	30	53730	245	39	20	63383	
25	50	43575		32	40	53975		39	30	63608	225
26	0	43837		32	50	54220	244	39	40	63832	
26	10	44098	261	33	0	54464		39	50	64056	224
26	20	44359		33	10	54708	243	40	0	64279	223
26	30	44620	260	33	20	54951		40	10	64501	222
26	40	44880		33	30	55194	242	40	20	64723	
26	50	45140		33	40	55436		40	30	64945	221
27	0	45399	259	33	50	55678	241	40	40	65166	220
27	10	45658		34	0	55919		40	50	65386	
27	20	45916	258	34	10	56160	240	41	0	65606	219

34

续表

圆周弦长表												
弧		倍弧所对半弦	每隔1度的差值	弧		倍弧所对半弦	每隔1度的差值	弧		倍弧所对半弦	每隔1度的差值	
度	分			度	分			度	分			
41	10	65825		48	0	74314	194	54	50	81784	167	
41	20	66044	218	48	10	74508	193	55	0	81915	166	
41	30	66262		48	20	74702		55	10	82082	165	
41	40	66480	217	48	30	74896		55	20	82248	164	
41	50	66697		48	40	75088	192	55	30	82413		
42	0	66913	216	48	50	75280	191	55	40	82577	163	
42	10	67129	215	49	0	75471	190	55	50	82741	162	
42	20	67344		49	10	75661		56	0	82904		
42	30	67559	214	49	20	75851	189	56	10	83066	161	35
42	40	67773		49	30	76040		56	20	83228	160	
42	50	67987	213	49	40	76229	188	56	30	83389	159	
43	0	68200	212	49	50	76417	187	56	40	83549		
43	10	68412		50	0	76604		56	50	83708	158	
43	20	68624	211	50	10	76791	186	57	0	83867	157	
43	30	68835		50	20	76977		57	10	84025		
43	40	69046	210	50	30	77162	185	57	20	84182	156	
43	50	69256		50	40	77347	184	57	30	84339	155	
44	0	69466	209	50	50	77531		57	40	84495		
44	10	69675		51	0	77715	183	57	50	84650	154	
44	20	69883	208	51	10	77897	182	58	0	84805	153	
44	30	70091	207	51	20	78079		58	10	84959	152	
44	40	70298		51	30	78261	181	58	20	85112		
44	50	70505	206	51	40	78442	180	58	30	85264	151	
45	0	70711	205	51	50	78622		58	40	85415	150	
45	10	70916		52	0	78801	179	58	50	85566		
45	20	71121	204	52	10	78980	178	59	0	85717	149	
45	30	71325		52	20	79158		59	10	85866	148	
45	40	71529	203	52	30	79335	177	59	20	86015	147	
45	50	71732	202	52	40	79512	176	59	30	86163		
46	0	71934		52	50	79688		59	40	86310	146	
46	10	72136	201	53	0	79864	175	59	50	86457	145	
46	20	72337	200	53	10	80038	174	60	0	86602	144	
46	30	72537		53	20	80212		60	10	86747		
46	40	72737	199	53	30	80386	173	60	20	86892	143	
46	50	72936		53	40	80558	172	60	30	87036	142	
47	0	73135	198	53	50	80730		60	40	87178		
47	10	73333	197	54	0	80902	171	60	50	87320	141	36
47	20	73531		54	10	81072	170	61	0	87462	140	
47	30	73728	196	54	20	81242	169	61	10	87603	139	
47	40	73924	195	54	30	81411		61	20	87743		
47	50	74119		54	40	81580	168	61	30	87882		

续表

37

圆周弦长表											
弧		倍弧所对半弦	每隔1度的差值	弧		倍弧所对半弦	每隔1度的差值	弧		倍弧所对半弦	每隔1度的差值
度	分			度	分			度	分		
61	40	81784	138	68	40	93148		75	40	96887	
61	50	88158	137	68	50	93253	150	75	50	96959	71
62	0	88295		69	0	93358	104	76	0	97030	70
62	10	88431	136	69	10	93462	103	76	10	97099	69
62	20	88566	135	69	20	93565	102	76	20	97169	68
62	30	88701	134	69	30	93667		76	30	97237	
62	40	88835		69	40	93769	101	76	40	97304	67
62	50	88968	133	69	50	93870	100	76	50	97371	66
63	0	89101	132	70	0	93969	99	77	0	97437	65
63	10	89232	131	70	10	94068	98	77	10	97502	64
63	20	89363		70	20	94167		77	20	97566	63
63	30	89493	130	70	30	94264	97	77	30	97630	
63	40	89622	129	70	40	94361	96	77	40	97692	62
63	50	89751	128	70	50	94457	95	77	50	97754	
64	0	89879		71	0	94552	94	78	0	97815	61
64	10	90006	127	71	10	94646	93	78	10	97875	60
64	20	90133	126	71	20	94739		78	20	97934	59
64	30	90258		71	30	94832	92	78	30	97992	58
64	40	90383	125	71	40	94924	91	78	40	98050	57
64	50	90507	124	71	50	95015	90	78	50	98107	56
65	0	90631	123	72	0	95105		79	0	98163	55
65	10	90753	122	72	10	95195	89	79	10	98218	54
65	20	90875	121	72	20	95284	88	79	20	98272	
65	30	90996		72	30	95372	87	79	30	98325	53
65	40	91116	120	72	40	95459	86	79	40	98378	52
65	50	91235	119	72	50	95545	85	79	50	98430	51
66	0	91354	118	73	0	95630	84	80	0	98481	50
66	10	91472		73	10	95715	83	80	10	98531	49
66	20	91590	117	73	20	95799	82	80	20	98580	
66	30	91706	116	73	30	95882	81	80	30	98629	48
66	40	91822	115	73	40	95964		80	40	98676	47
66	50	91936	114	73	50	96045		80	50	98723	46
67	0	92050	113	74	0	96126	80	81	0	98769	45
67	10	92164		74	10	96206	79	81	10	98814	44
67	20	92276	112	74	20	96285	78	81	20	98858	43
67	30	92388	111	74	30	96363	77	81	30	98902	42
67	40	92499	110	74	40	96440		81	40	98944	
67	50	92609	109	74	50	96517	76	81	50	98986	41
68	0	92718		75	0	96592	75	82	0	99027	40
68	10	92827	108	75	10	96667	74	82	10	99067	39
68	20	92935	107	75	20	96742	73	82	20	99106	38
68	30	93042	106	75	30	96815	72	82	30	99144	

续表

圆周弦长表

弧		倍弧所对半弦	每隔1度的差值	弧		倍弧所对半弦	每隔1度的差值	弧		倍弧所对半弦	每隔1度的差值	
度	分			度	分			度	分			
82	40	99182		85	10	99644	24	87	40	99917		38
82	50	99219	36	85	20	99756	23	87	50	99928	11	
83	0	99255	35	85	30	99776	22	88	0	99939	10	
83	10	99290	34	85	40	99795		88	10	99949	9	
83	20	99324	33	85	50	99813	21	88	20	99958	8	
83	30	99357		86	0	99830	20	88	30	99966	7	
83	40	99389	32	86	10	99847	19	88	40	99973	6	
83	50	99421	31	86	20	99863	18	88	50	99979		
84	0	99452	30	86	30	99878		89	0	99985	5	
84	10	99482	29	86	40	99668	17	89	10	99989	4	
84	20	99511	28	86	50	99692	16	89	20	99993	3	
84	30	99539	27	87	0	99714	15	89	30	99996	2	
84	40	99567		87	10	99736	14	89	40	99998	1	
84	50	99594	26	87	20	99892	13	89	50	99999	0	
85	0	99620	25	87	30	99905	12	90	0	100000	0	

40 第十三章　平面三角形的边和角

［根据哥白尼原来的方案，为第二卷第二章］

一

已知三角形的各角，则各边可求。

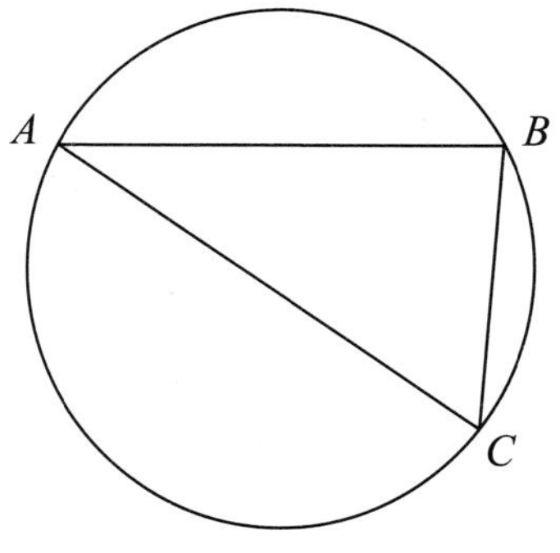

设三角形为*ABC*，根据《几何原本》IV，5，对它作外接圆，于是在360°等于两个直角的体系中，*AB*、*BC*和*CA*三段弧都可求得。当弧为已知时，取直径为200000单位，则圆内接三角形各边的长度可由上表当做弦得出。

二

已知三角形的两边和一角，则另一边和两角可求。

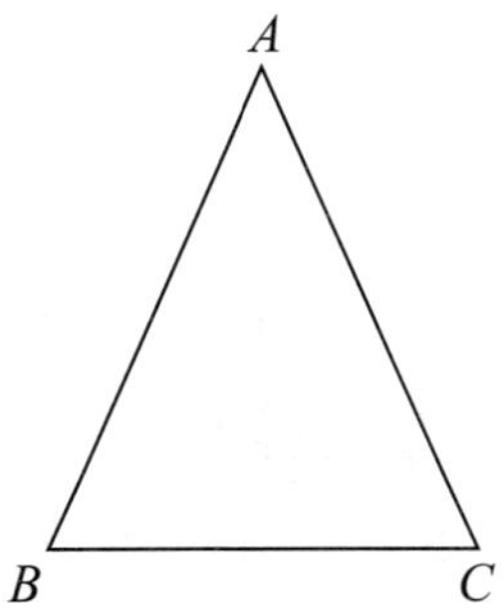

已知的两边可以相等也可以不相等，已知的角可以是直角、锐角或钝角[156]，已知角可以是也可以不是已知两边的夹角。

二A

首先，设三角形*ABC*中已知的两边*AB*与*AC*相等，并设此两边的夹角为已知角*A*。于是底边*BC*两侧的另外两个角可求。此两角都等于两直角减去*A*角后的一半。如果底边的一角原来已知，那么由于与之相等的角已知，用两直角减掉它们，就得到了另一个角。当三角形的角和边均为已知时，取半径*AB*或*AC*等于100000，或直径等于200000，则底边*BC*可由表查得。

二B

若直角*BAC*的相邻两边为已知，则另一边和两角可求。

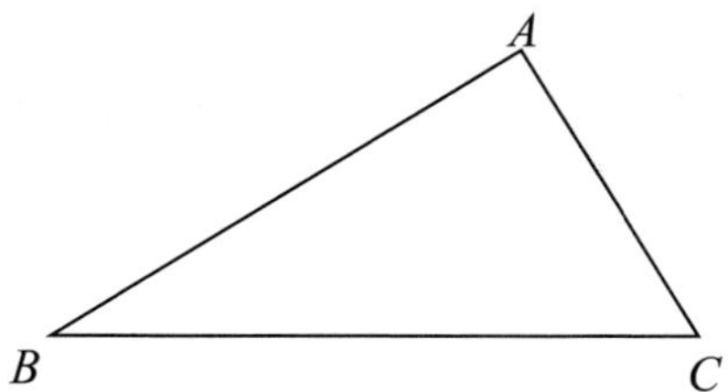

因为显然，$(AB)^2+(AC)^2=(BC)^2$，所以BC的长度可以求出，各边的相互关系也得到了。所对角为直角的圆弧是半圆，其直径为底边BC。如果取BC为200000单位，则可得B、C两角所对弦AB和AC的长度。在180°等于两直角的体系中[157]，查表可得B、C两角的度数。如果已知的是BC和一条直角边，也可得到相同结果。我想这一点已经很清楚了。

二C

41 若一锐角ABC及其夹边AB和BC为已知，则另一边和两角可求。

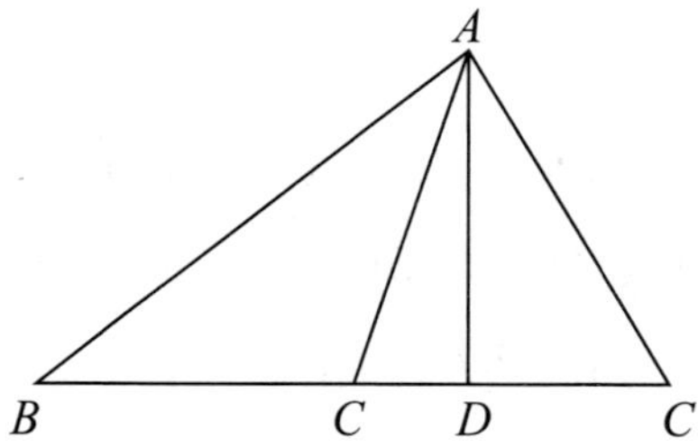

从点A向BC作垂线AD，需要时（视垂线是否落在三角形内而定）延长BC线，形成两个直角三角形ABD和ADC。由于D是直角，由假设角B为已知，所以三角形ABD的三个角都为已知。设直径AB为200000单位，于是A、B两角所对的弦AD和BD可由表查出，AD、BD以及BC与BD的差CD也都可求出。因此在直角三角形ADC中，如果已知AD和CD两边，那么所求的边AC以及角ACD也可依照上述方法得出。

二D

若一钝角ABC及其夹边AB和BC为已知，则另一边和两角可求。

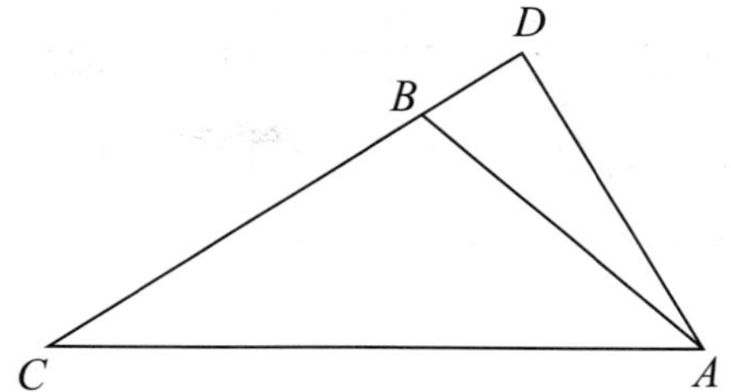

从点A向BC的延长线作垂线AD，得到三个角均为已知的三角形 ABD。ABC角的补角ABD已知，角D又是直角，所以如果设AB为 200000单位，则BD和AD都可以得到。因为BA和BC的相互比值已知[158]，BC也可用与BD相同的单位表示，于是整个CBD也如此。直角三角形ADC的情况与此相同，因为AD和CD两边已知，于是所要求的边AC以及BAC和ACB两角都可求出。

二E

若三角形ABC的两边AC和AB以及一边AC所对的角B为已知，则另一边和两角可求。

如果设三角形ABC的外接圆的直径为200000单位，则AC可由表查出。由已知的AC与AB的比值，可用相同单位求出AB。查表可得角ACB和剩下的角BAC。利用后者，弦CB也可求得。知道了这一比值，边长就可用任何单位来表示了[159]。

三

若三角形的三边为已知，则三个角可求。

等边三角形的每个角都是两直角的三分之一，这是尽人皆知的。

等腰三角形的情况也很清楚。腰与第三边之比等于半径与弧所对的弦之比，在360°圆心角等于四直角的体系中，两腰所夹的角可由表查出。底角等于两直角减去两腰夹角所得差的一半。

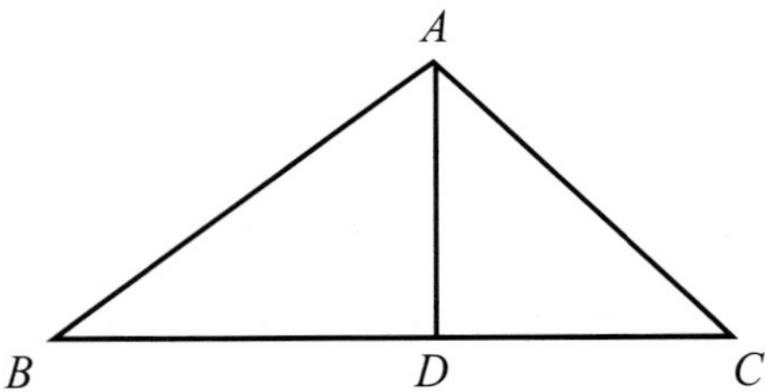

如果所研究的三角形是不等边的，我们可以把它分解为直角三角形。设ABC为不等边三角形，它的三边均为已知，作AD垂直于最长边BC。根据《几何原本》II，13，如果AB所对的角为锐角，则$(AC)^2+(BC)^2-(AB)^2=BC\times CD$的两倍。角$C$必定

42 为锐角，否则根据《几何原本》I，17—19，AB就将成为最长边，而这与假设相反。因此，如果知道了BD和DC，那么同以前多次遇到的情况一样，我们就得到了边角均为已知的直角三角形ABD和ADC。由此，三角形ABC的各角就得到了。

另一种方法是利用《几何原本》III，36，也许更容易得出结

果。设最短边为BC，以点C为圆心，BC为半径画的圆将与其他两边或其中的一边相截。

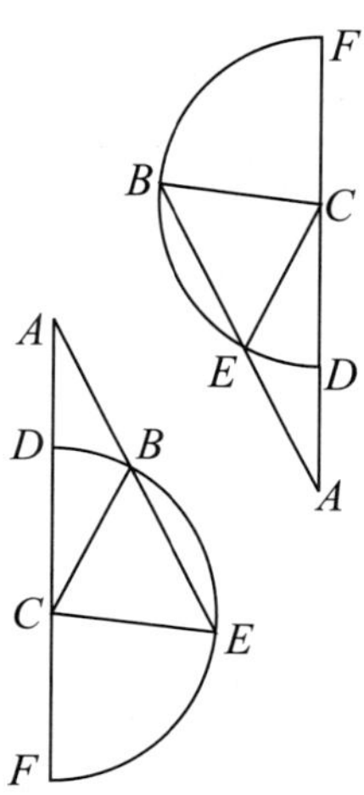

先设圆与两边都相截，即与AB截于点E，与AC截于点D。延长ADC线到点F，使DCF为直径。根据欧氏定理，$FA \times AD = BA \times AE$。这是因为这两个乘积都等于从点$A$引出的切线的平方。由于$AF$的各段已知，所以整个$AF$也可知。由于半径$CF$=半径$CD=BC$，并且$AD=CA-CD$。因此，由于已知$BA \times AE$，所以可求得$AE$以及$BE$弧所对$BE$弦的长度。连接$EC$，便得到各边已知的等腰三角形$BCE$，于是可得角$EBC$。由此便可求得三角形$ABC$的其他两角$C$和$A$。

如上图所示，再设圆不与AB相截。BE可求得，而且等腰三角形BCE中的角CBE及其补角ABC都可求得。根据前面所说的方法，其他角也可求出。

关于平面三角形我已经说得够多了，其中还包括了许多测地学的内容。下面我转到球面三角形。

第十四章　球面三角形

［根据哥白尼原来的方案，为第二卷第三章］

这里我把球面上由三条大圆弧所围成的圆形称为凸面三角形。一个角的大小以及各个角的差，用以交点为极所画大圆的弧长［来度量］。这样截出的弧与整个圆之比等于相交角与四直角即360°之比。

一[160]

若球面上任意三段大圆弧中，两弧之和大于第三弧，则由这三条大圆弧显然可构成一球面三角形。

关于圆弧的这个结论，《几何原本》XI，23已对角度作过证明。由于角之比等于弧之比，而大圆的平面通过球心，所以三段大圆弧显然在球心形成了一个立体角。因此本定理成立。

43 二

（球面）三角形的任一边均小于半圆。

半圆在球心形不成角度，而是成一直线穿过球心。而其余两边所属的角在球心不能构成立体角，因此形不成球面三角形。我想这就是为什么托勒密要在论述这类三角形（特别是球面扇形）时规定各边均不能大于半圆的原因。［《天文学大成》，I，13］

三

在直角球面三角形中，直角对边的二倍弧所对的弦同其一邻边二倍弧所对的弦之比，等于球的直径同对边和另一邻边所夹角的二倍所对的弦之比。

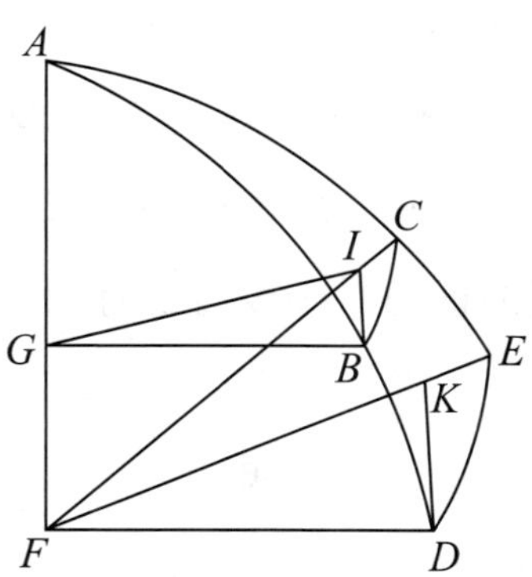

设 ABC为球面三角形，其中角C为直角，则我说，两倍AB所对的弦同两倍BC所对的弦之比等于球的直径同两倍的BAC角在大圆上所对弦之比。

以点A为极作大圆弧DE，设ABD和ACE为所形成的两个象限。从球心点F作下列各圆面的交线：ABD和ACE的交线 FA，ACE和DE的交线FE，ABD和DE的交线FD，以及AC和BC的交线FC。然后作BG垂直于FA，BI垂直于FC，以及DK垂直于FE。连接GI。

如果圆与圆相交并通过其两极，则两圆相互正交。因此角

*AED*为直角。根据假设，角*ACB*也是直角。于是*EDF*和*BCF*两平面均垂直于*AEF*。在平面*AEF*上，如果从点*K*作一直线垂直于交线*FKE*，那么根据平面相互垂直的定义，这条垂线将与*KD*成一直角。因此，根据《几何原本》XI，4，直线*KD*垂直于*AEF*。同样，作*BI*垂直于同一平面，根据《几何原本》XI，6，*DK*平行于*BI*[161]。由于角*FGB*＝角*GFD*＝90°，所以*FD*平行于*GB*。根据《几何原本》XI，10，角*FDK*＝角*GBI*。但是角*FKD*＝90°，所以根据垂线的定义，*GIB*也是直角。由于相似三角形的边长成比例，所以*DF*：*BG*＝*DK*：*BI*。由于*BI*垂直于半径*CF*，所以*BI*＝$^{1}/_{2}$弦2*CB*。同样，*BG*＝$^{1}/_{2}$弦2*BA*，*DK*＝$^{1}/_{2}$弦2*DE*（或$^{1}/_{2}$弦2*DAE*），而*DF*是球的半径，所以有，弦2*AB*：弦2*BC*＝直径：弦2*DAE*（或弦2*DE*）。这条定理的证明对于今后是有用的。

四

球面三角形中，一角为直角，若另一角和任一边已知，则其余的边角可求[162]。

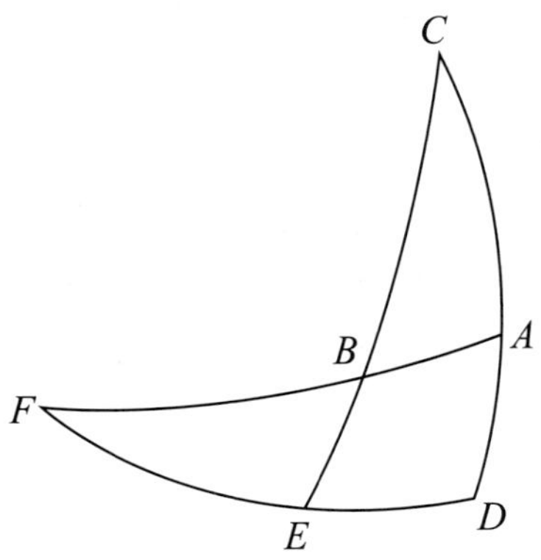

44 设球面三角形*ABC*中角*A*为直角，而其余的两角之一角*B*

也是已知的。已知边的情形可分三种。它或与两已知角都相邻（AB），或仅与直角相邻（AC），或者与直角相对（BC）。

首先设AB为已知边。以点C为极作大圆弧DE。完成象限CAD和CBE。延长AB和DE，使其相交于点F。由于角A=角D=90°，所以点F也是CAD的极。如果球面上的两个大圆相交成直角，则它们将彼此平分并通过对方的极点，因此ABF和DEF都是象限。因AB已知，象限的其余部分BF也已知，角EBF等于其已知的对顶角ABC。根据上一定理，弦2BF：弦2EF=球的直径：弦2EBF。而这中间有三个量是已知的，即球的直径、弦2BF和弦2EBF或它们的一半，所以根据《几何原本》VI，15，$^1/_2$弦2EF也可知，于是查表可得弧EF。因此，象限的其余部分DE即所求的角C可得。

反过来也同样，弦2DE：弦2AB=弦2EBC：弦2CB。但DE、AB和CE这三个量是已知的，因此第四个量即倍弧CB所对的弦可得，于是所要求的边CB可得。由于弦2CB：弦2CA=弦2BF：弦2EF，而这两个比值都等于球的直径：弦2CBA，且等于同一比值的两个比值也彼此相等，所以既然弦BF、弦EF和弦CB三者为已知，那么第四个弦CA可求得，而弧CA为三角形ABC的第三边。

再设AC为已知的边，我们要求的是AB和BC两边以及余下的角C。与前面类似，反过来可得，弦2CA：弦2CB=弦2ABC：直径，由此可得CB边以及象限的剩余部分AD和BE。再由弦2AD：弦2BE=弦2ABF（直径）：弦2BF，因此可得弧BF及剩下的边AB。类似地，弦2BC：弦2AB=2弦CBE：弦2DE，于是可得弦2DE，即所要求的余下的角C。

最后，如果BC为已知的边，可仿前述求得AC以及余下的AD

和BE。正如已经多次说过的，利用直径和它们所对的弦，可求得弧BF及余边AB。于是按照前述定理，由已知的弧BC、AB和CBE，可求得弧ED，即为我们所要求的余下的角C。

于是在三角形ABC中，角A为直角，B角和任一边已知，则其余的边角可求。证毕。

45 ### 五[163]

如果已知球面三角形之三角，且一角为直角，则各边（之比）可求。

仍用前图。由于角C已知，可求得弧DE和象限的剩余部分EF。由于BE是从弧DEF的极上画出的，所以BEF为直角。由于EBF是一个已知角的对顶角，所以按照前述定理，已知一个直角E、另一角 B和边 EF的三角形BEF的边角均可求。因此BF可得，象限的剩余部分AB也可得。类似地，在三角形ABC中，同样可得其余的边AC和BC。

六[164]

同一球上的两直角球面三角形，若有一角和一边（无论与相等的角相邻还是相对）相等[165]，则其余对应边角均相等。

设ABC为半球，ABD和CEF为它上面的两个三角形。设角A和角C为直角，角ADB等于角CEF，其中有一边等于另一边。先设等边为等角的邻边，即AD等于CE。则我要证明，AB边等于CF边，BD边等于EF边，余下的角ABD也等于余下的角CFE。以点B和点F为极，作大圆的象限GHI与IKL。完成象限ADI和CEI。它们必定在半球的极即点I相交，因为角A和角C为直角，而象限GHI和CEI都通过圆ABC的两极。因此，由于已经假定边AD=边CE，则它们的余边弧DI=弧IE。而角IDH=角IEK，因为它们是等角的对顶角；以及角H=角K=90°，因为等于同一比值的两个比值也彼此相等；且根据本章定理三，弦2ID：弦2HI=球的直径：弦2IDH，以及弦2EI：弦2KI=球的直径：弦2IEK，因此，弦2ID：弦2HI=弦2EI：弦2IK。根据欧几里得《几何原本》V，14，弦2DI=弦2IE，因此弦2HI=弦2IK。因为在相等的圆中，等弦截出等弧，而分数在乘以相同的因子后保持相同的比值。所以单弧IH与IK相等，于是象限的剩余部分GH和KL也相等。于是显然角B=角F。根据定理三的逆定理，弦2AD：弦2BD=弦2HG：弦2BDH（或直径），以及弦2EC：弦2EF=弦2KL：弦2FEK（或直径），因此，弦2AD：弦2BD=弦2EC：弦2EF。而根据假设，AD等于CE，因此，根据欧几里得《几何原本》V，14，弧BD=弧EF。

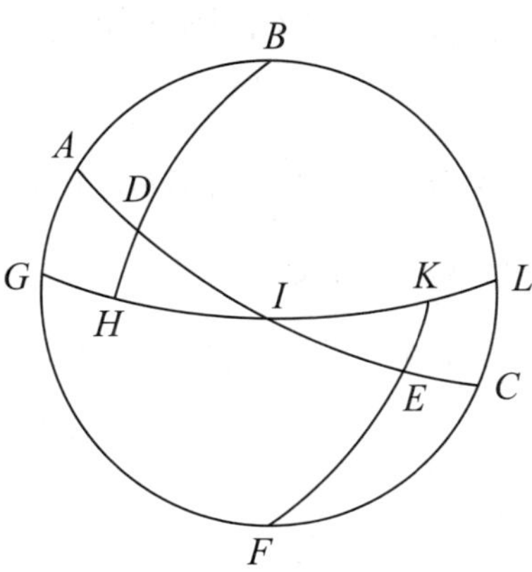

同样，如果已知BD与EF相等，我们可以用同样方法证明其余的边角均相等。如果假设AB与CF相等，则由比的相等关系可得 46

同样结论。

七[166]

两非直角球面三角形，若一角相等，与等角相邻的边也相等，则其他对应边角均相等。

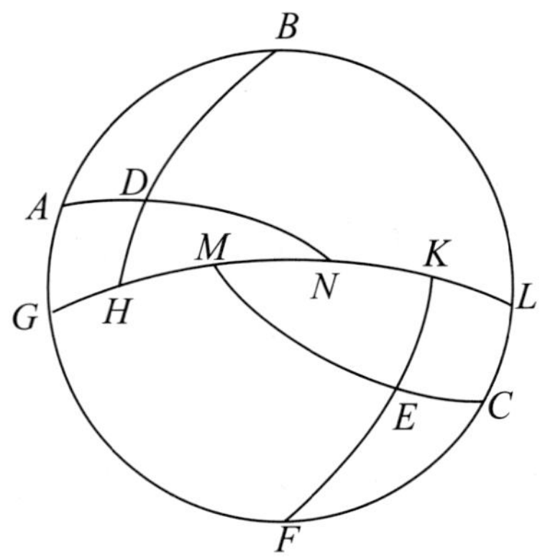

在ABD和CEF两个三角形中，如果角B=角F，角D=角E，且边BD与等角相邻，边BD=边EF，则我说这两个三角形的对应边角都相等。

再次以点B和点F为极，作大圆弧GH和KL。设AD与GH延长后交于点N，EC和LK延长后交于点M。于是在两三角形HDN和EKM中，等角的对顶角角HDN=角KEM。由于圆弧通过极点，所以角H=角K=90°。并且边DH=边EK，因此根据前一定理，这两个三角形的边角均相等。

因为根据假设，角B=角F，所以弧GH=弧KL。根据等量加等量结果仍然相等这一公理，弧GHN等于弧MKL。因此两三角形AGN和MCL中，边GN=边ML，角ANG=角CML，并且角G=

角$L=90°$。所以这两个三角形的边和角都相等。由于等量减等量，其差仍相等，因此弧$AD=$弧CE，弧$AB=$弧CF，角$BAD=$角ECF。证毕。

八[167]

两球面三角形中，若有两边和一角（无论此角是否为相等边所夹的角还是底角）相等，则其他对应边角均相等。[168]

在上图中，设边$AB=$边CF，边$AD=$边CE。先设等边所夹的角A等于角C，则我说，底$BD=$底EF，角$B=$角F，以及角$BDA=$角CEF。我们现在有两个三角形：AGN和CLM，其中角$G=$角$L=90°$，而由于角$GAN=180°-$角BAD，角$MCL=180°-$角ECF，所以角$GAN=$角MCL。因此两个三角形的对应边角都相等。而由于弧$AN=$弧CM，弧$AD=$弧CE，所以相减可得，弧$DN=$弧ME。但我们已经证明角$DNH=$角EMK，且根据已知，角$H=$角$K=90°$，因此，三角形DHN和三角形EMK的相应边角也都相等。于是弧$BD=$弧EF，弧$GH=$弧KL，因此角$B=$角F，角$ADB=$角FEC。

但如果不假设AD和EC相等，而设底$BD=$底EF，如果其余不变，则证明是类似的。由于外角$GAN=$外角MCL，角$G=$角$L=90°$，且边$AG=$边CL，所以用同样的方式，我们可以证明三角形AGN
与三角形MCL的对应边角都相等。对于它们所包含的三角形DHN 47
和MEK来说，情况是一样的。因为角$H=$角$K=90°$，角$DNH=$角KME，而DH和EK都是象限的剩余部分，所以边$DH=$边EK。由此可得以前的相同结论。

九[169]

等腰球面三角形两底角相等。

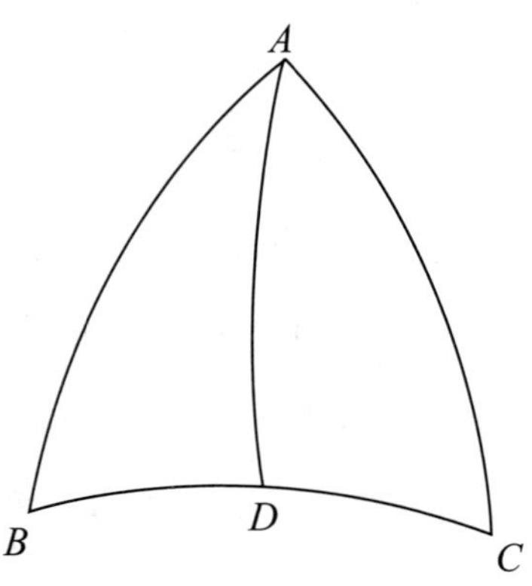

设三角形ABC中，边$AB=$边AC，则我说，底边上的角$ABC=$角ACB。从顶点A画一个与底边垂直的即通过底边之极的大圆。设此大圆为AD。于是在ABD和ADC这两个三角形中，由于边$BA=$边AC，边$AD=$边AD，且角$BDA=$角$CDA=90°$，因此根据上述定理，显然角$ABC=$角ACB。证毕。

推　论

由上可知，从等腰三角形顶点所作的与底边垂直的弧平分底边以及等边所夹的角，反之亦然。

十[170]

同一球上两球面三角形对应边都相等，则对应角也相等。

每个三角形的三段大圆弧都形成角锥体，其顶点位于球心，底是由凸三角形的弧所对直线构成的平面三角形。根据立体图形相等和相似的定义，这些角锥体相似且相等。而当两个图形相似时，它们的对应角也相等，所以这些三角形的对应角也相等。特别是那些对相似形作更普遍定义的人主张，相似形的对应角必须相等，因此我想情况已经很清楚，正如平面三角形的情形，对应边相等的球面三角形是相似的。

十一[171]

任何球面三角形中，若两边和一角已知，则其余的角和边可求。[172]

如果已知边相等，则两底角相等。根据定理九的推论，从直角顶点作垂直于底边的弧，则命题不难证得。

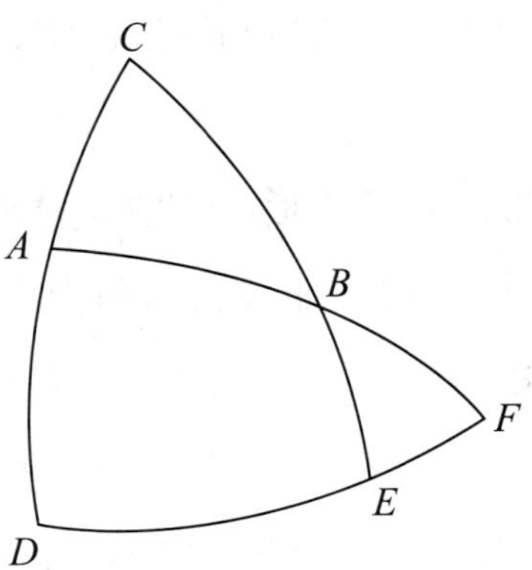

但如果已知边不相等，如图中的三角形ABC，角A和两边已知，已知角或为两已知边所夹，或不为其所夹。首先，设已知角为已知边AB和AC所夹。以点C为极作大圆弧DEF，完成象限CAD和CBE。延长AB与DE交于点F。于是在三角形ADF中，边AD=90°−弧AC， 48
角BAD=180°−角CAB。这些角的大小及比值与直线和平面相交所得角的大小比值相同。而角D=90°，因此，根据本章定理四，

三角形ADF的各边角均为已知。而在三角形BEF中，角F已得，且角E的两边都通过极点，所以角$E=90°$，而边$BF=$弧$ABF-$弧AB，所以按照同一定理，三角形BEF的各边角也均可得。由$BC=90°-BE$，可得所求边BC。由弧$DE=$弧$DEF-$弧EF，即得角C。由角EBF可求得其对顶角ABC，即为所求角。

但如果假定为已知的边不是AB，而是已知角所对的边CB，则结论是相同的。因为象限的剩余部分AD和BE均已知。根据同样的论证，两三角形ADF和BEF的各边角均可得。如前所述，三角形ABC的边角均可得。

十二[173]

任何球面三角形中，若两角和一边已知，则其余的角和边可求。[174]

仍用前面的图形。在三角形ABC中，设角ACB和角BAC以及与它们相邻的边AC均已知。如果已知角中有一个为直角，则根据前面的定理四，其他所有量均可求得。然而我们希望论证的是已知角不是直角的情形。因此，$AD=90°-AC$，角$BAD=180°-$角BAC，且角$D=90°$，因此根据本章的定理四，三角形AFD的边角均可求得。但因角C已知，弧DE可知，所以剩余部分弧$EF=90°-$弧DE。角$BEF=90°$，角F是两个三角形共有的角。根据定理四可求得BE和FB，并可由此求得其余的边AB和BC。

如果其中一个已知角与已知边相对，比如已知角不是角ACB而是角ABC，那么如果其他情况不变，我们就可以类似地说明，整个三角形ADF的各边角均可求得。它的一部分即三角形BEF也是如此。由于角F是两三角形的公共角，角EBF为已知角的对顶角，角E为直角，因此，如前面已经证明的，该三角形的各边均可求得。由此可得我的结论。所有这些性质总是被一种不变的相互关系维系着，一如球形所满足的关系。

十三[175]

最后，若球面三角形各边已知，则各角可求。

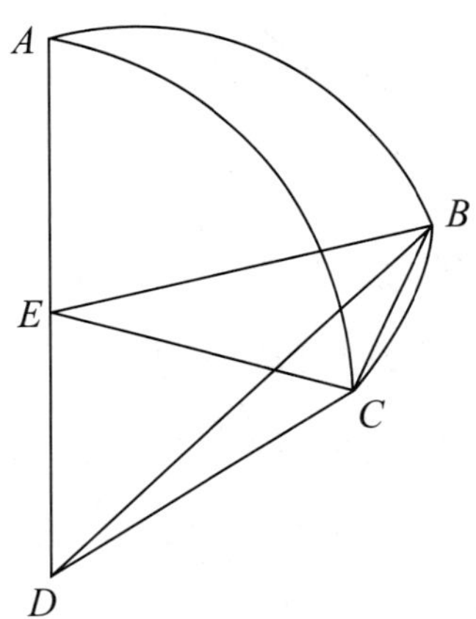

设三角形ABC各边均为已知，则我说其各角也可求得。三角形的边或相等或不相等，我们先假设AB等于AC，那么与两倍AB 49
和AC所对的半弦显然也相等。设这些半弦为BE和CE。由《几何原本》III，定义4及其逆定义可知，它们会交于点E，这是因为它们与位于它们的圆的交线DE上的球心是等距的。但根据《几何原本》III，3，在平面ABD上，角$DEB=90°$，在平面ACD上，角$DEC=90°$，因此，根据《几何原本》XI，定义4，角BEC是这两个平面的交角。它可按如下方法求得。由于它与直线BC相对，所以就有平面三角形BEC，它的各边均可由已知的弧求得。由于

*BEC*的各角也可知，所以我们可以求得所求的角*BEC*（即球面角*BAC*）及其他两角。

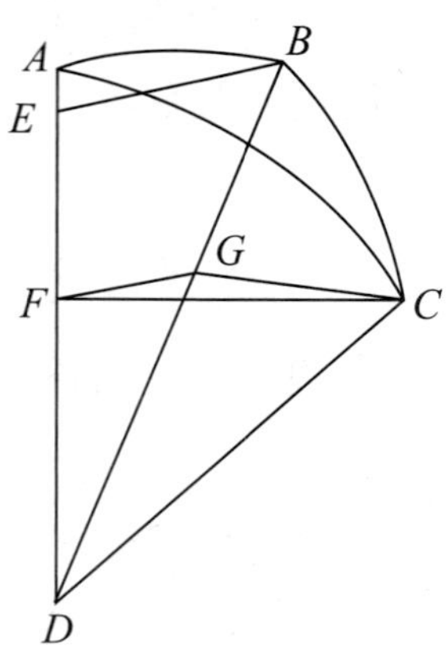

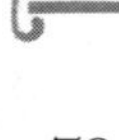

但如果三角形不等边，如第二图所示，则与两倍边相对的半弦不会相交。如果弧*AC*>弧*AB*，并设$CF=\frac{1}{2}$弦2*AC*，则*CF*将从下面通过。但如果弧*AC*<弧*AB*，则半弦会高一些。根据《几何原本》III，15，这要视它们距中心的远近而定。作*FG*平行于*BE*，使*FG*与两圆的交线*BD*交于点*G*。连接*GC*，于是显然，角*EFG*=角*AEB*=90°。由于$CF=\frac{1}{2}$弦2*AC*，所以角*EFC*=90°。因此角*CFG*为*AB*和*AC*两圆的交角，这个角也可得出。由于三角形*DFG*与三角形*DEB*相似，所以*DF*∶*FG*=*DE*∶*EB*。因此*FG*可用与*FC*相同的单位求得。而*DG*∶*DB*=*DE*∶*EB*，若取*DC*为100000，则*DG*也可用同样单位求出。由于角*GDC*可从弧*BC*求得，所以根据平面三角形的定理二，边*GC*可用与平面三角形*GFC*其余各边相同的单位求出。根据平面三角形的最后一条定理，可得角*GFC*，此即所求的球面角*BAC*。然后根据球面三角形的定理十一可得其余各角。

十四[176]

将一弧任意分为两段小于半圆的弧，若已知两弧之二倍弧所对弦长之半的比值，则可求每一弧长。

设ABC为已知圆弧，点D为圆心。设点B把ABC分成任意两段，且它们都小于半圆。设$^1/_2$弦$2AB$：$^1/_2$弦$2BC$可用某一长度单位表出，则我说，弧AB和BC都可求。

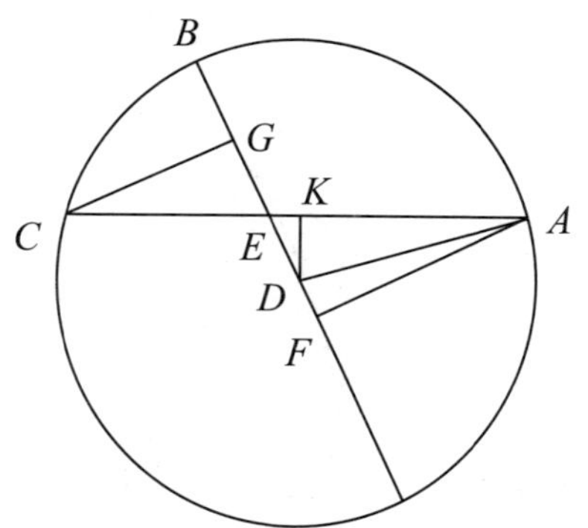

作直线AC与直径交于点E。从端点A和C向直径作垂线AF和
CG，则$AF=^1/_2$弦$2AB$，$CG=^1/_2$弦$2BC$。而在直角三角形AEF和 50
CEG中，对顶角角$AEF=$角CEG，因此两三角形的对应角都相等。作为相似三角形，它们与等角所对的边也成比例：$AF:CG=AE:EC$。于是AE和EC可用与AF或GC相等的单位表出。但弧ABC所对的弦AEC可用表示半径DEB的单位求得，还可用同样单位求得弦AC的一半即AK以及剩余部分EK。连接DA和DK，它们可以用与BD相同的单位求出。DK是半圆减去ABC后余下的弧所对弦长的一半，这段弧包含在角DAK内。因此可得弧ABC的一半所对的角ADK。但是在三角形EDK中，两边为已知，角EKD为直角，所

以角EDK也可求得。于是弧AB所夹的整个角EDA可得，由此还可求得剩余部分CB。这即是我们所要证明的。

十五[177]

若球面三角形的三角（不一定是直角三角形）均已知，则各边可求。

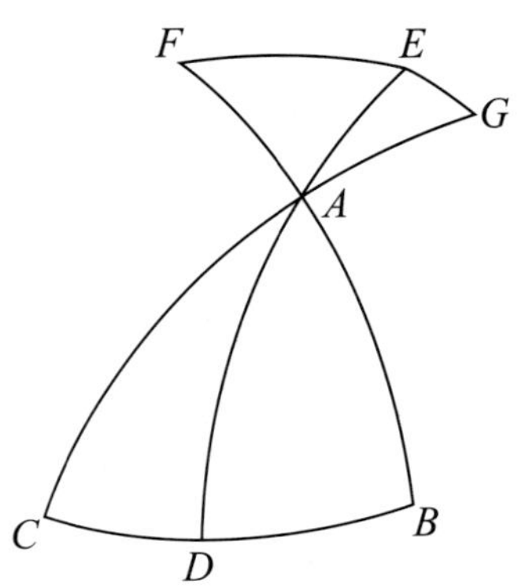

设三角形为ABC，其各角均已知，但都不是直角，则我说各边均可求。从任一角A通过BC的两极作弧AD与BC正交。AD将落在三角形之内，除非B、C两底角一个为钝角，一个为锐角。若是如此，就应从钝角作底边的垂线。完成象限BAF、CAG和DAE。以点B和点C为极作弧EF和EG。因此角F=角$G=90°$。于是直角三角形EAF中，$^1/_2$弦$2AE$∶$^1/_2$弦$2EF$=$^1/_2$球的直径∶$^1/_2$弦$2EAF$。同样，在三角形AEG中，$^1/_2$弦$2AE$∶$^1/_2$弦$2EG$=$^1/_2$球的直径∶$^1/_2$弦$2EAG$。因此，$^1/_2$弦$2EF$∶$^1/_2$弦$2EG$=$^1/_2$弦$2EAF$∶$^1/_2$弦$2EAG$。因为弧FE和EG为已知，且弧$FE=90°-$角B，弧$EG=90°-$角C，所以可得角EAF与角EAG两角之比，此即它们的对顶角BAD与CAD之比。现在整个BAC角已知，因此根据前述定理，角BAD和角CAD也可求得。于是根据定理五，可以求得AB、BD、AC、CD各边以及整个BC。

就实现我们的目标而言，关于三角形所做的这些题外讨论已经足够了。如果要做更加细致的讨论，就需要特别写一部著作了[178]。

第　二　卷

引　言 51

85

我已经一般地论述了可望用来解释一切天体现象的地球的三重运动［I，11］。下面我将尽我所能通过对问题进行分析和研究来做到这一点。我将从最为人们所熟知的一种运转即昼夜更替谈起。我已经说过［I，4］，希腊人称之为*nuchthemeron*。我认为它特别是由地球的运动直接引起的，因为月、年以及其他名称的时间间隔都源于这种旋转，一如数起源于一，时间是运动的量度[1]。因此，对于昼夜的不等、太阳和黄道各宫的出没，以及这种旋转诸如此类的结果，我只想谈很少的一点看法，因为许多人已经就这些话题写了足够多的论著，而且他们所说的与我的看法和谐一致。他们的解释以地球不动和宇宙旋转为基础，而我以相反的立场[2]能够实现同一目标，这实际上没有差别，因为相互关联的现象往往显示出一种可逆的一致性。不过我不会漏掉任何必不可少的事物[3]。如果我仍然谈及太阳和恒星的出没等等，大家不应感到惊奇，而应认为我使用的是一种能为所有人接受的惯常术语。我总是铭记[4]：“大地载我辈，日月经天回，星辰消失后，终将再返归。”

第一章　圆及其名称

我已经说过［I，11］，赤道是绕地球周日旋转的两极所描出的最大纬圈，而黄道则是通过黄道各宫中心的圆，地心在黄道下面作周年运转。但由于黄道与赤道斜交，地轴倾斜于黄道，所以由于地球的周日旋转，其倾角的最外极限在赤道两侧各描出一个与黄道相切的圆。这两个圆被称为“回归线”，因为太阳在这两条线上（即在冬天和夏天）会改变方向。因此北边的一个圆通常被称为“夏至线”，南边的则被称为“冬至线”。这在前面对地球圆周运动的一般论述中已经讲过了。［I，11］

接下来是被罗马人称为“分界圆”的所谓“地平圈”，因为它是宇宙的可见部分与不可见部分的分界线[5]。一切出没的星
52 体似乎都在地平圈上升起和沉没。它的中心位于大地表面，极点则在我们的天顶。但由于地球的尺寸根本无法与天的浩瀚相比，根据我的构想，即使日月之间的距离也无法与天的广袤相比，所以正如我在前面所说［I，6］，地平圈就像一个通过宇宙中心的圆，把天平分。但是地平圈与赤道斜交，因此它也同赤道两边的一对纬圈相切：北边是可见星辰的边界圆，南边是不可见星辰的边界圆。普罗克洛斯（Proclus）和大多数希腊人把前者称为“北

极圈”，把后者称为“南极圈”[6]。它们随地平圈的倾角或赤极的高度而增大或减小。

还剩下穿过地平圈两极以及赤极的子午圈，因此子午圈同时垂直于这两个圆。当太阳到达子午圈时，它指示出正午或午夜。但地平圈和子午圈这两个中心位于地面的圆，完全取决于地球的运动和我们在特定位置的视线。因为在任何地方，眼睛都充当了所有可见物体的天球的中心。因此，正如埃拉托色尼（Eratosthenes）、波西多尼奥斯（Posidonius）等研究宇宙结构和地球尺寸的人清楚表明的，所有这些在地球上假定的圆也是它们在天上的对应圆和类似圆的基础[7]。这些圆也有专门的名称，尽管其他圆可以有无数种命名方式。

第二章　黄道倾角、回归线的间距以及这些量的测量方法

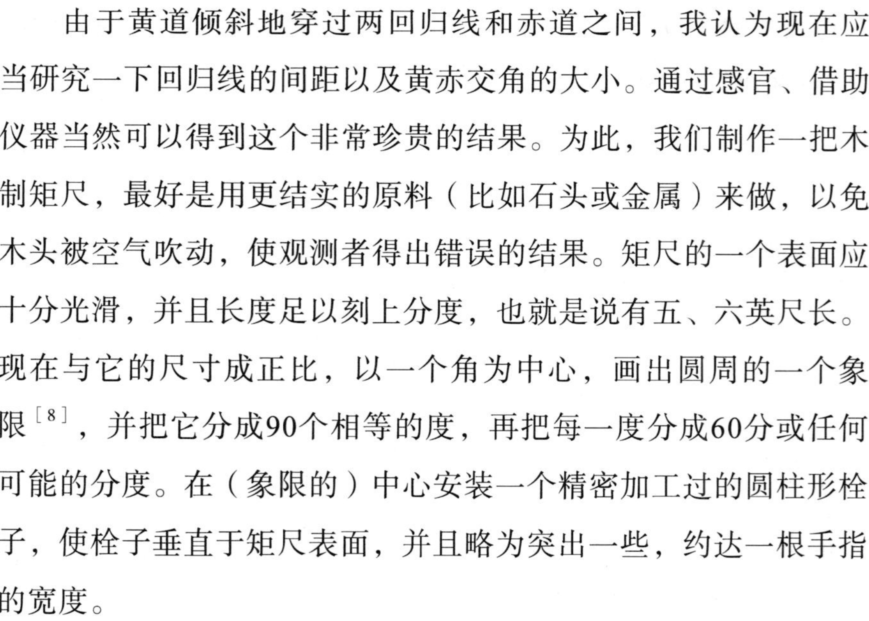

由于黄道倾斜地穿过两回归线和赤道之间，我认为现在应当研究一下回归线的间距以及黄赤交角的大小。通过感官、借助仪器当然可以得到这个非常珍贵的结果。为此，我们制作一把木制矩尺，最好是用更结实的原料（比如石头或金属）来做，以免木头被空气吹动，使观测者得出错误的结果。矩尺的一个表面应十分光滑，并且长度足以刻上分度，也就是说有五、六英尺长。现在与它的尺寸成正比，以一个角为中心，画出圆周的一个象限[8]，并把它分成90个相等的度，再把每一度分成60分或任何可能的分度。在（象限的）中心安装一个精密加工过的圆柱形栓子，使栓子垂直于矩尺表面，并且略为突出一些，约达一根手指的宽度。

仪器制成之后，接下来要在置于水平面的地板上测量子午线。地板应当用水准器尽可能精确地校准，使之不致发生任何倾斜。在这个地板上画一个圆，并在圆心竖起一根指针。在中午以
53 前的某一时刻观察指针的影子落在圆周上的位置，并把该处标记

出来，下午再做类似的观测，并把已经标记出的两点之间的圆弧平分。通过这种方法，从圆心向平分点所引直线必将为我们指示出南北方向。

以这条线为基线，把仪器的平面垂直竖立起来，其中心指向南方。从中心所引铅垂线与子午线正交。这样一来，仪器表面必然包含子午线。

因此在夏至和冬至，正午的日影将被那根指针或圆柱体投射到中心，从而可以进行观测。可以利用前面讲的象限弧更准确地确定影子的位置。还要尽可能精确地记下影子中心的度数和分数[9]。如此一来，夏至和冬至两个影子之间的弧长就给出了回归线的间距和黄道的整个倾角。取这个距离的一半，我们就得到了回归线与赤道之间的距离，而黄赤交角的大小也就显然可得了。

托勒密测定了前面所说的南北两极限之间的距离，如果取整个圆周为360°，那么这个距离就是47°42′40″［《天文学大成》，I，12］。他还发现，在他之前希帕克斯和埃拉托色尼的观测结果与此相符。如果取整个圆周为83单位，则这个距离为11单位。于是这个间距的一半（即23°51′20″[10]）就给出了回归线与赤道之间的距离以及与黄道的交角。托勒密因此认为这些值是永恒不变的常数。但从那以来，人们发现这些值一直在减小。我的一些同时代人[11]和我都发现，两回归线之间的距离现在不大于约46°58′，交角不大于23°29′。所以现在已经足够清楚，黄道的倾角也是可变的。我在后面［III，10］还要通过一个非常可靠的猜测表明，这个倾角过去从未大于23°52′，将来也绝不会小于23°28′[12]。

第三章　赤道、黄道与子午圈相交的弧和角；赤经和赤纬对这些弧和角的偏离及其计算

正如我所说［II，1］，宇宙各部分在地平圈上升起和沉没，我现在要说的是，子午圈把天穹分为相等的两部分。在24小时周期内，子午圈走过黄道和赤道，并且在春分点和秋分点把它们的圆周分割开来，反过来，子午圈又被两圆相截的弧分割开。因为它们都是大圆，所以就形成了一个球面三角形。根据定义，子午圈通过赤极，所以子午圈与赤道正交，该三角形为直角三角形。
54 在这个三角形中，子午圈的圆弧，或者通过赤极并以这种方式截出的圆弧称为黄道弧段的“赤纬”，赤道上的相应圆弧称为“赤经”，它与黄道上与之相关的弧一同升起。

所有这些很容易在一个凸三角形上说明。设*ABCD*为同时通过赤极和黄极的圆，大多数人称此圆为“分至圈”。设*AEC*为黄道的一半，*BED*为赤道的一半，*E*为春分点，*A*为夏至点，*C*为冬至点。设点*F*为周日旋转的极，在黄道上，设弧*EG*=30°，通过它

的端点画出象限FGH。在三角形EGH中，边$EG=30°$，角GEH已知，当它为极小时，如果取四直角$=360°$，则角$GEH=23°28'$。这与赤纬AB的最小值相符。角$GHE=90°$。因此，根据球面三角形的定理四，三角形EGH的各边角均可求得。可以证明，弦$2EG$：弦$2GH$=弦$2AGE$或球的直径：弦$2AB$，它们的半弦之间也有类似比例。由于$^1/_2$弦$2AGE$=半径$=100000$，$^1/_2$弦$2AB=39822$，$^1/_2$弦$2EG=50000$[13]。而且如果四个数成比例，那么中间两数之积等于首尾两数之积，因此，$^1/_2$弦$2GH=19911$[14]，由表可查

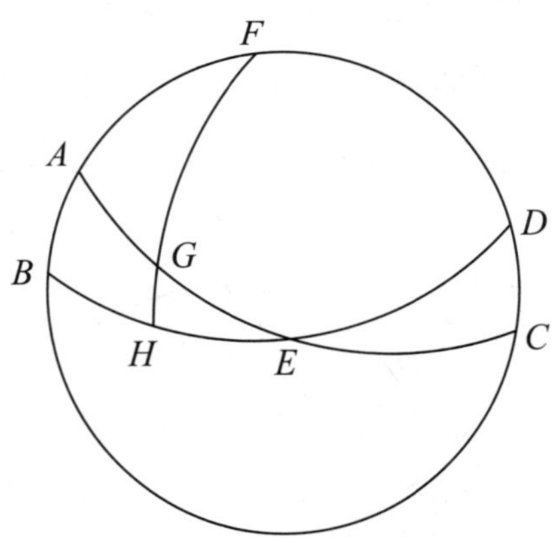

得，弧$GH=11°29'$，即为弧段EG的赤纬。因此在三角形AFG中，象限的剩余部分边$FG=78°31'$，边$AG=60°$，角$FAG=90°$。同理，$^1/_2$弦$2FG$：$^1/_2$弦$2AG$=$^1/_2$弦$2FGH$：$^1/_2$弦$2BH$。现在其中有三个量已知，所以第四个量也可求得，亦即弧$BH=62°6'$，这是从夏至点算起的赤经，$HE=27°54'$，即为从春分点算起的赤经。类似地，由于边$FG=78°31'$，边$AF=66°32'$[15]，角$AGE=90°$，角AGF与角HGE为对顶角，所以角AGF=角$HGE=69°23^1/_2{}'$。在其他所有情况下，我们都将遵循此例。

然而我们不应忽视这一事实，即子午圈在黄道与回归线相切之处与黄道正交，因为正如我已经说的，那时子午圈通过黄极[16]。但在二分点，子午圈与黄道的交角小于直角，并且随着黄赤交角偏离直角越多，该交角比直角就越小，因此现在子午圈与黄道的交角为66°32′。我们还应注意到，从二至点或二分点量起的黄道上的等弧，伴随着三角形的等角或等边。作赤道弧ABC和黄道弧DBE，二者交于分点B。取FB和BG为等弧。通过周日旋转极K、H作两象限KFL和HGM[17]。于是就有了两个三角形FLB和BMG，其中边BF=边BG，角FLB=角GBM，角FLB=角GMB=90°，因此，根据球面三角形的定理六，这两个三角形的对应边角都

55 相等。于是，赤纬FL=赤纬GM，赤经LB=赤经BM，角F=角G。

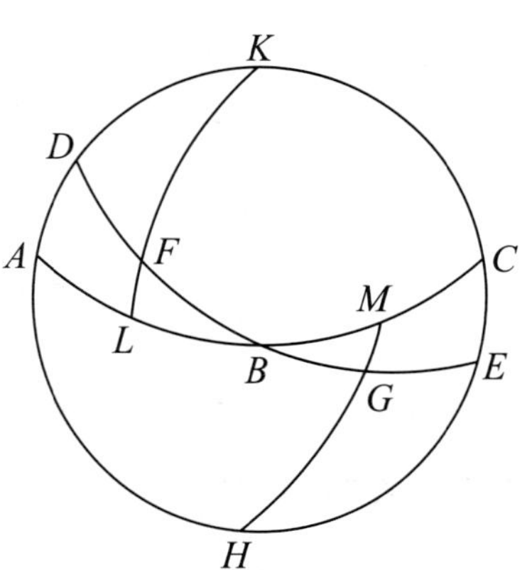

如果假设等弧从一个至点量起，情况也是一样的。设等弧AB和BC位于至点B的两侧，B为回归线与黄道的相切点。从赤极D作象限DA和弧DC[18]，并连接DB，于是也可得两个三角形ABD和DBC。底边AB=底边BC，边BD是公共边，角ABD=角CBD=90°，因此，根据球面三角形的定理八，这两个三角形的对应边角均相

等。由此可知，对黄道的一个象限编制这些角与弧的表，整个圆周的其他象限也将适用。

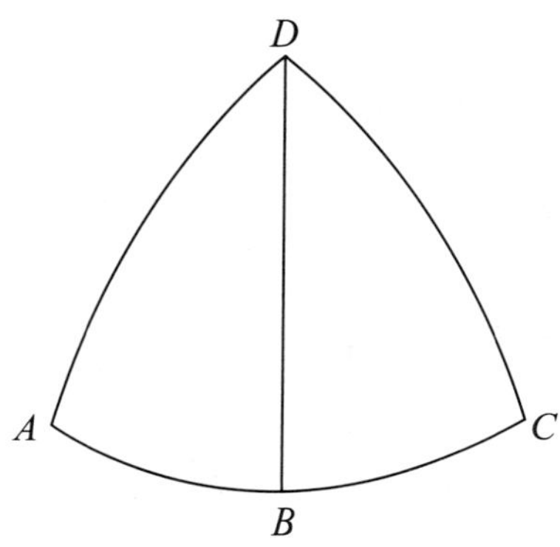

在以下对表的说明中，我将引用一个这些关系的例子。第一列为黄道度数，第二列为与这些度数相对应的赤纬，第三列为黄道达到最大倾角时出现的赤纬与局部赤纬相差的分数，其最大差值为24′。赤经表与子午圈角度表也是这样编制的。当黄道倾角改变时，与之相关的各项也必然会改变。而赤经变化非常小，它不超过一“时度”（time）（古人把与黄道分度一同升起的赤道分度称作“时度”）的$^1/_{10}$，而在一小时里只有一“时度”的$^1/_{150}$。正如我已经多次说过的，这些圆都有360个单位。但为了区别它们，多数古人都把黄道的单位称为“度”，而把赤道的单位称为“时度”。我在下面也要沿用这种名称。尽管这个差值小到可以忽略，但我仍要单辟一栏把它列进去[19]。因此，只要我们根据黄道的最小倾角与最大倾角之差进行相应的修正，这些表也适用于黄道的任何其他倾角[20]。举例来说，如果倾角为23°34′，我们想知道黄道上从分点量起的30°的赤纬有多大，则从表上可以查到赤纬为11°29′，差值为11′。当黄道倾角为最大即我说过的23°52′时，应把11′加上23°52′。

但我们已经确定了倾角为23°34′，它比最小倾角大6′，而6′是最大倾角大于最小倾角的24′的四分之一。由于3′：11′≈6′：24′。如果把3′加上11°29′，便得到黄道上30°弧从赤道算起的赤纬为11°32′。子午圈角度表与赤经表也是一样的，只是必须总对赤经加上差值，而对子午圈角度减去差值，这样才能使一切随时间变化的量更加精确。

56

黄道度数的赤纬表

黄道	赤纬		差值	黄道	赤纬		差值	黄道	赤纬		差值
度	度	分	分	度	度	分	分	度	度	分	分
1	0	24	0	31	11	50	11	61	20	23	20
2	0	48	1	32	12	11	12	62	20	35	21
3	1	12	1	33	12	32	12	63	20	47	21
4	1	36	2	34	12	52	13	64	20	58	21
5	2	0	2	35	13	12	13	65	21	9	21
6	2	23	2	36	13	32	14	66	21	20	22
7	2	47	3	37	13	52	14	67	21	30	22
8	3	11	3	38	14	12	14	68	21	40	22
9	3	35	4	39	14	31	14	69	21	49	22
10	3	58	4	40	14	50	14	70	21	58	22
11	4	22	4	41	15	9	15	71	22	7	22
12	4	45	4	42	15	27	15	72	22	15	23
13	5	9	5	43	15	46	16	73	22	23	23
14	5	32	5	44	16	4	16	74	22	30	23
15	5	55	5	45	16	22	16	75	22	37	23
16	6	19	6	46	16	39	17	76	22	44	23
17	6	41	6	47	16	56	17	77	22	50	23
18	7	4	7	48	17	13	17	78	22	55	23
19	7	27	7	49	17	30	18	79	23	1	24
20	7	49	8	50	17	46	18	80	23	5	24
21	8	12	8	51	18	1	18	81	23	10	24
22	8	34	8	52	18	17	18	82	23	13	24
23	8	57	9	53	18	32	19	83	23	17	24
24	9	19	9	54	18	47	19	84	23	20	24
25	9	41	9	55	19	2	19	85	23	22	24
26	10	3	10	56	19	16	19	86	23	24	24
27	10	25	10	57	19	30	20	87	23	26	24
28	10	46	10	58	19	44	20	88	23	27	24
29	11	8	10	59	19	57	20	89	23	28	24
30	11	29	11	60	20	10	20	90	23	28	24

续表

57

赤经表											
黄道	赤纬		差值	黄道	赤纬		差值	黄道	赤纬		差值
度	度	分	分	度	度	分	分	度	度	分	分
1	0	55	0	31	28	54	4	61	58	51	4
2	1	50	0	32	29	51	4	62	59	54	4
3	2	45	0	33	30	50	4	63	60	57	4
4	3	40	0	34	31	46	4	64	62	0	4
5	4	35	0	35	32	45	4	65	63	3	4
6	5	30	0	36	33	43	5	66	64	6	3
7	6	25	1	37	34	41	5	67	65	9	3
8	7	20	1	38	35	40	5	68	66	13	3
9	8	15	1	39	36	38	5	69	67	17	3
10	9	11	1	40	37	37	5	70	68	21	3
11	10	6	1	41	38	36	5	71	69	25	3
12	11	0	2	42	39	35	5	72	70	29	3
13	11	57	2	43	40	34	5	73	71	33	3
14	12	52	2	44	41	33	6	74	72	38	2
15	13	48	2	45	42	32	6	75	73	43	2
16	14	43	2	46	43	31	6	76	74	47	2
17	15	39	2	47	44	32	5	77	75	52	2
18	16	34	3	48	45	32	5	78	76	57	2
19	17	31	3	49	46	32	5	79	78	2	2
20	18	27	3	50	47	33	5	80	79	7	2
21	19	23	3	51	48	34	5	81	80	12	1
22	20	19	3	52	49	35	5	82	81	17	1
23	21	15	3	53	50	36	5	83	82	22	1
24	22	10	4	54	51	37	5	84	83	27	1
25	23	9	4	55	52	38	4	85	84	33	1
26	24	6	4	56	53	41	4	86	85	38	0
27	25	3	4	57	54	43	4	87	86	43	0
28	26	0	4	58	55	45	4	88	87	48	0
29	26	57	4	59	56	46	4	89	88	54	0
30	27	54	4	60	57	48	4	90	90	0	0

续表

58

子午圈角度表											
黄道	赤纬		差值	黄道	赤纬		差值	黄道	赤纬		差值
度	度	分	分	度	度	分	分	度	度	分	分
1	66	32	24	31	69	35	21	61	78	7	12
2	66	33	24	32	69	48	21	62	78	29	12
3	66	34	24	33	70	0	20	63	78	51	11
4	66	35	24	34	70	13	20	64	79	14	11
5	66	37	24	35	70	26	20	65	79	36	11
6	66	39	24	36	70	39	20	66	79	59	10
7	66	42	24	37	70	53	20	67	80	22	10
8	66	44	24	38	71	7	19	68	80	45	10
9	66	47	24	39	71	22	19	69	81	9	9
10	66	51	24	40	71	36	19	70	81	33	9
11	66	55	24	41	71	52	19	71	81	58	8
12	66	59	24	42	72	8	18	72	82	22	8
13	67	4	23	43	72	24	18	73	82	46	7
14	67	10	23	44	72	39	18	74	83	11	7
15	67	15	23	45	72	55	17	75	83	35	6
16	67	21	23	46	73	11	17	76	84	0	6
17	67	27	23	47	73	28	17	77	84	25	6
18	67	34	23	48	73	47	17	78	84	50	5
19	67	41	23	49	74	6	16	79	85	15	5
20	67	49	23	50	74	24	16	80	85	40	4
21	67	56	23	51	74	42	16	81	86	5	4
22	68	4	22	52	75	1	15	82	86	30	3
23	68	13	22	53	75	21	15	83	86	55	3
24	68	22	22	54	75	40	15	84	87	19	3
25	68	32	22	55	76	1	14	85	87	53	2
26	68	41	22	56	76	21	14	86	88	17	2
27	68	51	22	57	76	42	14	87	88	41	1
28	69	2	21	58	77	3	13	88	89	6	1
29	69	13	21	59	77	24	13	89	89	33	0
30	69	24	21	60	77	45	13	90	90	0	0

第四章　如何测定黄道外任一黄经黄纬已知的星体的赤经赤纬，以及它过中天时的黄道度数 59

以上谈的是黄道、赤道、子午圈及其交点。但对于周日旋转来说，重要的不仅是知道那些出现在黄道上的太阳现象的起因，还要用类似的方法对那些位于黄道以外的、黄经黄纬已知的恒星或行星求出从赤道算起的赤纬和赤经。

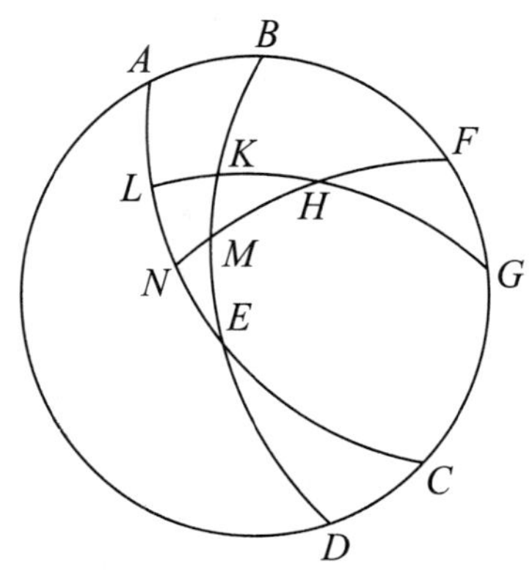

设$ABCD$为通过赤极和黄极的圆，AEC为以点F为极的赤道半圆，BED为以点G为极的黄道半圆，它与赤道交于点E。从极点G

作弧$GHKL$通过一恒星，设恒星位于给定的点H，从周日旋转极点过该点作象限$FHMN$。于是显然，位于点H的恒星与点M和点N同时落在子午圈上。弧HMN为恒星从赤道算起的赤纬，EN为恒星在球面上的赤经，它们即为我们所要求的坐标。

在三角形KEL中，由于边KE已知，角KEL已知，角$EKL=90°$，因此，根据球面三角形的定理四，边KL可以求得，边EL可以求得，角KLE也可求得。于是相加可得，弧HKL可求得。因此，在三角形HLN中，角HLN已知，角$LNH=90°$，边HL也可求得。同样根据球面三角形的定理四，其余的边——恒星的赤纬HN以及LN——也可求得。余下的距离即为赤经NE，即天球从分点向恒星所转过的弧长。

或者采用另一种方法。如果我们在前面取黄道上的弧KE为LE的赤经，则LE可由赤经表查得，与LE相应的赤纬LK也可由表查得，角KLE可由子午圈角度表查得。于是如我已经证明的，其余的边和角就可求得了。然后，由赤经EN可得恒星与点M过中天时的黄道度数EM。

第五章　地平圈的交点

正球的地平圈与斜球的地平圈不同。在正球中，地平圈是 60
与赤道垂直或通过赤极的圆。而在斜球中，赤道倾斜于被称为地平圈的圆。因此在正球中，所有星体都在地平圈上出没，昼夜总是等长。子午圈把所有周日旋转所形成的纬圈平分，并且通过它们的极点，在那里就出现了我在讨论子午圈时［II，1，3］所解释过的现象。然而，我们现在所说的白昼是指从日出到日没，而不是通常所理解的从天亮到天黑，或者说是从晨光熹微到华灯初上。我在后面讨论黄道各宫的出没时［II，13］还要谈到这一问题。

另一方面，在地轴垂直于地平圈的地方没有天体出没。只要不受其他某种运动比如绕太阳周年运转的影响，每个星体都将描出一个使其永远可见或永远不可见的圆。结果，那里白昼要持续半年之久，其余时间则是黑夜。而且除了冬夏之别也没有其他差别，因为在那种情况下地平圈与赤道是重合的。

而对于斜球来说，有些天体会有出没，而另一些则永远可见或永远不可见。同时，昼夜并不等长。斜地平圈与两纬圈相切，纬圈的角度视地平圈的倾角而定。在这两条纬圈中，与可见天极较近的一条是永远可见天体的界限，而与不可见天极较近的另一条纬圈则是永远不可见天体的界限。因此，除赤道这个最大的纬圈以外（大圆彼此平分），完全落在这两个界限之间的地平圈把所有纬圈都分成了不等的弧段。于是在北半球，斜地平圈把纬圈分成了两段圆弧，其中靠近可见天极的一段大于靠近不可见的南极的一段。南半球则情况相反。太阳在这些弧上的周日视运动产生了昼夜不等长的现象。

第六章　正午日影的差异

因为正午的日影各不相同，所以有些人可以被称为环影人，有些人被称为双影人，还有些人被称为异影人。环影人可以从各个方向接受日影。这些人的天顶或地平圈的极点与地球极点之间的距离，要小于回归线与赤道之间的距离。在那些地区，作为永远可见或永不可见的星体的界限，与地平圈相切的纬圈大于或等于回归线。因此在夏天，太阳高悬于永远可见星体之中，把日晷的影子投向四面八方。但是在地平圈与回归线相切的地方，回归线就成了永远可见和永远不可见的星体的界限。因此在至日，太阳看起来是在午夜掠过地球，那时整个黄道与地平圈重合，黄道的六个宫迅速同时升起，相对各宫则同时沉没，黄极与地平圈的极点相重合。

双影人的正午日影落向两侧，他们生活在两回归线之间，古人 61
把这个区域称为中间带。正如欧几里得在《现象》（*Phaenomena*）中的定理二[21]所证明的，因为在整个区域，黄道每天要从头顶上经过两次，所以在那里日晷的影子也要消失两次：随着太阳的往来穿梭，日晷有时把日影投向南方，有时把日影投向北方。

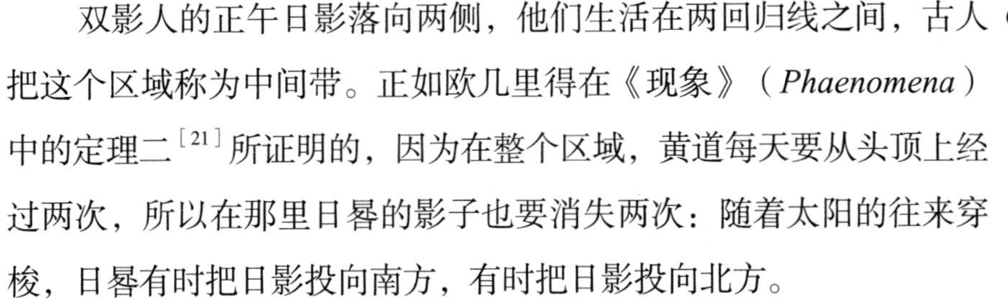

剩下像我们这样居住在双影人和环影人之间的人是异影人，因为我们只把自己的正午日影投向一个方向，即北方。

古代数学家习惯用一些穿过不同地方的纬圈[22]把地球分为七个地区，这些地区是梅罗（Meroe）、息宁（Syene）、亚历山大城、罗得（Rhodes）岛、达达尼尔海峡（Hellespont）、黑海中央、第聂伯河（Borysthenes）和君士坦丁堡等。这些纬圈是根据以下三点选取的：一年中在一些特定地点最长白昼的长度之差及其增加、在分日和至日正午用日晷观测到的日影长度，以及天极的高度或每一地区的宽度。由于这些量随时间发生某种变化，它们现在已经与以前有所不同了。正如我所提到的［II，2］，其原因就是黄道倾角可变，而以前的天文学家忽视了这一点。或者说得更确切些，是赤道相对于黄道面的倾角可变，而那些量依赖于这个倾角。但天极的高度或所在地的纬度以及分日的日影长度，都与古代的观测记录相符[23]。这是必然的，因为赤道取决于地球的极点。因此，那些地区不能由特殊日期落下的日影足够精确地决定，而要由它们与赤道之间永远保持不变的距离来更加准确地决定。然而，尽管回归线的变化非常小，但它却能使南方地区的白昼和日影产生微小的变化，而对于向北走的人来说，这种变化就更为显著了。

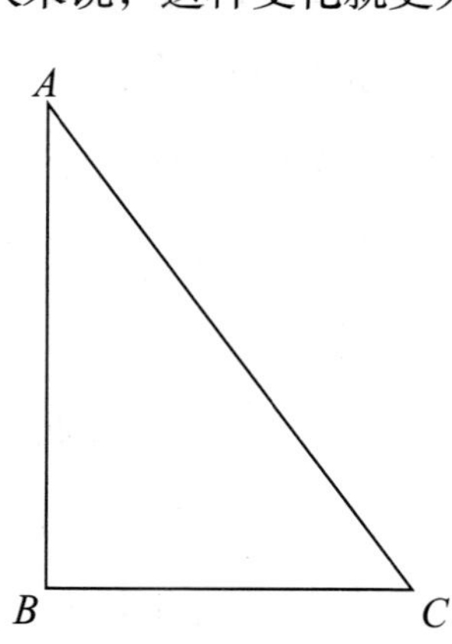

至于日晷的影子，显然无论太阳处于何种高度，都可以得出

日影的长度，反之亦然。设日晷AB投下日影BC。由于日晷垂直于地平面，根据直线与平面垂直的定义，角ABC必然总为直角。连接AC，便得到直角三角形ABC。如果已知太阳的一个高度，就可以求得角ACB。根据平面三角形的定理一，日晷AB与其影长BC之比可以求得，BC的长度也可求得。与此相反，如果AB和BC已知，那么根据平面三角形的定理三，角ACB和投影时太阳的高度便可求得。通过这种方法，古人在描述地球上那些地区的过程中，有时在分日、有时在至日对每一地区确定了正午日影的长度。

62 # 第七章　如何相互导出最长白昼、日出间距和天球倾角；白昼之间的余差

无论天球或地平圈有何种倾角，我都将同时说明最长和最短的白昼、日出间距以及白昼之间的余差。日出间距是在冬夏二至点的日出在地平圈上所截的弧长，或者是至点日出与分点日出的间距。

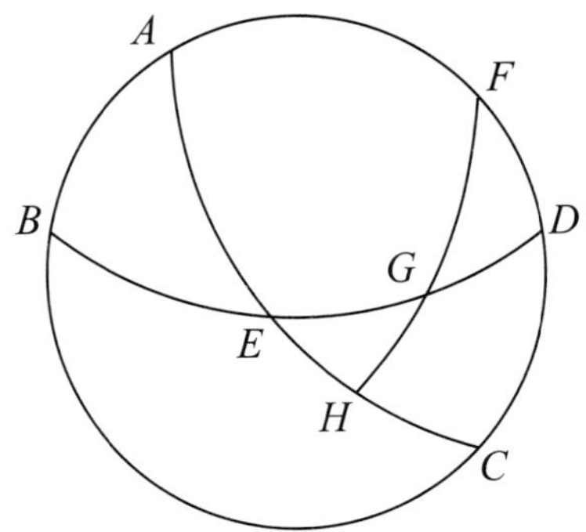

设$ABCD$为子午圈，BED为东半球上的地平圈半圆，AEC为以点F为北极的赤道半圆。取点G为夏至时的日出点，作大圆弧

FGH。因为地球绕赤极F旋转，所以点G和点H必然同时到达子午圈ABCD。纬圈都是围绕相同的极点作出的，所以过极点的大圆会在纬圈上截出相似的圆弧。因此，从点G的日出到正午的时间量出弧AEH，而从午夜到日出的时间也量出地平圈下面半圆的剩余部分CH。AEC是一个半圆，而AE和EC是过ABCD的极点画出的象限，所以EH将等于最长白昼与分日白昼之差的一半，EG将是分日与至日的日出间距。于是在三角形EGH中，球的倾角GEH可由弧AB求得。角GHE为直角，夏至点与赤道之间的距离GH也可知。其余各边可根据球面三角形的定理四求得：边EH为最长白昼与分日白昼之差的一半，边GE为日出间距。如果除了边GH以外，边EH（最长白昼与分日白昼之差的一半）[24]或EG已知，则球的倾角E可知，因此极点位于地平圈之上的高度FD也可求得。

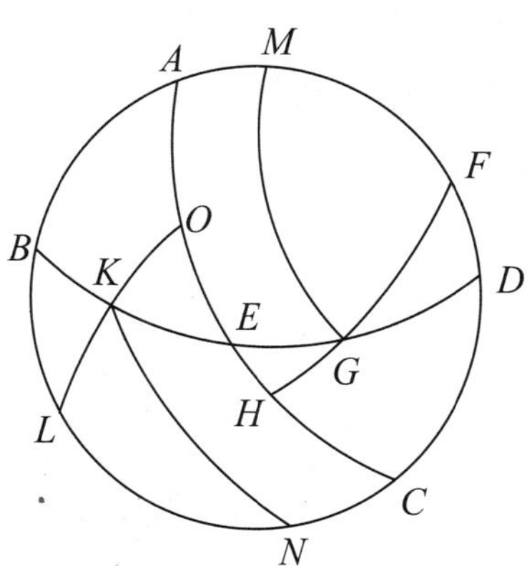

其次，假设黄道上的点G不是至点，而是任何其他点，弧EG和弧EH也可求得。从前面所列的赤纬表可以查到与该黄道度数相对应的赤纬弧GH，其余各量可用同一方法获得。因此还可知，在黄道上与至点等距的分度点在地平圈上截出与分点日出等距且同一方向的圆弧，并使昼夜等长。之所以如此，是因为黄道上的这两个分度点都在同一纬圈上，它们具有相同的赤纬且在同一方向上。但如果从与赤道的交点沿两个方向取相等的弧，那么日出间距仍然相等，但方向相反。昼夜也是等长的，因为它们在分点两边描出纬圈上的相等弧长，正如黄道上与分点等距的两点从赤道算起的赤纬是相等的。

63 在同一图形中，设两纬圈弧GM和KN与地平圈BED交于点G和点K，LKO为从南极点L作的一条大圆象限。由于赤纬HG=赤纬KO，所以DFG和BLK两个三角形各有两对应边相等：$FG=LK$，极点的高度相等，即$FD=LB$，角D=角$B=90°$，因此第三边DG=第三边BK。它们的剩余部分即日出间距$GE=EK$。因为这里也有边EG=边EK，边GH=边KO，且对顶角角KEO=角GEH，边EH=边EO，$EH+90°=OE+90°$，所以弧AEH=弧OEC。但由于通过纬圈极点的大圆在球面平行圆周上截出相似圆弧，所以GM和KN相似且相等。证毕。

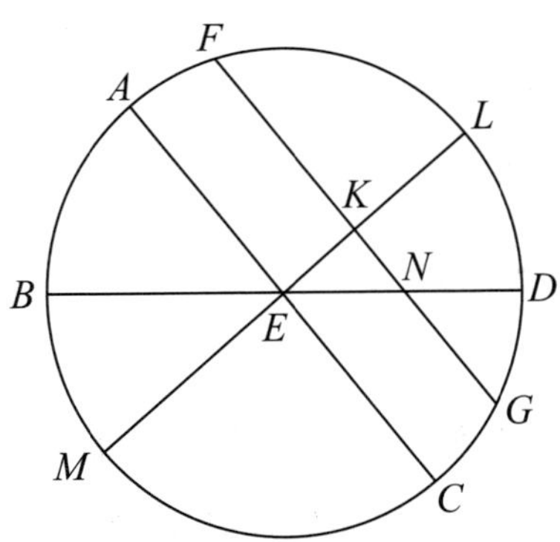

然而，这些都可作另一种说明。同样以点E为中心作子午圈$ABCD$。设赤道直径以及赤道与子午圈的交线为AEC，BED为地平圈与子午圈的直径，LEM为球的轴线，点L为可见天极，点M为不可见天极。设AF为夏至点的距离或其他任何赤纬。在这个赤纬处画纬圈，其直径为FG，它也是该纬圈与子午面的交线。FG与轴线交于点K，与子午圈交于点N。根据波西多尼奥斯的定义[25]，平行线既不会聚也不发散，它们之间的垂线处处相等，因此$KE=$ $^1/_2$弦$2AF$。类似地，KN将是半径为FK的纬圈上的弧的二倍所对半弦，该弧的二倍表示分点日与其他日之差，因为所有以这些线为交线和直径的半圆——即斜地平圈BED、正地平圈LEM、赤道AEC和纬圈FKG——都垂直于圆周$ABCD$的平面。根据欧几里得《几何原本》XI，19，它们相互之间的交线分别在E、K、N各点垂直于同一平面。根据XI，6，这些垂线彼此平行。点K为纬圈的中心，而点E为球心，因此EN为代表纬圈上的日出点与分日日出点之差的地平圈弧的两倍所对半弦。由于赤纬AF与象限的剩余部分FL均已知，所以弧AF的二倍所对半弦KE，以及弧FL的二倍所对半弦FK就能以AE等于100000的单位定出。但是在直角三角形EKN中，角KEN可由极点高度DL得出，余角KNE等于角AEB，因为在斜球上，纬圈与地平圈的倾角相等，各边均可以球半径等于100000的单位得出，所以KN也能以纬圈半径FK等于100000的单位得出。KN为代表分日与纬圈一日之差的弧所对半弦，它同样能以纬圈等于360°的单位得出。于是，$FK:KN$显然由两个比构成， 64
一是弦$2FL$：弦$2AF$，即$FK:KE$，二是弦$2AB$：弦$2DL$，后一比值等于$EK:KN$，也就是说，取EK为FK和KN的比例中项。类似地也有$BE:EN$由$BE:EK$和$KE:EN$构成。托勒密用球面弧段对此作了详细说明［《天文学大成》，I，13］。我相信，用这种方法不仅

昼夜不等可以求得，而且对于月球和恒星，如果已知赤纬，则它们在地平圈之上由周日旋转所描出的纬圈弧段就可以同地平圈之下的弧段区分开来，于是月球和恒星的出没就容易得知了[26]。

65 斜球经度差值表

赤纬	天极高度											
	31		32		33		34		35		36	
度	度	分	度	分	度	分	度	分	度	分	度	分
1	0	36	0	37	0	39	0	40	0	42	0	44
2	1	12	1	15	1	18	1	21	1	24	1	27
3	1	48	1	53	1	57	2	2	2	6	2	11
4	2	24	2	30	2	36	2	42	2	48	2	55
5	3	1	3	8	3	15	3	23	3	31	3	39
6	3	37	3	46	3	55	4	4	4	13	4	23
7	4	14	4	24	4	34	4	45	4	56	5	7
8	4	51	5	2	5	14	5	26	5	39	5	52
9	5	28	5	41	5	54	6	8	6	22	6	36
10	6	5	6	20	6	35	6	50	7	6	7	22
11	6	42	6	59	7	15	7	32	7	49	8	7
12	7	20	7	38	7	56	8	15	8	34	8	53
13	7	58	8	18	8	37	8	58	9	18	9	53
14	8	37	8	58	9	19	9	41	10	3	10	26
15	9	16	9	38	10	1	10	25	10	49	11	14
16	9	55	10	19	10	44	11	9	11	35	12	2
17	10	35	11	1	11	27	11	54	12	22	12	50
18	11	16	11	43	12	11	12	40	13	9	13	39
19	11	56	12	25	12	55	13	26	13	57	14	29
20	12	38	13	9	13	40	14	13	14	46	15	20
21	13	20	13	53	14	26	15	0	15	36	16	12
22	14	3	14	37	15	13	15	49	16	27	17	5
23	14	47	15	23	16	0	16	38	17	17	17	58
24	15	31	16	9	16	48	17	29	18	10	18	52
25	16	16	16	56	17	38	18	20	19	3	19	48
26	17	2	17	45	18	28	19	12	19	58	20	45
27	17	50	18	34	19	19	20	6	20	54	21	44
28	18	38	19	24	20	12	21	1	21	51	22	43
29	19	27	20	16	21	6	21	57	22	50	23	45
30	20	18	21	9	22	1	22	55	23	51	24	48
31	21	10	22	3	22	58	23	55	24	53	25	53
32	22	3	22	59	23	56	24	56	25	57	27	0
33	22	57	23	54	24	19	25	59	27	3	28	9
34	23	55	24	56	25	59	27	4	28	10	29	21
35	24	53	25	57	27	3	28	10	29	21	30	35
36	25	53	27	0	28	9	29	21	30	35	31	52

续表

66

斜球经度差值表												
赤纬	天极高度											
	37		38		39		40		41		42	
度	度	分	度	分	度	分	度	分	度	分	度	分
1	0	45	0	47	0	49	0	50	0	52	0	54
2	1	31	1	34	1	37	1	41	1	44	4	48
3	2	16	2	21	2	26	2	31	2	37	2	42
4	3	1	3	8	3	15	3	22	3	29	3	37
5	3	47	3	55	4	4	4	13	4	22	4	31
6	4	33	4	43	4	53	5	4	5	15	5	26
7	5	19	5	30	5	42	5	55	6	8	6	21
8	6	5	6	18	6	32	6	46	7	1	7	16
9	6	51	7	6	7	22	7	38	7	55	8	12
10	7	38	7	55	8	13	8	30	8	49	9	8
11	8	25	8	44	9	3	9	23	9	44	10	5
12	9	13	9	34	9	55	10	16	10	39	11	2
13	10	1	10	24	10	46	11	10	11	35	12	0
14	10	50	11	14	11	39	12	5	12	31	12	58
15	11	39	12	5	12	32	13	0	13	28	13	58
16	12	29	12	57	13	26	13	55	14	26	14	58
17	13	19	13	49	14	20	14	52	15	25	15	59
18	14	10	14	42	15	15	15	49	16	24	17	1
19	15	2	15	36	16	11	16	48	17	25	18	4
20	15	55	16	31	17	8	17	47	18	27	19	8
21	16	49	17	27	18	7	18	47	19	30	20	13
22	17	44	18	24	19	6	19	49	20	34	21	20
23	18	39	19	22	20	6	20	52	21	39	22	28
24	19	36	20	21	21	8	21	56	22	46	23	38
25	20	34	21	21	22	11	23	2	23	55	24	50
26	21	34	22	24	23	16	24	10	25	5	26	3
27	22	35	23	28	24	22	25	19	26	17	27	18
28	23	37	24	33	25	30	26	30	27	31	28	36
29	24	47	25	40	26	40	27	43	28	48	29	57
30	25	47	26	49	27	52	28	59	30	7	31	19
31	26	55	28	0	29	7	30	17	31	29	32	45
32	28	5	29	13	30	54	31	31	32	54	34	14
33	29	18	30	29	31	44	33	1	34	22	35	47
34	30	32	31	48	33	6	34	27	35	54	37	24
35	31	51	33	10	34	33	35	59	37	30	39	5
36	33	12	34	35	36	2	37	34	39	10	40	51

续表

67

斜球经度差值表												
赤纬	天极高度											
	43		44		45		46		47		48	
度	度	分	度	分	度	分	度	分	度	分	度	分
1	0	56	0	58	1	0	1	2	1	4	1	7
2	1	52	1	56	2	0	2	4	2	9	2	13
3	2	48	2	54	3	0	3	7	3	13	3	20
4	3	44	3	52	4	1	4	9	4	18	4	27
5	4	41	4	51	5	1	5	12	5	23	5	35
6	5	37	5	50	6	2	6	15	6	28	6	42
7	6	34	6	49	7	3	7	18	7	34	7	50
8	7	32	7	48	8	5	8	22	8	40	8	59
9	8	30	8	48	9	7	9	26	9	47	10	8
10	9	28	9	48	10	9	10	31	10	54	11	18
11	10	27	10	49	11	13	11	37	12	2	12	28
12	11	26	11	51	12	16	12	43	13	11	13	39
13	12	26	12	53	13	21	13	50	14	20	14	51
14	13	27	13	56	14	26	14	58	15	30	16	5
15	14	28	15	0	15	32	16	7	16	42	17	19
16	15	31	16	5	16	40	17	16	17	54	18	34
17	16	34	17	10	17	48	18	27	19	8	19	51
18	17	38	18	17	18	58	19	40	20	23	21	9
19	18	44	19	25	20	9	20	53	21	40	22	29
20	19	50	20	35	21	21	22	8	22	58	23	51
21	20	59	21	46	22	34	23	25	24	18	25	14
22	22	8	22	58	23	50	24	44	25	40	26	40
23	23	19	24	12	25	7	26	5	27	5	28	8
24	24	32	25	28	26	26	27	27	28	31	29	38
25	25	47	26	46	27	48	28	52	30	0	31	12
26	27	3	28	6	29	11	30	20	31	32	32	48
27	28	22	29	29	30	38	31	51	33	7	34	28
28	29	44	30	54	32	7	33	25	34	46	36	12
29	31	8	32	22	33	40	35	2	36	28	38	0
30	32	35	33	53	35	16	36	43	38	15	39	53
31	34	5	35	28	36	56	38	29	40	7	41	52
32	35	38	37	7	38	40	40	19	42	4	43	57
33	37	16	38	50	40	30	42	15	44	8	46	9
34	38	58	40	39	42	25	44	18	46	20	48	31
35	40	46	42	33	44	27	46	23	48	36	51	3
36	42	39	44	33	46	36	48	47	51	11	53	47

续表 68

斜球经度差值表												
赤纬	天极高度											
	49		50		51		52		53		54	
度	度	分	度	分	度	分	度	分	度	分	度	分
1	1	9	1	12	1	14	1	17	1	20	1	23
2	2	18	2	23	2	28	2	34	2	39	2	45
3	3	27	3	35	3	43	3	51	3	59	4	8
4	4	37	4	47	4	57	5	8	5	19	5	31
5	5	47	5	50	6	12	6	26	6	40	6	55
6	6	57	7	12	7	27	7	44	8	1	8	19
7	8	7	8	25	8	43	9	2	9	23	9	44
8	9	18	9	38	10	0	10	22	10	45	11	9
9	10	30	10	53	11	17	11	42	12	8	12	35
10	11	42	12	8	12	35	13	3	13	32	14	3
11	12	55	13	24	13	53	14	24	14	57	15	31
12	14	9	14	40	15	13	15	47	16	23	17	0
13	15	24	15	58	16	34	17	11	17	50	18	32
14	16	40	17	17	17	56	18	37	19	19	20	4
15	17	57	18	39	19	19	20	4	20	50	21	38
16	19	16	19	59	20	44	21	32	22	22	23	15
17	20	36	21	22	22	11	23	2	23	56	24	53
18	21	57	22	47	23	39	24	34	25	33	26	34
19	23	20	24	14	25	10	26	9	27	11	28	17
20	24	45	25	42	26	43	27	46	28	53	30	4
21	26	12	27	14	28	18	29	26	30	37	31	54
22	27	42	28	47	29	56	31	8	32	25	33	47
23	29	14	30	23	31	37	32	54	34	17	35	45
24	31	4	32	3	33	21	34	44	36	13	37	48
25	32	26	33	46	35	10	36	39	38	14	39	59
26	34	8	35	32	37	2	38	38	40	20	42	10
27	35	53	37	23	39	0	40	42	42	33	44	32
28	37	43	39	19	41	2	42	53	44	53	47	2
29	39	37	41	21	43	12	45	12	47	21	49	44
30	41	37	43	29	45	29	47	39	50	1	52	37
31	43	44	45	44	47	54	50	16	52	53	55	48
32	45	57	48	8	50	30	53	7	56	1	59	19
33	48	19	50	44	53	20	56	13	59	28	63	21
34	50	54	53	30	56	20	59	42	63	31	68	11
35	53	40	56	34	59	58	63	40	68	18	74	32
36	56	42	59	59	63	47	68	26	74	36	90	0

续表

69

斜球经度差值表												
赤纬	天极高度											
	55		56		57		58		59		60	
度	度	分	度	分	度	分	度	分	度	分	度	分
1	1	26	1	29	1	32	1	36	1	40	1	44
2	2	52	2	58	3	5	3	12	3	20	3	28
3	4	17	4	27	4	38	4	49	5	0	5	12
4	5	44	5	57	6	11	6	25	6	41	6	57
5	7	11	7	27	7	44	8	3	8	22	8	43
6	8	38	8	58	9	19	9	41	10	4	10	29
7	10	6	10	29	10	54	11	20	11	47	12	17
8	11	35	12	1	12	30	13	0	13	32	14	5
9	13	4	13	35	14	7	14	41	15	17	15	55
10	14	35	15	9	15	45	16	23	17	4	17	47
11	16	7	16	45	17	25	18	8	18	53	19	41
12	17	40	18	22	19	6	19	53	20	43	21	36
13	19	15	20	1	20	50	21	41	22	36	23	34
14	20	52	21	42	22	35	23	31	24	31	25	35
15	22	30	23	24	24	22	25	23	26	29	27	39
16	24	10	25	9	26	12	27	19	28	30	29	47
17	25	53	26	57	28	5	29	18	30	35	31	59
18	27	39	28	48	30	1	31	20	32	44	34	19
19	29	27	30	41	32	1	33	26	34	58	36	37
20	31	19	32	39	34	5	35	37	37	17	39	5
21	33	15	34	41	36	14	37	54	39	42	41	40
22	35	14	36	48	38	28	40	17	42	15	44	25
23	37	19	39	0	40	49	42	47	44	57	47	20
24	39	29	41	18	43	17	45	26	47	49	50	27
25	41	45	43	44	45	54	48	16	50	54	53	52
26	44	9	46	18	48	41	51	19	54	16	57	39
27	46	41	49	4	51	41	54	38	58	0	61	57
28	49	24	52	1	54	58	58	19	62	14	67	4
29	52	20	55	16	58	36	62	31	67	18	73	46
30	55	32	58	52	62	45	67	31	73	55	90	0
31	59	6	62	58	67	42	74	4	90	0		
32	63	10	67	53	74	12	90	0				
33	68	1	74	19	90	0						
34	74	33	90	0								
35	90	0										
36												

空白区属于既不升起也不沉没的恒星

第八章　昼夜的时辰及其划分 70

由此可见，在天极高度已知的情况下，可以由表查出对应于太阳赤纬的白昼的差值。如果是北半球的赤纬，就把这个差值与一个象限相加；如果是南半球的赤纬，就把这个差值从一个象限中减去，然后再把得到的结果增加一倍，我们便得到了白昼的长度，圆周的其余部分就是黑夜的长度。

把这两个量的任何一个除以赤道的15度，就得到它含有多少个相等的小时。但如果取$^1/_{12}$，我们就得到了一个季节时辰的长度。这些时辰根据其所在的日期命名，每个时辰总是一天的$^1/_{12}$。因此我们发现，古人曾用过“夏至时辰、分日时辰和冬至时辰”这些名称。然而起初，除了从日出到日没的12个小时以外，并没有别的时辰。但古人习惯于把一夜分成四更。这种时辰规定得到了各国的默认，从而沿用了很长时间。为了执行这一规定，人们发明了水钟。通过滴水的增减变化，人们可以对白昼的差值调节时辰，即使在阴天也能知道时刻。但到了后来，当对白天和夜间都适用的更易观测的等长时辰得到广泛应用之后[27]，季节时辰就废止不用了。于是，如果你问一个普通人，什么是一天当中的第一、第三、第六、第九或第十一小时，他将给不出任何回答或答非所问。此外，关于等长时辰的编号，有人从正午算起，有人从日没算起，有人从午夜算起，还有人从日出算起，这由各个社会自行决定[28]。

第九章　黄道弧段的斜球赤经；当黄道任一分度升起时，如何确定在中天的度数

前面已经说明了昼夜的长度及其差异，接下来要说的是斜球经度，即黄道十二宫或黄道的其他弧段升起的时刻。赤经与斜球经度之间的差别，就是我已经说过的分日与昼夜不等长日之间的差别。古人借动物的名称来给由不动恒星组成的黄道各宫命名，从春分点开始，它们依次为白羊、金牛、双子、巨蟹等等。

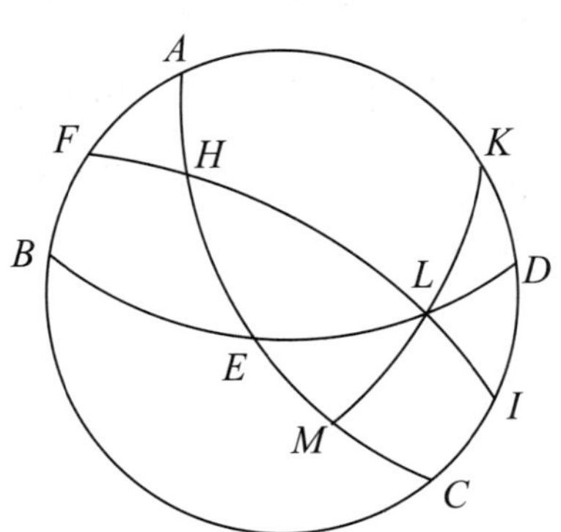

为了把问题说得更清楚，我们重新绘出子午圈ABCD。设赤道半圆AEC与地平圈BED交于点E。取点H为分点。设黄道FHI通过点H，并与地平圈交于点L。从赤极K过交点L作大圆象限KLM。
71 于是显然，黄道弧HL与赤道弧HE一同升起。但在正球中，弧HL与弧HEM一同升起，它们的差是弧EM。前已说明［II，7］，EM是分日与其他日期的白昼之差的一半。但对于北半球赤纬来说，这里应当从赤经减去加到大圆象限的量，而对于南半球赤纬来说，它应该与赤经相加以得到斜球经度。因此，整个宫或黄道上其他弧段升起的大小可由该宫或弧的起点到终点的赤经算出。

由此可知，当从分点量起的黄道任一经度的点正在升起时，它位于中天的度数也可求得。因为黄道上正在升起的点L的赤纬可由它与分点的距离弧HL得出，弧HEM是赤经，AHEM是半个白昼的弧，于是剩下的AH可得。AH是弧FH的赤经，它可由表查得。或者因为黄赤交角AHF[29]与边AH都已知，而角FAH为直角，所以在上升分度与中天分度之间的整个弧FHL可以求得。

与此相反，如果我们首先已知的是中天分度即弧FH，则正在升起的分度也可得知。赤纬弧AF可以求得，弧AFB和剩下的弧FB也可通过球的倾角求出。于是在三角形BFL中，角BFL和边FB已经得到了，而角FBL为直角，所以要求的边FHL可得。下面［II，10］还要介绍求这个量的另一种方法。

第十章 黄道与地平圈的交角

因为黄道倾斜于天球的轴线，所以它与地平圈之间形成了各种交角。在讲述日影差异时我已经说过［II，6］，对于居住在两回归线之间的人们来说，黄道每年有两次垂直于地平圈。但我认为，只要显示了与我们居住在异影区的人有关的那些角度也就足够了。从这些角度出发很容易理解关于角度的这个给理论。当春分点或白羊宫的起点升起时，黄道在斜球上较低，并以最大南赤纬的量转向地平圈，这种情况出现在摩羯宫起点位于中天时；相反地，黄道较高时，它的升起角也较大，此时天秤宫的起点升起而巨蟹宫的起点位于中天。我认为以上所说是显然的。赤道、黄道和地平圈这三个圆都通过同一交点即子午圈的极点，它们在子午圈上截得的弧段表示升起角的大小。

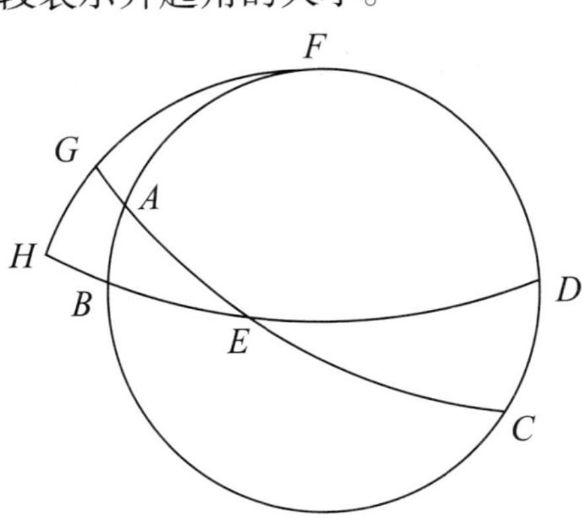

为了说明对黄道其他度数测量升起角的方法，再次设$ABCD$为子午圈，BED为半个地平圈，AEC为半个黄道。设黄道的任一分度在点E升起。我们要求出在四直角=360°的单位中角AEB的大
72 小。由于升起分度E已知，所以由上所述，中天的分度、弧AE以及子午圈高度AB可得[30]。因为角$ABE=90°$，弦$2AE$：弦$2AB$=球的直径：弦$2AEB$。所以角AEB可得。

但如果已知分度不是在升起，而是在中天（设其为A），升起角仍可测定。以点E为极点，作大圆象限FGH，完成象限EAG和EBH[31]。因为子午圈高度AB已知，所以$AF=90°-AB$。由前述角FAG也已知，而角$FGA=90°$，所以弧FG可得。$90°-FG=GH$即为所要求的升起角。同样，我们也说明了当中天分度已知时，如何求得升起分度，因为在论述球面三角形时我已说明［I，14，定理三］，弦$2GH$：弦$2AB$=球的直径：弦$2AE$。

为了说明这些关系，我附了三张表。第一张是正球赤经表，从白羊宫开始，每隔黄道的6°取一值；第二张是斜球赤经表，也是每隔6°取一值，从极点高度为39°的纬圈开始到极点高度为57°的纬圈，每隔3°一列；第三张表是与地平圈的交角，也是每6°取一值，共七列。这些表都是根据最小的黄道倾角即23°28′制定的，这个数值对我们这个时代来说大致是正确的。

续表

73

正球自转中黄道十二宫赤经表[32]											
黄道		赤经		仅对一度		黄道		赤经		仅对一度	
各宫	度	度	分	度	分	各宫	度	度	分	度	分
♈	6	5	30	0	55	♎	6	185	30	0	55
	12	11	0	0	55		12	191	0	0	55
	18	16	34	0	56		18	196	34	0	56
	24	22	10	0	56		24	202	10	0	56
	30	27	54	0	57		30	207	54	0	57
♉	6	33	43	0	58	♏	6	213	43	0	58
	12	39	35	0	59		12	219	35	0	59
	18	45	32	1	0		18	225	32	1	0
	24	51	37	1	1		24	231	37	1	1
	30	57	48	1	2		30	237	48	1	2
♊	6	64	6	1	3	♐	6	244	6	1	3
	12	70	29	1	4		12	250	29	1	4
	18	76	57	1	5		18	256	57	1	5
	24	83	27	1	5		24	263	27	1	5
	30	90	0	1	5		30	270	0	1	5
♋	6	96	33	1	5	♑	6	276	33	1	5
	12	103	3	1	5		12	283	3	1	5
	18	109	31	1	5		18	289	31	1	5
	24	115	54	1	4		24	295	54	1	4
	30	122	12	1	3		30	302	12	1	3
♌	6	128	23	1	2	♒	6	308	23	1	2
	12	134	28	1	1		12	314	28	1	1
	18	140	25	1	0		18	320	25	1	0
	24	146	17	0	59		24	326	17	0	59
	30	152	6	0	58		30	332	6	0	58
♍	6	157	50	0	57	♓	6	337	50	0	57
	12	163	26	0	56		12	343	26	0	56
	18	169	0	0	56		18	349	0	0	56
	24	176	30	0	55		24	354	30	0	55
	30	180	0	0	55		30	360	0	0	55

续表

74

斜球赤经表															
黄道		天极高度													
		39		42		45		48		51		54		57	
		赤经		赤经		赤经		赤经		赤经		赤经		赤经	
各宫	度	度	分	度	分	度	分	度	分	度	分	度	分	度	分
♈	6	3	34	3	20	3	6	2	50	2	32	2	12	1	49
	12	7	10	6	44	6	15	5	44	5	8	4	27	3	40
	18	10	50	10	10	9	27	8	39	7	47	6	44	5	34
	24	14	32	13	39	12	43	11	40	10	28	9	7	7	32
	30	18	26	17	21	16	11	14	51	13	26	11	40	9	40
♉	6	22	30	21	12	19	46	18	14	16	25	14	22	11	57
	12	26	39	25	10	23	32	21	42	19	38	17	13	14	23
	18	31	0	29	20	27	29	25	24	23	2	20	17	17	2
	24	35	38	33	47	31	43	29	25	26	47	23	42	20	2
	30	40	30	38	30	36	15	33	41	30	49	27	26	23	22
♊	6	45	39	43	31	41	7	38	23	35	15	31	34	27	7
	12	51	8	48	52	46	20	43	27	40	8	36	13	31	26
	18	56	56	54	35	51	56	48	56	45	28	41	22	36	20
	24	63	0	60	36	57	54	54	49	51	15	47	1	41	49
	30	69	25	66	59	64	16	61	10	57	34	53	28	48	2
♋	6	76	6	73	42	71	0	67	55	64	21	60	7	54	55
	12	83	2	80	41	78	2	75	2	71	34	67	28	62	26
	18	90	10	87	54	85	22	82	29	79	10	75	15	70	28
	24	97	27	95	19	92	55	90	11	87	3	83	22	78	55
	30	104	54	102	54	100	39	98	5	95	13	91	50	87	46
♌	6	112	24	110	33	108	30	106	11	103	33	100	28	96	48
	12	119	56	118	16	116	25	114	20	111	58	109	13	105	58
	18	127	29	126	0	124	23	122	32	120	28	118	3	115	13
	24	135	4	133	46	132	21	130	48	128	59	126	56	124	31
	30	142	38	141	33	140	23	139	3	137	38	135	52	133	52
♍	6	150	11	149	19	148	23	147	20	146	8	144	47	143	12
	12	157	41	157	1	156	19	155	29	154	38	153	36	153	24
	18	165	7	164	40	164	12	163	41	163	5	162	24	162	47
	24	172	34	172	21	172	6	171	51	171	33	171	12	170	49
	30	180	0	180	0	180	0	180	0	180	0	180	0	180	0

续表 75

斜球赤经表															
黄道		天极高度													
		39		42		45		48		51		54		57	
		赤经		赤经		赤经		赤经		赤经		赤经		赤经	
各宫	度	度	分	度	分	度	分	度	分	度	分	度	分	度	分
♎	6	187	26	187	39	187	54	188	9	188	27	188	48	189	11
	12	194	53	195	19	195	48	196	19	196	55	197	36	198	23
	18	202	21	203	0	203	41	204	30	205	24	206	25	207	36
	24	209	49	210	41	211	37	212	40	213	52	215	13	216	48
	30	217	22	218	27	219	37	220	57	222	22	224	8	226	8
♏	6	224	56	226	14	227	38	229	12	231	1	233	4	235	29
	12	232	31	234	0	235	37	237	28	239	32	241	57	244	47
	18	240	4	241	44	243	35	245	40	248	2	250	47	254	2
	24	247	36	249	27	251	30	253	49	256	27	259	32	263	12
	30	255	6	257	6	259	21	261	52	264	47	268	10	272	14
♐	6	262	33	264	41	267	5	269	49	272	57	276	38	281	5
	12	269	50	272	6	274	38	277	31	280	50	284	45	289	32
	18	276	58	279	19	281	58	284	58	288	26	292	32	297	34
	24	283	54	286	18	289	0	292	5	295	39	299	53	305	5
	30	290	35	293	1	295	45	298	50	302	26	306	42	311	58
♑	6	297	0	299	24	302	6	305	11	308	45	312	59	318	11
	12	303	4	305	25	308	4	311	4	314	32	318	38	323	40
	18	308	52	311	8	313	40	316	33	319	52	323	47	328	34
	24	314	21	316	29	318	53	321	37	324	45	328	26	332	53
	30	319	30	321	30	323	45	326	19	329	11	332	34	336	38
♒	6	324	21	326	13	328	16	330	35	333	13	336	18	339	58
	12	329	0	330	40	332	31	334	36	336	58	339	43	342	58
	18	333	21	334	50	336	27	338	18	340	22	342	47	345	37
	24	337	30	338	48	340	3	341	46	343	35	345	38	348	3
	30	341	34	342	39	343	49	345	9	346	34	348	20	350	20
♓	6	345	29	346	21	347	17	348	20	349	32	350	53	352	28
	12	349	11	349	51	350	33	351	21	352	14	353	16	354	26
	18	352	50	353	16	353	45	354	16	354	52	355	33	356	20
	24	356	26	356	40	356	23	357	10	357	53	357	48	358	11
	30	360	0	360	0	360	0	360	0	360	0	360	0	360	0

续表

76

黄道与地平圈交角表[33]																	
黄道		天极高度														黄道	
		39		42		45		48		51		54		57			
		交角		交角		交角		交角		交角		交角		交角			
各宫	度	度	分	度	分	度	分	度	分	度	分	度	分	度	分	度	各宫
♈	0	27	32	24	32	21	32	18	32	15	32	12	32	9	32	30	
	6	27	37	24	36	21	36	18	36	15	35	12	35	9	35	24	
	12	27	49	24	49	21	48	18	47	15	45	12	43	9	41	18	
	18	28	13	25	9	22	6	19	3	15	59	12	56	9	53	12	
	24	28	45	25	40	22	34	19	29	16	23	13	18	10	13	6	♓
	30	29	27	26	15	23	11	20	5	16	56	13	45	10	31	30	
♉	6	30	19	27	9	23	59	20	48	17	35	14	20	11	2	24	
	12	31	21	28	9	24	56	21	41	18	23	15	3	11	40	18	
	18	32	35	29	20	26	3	22	43	19	21	15	56	12	26	12	
	24	34	5	30	43	27	23	24	2	20	41	16	59	13	20	6	♒
	30	35	40	32	17	28	52	25	26	21	52	18	14	14	26	30	
♊	6	37	29	34	1	30	37	27	5	23	11	19	42	15	48	24	
	12	39	32	36	4	32	32	28	56	25	15	21	25	17	23	18	
	18	41	44	38	14	34	41	31	3	27	18	23	25	19	16	12	
	24	44	8	40	32	37	2	33	22	29	35	25	37	21	26	6	♑
	30	46	41	43	11	39	33	35	53	32	5	28	6	23	52	30	
♋	6	49	18	45	51	42	15	38	35	34	44	30	50	26	36	24	
	12	52	3	48	34	45	0	41	8	37	55	33	43	29	34	18	
	18	54	44	51	20	47	48	44	13	40	31	36	40	32	39	12	
	24	57	30	54	5	50	38	47	6	43	33	39	43	35	50	6	♐
	30	60	4	56	42	53	22	49	54	46	21	42	43	38	56	30	
♌	6	62	40	59	27	56	0	52	34	49	9	45	37	41	57	24	
	12	64	59	61	44	58	26	55	7	51	46	48	19	44	48	18	
	18	67	7	63	56	60	20	57	26	54	6	50	47	47	24	12	
	24	68	59	65	52	62	42	59	30	56	17	53	7	49	47	6	♏
	30	70	38	67	27	64	18	61	17	58	9	54	58	52	38	30	
♍	6	72	0	68	53	65	51	62	46	59	37	56	27	53	16	24	
	12	73	4	70	2	66	59	63	56	60	53	57	50	54	46	18	
	18	73	51	70	50	67	49	64	48	61	46	58	45	55	44	12	
	24	74	19	71	20	68	20	65	19	62	18	59	17	56	16	6	
	30	74	28	71	28	68	28	65	28	62	28	59	28	56	28	0	♎

第十一章　这些表的用法 77

由上所述，这些表的用法是清楚的。我们先根据太阳的度数求得赤经，再对每一等长小时加上赤道的15°（如果总和超过一个整圆的360°，就要去掉这个数值），余量即为黄道在从正午算起的相关时辰在中天的度数。如果对你所在地区的斜球经度作同样处理，便可得到从日出算起的时辰的黄道升起分度。此外，如前所述［II，19］，对于赤经已知的黄道外的任何恒星来说，与之一同在中天的黄道分度可以根据表由从白羊宫起点算起的相同赤经给出。由于黄道的斜球经度和分度都列于表中，所以由恒星的斜球经度可以求得与它们一同升起的黄道分度。沉没也可作同样处理，但要用相反的位置计算。进而言之，如果在中天的赤经加上一个象限，则得到的和为升起分度的斜球经度。因此，升起分度可由在中天的分度求得，反之亦然。接下来一个表给出了黄道与地平圈的交角，它们是由黄道的升起分度决定的。由这些角度可以知道，黄道的第90°距离地平圈的高度有多大。在计算日食时，它是必须要知道的。

第十二章　通过地平圈的两极向黄道所画圆的角与弧

下面，我将讨论黄道与通过地平圈天顶的圆的交角和弧的大小（交点都位于地平圈之上）。但我们曾在前面讲过［II，10］太阳的正午高度或黄道在中天的任一分度的正午高度，以及黄道与子午圈的交角。子午圈也是通过地平圈天顶的一个圆。此外，我也讲过上升时的角度，从直角减去这个角，余量就是过地平圈天顶的象限与升起的黄道所夹的角。

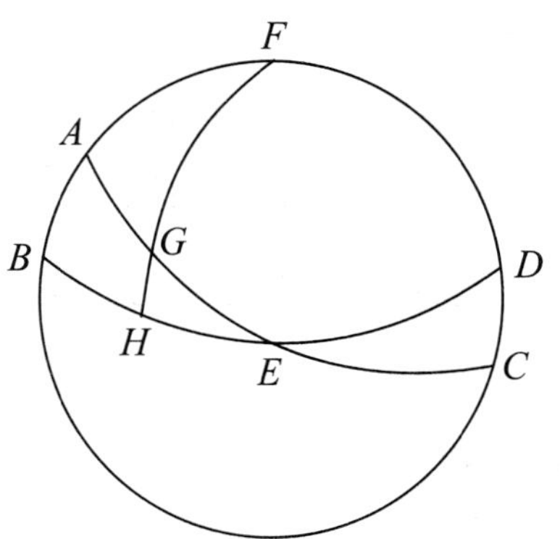

重新绘出前图［II，10］，剩下的问题是讨论子午圈与黄道半圆和地平圈半圆的交点。在黄道上取点G为正午和升起点或沉

没点之间的任意点。从地平圈的极点F过点G作大圆象限FGH。如果指定时辰，就可以求得子午圈与地平圈之间的整个黄道弧段AGE。根据假设，AG已知，由于正午高度AB已知，所以AF可得。根据球面三角形的定理，弧FG可得。因此，由于$90°-FG=GH$，所以G的高度可得，角FGA可得。此即我们所要求的量。

这些关于黄道的交点和角度的事实是我在查阅球面三角形的一般讨论时从托勒密那里扼要摘引的。如果有人希望就这一主题进行深入研究，他可以找到比我所讨论的例子更多的应用。 78

［II，12后面一部分的一个较早版本保存在了fol. 46r[34]的原稿上，没有任何迹象表明它已被取代。它在上面第二段第二句话的中间，从黄道上任意点的选择处开始。］

在升起与正午之间。设它为η，其象限为ζηθ[35]。通过指定的时辰，弧αηε已知，类似地，αη以及子午圈角为ζαη的αζ也可知。因此，根据球面三角形的定理十一[36]，弧ζη和角ζηα都可知。这些即为所求。两倍εη和两倍ηθ所对弦之比，以及两倍εα及两倍αβ弧所对弦之比，都等于半径与角ηεθ的截距之比[37]。因此给定点η的高度ηθ可知。但是在三角形ηθε中，ηε和ηθ两边已知，角ε也已知，而θ为直角，由这些量还可以求得余下的角εηθ的大小。关于角度和圆周截段的这种讨论是我在查阅三角形的一般讨论时从托勒密和其他人[38]那里扼要摘引的。如果有人希望就这一主题进行深入研究，他可以找到比我所讨论的例子更多的应用。

第十三章　天体的出没[39]

天体的出没显然也是由周日旋转所引起的。不仅我刚才讨论的那些简单的出没是如此，而且那些在清晨或黄昏出现的天体也是如此。尽管后一现象与周年运转有关，但这里讲讲更为适宜。

古代数学家们[40]区分了真出没与视出没。当天体与太阳同时升起时，此为真晨升；而当天体随日出而沉没时，此为真晨没[41][42]。在整个这段时间，该天体被称为“晨星”。但是当天体随日没而升起时，该昏升为真昏升；而当天体与太阳同时沉没时，此为真昏没。在中间这段时间，它被称为“昏星”，因为它白天隐而不见而在晚上出现。

而视出没的情况如下[43]。当天体在日出之前的黎明时分首次显露并开始出现时，此为视晨升；而在太阳刚要升起时天体看起来正好沉没，此为视晨没。当天体看起来第一次在黄昏升起时，此为视昏升；而当天体在日没后不再出现时，此为视昏没。此后，太阳的出现使天体被掩，直到它们在晨升时排成以上顺序为止。

这些不仅适用于恒星，而且也适用于土星、木星和火星这些行星。但金星与水星的出没情况不同。它们不会像外行星那样随着太阳的临近而被掩，也不会因太阳的远离而显现，而是在靠近

太阳时沉浸在太阳的光芒之中，自己仍清晰可见。其他行星都有 79
昏升与晨没，而它们在任何时候都不会被掩，而是几乎彻夜照耀长空。另一方面，从昏没到晨升，金星和水星在任何地方都看不见。还有另外一个区别，那就是对于土星、木星和火星来说，清晨的真出没要早于视出没，而黄昏的真出没却要晚于视出没，因为清晨它们要早于日出，黄昏它们要晚于日没[44]。而对于内行星来说，视晨升与视昏升均晚于真晨升与真昏升，而视晨没与视昏没却要早于真晨没与真昏没。

我曾在前面讲过任一位置已知的天体的斜球经度以及出没时的黄道分度［II，9］，由此便可得知确定出没的方法。如果此时太阳出现在该分度或相对的分度上，那么恒星就有真晨昏出没。

由此可知，视出没因每一天体的亮度和大小而异。亮度较强的天体被太阳光遮掩的时间要短于亮度较弱的天体。隐没和出现的极限是由地平圈与太阳之间的通过地平圈极点的近地平圈弧决定的。对于一等星来说，此极限为12°，土星为11°，木星为10°，火星为$11\frac{1}{2}$°，金星为5°，水星为10°[45]。但是白昼的残余归于夜幕的这一整段时间（包含黎明或黄昏）占前面那个圆周的18°。当太阳下沉了这18°时，较暗的星星也开始出现了。有些人把一个平行于地平圈的平面置于地平圈之下的这个距离处。他们说，当太阳到达这个平行圈时，白天正在开始或夜晚正在结束。因此，如果我们知道了天体出没的黄道分度以及黄道与地平圈在那一点的交角，并且找到了升起分度与太阳之间的许多黄道分度，它们多得足以根据对该天体所确定的极限给出太阳位于地平圈之下的深度，那么我们就可以断言天体的初现或隐没正在发生。然而，我在前面关于太阳在地面之上的高度的一切解释，都适用于太阳往地面之下的沉没，因为初位置外没有任何差别。因此，在可见半球中沉没的天体在不可见半球中升起，相反的事情也是容易理解的。关于天体的出没和地球的周日旋转，我们就说这么多吧。

第十四章　恒星位置的研究及其编目 80

［按照哥白尼原来的计划，这是一本新书的开始[46]。本章前三分之二的一份早期草稿存在于原稿fol. 46^{v}—47^{v}，没有迹象表明它被取代。这份早期草稿比印刷本讲得更为明确。这里也将它翻译出来。］

［早期草稿本[47]：

解释了地球的周日旋转以及它对昼夜及其各部分和变化所产生的结果之后，现在我们应当谈谈有关周年运转的解释了。然而不少天文学家都认为，这门学科应当把恒星现象优先这一传统做法当做这门科学的基础。于是我想我应当遵循这种看法。正如在我的原理和基本命题中，已经假定了所有行星的漫游所共同参照的恒星天球是静止不动的，因为运动要求有某种静止的东西。尽管托勒密在其《天文学大成》一书中［III，1，导言］指出，除非首先获得关于太阳和月亮的知识，否则就无法了解恒星，并且因此认为必须把对恒星的讨论推到那时进行，但我采取这种顺序是不应让人感到惊讶的。]

我认为这种意见必须反对。但如果你认为它是为了计算太阳和月球的视运动而提出的，那么托勒密的这种意见也许是站得住脚的。几何学家梅内劳斯（Menelaus）[48]曾经通过与恒星合月有关的计算记录了许多恒星的位置。

[早期草稿本：

我当然承认，不能脱离月亮的位置而确定恒星的位置，反过来说，月亮的位置也不能脱离太阳的位置来确定。但这些都是需要借助于仪器来解决的问题，我相信这一论题不能用任何别的办法来研究。另一方面，我坚持认为，如果不顾恒星，任何人都不可能把关于太阳和月亮的运动与运转的理论制成精确的表。因此，托勒密和他前后的其他学者只是用分日或至日来导出太阳年的长度，他们在力求为我们确立基本命题的过程中，永远也不可能就这个长度达成一致。因此，再没有什么论题会有更大的分歧了。这使大多数专家感到困惑，以致他们几乎放弃了精通天文学的愿望，宣称人的心灵无法把握天的运动。托勒密了解这种态度，他［《天文学大成》，III，1］在计算他那个时代的太阳年时，并非没有怀疑时间的推移会使误差出
81 现，他建议后人在这个问题上寻求更高的精度。因此，我认为在本书中应当首先表明仪器在多大程度上有助于确定

太阳、月亮和恒星的位置（即它们与一个分点或至点的距离），其次要说明布满星座的恒星天球。]

但正如我很快就要表明的，如果借助于仪器，通过对太阳和月球的位置仔细进行检验来确定某颗恒星的位置，结果就会好很多。有些人甚至徒劳地警告我，仅用分日和至日而无需借助恒星就可以确定太阳年的长度。在这种持续至今的努力中，他们从来未能达成一致意见，再没有什么地方有更大的分歧了。托勒密注意到了这一点。他在计算他那个时代的太阳年时，并非没有怀疑时间的推移会使误差出现，他建议后人在这个问题上寻求更高的精度。因此，我认为在本书中应当首先表明仪器如何有助于确定太阳和月亮的位置（即它们与春分点或宇宙中其他基点的距离）。这些位置将会为我们研究其他天体提供便利，正是这些天体才使恒星天球及其繁星点点的图像呈现在我们眼前[49]。

我在前面已经说明了，测定回归线的间距、黄道倾角、天球倾角或者赤极高度应当使用何种仪器［II，2］。我们还可以用同样方法测定太阳在正午的任何高度。此高度可以通过它与球的倾角之间的差别来使我们求得太阳赤纬有多大。有了这个赤纬值，从至点或分点量起的太阳在正午的位置也就很清楚了。在我们看来，太阳在24小时中移动了大约1°，因此太阳每小时移动$2^1/_2{}'$。这样，太阳在正午以外的其他任何指定时辰的位置都很容易得出[50]。

但是为了观测月球和恒星的位置，另一种被托勒密称为“星盘”的仪器被制造出来［《天文学大成》，V，1］。仪器上的两个环，或者说是四边形环架的平边与其凸凹表面垂直。这些环大小相等，各方面都类似，大小便于使用，不会因为太大而难于操作，尽管为了划分刻度，大的要比小的好。环的宽度和厚度至少是直径的$^{1}/_{30}$。把它们装配起来，沿直径彼此垂直，凹凸表面合在一起就好像是一个球的表面。事实上，让一个环处于黄道的位置，而另一个环通过两个圆（即赤道和黄道）的极点。把黄道环的边划分为通常的360等分，每一等分还可以根据仪器的情况继续划分。在另一个环上从黄道量出象限，并且标出黄极。从这两点根据黄赤交角的比例各取一段距离，把赤极也标出来。

把这些环这样装好之后，还要安装另外两个环。它们固定在黄道的两极上，可以绕之运动，一个在里面动，一个在外面动。其平面间的厚度相等，边缘的宽度也相似。把这些环装配起来之后，应使大环的凹面处处与黄道的凸面相接触，小环的凸面也处处与黄道的凹面相接触。再有，不要使它们的转动受阻，而要让黄道及其子午圈能够自由轻便地在它们上面滑动，反之亦然。于是，我们在圆环上沿与黄道相对的两极穿孔，并插入轴来固定和支撑这些环。此外，内环也要这样分成360度，使得每个象限在极点成90°。

82 不仅如此，在内环的凹面处还应装有第五个环，它能在同一平面内转动。其边缘固定有托架，托架上有孔径和窥视镜或目镜。通过它的星光会沿环的直径射出，就像在屈光镜中那样。此外，为了测定纬度，还要环的两边安装一些板子，作为套环上指示数目的指针。

最后，还应安装第六个环以盛放和支撑整个星盘，星盘悬挂在位于赤极的扣栓上面。把这最后一个环安到一个台子上，使之垂直于地平面。而且，当环的两极调节到球的倾角方向时，应使星盘子午圈的位置与自然子午圈的位置相合，决不能有任何偏离。

我们希望用这种仪器来测定某颗恒星的位置。当黄昏或日没临近，此时月亮也能望见，把外环调整到我们已经定出的太阳当时应在的黄道分度上，并把两个环的交点转向太阳，使两环（即黄道和通过黄极的外环）彼此投下相等的影子。然后把内环转向月亮。把眼睛置于内环平面上，在我们看来月亮就在对面，就好像被同一平面等分，我们把该点标在仪器的黄道上。该点就是那一时刻所观测到的月亮黄经位置。事实上，没有月亮就无法得知恒星的位置，因为在一切天体中，只有月亮在白天和夜晚都能出现。夜幕降临之后，当我们待测的恒星可见时，把外环调整到月亮的位置，就像我们曾对太阳所做的那样。然后再把内环转向恒星，直至恒星似乎触及环平面，并且用装在内环小圆上的目镜可以看见。这样，我们可以测出恒星的黄经和黄纬。这些操作完成之后，我们眼前就出现了中天的黄道分度，进行观测的时刻也就很清楚了。

举例说来，安敦尼·庇护（Antoninus Pius）2年的埃及历8月 83
9日的日没时分，托勒密想在亚历山大城测定狮子座胸部的一颗称为轩辕十四的恒星的位置［《天文学大成》，VII，2］。他于午后$5^{1}/_{2}$个分点小时把星盘对准落日，发现太阳位于双鱼宫内$3^{1}/_{24}$°[51]处。移动内环，他观测到月球位于太阳以东$92^{1}/_{8}$°。因此，当时月球的视位置位于双子宫内$^{5}/_{16}$°处。半小时之后（此时是午后第6小时结束时），恒星开始出现于中天的双子宫内4°，他把仪器外环

转到已经测得的月球的位置。移动内环，他沿黄道各宫次序测出恒星位于月球以东$57^{1}/_{10}°$。前面已经说过，月球距落日$92^{1}/_{8}°$，即月球位于双子宫内$5^{1}/_{6}°$。但月球每小时大约移动$^{1}/_{2}°$，所以月球在半小时之内应当移动了$^{1}/_{4}°$。然而考虑到月球视差（在那个时刻应当减掉这个量），月球移动的范围应略小于$^{1}/_{4}°$，他测出的差值约为$^{1}/_{12}°$。因此，月球应位于双子宫内$5^{1}/_{3}°$。但在我讨论月球视差时，大家会清楚地看到，差值并没有这样大［VI，16］。因此，月球的视位置显然要大于$5^{1}/_{3}°$而略小于$5^{2}/_{5}°$[52]。给这个位置加上$57^{1}/_{10}°$，就得到恒星位于狮子宫内$2^{1}/_{2}°$，它与太阳夏至点的距离约为$32^{1}/_{2}°$，纬度为北纬$^{1}/_{6}°$。这就是轩辕十四当时所在的位置[53]，其他恒星的位置也可同样测定出来。根据罗马历，托勒密的这次观测是在公元139年即第229个奥林匹克运动会期第一年的2月23日做的[54]。

这位卓越的天文学家就以这种方式记下了每颗恒星与当时春分点的距离，并为以生物命名的天上的星座编了目录。这些成果对我的研究颇有裨益，它使我免去了一些相当艰苦的工作。我认为恒星的位置不应参照随时间改变的二分点来确定，倒是二分点应当参照恒星天球来确定[55]，所以我可以简便地在另一个不变的起点编制星表。我决定从黄道第一宫白羊宫开始，并以它前
84 额上的第一星作为起点。我的目的是，那些作为一组而发光的天体将会永远具有相同的确定外观，就好像一旦获得持久位置就固定和联系在一起了。古人凭借惊人的热忱和技巧，把恒星组合成了48个图形。只有那些通过罗得岛附近第四地区的永不可见的星体圈所包含的恒星除外，因此这些不为古人所知的恒星始终不

属于任何星座。根据小西翁（Theo the Younger）在为阿拉托斯（Aratus）[56]的著作所撰写的评注中发表的看法，恒星之所以会形成某种图形，正是因为它们数量庞大，所以必须被分成若干部分，人们再根据某些叫法对其逐一命名。这种做法古已有之，因为我们甚至在赫西俄德（Hesiod）和荷马的著作中都能读到昴星团、毕星团、大角星和猎户星座[57]的名字。因此，在根据黄经对恒星列表时[58]，我将不使用从二分点和二至点导出的黄道十二宫，而是用简单和熟悉的度数。除去我发现的个别错误或误解之外，我将在其他一切方面遵循托勒密的做法。我将在下一卷讨论如何测定恒星与那些基点之间的距离。

星座与恒星描述表[59] 85

一、北天区

星　座	黄经		黄纬			星等
	度	分		度	分	
小熊或狗尾						
在尾梢	53	30	北	66	0	3
在尾之东	55	50	北	70	0	4
在尾之起点	69	20	北	74	0	4
在四边形西边偏南	83	0	北	75	20	4
在同一边偏北	87	0	北	77	10	4
在四边形东边偏南	100	30	北	72	40	2
在同一边偏北	109	30	北	74	50	2
共7颗星：2颗为2等，1颗为3等，4颗为4等						
在星座外面离狗尾不远，在与四边形东边同一条直线上，在南方很远处	103	20	北	71	10	4

续表

星　　座	黄经		黄纬			星等
	度	分		度	分	
大熊，又称北斗						
大熊口	78	40	北	39	50	4
在两眼的两星中西面一颗	79	10	北	43	0	5
上述东面的一颗	79	40	北	43	0	5
在前额两星中西面一颗	79	30	北	47	10	5
在前额东面	81	0	北	47	0	5
在西耳边缘	81	30	北	50	30	5
在颈部两星中西面一颗	85	50	北	43	50	4
东面一颗	92	50	北	44	20	4
在胸部两星中北面一颗	94	20	北	44	0	4
南面更远的一颗	93	20	北	42	0	4
在左前腿膝部	89	0	北	35	0	3
在左前爪两星中北面一颗	89	50	北	29	0	3
南面更远的一颗	88	40	北	28	30	3
在右前腿膝部	89	0	北	36	0	4
在膝部之下	101	10	北	33	30	4
在肩部	104	0	北	49	0	2
在膝部	105	30	北	44	30	2
在尾部起点	116	30	北	51	0	3
在左后腿	117	20	北	46	30	2
86 在左后爪两星中西面一颗	106	0	北	29	38	3
上述东面的一颗	107	30	北	28	15	3
在左后腿关节处	115	0	北	35	15	4
在右后爪两星中北面一颗	123	10	北	25	50	3
南面更远的一颗	123	40	北	25	0	3
尾部三星中在尾部起点东面的第一颗星	125	30	北	53	30	2
这三星的中间一颗	131	20	北	55	40	2
在尾梢的最后一颗	143	10	北	54	0	2
共27颗星：6颗为2等，8颗为3等，8颗为4等，5颗为5等						
靠近北斗，在星座外面						
在尾部南面	141	10	北	39	45	3
在前面一星西面较暗的一颗	133	30	北	41	20	5
在熊的前爪与狮头之间	98	20	北	17	15	4
比前一星更偏北的一颗	96	40	北	19	10	4
三颗暗星中最后的一颗	99	30	北	20	0	暗
在前一星的西面	95	30	北	22	45	暗
更偏西	94	30	北	23	15	暗
在前爪与双子之间	100	20	北	22	15	暗

续表

星 座	黄经		黄纬			星等	
	度	分		度	分		
在星座外面共8颗星：1颗为3等，2颗为4等，1颗为5等，4颗为暗星							
天龙							
在舌部	200	0	北	76	30	4	
在嘴部	215	10	北	78	30	亮于4	
在眼睛上面	216	30	北	75	40	3	
在脸颊	229	40	北	75	20	3	
在头部上面	223	30	北	75	30	3	
在颈部第一个扭曲处北面的一颗	258	40	北	82	20	4	
这些星中南面的一颗[60]	295	50	北	78	15	4	
这些同样星的中间一颗	262	10	北	80	20	4	
在颈部第二个扭曲处上述星的东面	282	50	北	81	10	4	
在四边形西边朝南的星	331	20	北	81	40	4	
在同一边朝北的星	343	50	北	83	0	4	
在东边朝北的星	1	0	北	78	50	4	
在同一边朝南的星	346	10	北	77	50	4	
在颈部第三个扭曲处三角形朝南的星	4	0	北	80	30	4	
在三角形其余两星中朝西的一颗	15	0	北	81	40	5	
朝东的一颗	19	30	北	80	15	5	
在西面三角形的三星中朝东一颗	66	20	北	83	30	4	
在同一三角形其余两星中朝南一颗	43	40	北	83	30	4	
在上述两星中朝北一颗	35	10	北	84	50	4	
在三角形之西两小星中朝东的一颗[61]	110	0	北	87	30	6	
在这两星中朝西一颗[62]	105	0	北	86	50	6	87
在形成一条直线的三星中朝南一颗	152	30	北	81	15	5	
三星的中间一颗	152	50	北	83	0	5	
偏北的一颗	151	0	北	84	50	3	
在上述恒星西面两星中偏北一颗	153	20	北	78	0	3	
偏南的一颗	156	30	北	74	40	亮于4	
在上述恒星西面，在尾部卷圈处	156	0	北	70	0	3	
在相距非常远的两星中西面一颗	120	40	北	64	40	4	
在上述两星中东面一颗	124	30	北	65	30	3	
在尾部东面[63]	102	30	北	61	15	3	
在尾梢[64]	96	30	北	56	15	3	
因此，共31颗星：8颗为3等，17颗为4等，4颗为5等，2颗为6等							

续表

星座	黄经		黄纬			星等
	度	分		度	分	
仙王[65]						
在右脚	28	40	北	75	40	4
在左脚	26	20	北	64	15	4
在腰带之下的右面	0	40	北	71	10	4
在右肩之上并与之相接	340	0	北	69	0	3
与右臀关节相接	332	40	北	72	0	4
在同一臀部之东并与之相接	333	20	北	74	0	4
在胸部	352	0	北	65	30	5
在左臂	1	0	北	62	30	亮于4
在王冕的三星中南面一颗	339	40	北	60	15	5
这三星的中间一颗	340	40	北	61	15	4
在这三星中北面一颗	342	20	北	61	30	5
共11颗星：1颗为3等，7颗为4等，3颗为5等						
在星座外面的两星中位于王冕西面的一颗	337	0	北	64	0	5
它东面的一颗	344	40	北	59	30	4
牧夫或驯熊者						
在左手的三星中西面一颗	145	40	北	58	40	5
在三星中间偏南一颗	147	30	北	58	20	5
在三星中东面一颗	149	0	北	60	10	5
在左臂部关节	143	0	北	54	40	5
在左肩	163	0	北	49	0	3
在头部	170	0	北	53	50	亮于4
在右肩	179	0	北	48	40	4
在棍子处的两星中偏南一颗	179	0	北	53	15	4
在棍梢偏北的一颗	178	20	北	57	30	4
88 在肩部之下长矛处的两星中北面一颗	181	0	北	46	10	亮于4
在这两星中偏南一颗	181	50	北	45	30	5
在右手顶部	181	35	北	41	20	5
在手掌的两星中西面一颗	180	0	北	41	40	5
在上述两星中东面一颗	180	20	北	42	30	5
在棍柄顶端	181	0	北	40	20	5
在右腿	173	20	北	40	15	3
在腰带的两星中东面一颗	169	0	北	41	40	4
西面的一颗	168	20	北	42	10	亮于4
在右脚后跟	178	40	北	28	0	3
在左腿的三星中北面一颗	164	40	北	28	0	3
这三星的中间一颗	163	50	北	26	30	4
偏南的一颗	164	50	北	25	0	4

续表

星座	黄经		黄纬			星等	
	度	分		度	分		
共22颗星：4颗为3等，9颗为4等，9颗为5等							
在星座外面位于两腿之间，称为“大角”	170	20	北	31	30	1	
北冕							
在冕内的亮星	188	0	北	44	30	亮于2	
众星中最西面的一颗	185	0	北	46	10	亮于4	
在上述恒星之东，北面	185	10	北	48	0	5	
在上述恒星之东，更偏北	193	0	北	50	30	6	
在亮星之东，南面	191	30	北	44	45	4	
紧靠上述恒星的东面	190	30	北	44	50	4	
比上述恒星略偏东	194	40	北	46	10	4	
在冕内众星中最东面的一颗	195	0	北	49	20	4	
共8颗星：1颗为2等，5颗为4等，1颗为5等，1颗为6等							
跪拜者							
在头部	221	0	北	37	30	3	
在右腋窝	207	0	北	43	0	3	
在右臂	205	0	北	40	10	3	
在腹部右面	201	20	北	37	10	4	
在左肩[66]	220	0	北	48	0	3	
在左臂	225	20	北	49	30	亮于4	
在腹部左面	231	0	北	42	0	4	
在左手掌的三星中东面一颗	238	50	北	52	50	亮于4	
在其余两星中北面一颗	236	0	北	54	0	亮于4	
偏南的一颗	234	50	北	53	0	4	
在右边	207	10	北	56	10	3	89
在左边	213	30	北	53	30	4	
在左臀	213	20	北	56	10	5	
在同一条腿的顶部	214	30	北	58	30	5	
在左腿的三星中西面一颗	217	20	北	59	50	3	
在上述恒星之东	218	40	北	60	20	4	
在上述恒星东面的第三颗星	219	40	北	61	15	4	
在左膝	237	10	北	61	0	4	
在左大腿	225	30	北	69	20	4	
在左脚的三星中西面一颗[67]	188	40	北	70	15	6	

续表

星座	黄经		黄纬			星等
	度	分		度	分	
这三星的中间一颗	220	10	北	71	15	6
这三星的东面一颗	223	0	北	72	0	6
在右腿顶部	207	0	北	60	15	亮于4
在同一条腿偏北	198	50	北	63	0	4
在右膝	189	0	北	65	30	亮于4
在同一膝盖下面的两星中偏南一颗	186	40	北	63	40	4
偏北的一颗	183	30	北	64	15	4
在右胫	184	30	北	60	0	4
在右脚尖，与牧夫棍梢的星相同	178	20	北	57	30	4
不包括上面这颗恒星，共28颗：6颗为3等，17颗为4等，2颗为5等，3颗为6等						
在星座外面，右臂之南	206	0	北	38	10	5
天琴						
称为“天琴”或“小琵琶”的亮星	250	40	北	62	0	1
在相邻两星中北面一颗	253	40	北	62	40	亮于4
偏南的一颗	253	40	北	61	0	亮于4
在两臂曲部之间	262	0	北	60	0	4
在东边两颗紧接恒星中北面一颗	265	20	北	61	20	4
偏南的一颗	265	0	北	60	20	4
在横档之西的两星中北面一颗	254	20	北	56	10	3
偏南的一颗	254	10	北	55	0	暗于4
在同一横档之东的两星中北面一颗	257	30	北	55	20	3
偏南的一颗	258	20	北	54	45	暗于4
共10颗星：1颗为1等，2颗为3等，7颗为4等						
天鹅或飞鸟						
在嘴部	267	50	北	41	20	3
在头部	272	20	北	50	30	5
90 在颈部中央	279	20	北	54	30	亮于4
在胸口	291	50	北	56	20	3
在尾部的亮星	302	30	北	60	0	2
在右翼弯曲处	282	40	北	64	40	3
在右翼伸展处的三星中偏南一颗	285	50	北	69	40	4
在中间的一颗	284	30	北	71	30	亮于4
三颗星的最后一颗，在翼尖[68]	280	0	北	74	0	亮于4
在左翼弯曲处	294	10	北	49	30	3
在该翼中部	298	10	北	52	10	亮于4
在同翼尖端[69]	300	0	北	74	0	3

续表

星　　座	黄经		黄纬			星等
	度	分		度	分	
在左脚	303	20	北	55	10	亮于4
在左膝	307	50	北	57	0	4
在右脚的两星中西面一颗	294	30	北	64	0	4
东面的一颗	296	0	北	64	30	4
在右膝的云雾状恒星	305	30	北	63	45	5
共17颗星：1颗为2等，5颗为3等，9颗为4等，2颗为5等						
在星座外面，天鹅附近，另外的两颗星						
在左翼下面两星中偏南一颗	306	0	北	49	40	4
偏北的一颗	307	10	北	51	40	4
仙后						
在头部	1	10	北	45	20	4
在胸口	4	10	北	46	45	亮于3
在腰带上	6	20	北	47	50	4
在座位之上，在臀部	10	0	北	49	0	亮于3
在膝部	13	40	北	45	30	3
在腿部	20	20	北	47	45	4
在脚尖	355	0	北	48	20	4
在左臂	8	0	北	44	20	4
在左肘	7	40	北	45	0	5
在右肘	357	40	北	50	0	6
在椅脚处	8	20	北	52	40	4
在椅背中部	1	10	北	51	40	暗于3
在椅背边缘[70]	357	10	北	51	40	6
共13颗星：4颗为3等，6颗为6等，1颗为5等，2颗为6等						
英仙						
在右手尖端，在云雾状包裹中	21	0	北	40	30	云雾状
在右肘	24	30	北	37	30	4
在右肩	26	0	北	34	30	暗于4
在左肩	20	50	北	32	20	4
在头部或云雾中	24	0	北	34	30	4
在肩胛部	24	50	北	31	10	4

续表

星座	黄经		黄纬			星等
	度	分		度	分	
在右边的亮星	28	10	北	30	0	2
在同一边的三星中西面一颗	28	40	北	27	30	4
中间的一颗	30	20	北	27	40	4
91 三星中其余一颗	31	0	北	27	30	3
在左肘	24	0	北	27	0	4
在左手和在美杜莎（Medusa）头部的亮星	23	0	北	23	0	2
在同一头部中东面的一颗	22	30	北	21	0	4
在同一头部中西面的一颗	21	0	北	21	0	4
比上述星更偏西的一颗	20	10	北	22	15	4
在右膝	38	10	北	28	15	4
在膝部，在上一颗星西面	37	10	北	28	10	4
在腹部的两星中西面一颗	35	40	北	25	10	4
东面的一颗	37	20	北	26	15	4
在右臂	37	30	北	24	30	5
在右腓	39	40	北	28	45	5
在左臂	30	10	北	21	40	亮于4
在左膝	32	0	北	19	50	3
在左腿	31	40	北	14	45	亮于3
在左脚后跟	24	30	北	12	0	暗于3
在脚顶部左边	29	40	北	11	0	亮于3
共26颗星：2颗为2等，5颗为3等，16颗为4等，2颗为5等，1颗为云雾状						
靠近英仙，在星座外面						
在左膝的东面	34	10	北	31	0	5
在右膝的北面	38	20	北	31	0	5
在美杜莎头部的西面	18	0	北	20	40	暗弱
共3颗星：2颗为5等，1颗暗弱						
驭夫或御夫						
在头部的两星中偏南一颗	55	50	北	30	0	4
偏北的一颗	55	40	北	30	50	4
左肩的亮星称为“五车二”[71]	78	20	北	22	30	1
在右肩上	56	10	北	20	0	2
在右肘	54	30	北	15	15	4
在右手掌	56	10	北	13	30	亮于4
在左肘	45	20	北	20	40	亮于4
在西边的一只山羊中	45	30	北	18	0	暗于4
在左手掌的山羊中，靠东边的一只	46	0	北	18	0	亮于4

续表

星座	黄经		黄纬			星等	
	度	分		度	分		
在左腓	53	10	北	10	10	暗于3	
在右腓并在金牛的北角尖端	49	0	北	5	0	亮于3	
在脚踝	49	20	北	8	30	5	
在牛臀部	49	40	北	12	20	5	
在左脚的一颗小星[72]	24	0	北	10	20	6	92
共14颗星：1颗为1等，1颗为2等，2颗为3等，7颗为4等，2颗为5等，1颗为6等							
蛇夫							
在头部	228	10	北	36	0	3	
在右肩的两星中西面一颗	231	20	北	27	15	亮于4	
东面的一颗	232	20	北	26	45	4	
在左肩的两星中西面一颗	216	40	北	33	0	4	
东面的一颗	218	0	北	31	50	4	
在左肘	211	40	北	34	30	4	
在左手的两星中西面一颗	208	20	北	17	0	4	
东面的一颗	209	20	北	12	30	3	
在右肘[73]	220	0	北	15	0	4	
在右手，西面的一颗[74]	205	40	北	18	40	暗于4	
东面的一颗[75]	207	40	北	14	20	4	
在右膝	224	30	北	4	30	3	
在右胫	227	0	北	2	15	亮于3	
在右脚的四星中西面一颗	226	20	南	2	15	亮于4	
东面的一颗	227	40	南	1	30	亮于4	
东面第三颗	228	20	南	0	20	亮于4	
东面余下的一颗	229	10	南	0	45	亮于5	
与脚后跟接触[76]	229	30	南	1	0	5	
在左膝	215	30	北	11	50	3	
在左腿呈一条直线的三星中北面一颗	215	0	北	5	20	亮于5	
这三星的中间一颗	214	0	北	3	10	5	
三星中偏南一颗	213	10	北	1	40	亮于5	
在左脚后跟	215	40	北	0	40	5	
与左脚背接触	214	0	南	0	45	4	
共24颗星：5颗为3等，13颗为4等，6颗为5等							
靠近蛇夫，在星座外面							

续表

星座	黄经		黄纬			星等
	度	分		度	分	
在右肩东面的三星中最偏北一颗	235	20	北	28	10	4
三星的中间一颗	236	0	北	26	20	4
三星的南面一颗	233	40	北	25	0	4
三星中偏东一颗	237	0	北	27	0	4
距这四颗星较远，在北面	238	0	北	33	0	4
因此，在星座外面共5颗星，都是4等						
蛇夫之蛇						
在面颊的四边形里	192	10	北	38	0	4
与鼻孔相接[77]	201	0	北	40	0	4
93 在太阳穴	197	40	北	35	0	3
在颈部开端	195	20	北	34	15	3
在四边形中央和嘴部	194	40	北	37	15	4
在头的北面[78]	201	30	北	42	30	4
在颈部第一条弯	195	0	北	29	15	3
在东边三星中北面的一颗	198	10	北	26	30	4
这些星的中间一颗	197	40	北	25	20	3
在三星中最南一颗	199	40	北	24	0	3
在蛇夫左手的两星中西面一颗	202	0	北	16	30	4
在上述一只手中东面的一颗	211	30	北	16	15	5
在右臂的东面	227	0	北	10	30	4
在上述恒星东面的两星中南面一颗	230	20	北	8	30	亮于4
北面的一颗	231	10	北	10	30	4
在右手东面，在尾圈中	237	0	北	20	0	4
在尾部上述恒星之东	242	0	北	21	10	亮于4
在尾梢	251	40	北	27	0	4
共18颗星：5颗为3等，12颗为4等，1颗为5等						
天箭						
在箭梢	273	30	北	39	20	4
在箭杆三星中东面一颗	270	0	北	39	10	6
这三星的中间一颗	269	10	北	39	50	5
三星的西面一颗	268	0	北	39	0	5
在箭槽缺口	266	40	北	38	45	5
共5颗星：1颗为4等，3颗为5等，1颗为6等						

续表

星　　座	黄经		黄纬			星等
	度	分		度	分	
天鹰						
在头部中央	270	30	北	26	50	4
在颈部	268	10	北	27	10	3
在肩胛处称为“天鹰”的亮星	267	10	北	29	10	亮于2
很靠近上面这颗星，偏北	268	0	北	30	0	暗于3
在左肩，朝西的一颗	266	30	北	31	30	3
朝东的一颗	269	20	北	31	30	5
在右肩，朝西的一颗	263	0	北	28	40	5
朝东的一颗	264	30	北	26	40	亮于5
在尾部，与银河相接	255	30	北	26	30	3
共9颗星：1颗为2等，4颗为3等，1颗为4等，3颗为5等						
左天鹰座附近						
在头部南面，朝西的一颗星[79]	272	0	北	21	40	3
朝东的一颗星	272	10	北	29	10	3
在右肩西南面	259	20	北	25	0	亮于4
在上面这颗星的南面	261	30	北	20	0	3
再往南	263	0	北	15	30	5
在星座外六星中最西面的一颗	254	30	北	18	10	3
星座外面的6颗星：4颗为3等，1颗为4等，1颗为5等						
海豚						
在尾部三星中西面一颗	281	0	北	29	10	暗于3
另外两星中偏北的一颗	282	0	北	29	0	暗于4
偏南的一颗	282	0	北	26	40	4
在长菱形西边偏东的一颗	281	50	北	32	0	暗于3
在同一边，北面的一颗	283	30	北	33	50	暗于3
在东边，南面的一颗	284	40	北	32	0	暗于3
在同一边，北面的一颗	286	50	北	33	10	暗于3
在位于尾部与长菱形之间三星偏南一颗	280	50	北	34	15	6
在偏南的两星中西面的一颗	280	50	北	31	50	6
东面的一颗	282	20	北	31	30	6

94

续表

星座	黄经		黄纬			星等
	度	分		度	分	
共10颗星：5颗为3等，2颗为4等，3颗为6等						
马的局部						
在头部两星的西面一颗	289	40	北	20	30	暗弱
东面一颗[80]	292	20	北	20	40	暗弱
在嘴部两星西面一颗	289	40	北	25	30	暗弱
东面一颗	291	0	北	25	0	暗弱
共4颗星均暗弱						
飞马[81]						
在张嘴处	298	40	北	21	30	亮于3
在头部密近两星中北面一颗	302	40	北	16	50	3
偏南的一颗	301	20	北	16	0	4
在鬃毛处两星中偏南一颗	314	40	北	15	0	5
偏北的一颗	313	50	北	16	0	5
在颈部两星中西面一颗	312	10	北	18	0	3
东面的一颗	313	50	北	19	0	4
在左后踝关节	305	40	北	36	30	亮于4
在左膝	311	0	北	34	15	亮于4
在右后踝关节	317	0	北	41	10	亮于4
95 在胸部两颗密接恒星中西面一颗	319	30	北	29	0	4
东面的一颗	320	20	北	29	30	4
在右膝两星中北面一颗	322	20	北	35	0	3
偏南的一颗	321	50	北	24	30	5
在翼下身体中两星北面一颗	327	50	北	25	40	4
偏南的一颗	328	20	北	25	0	4
在肩胛和翼侧	350	0	北	19	40	暗于2
在右肩和腿的上端	325	30	北	31	0	暗于2
在翼梢	335	30	北	12	30	暗于2
在下腹部，也是在仙女的头部	341	10	北	26	0	暗于2
共20颗星：4颗为2等，4颗为3等，9颗为4等，3颗为5等						

续表

星　座	黄经		黄纬			星等	
	度	分		度	分		
仙女							
在肩胛	348	40	北	24	30	3	
在右肩	349	40	北	27	0	4	
在左肩	347	40	北	23	0	4	
在右臂三星中偏南一颗	347	0	北	32	0	4	
偏北的一颗	348	0	北	33	30	4	
三星中间一颗	348	20	北	32	20	5	
在右手尖三星中偏南一颗	343	0	北	41	0	4	
这三星的中间一颗	344	0	北	42	0	4	
三星中北面一颗	345	30	北	44	0	4	
在左臂	347	30	北	17	30	4	
在左肘	349	0	北	15	50	3	
在腰带的三星中南面一颗	357	10	北	25	20	3	
中间的一颗	355	10	北	30	0	3	
三星北面一颗	355	20	北	32	30	3	
在左脚	10	10	北	23	0	3	
在右脚	10	30	北	37	20	亮于4	
在这些星的南面	8	30	北	35	20	亮于4	
在膝盖下两星中北面一颗	5	40	北	29	0	4	
南面的一颗	5	20	北	28	0	4	
在右膝	5	30	北	35	30	5	
在长袍或其后摆部分两星中北面一颗	6	0	北	34	30	5	
南面的一颗	7	30	北	32	30	5	
在离右手甚远处和在星座外面[82]	5	0	北	44	0	3	
共23颗星：7颗为3等，12颗为4等，4颗为5等							
三角							
在三角形顶点	4	20	北	16	30	3	96
在底边的三星中西面一颗	9	20	北	20	40	3	
中间的一颗	9	30	北	20	20	4	
三星中东面的一颗	10	10	北	19	0	3	
共4颗星：3颗为3等，1颗为4等							
因此，在北天区共计有360颗星：3颗为1等，18颗为2等，81颗为3等，177颗为4等，58颗为5等，13颗为6等，1颗为云雾状，9颗为暗弱星。							

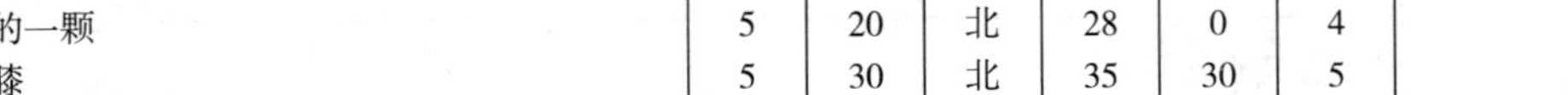

97 ## 二、中部和近黄道区

星座	黄经		黄纬			星等
	度	分		度	分	
白羊						
在羊角的两星中西面的一颗，也是一切恒星的第一颗[83]	0	0	北	7	20	暗于3
在羊角中东面的一颗	1	0	北	8	20	3
在张嘴中两星的北面一颗	4	20	北	7	40	5
偏南的一颗	4	50	北	6	0	5
在颈部[84]	9	50	北	5	30	5
在腰部	10	50	北	6	0	6
在尾部开端处	14	40	北	4	50	5
在尾部三星中西面一颗	17	10	北	1	40	4
中间的一颗	18	40	北	2	30	4
三星中东面一颗	20	20	北	1	50	4
在臀部	13	0	北	1	10	5
在膝部后面	11	20	南	1	30	5
在后脚尖	8	10	南	5	15	亮于4
共13颗星：2颗为3等，4颗为4等，6颗为5等，1颗为6等						
在白羊座附近						
头上的亮星	3	50	北	10	0	亮于3
在背部之上最偏北的一颗	15	0	北	10	10	4
在其余三颗暗星中北面一颗	14	40	北	12	40	5
中间的一颗	13	0	北	10	40	5
在这三星中南面一颗	12	30	北	10	40	5
共5颗星：1颗为3等，1颗为4等，3颗为5等						
金牛						
在切口的四星中最偏北一颗	19	40	南	6	0	4
在前面一星之后的第二颗	19	20	南	7	15	4
第三颗	18	0	南	8	30	4
第四课，即最偏南的一颗	17	50	南	9	15	4
在右肩	23	0	南	9	30	5
在胸部	27	0	南	8	0	3
在右膝	30	0	南	12	40	4
在右后踝关节	26	20	南	14	50	4
在左膝	35	30	南	10	0	4
在左后踝关节	36	20	南	13	30	4

续表

星 座	黄经		黄纬			星等
	度	分		度	分	
在毕星团中，在面部称为“小猪”的五星中位于鼻孔的一颗	32	0	南	5	45	暗于3
在上面恒星与北面眼睛之间	33	40	南	4	15	暗于3
在同一颗星与南面眼睛之间	34	10	南	0	50	暗于3
在同一眼中罗马人称为“巴里里西阿姆”（Palilicium）的一颗亮星	36	0	南	5	10	1
在北面眼睛中	35	10	南	3	0	暗于3
在南面牛角端点与耳朵之间	40	30	南	4	0	4
在同一牛角两星中偏南的一颗	43	40	南	5	0	4
偏北的一颗	43	20	南	3	30	5
在同一牛角尖点	50	30	南	2	30	3
在北面牛角端点	49	0	南	4	0	4
在同一牛角夹点也是在牧夫的右脚[86]	49	0	北	5	0	3
在北面耳朵两星中偏北一颗	35	20	北	4	30	5
这两星的偏南一颗	35	0	北	4	0	5
在颈部两小星中西面一颗	30	20	北	0	40	5
东面的一颗	32	20	北	1	0	6
在颈部四边形西边两星中偏南一颗	31	20	北	5	0	5
在同一边偏北的一颗	32	10	北	7	10	5
在东边偏南的一颗	35	20	北	3	0	5
在该边偏北的一颗	35	0	北	5	0	5
在昴星团西边北端一颗称为“威吉莱”（Vergiliae）的星	25	30	北	4	30	5
在同一边南端	25	50	北	4	40	5
昴星团东边很狭窄的顶端	27	0	北	5	20	5
昴星团离最外边甚远的一颗小星	26	0	北	3	0	5
不包括在北牛角尖的一颗，共32颗星：1颗为1等，6颗为3等，11颗为4等，13颗为5等，1颗为6等						
在金牛座附近						
在下面，在脚与肩之间	18	20	南	17	30	4
在靠近南牛角三星中偏西一颗	43	20	南	2	0	5
三星的中间一颗	47	20	南	1	45	5
三星的东面一颗	49	20	南	2	0	5
在同一牛角尖下面两星中北面一颗	52	20	南	6	20	5
南面的一颗	52	20	南	7	40	5
在北牛角下面五星中西面一颗	50	20	北	2	40	5
东面第二颗	52	20	北	1	0	5

98

金星的远地点在48°20'[85]

续表

星座	黄经		黄纬			星等
	度	分		度	分	
东面第三颗	54	20	北	1	20	5
在其余两星中偏北一颗	55	40	北	3	20	5
偏南的一颗	56	40	北	1	15	5
星座外面的11颗星：1颗为4等，10颗为5等						
双子						
在西面孩子的头部，北河二	76	40	北	9	30	2
99 在东面孩子头部的黄星，北河三	79	50	北	6	15	2
在西面孩子的左肘	70	0	北	10	0	4
在左臂	72	0	北	7	20	4
在同一孩子的肩胛	75	20	北	5	30	4
在同一孩子的右肩	77	20	北	4	50	4
在东面孩子的左肩[87]	80	0	北	2	40	4
在西面孩子的右边	75	0	北	2	40	5
在东面孩子的左边[88]	76	30	北	3	0	5
在西面孩子的左膝[89]	66	30	北	1	30	3
在东面孩子的左膝[90]	71	35	南	2	30	3
在同一孩子的左腹股沟[91]	75	0	南	0	30	3
在同一孩子的右关节	74	40	南	0	40	3
在西面孩子脚上西面的星	60	0	南	1	30	亮于4
在同一脚上东面的星	61	30	南	1	15	4
在西面孩子的脚底[92]	63	30	南	3	30	4
在东面孩子的脚背	65	20	南	7	30	3
在同一只脚的底部	68	0	南	10	30	4
共18颗星：2颗为2等，5颗为3等，9颗为4等，2颗为5等						
在双子座附近						
在西面孩子脚背西边的星	57	30	南	0	40	4
在同一孩子膝部西面的亮星	59	50	北	5	50	亮于4
东面孩子左膝的西面	68	30	南	2	15	5
在东面孩子右手东面三星中偏北一颗	81	40	南	1	20	5
中间一颗	79	40	南	3	20	5
在右臂附近三星中偏南一颗	79	20	南	4	30	5
三星东面的亮星[93]	84	0	南	2	40	4
星座外面的7颗星：3颗为4等，4颗为5等						

续表

星　　座	黄经		黄纬			星等
	度	分		度	分	
巨蟹						
在胸部云雾中间的星称为“鬼星团”	93	40	北	0	40	云雾状
在四边形西面两星中偏北一颗	91	0	北	1	15	暗于4
偏南的一颗	91	20	南	1	10	暗于4
在东面称为“阿斯”（Ass）的两星中偏北一颗[94]	93	40	北	2	40	亮于4
南阿斯	94	40	南	0	10	亮于4
在南面的钳或臂中	99	50	南	5	30	4
在北臂	91	40	北	11	50	4
在北面脚尖	86	0	北	1	0	5
在南面脚尖	90	30	南	7	30	亮于4
共9颗星：7颗为4等，1颗为5等，1颗为云雾状 100						
在巨蟹附近						
在南钳肘部上面	103	0	南	2	40	暗于4
同一钳尖端的东面	105	0	南	5	40	暗于4
在小云雾上面两星中朝西一颗	97	20	北	4	50	5
在上面一颗星东面	100	20	北	7	15	5
星座外面的4颗星：2颗为4等，2颗为5等						
狮子						
在鼻孔	101	40	北	10	0	4
在张开的嘴中	104	30	北	7	30	4
在头部两星中偏北一颗	107	40	北	12	3	
偏南的一颗	107	30	北	9	30	亮于3
在颈部三星中偏北一颗	113	30	北	11	0	3
中间的一颗[95]	115	30	北	8	30	2
三星中偏南一颗	114	0	北	4	30	3
在心脏，称为“小王”或轩辕十四	115	50	北	0	10	1
在胸部两星中偏南一颗	116	50	南	1	50	4
离心脏的星稍偏西	113	20	南	0	15	5
在右前腿膝部	110	40		0	0	5
在右脚爪[96]	117	30	南	3	40	6
在左前腿膝部	122	30	南	4	10	4
在左脚爪	115	50	南	4	15	4
在左腋窝	122	30	南	0	10	4
在腹部三星中偏西一颗	120	20	北	4	0	6
偏东两星中北面一颗	126	20	北	5	20	6

火星的远地点在109°50′

续表

星　　座	黄经		黄纬			星等
	度	分		度	分	
南面一颗	125	40	北	2	20	6
在腰部两星中西面一颗	124	40	北	12	15	5
东面一颗	127	30	北	13	40	2
在臀部两星中北面一颗	127	40	北	11	30	5
南面一颗	129	40	北	9	40	3
在后臀	133	40	北	5	50	3
在腿弯处	135	0	北	1	15	4
在后腿关节	135	0	南	0	50	4
在后脚	134	0	南	3	0	5
在尾梢	137	50	北	11	50	暗于1
共27颗星：2颗为1等，2颗为2等，6颗为3等，8颗为4等，5颗为5等，4颗为6等						
101 在狮子座附近						
在背部之上两星中西面一颗	119	20	北	13	20	5
东面一颗	121	30	北	15	30	5
在腹部之下三星中北面一颗	129	50	北	1	10	暗于4
中间一颗	130	30	南	0	30	5
三星的南面一颗	132	20	南	2	40	5
在狮子座和大熊座最外面恒星之间的云状物中最偏北的星称为“贝列尼塞（Berenice）之发”	138	10	北	30	0	明亮
在南面两星中偏西一颗	133	50	北	25	0	暗弱
偏东一颗，形成常春藤叶	141	50	北	25	30	暗弱
星座外面的8颗星：1颗为4等，4颗为5等，1颗星明亮，2颗星暗弱						
室女						
在头部二星中偏西南的一颗	139	40	北	4	15	5
偏东北的一颗	140	20	北	5	40	5
在脸部二星中北面的一颗	144	0	北	8	0	5
南面的一颗	143	30	北	5	30	5
在左，南翼尖端	142	20	北	6	0	3
在左翼四星中西面的一颗	151	35	北	1	10	3
东面第二颗	156	30	北	2	50	3
第三颗	160	30	北	2	50	5
四颗星的最后一颗，在东面	164	20	北	1	40	4
在腰带之下右边	157	40	北	8	30	3
在右、北翼三星中西面一颗	151	30	北	13	50	5

续表

星　座	黄经		黄纬			星等
	度	分		度	分	
其余两星中南面一颗[97]	153	30	北	11	40	6
这两星中北面的一颗，称为“温德米阿特”（Vindemiator）	155	30	北	15	10	亮于3
在左手称为“钉子”的星	170	0	南	2	0	1
在腰带下面和在右臂	168	10	北	8	40	3
在左臂四边形西面二星中偏北一颗	169	40	北	2	20	5
偏南一颗	170	20	北	0	10	6
在东面二星中偏北一颗	173	20	北	1	30	4
偏南一颗	171	20	北	0	20	5
在左膝	175	0	北	1	30	5
在右臀东边	171	20	北	8	30	5
在长袍上的中间一颗星	180	0	北	7	30	4
南面一颗	180	40	北	2	40	4
北面一颗	181	40	北	11	40	4
在左、南脚[98]	183	20	北	0	30	4
在右、北脚	186	0	北	9	50	3
共26颗星：1颗为1等，7颗为3等，6颗为4等，10颗为5等，2颗为6等						
在室女座附近						
在左臂下面成一直线的三星中西面一颗	158	0	南	3	30	5
中间一颗	162	20	南	3	30	5
东面一颗	165	35	南	3	20	5
在钉子下面成一直线的三星中西面一颗	170	30	南	7	20	6
中间一颗，为双星	171	30	南	8	20	5
三星中东面一颗	173	20	南	7	50	6
星座外面的6颗星：4颗为5等，2颗为6等						
脚爪（今天秤）						
在南爪尖端两星中的亮星	191	20	北	0	40	亮于2
北面较暗的星	190	20	北	2	30	5
在北爪尖端两星中的亮星	195	30	北	8	30	2
上面一星西面较暗的星[99]	191	0	北	8	30	5
在南爪中间	197	20	北	1	40	4
在同一爪中西面的一颗	194	40	北	1	15	4
在北爪中间	200	50	北	3	45	4
在同一爪中东面的一颗	206	20	北	4	30	4
共8颗星：2颗为2等，4颗为4等，2颗为5等						
在脚爪座附近						

木星的远地点在154°20′

水星的远地点在183°20′

102

续表

星座	黄经		黄纬			星等
	度	分		度	分	
在北爪北面三星中偏西一的颗	199	30	北	9	0	5
在东面两星中偏南的一颗	207	0	北	6	40	4
这两星中偏北的一颗	207	40	北	9	15	4
在两爪之间三星中东面的一颗	205	50	北	5	30	6
在西面其他两星中偏北的一颗	203	40	北	2	0	4
偏南的一颗	204	30	北	1	30	5
在南爪之下三星中偏西的一颗	196	20	南	7	30	3
在东面其他两星中偏北的一颗	204	30	南	8	10	4
偏南的一颗	205	20	南	9	40	4
星座外面的9颗星：1颗为3等，5颗为4等，2颗为5等，1颗为6等						
天蝎						
在前额三颗亮星中北面的一颗	209	40	北	1	20	亮于3
中间的一颗	209	0	南	1	40	3
三星中南面的一颗	209	0	南	5	0	3
更偏南在脚上	209	20	南	7	50	3
在两颗密接星中北面的亮星	210	20	北	1	40	4
南面的一颗	210	40	北	0	30	4
在蝎身上三颗亮星中西面的一颗	214	0	南	3	45	3
居中的红星，称为心宿二	216	0	南	4	0	亮于2
三星中东面的一颗	217	50	南	5	30	3
在最后脚爪的两星中西面的一颗	212	40	南	6	10	5
东面的一颗	213	50	南	6	40	5
在蝎身第一段中	221	50	南	11	0	3
在第二段中	222	10	南	15	0	4
在第三段的双星中北面的一颗	223	20	南	18	40	4
双星中南面的一颗	223	30	南	18	0	3
在第四段中[100]	226	30	南	19	30	3
在第五段中	231	30	南	18	50	3
在第六段中	233	50	南	16	40	3
在第七段中靠近蝎螯的星	232	20	南	15	10	3
在螯内两星中东面的一颗	230	50	南	13	20	3
西面的一颗	230	20	南	13	30	4
共21颗星：1颗为2等，13颗为3等，5颗为4等，2颗为5等						
在天蝎座附近						
在蝎螯东面的云雾状恒星	234	30	南	13	15	云雾状
在螯子北面两星中偏西一颗	228	50	南	0	10	5
偏东一颗	232	50	南	4	10	5

 103

土星的远地点在226°30'

续表

星　座	黄经		黄纬			星等	
	度	分		度	分		
星座外面的三颗星：2颗为5等，1颗为云雾状							
人马							
在箭梢	237	50	南	6	30	3	
在左手紧握处	241	0	南	6	30	3	
在弓的南面	241	20	南	10	50	3	
在弓的北面两星中偏南一颗	242	20	南	1	30	3	
往北在弓梢处	240	0	北	2	50	4	
在左肩	248	40	南	3	10	3	
在上面一颗星之西，在箭上	246	20	南	3	50	4	
在眼中双重云雾状星	248	30	北	0	45	云雾状	
在头部三星中偏西一颗	249	0	北	2	10	4	
中间一颗	251	0	北	1	30	亮于4	
偏东一颗	252	30	北	2	0	4	
在外衣北部三星中偏南一颗	254	40	北	2	50	4	
中间一颗	255	40	北	4	30	4	
三星中偏北一颗	256	10	北	6	30	4	104
上述三星之东的暗星	259	0	北	5	30	6	
在外衣南部两星中偏北一颗	262	50	北	5	50	5	
偏南一颗	261	0	北	2	0	6	
在右肩	255	40	南	1	50	5	
在右肘	258	10	南	2	50	5	
在肩胛	253	20	南	2	30	5	
在背部	251	0	南	4	30	亮于4	
在腋窝下面	249	40	南	6	45	3	
在左前腿跗关节	251	0	南	23	0	2	
在同一条腿的膝部	250	20	南	18	0	2	
在右前腿跗关节	240	0	南	13	0	3	
在左肩胛	260	40	南	13	30	3	
在右前腿的膝部	260	0	南	20	10	3	
在尾部起点北边四颗星中偏西一颗[101]	261	0	南	4	50	5	
在同一边偏东一颗	261	10	南	4	50	5	
在南边偏西一颗	261	50	南	5	50	5	
在同一边偏东一颗	263	0	南	6	30	5	

续表

星座	黄经		黄纬			星等
	度	分		度	分	
共31颗：2颗为2等，9颗为3等，9颗为4等，8颗为5等，2颗为6等，1颗为云雾状						
摩羯						
在西角三星中北面一颗	270	40	北	7	30	3
中间一颗	271	0	北	6	40	6
三星中南面一颗	270	40	北	5	0	3
在东角尖	272	20	北	8	0	6
在张嘴三星中南面一颗	272	20	北	0	45	6
其他两星中西面一颗	272	0	北	1	45	6
东面一颗	272	10	北	1	30	6
在右眼下面	270	30	北	0	40	5
在颈部两星中北面一颗	275	0	北	4	50	6
南面一颗	275	10	南	0	50	5
在右膝	274	10	南	6	30	4
在弯曲的左膝	275	0	南	8	40	4
在左肩	280	0	南	7	40	4
在腹部下面两颗密接星中偏西一颗	283	30	南	6	50	4
偏东一颗	283	40	南	6	0	5
在兽身中部三星中偏东一颗	282	0	南	4	15	5
在偏西的其他两星中南面一颗	280	0	南	4	0	5
105 这两星中北面一颗	280	0	南	2	50	5
在背部两星中西面一颗[102]	280	0	南	0	0	4
东面一颗	284	20	南	0	50	4
在条笼南部两星中偏西一颗	286	40	南	4	45	4
偏东一颗	288	20	南	4	30	4
在尾部起点两星中偏西一颗[103]	288	10	南	2	10	3
偏东一颗	289	40	南	2	0	3
在尾巴北部四星中偏西一颗	290	10	南	2	20	4
其他三星中偏南一颗	292	0	南	5	0	5
中间一颗	291	0	南	2	50	5
偏北一颗，在尾梢	292	0	北	4	20	5
共28颗星：4颗为3等，9颗为4等，9颗为5等，6颗为6等						
宝瓶						
在头部	293	40	北	15	45	5
在右肩，较亮一颗	299	44	北	11	0	3
较暗一颗	298	30	北	9	40	5
在左肩	290	0	北	8	50	3
在腋窝下面	290	40	北	6	15	5
在左手下面外衣上三星中偏东一颗	280	0	北	5	30	3
中间一颗	279	30	北	8	0	4
三星中偏西一颗	278	0	北	8	30	3

续表

星座	黄经		黄纬			星等
	度	分		度	分	
在右肘	302	50	北	8	45	3
在右手，偏北一颗	303	0	北	10	45	3
在偏南其他两星中西面一颗	305	20	北	9	0	3
东面一颗	306	40	北	8	30	3
在右臀两颗密接星中偏西一颗	299	30	北	3	0	4
偏东一颗	300	20	北	2	10	5
在右臀	302	0	南	0	50	4
在左臀两星中偏南一颗	295	0	南	1	40	4
偏北一颗	295	30	北	4	0	6
在右胫，偏南一颗	305	0	南	7	30	3
偏北一颗	304	40	南	5	0	4
在左臀	301	0	南	5	40	5
在左胫两星中偏南一颗	300	40	南	10	0	5
在用手倾出水中的第一颗星	303	20	北	2	0	4
向东，偏南	308	10	北	0	10	4
向东，在水流第一弯	311	0	南	1	10	4
在上一颗星东面	313	20	南	0	30	4
在第二弯	313	50	南	1	40	4
在东面两星中偏北一颗	312	30	南	3	30	4
偏南一颗	312	50	南	4	10	4
往南甚远处	314	10	南	8	15	5
在上述星之东两颗紧接恒星中偏西一颗	316	0	南	11	0	5
偏东一颗	316	30	南	10	50	5
在水流第三弯三颗星中偏北一颗	315	0	南	14	0	5
中间一颗	316	0	南	14	45	5
三星中偏东一颗	316	30	南	15	40	5
在东面形状相似三星中偏北一颗	310	20	南	14	10	4
中间一颗	310	50	南	15	0	4
三星中偏南一颗	311	40	南	15	45	4
在最后一弯三星中偏西一颗	305	10	南	14	50	4
在偏东两星中南面一颗	306	0	南	15	20	4
北面一颗	306	30	南	14	0	4
在水中最后一星，也是在南鱼口中之星	300	20	南	23	0	1
共42颗星：1颗为1等，9颗为3等，18颗为4等，13颗为5等，1颗为6等						
在宝瓶座附近						
在水弯东面三星中偏西的一颗	320	0	南	15	30	4
其他两星中偏北一颗	323	0	南	14	20	4
这两星中偏南一颗	322	20	南	18	15	4
共3颗星：都亮于4等						

106

续表

星　座	黄经		黄纬			星等
	度	分		度	分	
双鱼						
西鱼：						
在嘴部	315	0	北	9	15	4
在后脑两星中偏南一颗	317	30	北	7	30	亮于4
偏北一颗[104]	321	30	北	9	30	4
在背部两星中偏西一颗	319	20	北	9	20	4
偏东一颗	324	0	北	7	30	4
在腹部西面一颗	319	20	北	4	30	4
东面一颗	323	0	北	2	30	4
在这条鱼的尾部	329	20	北	6	20	4
沿鱼身从尾部开始第一星	334	20	北	5	45	6
东面一颗	336	20	北	2	45	6
在上述两星之东三颗亮星中偏西一颗	340	30	北	2	15	4
中间一颗	343	50	北	1	10	4
107 偏东一颗	346	20	南	1	20	4
在弯曲处两小星北面一颗	345	40	南	2	0	6
南面一颗	346	20	南	5	0	6
在弯曲处东面三星中偏西一颗	350	20	南	2	20	4
中间一颗	352	0	南	4	40	4
偏东一颗	354	0	南	7	45	4
在两线交点	356	0	南	8	30	3
在北线上，在交点西面	354	0	南	4	20	4
在上面一星东面三星中偏南一颗	353	30	北	1	30	5
中间一颗	353	40	北	5	20	3
三星中偏北，即为线上最后一颗	353	50	北	9	0	4
东鱼：						
嘴部两星中北面一颗	355	20	北	21	45	5
南面一颗	355	0	北	21	30	5
在头部三小星中东面一颗	352	0	北	20	0	6
中间一颗	351	0	北	19	50	6
三星中西面一颗	350	20	北	23	0	6
在南鳍三星中西面一颗，靠近仙女左肘	349	0	北	14	20	4
中间一颗	349	40	北	13	0	4
三星中东面一颗	351	0	北	12	0	4
在腹部两星中北面一颗	355	30	北	17	0	4
更南一颗	352	40	北	15	20	4
在东鳍，靠近尾部	353	20	北	11	45	4
共34颗星：2颗为3等，22颗为4等，3颗为5等，7颗为6等						
在双鱼座附近						

续表

星座	黄经		黄纬			星等
	度	分		度	分	
在西鱼下面四边形北边两星中偏西一颗	324	30	南	2	40	4
偏东一颗	325	35	南	2	30	4
在南边两星中偏西一颗	324	0	南	5	50	4
偏东一颗	325	40	南	5	30	4
星座外面的4颗星：都为4等						
因此，在黄道区共计有346颗星：5颗为1等，9颗为2等，64颗为3等，133颗为4等，105颗为5等，27颗为6等，3颗为云雾状。除此而外还有发星。我在前面谈到过，天文学家科隆（Conon）称之为“贝列尼塞之发”[105]。						

三、南天区 108

星座	黄经		黄纬			星等
	度	分		度	分	
鲸鱼						
在鼻孔尖端	11	0	南	7	45	4
在颚部三星中东面一颗	11	0	南	11	20	3
中间一颗，在嘴正中	6	0	南	11	30	3
三星西面一颗，在面颊上	3	50	南	14	0	3
在眼中	4	0	南	8	10	4
在头发中，偏北	5	30	南	6	20	4
在鬃毛中，偏西	1	0	南	4	10	4
在胸部四星中偏西两星的北面一颗	355	20	南	24	30	4
南面一颗	356	40	南	28	0	4
偏东两星的北面一颗	0	0	南	25	10	4
南面一颗	0	20	南	27	30	3
在鱼身三星的中间一颗	345	20	南	25	20	3
南面一颗	346	20	南	30	30	4
三星中北面一颗	348	20	南	20	0	3
靠近尾部两星中东面一颗	343	0	南	15	20	3
西面一颗	338	20	南	15	40	3
在尾部四边形中东面两星偏北一颗	335	0	南	11	40	5
偏南一颗	334	0	南	13	40	5
西面其余两星中偏北一颗	332	40	南	13	0	5
偏南一颗	332	20	南	14	0	5
在尾巴北梢	327	40	南	9	30	3
在尾巴南梢	329	0	南	20	20	3

续表

星　　座	黄经		黄纬			星等
	度	分		度	分	
共22颗星：10颗为3等，8颗为4等，4颗为5等						
猎户						
在头部的云雾状星	50	20	南	16	30	云雾状
在右肩的亮红星	55	20	南	17	0	1
在左肩	43	40	南	17	30	亮于2
在前面一星之东	48	20	南	18	0	暗于4
在右肘	57	40	南	14	30	4
在右前臂	59	40	南	11	50	6
在右手四星的南边两星中偏东一颗	59	50	南	10	40	4
偏西一颗	59	20	南	9	45	4
北边两星中偏东一颗	60	40	南	8	15	6
同一边偏西一颗	59	0	南	8	15	6
在棍子上两星中偏西一颗	55	0	南	3	45	5
偏东一颗	57	40	南	3	15	5
在背部成一条直线的四星中东面一颗	50	50	南	19	40	4
向西，第二颗	49	40	南	20	0	6
109 向西，第三颗	48	40	南	20	20	6
向西，第四颗	47	30	南	20	30	5
在盾牌上九星中最偏北一颗	43	50	南	8	0	4
第二颗	42	40	南	8	10	4
第三颗	41	20	南	10	15	4
第四颗	39	40	南	12	50	4
第五颗	38	30	南	14	15	4
第六颗	37	50	南	15	50	3
第七颗	38	10	南	17	10	3
第八颗	38	40	南	20	20	3
这些星中余下的最偏南一颗	39	40	南	21	30	3
在腰带上三颗亮星中偏西一颗	48	40	南	24	10	2
中间一颗	50	40	南	24	50	2
在成一直线的三星中偏东一颗	52	40	南	25	30	2
在剑柄	47	10	南	25	20	3
在剑上三星中北面一颗	50	10	南	28	40	4
中间一颗	50	0	南	29	30	3
南面一颗	50	20	南	29	50	暗于3
在剑梢两星中东面一颗	51	0	南	30	30	4
西面一颗	49	30	南	30	50	4
在左脚的亮星，也在波江座	42	30	南	31	30	1

续表

星　　座	黄经		黄纬			星等
	度	分		度	分	
在左胫	44	20	南	30	15	亮于4
在左脚后跟	46	40	南	31	10	4
在右膝	53	30	南	33	30	3
共38颗星：2颗为1等，4颗为2等，8颗为3等，15颗为4等，3颗为5等，5颗为6等，还有一颗为云雾状						
波江						
在猎户左脚外面，在波江的起点	41	40	南	31	50	4
在猎户腿弯处，最偏北的一颗星	42	10	南	28	15	4
在上面一颗星东面两星中偏东一颗	41	20	南	29	50	4
偏西一颗	38	0	南	28	15	4
在其次两星中偏东一颗	36	30	南	25	15	4
偏西一颗	33	30	南	25	20	4
在上面一颗星之后三星中偏东一颗	29	40	南	26	0	4
中间一颗	29	0	南	27	0	4
三星中偏西一颗	26	10	南	27	50	4
在甚远处四星中东面一颗	20	20	南	32	50	3
在上面一星之西	18	0	南	31	0	4
向西，第三颗星	17	30	南	28	50	3
四星中最偏西一颗	15	30	南	28	0	3
在其他四星中，同样在东面的一颗	10	30	南	25	30	3
在上面一星之西	8	10	南	23	50	4
在上面一星更偏西	5	30	南	23	10	3
四星中最偏西一颗	3	50	南	23	15	4
在波江弯曲处，与鲸鱼胸部相接	358	30	南	32	10	4
在上面一星之东	359	10	南	34	50	4
在东面三星中偏西一颗	2	10	南	38	30	4
中间一颗	7	10	南	38	10	4
三星中偏东一颗	10	50	南	39	0	5
在四边形西面两星中偏北一颗	14	40	南	41	30	4
偏南一颗	14	50	南	42	30	4
在东边的偏西一颗	15	30	南	43	20	4
这四星中东面一颗	18	0	南	43	20	4
朝东两密接恒星中北面一颗[106]	27	30	南	50	20	4
偏南一颗	28	20	南	51	45	4
在弯曲处两星东面一颗	21	30	南	53	50	4
西面一颗	19	10	南	53	10	4
在剩余范围内三星中东面一颗	11	10	南	53	0	4

110

续表

星　　座	黄经		黄纬			星等
	度	分		度	分	
中间一颗	8	10	南	53	30	4
三星中西面一颗	5	10	南	52	0	4
在波江终了处的亮星	353	30	南	53	30	1
共34颗星：1颗为1等，5颗为3等，27颗为4等，1颗为5等						
天兔						
在两耳四边形西边两星中偏北一颗	43	0	南	35	0	5
偏南一颗	43	10	南	36	30	5
东边两星中偏北一颗	44	40	南	35	30	5
偏南一颗	44	40	南	36	40	5
在下巴[107]	42	30	南	39	40	亮于4
在左前脚末端	39	30	南	45	15	亮于4
在兔身中央	48	50	南	41	30	3
在腹部下面	48	10	南	44	20	3
在后脚两星中北面一颗	54	20	南	44	0	4
偏南一颗	52	20	南	45	50	4
在腰部	53	20	南	38	20	4
在尾梢[108]	56	0	南	38	10	4
共12颗星：2颗为3等，6颗为4等，4颗为5等						
111 **大犬**						
在嘴部最亮的恒星称为“犬星”	71	0	南	39	10	最亮的1等星
在耳朵处	73	0	南	35	0	4
在头部	74	40	南	36	30	5
在颈部两星中北面一颗	76	40	南	37	45	4
南面一颗	78	40	南	40	0	4
在胸部	73	50	南	42	30	5
在右膝两星中北面一颗	69	30	南	41	15	5
南面一颗	69	20	南	41	20	3
在左膝两星中西面一颗	68	0	南	46	30	5
东面一颗	69	30	南	45	50	5
在左肩两星中偏东一颗	78	0	南	46	0	4
偏西一颗	75	0	南	47	0	5
在左臀	80	0	南	48	45	暗于3
在腹部下面大腿之间	77	0	南	51	30	3
在右脚背	76	20	南	55	10	4
在右脚尖[109]	77	0	南	55	40	3
在尾梢[110]	85	30	南	50	30	暗于3

续表

星　座	黄经		黄纬			星等
	度	分		度	分	
共18颗星：1颗为1等，5颗为3等，5颗为4等，7颗为5等						
在大犬座附近						
大犬头部北面	72	50	南	25	15	4
在后脚下面一条直线上南面的星	63	20	南	60	30	4
偏北一星	64	40	南	58	45	4
比上面一星更偏北	66	20	南	57	0	4
这四星中最后的、最偏北的一颗	67	30	南	56	0	4
在西面几乎成一条直线三星中偏西一颗	50	20	南	55	30	4
中间一颗	53	40	南	57	40	4
三星中偏东一颗	55	40	南	59	30	4
在上面一星之下两亮星中东面一颗[111]	52	20	南	59	40	2
西面一颗	49	20	南	57	40	2
最后一颗，比上述各星都偏南	45	30	南	59	30	4
共11颗星：2颗为2等，9颗为4等						
小犬						
在颈部	78	20	南	14	0	4
在大腿处的亮星：南河三	82	30	南	16	10	1
共2颗星：1颗为1等，1颗为4等						
南船						112
在船尾两星中西面一颗	93	40	南	42	40	5
东面一颗	97	40	南	43	20	3
在船尾两星中北面一颗	92	10	南	45	0	4
南面一颗	92	10	南	46	0	4
在上面两星之西	88	40	南	45	30	4
盾牌中央的亮星	89	40	南	47	15	4
在盾牌下面三星中偏西一颗	88	40	南	49	45	4
偏东一颗	92	40	南	49	50	4
三星的中间一颗	91	50	南	49	15	4
在舵尾	97	20	南	49	50	4
在船尾龙骨两星中北面一颗	87	20	南	53	0	4
南面一颗	87	20	南	58	30	3
在船尾甲板上偏北一星	93	30	南	53	30	5
在同一甲板上三星中西面一颗	95	30	南	58	30	5
中间一颗	96	40	南	57	15	4
东面一颗	99	50	南	57	45	4
横亘东面的亮星	104	30	南	58	20	2
在上面一星之下两颗暗星中偏西一颗	101	30	南	60	0	5

续表

星　　座	黄经		黄纬			星等
	度	分		度	分	
偏东一颗	104	20	南	59	20	5
在前述亮星之上两星中西面一颗	106	30	南	56	40	5
东面一颗	107	40	南	57	0	5
在小盾牌和樯脚三星中北面一颗	119	0	南	51	30	亮于4
中间一颗	119	30	南	55	30	亮于4
三星中南面一颗	117	20	南	57	10	4
在上面一星之下密近两星中偏北一颗	122	30	南	60	0	4
偏南一颗	122	20	南	61	15	4
在桅杆中部两星中偏南一颗	113	30	南	51	30	4
偏北一颗	112	40	南	49	0	4
在帆顶两星中西面一颗[112]	111	20	南	43	20	4
东面一颗	112	20	南	43	30	4
在第三星下面，盾牌东面	98	30	南	54	30	暗于2
在甲板接合处	100	50	南	51	15	2
在位于龙甲上的桨之间	95	0	南	63	0	4
在上面一星之东的暗星	102	20	南	64	30	0
在上面一星之东，在甲板上的亮星	113	20	南	63	50	2
偏南，在龙骨下面的亮星	121	50	南	69	40	2
在上面一星之东三星中偏西一颗	128	30	南	65	40	3
113 中间一颗	134	40	南	65	50	3
偏东一颗	139	20	南	65	50	2
在东面接合处两星中偏西一颗	144	20	南	62	50	3
偏东一颗	151	20	南	62	15	3
在西北桨上偏西一星	57	20	南	65	50	亮于4
偏东一星	73	30	南	65	40	亮于3
在其余一桨上西面一星，称为老人星[113]	70	30	南	75	0	1
其余一星，在上面一星东面[114]	82	20	南	71	50	亮于3
共45颗星：1颗为1等，6颗为2等，8颗为3等，22颗为4等，7颗为5等，1颗为6等						
长蛇						
在头部五星的西面两星中，在鼻孔中的偏南一星	97	20	南	15	0	4
两星中在眼部偏北一星	98	40	南	13	40	4
两星中在张嘴中偏南一星	98	50	南	14	45	4
在上述各星之东，在面颊上	100	50	南	12	15	4
在颈部开端处两星的偏西一颗	103	40	南	11	50	5
偏东一颗	106	40	南	13	30	4
在颈部弯曲处三星的中间一颗	111	40	南	15	20	4
在上面一星之东	114	0	南	14	50	4

续表

星座	黄经		黄纬			星等
	度	分		度	分	
最偏南一星	111	40	南	17	10	4
在南面两颗密近恒星中偏北的暗星	112	30	南	19	45	6
这两星中在东南面的亮星[115]	113	20	南	20	30	2
在颈部弯曲处之东三星中偏西一颗	119	20	南	26	30	4
偏东一颗	124	30	南	23	15	4
这三星的中间一颗	122	0	南	26	0	4
在一条直线上三星中西面一颗	131	20	南	24	30	3
中间一颗	133	20	南	23	0	4
东面一颗	136	20	南	22	10	3
在巨爵底部下面两星中偏北一颗	144	50	南	25	45	4
偏南一颗	145	40	南	30	10	4
在上面一星东面三角形中偏西一颗	155	30	南	31	20	4
这些星中偏南一颗	157	50	南	34	10	4
在同样三星中偏东一颗	159	30	南	31	40	3
在乌鸦东面，靠近尾部	173	20	南	13	30	4
在尾梢	186	50	南	17	30	4
共25颗星：1颗为2等，3颗为3等，19颗为4等，1颗为5等，1颗为6等						
在长蛇座附近						
在头部南面	96	0	南	23	15	3
在颈部各星之东	124	20	南	26	0	3
星座外面的两颗星均为3等						
巨爵						
在杯底，也在长蛇	139	40	南	23	0	4
在杯中两星的南面一颗	146	0	南	19	30	4
这两星中北面一颗	143	30	南	18	0	4
在杯嘴南边缘[116]	150	20	南	18	30	亮于4
在北边缘	142	40	南	13	40	4
在南柄	152	30	南	16	30	暗于4
在北柄	145	0	南	11	50	4
共7颗星均为4等						
乌鸦						
在嘴部，也在长蛇	158	40	南	21	30	3
在颈部	157	40	南	19	40	3
在胸部	160	0	南	18	10	5
在右、西翼	160	50	南	14	50	3
在东翼两星中西面一颗	160	0	南	12	30	3
东面一颗	161	20	南	11	45	4

114

续表

星座	黄经		黄纬			星等
	度	分		度	分	
在脚尖，也在长蛇	163	50	南	18	10	3
共7颗星：5颗为3等，1颗为4等，1颗为5等						
半人马						
在头部四星中最偏南一颗	183	50	南	21	20	5
偏北一星	183	20	南	13	50	5
在中间两星中偏西一颗	182	30	南	20	30	5
偏东一颗，即四星中最后一颗	183	20	南	20	0	5
在左、西肩	179	30	南	25	30	3
在右肩	189	0	南	22	30	3
在背部左边	182	30	南	17	30	4
在盾牌四星的西面两星中偏北一颗	191	30	南	22	30	4
偏南一颗	192	30	南	23	45	4
115 在其余两星中在盾牌顶部一颗	195	20	南	18	15	4
偏南一颗[117]	196	50	南	20	50	4
在右边三星中偏西一颗	186	40	南	28	20	4
中间一颗	187	20	南	29	20	4
偏东一颗	188	30	南	28	0	4
在右臂	189	40	南	26	30	4
在右肘	196	10	南	25	15	3
在右手尖端	200	50	南	24	0	4
在人体开始处的亮星	191	20	南	33	30	3
两颗暗星中东面一颗	191	0	南	31	0	5
西面一颗	189	50	南	30	20	5
在背部关节处	185	30	南	33	50	5
在上面一星之西，在马背上	182	20	南	37	30	5
在腹股沟三星中东面一颗	179	10	南	40	0	3
中间一颗	178	20	南	40	20	4
三星中西面一颗	176	0	南	41	0	5
在右臀两颗密近恒星中西面一颗	176	0	南	46	10	2
东面一颗	176	40	南	46	45	4
在马翼下面胸部	191	40	南	40	45	4
在腹部两星中偏西一颗[118]	179	50	南	43	0	2
偏东一颗[119]	181	0	南	43	45	3
在右脚背	183	20	南	51	10	2
在同脚小腿	188	40	南	51	40	2
在左脚背[120]	188	40	南	55	10	4
在同脚肌肉下面	184	30	南	55	40	4
在右前脚顶部[121]	181	40	南	41	10	1

续表

星　　座	黄经		黄纬			星等
	度	分		度	分	
在左膝	197	30	南	45	20	2
在右大腿之下星座外面	188	0	南	49	10	3
共37颗星：1颗为1等，5颖为2等，7颗为3等，15颗为4等，9颗为5等						
半人马所捕之兽						
在后脚顶部，靠近半人马之手	201	20	南	24	50	3
在同脚之背	199	10	南	20	10	3
肩部两星中西面一颗	204	20	南	21	15	4
东面一颗	207	30	南	21	0	4
在兽身中部	206	20	南	25	10	4
在腹部	203	30	南	27	0	5
在臀部	204	10	南	29	0	5
在臀部关节两星中北面一颗	208	0	南	28	30	5
南面一颗	207	0	南	30	0	5
在腰部上端	208	40	南	33	10	5
在尾梢三星中偏南一颗	195	20	南	31	20	5
中间一颗	195	10	南	30	0	4
三星中偏北一颗	196	20	南	29	20	4
在咽喉处两星中偏南一颗	212	40	南	15	20	4
偏北一颗	212	40	南	15	20	4
在张嘴处两星中西面一颗	209	0	南	13	30	4
东面一颗	210	0	南	12	50	4
在前脚两星中南面一颗	240	40	南	11	30	4
偏北一颗	239	50	南	10	0	4
共19颗星：2颗为3等，11颗为4等，6颗为5等						
天炉						
在底部两星中偏北一颗	231	0	南	22	40	5
偏南一颗[122]	233	40	南	25	45	4
在小祭坛中央	229	30	南	26	30	4
在火盆中三星的偏北一颗	224	0	南	30	20	5
在邻近两星中南面一颗	228	30	南	34	10	4
北面一颗	228	20	南	33	20	4
在炉火中央	224	10	南	34	10	4
共7颗星：5颗为4等，2颗为5等						
南冕						
在南边缘外面，向西	242	30	南	21	30	4
在上一颗星之东，在冕内	245	0	南	21	0	5
在上一颗星之东	246	30	南	20	20	5
更偏东	248	10	南	20	0	4

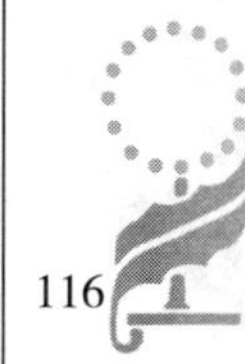
116

续表

星座	黄经		黄纬			星等
	度	分		度	分	
在上一颗星之东，在人马膝部之西	249	30	南	18	30	5
向北，在膝部的亮星	250	40	南	17	10	4
偏北	250	10	南	16	0	4
更偏北	249	50	南	15	20	4
在北边缘两星中东面一颗	248	30	南	15	50	6
西面一颗	248	0	南	14	50	6
在上面两星之西甚远处	245	10	南	14	40	5
更偏西	243	0	南	15	50	5
偏南，剩余一星	242	0	南	18	30	5
共13颗星：5颗为4等，6颗为5等，2颗为6等						
南鱼						
117 在嘴部，即在波江边缘	300	20	南	23	0	1
在头部三星中西面一颗	294	0	南	21	20	4
中间一颗	297	30	南	22	15	4
东面一颗	299	0	南	22	30	4
在鳃部	297	40	南	16	15	4
在南鳍和背部	288	30	南	19	30	5
腹部两星偏东一颗	294	30	南	15	10	5
偏西一颗	292	10	南	14	30	4
在北鳍三星中东面一颗	288	30	南	15	15	4
中间一颗	285	10	南	16	30	4
三星中西面一颗	284	20	南	18	10	4
在尾梢[123]	289	20	南	22	15	4
不包括第一颗，共11颗星：9颗为4等，2颗为5等						
在南鱼座附近						
在鱼身西面的亮星中偏西一颗	271	20	南	22	20	3
中间一颗	274	30	南	22	10	3
三星中偏东一颗	277	20	南	21	0	3
在上面一星西面的暗星	275	20	南	20	50	5
在北面其余星中偏南一颗	277	10	南	16	0	4
偏北一颗	277	10	南	14	50	4
共6颗星：3颗为3等，2颗为4等，1颗为5等						
在南天区共有316颗星：7颗为1等，18颗为2等，60颗为3等，167颗为4等，54颗为5等，9颗为6等，1颗为云雾状。因此，总共为1022颗星：15颗为1等，45颗为2等，208颗为3等，474颗为4等，216颗为5等，50颗为6等，9颗暗弱，5颗为云雾状。						

第 三 卷

第一章　二分点与二至点的岁差 119

描述了恒星的现象以后，接下来该讨论与周年运转有关的问题了。我首先要谈的是二分点的移动，它甚至使人们认为恒星也在运动。（正如我多次指出的［II，1］，我总是记得由地球运动产生的圆和极点在天上以类似的形状和相同的方式出现，这些正是这里要讨论的议题。）［这些话是哥白尼在fol. 71^{r}边缘写下的，后来删掉了。］

我发现古代天文学家没有在从分点或至点量起的回归年或自然年与恒星年之间进行区分。因此他们会认为从南河三升起的地方量起的奥林匹克年[1]与从一个至点量起的年是相等的（因为他们当时还没有发现二者之间的差别）。

但罗得岛的希帕克斯这个思维敏锐的人第一次注意到，这两种年是不等的。在对周年的长度进行更认真的测量时，他发现相对于恒星量出的年要比相对于分点或至点量出的年更长。因此，他认为恒星也在沿着黄道各宫运动，但慢得无法立即察觉［托勒密，《天文学大成》，III，1］。然而随着时间的推移，这种运动到了现在已经变得非常明显了。由于这个缘故，目前黄道各宫与恒星的出没已经与古人的描述大相径庭了。我们发现，尽管黄道十二宫在开始的时候与原来的名称和位置相符，但现在它们已经移动很长一段距离了。

不仅如此，这种运动还被发现是不均匀的。为了说明这种不均匀性的原因，天文学家们已经提出了各种不同的解释。有些人认为，处于悬浮状态的宇宙在作着某种振动，就像我们发现的行星黄纬运动一样［VI，2］。这种振动在两边都有固定极限，先往一个方向前进到头，然后在某一时刻又会返回来，其偏离中心的程度不超过8°[2]。但这一已经过时的理论不再可能成立，其主要原因是白羊座前额的第一星与春分点的距离现在已经明显超过了8°的3倍（其他恒星也是如此），而且许多个时代过去了，现在还丝毫没有返回的迹象。还有人认为恒星天球的确向前运动，但速度不均匀，然而却又给不出明确的运动模式。此外，大自然还有一件令人惊奇的事情，那就是现在的黄赤交角并不像托勒密以前那样大。这一点前面已经讲过了。

120 为了解释这些观测结果，有些人设想出了第九层天球，还有人设想了第十层：他们认为这些现象可以通过这些天球来说明，但他们的努力却以失败而告终。而现在，第十一层天球也即将问世[3]，就好像这么多球仍然不够。借助于地球的运动，通过表明这些球与恒星天球毫无关联，我可以很容易地证明这些球都是多余的。正如我在第一卷［第十一章］已经说明的，这两种运转，即周年赤纬运转和地心的周年运转并非恰好相等，前者的周期要比后者稍短。因此，二分点和二至点似乎都向前运动。这并不是因为恒星天球向东移动了，而是因为赤道向西移动了；赤道对黄道面的倾斜与地轴的偏斜成正比。说赤道倾斜于黄道，这比说较大的黄道倾斜于较小的赤道更合适，因为黄道是在日地距离处由周年运转描出的圆，而赤道则是地球绕轴的周日运动描出的［I，11］，黄道要比赤道大得多。于是，那些在二分点的交点和整个黄赤交角会随着时间的流逝而显得超前，而恒星则显得滞后。但以前的天文学家对这种运动的测量及其变化的解释一无所知，原因是没有预见到它慢得出奇，以致这一运转周期仍未测定出来。从人们首次发现它到现在，在这漫长的岁月中它还没有前进一个圆的$^{1}/_{15}$。尽管如此，我将借助于我所了解的整个观测史来阐明这件事情。

第二章　证明二分点与二至点岁差不均匀的观测史

在卡利普斯（Callippus）所说的第一个76年周期中的第36年，
即亚历山大大帝去世后的第30年，第一个关心恒星位置的人——亚
历山大城的提摩恰里斯（Timocharis）报告所，室女所持谷穗［即
角宿一］与夏至点的经度距离为$82\frac{1}{3}°$，黄纬为南纬2°[4]；天蝎前
额三颗星中最北的一颗亦即天蝎宫的第一星的黄纬为北纬$1\frac{1}{3}°$，
它与秋分点的距离为32°。在同一周期的第48年，他又发现室女所
持的谷穗与夏至点的经度距离为$82\frac{1}{2}°$，黄纬不变。但是在第三个
卡利普斯周期的第50年，即亚历山大大帝去世后的第196年，希帕
克斯测出狮子胸部的一颗名为轩辕十四的恒星[5]位于夏至点之后
$29\frac{5}{6}°$。接着，在图拉真（Trajan）皇帝在位的第一年，即基督诞生
后第99年和亚历山大大帝去世后第422年[6]，罗马几何学家梅内
劳斯报告说，室女所持谷穗与夏至点[7]之间的经度距离为$86\frac{1}{4}°$，
121 而天蝎前额的星与秋分点[8]之间的经度距离为$35\frac{11}{12}°$。继他们之
后，在安敦尼·庇护在位的第二年［II，14］，即亚历山大大帝去
世后第462年[9]，托勒密测得狮子座的轩辕十四与夏至点之间的经

度距离为$32^1/_2$°，谷穗与秋分点之间的经度距离为$86^1/_2$°，天蝎前额的星与秋分点[10]之间的经度距离为$36^1/_3$°，从前面的表可以看出黄纬毫无变化。我是完全按照那些天文学家的报告来回顾这些测量的。

然而，过了很长时间之后，直到亚历山大大帝去世后的第1202年，拉卡（Raqqa）的巴塔尼（al-Battani）[11]才进行了下一次观测，我们对测量结果可以完全信任。在那一年，狮子座的轩辕十四看起来与夏至点之间的经度距离为44°5′，而天蝎额上的星与秋分点之间的经度距离为47°50′。这些恒星的纬度依旧保持不变，所以对此天文学家不再有任何怀疑了。

到了公元1525年，即根据罗马历置闰后的一年，亦即亚历山大大帝去世后的第1849个埃及年[12]，我在普鲁士的弗龙堡（Frombork）对前面多次提及的谷穗作了观测。该星在子午圈上的最大高度约为27°[13]，而我测得[14]弗龙堡的纬度为54°$19^1/_2$′[15]，所以谷穗从赤道算起的赤纬为8°40′。于是它的位置可确定如下：

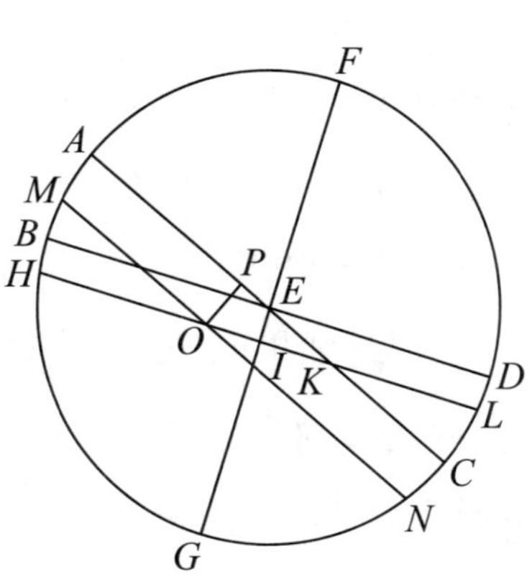

通过黄极和赤极作子午圈$ABCD$。设它与赤道交于直径AEC，

与黄道面交于直径BED。设黄道的北极为F，FEG为它的轴线。设点B为摩羯宫的起点，点D为巨蟹宫的起点。设该恒星的南纬弧$BH=2°$。从点H作HL平行于BD。设HL截黄道轴于点L，截赤道于点K。再根据恒星的南赤纬取弧$MA=8°40'$。从点M作MN平行于AC。MN将与平行于黄道的HIL交于点O。如果作直线OP垂直于MN和AC，则$OP={}^{1}/_{2}$弦$2AM$。但是，以FG、HL和MN为直径的圆都垂直于平面$ABCD$；根据欧几里得《几何原本》XI，19，它们的交线在点O和点I垂直于同一平面。因此，根据该书命题6，这些交线彼此平行。由于点I为以HL为直径的圆的圆心，所以OI等于直径为HL的圆上这样一个弧的两倍所对弦的一半，该弧相似于恒星与天秤座起点的经度距离，此弧即为我们所要求的量。

这段弧可以按以下方法求得。由于内错角角$AEB=$角OKP，角$OPK=90°$，因此，$OP:OK={}^{1}/_{2}$弦$2AB:BE={}^{1}/_{2}$弦$2AH:HIK$，这是因为这些线段所围成的三角形与OPK相似。但是弧$AB=23°28^{1}/_{2}'$，如果取$BE=100000$，则${}^{1}/_{2}$弦$2AB=39832$。弧$ABH=25°28^{1}/_{2}'$，${}^{1}/_{2}$弦$2ABH=43010$[16]，赤纬弧$MA=8°40'$，${}^{1}/_{2}$弦$2MA=15069$[17]。因此，$HIK=107978$，$OK=37831$[18]，相减可得，$HO=70147$[19]。但是，$HOI={}^{1}/_{2}$弦HGL，弧$HGL=176°$，所以，如果取BE为100000，则$HOI=99939$[20]。因此，相减可得，$OI=$
122 $HOI-HO=29792$[21]。但是如果取$HOI=$半径$=100000$，则$OI=29810$[22]，与之相应的圆弧约为$17°21'$[23]。此即室女的谷穗与天秤座起点之间的距离，恒星的位置可得。

在此之前10年的1515年[24]，我测得其赤纬为$8°36'$，位于距天秤座起点$17°14'$处。而托勒密记录的赤纬却仅为${}^{1}/_{2}°$［《天文学大成》，VII，3］，因此它位于室女宫内26°40′处，这比早期的观测要精确一些。

于是，情况看起来足够清楚了，从提摩恰里斯到托勒密的整整432年间[25]，二分点和二至点每100年进动1°，也就是说，如果进动量与时间之比固定不变，那么在此期间二分点和二至点进动了$4^1/_3$°[26]。而在从希帕克斯到托勒密的266年间，狮子座的轩辕十四与夏至点之间的经度距离移动了$2^2/_3$°[27]，除以时间也可得，二分点和二至点每100年进动1°。此外，从巴塔尼到梅内劳斯的782年间[28]，天蝎前额上的第一星的经度变化了11°55′。由此可见，移动1°的时间似乎不是100年，而是66年[29]。而从托勒密［到巴塔尼］的741年间[30]，移动1°的时间只需65年[31]。最后，如果把余下的645年[32]与我所测得的9°11′[33]的差值相比较，则移动1°的时间为71年。由此可见，在托勒密之前的400年里，二分点的岁差要小于从托勒密到巴塔尼期间的岁差，而这一时期的岁差也要大于从巴塔尼到现在的岁差[34]。

此外，黄赤交角的运动也会发生变化。萨摩斯的阿里斯塔克求得黄赤交角为23°51′20″[35]，托勒密的结果与此相同，巴塔尼的结果为23°36′，190年后西班牙人查尔卡里（Al-Zarkali）的结果为23°34′，230年后犹太人普罗法修斯（Prophatius）求得的结果大约小了2′[36]。在我们这个时代，它被发现不大于$23°28^1/_2$′[37]。因此也很清楚，从阿里斯塔克到托勒密的时期变化最小，从托勒密到巴塔尼的时期变化最大[38]。

第三章　用于说明二分点与黄赤交角移动的假说

由上所述，情况似乎已经清楚，二分点与二至点不均匀地移动着。也许没有什么解释能比地轴和赤极有某种飘移运动更好了。根据地球运动的假说，得出这个结论似乎是顺理成章的，因为黄道显然永远不变（恒星的恒定黄纬可以证明这一点），而赤道却在飘移。正如我已经说过的［I，11］，如果地轴的运动与地心运动简单而精确地相符，那么二分点与二至点的岁差就决不会出现。但这两种运动之间的差异是可变的，所以二至点和二分点
123 必然会以一种不均匀的运动超前于恒星的位置。倾角运动也是如此，这种运动会不均匀地改变黄道倾角，尽管这一倾角本来更应当说成是赤道倾角。

由于这个缘故，既然球面上的两极和圆是相互关联和适应的，所以我们应当假定有两种完全由极点完成的振荡运动，就像摆动的天平一样。一种是使极点在交角附近上下起伏来改变圆的倾角，另一种则是通过沿两个方向的交叉运动使二分点与二至点的岁差有所增减。我把这些运动称为“天平动”，因为它们就像在两个端点之

间沿同一路径来回摇摆的物体，在中间较快，而在两端最慢。我们以后会看到［VI，2］，行星的黄纬一般会出现这种运动。此外，这些运动的周期不同，因为二分点非均匀运动的两个周期等于黄赤交角的一个周期。然而每一种看起来不均匀的运动都需要假定一个平均量，从而对这种非均匀运动进行把握，所以这里也有必要假定平均极点、平赤道以及平均二分点和二至点。当地球的两极和赤道圈在固定的极限内转到这些平均位置的任何一边时，那些匀速运动看起来就不均匀了。这两种天平动结合起来，使地球的两极随时间描出的曲线就像是一顶扭曲的小王冠。

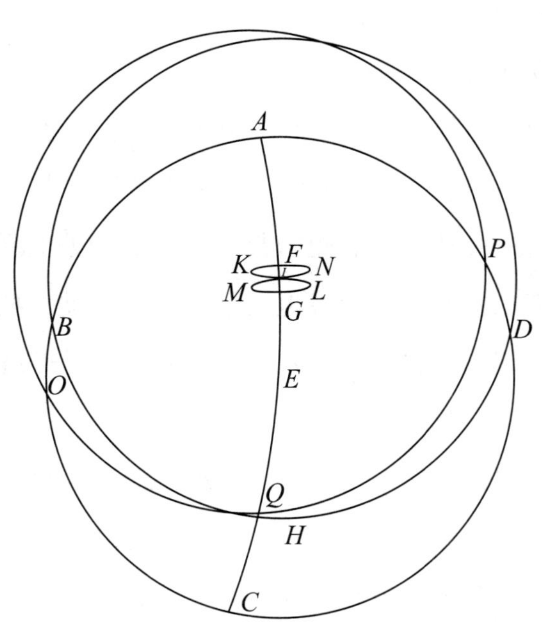

但这些单凭语言是很难讲清楚的，仅靠耳朵听也不会理解，还要用眼睛直观。于是，我们在一个球上作出黄道$ABCD$，设黄道的北极为点E，摩羯宫的起点为点A，巨蟹座的起点为点C，白

羊宫的起点为点B，天秤宫的起点为点D。过A、C两点和极点E作圆AEC。设黄道北极与赤道北极之间的最大距离为EF，最小距离为EG，极点的平均位置为点I，绕点I作赤道BHD，它可称为平赤道，B和D可称为平均二分点。设赤极、二分点和赤道都被带着绕极点E不断均匀而缓慢地运动，我已经说过［III，1］，这种运动与恒星天球上黄道各宫的次序相反。假定地球两极就像摇摆物体一样有两种相互作用的运动：第一种介于F与G之间，被称为“近点角的运动”（movement of anomaly），即倾角的非均匀运动；第二种运动东西交替进行，速度是第一种的两倍，我把它称为“二分点的非均匀运动”。这两种运动在地球的两极汇聚，以奇特的方式使极点发生偏转。

首先设地球北极为点F，绕它所作的赤道将通过圆AFEC的两极点B和点D。但这个赤道会使黄赤交角增大一些，增大的量正比于弧FI。当地极从这个假想的起点F向位于I处的平均倾角移动时，介入的第二种运动不允许地极沿直线FI移动，而是使极点作圆周运动，设偏离的最远点为K。围绕该点的视赤道OQP与黄道
124 的交点不是点B，而是点B后面的点O，二分点岁差的减小将与弧BO成正比。这两种同时进行的运动使极点转而运动到平均位置I处。视赤道与均匀赤道或平赤道完全重合。地极到达该点以后，又会向前运行，把视赤道与平赤道分开，并使二分点的岁差增加到另一端点L。地极到那里以后又会改变方向，它减去刚才二分点岁差所增加的量，直至到达点G为止。在这里它使黄赤交角在交点 B达到最小，二分点和二至点的运动再次变得很慢，情况几乎与在点F一样。到了这时，二分点的非均匀运动完成了一个周

期，因为它从平均位置先后到达两个端点。但黄赤交角的变化只经过了半个周期，从最大变为最小。随后地极将向后退到最远端点M，从那里反向后，又会回到平均位置I，然后又会向前运动到端点N，最终完成扭线$FKILGMINF$[39]。因此很明显，在黄赤交角变化的一个周期中，地极向前两次到达端点，向后两次达到端点[40]。

125 第四章　振荡运动或天平动如何由圆周运动复合出来

我将在后面阐述这一运动是如何与现象相符的。这时有人会问，既然我们当初说［I，4］天体的运动是均匀的，或者说是由均匀的圆周运动复合而成的，那么怎样来理解这种天平动的均匀
182 性呢？然而，这里的两种运动看上去都是两端点之间的运动，于是必然会引起运动的停顿。我的确愿意承认它们是成对出现的，但用下面的方法可以证明振荡运动是由均匀运动复合而成的。

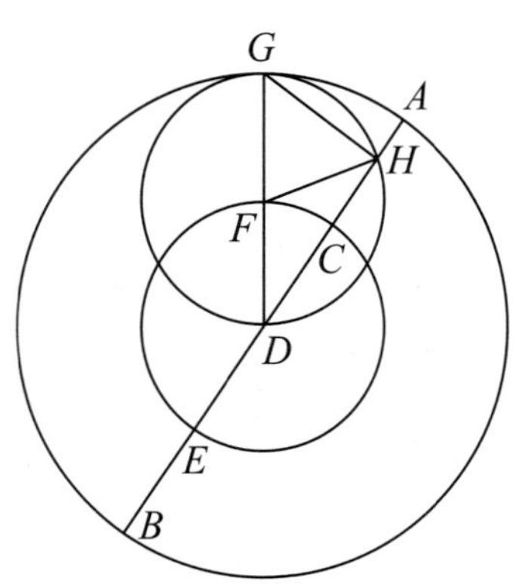

设直线AB被C、D、E三点四等分。在同一平面绕点D作同心

圆ADB和CDE，取点F为内圆上的任一点。以点F为中心、FD为半径作圆GHD交直线AB于点H。作直径DFG。我们要证明的是，当GHD和CFE两圆的成对运动共同作用时，可动点H将沿同一直线AB的两个方向前后滑动。如果点H在离开点F的相反方向上运动并且移到两倍远处，这种情况就会发生，这是因为角CDF既是圆CFE的圆心角，又在GHD的圆周上，该角在两个相等的圆上截出两段弧：弧FC和二倍于弧FC的弧GH。假设在某一时刻直线ACD与DFG重合，此时位于点G的动点H也位于点A，点F位于点C。然而圆心F沿FC向右运动，点H沿GH弧向左移动了两倍于CF的距离，或者方向都相反，于是很容易理解，直线AB将为点H的轨迹，否则就会出现局部大于整体的情况。但长度等于AD的折线
DFH使点H离开了最初的位置点A而移动了长度AH。此距离等于 126
直径DFG超过弦DH的长度。就这样，点H将被带到圆心D，此时 **183**
圆DHG与直线AB相切，GD与AB垂直。随后H将到达另一端点B，并由于同样原因再度从该点返回。

［在原稿fol. 75^{r}，第四章原来结尾处有下面一段话，后来被哥白尼删掉了：

有些人[41]称此为“沿圆周宽度的运动”，即沿直径的运动。但稍后我将表明［III，5］，它们的周期和大小都可以由圆的周长导出。此外，这里应当顺便指出，如果圆HG和圆CF不等，其他所有条件保持不变，则它们描出的将不是一条直线，而是一条圆锥或圆柱截线，数学家称之为“椭圆”。不过这些问题我将在别处讨论。］[42]

因此明显可见，直线运动是由像这样的两种共同作用的圆周运动复合而成的，振荡运动和不均匀运动是由均匀运动复合而成的。证毕。

由此还可得到，直线GH总是垂直于AB，这是因为直线DH和HG在一个半圆内张出直角。因此，$GH={}^1/_2$弦$2AG$，$DH={}^1/_2$弦$2(90°-AG)$，因为圆AGB的直径是圆HGD的两倍。

第五章　二分点岁差和黄赤交角不均匀的证明

由于这个缘故，有些人把圆的这种运动称为“沿圆的宽度的运动”，即沿直径的运动。但他们用圆来处理它的周期和均匀性，用弦长来表示它的大小。因此很容易证明，这种运动看起来是不均匀的，在圆心附近较快，而在圆周附近较慢。

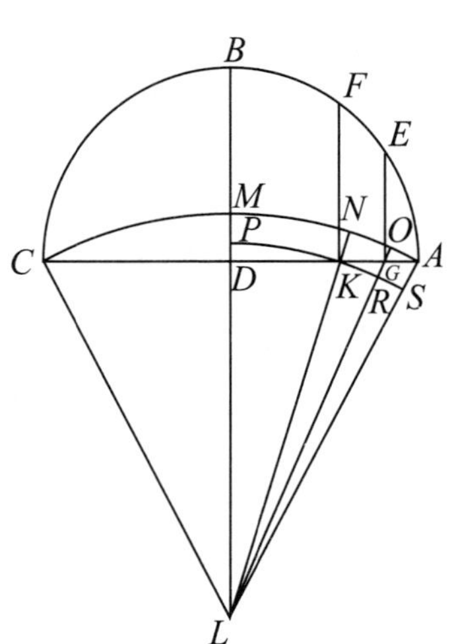

设ABC为一个半圆，圆心为点D，直径为ADC。把半圆等分于点B。截取相等的弧AE和BF，从F、E两点作EG和FK垂直于

ADC。由于2DK=2弦BF，2EG=2弦AE，所以DK=EG。但根据欧几里得《几何原本》III，7，AG<GE，因此AG<DK。但因弧AE=弧BF，所以扫过GA和KD的时间是一样的，因此在靠近圆周的点A处的运动要慢于在圆心D附近的运动。

证明了这些以后，取点L为地球的中心，于是直线DL垂直于半圆面ABC。以点L为中心，过A、C两点作弧AMC。延长直线LDM。因此半圆ABC的极点在M，ADC是圆的交线。连接LA与LC，LK与LG。把LK与LG沿直线延长，与弧AMC交于点N和点
127 O。角LDK为直角，所以角LKD为锐角，因此LK大于LD，而且在两个钝角三角形中，边LG大于边LK，边LA大于边LG。

因此，以点L为圆心LK为半径所作的圆会超过LD，但会与LG和LA相交。设该圆为PKRS[43]。因为三角形LDK<扇形LPK，而三角形LGA>扇形LRS，所以三角形LDK：扇形LPK<三角形LGA：扇形LRS。于是，三角形LDK：三角形LGA<扇形LPK：扇形LRS。根据欧几里得《几何原本》VI，1，三角形LDK：三角形LGA=底边DK：底边AG。然而，扇形LPK：扇形LRS=角DLK：角RLS=弧MN：弧OA，因此，DK：GA<MN：OA。但我已经证明了DK>GA，于是，MN>OA。因此，地极在沿近点角的等弧AE和BF移动时在相等时间内扫过了弧MN和弧OA。证毕。

可是黄赤交角的最大值与最小值之差是如此之小，还不到$^{2}/_{5}$°，因此曲线AMC和直线ADC之间的区别微乎其微。所以如果我们只用直线ADC和半圆ABC进行运算，就不会有误差产生。对二分点有影响的地极的另一种运动也是如此，因为它还不到$^{1}/_{2}$°，这一点我们将在下面阐明。

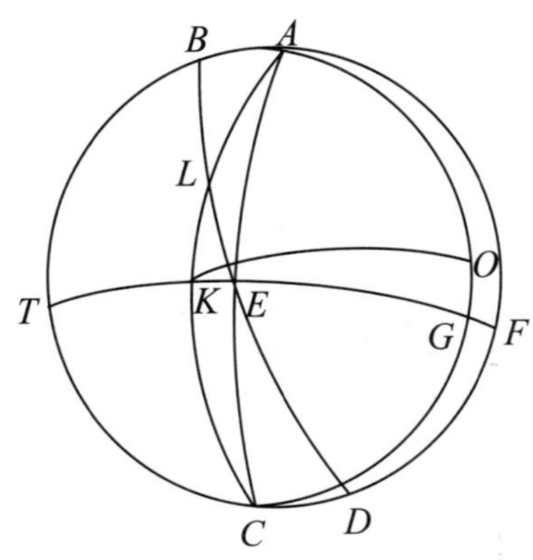

再次设$ABCD$为通过黄极与平赤道极点的圆，我们可以称其为“巨蟹宫的平均分至圈”。设黄道半圆为DEB，平赤道为AEC，它们交于点E，此处即为平均二分点。设赤极为点F，过该点作大圆FET，此即平均二分圈或均匀二分圈。为了证明的方 128
便，我们把二分点的天平动与黄赤交角的天平动分开。在二分圈EF上截取弧FG，假设赤道的视极点G从平均极点F移动了这段距离。以点G为极，作视赤道的半圆$ALKC$交黄道于视分点L，它与平均分点之间的距离由弧LE量出，因为弧EK与弧FG相等。我们可以以点K为极作圆AGC，假定在天平动FG发生时，赤极并非保持在位于点G的“真”极点不动，而是在第二种天平动的影响下，沿着弧GO转向黄道的倾角。因此，尽管黄道BED保持固定不动，但真视赤道会根据极点O的移动而移动。类似地，视赤道的交点L的运动在平均分点E附近将较快，在两端点处最慢，这与前已说明的极点天平动大致相符［III，3］。这一发现很有价值。

第六章　二分点岁差与黄道倾角的均匀行度

每一种看起来非均匀的圆周运动都占据四个有界区域：在一个区域看来运动很慢，在另一个区域看来运动很快，而在它们中间看来运动为中速。在加速终了而减速开始时，运动的平均速度改变方向，从平均速度增加到最高速度，然后又从高速度降到平均速度，然后在余下部分从平均速度变回到原来的低速度。由此可知，非均匀运动或近点角的位置在某一时刻出现在圆周的哪个部分。从这些性质还可以了解近点角的循环。

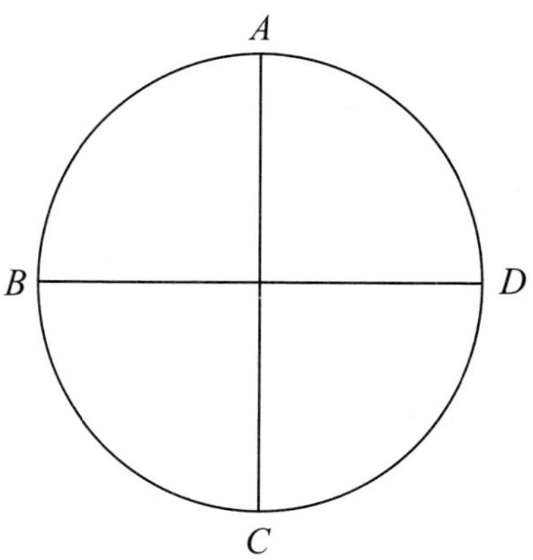

例如，在一个四等分的圆中，设*A*为运动最慢的位置，*B*为加速时的平均速度，*C*为加速终了而减速开始的速度，*D*为减速时的平均速度。前已说过［III，2］，与其他时期相比，从提摩恰里斯到托勒密的这段时间里二分点进动的视行度是最慢的。在那段时间的中期，阿里斯蒂洛斯（Aristyllus）[44]、希帕克斯、阿格里帕（Agrippa）[45]和梅内劳斯都曾测得，二分点进动的视行度是规则而匀速的。这证明当时二分点的视行度是最慢的，在那段时间的中期，二分点的视行度开始加速，那时减速的停止与加速的开始相互抵消，使行度看起来是匀速的。因此，提摩恰里斯的观测应当落在圆的最后一部分*DA*内，而托勒密的观测应落在第一象限*AB*内。此外，在从托勒密到拉卡的巴塔尼这第二个时期，发现行度要比第三时期快一些，所以最高速度点*C*是在第二个时期
出现的。近点角现在进入了圆的第三象限*CD*内。在从那时起一 129
直到现在的第三时期中，近点角几乎完成了循环，正在返回它在提摩恰里斯时代的起点。如果我们把从提摩恰里斯到现在的1819年[46]按照习惯分成360份，则根据比例，432年[47]的弧为$85^{1}/_{2}$°，742年[48]为146°51′，而其余的645年[49]为127°39′。我通过一种简单的推测立即得出了这些结果。但我用更精确的计算重新检验了它们与观测结果的符合程度，发现在1819个埃及年中，近点角的行度已经超过了一周21°24′，一个周期只包含1717埃及年[50]。通过这样的计算，我们可以发现第一段圆弧为90°35′，第二段为155°34′，而543年的第三段将包含余下的113°51′[51]。

这样得到了结果之后，二分点进动的平均行度也就清楚了。它在同样的1717年里为23°57′，而在这段时期中，整个非均匀性

恢复到了初始状态。而在1819年里，视行度约为25°1′。在提摩恰里斯之后的102年[52]——1717年与1819年之差——里，视行度必定约为1°4′，因为当行度尚在减速时，它也许比每100年1°稍大一点。因此，如果从25°1′[53]中减去1°4′，则余量就是我所说的1717埃及年中的平均均匀行度，该值等于非均匀的视行度23°57′。因此，二分点进动的整个均匀运转共需25816年，在此期间，近点角共完成了大约$15^1/_{28}$圈[54]。

这个计算结果也与比二分点的非均匀进动慢一倍［III，3］的黄赤交角行度相符。托勒密报告说，自萨摩斯的阿里斯塔克[55]以来到他之前的400年间，23°51′20″的黄赤交角根本没有变化，这就表明当时的黄赤交角几乎稳定在最大极限附近，那时当然是二分点进动最慢的时候。目前又接近恢复变慢，然而轴线的倾角并非类似地正在转到最大，而是转到最小。我已经说过［III，2］，巴塔尼求得此期间的倾角为23°35′[56]；在他之后的190年，西班牙人查尔卡里求出为23°34′；而230年之后，犹太人普罗法修斯用同样方法求得的数值大约小了2′；最后，到了我们这个时代，我通过30年的反复观测[57]求得它的值约为$23°28^2/_5{}'$，而像格奥尔格·普尔巴赫（George Peurbach）和约翰内斯·雷吉奥蒙塔努斯（Johannes Regiomontanus）这样距离我们最近的前人测定的结果与我的数值相差甚微。

［早期草稿：

1460年，格奥尔格·普尔巴赫报告说，倾角为23°，这与前面提到的天文学家们的结果相符，只需加上28′[58]；

1491年，多米尼科·马利亚·达·诺瓦拉（Domenico Maria da Novara）[59]报告说，整度数加上的分数大于29′；根据约翰内斯·雷吉奥蒙塔努斯的说法（Johannes Regiomontanus）的说法，为23°28$^1/_2$′。（哥白尼本来在正文中引用了普尔巴赫和诺瓦拉的结果，随后在页边空白处加上了对雷吉奥蒙塔努斯的评论。后来他删掉了普尔巴赫—诺瓦拉一段，但忘了删掉雷吉奥蒙塔努斯。）]

事实又一次很清楚，在托勒密之后的900年里，黄赤交角的变化要比其他任何时期都大。因此，既然我们已知岁差非均匀运动的周期为1717年，所以在此期间，黄赤交角变化了一半，其整个周期为3434年。如果用3434年来除360°，或是用1717年来除180°，则得到的商将是近点角的年行度6′17″24‴9⁗。把这一数值分配给365天，得到日行度为1″2‴2⁗。类似地，如果把二分点进动的平均行度——曾经是23°57′——分配给1717年，则得年行度为50″12‴5⁗；把它分配给365天，得到日行度为8‴15⁗。 130

为了使这些行度更加清楚，在需要时便于查阅，我将根据年行度的连续等量增加列出它们的表或目录。如果和数超过60个单位，则相应的分数或度数就要进1。为方便起见，我把表扩充到60年，因为同一套数字在60年之后又会重新出现，只是度和分的名称变了，比如原来是秒的现在成了分等等。通过这种简化形式的简表，我们仅用两个条目就能获得和推出3600年间任何时段的均匀行度。日数也是如此。

在对天体运动进行计算时，我将在各处使用埃及年。在各种历年中，只有埃及年是均等的。测量单位应与被测量量相协调，但对于罗马年、希腊年和波斯年来说，却并没有这种和谐，因为其置闰并不是按照同一种方式进行的，而是依照各民族的意愿自行制定的。然而埃及年有确定的365天，毫无含糊之处，它们构成了12个等长的月份。根据埃及人的说法，这些月份依次为：Thoth，Phaophi，Athyr，Chiach，Tybi，Mechyr， Phamenoth，Pharmuthi，Pachon，Pauni，Epiphi和Mesori，它们共包含六组60天和其余的5天闰日。因此，埃及年对于均匀行度的计算最为方便。通过日期的转换，其他任何年份都容易划归为埃及年。

131

按年和60年周期计算的二分点岁差的均匀行度[60]

基督纪元5° 32′

年	黄经					年	黄经				
	60°	°	′	″	‴		60°	°	′	″	‴
1	0	0	0	50	12	31	0	0	25	56	14
2	0	0	1	40	24	32	0	0	26	46	26
3	0	0	2	30	36	33	0	0	27	36	38
4	0	0	3	20	48	34	0	0	28	26	50
5	0	0	4	11	0	35	0	0	29	17	2
6	0	0	5	1	12	36	0	0	30	7	15
7	0	0	5	51	24	37	0	0	30	57	27
8	0	0	6	41	36	38	0	0	31	47	39
9	0	0	7	31	48	39	0	0	32	37	51
10	0	0	8	22	0	40	0	0	33	28	3
11	0	0	9	12	12	41	0	0	34	18	15
12	0	0	10	2	25	42	0	0	35	8	27
13	0	0	10	52	37	43	0	0	35	58	39
14	0	0	11	42	49	44	0	0	36	48	51
15	0	0	12	33	1	45	0	0	37	39	3
16	0	0	13	23	13	46	0	0	38	29	15
17	0	0	14	13	25	47	0	0	39	19	27
18	0	0	15	3	37	48	0	0	40	9	40
19	0	0	15	53	49	49	0	0	40	59	52
20	0	0	16	44	1	50	0	0	41	50	4
21	0	0	17	34	13	51	0	0	42	40	16

续表

按年和60年周期计算的二分点岁差的均匀行度 基督纪元5° 32′											
年	黄 经					年	黄 经				
	60°	°	′	″	‴		60°	°	′	″	‴
22	0	0	18	24	25	52	0	0	43	30	28
23	0	0	19	14	37	53	0	0	44	20	40
24	0	0	20	4	50	54	0	0	45	10	52
25	0	0	20	55	2	55	0	0	46	1	4
26	0	0	21	45	14	56	0	0	46	51	16
27	0	0	22	35	26	57	0	0	47	41	28
28	0	0	23	25	38	58	0	0	48	31	40
29	0	0	24	15	50	59	0	0	49	21	52
30	0	0	25	6	2	60	0	0	50	12	5

132 193

按日和60日周期计算的二分点岁差的均匀行度											
日	行 度					日	行 度				
	60°	°	′	″	‴		60°	°	′	″	‴
1	0	0	0	0	8	31	0	0	0	4	15
2	0	0	0	0	16	32	0	0	0	4	24
3	0	0	0	0	24	33	0	0	0	4	32
4	0	0	0	0	33	34	0	0	0	4	40
5	0	0	0	0	41	35	0	0	0	4	48
6	0	0	0	0	49	36	0	0	0	4	57
7	0	0	0	0	57	37	0	0	0	5	5
8	0	0	0	1	6	38	0	0	0	5	13
9	0	0	0	1	14	39	0	0	0	5	21
10	0	0	0	1	22	40	0	0	0	5	30
11	0	0	0	1	30	41	0	0	0	5	38
12	0	0	0	1	39	42	0	0	0	5	46
13	0	0	0	1	47	43	0	0	0	5	54
14	0	0	0	1	55	44	0	0	0	6	3
15	0	0	0	2	3	45	0	0	0	6	11
16	0	0	0	2	12	46	0	0	0	6	19
17	0	0	0	2	20	47	0	0	0	6	27
18	0	0	0	2	28	48	0	0	0	6	36
19	0	0	0	2	36	49	0	0	0	6	44
20	0	0	0	2	45	50	0	0	0	6	52

续表

按日和60日周期计算的二分点岁差的均匀行度											
日	行度					日	行度				
	60°	°	′	″	‴		60°	°	′	″	‴
21	0	0	0	2	53	51	0	0	0	7	0
22	0	0	0	3	1	52	0	0	0	7	9
23	0	0	0	3	9	53	0	0	0	7	17
24	0	0	0	3	18	54	0	0	0	7	25
25	0	0	0	3	26	55	0	0	0	7	33
26	0	0	0	3	34	56	0	0	0	7	42
27	0	0	0	3	42	57	0	0	0	7	50
28	0	0	0	3	51	58	0	0	0	7	58
29	0	0	0	3	59	59	0	0	0	8	6
30	0	0	0	4	7	60	0	0	0	8	15

按年和60年周期计算的二分点非均匀行度 基督纪元6° 45′											
年	行度					年	行度				
	60°	°	′	″	‴		60°	°	′	″	‴
1	0	0	6	17	24	31	0	3	14	59	28
2	0	0	12	34	48	32	0	3	21	16	53
3	0	0	18	52	12	33	0	3	27	34	16
4	0	0	25	9	36	34	0	3	33	51	41
5	0	0	31	27	0	35	0	3	40	9	5
6	0	0	37	44	24	36	0	3	46	26	29
7	0	0	44	1	49	37	0	3	52	43	53
8	0	0	50	19	13	38	0	3	59	1	17
9	0	0	56	36	37	39	0	4	5	18	42
10	0	1	2	54	1	40	0	4	11	36	6
11	0	1	9	11	25	41	0	4	17	53	30
12	0	1	15	28	49	42	0	4	24	10	54
13	0	1	21	46	13	43	0	4	30	28	18
14	0	1	28	3	38	44	0	4	36	45	42
15	0	1	34	21	2	45	0	4	43	3	6
16	0	1	40	38	26	46	0	4	49	20	31
17	0	1	46	55	50	47	0	4	55	37	55
18	0	1	53	13	14	48	0	5	1	55	19
19	0	1	59	30	38	49	0	5	8	12	43
20	0	2	5	48	3	50	0	5	14	30	7

续表

按年和60年周期计算的二分点非均匀行度

基督纪元6° 45′

年	黄经					年	黄经				
	60°	°	′	″	‴		60°	°	′	″	‴
21	0	2	12	5	27	51	0	5	20	47	31
22	0	2	18	22	51	52	0	5	27	4	55
23	0	2	24	40	15	53	0	5	33	22	20
24	0	2	30	57	39	54	0	5	39	39	44
25	0	2	37	15	3	55	0	5	45	57	8
26	0	2	43	32	27	56	0	5	52	14	32
27	0	2	49	49	52	57	0	5	58	31	56
28	0	2	56	7	16	58	0	6	4	49	20
29	0	3	2	24	40	59	0	6	11	6	45
30	0	3	8	42	4	60	0	6	17	24	9

按日和60日周期计算的二分点非均匀行度

日	行度					日	行度				
	60°	°	′	″	‴		60°	°	′	″	‴
1	0	0	0	1	2	31	0	0	0	32	3
2	0	0	0	2	4	32	0	0	0	33	5
3	0	0	0	3	6	33	0	0	0	34	7
4	0	0	0	4	8	34	0	0	0	35	9
5	0	0	0	5	10	35	0	0	0	36	11
6	0	0	0	6	12	36	0	0	0	37	13
7	0	0	0	7	14	37	0	0	0	38	15
8	0	0	0	8	16	38	0	0	0	39	17
9	0	0	0	9	18	39	0	0	0	40	19
10	0	0	0	10	20	40	0	0	0	41	21
11	0	0	0	11	22	41	0	0	0	42	23
12	0	0	0	12	24	42	0	0	0	43	25
13	0	0	0	13	26	43	0	0	0	44	27
14	0	0	0	14	28	44	0	0	0	45	29
15	0	0	0	15	30	45	0	0	0	46	31
16	0	0	0	16	32	46	0	0	0	47	33
17	0	0	0	17	34	47	0	0	0	48	35
18	0	0	0	18	36	48	0	0	0	49	37
19	0	0	0	19	38	49	0	0	0	50	39
20	0	0	0	20	40	50	0	0	0	51	41
21	0	0	0	21	42	51	0	0	0	52	43
22	0	0	0	22	44	52	0	0	0	53	45

续表

按日和60日周期计算的二分点非均匀行度											
日	行　度					日	行　度				
	60°	°	′	″	‴		60°	°	′	″	‴
23	0	0	0	23	46	53	0	0	0	54	47
24	0	0	0	24	48	54	0	0	0	55	49
25	0	0	0	25	50	55	0	0	0	56	51
26	0	0	0	26	52	56	0	0	0	57	53
27	0	0	0	27	54	57	0	0	0	58	55
28	0	0	0	28	56	58	0	0	0	59	57
29	0	0	0	29	58	59	0	0	1	0	59
30	0	0	0	31	1	60	0	0	1	2	2

第七章　二分点的平均岁差与视岁差的最大差值有多大？ 135

［早期草稿：哥白尼起初用下面这段话作为Ⅲ，7的开始，但后来删掉了。

既然我已经尽可能解释了二分点岁差的均匀行度和平均行度，我必须追问它与视行度之间的最大差值有多大。通过这个最大差值，我很容易求得个别差值。二倍近点角的运动（即从提摩恰里斯到托勒密的432 年中二分点的非均匀运动）显然为90°35′［Ⅲ，6］。但岁差的平均行度为6°[61]，视行度为4°20′，二者之间的差值为1°40′[62]。我已经确定慢行度的最后阶段和加速的开始是在这一时段的中期。因此在这一时段，平均行度应与视行度相一致，视分点与平均分点相一致。于是在那个界限的两边，各有一半的相等距离，我指的是45°17$^1/_2$′。类似可得视分点与平均分点的差值为50′[63]。］

阐明了平均行度以后，我现在要探讨二分点的均匀行度与视行度之间的最大差值，或者近点角的运动所绕小圆的直径。如果已知这些，就可以很容易地定出这些行度之间的其他差值了。正如前面已经指出的［III，2］，从提摩恰里斯的首次观测到托勒密于安敦尼·庇护2年的观测，共历时432年。在此期间，平均行度为6°，视行度为4°20′，它们相差1°40′，二倍近点角的行度为90°35′。此外，我们已经看到［III，6］，在这一时段的中期左右视运动达到最慢，此时视行度必定与平均行度相符，真二分点和平均二分点都必定位于大圆的相同交点上。因此，如果把行度和时间都分成相等的两半，则每一边的非均匀与均匀行度的差值将等于$^5/_6$°。这些差值在每一边都在近点角圆弧的45°17$^1/_2$′之内。

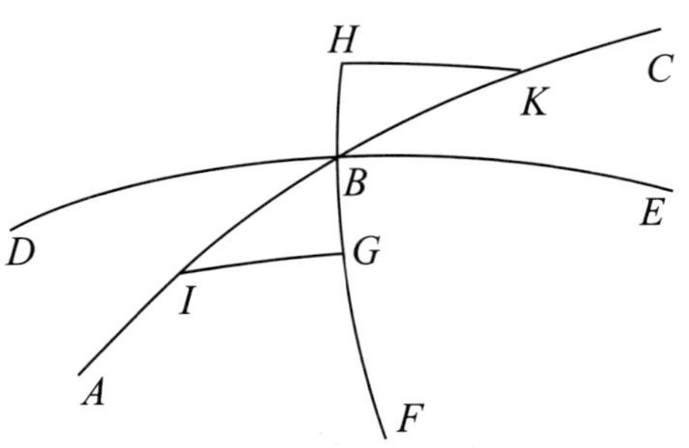

确定了这些之后[64]，设*ABC*为黄道的一段弧，*DBE*为平赤道，点*B*为视二分点（或白羊宫或天秤宫）的平均交点。过*DBE*的两极作*BF*。沿弧*ABC*截取弧*BI*＝弧*BK*＝1°10′，于是相加可得，弧*IBK*＝1°40′。再引两视赤道弧*IG*和*HK*与*FB*（延长到*FBH*）成直角。尽管*IG*和*IK*的极点通常都在圆*BF*之外，但我还是说“成直角”，这是因为从假说可以看出［III，3］，倾角的行度混合了进来。但由于距离非常小，最大不超过一个直角的1/450［＝12′］，所以把这些角度当做直角，从感觉上是不会产生误差的。在三角形IBG中，角$IBG=66°20'$，这是因为平均黄赤交角即它的余角角$DBA=23°40'$。而角$BGI=90°$，角BIG≈其内错角IBD，边$IB=70'$，因此，平赤道与视赤道的极点之间的 136
距离$BG=20'$。类似地，在三角形BHK中，角BHK=角IGB，角HBK=角IBG，边BK=边BI，$BH=BG=20'$[65]。但所有这一切都与不超过黄道的$1^1/_2°$的非常小的量有关。对于这些量而言，直线几乎等于它们所对的圆弧，偏差几乎不超过1秒的60分之几。但我满足于分，因此如果我用直线来代替圆弧，也不会出错。因为$GB:IB=BH:BK$，无论是极点的行度还是交点的行度，同样的比例都成立。

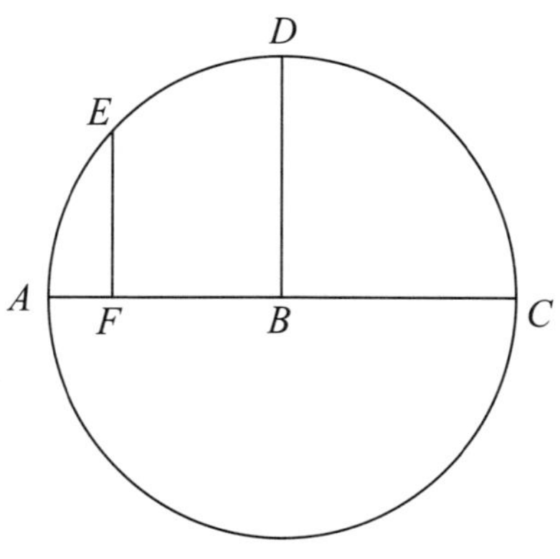

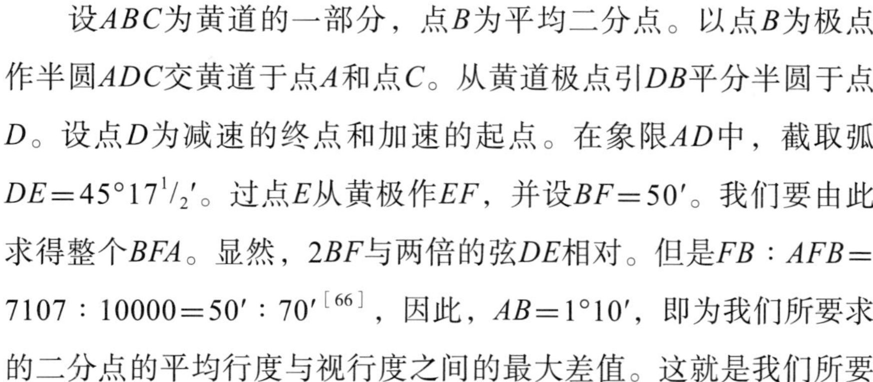

设ABC为黄道的一部分，点B为平均二分点。以点B为极点作半圆ADC交黄道于点A和点C。从黄道极点引DB平分半圆于点D。设点D为减速的终点和加速的起点。在象限AD中，截取弧$DE=45°17^1/_2'$。过点E从黄极作EF，并设$BF=50'$。我们要由此求得整个BFA。显然，$2BF$与两倍的弦DE相对。但是$FB:AFB=7107:10000=50':70'$[66]，因此，$AB=1°10'$，即为我们所要求的二分点的平均行度与视行度之间的最大差值。这就是我们所要求的结果，该结果也可由极点的最大偏离28′得出。在赤道的交点，这28′对应于二分点非均匀运动（我称之为“二倍近点角”，而不是黄赤交角的其他“简单非均匀运动”）的70′。

第八章　这些行度之间的个别差值和表示这些差值的表

由于弧$AB=70'$，且弧AB与它所对的弦长无甚区别，所以平均行度与视行度之间的任何其他个别差值都不难求得。这些差值相减或相加可以确定出现的次序。希腊人把这些差值称为“行差”（prosthaphaereses），现代人则称之为“差”（equations）。我将采用更为适宜的希腊词。

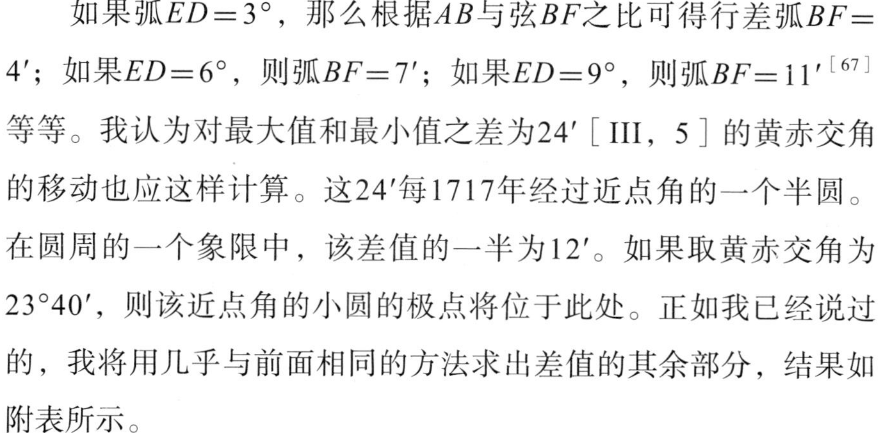

如果弧$ED=3°$，那么根据AB与弦BF之比可得行差弧$BF=4'$；如果$ED=6°$，则弧$BF=7'$；如果$ED=9°$，则弧$BF=11'$[67]等等。我认为对最大值和最小值之差为24′［III，5］的黄赤交角的移动也应这样计算。这24′每1717年经过近点角的一个半圆。在圆周的一个象限中，该差值的一半为12′。如果取黄赤交角为23°40′，则该近点角的小圆的极点将位于此处。正如我已经说过的，我将用几乎与前面相同的方法求出差值的其余部分，结果如附表所示。

通过这些论证，视运动可用各种不同方式复合出来。然而，最令人满意的办法是把个别行差分别考虑。这样会使行度的计算

更容易理解，而且也更与前已论证的解释更为相符。于是我编了
137 一个六十行的表，每增加3°排一行。这样编排不会占大量篇幅，也不会过于简略，其他类似情形我也将如法炮制。该表仅有四列，前两列为两个半圆的度数，我称它们为“公共数”，因为该数给出了黄赤交角，而该数的两倍给出了二分点行度的行差，加速一开始它就产生了。第三列为与每隔3°相应的二分点行差。应把位于春分点白羊宫额头第一星开始算起的平均行度加上或从中减去这些行差。负行差与较小半圆的近点角或第一列有关，而正行差则与第二列和第二个半圆有关。最后一列包含分数，称为“黄赤交角比例之间的差值”，最大可达60，因为我用60来代替最大与最小黄赤交角之差24′，其余交角差值也根据相同比例作出调整[68]。因此，我把近点角的起点和终点都取为60。但是当超过部分达到22′（近点角为33°）时，我用55来代替22′[69]；当黄赤交角差值等于20′，近点角为48°时，我取50′，依此类推。附表如下。

138

二分点行差与黄赤交角表

公共数		二分点行差		黄赤交角比例	公共数		二分点行差		黄赤交角比例
度	度	度	分	分数	度	度	度	分	分数
3	357	0	4	60	93	267	1	10	28
6	354	0	7	60	96	264	1	10	27
9	351	0	11	60	99	261	1	9	25
12	348	0	14	59	102	258	1	9	24
15	345	0	18	59	105	255	1	8	22
18	342	0	21	59	108	252	1	7	21
21	339	0	25	58	111	249	1	5	19
24	336	0	28	57	114	246	1	4	18
27	333	0	32	56	117	243	1	2	16

续表

二分点行差与黄赤交角表

公共数		二分点行差		黄赤交角比例		公共数		二分点行差		黄赤交角比例
度	度	度	分	分数		度	度	度	分	分数
30	330	0	35	56		120	240	1	1	15
33	327	0	38	55		123	237	0	59	14
36	324	0	41	54		126	234	0	56	12
39	321	0	44	53		129	231	0	54	11
42	318	0	47	52		132	228	0	52	10
45	315	0	49	51		135	225	0	49	9
48	312	0	52	50		138	222	0	47	8
51	309	0	54	49		141	219	0	44	7
54	306	0	56	48		144	216	0	41	6
57	303	0	59	46		147	213	0	38	5
60	300	1	1	45		150	210	0	35	4
63	297	1	2	44		153	207	0	32	3
66	294	1	4	42		156	204	0	28	3
69	291	1	5	41		159	201	0	25	2
72	288	1	7	39		162	198	0	21	1
75	285	1	8	38		165	195	0	18	1
78	282	1	9	36		168	192	0	14	1
81	279	1	9	35		171	189	0	11	0
84	276	1	10	33		174	186	0	7	0
87	273	1	10	32		177	183	0	4	0
90	270	1	10	30		180	180	0	0	0

139 第九章　二分点岁差讨论的回顾与修正

根据我的猜想和假设，非均匀行度的加速是在第一卡利普斯周期的第36年到安敦尼2年当中发生的，我把它当做近点角行度的开始。因此还需考察我的猜想是否正确以及是否与观测相符。

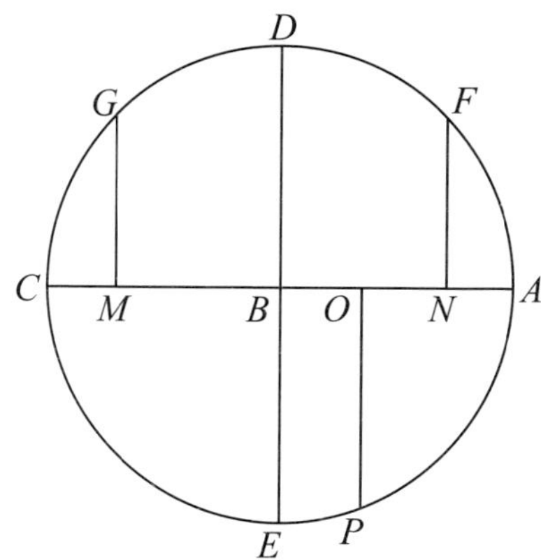

我们回忆一下提摩恰里斯、托勒密和拉卡的巴塔尼所观测的三颗星。显然，第一个时段（从提摩恰里斯到托勒密）共历时432埃及年，第二时段（从托勒密到巴塔尼）共历时742埃及年[70]。第一时段中的均匀行度为6°，非均匀行度为4°20′，即从均匀行度中减去1°40′，而二倍近点角为90°35′。在第二时段内，均匀行度为10°21′[71]，非均匀行度为11½°[72]，即均匀行度加上1°9′，而二倍近点角为155°34′[73]。

同以前一样，设*ABC*为黄道的一段弧，点*B*为平春分点。以点*B*为极点作小圆*ADCE*，设弧*AB*＝1°10′。设*B*朝*A*（即向前）作均匀运动，*A*为距可变分点最远的西边极限，*C*为距可变分点最远的东边极限。从黄极过点*B*作直线*DBE*，它与黄道共同把圆*ADCE*四等分，因为过彼此极点的两个圆相互正交。由于在半圆*ADC*上的运动向后，在半圆*CEA*上的运动向前。视分点运动减速运动的中点将位于*D*，因为与*B*的前进方向相反；而最大速度将出现在*E*，因为同一方向的运动相互增强。此外，在点*D*前后各取弧*FD*＝弧*DG*＝45°17½′。设*F*为近点角运动的第一终点，即提摩恰里斯观测的终点；*G*为第二终点，即托勒密观测的终点；*P*为第三终点，即巴塔尼观测的终点。过这些点和黄极作大圆*FN*、*GM*和*OP*，它们在小圈*ADCE*之内都很像直线。于是，如果取小圆*ADCE*＝360°，则弧*FDG*＝90°35′，这使平均行度减少*MN*的1°40′，而*ABC*＝2°20′。弧*GCEP*＝155°34′，这使平均行度增加*MO*的1°9′。因此相减可得，剩余部分弧*PAF*＝113°51′［＝360°－（90°35′＋155°34′）］，这使平均行度增加*ON*的31′［＝*MN*－*MO*＝1°40′－1°9′］，与此相似，*AB*＝70′。整个弧*DGCE*P＝200°51′［＝45°17½′＋155°34′］，而超出半圆部分*EP*＝20°51′。所以根据圆周弦长表，如果取*AB*＝1000，则直线*BO*＝356。但如果*AB*＝70′，则*BO*≈24′，*BM*＝50′。因此整个*MBO*＝74′，余量*NO*＝26′[74]。但根据前面的结果，*MBO*＝1°9′，余量*NO*＝31′，于是*NO*有5′的亏缺，*MO*有5′的盈

余。因此必须旋转圆周$ADCE$，直到两者平衡为止[75]。如果取
140 弧$DG=42\frac{1}{2}^{\circ}$，于是另一段弧$DF=48^{\circ}5'$[76]，这时就会出现上述
情况。用这种方法可以改正这两种误差，其他数据也是如此。从减速运动的极限点D开始，第一时段的非均匀行度将包含整个弧$DGCEPAF=311^{\circ}55'$[77]，第二时段为弧$DG=42\frac{1}{2}^{\circ}$，第三时段为弧$DGCEP=198^{\circ}4'$[78]。由前所述，$AB=70'$，在第一时段中，正行差$BN=52'$[79]，在第二时段中，负行差$MB=47\frac{1}{2}'$，在第三时段中，正行差$BO\approx 21'$，因此在第一时段中，整个弧$MN=1^{\circ}40'$，在第二时段中，整个弧$MBO=1^{\circ}9'$，它们都与观测精确相符。于是在第一时段中，近点角显然为$155^{\circ}57\frac{1}{2}'$，第二时段为$21^{\circ}15'$，第三时段为$99^{\circ}2'$[80]。证毕[81]。

第十章　黄赤交角的最大变化有多大？

我将用同样方法证明我关于黄赤交角变化的讨论是正确的。根据托勒密的记载，在安敦尼·庇护2年，修正后的近点角为$21^1/_4$°，由此可得最大黄赤交角为23°51′20″。从那时起到现在我来进行观测，时间已经过去了1387年[82]，可以算出在此期间的近点角为144°4′[83]，而此时求出的黄赤交角约为$23°28^2/_5$′。

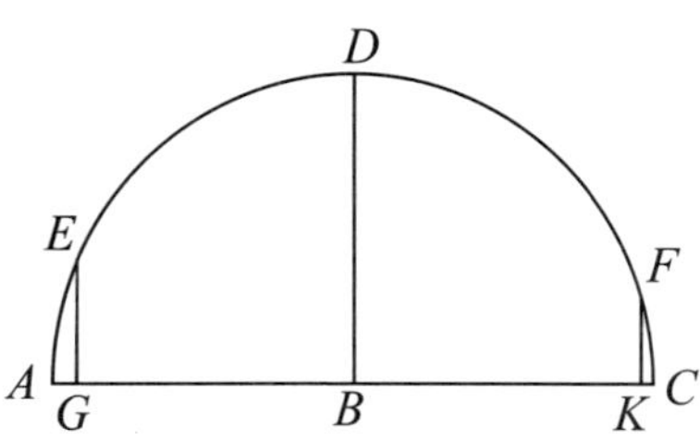

在此基础上重新绘出黄道弧*ABC*，由于它很短，也视之为直线。和前面一样，围绕极点*B*作近点角的小半圆。设点*A*为最大黄赤交角的极限，点*C*为最小黄赤交角的极限，我们所要求的正是它们之差。于是在小圆上取*AE*＝21°15′，弧*ED*＝*AD*－*AE*＝68°45′，可以算出整个弧*EDF*＝144°4′，弧*DF*＝*EDF*－*DF*＝75°19′[84]。

作EG和FK垂直于直径ABC。由于从托勒密时代至今的黄赤交角变化，可以把GK看成长度为22′56″的大圆弧。但由于与直线相似，所以如果取直径$AC=2000$，则$GB=\frac{1}{2}$弦$2ED=932$，$KB=\frac{1}{2}$弦$2DF=967$。如果取$AC=2000$，则$GK=1899$[85]。但如果取$GK=22'56''$，则最大与最小黄赤交角之差$AC\approx24'$[86]。因此，从提摩恰里斯到托勒密之间的黄赤交角最大，为23°52′，而现在它正在接近其最小值23°28′。通过上述解释岁差时的同样方法［III，8］，还可得出任何中间时期的黄赤交角。

第十一章　二分点均匀行度的 141
历元与近点角的测定

在以这种方式解释了所有这些问题之后，我还要测定春分点行度的位置，有些科学家把这些位置称为“历元”（epochs），对于任一时刻都可以用它们进行计算。托勒密把这种计算的绝对起点确定为巴比伦的纳波纳萨尔（Nabonassar）[87]开始统治的时候［《天文学大成》，III，7］。由于名字的相似性所产生的误导，大多数学者都把他当成了尼布甲尼撒（Nebuchadnezzar）。而细查年表并且根据托勒密的计算[88]，尼布甲尼撒的年代要晚得多。历史学家们认为，在纳波纳萨尔之后继位的是迦勒底国王夏尔曼涅瑟（Shalmaneser）[89]。但我们还是采用人们更熟悉的时间为好，我认为从第一个奥林匹克运动会期算起是合适的，这个时间在纳波纳萨尔之前28年[90]。根据森索里努斯（Censorinus）和其他公认权威的记载[91]，那届运动会从夏至日开始举行，希腊人看到天狼星在那一天升起，奥林匹克运动会被庆祝。根据推算天体行度所必需的更为精确的年代计算，从第一个奥林匹克运动会期希腊历1月（Hecatombaeon）[92]第一天中午起到纳波纳萨尔统治时期埃及历元旦的中午为止，共历时27年247天。从那时起到亚历山大大帝去世历时424埃及年。从亚历山大大帝去世到尤利乌斯·恺撒（Julius Caesar）[93]所开创的恺撒元年1月1日前的午夜[94]，共历时278埃及年$118^1/_2$日。作为大祭司长，恺撒担任第三任执政官时确立了这一年，他的同僚是马库斯·埃密利乌斯·李必达（Marcus Aemilius Lepidus）。根据恺撒的命令，以后的年份都被称为“尤利乌斯年”[95]。从恺撒第四次出任执政官到屋大维（Octavian）即奥古斯都（Augustus）的1月1日，共历时罗马历18年。尽管是在1月17日，根据努马蒂乌斯·普朗库斯（Numatius Plancus）[96]的建议，尤利乌斯·恺撒的儿子被元老院和其他公民授予奥古斯都皇帝的尊号[97]。此时奥古斯都担任第七任行政官，他的同僚是马库斯·维普萨尼乌斯·阿格里帕（Marcus Vipsanius Agrippa）。由于在此之前两年，埃及人在安东尼（Antony）和克莱奥帕特拉（Cleopatra）去世后归罗马人统治，所以埃及人算得的［从恺撒担任第四任执政官到奥古斯都］1月1日或罗马历的8月30日正午的时长为15年$246^1/_2$天。因此，从奥古斯都到基督纪年（也是从1月份起始），共历时罗马历27年或埃及历29年$130^1/_2$天。从那时起到安敦尼2年（托勒密在这一年把他观测的恒星位置编成了表[98]），共历时138罗马年55天。埃及历的结果还要加上34天[99]。从第一个奥林匹克运动会期到这个时候，共历时913年101天[100]。在此期间，二分点的均匀岁差为12°44′，近点角为95°44′[101]。但是现在已经知道［托勒密，《天文学大成》，III，7］，在安敦尼2年，春分点位于白羊座头部第一星前面6°40′。因为那时二倍近点角为$42^1/_2$°［III，9］，均匀行度与视行度之间的负差值为48′[102]。当这一差值被恢复到视

行度6°40′时，春分点的平位置可定为7°28′。如果把它加上一个圆 142
的360°并从和数中减去12°44′，则在开始于雅典历1月第一天正午的第一个奥林匹克运动会期时，春分点的平位置位于354°44′，也就是说，它落后于白羊座第一星5°16′［＝360°－354°44′］。类似地，如果从近点角21°15′中减去95°45′[103]，则余下的285°30′[104]即为同一个奥林匹克运动会期开始时的近点角位置。再把各个时期的行度加起来（当和数超过360°时将其扣除），我们可以算得下列位置或历元：亚历山大大帝时期的均匀行度为1°2′，近点角为332°52′；恺撒大帝时期的均匀行度为4°55′，近点角为2°2′；基督纪元的均匀行度位置为5°32′[105]，近点角为6°45′；我们也可用同样方法求得其他时间起点的行度的历元。

第十二章　春分点岁差和黄赤交角的计算

因此，每当我们希望获得春分点位置时，如果从给定起点到已知时间的各年份不等长，比如我们通常使用的罗马历，那么就应把它换算成等长年或埃及年。根据我已讲过的理由［III，6结尾处］，我在计算均匀行度时将只使用埃及年。

如果年数超过60，则要将它划分成60年一轮的周期；当我们通过这样的60年周期查二分点行度表时，可以把行度项下的第一列视作多余而不顾；从第二列即度数列开始，如果其中有任何数值，则可以读出60°数以及其余度数和分数的60倍。然后再次查表，对于去掉60年整个周期之后剩余的年数，我们可以取成组的60再加上从第一列起所载的度数和分数。对于日数和60日的周期，也可采用同样方法，因为我们想根据日数分数表给它们加上均匀行度。不过在进行这一运算时，日子的分数甚至整个日数都可以忽略不计，因为它们运动很慢，周日行度只有若干秒或若干毫秒。于是，如果把所有各项连同其历元分别相加（如果超过360°，就不计每一组的6个60°），就可以得到给定时刻春分点的平位置、它超前于白羊宫第一星的距离或者这颗星落后于春分点的距离。

我们也可用同样方法求得近点角。由近点角可求出行差表［III，8之后］最后一列所载的比例分数，这些值我们先暂时不用。然后，用二倍近点角可由同一表中的第三列求出行差，即真行度与平均行度相差的度数和分数。如果二倍近点角小于半圆，则应从平均行度中减去行差。但如果二倍近点角行度大于180°即半圆，则应把行差与平均行度相加。这样得到的和或差将包含春 143
分点的真岁差和视岁差，或者当时白羊宫的第一星与春分点的距离。但如果要求的是其他某颗恒星的位置，则要加上星表中这颗星的黄经值。

举例往往可以使操作变得更加清楚。假设我们需要求出公元1525年4月16日春分点的真位置、黄赤交角以及它与室女宫谷穗之间的距离。从基督纪元开始到现在共历时1524罗马年106天，在此期间共有381个闰日，即1年零16天；而以等长年计算，则应为1525年122天，即25个60年周期加25年，以及两个60日周期加2天。在平均行度表［III，6末尾］中，25个60年周期对应于20°55′2″，25年对应20′55″，2个60日周期对应16″，剩下的2天对应几毫秒。所有这些值与等于5°32′的历元［III，11结尾］加在一起等于26°48′[106]，即为春分点的平均岁差。

类似地，在25个60年周期中，近点角的行度为2个60°加37°15′3″，在25年中为2°37′15″，在2个60日周期中为2′4″，在2天中为2″。把这些数值与等于6°45′的历元［III，11结尾］加在一起，得到的和为2个60°加上46°40′[107]，此即为近点角。我将把行差表［III，8结尾］的最后一列中与该近点角数值相对应的比例分数保留下来，以确定黄赤交角的大小，在这一例子中，它仅为1′。对应于二倍近点角5个60°加上33°20′[108]，我求得行差为32′。因为该二倍近点角的值大于半圆，所以这一行差为正行差。把它与平均行度相加，就得到春分点的真岁差和视岁差为27°21′[109]。最后，把这个数值与170°（室女宫的谷穗与白羊宫第一星的距离）相加，就得到室女宫谷穗位于春分点以东的天秤宫内17°21′[110]。在我观测时它大致就在这个位置［III，2已报告过］。

黄赤交角和赤纬都遵循以下规则，即当比例分数达到60时，应把赤纬表［III，3结尾］所载的增加量（我指的是最大与最小黄赤交角之差）与赤纬度数相加。但在本例中，一个比例分数仅给黄赤交角增加了24″。因此，表中所载黄道分度的赤纬始终保持不变，因为目前的黄赤交角正在接近最小，而在其他某些时候赤纬会发生比较明显的变化。

例如，如果近点角为99°[111]（比如基督纪元后的第880个埃及年就是如此），与之相应的比例分数是25[112]。但是最大与最小黄赤交角之差为24′，且60′：24′=25′：10′，把这个10′与28′相加，得到当时的黄赤交角为23°38′。如果我还想知道黄道上任一分度，比如距春分点33°的金牛宫内3°的赤纬，我在黄道分度赤纬表［III，3结尾］中查得为12°32′，差值为12′。但是60′：25′=12′：5′，把这5′加到赤纬度数32′中，就对黄道的33°得到总和为12°37′。对黄赤交角所使用的方法也可应用于赤经（除非我们更
144 倾向于球面三角形的比例），只是每次都应从赤经中减去与黄赤交角相加的量，以使结果更精确地符合它们的年代。

第十三章　太阳年的长度和变化

同样，二分点和二至点的岁差（我已说过［III，3开始］，这是地轴倾斜的结果）也可由地心的周年运动（这可在太阳的运行中表现出来）来说明。我现在就来讨论这个问题。如果用二分点或二至点来推算，周年的长度必然在变化，因为这些基点都在不均匀地移动。这些现象是彼此相关的。

因此，我们必须区分“季节年”与“恒星年”并对其进行定义。我把一年四季称为“自然年”或“季节年”，而把回返某一恒星的年称为“恒星年”。“自然年”又称“回归年”，古人的观测已经清楚地表明它是非均匀的。卡利普斯、萨摩斯的阿里斯塔克[113]以及叙拉古的阿基米德（Archimedes）根据雅典的做法取夏至为一年的开始，测得一年包括365$^1/_4$天。但托勒密认识到，测定至点是困难而没有把握的，他并不过分相信他们的观测结果，而是信赖了希帕克斯，因为后者留下了在罗得岛进行的不仅对太阳至点而且对分点的大量观测记录，并且宣称$^1/_4$天其实缺了一点。后来托勒密以如下方式定出它的值为$^1/_{300}$天［《天文学大成》，III，1］。

他采用希帕克斯于亚历山大大帝去世后第177年的埃及历第三

个闰日（之后是第四个闰日）的午夜在亚历山大城非常精确观测到的秋分点，然后又把它与他自己于安敦尼3年即亚历山大大帝去世后的第463年埃及历3月9日日出后约1小时在亚历山大城观测的另一个秋分点进行比较。于是这次观测与希帕克斯的观测之间共历时285埃及年70天$7^{1}/_{5}$小时[114]；如果1回归年比365天多出整整$^{1}/_{4}$天，那么就应当是71天6小时[115]。所以285年中少了1天的$^{19}/_{20}$[116]，从而300年中应去掉1天。

托勒密还从春分点导出了类似结果。他回想起希帕克斯于亚历山大大帝去世之后的第178年埃及历6月27日日出时所报告的那一春分点，他本人则于亚历山大大帝去世之后的第463年埃及历9月7日午后1小时多一点观测了春分点。根据同样的方法，他得出285年也少了1天的$^{19}/_{20}$。借助于这些结果，托勒密定出1回归年包含365天14分48秒[117]。

后来巴塔尼于亚历山大大帝去世后的第1206年埃及历9月7
145 日夜间约$7^{2}/_{5}$小时，即8日黎明前$4^{3}/_{5}$小时[118]在叙利亚的拉卡同样细心观测了秋分点，并他把自己的观测结果与托勒密于安敦尼3年日出后1小时在位于拉卡以西10°的亚历山大城进行的观测加以对比。他把托勒密的观测结果划归到自己在拉卡的经度[119]，发现在该处托勒密的秋分应当在日出后$1^{2}/_{3}$小时发生。因此，在743［1206－463］个等长年中多出了178天$17^{3}/_{5}$小时，而不是由$^{1}/_{4}$天积累出的总数$185^{3}/_{4}$天。由于少了7天$^{2}/_{5}$小时［$185^{d}18^{h}-178^{d}17^{3}/_{5}{}^{h}$］，所以$^{1}/_{4}$天应减少1天的$^{1}/_{106}$。于是他从$^{1}/_{4}$天中减去7天$^{2}/_{5}$小时的$^{1}/_{743}$［即13分36秒］[120]，得出1自然年包含365天5小时46分24秒［$+13^{m}36^{s}=6^{h}$］。

我于公元1515年9月14日即亚历山大大帝去世后的第1840年埃及历2月6日日出后$^{1}/_{2}$小时[121]在弗龙堡［亦称“吉诺波利斯”（Gynoplis）[122]］也观测了秋分点。由于拉卡位于我所在地点以东约25°，这相当于$1^{2}/_{3}$小时。因此，在我和巴塔尼观测秋分点之间共历时633埃及年153天$6^{3}/_{4}$小时，而不是633埃及年158天6小时。由于亚历山大城与我这里的时间大约相差1小时，所以如果换算到同一地点，则从托勒密在亚历山大城所进行的那次观测到我的这次观测共历时1376埃及年332天$^{1}/_{2}$小时[123]。因此，从巴塔尼的时代到现在的633年少了4天$22^{3}/_{4}$小时，或者说每128年[124]少1天；而从托勒密以来的1376年大约少了12天[125]，即每115年[126]少1天。这两个例子都说明年份是不等长的。

我还于公元1516年3月11日前的午夜后$4^{1}/_{3}$小时[127]观测了春分点。从托勒密的春分点（亚历山大城的经度已与我这里作了比较）到那时，共历时1376埃及年332天[128]$16^{1}/_{3}$[129]小时，于是显然，春分点与秋分点之间的时间间隔也并非等长。因此，这样所得到的太阳年就远非等长了。

至于秋分点的情况，正如我已经指出的，通过与年的平均分布相比较，从托勒密到现在，$^{1}/_{4}$天少1天的$^{1}/_{115}$，这一短缺与巴塔尼的秋分点相差半天；而从巴塔尼到我的观测，$^{1}/_{4}$天应当少1天的$^{1}/_{128}$，这与托勒密的结果不符，计算结果比他所观测到的分点超前了一天多，而比希帕克斯的结果超前了两天多。类似地，从托勒密到巴塔尼这段时期，计算结果比希帕克斯的分点超前了两天。

因此，从恒星天球可以更精确地测出太阳年的长度，这是萨比特·伊本·库拉（Thabit ibn Qurra）首先发现的[130]，其长度为365天15分23秒（约为6小时9分12秒）[131]。他的论证也许是根据以下事实，即当二分点和二至点重现较慢时，年似乎要比它们重现较快时长一些，而且符合确定的比值。除非相对恒星天球有一个均匀的长度，否则这种情况不可能发生。因此在这方面我们
146 不必理会托勒密，他认为用太阳返回某一恒星来测量太阳的周年均匀行度是荒唐而古怪的，这与用木星或土星进行此项测量一样都是不妥的［《天文学大成》，III，1］。于是就可以解释，为什么在托勒密之前回归年长一些，而在他之后缩短了一些，而且减小的程度也在变化。

但是在恒星年的情况下也可能产生一种变化，不过它很有限，远比我刚才解释的变化小得多。它出现的原因是地心绕太阳的同一运动由于另一种双重的变化而显得不均匀。第一种变化是简单的，以一年为周期；第二种变化可以引起第一种变化的不均等，它不能立即察觉，而是需要很长时间才能发现。因此等长年的计算既非易事，又难以理解。假设有人想仅凭与某颗位置已知的恒星的距离求出等长年——这可以利用一个星盘并以月亮为中介做到，我在谈到狮子座的轩辕十四时已经解释过这种方法［II，14］——那么就不可能完全避免变化，除非当时太阳由于地球的运动而没有行差，或者在两个基点都有相似且相等的行差。但如果不出现这种情况，如果基点的非均匀性有某种变化，那么在相等时间内必定不会出现均匀的运转。而如果在两个基点把整个变化都成比例地相减或相加，那么这样做就不会出现什么变化。

此外，了解变化需要预先知道平均行度。我们对此的熟悉程

度就像阿基米德对化圆为方的熟悉程度一样[132]。但是为了最终解决这个棘手的问题，我发现视不均匀性共有四种原因。第一种是我已经解释过的二分点岁差的不均匀性［III，3］；第二种是太阳看起来每年通过黄道上不等的弧；它还受制于第三种原因所引起的变化，我称这种原因为“第二种不均匀性”；第四种原因使地心的高低拱点发生移动，我们将在后面予以说明［III，20］。在这四种原因中，托勒密［《天文学大成》，III，4］只知道第二种。此原因本身并不足以引起年的不均匀性，而只有与其他原因一起才能做到这一点。然而，为了表明太阳的均匀行度与视行度之间的差别，似乎没有必要对年的长度作绝对精确的测量，而只要把一年取为365$^{1}/_{4}$天就够了。在此期间，第一种偏差的运行可以完成，因为当取的数量较小时，一个整圆所缺的那一点就完全消失了。但为了使顺序合理、便于理解，我现在先来阐述地心周年运转的均匀运动，然后我将基于所需的证明［III，15］对均匀运动与视运动加以区分，对均匀运动进行补充。

147

第十四章　地心运转的均匀与平均行度

我已经发现，一个均匀年的长度只比萨比特·伊本·库拉的值［III，13］长$1^{10}/_{60}$日秒[133]，所以它是365天15日分24日秒10毫日秒[134]，即6均匀小时9分40秒[135]，其准确的均匀性显然
220
与恒星天球有关。因此，如果把一个圆周的360°乘上365天，并把所得的积除以365天15日分$24^{10}/_{60}$日秒，我们就得到了一个埃及年中的行度为5×60°＋59°44′49″7‴4⁗，60年的行度（除去整圆后）为5×60°＋44°49′7″4‴。如果用365天去除年行度，则得日行度为59′8″11‴22⁗。如果把这个值加上二分点的平均和均匀岁差［III，6］，就可得到一个回归年中的均匀年行度为5×60°＋59°45′39″19‴9⁗，日行度为59′8″19‴37‴[136]。因此，我们可以习惯地把太阳的前一行度称为“简单均匀的行度”，后一行度称为“复合均匀的行度”。像二分点岁差那样［III，6结尾］，我把它们也制成了表。赋予其后的是太阳近点角的均匀行度，我将在后面进行讨论［III，18］。

148

逐年和60年周期的太阳简单均匀行度表 基督纪元272° 31′											
年	行度					年	行度				
	60°	°	′	″	‴		60°	°	′	″	‴
1	5	59	44	49	7	31	5	52	9	22	39
2	5	59	29	38	14	32	5	51	54	11	46
3	5	59	14	27	21	33	5	51	39	0	53
4	5	58	59	16	28	34	5	51	23	50	0
5	5	58	44	5	35	35	5	51	8	39	7
6	5	58	28	54	42	36	5	50	53	28	14
7	5	58	13	43	49	37	5	50	38	17	21
8	5	57	58	32	56	38	5	50	23	6	28
9	5	57	43	22	3	39	5	50	7	55	35
10	5	57	28	11	10	40	5	49	52	44	42
11	5	57	13	0	17	41	5	49	37	33	49
12	5	56	57	49	24	42	5	49	22	22	56
13	5	56	42	38	31	43	5	49	7	12	3
14	5	56	27	27	38	44	5	48	52	1	10
15	5	56	12	16	46	45	5	48	36	50	18
16	5	55	57	5	53	46	5	48	21	39	25
17	5	55	41	55	0	47	5	48	6	28	32
18	5	55	26	44	7	48	5	47	51	17	39
19	5	55	11	33	14	49	5	47	36	6	46
20	5	54	56	22	21	50	5	47	20	55	53
21	5	54	41	11	28	51	5	47	5	45	0
22	5	54	26	0	35	52	5	46	50	34	7
23	5	54	10	49	42	53	5	46	35	23	14
24	5	53	55	38	49	54	5	46	20	12	21
25	5	53	40	27	56	55	5	46	5	1	28
26	5	53	25	17	3	56	5	45	49	50	35
27	5	53	10	6	10	57	5	45	34	39	42
28	5	52	54	55	17	58	5	45	19	28	49
29	5	52	39	44	24	59	5	45	4	17	56
30	5	52	24	33	32	60	5	44	49	7	4

149

逐日、60日周期和1日中分数的太阳简单均匀行度表											
日	行　度					日	行　度				
	60°	°	′	″	‴		60°	°	′	″	‴
1	0	0	59	8	11	31	0	30	33	13	52
2	0	1	58	16	22	32	0	31	32	22	3
3	0	2	57	24	34	33	0	32	31	30	15
4	0	3	56	32	45	34	0	33	30	38	26
5	0	4	55	40	56	35	0	34	29	46	37
6	0	5	54	49	8	36	0	35	28	54	49
7	0	6	53	57	19	37	0	36	28	3	0
8	0	7	53	5	30	38	0	37	27	11	11
9	0	8	52	13	42	39	0	38	26	19	23
10	0	9	51	21	53	40	0	39	25	27	34
11	0	10	50	30	5	41	0	40	24	35	45
12	0	11	49	38	16	42	0	41	23	43	57
13	0	12	48	46	27	43	0	42	22	52	8
14	0	13	47	54	39	44	0	43	22	0	20
15	0	14	47	2	50	45	0	44	21	8	31
16	0	15	46	11	1	46	0	45	20	16	42
17	0	16	45	19	13	47	0	46	19	24	54
18	0	17	44	27	24	48	0	47	18	33	5
19	0	18	43	35	35	49	0	48	17	41	16
20	0	19	42	43	47	50	0	49	16	49	28
21	0	20	41	51	58	51	0	50	16	57	39
22	0	21	41	0	9	52	0	51	15	5	50
23	0	22	40	8	21	53	0	52	14	14	2
24	0	23	39	16	32	54	0	53	13	22	13
25	0	24	38	24	44	55	0	54	12	30	25
26	0	25	37	32	55	56	0	55	11	38	36
27	0	26	36	41	6	57	0	56	10	46	47
28	0	27	35	49	18	58	0	57	10	54	59
29	0	28	34	57	29	59	0	58	9	3	10
30	0	29	34	5	41	60	0	59	8	11	22

150

逐年和60年周期的太阳复合均匀行度表											
埃及年	行度					埃及年	行度				
	60°	°	′	″	‴		60°	°	′	″	‴
1	5	59	45	39	19	31	5	52	35	18	53
2	5	59	31	18	38	32	5	52	20	58	12
3	5	59	16	57	57	33	5	52	6	37	31
4	5	59	2	37	16	34	5	51	52	16	51
5	5	58	48	16	35	35	5	51	37	56	10
6	5	58	33	55	54	36	5	51	23	35	29
7	5	58	19	35	14	37	5	51	9	14	48
8	5	58	5	14	33	38	5	50	54	54	7
9	5	57	50	53	52	39	5	50	40	33	26
10	5	57	36	33	11	40	5	50	26	12	46
11	5	57	22	12	30	41	5	50	11	52	5
12	5	57	7	51	49	42	5	49	57	31	24
13	5	56	53	31	8	43	5	49	43	10	43
14	5	56	39	10	28	44	5	49	28	50	2
15	5	56	24	49	47	45	5	49	14	29	21
16	5	56	10	29	6	46	5	49	0	8	40
17	5	55	56	8	25	47	5	48	45	48	0
18	5	55	41	47	44	48	5	48	31	27	19
19	5	55	27	27	3	49	5	48	17	6	38
20	5	55	13	6	23	50	5	48	2	45	57
21	5	54	58	45	42	51	5	47	48	25	16
22	5	54	44	25	1	52	5	47	34	4	35
23	5	54	30	4	20	53	5	47	19	43	54
24	5	54	15	43	39	54	5	47	5	23	14
25	5	54	1	22	58	55	5	46	51	2	33
26	5	53	47	2	17	56	5	46	36	41	52
27	5	53	32	41	37	57	5	46	22	21	11
28	5	53	18	20	56	58	5	46	8	0	30
29	5	53	4	0	15	59	5	45	53	39	49
30	5	52	49	39	34	60	5	45	39	19	9

151

逐日、60日周期和1日中分数的太阳复合均匀行度表

日	行度					日	行度				
	60°	°	′	″	‴		60°	°	′	″	‴
1	0	0	59	8	19	31	0	30	33	18	8
2	0	1	58	16	39	32	0	31	32	26	27
3	0	2	57	24	58	33	0	32	31	34	47
4	0	3	56	33	18	34	0	33	30	43	6
5	0	4	55	41	38	35	0	34	29	51	26
6	0	5	54	49	57	36	0	35	28	59	46
7	0	6	53	58	17	37	0	36	28	8	5
8	0	7	53	6	36	38	0	37	27	16	25
9	0	8	52	14	56	39	0	38	26	24	45
10	0	9	51	23	16	40	0	39	25	33	4
11	0	10	50	31	35	41	0	40	24	41	24
12	0	11	49	39	55	42	0	41	23	49	43
13	0	12	48	48	15	43	0	42	22	58	3
14	0	13	47	56	34	44	0	43	22	6	23
15	0	14	47	4	54	45	0	44	21	14	42
16	0	15	46	13	13	46	0	45	20	23	2
17	0	16	45	21	33	47	0	46	19	31	21
18	0	17	44	29	53	48	0	47	18	39	41
19	0	18	43	38	12	49	0	48	17	48	1
20	0	19	42	46	32	50	0	49	16	56	20
21	0	20	41	54	51	51	0	50	16	4	40
22	0	21	41	3	11	52	0	51	15	13	0
23	0	22	40	11	31	53	0	52	14	21	19
24	0	23	39	19	50	54	0	53	13	29	39
25	0	24	38	28	10	55	0	54	12	37	58
26	0	25	37	36	30	56	0	55	11	46	18
27	0	26	36	44	49	57	0	56	10	54	38
28	0	27	35	53	9	58	0	57	10	2	57
29	0	28	35	1	28	59	0	58	9	11	17
30	0	29	34	9	48	60	0	59	8	19	37

152

逐年和60年周期的太阳近点角均匀行度表 基督纪元211° 19′											
埃及年	行度					埃及年	行度				
	60°	°	′	″	‴		60°	°	′	″	‴
1	5	59	44	24	46	31	5	51	56	48	11
2	5	59	28	49	33	32	5	51	41	12	58
3	5	59	13	14	20	33	5	51	25	37	45
4	5	58	57	39	7	34	5	51	10	2	32
5	5	58	42	3	54	35	5	50	54	27	19
6	5	58	26	28	41	36	5	50	38	52	6
7	5	58	10	53	27	37	5	50	23	16	52
8	5	57	55	18	14	38	5	50	7	41	39
9	5	57	39	43	1	39	5	49	52	6	26
10	5	57	24	7	48	40	5	49	36	31	13
11	5	57	8	32	35	41	5	49	20	56	0
12	5	56	52	57	22	42	5	49	5	20	47
13	5	56	37	22	8	43	5	48	49	45	33
14	5	56	21	46	55	44	5	48	34	10	20
15	5	56	6	11	42	45	5	48	18	35	7
16	5	55	50	36	29	46	5	48	2	59	54
17	5	55	35	1	16	47	5	47	47	24	41
18	5	55	19	26	3	48	5	47	31	49	28
19	5	55	3	50	49	49	5	47	16	14	14
20	5	54	48	15	36	50	5	47	0	39	1
21	5	54	32	40	23	51	5	46	45	3	48
22	5	54	17	5	10	52	5	46	29	28	35
23	5	54	1	29	57	53	5	46	13	53	22
24	5	53	45	54	44	54	5	45	58	18	9
25	5	53	30	19	30	55	5	45	42	42	55
26	5	53	14	44	17	56	5	45	27	7	42
27	5	52	59	9	4	57	5	45	11	32	29
28	5	52	43	33	51	58	5	44	55	57	16
29	5	52	27	58	38	59	5	44	40	22	3
30	5	52	12	23	25	60	5	44	24	46	50

153

逐日、60日周期的太阳近点角											
日	行　度					日	行　度				
	60°	°	′	″	‴		60°	°	′	″	‴
1	0	0	59	8	7	31	0	30	33	11	48
2	0	1	58	16	14	32	0	31	32	19	55
3	0	2	57	24	22	33	0	32	31	28	3
4	0	3	56	32	59	34	0	33	30	36	10
5	0	4	55	40	36	35	0	34	29	44	17
6	0	5	54	48	44	36	0	35	28	52	25
7	0	6	53	56	51	37	0	36	28	0	32
8	0	7	53	4	58	38	0	37	27	8	39
9	0	8	52	13	6	39	0	38	26	16	47
10	0	9	51	21	13	40	0	39	25	24	54
11	0	10	50	29	21	41	0	40	24	33	2
12	0	11	49	37	28	42	0	41	23	41	9
13	0	12	48	45	35	43	0	42	22	49	16
14	0	13	47	53	43	44	0	43	21	57	24
15	0	14	47	1	50	45	0	44	21	5	31
16	0	15	46	9	57	46	0	45	20	13	38
17	0	16	45	18	5	47	0	46	19	21	46
18	0	17	44	26	12	48	0	47	18	29	53
19	0	18	43	34	19	49	0	48	17	38	0
20	0	19	42	42	27	50	0	49	16	46	8
21	0	20	41	50	34	51	0	50	15	54	15
22	0	21	40	58	42	52	0	51	15	2	23
23	0	22	40	6	49	53	0	52	14	10	30
24	0	23	39	14	56	54	0	53	13	18	37
25	0	24	38	23	4	55	0	54	12	26	45
26	0	25	37	31	11	56	0	55	11	34	52
27	0	26	36	39	18	57	0	56	10	42	59
28	0	27	35	47	26	58	0	57	9	51	7
29	0	28	34	55	33	59	0	58	8	59	14
30	0	29	34	3	41	60	0	59	8	7	22

第十五章　论证太阳视运动不均匀性的预备定理[137]

154

然而，为了更好地确定太阳视运动的不均匀性，我现在要更清楚地表明，如果太阳位于宇宙的中心，地球以它为中心旋转，而且如我已经说过的那样［I，5，10］，日地距离与庞大的恒星天球相比是微乎其微的，那么相对于恒星天球上任一点或任一颗恒星，太阳的视运动都是均匀的。

设AB为黄道位置上宇宙的大圆，点C为它的中心，太阳就坐落于此。与日地距离CD相比，宇宙极为广大。以CD为半径，在同一黄道面内作地心周年运转的圆CDE。我要证明的是，相对于圆AB上的任意一点或恒星来

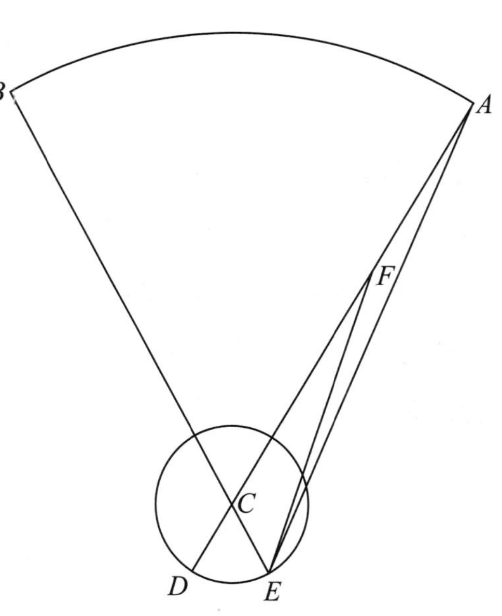

说，太阳的运动看起来都是均匀的。设该点为A，即从地球上看见太阳的位置。设地球在D，作ACD。设地球沿任一弧DE运动，从地球运动的终点E引AE和BE，所以从点E看去，太阳位于点B。由于AC要比CD或CE大得多，所以AE也将远大于CE。设点F为AC上任一点，连接EF。由于从底边的两端点C和E向点A所引的两条直线都落在了三角形EFC以外，所以根据欧几里得《几何原本》I，21的逆定理，角$FAE<$角EFC。两条无限延长的直线最后形成的夹角CAE小到无法察觉，角$CAE=$角$BCA-$角AEC。由于这一差值非常小，所以角BCA和角AEC几乎相等。AC和AE两线似乎平行，于是相对于恒星天球上任一点来说，太阳似乎在均匀地运动，就好像它在围绕中心E运转。证毕。

228 155 ［删节本：

然而，其非均匀性可以用两种方式来解释。或者是地心的圆周轨道并非与太阳同心，或者是宇宙……］

然而，太阳的运动可以证明为非均匀的，因为地心在周年运转中并非正好围绕太阳中心运动。这当然可以用两种方法来解释：或者通过一个偏心圆即中心不是太阳中心的圆来说明，或者通过一个同心圆上的本轮来说明［同心圆的中心与太阳中心相合，充当着本轮的均轮］。

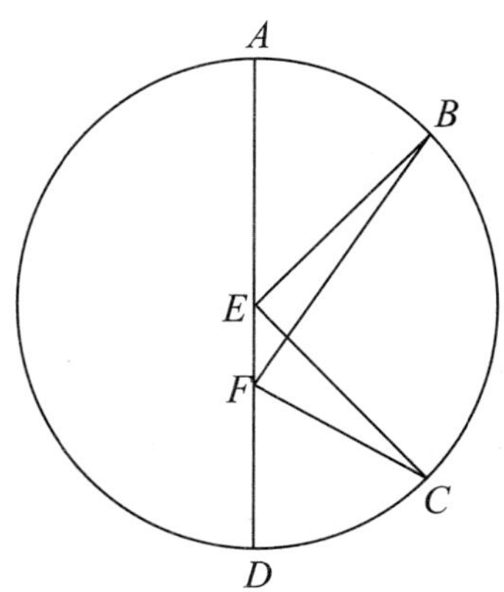

利用偏心圆可作如下解释[138]。设ABCD为黄道面上的一个偏心圆，它的中心点E与太阳或宇宙的中心点F之间的距离不可忽略不计。设偏心圆ABCD的直径AEFD过这两个中心。点A为远心点（拉丁文称之为“高拱点”）[139]，即距离宇宙中心最远的位置，D为近心点，即距离宇宙中心最近的地方。于是，当地球沿其轨道圆ABCD围绕地心E均匀运转时，正如我已经说过的，从点F看去，它的运动是不均匀的。设弧AB＝弧CD，作直线BE、CE、BF和CF。角AEB＝角CED，因为角AEB和角CED围绕中心E截出相等的弧。然而角CFD是一个外角，外角CFD＞内角CED。而角AEB＝角CED，因此，角CFD＞角AEB。但是，外角AEB＞内角AFB[140]，因此角CFD＞角AFB。但因弧AB＝弧CD，所以角CFD和角AFB是在相等时间内形成的。因此，该运动从点E看去是均匀的，从点F看去将是非均匀的。

同样结果还可用更简单的方法得出。因为弧AB距离点F比弧CD更远，根据欧几里得《几何原本》III，7，与弧AB相截的直线AF和BF要比CF和DF长一些[141]。在光学中已经证明，同样大小的物体看起来近大远小。因此，关于偏心圆的那些命题成立。

［以下旁注插到了错误的位置，后来删去了，但被编者恢复：

如果地球静止于F，而太阳在圆周ABC上运动，则证明完全相同。托勒密和其他作者都如此论述。］

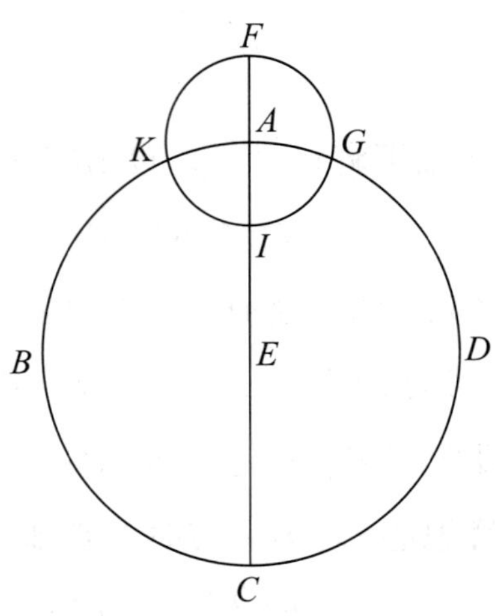

同样结果也可用同心圆上的本轮得出。设同心圆$ABCD$的中心亦即太阳所在的宇宙中心位于点E。设点A为同一平面上的本轮FG的中心。过两个中心作直线$CEAF$。设点F为本轮的远心点，点I为近心点。于是在A处的运动看起来是均匀的，而本轮FG上的运动看起来是不均匀的。如果A沿B的方向即黄道各宫的方向运动，地心从远心点F沿相反方向运动，那么在近心点I看来，点E的运动将显得快一些，因为A和I是在相同方向上运动；而在远心点F看来，点E的运动将显得慢一些，因为它是由两种反方向运动之差形成的。当地球位于点G时，它会超过均匀运动；而当位于点K时，它会落后于均匀运动。在这两种情况下，差额分别为弧AG或AK，太阳的运动由此看起来是不均匀的。

然而通过本轮可以实现的，通过偏心圆也可同样实现。当行 156
星在本轮上运转时，它在同一平面描出与同心圆相等的偏心圆。偏心圆中心与同心圆中心之间的距离等于本轮半径。而这种情况可用三种方法实现。

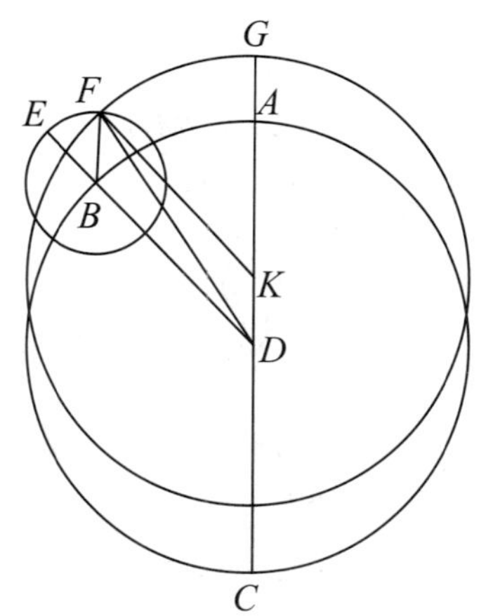

如果同心圆上的本轮和本轮上的行星所作的旋转相等，但方向相反，那么行星的运动将描出一个远心点与近心点的位置不变的固定的偏心圆。设ABC为一同心圆，点D为宇宙中心，直径为ADC。假定当本轮位于点A时，行星位于本轮的远心点G，其半径落在直线DAG上。取同心圆弧AB，以点B为中心、AG为半径作本轮EF。连接BD和BE。取弧EF与弧AB相似，但方向相反。设行星或地球位于点F，连接BF。在直线AD上取$DK=BF$。由于角$EBF=$角BDA，因此BF与DK既平行又相等，因为根据《几何原本》I，33，与平行且相等的直线相连接的直线也平行且相等。由于$DK=$

AG，AK为其共同的附加线段，所以$GAK=AKD$，$GAK=KF$。于是以K为中心KAG为半径所作的圆将通过点F。由于AB与EF的复合运动，点F描出一个与同心圆相等的同样固定的偏心圆。因为当本轮的运转与同心圆相等时，这样描出的偏心圆的拱点必然保持不变的位置。（因为角EBF=角BDK，BF总是平行于AD［这句话后来被删掉］。）

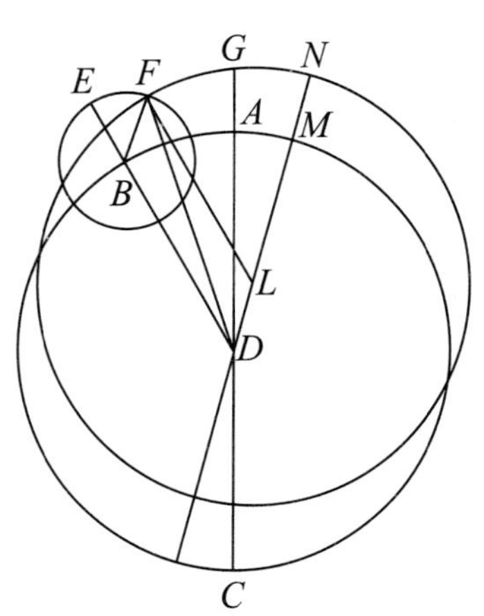

但是如果本轮的中心和圆周所作的运转不等，则行星的运动所表现出的就不再是一个固定的偏心圆，而是一个中心与拱点沿着与黄道各宫相反或相同方向移动（视行星运动与其本轮中心的相对快慢而定）的偏心圆。如果角EBF>角BDA，设角BDM=角EBF。同样可以表明，如果在直线DM上取DL与BF相等，则以点L为中心，以等于AD的LMN为半径所作的圆将通过行星所在的点F。因此，行星的复合运动显然描出偏心圆上的弧NF，而与此同时，偏心圆的远心点从点G开始沿着与黄道各宫相反的方向沿弧GN运动。与此相反，如果行星在本轮上的运动比本轮中心的运动慢，则偏心轮中心将随本轮中心沿着黄道各宫方向运动。例如，如果角$EBF=$角$BDM<$角BDA，那么就会出现上述情况。

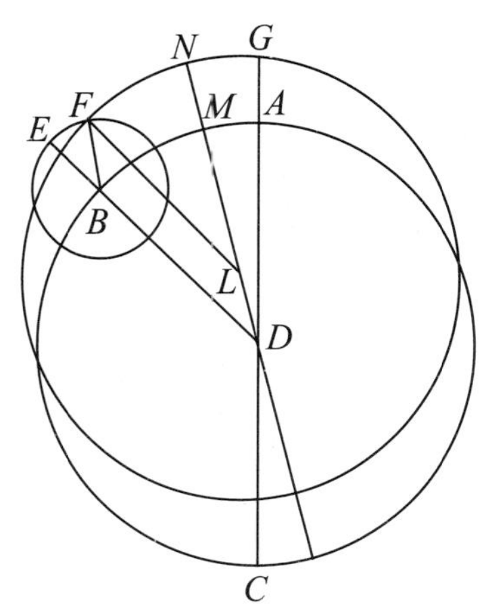

由此可知，同样的视不均匀性既可用一个同心圆上的本轮，也可用一个与同心圆相等的偏心圆得出。只要同心圆与偏心圆的中心之间的距离等于本轮半径，它们之间就没有差别。

因此要确定天界实际存在的是哪种情形并非易事[142]。托勒密认为偏心圆模型是适宜的。在他看来［《天文学大成》，III，
4］，不均匀性是简单的，拱点的位置固定不变，太阳的情况就是 157
如此，但他却对以双重或多重不均匀性运行的月球和五颗行星采用了偏心本轮。而且容易说明，对于偏心圆模型来说，均匀行度与视行度之差在行星位于高低拱点之间时达到最大，而对于本轮模型来说，它在行星与均轮相接触时达到最大。这是托勒密所阐明的［《天文学大成》，III，3］。

偏心圆的情况可证明如下：设偏心圆$ABCD$的中心为点E，AEC是过太阳（位于不在中心的点F）的直径。过点F作直线BFD

垂直于直径AEC。连接BE和ED。设A为远日点，C为近日点，B和D为它们之间的视中点。显然，三角形BEF的外角代表均匀运

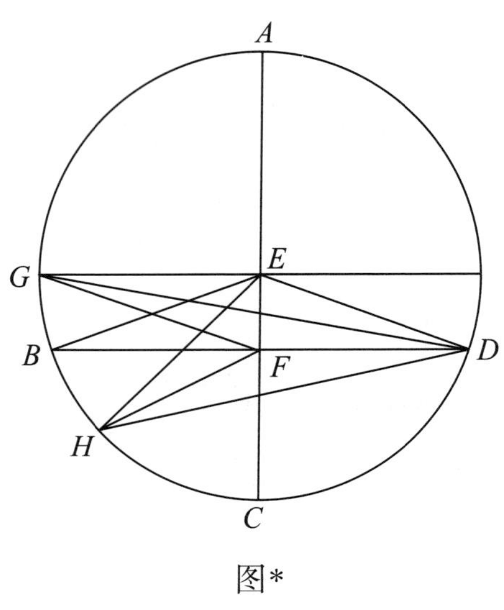

图*

动，内角EFB代表视运动，它们之差为角EBF。我要证明的是，顶点位于圆周、EF为其底边的角不可能大于角B或角D。在点B两边各取一点G和H。连接GD、GE、GF以及HE、HF、HD。由于FG比DF距离中心更近，线段FG>线段DF，所以角GDF>角DGF[143]。但因为与底边DG有夹角的两边EG和ED相等，角EDG=角EGD，因此角EDF=角EBF>角EGF。同样可以证明，线段DF>线段FH，角FHD>角FDH。但由于EH=ED，角EHD=角EDH，因此相减可得，角EDF=角EBF>角EHF。由此可见，以EF为底边所成的角不可能大于在B、D两点所成的角。所以均匀运动与视运动之差在远日点与近日点之间的视中点达到最大。

第十六章　太阳的视不均匀性

以上一般论证不仅适用于太阳现象，而且也适用于其他天体的不均匀性。现在我将讨论日地现象。就此论题而言，我首先来谈托勒密及其他古代学者传授给我们的知识，然后再谈更近的时期从经验学到的东西。

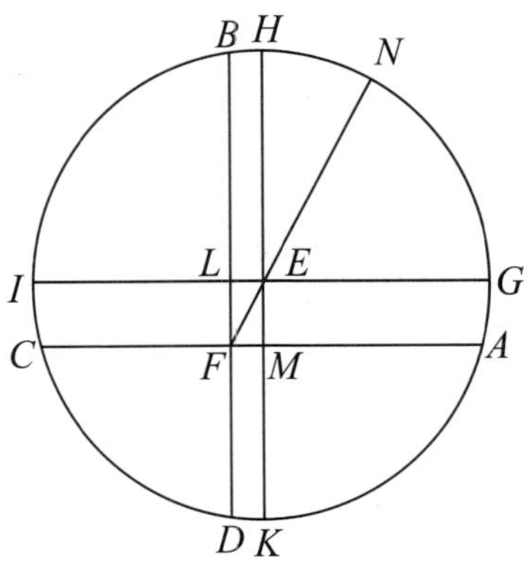

托勒密发现，从春分到夏至为$94^1/_2$日，从夏至到秋分为$92^1/_2$日［《天文学大成》，III，4］。由时间长度可知，第一时段的平均和均匀行度为93°9′[144]，第二时段为91°11′。设$ABCD$为这样划分的一年的圆周，点E为它的中心。设弧AB＝93°9′表示第一时段，弧BC＝91°11′表示第二时段。设春分点从点A观测，夏至点从点*B*观测，秋分点从点*C*观测，冬至点从点*D*观测。连接*AC*与*BD*，这两条直线在太阳所在的点*F*相互正交。由于弧*ABC*＞180°，弧*AB*＞弧*BC*，所以托勒密认为［《天文学大成》，III，4］，圆心*E*位于直线*BF*与*FA*之间，远日点位于春分点与夏至点之间。过中心*E*作
158 平行于*AFC*的*IEG*交*BFD*于点*L*，作平行于*BFD*的*HEK*交*AF*于点*M*。由此形成矩形*LEMF*，其对角线*FE*可延长为直线*FEN*，它标明了地球与太阳的最大距离以及远日点的位置*N*。因为弧*ABC*＝184°20′［＝93°9′＋91°11′］，弧*AH*＝$^1/_2$弧*ABC*＝92°10′，弧*HB*＝弧*AGB*－弧*AH*＝59′［＝93°9′－92°10′］，弧*AG*＝弧*AH*－弧*HG*＝92°10′－90°＝2°10′。如果取半径＝10000，则*LF*＝$^1/_2$弦2*AG*＝378[145]。但是*EL*＝$^1/_2$弦2*BH*＝172[146]，因此三角形*ELF*的两边已知，如果取半径*NE*＝10000，则边*EF*＝414[147]≈$^1/_{24}$*NE*[148]。但是*EF*：*EL*＝*NE*：$^1/_2$弦2*NH*[149]，因此，弧*NH*＝24$^1/_2$°，这即是角*NEH*，视行度角*LFE*＝角*NEH*。这就是在托勒密之前高拱点超过夏至点的距离。

但是，弧*IK*＝90°，弧*IC*＝弧*AG*［＝2°10′］，弧*DK*＝弧*HB*［＝59′］，因此，弧*CD*＝弧*IK*－（弧*IC*＋弧*DK*）＝86°51′，弧*DA*＝弧*CDA*［＝175°40′＝360°－184°20′］－弧*CD*＝88°49′。但是86°51′对应着88$^1/_8$天，88°49′对应着90天零$^1/_8$天＝3小时[150]。在这些时段内，可以看到太阳由于地球的均匀运动而由秋分点移到冬至点，并且在一年中余下的时间里由冬至点返回春分点。

托勒密证明了［《天文学大成》，III，4］他所求得的这些结果与他之前的希帕克斯并无差异。因此他认为，高拱点后来仍会留在夏至点前24$^1/_2$°处不动，而偏心率（我说过为半径的$^1/_{24}$）则将永远保持不变。现已发现，这两个数值都发生了明显改变。

根据巴塔尼的记录，从春分到夏至为93天35日分，从春分到秋分为186天37日分。他用这些数值并根据托勒密的方法推出的偏心率不大于346单位（半径取为10000）。西班牙人查尔卡里求得的偏心率与他相同[151]，但远日点是在至点前12°10′，而巴塔尼则认为是在同一至点前7°43′。由此可以推断，地心的运动还有另一种不均匀性，我们现代的观测也证实了这一点。

在我致力于这些课题研究的十几年间[152]，尤其是在公元1515年，我求得从春分点到秋分点共有186天$5^{1}/_{2}$日分[153]。为了避免在确定二至点时出差错（有些人怀疑我的前人在这方面犯过错误），我在此项研究中还补充考虑了太阳的其他几个位置。这些位置与二分点一样都不难测定，比如金牛宫、室女宫、狮子宫、天蝎宫和宝瓶宫的中点[154]。由此我求得从秋分点到天蝎宫中点为45天16日分，从秋分点到春分点为178天$53^{1}/_{2}$日分。

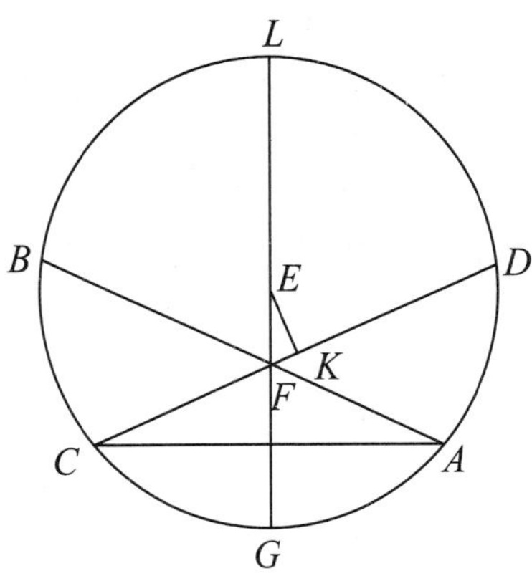

第一时段中的均匀行度为44°37′，第二时段为176°19′[155]。 159
以这些资料为基础，重新绘制圆*ABCD*[156]，设点*A*为春分时太阳的视位置，点*B*为观测到秋分的点，点*C*为天蝎宫的中点。连接*AB*

与CD，它们相交于太阳中心F。作弦AC。由于弧CB=44°37′，如果取两直角=360°，则角BAC=44°37′。如果取四直角=360°，则视行度角BFC=45°[157]；但若取两直角=360°，则角BFC=90°。于是截出弧AD的剩余角ACD［=BFC−BAC］为45°23′［=90°−44°37′］。但是弧ACB=176°19′，弧AC=弧ACB−弧BC=131°42′［=176°19′−44°37′］，弧CAD=弧AC+弧AD［=45°23′］=177°5$^1/_2$′[158]。因此，由于弧ACB［=176°19′］<180°，弧CAD<180°，所以圆心显然位于圆周的其余部分BD之内。设圆心为E，过F引直径LEFG。设点L为远日点，点G为近日点。作EK垂直于CFD。如果取直径=200000，则由表可查出已知弧所对的弦AC=182494，CFD=199934。于是三角形ACF的各角都可知。根据平面三角形的定理一［I，13］，各边之比可得：取AC=182494，则CF=97697。因此，FD［CFD−CF=199934−97697=101967］超过CDF的一半［=199934÷2或99967］的部分为FK=2000［=101967−99967］。由于180°−弧CAD［≈177°6′[159]］=2°54′，EK=$^1/_2$弦2°54′=2534，所以在三角形EFK中，两直角边FK和KE都已知，三角形的各边角均可知：如果取EL=10000，则EF=323[160]；如果取四直角=360°，则角EFK=51$^2/_3$°。因此，相加可得，角AFL［=EFK+（AFD=BFC=45°）］=96$^2/_3$°［=51$^2/_3$°+45°］，补角角BFL［=180°−AFL］=83$^1/_3$°。但如果取EL=60^p，则EF≈1^{p}56′[161]。此即太阳与圆心之间过去的距离，现在它已变为还不到$^1/_{31}$[162]，而对托勒密来说似乎是$^1/_{24}$。此外，远日点那时是在夏至点之前24$^1/_2$°，现在是在夏至点之后6$^2/_3$°。

第十七章　太阳的第一种周年非均匀性及其特殊变化的解释

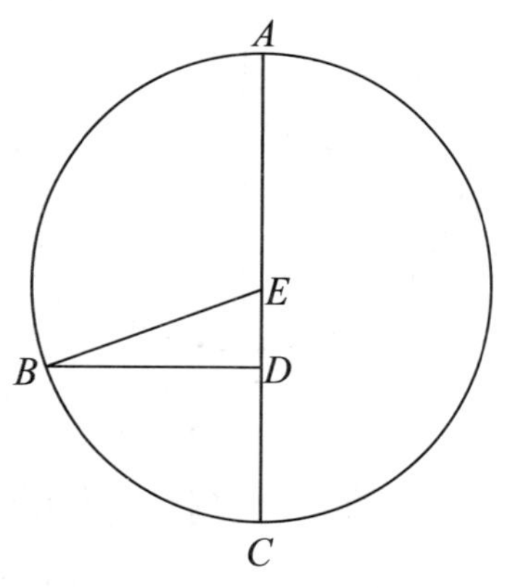

既然我们已经发现太阳的非均匀运动有若干种变化，我想首先应当说明的是最为人所知的周年变化。为此目的，重新绘制圆ABC，其中心为E，直径为AEC，远日点为点A，近日点为点C，太阳位于点D。前已证明［III，15］，均匀行度与视行度的最大差值出现在两拱点之间的视中点。为此，作BD垂直于AEC交圆周于点B。连接BE。于是在直角三角形BDE中两边已知，即圆的半径BE以及太阳与圆心的距离DE。因此三角形的各角均可知，其中 160
角DBE为均匀行度角BEA与视行度角即直角EDB之差。

然而当DE发生增减变化时，三角形的整个形状会随之发生改变。在托勒密以前，角$B=2°23'$，在巴塔尼和查尔卡里的时代，角$B=1°59'$，而目前角$B=1°51'$。托勒密测出［《天文学大成》，III，4］，角AEB截出的弧$AB=92°23'$，弧$BC=87°37'$；巴塔尼测出弧$AB=91°59'$，弧$BC=88°1'$；而目前弧$AB=91°51'$，弧$BC=88°9'$。

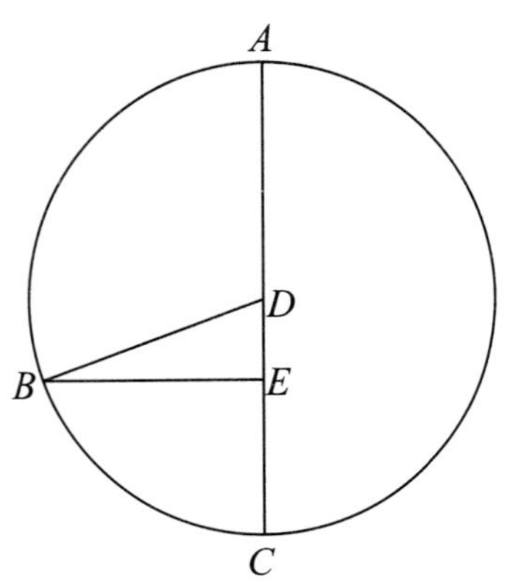

有了这些事实，其余的变化也就显然可得了。在第二幅图中任取一弧AB，使角AEB、角BED以及两边BE和ED已知。通过平面三角形的定理，行差角EBD以及均匀行度与视行度之差均可得。由于前已提到的ED边的变化，这些差值也必定会变化。

第十八章　黄经均匀行度的分析

以上解释了太阳的周年不均匀性，但这种解释不是基于前已说明的简单变化，而是基于一种在长时间内发现的与简单变化混合的变化。我将在后面［III，20］对这两种变化做出区分。同时，地心的平均和均匀行度可以用更精确的数值定出。它与非均匀变化区分得越好，延续的时间就越长。这项研究如下。

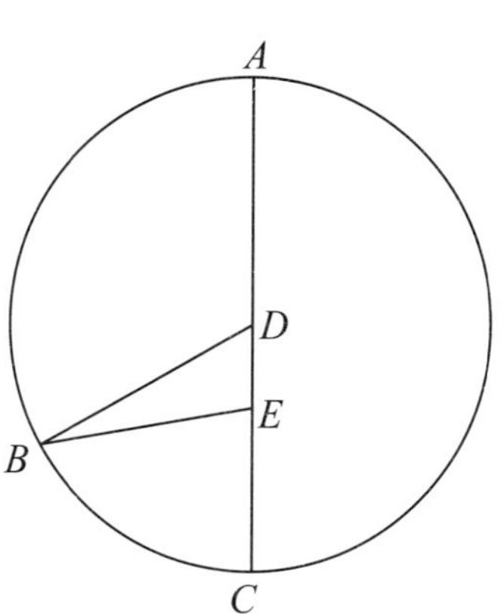

我采用了希帕克斯于第三卡利普斯周期的第32年——前已提到［III，13］，这是在亚历山大大帝去世后的第177年——第五个闰日的第三个午夜在亚历山大城观测到的秋分点。但因亚历山大城的经度大约位于克拉科夫（Krakow）以东，经度差约1小时，

所以那时克拉科夫的时间约为午夜前1小时。因此，根据上面的计算，秋分点在恒星天球上的位置距白羊宫起点176°10′，这就是太阳的视位置，它与高拱点相距$114^1/_2$°［＝24°30′＋90°］。为了描绘这一情况，绕中心点D作地心所描出的圆ABC［163］，设ADC为直径，太阳位于直径上的点E，远日点为点A，近日点为点C。设点B太阳在秋分时所在的位置。连接BD与BE。由于太阳与远日点的视距离角DEB＝$144^1/_2$°，如果取BD＝10000，则边DE＝414。因此，根据平面三角形的定理四［II，E］，三角形BDE的各边角均可求得。角DBE＝角BDA－角BED＝2°10′。而角BED＝114°30′，所以角BDA＝116°40′［114°30′＋2°10′］。太阳在恒星天球上的平均或均匀位置与白羊宫起点的距离为178°20′［176°10′＋2°10′］。

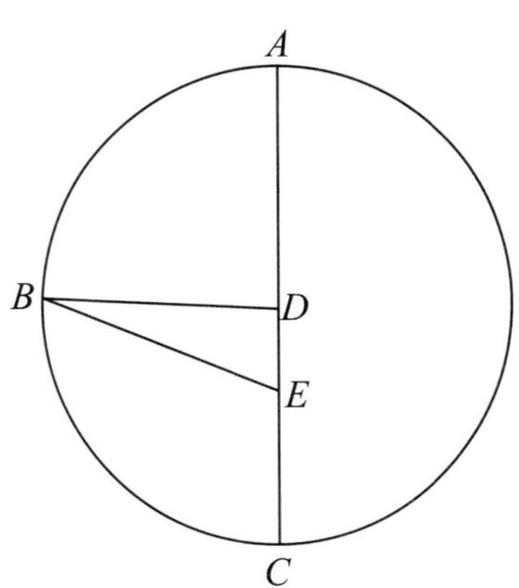

我把我于公元1515年9月14日即亚历山大大帝去世后第1840年
161 埃及历2月6日日出后半小时在与克拉科夫位于同一条子午线上的弗龙堡观测到的秋分点［III，13］与这次观测进行对比。根据计算和观测，当时秋分点位于恒星天球上的152°45′处，它与高拱点的距离为83°20′，这与前面的论证相符［III，16结尾］。取两直角＝180°，

设角$BEA=83°20'$，且三角形BDE的两边已知：$BD=10000$，$DE=323$[164]。根据平面三角形的定理四［II，*E*］，角$DBE\approx1°50'$。如果三角形BDE有一外接圆，取两直角$=360°$，则角$BED=166°40'$。如果取直径$=20000$，则弦$BD=19864$。因为$BD:DE$已知，所以弦$DE\approx640$。DE在圆周上所张的角$DBE=3°40'$，但中心角为$1°50'$［$=3°40'\div2$］。这就是当时均匀行度与视行度之间的行差。把这个值与角$BED=83°20'$相加，即得角BDA和弧$AB=85°10'$［$=83°20'+1°50'$］，这是从远日点算起的均匀行度距离。因此太阳在恒星天球上的平位置为$154°35'$［$=152°45'+1°50'$］。两次观测之间共历时1662埃及年37天18日分45日秒[165]。除1660次完整旋转以外，平均和均匀行度约为$336°15'$，这与我在均匀行度表中［III，14后面］所确定的数值相符。

第十九章　太阳均匀行度的位置与历元的确定

从亚历山大大帝去世到希帕克斯的观测，共历时176年362日27$^1/_2$分[166]，通过计算可以得到在此期间的平均行度为312°43′[167]。把这一数值从希帕克斯所测出的178°20′［III，18］中减去，再补上圆周的360°，得到的225°37′［360°+178°20′=538°20′−312°43′=225°37′］即为克拉科夫子午线和我的观测地弗龙堡在亚历山大大帝去世之初的埃及历1月1日正午所处的位置。从那时起到尤利乌斯·恺撒的罗马纪元的278年118$^1/_2$日中，去掉整周旋转后的平均行度为46°27′。把这一数值加到亚历山大大帝时的位置，得到的272°4′［=225°37′+46°27′］即为1月1日前的午夜（罗马人习惯于把这时算作年和日的开始）对恺撒时代求得的位置。又过了45年12天，即亚历山大大帝去世后323年130$^1/_2$日［278^{y}118$^1/_2$^{d}+45^{y}12^d］，基督纪元的位置为272°31′。因为基督诞生于第194个奥林匹克运动会期的第3年［193×4=772+3］，所以从第一个奥林匹克运动会期的起点到基督诞生年1月1日前的午夜，共历时775年12$^1/_2$日。由此还可

以定出第一个奥林匹克运动会期时的位置在96°16′，这是在1月的第一天中午[168]，现在与这一天相当的日子是罗马历7月1日。这样便把简单太阳行度的历元与恒星天球关联了起来，而且通过使用二分点岁差还可以得出复合行度的位置。在奥林匹克运动会之初，与简单位置相应的复合行度的位置为90°59′［＝96°16′－
5°16′；III，11，结尾］；在亚历山大时期之初为226°38′［＝ 162
225°37′＋1°2′］；在恺撒时期之初为276°59′［＝272°4′＋4°55′］；在基督纪元之初为278°2′［＝272°31′＋5°32′］。正如我已说过的，所有这些位置均已划归为克拉科夫的子午线。

第二十章　拱点飘移给太阳造成的第二种双重不均匀性

现在还有一个更严重的问题与太阳拱点的飘移有关。尽管托勒密认为拱点是固定的，但其他人[169]却根据恒星也在运动的学说，认为它也随着恒星天球运动。查尔卡里认为这种运动是不均匀的，有时甚至会发生逆行。他的根据是，正如前已提到的［III，16］，巴塔尼发现远日点位于至点前7°43′处（因为在托勒密之后的740年里它大约前进了17°［≈24°30′－7°43′］），过了193年，到了查尔卡里的时代，它大约后退了4¹/2°［≈12°10′－7°43′］。因此他相信，还存在着周年轨道圆的中心沿一个小圆所作的另外一种运动，这种运动使得远地点[170]前后摆动，轨道中心与宇宙中心的距离也在不断变化。

查尔卡里的这一想法很不错，但并没有因此而得到承认，因为它与其他发现并不相符。让我们考虑那种运动的各个阶段：在托勒密之前的一段时间里，它停止不动；在740年左右的时间里，它前进了17°；然后在200年里它又退行了4°或5°；从那时起直到现在，它一直向前运动，从未发生过逆行，也没有出现若干留点。当运动方向发生反转时，留点必定出现在运动轨道的两个边界处。既然逆行和留点都没有，这说明它不可能是规则的圆周运动。因此许多专家认为，那些天文学家［即巴塔尼和查尔卡里］的观测有误[171]。但这两位天文学家都认真细致，技艺娴熟，因此很难确定应当遵循哪种说法。

我承认，测定太阳的远地点是最困难的，因为对于这个位置，我们是由小到几乎无法察觉的量去推算很大的量。在近地点和远地点附近，1°仅能引起2′左右的行差，而在中间距离处，1′就可以引起5°或6°的行差变化。如果失之毫厘，则谬以千里。所以，即使把远地点取在巨蟹宫内$6^2/_3$°处[172]［III，16］，测时仪器也是不能令我满意的，除非我的结果也能被日月食所证实。因为潜藏在仪器中的任何误差都可以由日月食显示出来。因此，从运动的一般结构可以推断，运动很可能是顺行但不均匀的。因为从希帕克斯到托勒密之间的那个停留间隔之后[173]，远地点直到现在一直在连续而有规则地向前运动，除了在巴塔尼与查尔卡里之间运动出了错（一般认为如此），其余似乎都符合。类似地，太阳的行差也没有停止减小。它似乎遵循同样的圆周模式，两种非均匀性都与黄赤交角的第 163
一种简单近点角变化或类似的不规则性相一致。

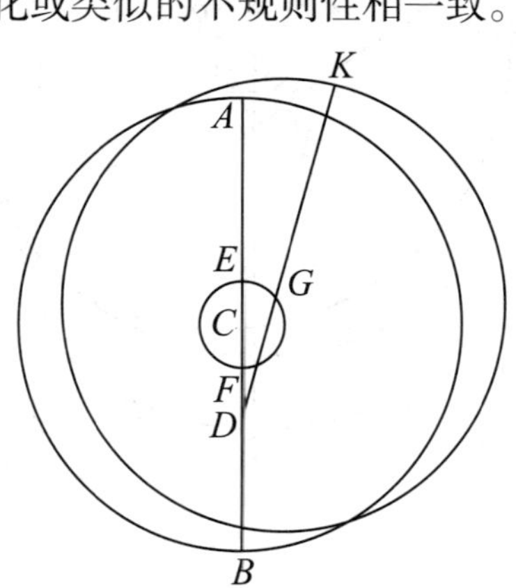

为了把这一点说得更清楚，在黄道面上作以点C为中心的圆AB，设其直径为ACB，ACB上的点D为太阳所在的宇宙中心。以点C为中心，作一个不包含太阳的小圆EF。设地球周年运转的中心沿这个小圆缓慢前行。因为小圆EF与直线AD一同缓慢前行，而周年运转的中心沿圆EF缓慢顺行，所以周年轨道圆的中心与太阳的距离时而为最大的DE，时而为最小的DF。它在E处较慢，在F处较快。在小圆的中间弧段，周年轨道的中心使两中心的距离时增时减，并使高拱点交替超前或落后于直线ACD上的拱点或远日点（它可充当平远日点）。取弧EG，以点G为中心作一个与AB相等的圆，则高拱点将位于直线DGK上，根据《几何原本》III，8，DG将比DE短。这些关系可以通过上述偏心圆的一个偏心圆来说明，也可以用本轮的本轮来说明。

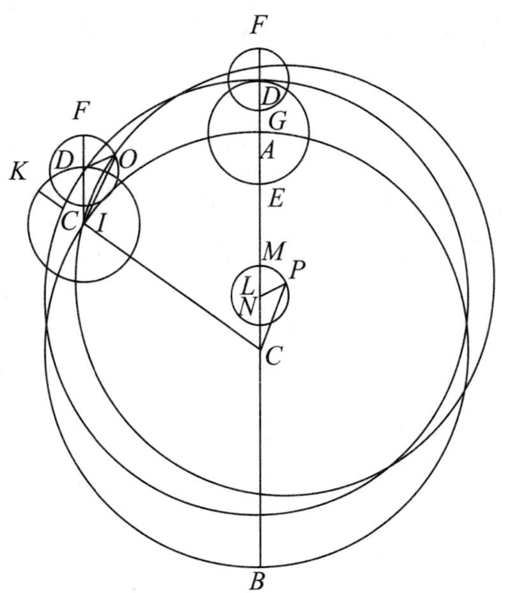

设圆AB与宇宙和太阳同心，ACB为高拱点所在的直径。以点A为中心作本轮DE，以点D为中心作地球所在的小本轮FG。这些图形都位于同一黄道面上。设第一本轮是顺行的，周期大约为一 164
年，第二本轮D也是如此，只不过是逆行。设两个本轮相对于直线AC的运转次数相等，并且地心在逆行离开F时使D的运动有所增加。因此，当地球位于点F时，它将使太阳的远地点最远；当位于点G时，太阳远地点最近；而当位于小本轮FG的中间弧段时，它将使远地点朝着平远地点顺行或逆行，加速或减速，更远或更近。于是运动看起来将是不均匀的，一如我前面用本轮和偏心圆所证明的情况。

取圆弧AI。以点I为中心重新绘制本轮上的本轮。连接CI，沿直线CIK延长。由于转动数相等，角KID=角ACI，因此，正如我在前面已经证明的［III，15］，点D将围绕点L描出一个偏心率$CL=DI$、半径等于同心圆AB的偏心圆；点F将描出一个偏心率$CLM=IDF$的偏心圆；点G也将描出一个偏心率$IG=CN$的偏心圆。如果在这段时间内，地心在它自己的本轮即第二本轮上已经走过了任意一段弧FO，则点O将描出这样一个偏心圆，它的中心不在直线AC上，而是在一条与DO平行的直线例如LP上。如果连接OI与CP，则$OI=CP$，但$OI<IF$，$CP<CM$。根据《几何原本》I，8，角DIO=角LCP，所以，位于直线CP上的太阳的远地点看起来要超前于点A。

由此也很清楚，用偏心本轮得到的是同样结果。在前面的图形中，小本轮D绕着中心点L描出偏心圆。设地心在前述条件下（即略微超过周年运转）通过弧FO。它将围绕中心点P描出另一个偏心于第一个偏心圆的偏心圆，此后还会出现相同现象。由于种种方法都导向同样的结果[174]，我无法轻易肯定哪一种是真实的，除非计算结果与现象永远相符，迫使我们相信它是其中一种。

第二十一章　太阳不均匀性的第二种变化有多大

我们已经看到［III，20］，除黄赤交角或其类似量的第一种简单近点角变化之外，还有第二种不均匀性。因此，只要前人的观测误差不会造成影响，我就可以准确地求出它的变化。通过计算，我得出公元1515年的近点角约为165°39′，其起点大约在公元前64年，从那时到现在共历时1580年。我发现，近点角起始时偏心率达到最大，为417[175]（取半径=10000）。而我们这时的偏心率为323[176]。

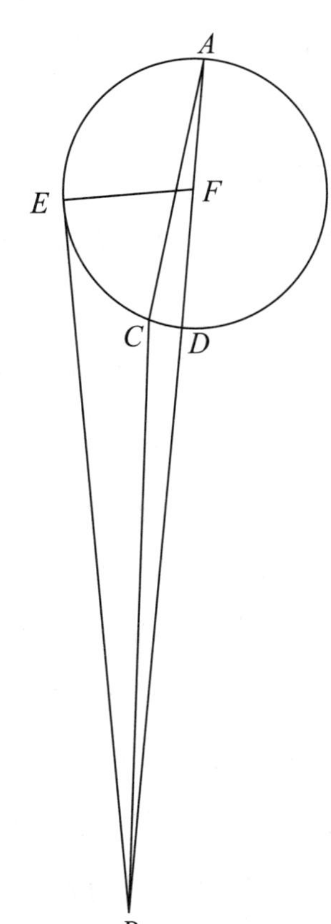

设直线AB上的点B为宇宙的中心即太阳。设AB为最大偏心率，BD为最小偏心率。以AD为直径作一个小圆，在它之上取弧$AC=165°39'$，

它表示第一种简单近点角。在近点角的起点A已经求得$AB=$
165 417，而现在$BC=323$，于是在三角形ABC中，边AB与边BC均已知。因为CD是半圆余下的弧，弧$CD=14°21'$，所以角CAD也已知。因此，根据我已讲过的平面三角形的定理，余下的边AC以及远日点的平均行度与非均匀行度之差即角ABC也可知。由于线段AC所对的弧已知，所以圆ACD的直径AD也可求得。如果取三角形外接圆的直径$=200000$，则由角$CAD=14°21'$，得到$CB=2486$[177]。因为$BC:AB$已知，$AB=3225$，AB所对的角$ACB=341°26'$，因此如果取两直角$=360°$，则剩下的角为角$CBD=4°13'$［$=360°-(341°26'+14°21'=355°47')$］，这是$AC=735$[178]所对的角。因此，如果$AB=417$，则$AC\approx 95$[179]。由于$AC$所对的弧已知，它与直径$AD$的比值可知。因此，如果$ADB=417$，则$AD=96$，剩余部分$DB$［$=ADB-AD=417-96$］$=321$[180]，即为最小偏心率。角$CBD$在圆周上所成的角为$4°13'$[181]，在圆心所成的角为$2°6\frac{1}{2}'$，它是从$AB$绕中心$B$的均匀行度所应减去的行差。

现在作直线BE与圆周相切于点E。以点F为中心，连接EF。于是在直角三角形BEF中，边$EF=48$［$=\frac{1}{2}\times 96=$直径AD］，$BDF=369$［$FD=48+321=DB$］，如果取半径$FB=10000$，则$EF=1300$[182]。$EF=\frac{1}{2}$弦$2EBF$。如果取四直角$=360°$，则角$EBF=7°28'$[183]，此即均匀行度F与视行度E之间的最大行差。

于是其余个别差值就可以求得了。设角$AFE=6°$。我们有这样一个三角形，它的边EF、边FB以及角EFB均已知，因此行差角

$EBF=41'$。但如果角$AFE=12°$，则行差$=1°23'$；如果角$AFE=18°$，则行差$=2°3'$[184]；用同样的方法可以其余类推。这在前面论述周年行差时［III，17］已经讲过了。

第二十二章　怎样推算太阳远地点的均匀与非均匀行度

根据埃及人的记载，最大偏心率与近点角起点相吻合的时间是在第178个奥林匹克运动会期的第3年，即亚历山大大帝去世后的第259年［公元前64年；III，21］，所以当时远地点的真位置和平位置都在双子宫内$5^{1}/_{2}$°处，即距春分点$65^{1}/_{2}$°处。由于真春分点岁差——它与当时的平岁差相符——为4°38′，所以从$65^{1}/_{2}$°减去4°38′，得到的余量60°52′即为从白羊宫起点量起的远地点位置。然而，在第573个奥林匹克运动会期的第2年即公元1515年，发现远地点位置位于巨蟹宫内$6^{2}/_{3}$°处[185]，而算得的春分点岁差为$27^{1}/_{4}$°。从96°40′减去$27^{1}/_{4}$°得到69°25′。当时的第一近点角为165°39′，行差即真位置超前于平位置的量等于2°7′［≈$2°6^{1}/2'$；III，21］，因此太阳远地点的平位置为71°32′［＝69°25′+2°7′］[186]。因此，在1580个均匀埃及年中，远地点的平均和均匀行度为10°41′
166 ［≈71°32′−60°52′］[187]。用年份去除这个数，就得到年均为24″20‴14⁗。

第二十三章　太阳近点角及其位置的测定

如果从以前的简单周年行度359°44′49″7‴4⁗［III，14］中减去上面的数24″20‴14⁗，得到的359°44′24″46‴50⁗就是周年均匀近点角行度。再把359°44′24″46‴50⁗平均分配给365天，就得到日均为59′8″7‴22⁗，这与前面表中［III，14结尾］所载的值相符。于是可以得出从第一个奥林匹克运动会期开始的各种历元的位置。前已说过，在第573个奥林匹克运动会期第2年9月14日日出后半小时的平太阳远地点位于71°32′，由此可得当时的平太阳距离为83°3′［71°32′+83°3′=154°35′；III，18］。从第一个奥林匹克运动会期到现在，时间已经过去了2290埃及年281日46日分[188]。在此期间，近点角行度——不算整圈——为42°49′[189]。从83°3′中减去42°49′，得到的40°14′即为第一个奥林匹克运动会期时近点角的位置。根据与前面一样的方法，我们还可求得在亚历山大大帝时的位置为166°38′，恺撒时为211°11′，基督时为211°19′。

第二十四章　太阳均匀行度与视行度变化的表格显示

为了使前面论述的太阳均匀行度与视行度的变化更便于使用，我将为它们制一个共有60行和6列的表格。前两列为周年近点角在两个半圆——即从0°到180°的上升半圆和从360°到180°的下降半圆——的度数，与前面讨论二分点行差的做法一样［III，8结尾］，这里也以3°为间距列出。第三列为太阳远地点行度或近点角变化的度数与分数。该变化最大约为$7^1/_2$°，也是每隔3°有一个变化值。第四列为最大为60的比例分数。当周年近点角行差大于由太阳与宇宙中心的最小距离所产生的行差时，比例分数应与第六列所载周年近点角行差的增加值一起计算。因为这些行差的最大增加值为32′，其六十分之一为32″，利用前已阐明的方法［III，21］，我将从偏心率导出增加值的大小，并根据这些值每隔3°给出60分之几的数。第五列是根据太阳与宇宙中心的最小距离所求得的个别行差的周年变化和第一种变化。最后，第六列为偏心率最大时这些行差的增加值。表格如下：

167

太阳行差表							
公共数		中心行差		比例分数	轨道行差		增加值
度	度	度	分		度	分	分
3	357	0	21	60	0	6	1
6	354	0	41	60	0	11	3
9	351	1	2	60	0	17	4
12	348	1	23	60	0	22	6
15	345	1	44	60	0	27	7
18	342	2	5	59	0	33	9
21	339	2	25	59	0	38	11
24	336	2	46	59	0	43	13
27	333	3	5	58	0	48	14
30	330	3	24	57	0	53	16
33	327	3	43	57	0	58	17
36	324	4	2	56	1	3	18
39	321	4	20	55	1	7	20
42	318	4	37	54	1	12	21
45	315	4	53	53	1	16	22
48	312	5	8	51	1	20	23
51	309	5	23	50	1	24	24
54	306	5	36	49	1	28	25
57	303	5	50	47	1	31	27
60	300	6	3	46	1	34	28
63	297	6	15	44	1	37	29
66	294	6	27	42	1	39	29
69	291	6	37	41	1	42	30
72	288	6	46	40	1	44	30
75	285	6	53	39	1	46	30
78	282	7	1	38	1	48	31
81	279	7	8	36	1	49	31
84	276	7	14	35	1	49	31
87	273	7	20	33	1	50	31
90	270	7	25	32	1	50	32

续表

168

太阳行差表							
公共数		中心行差		比例分数	轨道行差		增加值
度	度	度	分		度	分	分
93	267	7	28	30	1	50	32
96	264	7	28	29	1	50	33
99	261	7	28	27	1	50	32
102	258	7	27	26	1	49	32
105	255	7	25	24	1	48	31
108	252	7	22	23	1	47	31
111	249	7	17	21	1	45	31
114	246	7	10	20	1	43	30
117	243	7	2	18	1	40	30
120	240	6	52	16	1	38	29
123	237	6	42	15	1	35	28
126	234	6	32	14	1	32	27
129	231	6	17	12	1	29	25
132	228	6	5	11	1	25	24
135	225	5	45	10	1	21	23
138	222	5	30	9	1	17	22
141	219	5	13	7	1	12	21
144	216	4	54	6	1	7	20
147	213	4	32	5	1	3	18
150	210	4	12	4	0	58	17
153	207	3	48	3	0	53	14
156	204	3	25	3	0	47	13
159	201	3	2	2	0	42	12
162	198	2	39	1	0	36	10
165	195	2	13	1	0	30	9
168	192	1	48	1	0	24	7
171	189	1	21	0	0	18	5
174	186	0	53	0	0	12	4
177	183	0	27	0	0	6	2
180	180	0	0	0	0	0	0

第二十五章　视太阳的计算 169

应该怎样用上面的表计算任一给定时刻太阳的视位置，我想现在已经很清楚了。正如我已经解释的［III，12］，我们先与第一种简单近点角一起查出当时春分点的真位置或其岁差，然后通过均匀行度表［III，14结尾］找出地心的平均简单行度（或称其为太阳行度）以及周年近点角。把这些数值加上它们已经确定的历元［III，23］。从上表第一列或第二列中可以查出第一种简单近点角的值或临近数值，从第三列中可以查出周年近点角的相应行差。查出列在旁边的比例分数。如果周年近点角的原始值小于半圆或出现在第一列中，则把行差与周年近点角相加，否则就从中减去行差。由此得到的差或和即为经过修正的太阳近点角。由此便可得出第五列所载的周年轨道的行差以及相伴随的增加值。把这一增加值与业已查出的比例分数结合起来，可得到一值。把这个值与轨道行差相加，便可得到修正行差。如果周年近点角可在第一列中查到或者小于半圆，就应把修正行差从太阳平位置中减去；反之，如果周年近点角大于半圆或出现在第二列中，则应把修正行差与太阳平位置相加。如此得到的差或和讲给出从白羊座起始处量起的太阳真位置。最后，如果与这个太阳真位置相

加，则春分点的真岁差将立即给出太阳在黄道各宫和黄道弧上相对于分点的位置。

但如果你想采用另一种方法得出这一结果，那么可以用均匀复合行度来代替简单行度。进行以上所有操作，只是要用春分点岁差的行差而不是岁差本身，加或减视情况而定。这样，通过地球运动而对视太阳[190]所进行的计算与古代和现代的记录相符，将来的运动大概已经被预见到。

然而我也并非不知道，如果有人认为周年运转的中心静止于宇宙的中心，而太阳的运动却与我关于偏心圆中心所论证的［III，20］两种运动相似且相等，那么无论是数值还是证明，所有现象都将与前面一样。因为除了位置，尤其是与太阳有关的现象，没有什么会发生变化。于是地心绕宇宙中心的运动将是规则的和简单的（其余两种运动都被归于太阳）。因此，当我开始时含糊地说，宇宙的中心位于太阳［I，9，10］或太阳附近［I，10］时，这些位置当中到底哪一个是宇宙的中心仍然是有疑问的。不过在讨论五颗行星时［V，4］，我将进一步讨论这个问
170 题。在那里我将尽我所能对此做出回答，并认为如果我把可靠的、值得信赖的计算应用于视太阳，这就足够了。

第二十六章 NUCHTHEMERON，即可变的自然日

关于太阳，还应讨论自然日的变化。自然日是包含24个相等小时的周期，直到现在，我们仍然常用它对天体运动进行普遍和精确的度量。然而不同民族对它有不同的定义：巴比伦人和古希伯来人把一自然日定义为两次日出之间的时间，雅典人定义为两次日没之间的时间，罗马人定义为从午夜到午夜，埃及人则定义为从正午到正午。

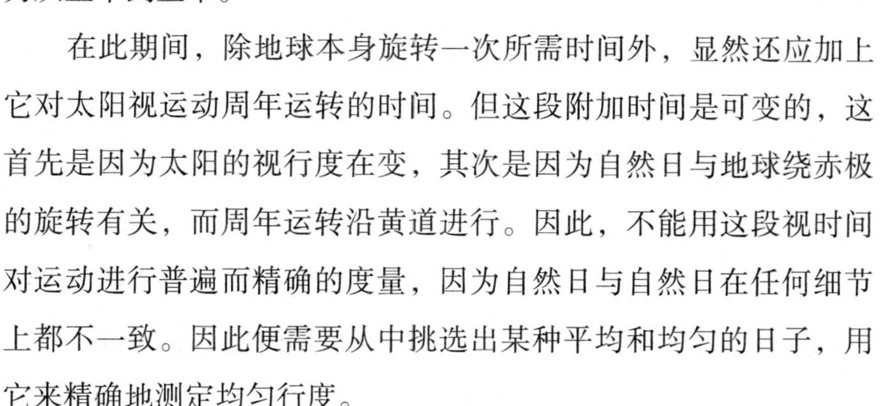

在此期间，除地球本身旋转一次所需时间外，显然还应加上它对太阳视运动周年运转的时间。但这段附加时间是可变的，这首先是因为太阳的视行度在变，其次是因为自然日与地球绕赤极的旋转有关，而周年运转沿黄道进行。因此，不能用这段视时间对运动进行普遍而精确的度量，因为自然日与自然日在任何细节上都不一致。因此便需要从中挑选出某种平均和均匀的日子，用它来精确地测定均匀行度。

由于在一整年中地球绕两极共作365次自转，此外，由于太阳的视运动使日子加长，所以还须增加大约一次完整的自转，因

此自然日要比均匀日长出这一附加自转周的$^{1}/_{365}$。于是，我们应当定义出均匀日，并把它与非均匀的视日区分开来。我把赤道的一次完整自转加上在此期间太阳看起来均匀运动的部分称为“均匀日”，而把赤道转一周的360°加上与太阳视运动一起在地平圈或子午圈上升起的部分称为“非均匀视日”。虽然这些日之间的差别小到无法立即察觉，但若干天后它就很明显了。

这种现象有两种原因，即太阳视运动的非均匀性以及倾斜黄道的非均匀升起。第一种原因是由太阳的非均匀视行度造成的，前面已经阐明［III，16—17］。托勒密认为［《天文学大成》，III，9］，在两个平拱点之间，对于中点为高拱点的半圆来说，度数比黄道少了$4^{3}/_{4}$时度，而在包含低拱点的另一个半圆上，度数却比黄道多出了同一数目。因此一个半圆比另一个半圆总共超出$9^{1}/_{2}$时度。

但是对于与出没有关的第二种原因，各包含一个至点的两个
171 半圆之间有着极大的差异。这是最短日与最长日之间的差异，它的变化很大，每一地区都不一样。而从中午或午夜量出的差值在任何地方都在四个极限点以内。从金牛宫16°处到狮子宫14°处，黄道的88°共越过子午圈的约93时度；从狮子宫14°到天蝎宫16°，黄道的92°共越过子午圈的87时度，所以后者少了5时度［92°—87°］，前者多了5时度［93°—88°］。于是第一时段的日子比第二时段超出了10时度＝$^{2}/_{3}$小时。另一半圆的情况与此相似，只是两个完全相对的极限点反了过来。

现在天文学家们决定取正午或午夜而不是日出或日没来作为自然日的起点，这是因为与地平圈有关的非均匀性较为复杂，它可长达数小时，而且各地的情况不一样，它会根据地球的倾角复杂地变化。而与子午圈有关的非均匀性则是到处都一样，所以较为简单。

因此，由前述原因即太阳视运动的不均匀性以及黄道不均匀地通过子午圈所引起的总的差值，在托勒密以前达到$8^1/_3$时度［《天文学大成》，III，9］；现在减少是从宝瓶宫20°左右扩展到天蝎宫10°，增加是从天蝎宫10°扩展到宝瓶宫20°，差值已经缩小为7°48′时度。由于近地点和偏心率也是随时间变化的，所以这些现象也将随时间变化。

最后，如果把二分点岁差的最大变化也考虑在内，则自然日的整个变化可以在几年内超过10时度。直到现在，自然日非均匀性的第三种原因仍然隐而未现，因为相对于平均和均匀分点而不是并非完全均匀的二分点（这一点已经足够清楚了）来说，赤道的旋转已经被发现是均匀的，所以有时较长的日会比较短的日超出10时分的两倍即$1^1/_3$小时。由于太阳的周年视行度以及恒星相当缓慢的行度，这些现象也许可以忽视而不致产生明显的误差，然而由于月球的快速运动（可以引起太阳行度的$^5/_6$°的误差），它们决不能被完全忽略。

根据以下把所有变化联系起来的方法，可以比较均匀时和视非均匀时。对于任一段给定时间来说，对该时段的两个极限点——即起点和终点——来说，可以根据我所说的太阳复合均匀行度求出太阳相对于平春分点的平位移，以及相对于真春分点的真视位移。测定在正午或午夜赤经走过了多少时度，或者定出第一真位置与第二真位置的赤经之间有多少时度。如果它们等于

两平位置之间的度数，则已知的视时间等于平时间；如果时度较
172 大，就把多余量与已知时间相加；如果较小，就从视时间中减去
差值。由这样得到的和或差出发，并取1时度等于1小时的4分钟或1日分的10秒［10^{ds}］，我们就可以得到归化为均匀时的时间。而如果均匀时已知，你想求得与之相应的视时间是多少，则可遵循相反程序。

对于第一个奥林匹克运动会期，我们求得在雅典历1月1日正午，太阳与平春分点的平均距离为90°59′［III，19］，而与视分点的平均距离位于巨蟹宫内0°36′[191]。从基督纪元以来，太阳的平均行度位于摩羯宫内8°2′［＝278°2′；III，19］，真行度位于摩羯宫内8°48′。因此，在正球上从巨蟹宫0°36′到摩羯宫8°48′共升起了178时度54′，这超过了平位置之间的距离1时度51′＝7分钟[192]。对其余部分程序相同，由此可以非常精确地考察月球的运动，我将在下一卷对此进行讨论。

第　四　卷

引　言 173

在上一卷中，我尽自己所能解释了地球绕日运动所引起的现
象，并试图用同样的方式来确定所有行星的运动。首先摆在我面
前的必然是月球的运动，因为主要是通过昼夜可见的月球，星体
的位置才得以确定和验证。其次，在所有天体中，只有月球的运
转（尽管非常不规则）直接与地心有关，月球与地球有着最密切
的关系[1]。因此，月球本身并不能表明地球在运动（也许周日旋 267
转除外），正因如此，古人相信地球位于宇宙的中心，并且是一
切旋转的中心。在阐释月球的运动时，我并不反对古人关于月球
绕地球运转的观念，不过我将提出某些与前人相左但却更加可靠
的观点，并用它们尽可能更有把握地确定月球的运动，以便更清
楚地理解月球的奥秘。

第一章　古人关于月球圆周的假说

月球的运动具有下列性质：它不是沿着黄道的中圆运行，而是沿着一个倾斜于中圆且与之彼此平分的自己的圆周运行，月球可以从这条交线进入两种纬度中的任何一种。这些现象很像太阳周年运行中的回归线，因为年之于太阳有如月之于月球。有些天文学家把交点的平均位置称为“食点”，另一些人则称之为“节点”。太阳和月球在这些点上出现的合与冲被称为“食”，日月食都出现在这些点上。除这些点外，这两个圆没有其他公共点，因为当月球走向其他位置时，其结果是太阳和月球的光线不会彼此遮挡。而当它们掠过时，并不会阻挡对方。

此外，这个倾斜的月球圆周连同它的四个基点一起围绕地心均匀运行，每天大约移动3′，19年运转一周。因此，我们看到月球总是沿自己的圆周在其平面上向东运动，只是有时运动较慢，有时运动较快。月球运行越慢，离地球就越远；运行越快，离地球就越近。由于距地球较近，月球的这一变化要比其他任何天体都更容易察觉。

174 古人认为这一现象是由一个本轮引起的。当月球沿本轮的上半部分运行时，其速度小于平均速度；而当月球沿本轮的下半部分运行时，其速度大于平均速度。然而前已证明［III，15］，由本轮所取得的结果，借助于偏心圆也能得出。但古人之所以会选择本轮，是因为月球看起来显示出双重的不均匀性。当月球位于本轮的高低拱点时，看不出与均匀运动什么差别；而当它位于本轮与均轮的交点附近时，就与均匀运动有了很大差别。这种差别对于或盈或亏的半月来说要比满月大得多，而这种变化的出现是确定的和有规则的。因此，他们认为本轮行于其上的均轮并非与地球同心，而是有这样一个偏心本轮，月球按照如下规则在本轮上运动：当太阳与月球是在平均的冲与合时，本轮位于偏心圆的远地点；而当月球位于合与冲之间，与它们相距一个象限时，本轮位于偏心圆的近地点。于是，他们就设想出两种相等但方向相反的围绕地心的均匀运动，即本轮向东运动，偏心圆的中心及其两拱点向西运动，而太阳的平位置线总是介于它们之间。这样，本轮每个月在偏心圆上运转两次。

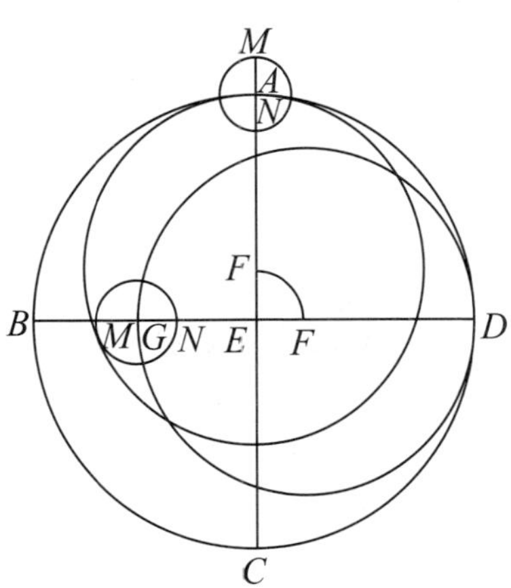

为了更直观地说明这些事情，设$ABCD$是与地球同心的偏斜的月球圆周，它被直径AEC和BED四等分。设点E为地心，日月的

平均合点位于直线AC上，中心为点F的偏心圆的远地点和本轮MN
的中心同时在同一位置。设偏心圆的远地点向西运动的距离等于
本轮向东运动的距离。用与太阳的平合或对太阳的平冲来测量，
175 它们都绕点E作相等的周月均匀运转。设太阳的平位置线AEC总是
介于它们之间，月球从本轮的远地点向西运动。天文学家们认为
这种安排是与现象相符的。本轮在半个月的时间里远离太阳移动
了半周，但从偏心圆的远地点运转了一整周。结果，在这段时间
的一半即大约半月的时候，本轮和偏心圆的远地点正好沿直径BD
相对，同时偏心圆上的本轮位于近地点G，此处距地球较近，不
均匀性的变化较大，因为在不同距离处看同样大小的物体，离得
越近物体就显得越大[2]。因此，当本轮位于点A时变化最小，位
于点G时变化最大。本轮直径MN与线段AE之比最小，而与GE之
比则要大于它与其余位置所有线段之比，这是因为在从地心向偏
心圆所作的所有线段中，GE最短，而AE或与之等长的DE最长。

第二章　那些假设的缺陷

我们的前人认为这样一种圆周的组合可以与月球现象取得一致，但如果我们更认真地分析一下，就会发现这个假设并非完全适宜和妥当，我们可以用推理和感官来证明这一点。因为当我们的前人宣称本轮中心绕地心均匀运转的时候，也应当承认它在自己所描出的偏心圆上的运动是不均匀的。

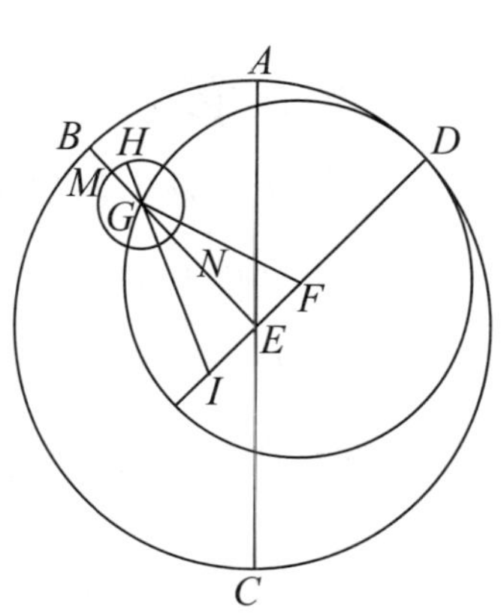

比如说，假定角AEB=角AED=45°，使得角BED=90°。把本轮中心取在点G，连接GF。于是显然，角GFD>角GEF，因为外角大于与之相对的内角。因此，在同一时间内描出来的两弧DAB和DG是不等的。既然弧DAB=90°，则本轮中心同时扫出的

176 弧$DG>90°$。但是已经证明［IV，1结尾］，在半月时弧$DAB=$弧$DG=180°$，因此，本轮在它所描出的偏心圆上的运动是不均匀的。但如果是这样，我们该怎样对以下公理，即“天体的运动是均匀的，只不过看起来似乎是非均匀的罢了”[3]做出回应呢？看起来均匀运行的本轮实际上是不均匀的，这难道不是正好与一个既定的原则和假设相抵触吗？但假定你说本轮绕地心均匀运转，并说这足以保证均匀性，那么这样一种在本轮之外的一个圆上不出现，而在本轮自身的偏心圆上却出现的均匀性是怎样一种均匀性呢？

我对月球在本轮上的均匀运动也感到困惑。我的前人决定把它解释成与地心无关，而用本轮中心量出的均匀运动理应与地心有关，即与直线EGM有关。而他们却把月球在本轮上的均匀运动与其他某一点联系了起来[4]。地球位于该点与偏心圆中点之间，而直线IGH充当着月球在本轮上均匀运动的指示器。由于这种现象部分依赖于这种假设，所以这本身也足以证明这种运动是非均匀的。于是，月球在其自身的本轮上的运动也是非均匀的。如果我们想把视不均匀性建立在真不均匀性的基础上，我们推理的实质也就很清楚了[5]。除了不给那些诋毁这门科学的人提供机会，我们还能做什么呢？

其次，经验和感官知觉本身都向我们表明，月球的视差与各圆的比值所给出的视差不一致。这种被称为“交换”的视差是由于地球的大小在月球附近不容忽视而产生的。从地心和地球表面到月球所引直线并不平行，而是在月球上相交成一个明显的角度，所以它们必然会导致月球视运动的差异。在那些从弯曲的地面上斜着观月的人看来，月球的位置与那些从地心或地球的天顶观月的人所看到的位置是不同的。因此这种视差随月地距离的不同而不同。天文学家们一致认为，如果取地球半径＝1，则最大距离为$64\frac{1}{6}$[6]。根据我们前人的模型，最小距离应为$33^{p}33'$，从而月球可以向我们靠近到大约一半距离处。根据由此得到的比值，最远和最近距离处的视差将彼此相差大约1：2。但我发现，那些出现于盈亏的半月（甚至当它处于本轮的近地点时）的视差，与日月食时出现的视差相差很小或没有什么差别，对此我将在适当的地方［IV，22］给出令人信服的说明。月球这个天体最能清楚地显示这一偏差，因为月球直径有时看来会大一倍，有时又会小一半[7]。由于圆面积之比等于直径平方之比，所以如果假设月球的整个圆面发光，那么在方照即距地球最近时，月球看起来应为与太阳相冲时的4倍大[8]。但由于此时月球有一半圆面发光，所以它仍应发出比在该处的满月多一倍的光。尽管与此相反的情况是显然的，如果有人不满足于通常的肉眼观测，而想用一架希帕克斯的屈光镜或其他仪器[9]来测量月球的直径，那么他就会发现 177
月球的直径变化只有无偏心圆的本轮所要求的那样大。因此，在通过月球的位置来研究恒星时，梅内劳斯和提摩恰里斯总是毫不犹豫地把月球直径取为通常呈现出来的$\frac{1}{2}°$。

第三章　关于月球运动的另一种观点

因此情况很清楚，本轮看起来时大时小并非是因为偏心圆，而是与另一套圆周有关。设AB为一个本轮，我称其为第一本轮和大本轮。设点C为它的中心，点D为地心，从点D延长DC至本轮的高拱点A。以点A为圆心作另一个小本轮EF[10]。设所有这些图形都位于月球的偏斜圆面上。设点C向东运动，点A向西运动。月球从EF上部的点F向东运动，并保持这样一种图像：当DC与太阳的平位置线重合时，月球总是位于点E，离中心点C最近，而在方照时却位于点F，距点C最远。

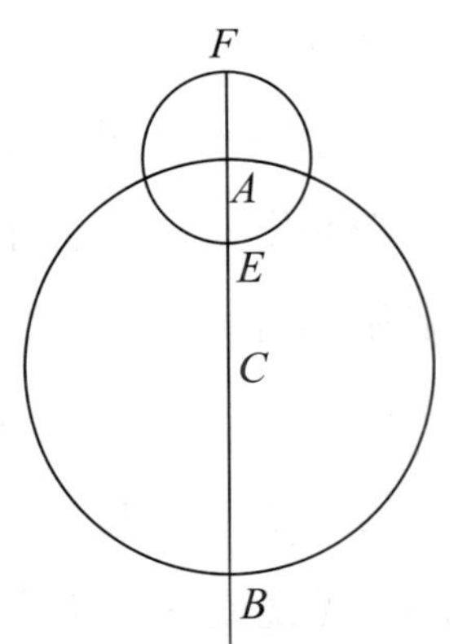

我要说明，月球现象与这个模型

相符。由此可知，月球每个月在小本轮EF上运转两周，在此期间，C有一次回到太阳处。朔望时，月球看起来描出半径为CE的最小的圆；但在方照时，月球描出半径为CF的最大的圆；于是，随着月球绕中心C通过相似却不相等的弧段，月球的均匀行度与视行度之差在前面的位置上较小，在后面的位置上较大。第一本轮的中心C总是位于一个与地球同心的圆上，所以月球呈现的视差没有很大变化，而是只与本轮有关。由此便很容易解释，为什么月球的大小看起来几乎不发生变化。其他一切与月球运动有关的现象都将按照观测情况出现。

后面我将用自己的假说来证明这种一致性，尽管如果保持所需的比值，同样的现象也可用偏心圆来解释，一如太阳的情形［III，15］。不过和前面一样［III，13—14］，我仍将从均匀运动谈起，因为如果不讲均匀运动，非均匀运动也无法确定。因为存在着前面讲过的视差，这里产生的困难并不小，视差使得月球的位置不能通过星盘或其他类似仪器来测定。然而在这里，大自然的慷慨仁厚也照顾到了人类的愿望，因为通过月食来测定月球的位置要比通过仪器来测定更为可靠，而且不必怀疑有任何误差[11]。当宇宙的其他部分明亮而且充满阳光时，黑夜显然只是地球的阴影，这个影子呈终止于一点的锥形。当月球与这个锥影相遇时，它就变暗了；而当它沉浸在阴影之中时，它无疑到达了与太阳相对的位置上。而由月球位于日地之间所引起的日食，却不能用来精确地测定月球的位 178
置。因为尽管有时我们看到了太阳与月球的合，但相对于地心，由于存在着前面所说的视差，其实合已成过去或尚未发生。因此，在各个国家看来，同一次日食的食分和持续时间都不一样，其他细节

也不类似。然而月食却不存在此种障碍，在各地看来它们都一样，因为阴影的轴线是沿着从地心到太阳的方向上的。所以月食最适于用最高精度的计算确定月球的运动。

第四章　月球的运转及其行度详情

在最早的天文学家中，力求通过数学知识来把这一主题流传后世的是雅典人默冬（Meton），他的盛年大约在第87[12]个奥林匹克运动会期左右。他宣称19个太阳年包含235个月。于是这个长周期被称为“默冬章”，即19年周期（enneadekaeteris）[13]。这个数字广为流传，它曾在雅典和其他著名城市的市场上公开展示，甚至到现在还被普遍接受，因为人们认为借助于它，月份的起点和终点就可以以一种严密的次序确定下来，并且太阳年的$365^1/_4$日也可以与月份相公度。由此得到的76年的卡利普斯周期中有19个闰日，该周期被称为“卡利普斯章”。然而希帕克斯通过认真的研究发现，每304年[14]中就多出了一整天，只有把太阳年缩短$^1/_{300}$天，才能对卡利普斯章加以修正。于是有些天文学家把这个包含3760个月[15]的长周期称为“希帕克斯章”。

如果同时也研究近点角和黄纬的周期，上面这些计算的描述就过于简单和粗略了。为此，希帕克斯做了进一步研究［《天文学大成》，IV，2—3］。他把自己非常精确的月食观测记录与巴比伦人流传下来的记录进行对比，定出了月份与近点角循环同时完成的周期为345埃及年82天1小时，在此期间共有4267个月和4573次近点角循环。把这些月份转换成日数，得到126007日1小时，再除以月份数，得到1月＝29日31′50″8‴9⁗20′′′′′。根据这一结果还可求得任何时刻的行度。把一个月内运转的360°除以一个月的天数，就得到月球离开太阳的日行度为12°11′26″41‴20⁗18′′′′′。把它乘以365，便得到年行度为12周加上129°37′21″28‴29⁗。此外，由于4267月与4573次近点角循环的两个数字有公约数17，所以化为最小项以后的比值为251：269。根据《几何原本》，V，15，我们可以得出月球行度与近点角行度之比。把月球行度乘以269，再把乘积除以251，得到的商即为近点的年行度，它的值为13周加88°43′8″40‴20⁗。因此，日行度为13°3′53″56‴29⁗。

179 而黄纬的循环却是另一种节奏，因为它与近点角回归的精确时间不相符。只有当前后两次月食在一切方面都相似和相等（例如在同一边的两个阴影区相等），我指的是食分与食延时间均相等，我们才能说月球又回到了原来的纬度。这出现在月球与高低拱点的距离相等的时候，因为这时月球被认为在相等时间内穿过了相等的阴影。根据希帕克斯的计算，这种情况每5458个月发生一次，这段时间对应着5923次黄纬循环。和其他行度一样，通过这一比值也可定出以年和日量出的确切的黄纬行度。把月球离开太阳的行度乘以5923个月，再把乘积除以5458，便可得到月球的年黄纬行度为13周加148°42′46″49‴3⁗，日行度为13°13′45″39‴40⁗。希帕克斯用这种方法算出了月球的均匀行度，而在他之前尚没有人得到过更为准确的结果。然而后来，人们发现这些结果并非完全准确。托勒密求得的远离太阳的平均行度与希帕克斯相同，但近点角的年行度却比希帕克斯的少了1″11‴39⁗，黄纬年行度则多了53‴41⁗。

又过了很长时间，我也发现希帕克斯的平均年行度少了1″2‴49⁗，近点角行度只少了24‴49⁗，黄纬行度则多了1″1‴42⁗。因此，月球与地球的年平均行度相差129°37′22″32‴40⁗，近点角行度相差88°43′9″5‴9⁗，而黄纬行度相差148°42′45″17‴21⁗。

60年周期内逐年的月球行度 180

基督纪元209° 58′

埃及年	行度					埃及年	行度				
	60°	°	′	″	‴		60°	°	′	″	‴
1	2	9	37	22	36	31	0	58	18	40	48
2	4	19	14	45	12	32	3	7	56	3	25
3	0	28	52	7	49	33	5	17	33	26	1
4	2	38	29	30	25	34	1	27	10	48	38
5	4	48	6	53	2	35	3	36	48	11	14
6	0	57	44	15	38	36	5	46	25	33	51
7	3	7	21	38	14	37	1	56	2	56	27
8	5	16	59	0	51	38	4	5	40	19	3
9	1	26	36	23	27	39	0	15	17	41	40
10	3	36	13	46	4	40	2	24	55	4	16
11	5	45	51	8	40	41	4	34	32	26	53
12	1	55	28	31	17	42	0	44	9	49	29
13	4	5	5	53	53	43	2	53	47	12	5
14	0	14	43	16	29	44	5	3	24	34	42
15	2	24	20	39	6	45	1	13	1	57	18
16	4	33	58	1	42	46	3	22	39	19	55
17	0	43	35	24	19	47	5	32	16	42	31
18	2	53	12	46	55	48	1	41	54	5	8
19	5	2	50	9	31	49	3	51	31	27	44
20	1	12	27	32	8	50	0	1	8	50	20
21	3	22	4	54	44	51	2	10	46	12	57
22	5	31	42	17	21	52	4	20	23	35	33
23	1	41	19	39	57	53	0	30	0	58	10
24	3	50	57	2	34	54	2	39	38	20	46
25	0	0	34	25	10	55	4	49	15	43	22
26	2	10	11	47	46	56	0	58	53	5	59
27	4	19	49	10	23	57	3	8	30	28	35
28	0	29	26	32	59	58	5	18	7	51	12
29	2	39	3	55	36	59	1	27	45	13	48
30	4	48	41	18	12	60	3	37	22	36	25

181

60日周期内逐日和日-分的月球行度											
日	行　度					日	行　度				
	60°	°	′	″	‴		60°	°	′	″	‴
1	0	12	11	26	41	31	6	17	54	47	26
2	0	24	22	53	23	32	6	30	6	14	8
3	0	36	34	20	4	33	6	42	17	40	49
4	0	48	45	46	46	34	6	54	29	7	31
5	1	0	57	13	27	35	7	6	40	34	12
6	1	13	8	40	9	36	7	18	52	0	54
7	1	25	20	6	50	37	7	31	3	27	35
8	1	37	31	33	32	38	7	43	14	54	17
9	1	49	43	0	13	39	7	55	26	20	58
10	2	1	54	26	55	40	8	7	37	47	40
11	2	14	5	53	36	41	8	19	49	14	21
12	2	26	17	20	18	42	8	32	0	41	3
13	2	38	28	47	0	43	8	44	12	7	44
14	2	50	40	13	41	44	8	56	23	34	26
15	3	2	51	40	22	45	9	8	35	1	7
16	3	15	3	7	4	46	9	20	46	27	49
17	3	27	14	33	45	47	9	32	57	54	30
18	3	39	26	0	27	48	9	45	9	21	12
19	3	51	37	27	8	49	9	57	20	47	53
20	4	3	48	53	50	50	10	9	32	14	35
21	4	16	0	20	31	51	10	21	43	41	16
22	4	28	11	47	13	52	10	33	55	7	58
23	4	40	23	13	54	53	10	46	6	34	40
24	4	52	34	40	36	54	10	58	18	1	21
25	5	4	46	7	17	55	11	10	29	28	2
26	5	16	57	33	59	56	11	22	40	54	43
27	5	29	9	0	40	57	11	34	52	21	25
28	5	41	20	27	22	58	11	47	3	48	7
29	5	53	31	54	3	59	11	59	15	14	48
30	6	5	43	20	45	60	12	11	26	41	31

182

60年周期逐年的月球近点角行度											
年	行 度					年	行 度				
	60°	°	′	″	‴		60°	°	′	″	‴
1	1	28	43	9	7	31	3	50	17	42	44
2	2	57	26	18	14	32	5	19	0	51	52
3	4	26	9	27	21	33	0	47	44	0	59
4	5	54	52	36	29	34	2	16	27	10	6
5	1	23	35	45	36	35	3	45	10	19	13
6	2	52	18	54	43	36	5	13	53	28	21
7	4	21	2	3	50	37	0	42	36	37	28
8	5	49	45	12	58	38	2	11	19	46	35
9	1	18	28	22	5	39	3	40	2	55	42
10	2	47	11	31	12	40	5	8	46	4	50
11	4	15	54	40	19	41	0	37	29	13	57
12	5	44	37	49	27	42	2	6	12	23	4
13	1	13	20	58	34	43	3	34	55	32	11
14	2	42	4	7	41	44	5	3	38	41	19
15	4	10	47	16	48	45	0	32	21	50	26
16	5	39	30	25	56	46	2	1	4	59	33
17	1	8	13	35	3	47	3	29	48	8	40
18	2	36	56	44	10	48	4	58	31	17	48
19	4	5	39	53	17	49	0	27	14	26	55
20	5	34	23	2	25	50	1	55	57	36	2
21	1	3	6	11	32	51	3	24	40	45	9
22	2	31	49	20	39	52	4	53	23	54	17
23	4	0	32	29	46	53	0	22	7	3	24
24	5	29	15	38	54	54	1	50	50	12	31
25	0	57	58	48	1	55	3	19	33	21	38
26	2	26	41	57	8	56	4	48	16	30	46
27	3	55	25	6	15	57	0	16	59	39	53
28	5	24	8	15	23	58	1	45	42	49	0
29	0	52	51	24	30	59	3	14	25	58	7
30	2	21	34	33	37	60	4	43	9	7	15

183

60日周期内逐日和日–分的月球近点角行度											
日	行度					日	行度				
	60°	°	′	″	‴		60°	°	′	″	‴
1	0	13	3	53	56	31	6	45	0	52	11
2	0	26	7	47	53	32	6	58	4	46	8
3	0	39	11	41	49	33	7	11	8	40	4
4	0	52	15	35	46	34	7	24	12	34	1
5	1	5	19	29	42	35	7	37	16	27	57
6	1	18	23	23	39	36	7	50	20	21	54
7	1	31	27	17	35	37	8	3	24	15	50
8	1	44	31	11	32	38	8	16	28	9	47
9	1	57	35	5	28	39	8	29	32	3	43
10	2	10	38	59	25	40	8	42	35	57	40
11	2	23	42	53	21	41	8	55	39	51	36
12	2	36	46	47	18	42	9	8	43	45	33
13	2	49	50	41	14	43	9	21	47	39	29
14	3	2	54	35	11	44	9	34	51	33	26
15	3	15	58	29	7	45	9	47	55	27	22
16	3	29	2	23	4	46	10	0	59	21	19
17	3	42	6	17	0	47	10	14	3	15	15
18	3	55	10	10	57	48	10	27	7	9	12
19	4	8	14	4	53	49	10	40	11	3	8
20	4	21	17	58	50	50	10	53	14	57	5
21	4	34	21	52	46	51	11	6	18	51	1
22	4	47	25	46	43	52	11	19	22	44	58
23	5	0	29	40	39	53	11	32	26	38	54
24	5	13	33	34	36	54	11	45	30	32	51
25	5	26	37	28	32	55	11	58	34	26	47
26	5	39	41	22	29	56	12	11	38	20	44
27	5	52	45	16	25	57	12	24	42	14	40
28	6	5	49	10	22	58	12	37	46	8	37
29	6	18	53	4	18	59	12	50	50	2	33
30	6	31	56	58	15	60	13	3	53	56	30

184

60年周期内逐年的月球黄纬行度											
基督元年129° 45′											
年	行 度					年	行 度				
	60°	°	′	″	‴		60°	°	′	″	‴
1	2	28	42	45	17	31	4	50	5	23	57
2	4	57	25	30	34	32	1	18	48	9	14
3	1	26	8	15	52	33	3	47	30	54	32
4	3	54	51	1	9	34	0	16	13	39	48
5	0	23	33	46	26	35	2	44	56	25	6
6	2	52	16	31	44	36	5	13	39	10	24
7	5	20	59	17	1	37	1	42	21	55	41
8	1	49	42	2	18	38	4	11	4	40	58
9	4	18	24	47	36	39	0	39	47	26	16
10	0	47	7	32	53	40	3	8	30	11	33
11	3	15	50	18	10	41	5	37	12	56	50
12	5	44	33	3	28	42	2	5	55	42	8
13	2	13	15	48	45	43	4	34	38	27	25
14	4	41	58	34	2	44	1	3	21	12	42
15	1	10	41	19	20	45	3	32	3	58	0
16	3	39	24	4	37	46	0	0	46	43	17
17	0	8	6	49	54	47	2	29	29	28	34
18	2	36	49	35	12	48	4	58	12	13	52
19	5	5	32	20	29	49	1	26	54	59	8
20	1	34	15	5	46	50	3	55	37	44	26
21	4	2	57	51	4	51	0	24	20	29	44
22	0	31	40	36	21	52	2	53	3	15	1
23	3	0	23	21	38	53	5	21	46	0	18
24	5	29	6	6	56	54	1	50	28	45	36
25	1	57	48	52	13	55	4	19	11	30	53
26	4	26	31	37	30	56	0	47	54	16	10
27	0	55	14	22	48	57	3	16	37	1	28
28	3	23	57	8	5	58	5	45	19	46	45
29	5	52	39	53	22	59	2	14	2	32	2
30	2	21	22	38	40	60	4	42	45	17	21

185

60日周期内逐日和日–分的月球黄纬行度											
日	行　度					日	行　度				
	60°	°	′	″	‴		60°	°	′	″	‴
1	0	13	13	45	39	31	6	50	6	35	20
2	0	26	27	31	18	32	7	3	20	20	59
3	0	39	41	16	58	33	7	16	34	6	39
4	0	52	55	2	37	34	7	29	47	52	18
5	1	6	8	48	16	35	7	43	1	37	58
6	1	19	22	33	56	36	7	56	15	23	37
7	1	32	36	19	35	37	8	9	29	9	16
8	1	45	50	5	14	38	8	22	42	54	56
9	1	59	3	50	54	39	8	35	56	40	35
10	2	12	17	36	33	40	8	49	10	26	14
11	2	25	31	22	13	41	9	2	24	11	54
12	2	38	45	7	52	42	9	15	37	57	33
13	2	51	58	53	31	43	9	28	51	43	13
14	3	5	12	39	11	44	9	42	5	28	52
15	3	18	26	24	50	45	9	55	19	14	31
16	3	31	40	10	29	46	10	8	33	0	11
17	3	44	53	56	9	47	10	21	46	45	50
18	3	58	7	41	48	48	10	35	0	31	29
19	4	11	21	27	28	49	10	48	14	17	9
20	4	24	35	13	7	50	11	1	28	2	48
21	4	37	48	58	46	51	11	14	41	48	28
22	4	51	2	44	26	52	11	27	55	34	7
23	5	4	16	30	5	53	11	41	9	19	46
24	5	17	30	15	44	54	11	54	23	5	26
25	5	30	44	1	24	55	12	7	36	51	5
26	5	43	57	47	3	56	12	20	50	36	44
27	5	57	11	32	43	57	12	34	4	22	24
28	6	10	25	18	22	58	12	47	18	8	3
29	6	23	39	4	1	59	13	0	31	53	43
30	6	36	52	49	41	60	13	13	45	39	22

第五章　在朔望出现的月球第一种不均匀性的分析 186

我已经就自己目前所能掌握的程度定出了月球的均匀行度。现在我将通过本轮来探讨关于不均匀性的理论，首先是与太阳发生合与冲时的不均匀性。古代天文学家凭借令人惊讶的技巧通过三次一组的月食对这种不均匀性进行了研究。我也将遵循他们为我们开辟的这一道路，采用托勒密做过认真观测的三次月食，并把它们与另外三次观测同样认真的月食进行比较，以检验上述均匀行度是否正确。在研究它们时，我将效仿古人的做法，把太阳和月球远离春分点位置的平均行度取作均匀的，因为别说是在这么短的时间里，就是在10年里，二分点的不均匀岁差所引起的不规则性也是察觉不到的。

托勒密［《天文学大成》，IV，6］所取的第一次月食发生在哈德良17年埃及历10月20日结束之后，即公元133年5月6日＝5月7日的前一天。这次月食为全食，它的食甚出现在亚历山大城的午夜之前$^3/_4$均匀小时。但是在弗龙堡或克拉科夫，它应在5月7日前的午夜前的$1^3/_4$小时。太阳当时位于金牛宫内$13^1/_4°$，然而根据平均行度应位于金牛宫内12°21′。

托勒密所说的第二次月食发生在哈德良19年埃及历4月2日结束之后，即公元134年10月20日。阴影区从北面开始扩展到月球直径的$^5/_6$。在亚历山大城，食甚出现在午夜前1均匀小时，而在克拉科夫则为午夜前2小时。当时太阳位于天秤宫内$25^1/_6$°，但根据平均行度应位于天秤宫内26°43′。

第三次月食发生在哈德良20年埃及历8月19日结束之后，即公元136年[16]3月6日结束后。阴影区又一次从北边开始扩展到月球直径的一半处。在亚历山大城的食甚出现在3月7日午夜后4均匀小时，而在克拉科夫则为午夜后3小时。当时太阳位于双鱼宫内14°5′，但根据平均行度应位于双鱼宫内11°44′。

在第一次与第二次月食之间的那段时间，月球移动的距离与太阳的视运动移动的距离是相等的（不算整圈），即161°55′；在第二次与第三次月食之间为138°55′[17]。根据视行度计算，第一段时间为1年166日$23^3/_4$均匀小时[18]，但修正后的时间为$23^5/_8$小时；第二段时间为1年137日5小时，但修正后的时间为$5^1/_2$小时[19]。在第一段时间中，太阳和月球的联合均匀行度（不算整圈）为169°37′[20]，月球的近点角行度为110°21′[21]；类似地，在第二段时间中，太阳与月球的联合均匀行度（不算整圈）为
187 137°34′[22]，月球的近点角行度为81°36′[23]。于是显然，在第一段时间中，本轮的110°21′从月球平均行度中减去了7°42′[24]；而在第二段时间中，本轮的81°36′给月球的平均行度加上了1°21′[25]。

有了这些以后，作月球的本轮ABC。在它上面设第一次月食出现在点A，第二次出现在点B，最后一次出现在点C。和前面一

样，假设月球也是在本轮上部向西运行，并设弧$AB=110°21'$，正如我已说过的，它从月球在黄道上的平均行度减去$7°42'$。设弧$BC=81°36'$，它给月球在黄道上的平均行度加上$1°21'$。圆周的其余部分弧$CA=168°3'$［$=360°-(110°21'+81°36')$］，它使行差的余量$6°21'$增大［$1°21'+6°21'=7°42'$］。本轮的高拱点不在弧BC和弧CA上，因为它们是附加的，而且都小于半圆。因此它应在AB上。

设点D为地心，本轮绕它均匀运转。从点D向月食点引直线DA、DB和DC。连接BC、BE和CE。如果取两直角$=180°$，则弧AB在黄道上所对的角$ADB=7°42'$，但如果取两直角$=360°$，则角$ADB=15°24'$［$=2\times7°42'$］。用类似的度数，三角形BDE的外角$AEB=110°21'$，所以角$EBD=94°57'$［$=110°21'-15°24'$］。然而当三角形各角已知时，其各边也可求得。取三角形外接圆的直径$=200000$，则$DE=147396$，$BE=26798$。此外，如果取两直角$=180°$，则因弧$AEC=6°21'$，所以角$EDC=6°21'$，然而如果取两直角$=360°$，则角$EDC=12°42'$。以这样的度数表示，角$AEC=191°57'$［$=110°21'+81°36'$］。角$ECD=$角$AEC-$角$CDE=$

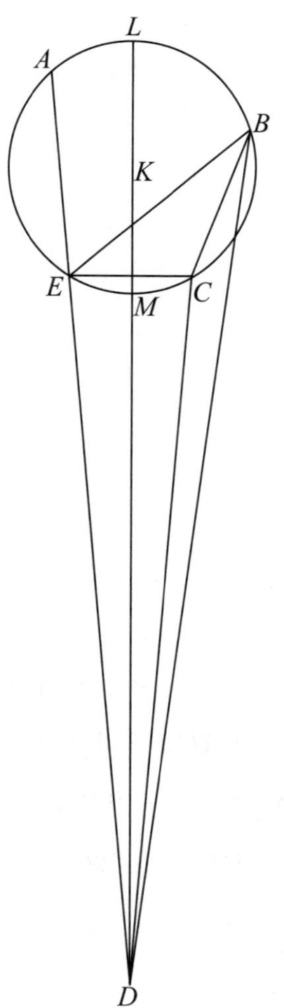

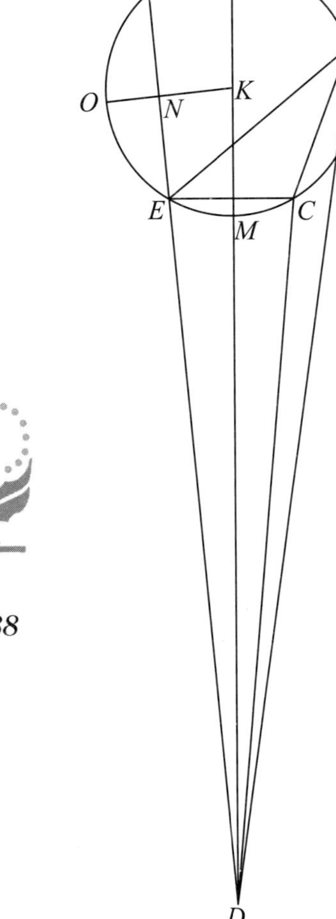

179°15′［=191°57′−12°42′］。因此，如果取外接圆直径=200000，则DE=199996，CE=22120。但是如果取DE=147396，BE=26798，则CE=16302。由于在三角形BEC中，边BE已知，边EC已知，角E=81°36′=弧BC，于是根据平面三角定理可得，第三边BC=17960。如果取本轮直径=200000，则弧BC=81°36′，弦BC=130684。对于已知比例的其他直线，ED=1072684，CE=118637，弧CE=72°46′10″。但是根据图形，弧CEA=168°3′，因此相减可得，弧EA=95°16′50″［=168°3′−72°46′10″］，弦EA=147786。于是以相同单位表示，整个直线AED=1220470[26]［=147786+1072684］。但因弧段EA小于半圆，本轮中心将不在它上面，而在其余弧段$ABCE$上。

设点K为本轮中心，过两个拱点作$DMKL$。设点L为高拱点，点M为低拱点。根据《几何原本》，III，36，$AD\times DE$=$LD\times DM$。但点K为圆的直径LM的中点，DM为延长的直线，所以$LD\times DM+(KM)^2=(DK)^2$[27]。于是，如果取$KL$=100000，则$DK$=1148556。如果取$DKL$=100000，则本轮的半径$LK$=8706。

完成这些步骤之后，再作KNO垂直于AD。因为KD、DE和EA相 188
互之间的比值都是用LK＝100000的单位表示的，并且$NE=\frac{1}{2}$（AE［＝147786］）＝73893，所以整个直线DEN＝1146577［＝DE＋EN＝1072684＋73893］。但是在三角形DKN中，边DK已知，边ND已知，角N＝90°，所以圆心角NKD＝86°38½′＝弧MEO。于是，半圆的其余弧段弧LAO＝93°21½′［＝180°－86°38½′］。而弧OA＝½弧AOE＝47°38½′，所以，当第一次月食发生时，月球的近点角，即它与本轮高拱点的距离弧LA＝弧LAO－弧OA＝93°21½′－47°38½′＝45°43′。但整个弧AB＝110°21′，因此，相减可得第二次月食发生时的近点角弧LB＝64°38′［＝110°21′－45°43′］。相加可得，第三次月食发生时，弧LBC＝146°14′［＝64°38′＋81°36′］。如果取四直角＝360°，则角DKN＝86°38′，角KDN＝90°－角DKN＝3°22′。此即为第一次月食发生时由近点角所增加的行差。由于角ADB＝7°42′，所以相减可得，第二次月食发生时弧LB从月球均匀行度中减去的量弧LDB＝4°20′。因为角BDC＝1°21′，所以相减可得，第三次月食发生时弧LBC所减去的行差角CDM＝2°59′[28]。因此，当第一次月食发生时，月球的平位置（即中心点K）位于天蝎宫内9°53′［＝13°15′－3°22′］，因为它的视位置是在天蝎宫内13°15′。这正好与太阳在金牛宫里的位置相对。同样，当第二次月食发生时，月球的平位置位于白羊宫内29½°［＝天秤宫25⅙°＋180°＋4°20′］，第三次月食发生时位于室女宫内17°4′［＝双鱼宫14°5′＋180°＋2°59′］。当第一次月食发生时，月球与太阳的均匀距离为177°33′，第二次为182°47′，最后一次为185°20′[29]。以上就是托勒密的步骤［《天文学大

成》，IV，6］。

让我们仿效他的例子，研究我同样认真观测的第二组三次月食。第一次发生在公元1511年10月6日结束时。月球在午夜前$1^{1}/_{8}$均匀小时开始被掩食，在午夜后$2^{1}/_{3}$小时完全复圆，于是食甚出现在10月7日前的午夜后$^{7}/_{12}$小时[30]。这是一次月全食，当时太阳位于天秤宫内22°25′，但根据均匀行度应位于天秤宫内24°13′。

我于公元1522年9月5日结束时观测到了第二次月食。这也是一次全食，它开始于午夜前$^{2}/_{5}$均匀小时[31]，食甚出现在9月6日之前的午夜后$1^{1}/_{3}$小时。当时太阳位于室女宫内$22^{1}/_{5}$°，但根据均匀行度应位于室女宫内23°59′。

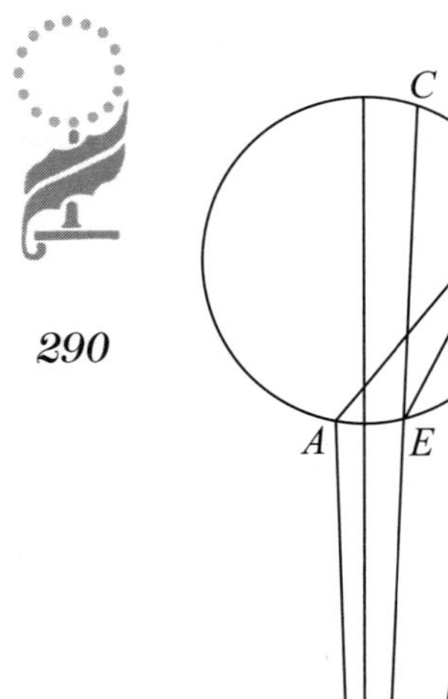

我于公元1523年8月25日结束时观测到了第三次月食。这也是一次全食，它开始于午夜后$2^{4}/_{5}$小时，食甚出现在8月26日之前的午夜后$4^{5}/_{12}$小时。当时太阳位于室女宫内11°21′，但根据平均行度应位于室女宫内13°2′。

从第一次到第二次月食，太阳和月球的
189 真位置移动的距离显然为329°47′[32]，而从第二次到第三次月食则为349°9′[33]。从第一次到第二次月食的时间为10均匀年337日，根据视时间再加$^{3}/_{4}$小时[34]，而根据修正的均匀时则为$^{4}/_{5}$小时。从第二次到第三次月食的时间为354日3小时5分[35]，而根据均匀时则为3小时9分。在第一段时间中，太阳和月球的联合平均行度（不算整圈）为334°47′[36]，月球近点角行度为250°36′[37]，从均匀行度中大约减去了5°［＝334°47′−329°47′］。在第二段时间中，太阳和月球的联合平均行度为346°10′[38]，月球近点角行度为306°43′[39]，需要给平均行度加上2°59′［＋346°10′＝349°9′］。

现在设ABC为本轮，点A为在第一次月食食甚时月球的位置，点B为第二次的位置，点C为第三次的位置。假设本轮从点C运行到点B，又从点B运行到点A，即上面向西，下面向东，且弧ACB＝250°36′。正如我已经说过的，它在第一段时间中从月球的平均行度中减去了5°；而弧BAC＝306°43′，它给月球的平均行度加上了2°59′；因此，剩下的弧AC＝197°19′[40]，它减去了剩余的2°1′[41]。由于弧AC大于半圆并且是减去的，所以它必然包含高拱点。因为这不可能在弧BA或CBA上，它们每一个都小于半圆并且是增加的，而最慢的运动出现在远地点附近。

在与它相对的地方取点D为地心。连接 AD、DB、DEC、AB、AE和EB。因为在三角形DBE中，截出弧CB的外角CEB＝53°17′，弧CB＝360°−弧BAC，在中心，角BDE＝2°59′，但在圆周上，角BDE＝5°58′。因此剩下的角EBD＝47°19′[42]［＝53°17′−5°58′］。因此，如果取三角形外接圆的半径＝10000，则边BE＝1042，边DE＝8024。类似地，截出弧AC的角AEC＝197°19′，在中心，角ADC＝2°1′，但在圆周上，角ADC＝4°2′。因此，如果取两直角＝360°，则相减可得，三角形ADE中剩余的角DAE＝193°17′。于是各边也可知。如果取三角形ADE的外接圆半径＝10000，则AE＝702，DE＝19865。然而，如果取DE＝8024，

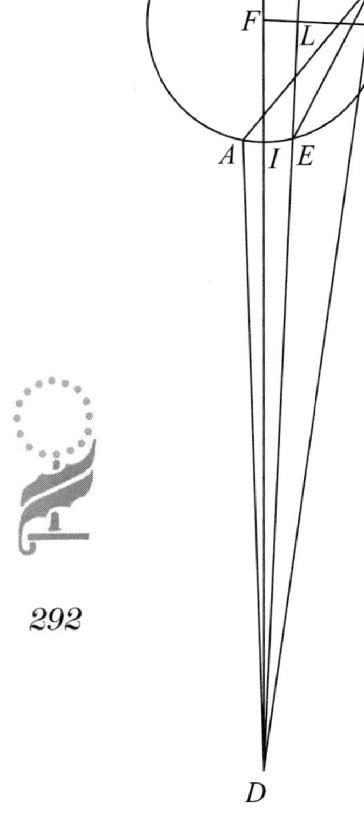

$EB=1042$，则$AE=283$[43]。

于是在三角形ABE中，边AE已知，边EB已知，而且如果取两直角$=360°$，已知角$AEB=250°36'$，于是根据平面三角形定理，如果取$EB=1042$，则$AB=1227$。这样，我们就求出了AB、EB和ED这三条线段的比值。它们可以用本轮半径$=10000$的单位表示出来：弦$AB=16323$，$ED=106751$，弦$EB=13853$。于是弧$EB=87°41'$，弧$EBC=$弧$EB+$弧BC［$=53°17'$］$=140°58'$。弦$CE=18851$，相加可得，$CED=125602$［$=ED+CE=106751+18851$］。

考虑本轮中心。因为EAC大于半圆，所以本轮中心必然落在该弧上。设点F为中心，点I为低拱点，点G为高拱点，过这两个拱点作直线$DIFG$。于是显然，$CD\times DE=GD\times DI$。但是，$GD\times DI+(FI)^2=(DF)^2$。所以，如果取$FG=10000$，则$DIF=116226$。因此，如果取$DF=100000$，则$FG=8604$[44]。这与自托勒密以来在我之前的大多数天文学家[45]报告的结果相符。

190 从中心点F作FL垂直于EC，并把它延长为直线FLM，且等分CE于点L。由于线段$ED=106751$，$^1/_2CE=LE=9426$，所以如果取$FG=10000$，$DF=116226$，则$DEL=116177$。于是在三角形DFL中，边DF已知，边DL已知，角$DFL=88°21'$，相减可得，角$FDL=$

1°39′。类似地，弧IEM＝88°21′，弧MC＝$^1/_2$弧EBC＝70°29′。因此相加可得，弧IMC＝158°50′［＝88°21′＋70°29′］，半圆的剩余部分弧GC＝180°－弧IMC＝21°10′。

此即第三次月食发生时月球与本轮远地点之间的距离，或近点角的位置。在第二次月食发生时，弧GCB＝74°27′［＝GC＋CB＝21°10′＋53°17′］；在第一次月食发生时，弧GBA＝183°51′［＝GB＋BA＝74°27′＋109°24′（＝360°－250°36′）］。在第三次月食发生时，中心角IDE＝1°39′，此为负行差。在第二次月食发生时，角IDB＝4°38′，它也是一个负行差，因为角IDB＝角GDC＋角CDB＝1°39′＋2°59′。因此，角ADI＝角ADB－角IDB＝5°－4°38′＝22′，它在第一次月食发生时加到均匀行度中去。于是当第一次月食发生时，月球均匀行度的位置位于白羊宫内22°3′，但其视位置在22°25′；而太阳当时位于与之相对的天秤宫内相同度数。用这种方法还可以求得，当第二次月食发生时，月球的平位置位于双鱼宫内26°50′，第三次月食发生时位于双鱼宫内13°。与地球的年行度相分离的月球的平均行度[46]分别是：第一次月食为177°51′，第二次月食为182°51′，第三次月食为179°58′[47]。

第六章　对月球黄经和近点角均匀行度的验证

通过这些有关月食的内容，我们可以检验前面关于月球均匀行度的论述是否正确。在第一组月食中，当第二次月食发生时，月球与太阳的距离为182°47′，近点角为64°38′。在第二组月食中，当第二次月食发生时，月球离开太阳的行度为182°51′，近点角为74°27′。于是明显可知，在此期间共历时17166个月加大约4分，近点角行度（不算整圈）为9°49′［=74°27′－64°38′］。从哈德良19年埃及历4月2日午夜前2小时到公元1522年9月5日午夜后$1^1/_3$小时，共历时1388个埃及年302日加上视时间$3^1/_3$小时[48]＝均匀时3小时34分。在此期间，除17165个均匀月的完整旋转以外，希帕克斯和托勒密都认为还应有359°38′。不过希帕克斯认为近点角为9°39′，托勒密认为是9°11′。因此，希帕克斯和托勒密都认为月球行度少了26′［＝360°4′－359°38′］，而托勒密那里的近点角少了38′［＝9°49′－9°11′］，希帕克斯那里的近点角行度少了10′［＝9°49′－9°39′］。在这些差值补上之后，结果与前面的计算结果相符。

第七章　月球黄经和近点角的历元 191

和前面［III，23］一样，这里我将对奥林匹克运动会纪元、亚历山大纪元、恺撒纪元、基督纪元以及其他任何我们所需的纪元的开端确定月球黄经和近点角的位置。让我们考虑三次古代月食中的第二次。它于哈德良19年埃及历4月2日午夜前1均匀小时在亚历山大城发生，而对于克拉科夫经度圈上的我们来说则为2小时。我发现从基督纪元开始到这一时刻，共历时133埃及年325日再加约数22小时，精确数为21小时37分[49]。根据我的计算，在此期间月球的行度为332°49′[50]，近点角行度为217°32′[51]。把这两个数分别从月食发生时对应的数中减去，便可得到在基督纪元开始时1月1前的午夜，对 月球与太阳的平距离来说余数为209°58′，对近点角来说为 207°7′[52]。

从第一个奥林匹克运动会期到这个基督纪元开始，共历时193个奥林匹克运动会期2年194½日即775埃及年12日加上½日[53]，但精确时间为12小时11分。类似地，从亚历山大大帝去世到基督诞生，共历时323埃及年130日外加视时间½日[54]，但精确时间为12小时16分。从恺撒到基督历时45埃及年12日[55]，其均匀时与视时的计算结果是相符的。

与这些时间间隔对应的行度可以按照各自的类别从基督诞生时的位置减去。我们求得在第一个奥林匹克运动会期1月1日正午，月球与太阳的均匀距离为39°48′，近点角为46°20′。在亚历山大纪元1月1日正午，月球与太阳的距离为310°44′，近点角为85°41′。在尤里乌斯·恺撒纪元1月1日前的午夜，月球与太阳的距离为350°39′，近点角为17°58′。所有这些数值都已划归为克拉科夫经度圈，因为我的观测地——位于维斯图拉（Vistula）河口的吉诺波里斯（Gynopolis）（通常被称为弗龙堡[56]）——处在这条经度圈上。这是我从这两个地方可以同时观测到日月食了解到的[57]。马其顿的底耳哈琴（Dyrrhachium）[58]——古代称为埃皮达努斯（Epidamnus）——也位于这条经度圈上。

第八章　月球的第二种不均匀性以及第一本轮与第二本轮之比

关于月球的均匀行度及其第一种不均匀性，我们前面已经作了解释。现在我要研究第一本轮与第二本轮之比以及它们与地心之间的距离。正如我已说过的，月球的平均行度与视行度之间的最大差值出现在高低拱点之间，即在平均方照处，此时盈月或亏月皆为半月。古人［托勒密，《天文学大成》，V，3］也报告说，此差值达到了$7^2/_3$°。他们测定了半月最接近本轮平距离的时刻，通过前面所讨论的计算很容易得知，这出现在由地心所引的
切线附近。因为此时月球与出没处大约相距黄道的90°，所以就避 192
免了视差可能导致的黄经行度误差。这时过地平圈天顶的圆与黄道正交，不会引起黄经变化，但变化完全发生在黄纬上。因此他们借助于星盘测定了月球与太阳的距离。进行比较之后，他们发现月球偏离平均行度的变化为我所说的$7^2/_3$°，而不是5°。

现在作本轮AB，其中心为点C。设地心为点D，从点D作直线$DBCA$。设点A为本轮的远地点，点B为近地点。作DE与本轮相切，连接CE。由于最大行差出现在切线处，这里为7°40′，所

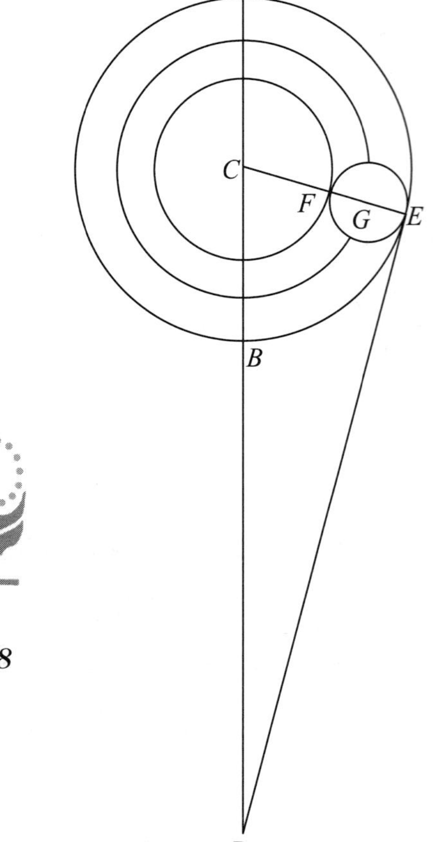

以角$BDE=7°40'$，圆AB的切点处的角$CED=90°$。因此，如果取半径$CD=10000$，则$CE=1334$[59]。但在满月时，这个距离要小得多，$CE≈861$。把CE分开，设$CF=860$。点F绕同一中心描出新月和满月所在的圆。于是相减可得，第二本轮的直径$FE=474$［$=1334-860$］。设FE被中点G平分。于是相加可得，第二本轮中心所描出的圆的半径$CFG=CF+FG=1097$。因此，如果取$CD=10000$，则$CG:GE=1097:237$。

第九章　表现为月球非均匀远离其第一本轮高拱点的剩余变化 193

上述论证使我们理解了月球如何在其第一本轮上不均匀地运动，以及它的最大差值出现在月亮为新月、凸月和半月的时候。再次设AB为第二本轮中心的平均运动所描出的第一本轮，点C为中心，点A为高拱点，点B为低拱点。在圆周上任取一点E，连接CE。设$CE：EF=1097：237$。以EF为半径，绕中心点E作第二本轮。在两边作与之相切的直线CL与CM。设小本轮从A向E即在第一本轮的上半部分向西运动，月球从F向L也是向西运动。沿AE的运动是均匀的，第二本轮通过FL的运动显然给均匀行度加上了弧段FL[60]，而当它通过MF时从均匀行度中减去这一段。但由于在三角形CEL中，角$L=90°$，如果取$CE=1097$，则$EL=237$[61]，因此，如果取$CE=10000$，则

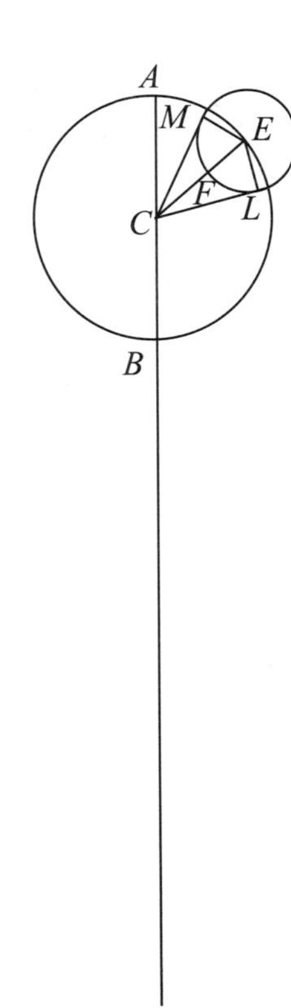

$EL=2160$。由于三角形ECL与ECM相似且相等，所以由表可得，$EL={}^1/_2$弦$2ECL$，角$ECL=$角$MCF=12°28'$[62]。此即月球在其运动中偏离第一本轮高拱点的最大差值，它出现在月球平均行度偏离地球平均行度线两侧38°46′的时候。因此显然，最大行差发生在日月之间的平距离为38°46′，且月球位于平冲任一边同样距离处时。

第十章　如何由给定的均匀行度推导出月球的视行度

处理了这些主题之后，我现在想通过图形来说明，如何能由月球的那些给定的均匀行度推导出月球的视行度来。以希帕克斯的一次观测为例，看看我的理论能否为经验所证实［托勒密，《天文学大成》，V，5］。

希帕克斯于亚历山大大帝去世后的第197年埃及历10月17日白天$9^1/_3$小时[63]在罗得岛用一个星盘观测太阳和月球，测出月球位于太阳以东$48^1/_{10}$°[64]。由于他认为当时太阳位于巨蟹宫内$10^9/_{10}$°，所以月球位于狮子宫内29°。当时天蝎宫29°正在升起，罗得岛上方的室女宫10°正位于中天，此处北天极的高度为36°［托勒密，《天文学大成》，II，2］。由此可见，当时位于黄道上并且距地平圈约90°的月球[65]在黄经上没有视差，或者至少小到无法察觉。这次观测是在17日午后$3^1/_3$小时[66]——在罗得岛对应着4均匀小时——进行的。由于罗得岛与我们之间的距离要比亚历山大城近$^1/_6$小时[67]，所以在克拉科夫应为午后$3^1/_6$均匀小时。自从亚历山大大帝去世，时间已经过去了196年286日[68]加上$3^1/_6$简单

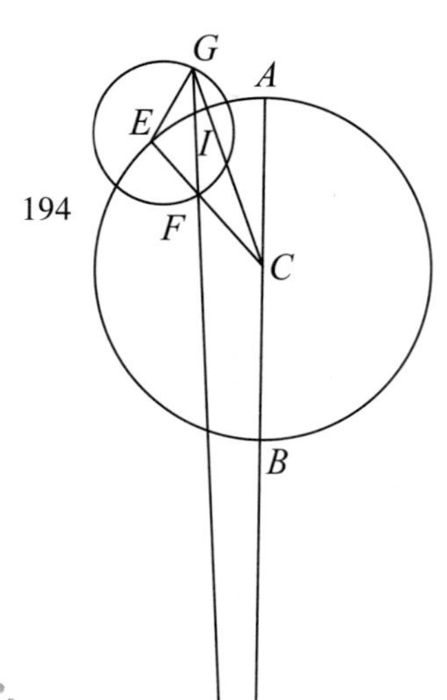

小时，但约为$3^1/_3$相等小时。这时太阳按照其平均行度到达了巨蟹宫内12°3′[69]，而按
194 照其视行度到达了巨蟹宫内10°40′，因此月球实际上位于狮子宫内28°37′。根据我的计算，月球周月运转的均匀行度为45°5′[70]，远离高拱点的近点角为333°。

根据这个例子，以点C为中心作第一本轮AB。设ACB为它的直径，把ACB延长为直线ABD至地心。在本轮上，设弧ABE＝333°。连接CE，并在点F把它分开，使得EC＝1097，EF＝237。以点E为中心，EF为半径，作本轮上的小本轮FG。设月球位于点G，弧FG＝90°10′，它等于离开太阳的均匀行度45°5′[71]的两倍。连接CG、EG和DG。于是在三角形CEG中，两边已知：CE＝1097，EG＝EF＝237，角GEC＝90°10′。因此，根据我们已经讲过的平面三角形定理，边CG＝1123，角ECG＝12°11′。由此还可得出弧EI以及近点角的正行差，相加可得，弧$ABEI$＝345°11′［ABE＋EI＝333°＋12°11′］。相减可得，角GCA＝14°49′［＝360°－345°11′］，此即月球与本轮AB的高拱点之间的真距离；角BCG＝165°11′［＝180°－14°49′］，于是在三角形GDC中，也有两边已知。如果取CD＝10000，则GC＝1123，角GCD＝165°11′。由此可求得角CDG＝1°29′以及与月球平均行度相加的行差。于是月球与太阳平均行度的真距离为46°34′［=45°5′+1°29′］，月球的视位置位于狮子宫内28°37′处，与太阳的真位置相距47°57′[72]，这比希帕克斯的观测结果少了9′［=48°6′−47°57′］。

然而，不要因此而猜想不是他的研究出了错，就是我的研究出了错。虽然有非常小的差异，但我将表明无论他还是我都没有犯错，真实的情况就是如此。我们应当记得，月球运转的圆周是倾斜的，于是我们会承认，月球在黄道上，特别是在黄纬南北两限和黄道交点的中点附近，会产生某种黄经的不均匀性。这种情况非常类似于我在讨论自然日的非均匀性时［III，26］所讲的黄赤交角。如果我们把上述关系赋予月球的轨道圆（托勒密认为它倾斜于黄道［托勒密，《天文学大成》，V，5］），就会发现在那些位置上，这些关系在黄道上引起了7′的黄经差，它的二倍是14′。这一差值作为增加量或减少量类似地发生。当太阳和月球相距一个象限，黄纬南北两限位于日月的中点时，在黄道上截出的弧将比月球轨道上的一个象限大14′；相反地，在交点是中点的另一个象限，通过黄极的圆截出的弧将比一个象限少相同数量的弧段。目前的情况就是如此。由于月球当时是在黄纬南限与黄道升交点（现代人称之为“天龙之头”[73]）之间的中点附近，而太阳已经通过另一个降交点（现代人称之为“天龙之尾”[74]），因此，如果月球在其倾斜轨道圆上的距离47°57′相对黄道至少增加了7′，尽管接近沉没的太阳也引起某种相减的视差，这是不奇 195
怪的。我将解释视差时［IV，16］对这些问题作进一步讨论。希帕克斯用仪器测出的日月两发光体之间的距离48°6′与我的计算结果符合得相当好，可以说是完全一致。

第十一章　月球行差或归一化的表格显示

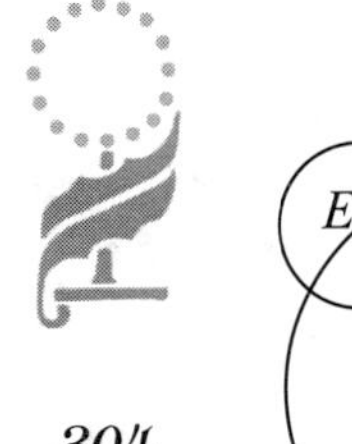

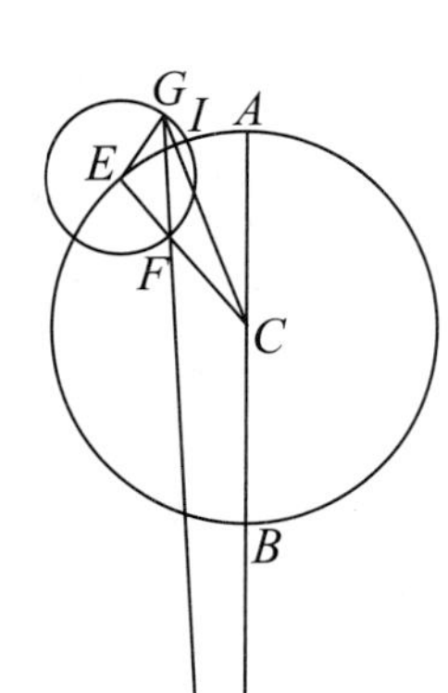

我相信，从这个例子可以一般地理解计算月球运动的方法。在三角形*CEG*中，*GE*和*CE*两边总是不变的。根据总在变化的已知角*GEC*，可以求得剩下的边*GC*和用来使近点角归一化的角*ECG*。其次，当在三角形*CDG*中，*DC*和*CG*两边以及角*DCE*的值已经确定时，我们可以用同样程序求得在地心所成的角*D*，即均匀行度与真行度之差。

为了使这些数值便于查找，我编了一张六列的行差表。前两列是均轮的公共数。第三列是小本轮每月两次运转所产生的行差，它改变了第一近点角的均匀性。第四列先暂时空着，以后再填进数值。第五列是当太阳与月球平合冲时较大的第一本轮的行差，其最大值为4°56′。倒数第二列是半月时出现的行差超过第四列中行差的值，其最大值为2°44′［＝7°40′－4°56′］。为了确定其他的超出量，比例分数已经根据如下比例算出来了，即相对于小本轮与从地心所引直线的切点处出现的任何其他超出量，取最大超出值2°44′为60′。于是在这个例子中［IV，10］，如果取CD＝10000，则CG＝1123。这使小本轮切点处的最大行差成为6°29′，它超出了第一本轮的最大行差1°33′［＋4°56′＝6°29′］。而2°44′：1°33′＝60′：34′[75]，于是我们就得到了在小本轮半圆处出现的超出量与给定的90°10′[76]弧所对应的超出量之比。因此，我将在表中与90°相对的地方写上34′。用这样的方法即可就同一圆中任一弧段求得比例分数，我把它们写在空着的第四列中。最后，我在最后一列加上南北黄纬度数，这将在后面讨论［IV，13－14］。为了方便易用，我把它们排成这种顺序。

196

月球行差表											
公共数		第二本轮行差		比例分数	第一本轮行差		增加量		北纬		
°	′	°	′		°	′	°	′	°	′	
3	357	0	51	0	0	14	0	7	4	59	
6	354	1	40	0	0	28	0	14	4	58	
9	351	2	28	1	0	43	0	21	4	56	
12	348	3	15	1	0	57	0	28	4	53	
15	345	4	1	2	1	11	0	35	4	50	
18	342	4	47	3	1	24	0	43	4	45	
21	339	5	31	3	1	38	0	50	4	40	
24	336	6	13	4	1	51	0	56	4	34	
27	333	6	54	5	2	5	1	4	4	27	
30	330	7	34	5	2	17	1	12	4	20	
33	327	8	10	6	2	30	1	18	4	12	
36	324	8	44	7	2	42	1	25	4	3	
39	321	9	16	8	2	54	1	30	3	53	
42	318	9	47	10	3	6	1	37	3	43	
45	315	10	14	11	3	17	1	42	3	32	
48	312	10	30	12	3	27	1	48	3	20	
51	309	11	0	13	3	38	1	52	3	8	
54	306	11	21	15	3	47	1	57	2	56	
57	303	11	38	16	3	56	2	2	2	44	
60	300	11	50	18	4	5	2	6	2	30	
63	297	12	2	19	4	13	2	10	2	16	
66	294	12	12	21	4	20	2	15	2	2	
69	291	12	18	22	4	27	2	18	1	47	
72	288	12	23	24	4	33	2	21	1	33	
75	285	12	27	25	4	39	2	25	1	18	
78	282	12	28	27	4	43	2	28	1	2	
81	279	12	26	28	4	47	2	30	0	47	
84	276	12	23	30	4	51	2	34	0	31	
87	723	12	17	32	4	53	2	37	0	16	
90	270	12	12	34	4	55	2	40	0	0	

续表

197

月球行差表										
公共数		第二本轮行差		比例分数	第一本轮行差		增加量		南纬	
°	′	°	′		°	′	°	′	°	′
93	267	12	3	35	4	56	2	42	0	16
96	264	11	53	37	4	56	2	42	0	31
99	261	11	41	38	4	55	2	43	0	47
102	258	11	27	39	4	54	2	43	1	2
105	255	11	10	41	4	51	2	44	1	18
108	252	10	52	42	4	48	2	44	1	33
111	249	10	35	43	4	44	2	43	1	47
114	246	10	17	45	4	39	2	41	2	2
117	243	9	57	46	4	34	2	38	2	16
120	240	9	35	47	4	27	2	35	2	30
123	237	9	13	48	4	20	2	31	2	44
126	234	8	50	49	4	11	2	27	2	56
129	231	8	25	50	4	2	2	22	3	9
132	228	7	59	51	3	53	2	18	3	21
135	225	7	33	52	3	42	2	13	3	32
138	222	7	7	53	3	31	2	8	3	43
141	219	6	38	54	3	19	2	1	3	53
144	216	6	9	55	3	7	1	53	4	3
147	213	5	40	56	2	53	1	46	4	12
150	210	5	11	57	2	40	1	37	4	20
153	207	4	42	57	2	25	1	28	4	27
156	204	4	11	58	2	10	1	20	4	34
159	201	3	41	58	1	55	1	12	4	40
162	198	3	10	59	1	39	1	4	4	45
165	195	2	39	59	1	23	0	53	4	50
168	192	2	7	59	1	7	0	43	4	53
171	189	1	36	60	0	51	0	33	4	56
174	186	1	4	60	0	34	0	22	4	58
177	183	0	32	60	0	17	0	11	4	59
180	180	0	0	60	0	0	0	0	5	0

198

第十二章　计算月球行度

由上所述，月球视行度的计算方法就很清楚了，兹叙述如下。首先要把我们求月球位置所提出的时间化为均匀时。同太阳的情形［III，25］一样，利用均匀时，我们可以从基督纪元或任何其他历元导出月球黄经、近点角以及黄纬的平均行度，这一点我很快就会解释［IV，13］。我们将确定每种行度在已知时刻

308 的位置。然后，在表中查出月球的均匀距角即它与太阳距离的两倍，并且在第三列中查出相应行差以及伴随的比例分数。如果我们开始所用数值载于第一列或者说小于180°，则应把行差与月球近点角相加；如果该数大于180°或者说在第二列，则应将行差从近点角中减去。这样，我们就得到了月球的归一化近点角及其与第一本轮高拱点之间的真距离。用此距离值再次查表，从第五列得出与之相应的行差，从第六列中得到超出量，即第二小本轮给第一本轮增加的超出量。由求得的分数与60分之比算出的比例部分总是与该行差相加。如果归一化近点角小于180°或半圆，则应将如此求得的和从黄经或黄纬的平均行度中减去；如果归一化近点角大于180°，则应将它加上。我们用这种方法可以求得月球与太阳平位置之间的真距离，以及月球黄纬的归一化行度。因此，

无论是从白羊宫第一星通过太阳的简单行度计算，还是从受岁差影响的春分点通过太阳的复合行度计算，月球的真距离都可以确定。最后，利用表中第七列即最后一列所载的归一化黄纬行度，我们就得到了月球偏离黄道的黄纬度数。当黄纬[77]行度可在表的第一部分找到，即当它小于90°或大于270°时，该黄纬为北纬；否则即为南纬。因此，月球会从北面下降至180°，再从南限上升，直至走完圆周上的其余度数。于是，就像地球绕太阳运行一样，月球的视运动在许多方面也是与绕地心运行有关的。

第十三章　如何分析和论证月球的黄纬行度

我现在还应当解释月球的黄纬行度。由于受到更多情况的限制，这种行度更难发现。正如我以前讲过的［IV，4］，假定两次月食在一切方面都相似和相等，亦即黑暗区域占据着北边或南边的相同位置，月球位于同一个升交点或降交点附近，它与地球或与高拱点的距离是相等的。如果这两次月食如此相符，则月球必定已经在其真运动中走完了完整的黄纬圈。地影是圆锥形的，如果一个直立圆锥被一个平行于底面的平面切开，截面将为圆形。
199 该平面离底面越远，截出的圆就越小；离得越近，截出的圆就越大；距离相等，截出的圆也相等。因此，月球在与地球相等距离处穿过相等的阴影圆周，于是就会向我们呈现出相等的月面。结果，当月球在同一边与阴影中心距离相等处呈现出相等部分时，我们就可以判定月球黄纬是相等的。由此必然得出，月球已经返回了原来的纬度位置，尤其是两个位置相符时，月球与同一黄道交点的距离那时也相等。月球或地球的靠近或远离会改变阴影的整个大小，不过这种改变小到基本察觉不到。因此，就像前面所

讲的太阳的情况［III，20］，两次月食之间的时间间隔越长，我们就越能准确地定出月球的黄纬行度。但与这些方面都符合的两次食是很罕见的（我至今也没遇到过一次）。

不过我知道，还有另一种方法可以做到这一点。假定其他条件不变，月球在相反的两边和相对的交点附近被掩食，那么这将表明在第二次食发生时，月球已经到达了一个与前一次正好相对的位置，而且除整圈外还多走了半圈。这似乎可以满足我们的研究需要。于是，我找到了两次几乎正好有这些关系的月食。

据克劳迪乌斯·托勒密记载［《天文学大成》，VI，5］，第一次月食发生在托勒密·费洛米特（Ptolemy Philometer）7年即亚历山大大帝去世后第150年的埃及历7月27日后和28日前的夜晚。用亚历山大城夜晚季节时来表示，月食从第8小时初开始，到第10小时末结束。这次月食发生在降交点附近，食分最大时月球直径有$^7/_{12}$从北面被掩住。因为当时太阳位于金牛宫内6°[78]，所以托勒密说食甚出现在午夜后2季节时[79]即$2^1/3$均匀时，而在克拉科夫应为午夜后均匀时$1^1/_3$小时。

我于公元1509年6月2日在同一条克拉科夫经度圈上观测到了第二次月食，当时太阳位于双子宫内21°处。食甚出现在午后$11^3/_4$均匀时[80]，月球直径约有$^8/_{12}$从南面被掩住。月食出现在升交点附近。

因此，从亚历山大纪元开始到第一次月食，共历时149埃及年206日，在亚历山大城再加$14^1/_3$小时[81]，而在克拉科夫根据地方时为$13^1/_3$小时，均匀时为$13^1/_2$小时[82]。根据我的计算，当时近点角的均匀位置163°33′与托勒密的结果［＝163°40′］几乎完全相符，行差为1°23′[83]，月球的真位置比其均匀位置少了这个数值。从同样已经确定的亚历山大纪元到第二次月食，共历时1832埃及年295日，再加上视时间11小时45分＝均匀时11小时55分[84]。因此，月球的均匀行度为182°18′[85]，近点角位置为159°55′[86]，归一化之后为161°13′，均匀行度小于视行度的行差为1°44′[87]。

因此，月地距离在两次月食发生时是相等的，太阳都位于
200 远地点附近[88]，但掩食区域有一个食分之差[89]。我以后将会说明［IV，18］，月球直径通常约为$^1/_2$°。一个食分＝直径的$^1/_{12}$＝2$^1/_2$′，这在交点附近的月球倾斜圆周上大约对应着$^1/_2$°。月球在第二次食时离开升交点的距离要比第一次食时离开降交点的距离远$^1/_2$°[90]。因此，如果不算整圈，则月球的真黄纬行度显然为179$^1/_2$°[91]。但是在两次月食之间，月球的近点角给均匀行度增加了21′（这也是两行差之差［1°44′−1°23′］），所以除整圈外，月球的均匀黄纬行度为179°51′［＝179°30′＋21′］。两次月食之间时隔1683年88日再加视时间22小时25分[92]，均匀时间与此相同。在此期间，共完成了22577次完整的均匀运转[93]加上179°51′，这与我刚才提到的值相符。

第十四章　月球黄纬近点角的位置

为了也对前面采用的历元确定这个行度的位置，我在这里也采用两次月食。和前面一样［IV，13］，它们既不出现在同一交点，也不出现在恰好相对的区域，而是出现在北面或南面的相同区域（如我所说，其他一切条件均满足）。按照托勒密所采取的步骤［《天文学大成》，IV，9］，我们用这些月食可以不出差错地达到目的。

至于第一次月食，我在研究月球的其他行度时已经采用过［IV，5］，那就是我已经说过的托勒密于哈德良19年埃及历4月2日末 3日前的午夜之前1均匀小时在亚历山大城所观测到的月食，而在克拉科夫则应为午夜前2小时。食甚出现时，月球在北面食掉了直径的$^5/_6$＝10食分，太阳则位于天秤宫内25°10′处，月球近点角的位置为64°38′，其负行差为4°21′。月食发生在降交点附近。

第二次月食是我在罗马认真观测的。它发生于公元1500年11月6日午夜后两小时，而在东面5°的克拉科夫则是在午夜后$2^1/_3$小时。太阳当时位于天蝎宫内23°16′处，也是月球在北面被食掉了10食分。因此，从亚历山大大帝去世到那时，共历时1824埃及年84日再加视时间14小时20分[96]，而均匀时为14小时16分。月球的平均行度为174°14′，月球近点角为294°44′[97]，归一化后为291°35′。正行差为4°28′。

因此显然，这两次月食发生时，月球与高拱点的距离几乎相等。太阳都位于其中拱点附近[98]，阴影的大小相等，均为10食分。这些事实表明，月球的纬度为南纬[99]，并且黄纬相等，所以月球与交点的距离相等，只是第二次月食时交点为升交点，第一次为降交点。两次月食之间时隔1366埃及年358日再加视时间4小时20分，而均匀时为4小时24分[100]。在此期间，黄纬的平均行度为159°55′[101]。

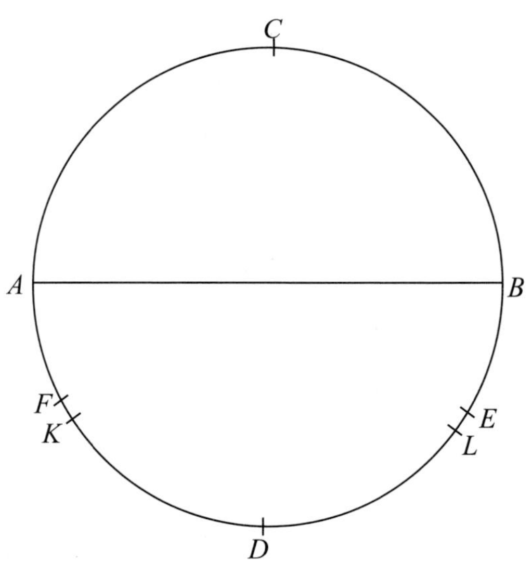

201 设$ABCD$为月球的倾斜圆周，直径AB为它与黄道的交线。设点C为北限，点D为南限；点A为降交点，点B为升交点。在南面区域取两段相等的弧AF与BE，第一次食发生在点F，第二次食发生在点E。设FK为第一次食时的负行差，EL为第二次食时的正行差。由于弧$KL=159°55'$，弧$FK=4°20'$，弧$EL=4°28'$，所以弧

$FKLE$=弧FK+弧KL+弧LE=168°43′，半圆的其余部分=11°17′。弧AF=弧BE=$^1/_2$（11°18′）=5°39′，即为月球与交点A、B之间的真距离。因此，弧AFK=9°59′［=4°20′+5°39′］。于是显然，黄纬平位置与北限之间的距离$CAFK$=99°59′［=90°′+9°59′］。从亚历山大大帝去世到托勒密进行这次观测，共历时457埃及年91日再加视时间10小时[102]，而均匀时为9小时54分。在此期间，平均黄纬行度为50°59′。把50°59′从99°59′中减去，得到49°。这就是亚历山大纪元开始时的埃及历1月1日正午在克拉科夫经度圈上的位置。

于是对于其他任何纪元，可以根据时间差求出从北限算起的月球黄纬行度的位置。从第一个奥林匹克运动会期到亚历山大大帝去世，共历时451埃及年247日[103]，为使时间归一化，需要从中减去7分钟。在此期间，黄纬行度=136°57′。从第一个奥林匹克运动会期到恺撒纪元共历时730埃及年12小时[104]，为使时间归一化，需要加上10分钟。在此期间，均匀行度为206°53′。从那时起到基督纪元历时45年12日，把136°57′从49°中减去，再加上一整圆的360°，得到的272°3′即为第一个奥林匹克运动会期第一年1月1日正午的位置。给272°3′加上206°53′，得到的和118°56′即为尤里乌斯纪元1月1日前午夜的位置。最后，给118°56′加上10°49′，得到的和129°45′即为基督纪元1月1日前的午夜的位置。

第十五章　视差仪的构造

如果取圆周等于360°，则月球的最大黄纬（对应于月球的轨道圆即白道与黄道的交角）为5°。同托勒密一样，由于月球视差的影响，命运没有赐予我机会进行这种观测。在北极高度等于30°58′的亚历山大城，他等待着月球距天顶最近，即月球位于巨蟹宫的起点和北限的时刻，他能够通过计算预测出来［《天文学大成》，V，12］。借助于一种被称为“视差仪”[105]的专门用来测定月球视差的仪器，他当时发现月球与天顶的最小距离仅为$2^1/_8$°。即使在这个距离处会受到任何视差的影响，它对如此短的距离来说也必定非常小。于是，从30°58′中减去$2^1/_8$°，余数为28°$50^1/_2$′，它比最大的黄赤交角（当时为23°51′20″）大了约5°。最后，直到现在此月球黄纬被发现仍与其他细节相符。

这种视差仪由三把标尺构成。其中两把长度相等，至少有4腕尺，第三把标尺稍长一些。后者与前两者之一分别通过轴钉或栓与剩下那把尺子的两端相连。钉孔或栓孔制得非常精细，使得尺子即使可以在同一平面内移动，也不会在连接处摇晃。从接口中心作一条贯穿整个长尺的线段，使这条线段尽可能精确地等于两接口之间的距离。把该线段分成1000等份（如果可能，还可以分得更多），并以同样单位把其余部分也等分，直至得到半径为1000单位的圆的内接正方形的边长即1414单位。标尺的其余部分是多余的，可以截去。在另一标尺上，也从接口中心作一条长度等于1000单位或两接口中心距离的线段。和屈光镜一样，这把标尺的一边应装有让视线通过的目镜。应把目镜调节到使视线在通过目镜时不会偏离沿标尺已经作好的直线，而是一直保持等距；还应确保当这条线向长尺移动时，它的断点可以触到刻度线。这样，三根标尺就形成了一个底边为刻度线的等腰三角形。这样便竖起了一根已经刻度和打磨得很好的牢固的标杆。用枢轴把有两个接口的标尺固定在这根标杆上，仪器可以像门一样绕枢轴旋转，但是通过接口中心的直线总是对应着标尺的铅垂线并且指向天顶，就像地平圈的轴线一样。如果你想得到某颗星与天顶之间的距离，便可沿着通过目镜的直线观测这颗星。把带有分度线的标尺放在下面，就可以知道视线与地平圈轴线之间的夹角所对的长度有多少个单位（取圆周直径为20000）。然后查圆周弦长表便可得出恒星与天顶之间大圆的弧长。

203 第十六章　如何确定月球视差

正如我已经说过的［IV，15］，托勒密用这个仪器测出月球的最大黄纬为5°。接着，他转而观测月球视差，并说［《天文学大成》，V，13］他在亚历山大城发现月球视差为1°7′，太阳位于天秤宫内5°28′[106]处，月球与太阳的平距离为78°13′，均匀近点角为262°20′，黄纬行度为354°40′，正行差为7°26′，因此，月球位于摩羯宫中3°9′处，归一化的黄纬行度为2°6′，月球的北黄纬为4°59′，赤纬为23°49′，亚历山大城的纬度为30°58′。他说，通过仪器测得月球位于子午圈附近距天顶约50°55′的位置，即比计算所需的值多了1°7′[107]。然后，他又根据古人的偏心本轮月球理论，求得当时月球与地心的距离为$39^{P}45'$（取地球半径为1^{P}），并且论证了由圆周比值所能导出的结果。例如，地月之间的最大距离（他们认为出现于本轮远地点处的新月和满月）为64^{P}再加10′（$=1^{P}$的$^{1}/_{6}$），最小距离（出现于本轮近地点处的半月方照）为$33^{P}33'$。他还求得出现在距天顶90°处的视差：最小值＝53′34″，最大值＝1°43′。（从他由此推出的结果，对此可以有更完整的了解。）

然而正如我已多次发现的，对于现在考虑这一问题的人来说，情况显然已经非常不同了。不过，我还是要对两次观测进行考察，它们再次表明我关于月球的假设比他们的更为精确，因为我的假设与现象符合得更好，而且不会留下任何疑问。

公元1522年9月27日午后$5^2/_3$均匀小时，在弗龙堡日没时分，我通过视差仪发现子午圈上的月球中心与天顶之间的距离为82°50′。从基督纪元开始到那时，共历时1522埃及年284日再加视时间$17^2/_3$小时[108]，而均匀时为17小时24分。由此可以算出太阳的视位置为天秤宫内13°29′处，月球与太阳的均匀距离为87°6′，均匀近点角为357°39′，真近点角为358°40′，正行差为7′，于是月球的真位置为摩羯宫内12°32′处。从北限算起的平均黄纬行度为197°1′，真黄纬行度为197°8′［＝197°1′＋7′］，月球的南黄纬为4°47′，赤纬为27°41′，我的观测地的纬度为54°19′[109]。把54°19′与月球赤纬相加，可得月球与天顶的真距离为82°［＝54°19′＋27°41′］。因此，视天顶距82°50′中多出的50′为视差，而按照托勒密的学说，该视差应该等于1°17′。

我还于公元1524年8月7日午后6小时在同一地点进行了另一次观测。我用同一架仪器测得月球距离天顶81°55′。从基督纪元开始到那时，共历时1524埃及年234日再加视时间18小时[110]，均匀时也是18小时。可以算出太阳当时位于狮子宫内24°14′处， 204
月球与太阳的平均距离为97°5′，均匀近点角为242°10′，修正近点角为239°40′，平均行度大约增加了7°。于是，月球的真位置为人马宫内9°39′处，平均黄纬行度为193°19′，真黄纬行度为200°17′，月球的南黄纬为4°41′，南赤纬为26°36′。把26°36′与观测地的纬度54°19′相加，便得到月球与地平圈极点之间的距离为80°55′［＝

26°36′+54°19′］，然而实际看到的却是81°55′，因此多余的1°来自月球视差。而按照托勒密和我的前人们的理论，月球视差应为1°38′，才能与他们的理论所要求的结果相符。

第十七章　月地距离及其取地球半径=1时的值

由上所述，月地距离的大小就显然可得了。没有这个距离，就无法求出视差的确定值，因为这两个量彼此相关。月地距离可以测定如下。

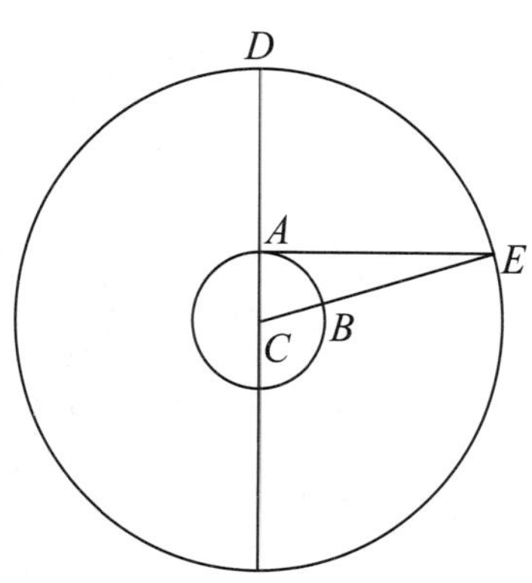

设*AB*为地球的一个大圆，点*C*为它的中心。绕点*C*作另一圆*DE*，地球的圆要比这个圆大很多。设点*D*为地平圈的极点，月球中心位于点*E*，于是它与天顶的距离*DE*已知。在第一次观测中［IV，16］，角$DAE=82°50'$，根据计算，角$ACE=82°$，因此，$ACE=$角$DAE-$角$ACE=50'$，即为视差的大小。于是三角形*ACE*的各角已知，因而各边可知。因为角CAE已知［97°10′=180°−82°50′］，如果取三角形AEC的外接圆直径=100000，则边CE=99219。AC=1454≈$^1/_{68}CE$。如果取地球半径$AC=1^p$，则CE≈68[111]。这就是第一次观测时月球距地心的距离。

在第二次观测中［IV，16］，视行度角DAE=81°55′，计算可得，角ACE=80°55′，相减可得，角AEC=60′。因此，如果取三角形的外接圆直径=100000，则边EC=99027，边AC=1891[112]。所以，
205 如果取地球半径AC=1，则$CE=56^p42'$[113]，即为月球与地心之间的距离。

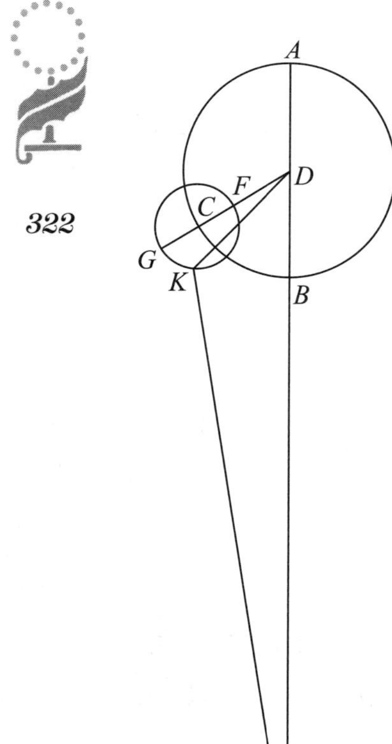

现在设ABC为月球的较大本轮，其中心为点D。取点E为地心，从它引直线$EBDA$，使得远地点为点A，近地点为点B。根据［IV，16］的第二次观测中计算出的月球均匀近点角，量出弧ABC=242°10′。以点C为中心，作第二本轮FGK，在它上面取弧FGK=194°10′[114]，它等于月球与太阳之间距离的两倍［=2×97°5′］。连接DK，它使近点角减少2°27′，于是，归一化的近点角KDB=59°43′[115]。整个角CDB=62°10′［=59°43′+2°27′］，为超出一个半圆的部分［因为ABC=242°10′=62°10′+180°］。角BEK=7°，因此，在三角形KDE中各角均已知，其度数按照两直角=180°给

出。如果取三角形KDE的外接圆直径＝100000，则各边长度也可知：DE＝91856，EK＝86354。但是如果取DE＝100000，则KE＝94010[116]。前已证明，DF＝8600，DFG＝13340，所以由前面已经给出的比值，如果取地球半径＝1^p，则EK＝$56^{42}/_{60}{}^{p}$[117]。于是用同样单位可得，DE＝$60^{18}/_{60}{}^{p}$，DF＝$5^{11}/_{60}{}^{p}$，DFG＝$8^{2}/_{60}{}^{p}$；如果连成一条直线，则EDG＝$68^{1}/_{3}{}^{p}$［＝$60^p18'+8^p2'$］，此即半月的最大高度。此外，ED－DG［＝$60^p18'-8^p2'$］＝$52^{17}/_{60}{}^{p}$[118]，此即半月与地球的最小距离。于是满月和新月的高度整个EDF在最大时＝$65^{1}/_{2}{}^{p}$［$60^p18'+5°11'≈65°30'$］；在最小时，EDF－DF＝$55^{8}/_{60}{}^{p}$[119]［$60^p18'-5^p11'$］。有一些人，尤其是那些由于居住地的缘故而只能对月球视差一知半解的人，认为新月和满月与地球之间的最大距离竟达$64^{10}/_{60}{}^{p}$［IV，16］，我们不必对此感到惊奇。当月球靠近地平圈时（此时视差显然接近完整值），我可以更完整地了解月球视差。但我发现，由月球靠近地平圈所引起的视差变化不曾超过1′。

第十八章　月球的直径以及月球通过处地影的直径

既然月球和地影的视直径也随着月地距离的变化而变化，因此，对这些问题的讨论也很重要。诚然，用希帕克斯的屈光镜可以正确地测定太阳与月球的直径，但天文学家们认为，利用月球与其高低拱点等距的几次特殊的月食，可以更加精确地测出月球的直径。特别是，如果当时太阳也处于相似的位置，从而月球两次穿过的影圈相等（除非被掩食区域占据着不等的区域），则情况就尤其如此。显然，当把阴影与月球宽度相互比较时，其差异显示了月球直径在绕地心的圆周上所对的弧有多大。知道了这个
206 数值，就可以求出阴影半径了。用一个例子可以说得更清楚。

假设在较早的一次月食的食甚时，月球直径有$^{3}/_{12}$被掩食，此时月球的宽度为47′54″；而在第二次月食时，月球直径的$^{10}/_{12}$被掩食，月球的宽度为29′37″。这两次阴影区域之差为月球直径的$^{7}/_{12}$，宽度差为18′17″［47′54″−29′37″］。而$^{12}/_{12}$对应着月球直径所对的角31′20″，所以在第一次月食的食甚时，月球中心位于阴影区之外约$^{1}/_{4}$月球直径或7′50″［＝31′20″÷4］的宽度处。如果

把7′50″从整个宽度47′54″中减去，得到的余数40′4″［=47′54″−7′50″］即为地影半径。类似地，在第二次月食时，阴影区比月球宽度多出了10′27″［≈31′20″÷3］（月球直径的$^1/_3$）。把29′37″与10′27″相加，得到的和仍为地影半径40′4″。托勒密认为，当太阳与月球在距地球最远处相合或相冲时，月球直径为$31^1/_3$′（他说用希帕克斯的屈光镜所求得太阳直径与此相等，但地影直径为1°21′20″）。他认为这两个直径之比等于13∶5=$2^3/_5$∶1［《天文学大成》，V，14］。

第十九章　如何同时求出日月与地球的距离、它们的直径以及月球通过处地影的直径和轴

太阳也显示出一定的视差。由于它非常小，所以不容易发觉，除非日月与地球的距离、它们的直径以及月球通过处地影的直径和轴线相互有关联。因此，这些量在论证中可以相互推得。我先来考察托勒密关于这些量的结论以及他的论证步骤［《天文学大成》，V，15］，我将从中选择看起来完全正确的部分。

他一成不变地把太阳的视直径取为$31^1/_3{}'$，并设它等于位于远地点的满月和新月的直径。如果取地球半径＝1^p，则他说这时的月地距离为$64^{10}/_{60}{}^p$。于是他用以下方法求出其他数量。

设*ABC*为以点*D*为中心的太阳球体上的一个圆。设*EFG*为点*K*为中心的地球上的一个圆，它与太阳的距离最远。设*AG*和*CE*为与两个圆都相切的直线，它们的延长线交于地影的端点*S*。过太阳与地球的中心作直线*DKS*，引*AK*和*KC*。连接*AC*和*GE*，由于距离遥远，它们与直径几乎没有什么差别。当满月和新月时，根据远地点处月球与地球

之间的距离，在DKS上取相等的弧段LK和KM：托勒密认为，如果取$EK=1^p$，则远地点处的月地距离为$64^{10}/_{60}{}^{p}$。设QMR为同样条件下月球通过处地影的直径，NLO为与DK垂直的月球直径，把 207
它延长为LOP。

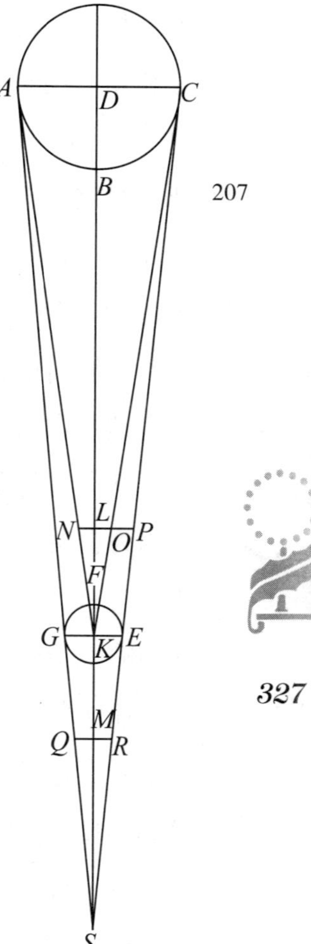

第一个问题是要求出$DK:KE$。如果取四直角$=360°$，则角$NKO=31^1/_3{}'$，角$LKO={}^1/_2$角$NKO=15^2/_3{}'$。角$L=90°$，所以在各角已知的三角形LKO中，$KL:LO$可知。如果取$LK=64^p10'$或$KE=1^p$，则$LO=17'33''$。因为$LO:MR=5:13$，$MR=45'38''$。LOP和MR平行于KE，且间距相等，所以$LOP+MR=2KE$。$OP=2KE$［$=2^p$］$-$（$MR+LO$）［$45'38''+17'33''=1^p3'11''$］$=56'49''$。根据《几何原本》，VI，2，$EC:PC=KC:OC=KD:LD=KE:OP=60':56'49''$。类似地，如果取$DLK=1^p$，则$LD=56'49''$[120]。于是相减可得，$KL=3'11''$［$=1^p-56'49''$］。但如果取$KL=64^p10'$和$FK=1^p$，则$KD=1210^p$[121]。由于已经知道，$MR=45'38''$，所以$KE:MR$［$60':45'38''$］可得，$KMS:MS$可得。在整个$KMS$中，$KM=14'22''$［$=60'-45'38''$］。或者如果取$KM=64^p10'$，则$KMS=268^p$[122]。以上就是托勒密的做法。

但在托勒密之后，其他天文学家发现这些结果并非与现象十分相符，他们还就此报道了其他一些发现。不过他们承认，满月和新月与地球的最大距离为$64^{p}10'$，太阳在远地点的视直径为$31^{1}/_{3}'$。他们也同意托勒密所说的，在月球通过处地影直径与月球直径之比为13∶5。但他们否认当时月球的视直径大于$29^{1}/_{2}'$。因此，他们把地影直径取为$1°16^{3}/_{4}'$[123]左右。他们认为，由此可知远地点处的日地距离为1146^{p}，地影轴长为254^{p}（地球半径＝1^{p}）。他们把这些数值的发现归功于拉卡的科学家巴塔尼[124]，尽管这些数值无论如何也无法协调起来。

为了进行调整和修正，我取远地点处的太阳视直径为31′40″[125]（因为它现在应比托勒密之前大一些），高拱点处的满月或新月的视直径为30′，月球通过处地影的直径为$80^{3}/_{5}'$。现在了解到，它们之间的比值略大于5∶13，即150∶403［≈5∶$13^{2}/_{5}$］。只要月地距离不小于62个地球半径，远地点处的太阳就不可能被月球全部掩住。采用这些数值时，它们似乎不仅彼此之间联系了起来，而且与其他现象以及观测到的日月食相符。于是，根据以上论证，如果取地球半径$KE=1^{p}$，则$LO=17'8''$。因此，$MR=46'1''$［≈17′8″×2.7］，$OP=56'51''$［$=2^{p}-(17'8''+46'1'')$］。若取$LK=65^{1}/_{2}{}^{p}$，则$DLK=1179^{p}$，即为太阳位于远地点时与地球的距离；$KMS=265^{p}$，即为地影的轴长。

第二十章　太阳、月亮、地球这三个天体的大小及其比较[126] 208

于是也可得出，$KL:KD=1:18$[127]，$LO:DC=1:18$。而如果取$KE=1^{p}$，则$18\times LO\approx5^{p}27'$[128]。或者，由于各边的比值相等，所以$SK:KE=265:1=SKD:DC=1444^{p}$[129]$:5^{p}27'$，此即太阳直径与地球直径之比[130]。而球体体积之比等于其直径的立方之比，而$(5^{p}27')^{3}=161\,^{7}/_{8}$[131]，所以太阳是地球的$161\,^{7}/_{8}$倍。

此外，如果取$KE=1^{p}$，月球半径$=17'9''$[132]，所以地球直径：月球直径$=7:2=3\,^{1}/_{2}:1$［这是3.498：1的近似值］。取这个比值的立方，便可知地球是月球的$42\,^{7}/_{8}$倍。因此，太阳是月球的6937倍[133]。

第二十一章　太阳的视直径和视差

由于同样大小的物体看起来近大远小[134]，所以和视差一样，日、月和地影都随着与地球距离的改变而改变。由前所述，对任何距离都容易测出所有这些变化。首先是太阳。我已经说明［III，21］，如果取周年运转轨道圆的半径＝10000^p，则地球与太阳的最大距离为10322^p[135]，而在直径的另一部分，地球与太阳的最小距离为9678^p［＝10322－322］。因此，如果取高拱点＝1179地球直径［III，19］，则低拱点为1105^p，平拱点为1142^p[136]。而1000000 ÷ 1179＝848，在直角三角形中，848^p[137]所对的最小角＝2′55″，即为出现在地平圈附近的最大视差角。类似地，因为最小距离为1105^p，而1000000 ÷ 1105＝905^p[138]，所张角3′7″即为在低拱点的最大视差。但我已经说过［IV，20］，太阳直径＝5$^{27}/_{60}$地球直径，它在高拱点所张角为31′48″[139]。因为1179：5$^{27}/_{60}$＝2000000：9245＝圆的直径：31′48″所对边长，因此在最短距离（＝1105地球直径）处，太阳的视直径为33′54″。它们之间相差2′6″［33′54″－31′48″］，而视差之间仅仅相差12″［3′7″－2′55″］。由于这两个值很小，凭借感官很难察觉1′或2′，而对于弧秒来说就更是如此，所以托勒密［《天文学大成》，V，17］认为这两个值都可以忽略不计。因此，如果我们把太阳的最大视差处处都取作3′[140]，似乎不会出现明显误差。但我将从太阳的平均距离，或者像某些天文学家[141]那样从太阳的小时视行度（他们认为它与太阳直径之比等于5∶66=1∶$13^1/_5$[142]）求出太阳的平均视直径，因为太阳的小时视行度与其距离近似成正比。

209 第二十二章　月球的可变视直径及其视差

作为距离最近的行星，月球的视直径和视差显然有更大的变化。当月球为新月和满月时，它与地球之间的最大距离为$65^{1}/_{2}$地球半径，根据前面的论证［IV，17］，最小距离为$55^{8}/_{60}$；半月的最大距离为$68^{21}/_{60}$[143]地球半径，最小距离为$52^{17}/_{60}$地球半径。于是，用地球的半径除以月球在四个极限位置处的距离，便得到月球出没时的视差：月球最远时，对半月为50′18″，对新月和满月为52′24″；月球最近时，对满月或新月为62′21″，对半月为65′45″。

这样，月球的视直径就可以定出来了。前已说明［IV，20］，地球直径：月球直径＝7：2，于是地球半径：月球直径＝7：4，视差与月球视直径之比也等于这个值，因为在同一次月球经天时，夹出较大视差角的直线与夹出视直径的直线完全没有区别。而角度与它们所对的弦近似成正比，它们之间的差别感觉不到。由此明显可知，在上述视差的第一极限处，月球的视直径为$28^{3}/_{4}$′；在第二极限处约为30′；在第三极限处为35′38″；在最后一个极限处为37′34″。根据托勒密和其他人的理论，最后一个值应当近似为1°，而且一半表面发光的月亮投射到地球上的光应当与满月一样多[144]。

第二十三章　地影的变化程度有多大?

我也曾说过［IV，19］，地影直径：月球直径=430：150。因此，当太阳在远地点时，对于满月和新月来说，地影的最小直径为80′36″，最大直径为95′44″，所以最大差异=15′8″［=95′44″−80′36″］。甚至当月球通过相同位置时，地影也会由于日地距离的不同而发生以下变化。

和前图一样，再次过日心和地心作直线DKS以及切线CES。连接DC和KE。正如已经阐明的，当DK=1179地球半径，KM=62地球半径时，地影半径MR=地球半径KE的$46^{1}/_{60}{}'$，连接KR，则角MKR=地影视角=42′32″，而地影轴长KMS=265地球半径。

但是当地球最接近太阳时，DK=1105地球半径，我们可以按照如下方法计算在同一月球通过处的地影：作EZ平行于DK，则$CZ:ZE=EK:KS$[145]。但是，$CZ=4^{27}/_{60}$地球半径，ZE=1105地球半径。因为KZ是平行四边形，ZE与余量DZ［$=CD-CZ=$
210 $5^{27}/_{60}-4^{27}/_{60}$］各等于$DK$与$KE$［=1］，于是$KS=248^{19}/_{60}$地球半径。但$KM$=62地球半径，因此余量$MS=186^{19}/_{60}$地球半径［=

$248^p19'-62^p$］。但由于$SM:MR=SK:KE$，所以MR＝地球半径的$45^1/_{60}'$[146]，地球视角半径$MKR=41'35''$。

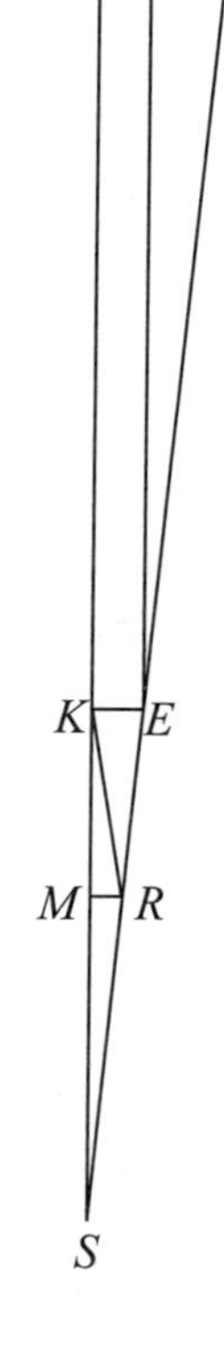

由于这个原因，如果取$KE=1^p$，那么在同一月球通过处，由太阳接近或远离地球所引起的地影直径的最大变化为$^1/_{60}'$。如果取四直角＝360°，那么它看起来为57″[147]。此外，在第一种情况下［46′1″］，地影直径：月球直径＞13：5；而在第二种情况下［45′1″］，地影直径：月球直径＜13：5。可以认为13：5是平均值，所以如果我们在各处都采用同一数值，从而减轻工作量和沿袭古人的观点，产生的误差是可以忽略的。

第二十四章　地平经圈上的日月视差表

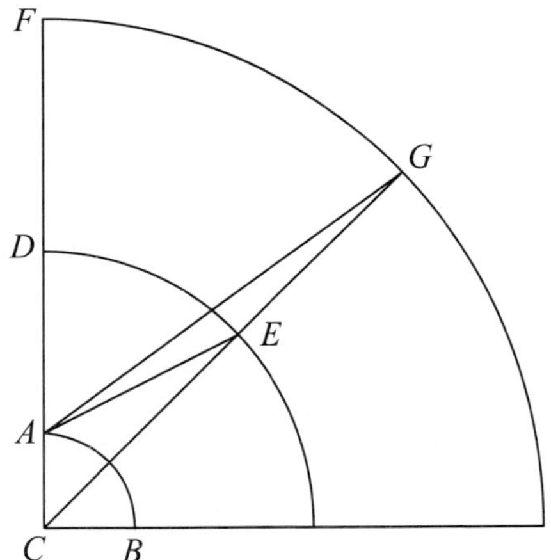

现在再来确定太阳和月球的每一个视差就有把握了。过地平圈的极点重作地球轨道圆上的弧段AB，点C为地心。在同一平面上，设DE为月球的轨道圆［白道］，FG为太阳的轨道圆，CDF为过地平圈极点的直线，作直线CEG通过太阳与月球的真位置。连接视线AG和AE。

于是，太阳的视差由角AGC量出，月球视差由角AEC量出。

太阳和月球的视差之差为角AGC与角AEC之差即角GAE。现在把角ACG取作与那些角进行比较的角，比如设角$ACG=30°$。根据平面三角形定理，如果取$AC=1^p$，线段$CG=1142^p$，则显然可得角$AGC=1^1/_2{}'$，即为太阳的真高度与视高度之差。而当角$ACG=60°$时，角$AGC=2'36''$。对于角ACG的其他数值，太阳视差也可类似地得出。

但是对月球来说，我们用它的四个极限位置。当月地距离
最大时，取$CA=1^p$，则我已说过［IV，22］$CE=68^p21'$，如果取 211
四直角$=360°$，则角DCE或弧$DE=30°$。于是在三角形ACE中，AC与CE两边以及角ACE已知。由此可以求得，视差角$AEC=25'28''$。当$CE=65^1/_2{}^p$时，角$AEC=26'36''$。类似地，在第三极限处，当$CE=55^p8'$时，视差角$AEC=31'42''$。最后，在月球与地球的最小距离处，当$CE=52^p17'$时，角$AEC=33'27''$。进而，如果弧$DE=60°$，则同样次序的视差可以排列如下：对于第一个极限位置，视差$=43'55''$，对于第二个极限位置，视差$=45'51''$，对于第三个极限位置，视差$=54^1/_2{}'$，对于第四个极限位置，视差$=57^1/_2{}'$。

我将按照附表的顺序列入所有这些数值。为方便起见，我将像其他表那样把它排成三十行，间距为6°。这些度数可以理解为从天顶算起的弧（其最大值为90°）的两倍。我把表排成了九列。第一列和第二列是圆周的公共数。我把太阳视差排在第三列，然后是月球视差［第四列至第九列］，第四列是最小视差（当半月在远地点时出现）小于下一列中视差（在满月和新月时出现）的量。第六列是在近地点的满月和新月所产生的视差。第七列是当月球离我们最

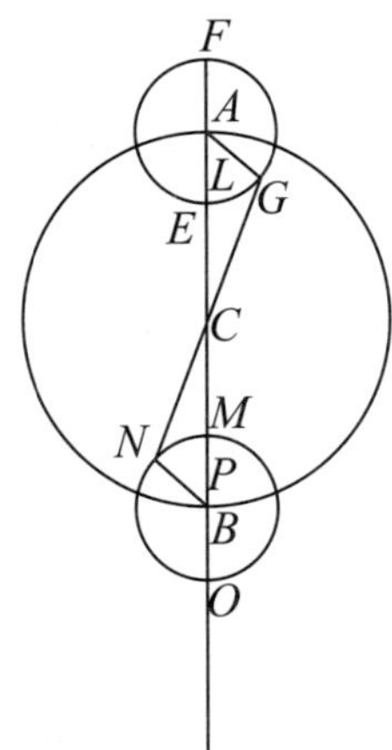

近时半月的视差超过在它们附近的视差的量。最后两列是用来计算四个极限位置之间视差的比例分数。我还将解释这些分数，首先是远地点附近的视差，然后是落在前两个极限位置［月亮分别位于方照和朔望的远地点］之间的视差。解释如下。

设圆AB为月球的第一本轮，点C为它的中心。取点D为地球的中心，作直线$DBCA$。以远地点A为中心作第二本轮EFG。设弧$EG=60°$，连接AG与CG。由前所述［IV，17］，如果取地球半径$=1^p$，则线段$CE=5^p11'$，线段$DC=60^p18'$，线段$EF=2^p51'$[148]，所以在三角形ACG中，边$GA=1^p25'$，边$AC=6^p36'$[149]，GA和AC两边所夹的角CAG已知。因此，根据平面三角形定理，第三边$CG=6^p7'$。于是，如果排成一条直线，则$DCG=DCL=66^p25'$［$=60^p18'+6^p7'$］。然而$DCE=65^1/_2{}^p$［$=60^p18'+5^p11'$］，于是相减可得，超出量$DCL-DCE=EL≈55^1/_2{}'$［$≈66^p25'-65^p30'$］。根据这个已经得到的比值，当$DCE=60^p$时，$EF=2^p37'$，$EL=46'$。因此，如果$EF=60'$，则超出量$EL≈18'$[150]。我将把这个数值列在表中与第一列的60°相对的第八列[151]。

对于近地点B，我也将做类似的论证。以点B为中心作第二本轮MNO，并取角$MBN=60°$[152]。和前面一样，三角形BCN的

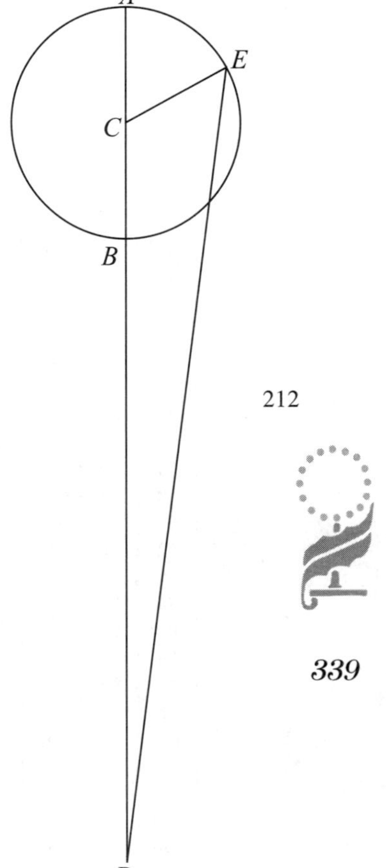

各边角也可得。类似地，如果取地球半径=
1^{p}，则超出量$MP \approx 55\frac{1}{2}'$，$DBM = 55^{p}8'$。如
果$DBM = 60^{p}$，则$MBO = 3^{p}7'$，超出量$MP =$
$55'$。而$3^{p}7' : 55' = 60 : 18$[153]，于是我们
就得到了与前面远地点的情形相同的结果，
尽管两者之间有几秒的差值。对其他情况我
也将这样做，并把得到的结果写进表中第八
列。但如果我们用的不是这些值，而是行差 212
表［IV，11结尾］中所列的比例分数，也不
会出任何差错，因为它们几乎是相同的，彼
此之间相差极小。

剩下要考虑的是在中间极限位置，即第二与第三极限位置之间的比例分数。设圆AB为满月和新月描出的第一本轮，其中心为点C。取点D为地球的中心，作直线$DBCA$。从远地点A取一段弧，比如设弧$AE = 60°$。连接DE与CE。于是三角形DCE有两边已知：$CD = 60^{p}19'$[154]，$CE = 5^{p}11'$。角DCE为内角，且角$DCE = 180° -$角ACE，根据三角形定理，$DE = 63^{p}4'$。而$DBA = 65\frac{1}{2}^{p}$，$DBA - ED = 2^{p}27'$［$\approx 65^{p}30' - 63^{p}4'$］。但［$2 \times CE =$］$AB = 10^{p}22'$，$10^{p}22' : 2^{p}26' = 60' : 14'$[155]。它们被列入表中与60°相对的第九列。以此为例，我完成了余下的工作并制成了下表。我还要补充一个日、月和地影半径表，以便它们能够尽可能地被使用。

213

日月视差表

公共数		太阳视差		为求得在第一极限的视差，应从在第二极限的月球视差减去的差值		在第二极限的月球视差		在第三极限的月球视差		为求得在第四极限的视差应给在第三极限的月球视差加上的差值		比例分数	
												小本轮	大本轮
6	354	0	10	0	7	2	46	3	18	0	12	0	0
12	348	0	19	0	14	5	33	6	36	0	23	1	0
18	342	0	29	0	21	8	19	9	53	0	34	3	1
24	336	0	38	0	28	11	4	13	10	0	45	4	2
30	330	0	47	0	35	13	49	16	26	0	56	5	3
36	324	0	56	0	42	16	32	19	40	1	6	7	5
42	318	1	5	0	48	19	5	22	47	1	16	10	7
48	312	1	13	0	55	21	39	25	47	1	26	12	9
54	306	1	22	1	1	24	9	28	49	1	35	15	12
60	300	1	31	1	8	26	36	31	42	1	45	18	14
66	294	1	39	1	14	28	57	34	31	1	54	21	17
72	288	1	46	1	19	31	14	37	14	2	3	24	20
78	282	1	53	1	24	33	25	39	50	2	11	27	23
84	276	2	0	1	29	35	31	42	19	2	19	30	26
90	270	2	7	1	34	37	31	44	40	2	26	34	29
96	264	2	13	1	39	39	24	46	54	2	33	37	32
102	258	2	20	1	44	41	10	49	0	2	40	39	35
108	252	2	26	1	48	42	50	50	59	2	46	42	38
114	246	2	31	1	52	44	24	52	49	2	53	45	41
120	240	2	36	1	56	45	51	54	30	3	0	47	44
126	234	2	40	2	0	47	8	56	2	3	6	49	47
132	228	2	44	2	2	48	15	57	23	3	11	51	49
138	222	2	49	2	3	49	15	58	36	3	14	53	52
144	216	2	52	2	4	50	10	59	39	3	17	55	54
150	210	2	54	2	4	50	55	60	31	3	20	57	56
156	204	2	56	2	5	51	29	61	12	3	22	58	57
162	198	2	58	2	5	51	56	61	47	3	23	59	58
168	192	2	59	2	6	52	13	62	9	3	23	59	59
174	186	3	0	2	6	52	22	62	19	3	24	60	60
180	180	3	0	2	6	52	24	62	21	3	24	60	60

日、月和地影半径表								
公共数		太阳半径		月球半径		地影半径		地影的变化
°	°	′	″	′	″	′	″	分 数
6	354	15	50	15	0	40	18	0
12	348	15	50	15	1	40	21	0
18	342	15	51	15	3	40	26	1
24	336	15	52	15	6	40	34	2
30	330	15	53	15	9	40	42	3
36	324	15	55	15	14	40	56	4
42	318	15	57	15	19	41	10	6
48	312	16	0	15	25	41	26	9
54	306	16	3	15	32	41	44	11
60	300	16	6	15	39	42	2	14
66	294	16	9	15	47	42	24	16
72	288	16	12	15	56	42	40	19
78	282	16	15	16	5	43	13	22
84	276	16	19	16	13	43	34	25
90	270	16	22	16	22	43	58	27
96	264	16	26	16	30	44	20	31
102	258	16	29	16	39	44	44	33
108	252	16	32	16	47	45	6	36
114	246	16	36	16	55	45	20	39
120	240	16	39	17	4	45	52	42
126	234	16	42	17	12	46	13	45
132	228	16	45	17	19	46	32	47
138	222	16	48	17	26	46	51	49
144	216	16	50	17	32	47	7	51
150	210	16	53	17	38	47	23	53
156	204	16	54	17	41	47	31	54
162	198	16	55	17	44	47	39	55
168	192	16	56	17	46	47	44	56
174	186	16	57	17	48	47	49	56
180	180	16	57	17	49	47	52	57

215 第二十五章　日月视差的计算

我还要简要解释一下用表来计算日月视差的方法。从表中查出与太阳的天顶距或月球的两倍天顶距相应的视差（对于太阳只需查一个值，而对月球则须对四个极限位置分别查出）。此外，对于月球行度或与太阳距离的两倍，从比例分数的第一列即表中第八列查出比例分数。有了这些比例分数，我们就可以就第一个和最后一个极限位置获得超出量（用60的比例部分来表示）。从下一个视差［即在第二极限位置的视差］中减去第一个60的比例部分，并把第二个与倒数第二个极限位置的视差相加，就可以得出划归为远地点和近地点的两个月球视差，小本轮使这些视差增大或减小。然后从表中最后一列查出与月球近点角相应的比例分数，用它们可以对刚才求出的视差之差求出比例部分。把这个60的比例部分与第一个化归的视差（即在远地点的视差）相加，所得结果即为对应于给定地点和时间的月球视差。下面是一个例子。

设月球的天顶距为54°，平均行度为15°，归一化的近点角行度为100°。我希望用表求出月球视差。把月球的天顶距度数加倍，得到108°，表中与此相对应的第二极限位置超过第二极限位置的量为1′48″，在第二极限位置的视差为42′50″，在第三极限位置的视差为50′59″，第四极限位置超过第三极限位置的量为2′46″。逐一记下这些数值。把月球的行度加倍，得到30°。表中第一列与此相对应的比例分数为5′。而对于5′，第二极限位置比第一极限位置超出量的60分的比例部分为9″［1′48″ × $^{5}/_{60}$=9″］。把9″从第二极限位置的视差42′50″中减去，得到42′41″。类似地，对于第二个超出量=2′46″，比例部分为14″［2′46″ × $^{1}/_{12}$=14″］。把14″与在第三极限[156]位置的视差50′59″相加，得到51′13″。这些视差之间相差8′32″［=51′13″−42′41″］。然后，对于归一化近点角的度数［100］，在最后一列查得比例分数为34[157]。由此求得差值8′32″的比例部分为4′50″［=8′32″ × $^{34}/_{60}$］。把4′50″与第一个修正视差［42′41″］相加，得到的和为47′31″。此即所求的在地平经圈上的月球视差。

然而，任何其他月球视差都与满月和新月的视差相差很少，所以我们只要处处都取中间极限位置间的数值就足够了。它们对于日月食的预测特别非常重要。其余的则不值得做如此广泛的考察，这样的研究也许会被认为不是为了实用，而是为了满足好奇心。

216 第二十六章 如何分开黄经视差与黄纬视差

视差很容易被分成黄经视差和黄纬视差，日月之间的距离可以用相交的黄道与地平经圈上的弧和角来度量。因为当地平经圈与黄道正交时，它显然不会产生黄经视差，而是全都转到了黄纬上，因为地平经圈完全是一个纬度圈。而另一方面，当黄道与地平圈正交并与地平经圈相合时，如果月球黄纬为零，那么它只有黄经视差。但如果它的黄纬不为零，则它在黄纬上也有一定的视差。于是，设圆*ABC*为与地平圈正交的黄道，点*A*为地平圈的极点。于是圆*ABC*与黄纬为零的月球的地平经圈相同。设点*B*为月球的位置，它的整个视差*BC*都是黄经视差。

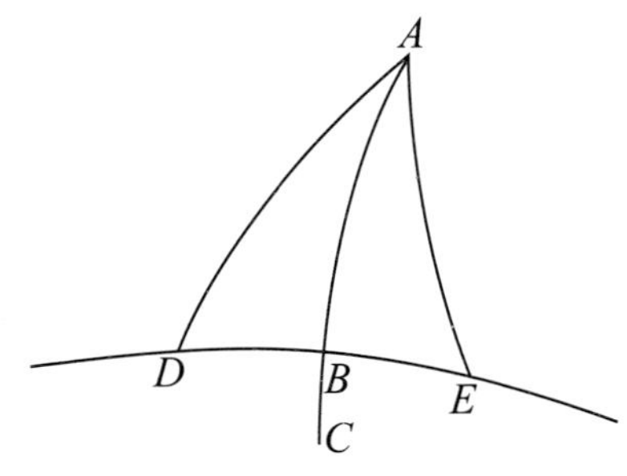

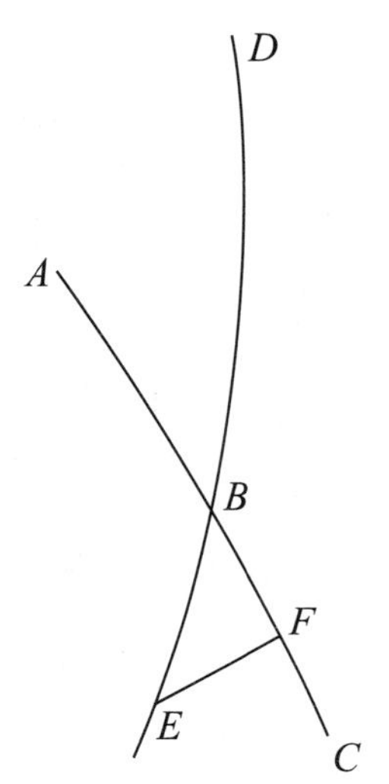

但假定月球黄纬不为零。过黄极作圆DBE，并取DB或BE为月球的黄纬。显然，AD或AE两边都不等于AB。角D和角E都不是直角，因为DA与AE两圆都不过DBE的极点。视差与黄纬有关，月球距天顶越近，这种关系也就越明显。设三角形ADE的底边DE不变，则AD与AE两边越短，它们与底边所成的锐角就越小；月球距天顶越远，这两个角就越像直角。

现在设ABC为黄道，DBE为与之斜交的月球的地平经圈。设月球的黄纬为零，比如当它位于与黄道的交点时就是如此。设点B为与黄道的交点，BE为在地平经圈上的视差。在通过ABC两极的圆上作弧EF。于是在三角形BEF中，角EBF已知（前已证明），角$F=90°$，边BE也可知。根据球面三角形的定理，其余两边也可求得，即黄经BF
以及与视差BE相应的黄纬FE。由于BE、 217
EF和FB都很短，所以与直线相差极小。因此如果把这个直角三角形当成直线三角形，计算将会容易许多，而我们也不会出什么差错。

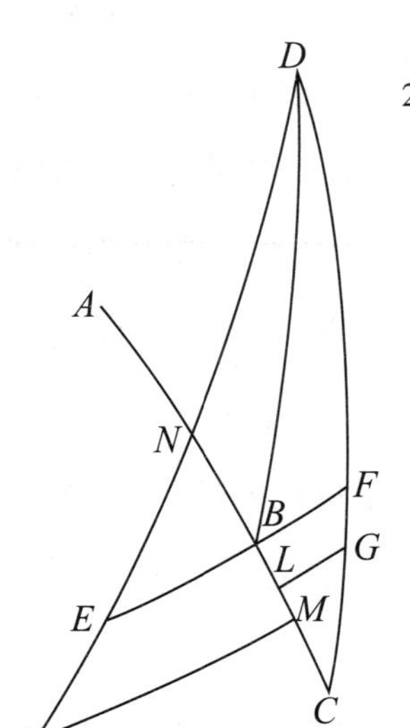

当月球黄经不为零时，计算要更为困难。重作黄道ABC，它与过地平圈两极的圆DB斜交。设点B为月球在经度上的位置，FB为北黄纬，BE为南黄纬。从天顶点D向月球作地平经圈DEK和DFC，其上有视差EK和FG。月球的黄经和黄纬真位置在E、F两点，而视位置将在K、G两点。从点K和点G作弧KM和弧LG垂直于黄道ABC[158]。由于月球的黄经、黄纬以及所在区域的纬度均已知，所以在三角形DEB中，DB和BE两边以及黄道与地平经圈的交角ABD均可知。而角DBE＝角ABD＋直角ABE，所以剩下的边DE和角DEB都可求得。

类似地，在三角形DBF中，由于DB与BF两边以及与角ABD组成一个直角的角DBF均已知，所以DF和角DFB也可求得。因此，DE、DF两弧上的视差EK和FG可以由表得出，月球的真天顶距DE或DF以及视天顶距DEK或DFG也可用类似方法求得。

但是在三角形EBN（DE与黄道相交于点N）中，角NEB已知，角NBE为直角，于是底边BE已知，所以剩下的角BNE以及余下的两边BN和NE均可求得。类似地，在三角形NKM中，由于角M、角N以及整条边KEN已知，所以底边KM即月球的视南纬可以求得，它超过EB的量为黄纬视差。剩下的边NBM可知。从NBM中减去NB，得到的余量BM即为黄经视差。

类似地，在北面的三角形BFC中，边BF与角BFC已知，角B为直角，所以剩下的BLC、FGC两边以及剩下的角C均可知。从FGC中减去FG，可得三角形GLC中余下的边GC以及角LCG，而角CLG为直角，所以剩下的GL、LC两边可知。BC减去LC的余量即黄经视差BL也可求得。视黄纬GL亦可知，其视差为真黄纬BF超出GL的量。

然而正如你所看到的，这种对很小的量进行的计算用功甚多而收效甚微。如果我们用角ABD来代替角DCB，用角DBF来代替

角*DEB*，并且像前面那样忽略月球黄纬，而用平均弧*DB*来代替弧
*DE*和弧*EF*，那么结果已经足够精确了。特别是在北半球地区，
这样做不会导致任何明显误差；但是在很靠南的地区，当*B*接近
天顶，月球黄纬为最大值5°，月球距离地球最近时，会产生大约
6′的差值。但在食时，月球与太阳相合，月球黄纬不超过$1^{1}/_{2}^{\circ}$，差
值仅可能有$1^{3}/_{4}'$。由此显然可知，在黄道的东象限，黄经视差应
与月球的真位置相加；而在另一象限，则应从月球真位置中减去
黄经视差，才能得到月球的视黄经。我们还可以通过黄纬视差求
出月球的视黄纬。如果真黄纬与视差位于黄道同侧，就把它们相 218
加；如果位于黄道的相反两侧，就从较大量中减去较小量，余量
即为与较大量位于同一侧的视黄纬。

第二十七章　关于月球视差断言的证实

我们可以通过许多其他的观测（如下例）来证实，前面［IV，22，24—26］所讲的月球视差与现象是相符的。我于公元1497年3月9日日没之后在博洛尼亚（Bologna）做了一次观测。当时月球正要掩食毕星团中的亮星［毕宿五］[159]（罗马人称为“帕利里修姆”［Palilicium］）。稍后，我看到这颗星与月轮的暗边相接触，并且在夜晚第五小时［＝午后11点钟］结束时，星光在月球两角之间消失。它靠近了南面的角月球宽度或直径的$^1/_3$左右。可以算出，它在双子宫内2°36′，南纬$5^1/_6$°。于是显然，月球中心看起来位于恒星以西半个月球直径处，它的视位置为黄经2°36′［在双子宫内＝2°52′－$^1/_2$（32′）］，黄纬约5°6′[160]。因此，从基督纪元开始到那时，共历时1497埃及年76日，在博洛尼亚再加23小时[161]，而在偏东近乎8°的克拉科夫[162]则要加23小时36分[163]，均匀时则要加4分，因为太阳位于双鱼宫内$28^1/_2$°处。于是，月球与太阳的均匀距离为74°，月球的归一化近点角为111°10′，月球的真位置位于双子宫内3°24′，南纬4°35′，黄纬真行度为203°41′。此外，在博洛尼亚，天蝎宫内26°当时正以$57^1/_2$°的角度升起，月球距天顶84°，地平经圈与黄道的交角约为29°，月球的黄经视差为1°51′[164]，黄纬视差为30′。这些结果与观测符合得相当好，所以任何人都不必怀疑我的假设以及由之所得结论的正确性。

第二十八章　日月的平合与平冲

由前面关于日月运行的论述，可以建立研究它们的合与冲的方法。对于我们认为冲或合即将发生的任何时刻，需要查出月球的均匀行度。如果我们发现均匀行度已经完成了一整圈，那么就有一次合；如果为半圈，那么月球在冲时为满月。但由于这样的精度很少能够遇到，所以我们只好测定日月之间的距离。把这个距离除以月球的周日行度，便可根据行度是有余还是不足，得到自上次朔望以来或到下次朔望之间的时间。然后对这个时间查出行度与位置，并由此计算真的新月和满月。后面我将会说明［IV，30］，如何把有食发生的合与其他合区分开来。确定了这些以后，便可把它们推广到其他任何月份，并通过十二月份表对
219 若干年连续进行。该表载有分部时刻、日月近点角的均匀行度以及月球黄纬的均匀行度，其中每一个值都与前面得到的个别均匀值有联系。但是我将把太阳近点角归一化形式的值记录下来，以便能够立即得到它的值。由于它在起点即高拱点处运动缓慢，所以在一年甚至几年内都察觉不出它的不均匀性。

220

日月合冲表												
月份	分部时间				月球近点角行度				月球黄纬行度			
	日	日-分	日-秒	六十分之日秒	60°	°	′	″	60°	°	′	″
1	29	31	50	9	0	25	49	0	0	30	40	14
2	59	3	40	18	0	51	38	0	1	1	20	28
3	88	35	30	27	1	17	27	1	1	32	0	42
4	118	7	20	36	1	43	16	1	2	2	40	56
5	147	39	10	45	2	9	5	2	2	33	21	10
6	177	11	0	54	2	34	54	2	3	4	1	24
7	206	42	51	3	3	0	43	2	3	34	41	38
8	236	14	41	12	3	26	32	3	4	5	21	52
9	265	46	31	21	3	52	21	3	4	36	2	6
10	295	18	21	30	4	18	10	3	5	6	42	20
11	324	50	11	39	4	43	59	4	5	37	22	34
12	354	22	1	48	5	9	48	4	0	8	2	48
满月与新月之间的半个月												
	14	45	55	$4\frac{1}{2}$	3	12	54	30	3	15	20	7

太阳近点角行度										
月份	60°	°	′	″		月份	60°	°	′	″
1	0	29	6	18		7	3	23	44	7
2	0	58	12	36		8	3	52	50	25
3	1	27	18	54		9	4	21	56	43
4	1	56	25	12		10	4	51	3	1
5	2	25	31	31		11	5	20	9	20
6	2	54	37	49		12	5	49	15	38
半个月										
						$\frac{1}{2}$	0	14	33	9

221 第二十九章　日月真合与真冲的研究

在像上面那样求得这些天体的平合或平冲的时间以及它们的行度之后，为了求出它们的真朔望点，还需要知道它们彼此在东面或西面的真距离。如果在平合或平冲时，真月球在太阳西面，则将来显然会
352 出现一次真朔望；而如果太阳在月球西面，则我们所求的真朔望已经出现过了。这一结果可以从两天体的行差看出来，如果没有行差，或者行差相等且性质相同（即都是正的或负的），则真合或真冲显然与平均朔望在同一时刻出现；而如果行差同号且不等，则它们的差指示出两天体之间的距离，以及具有正行差或负行差的天体在另一天体的西边还是东边。但是当行差反号时，具有负行差的天体更偏西，这是因为行差之和给出了天体之间的距离。我将确定月球在多少个完整小时内可以通过这段距离（对每一度距离取2小时）。

这样一来，如果两天体之间距离约为6°，则可以认为这个度数对应着12小时。然后在这个时间间隔内求出月球与太阳的真距离。这是容易做到的，因为我们已知月球每2小时的平均行度为1°1′，而在满月与新月附近，月球近点角每小时的真行度约为50′。在6小时内，均匀行度为3°3′［=3×1°1′］，近点角真行度为5°［=6×50′］。用这些数，可以由月球行差表［Ⅳ，11后］查出行差之间的差值。如果近点角在圆周的下半部分，则将差值与平均行度相加；如果在上半部分，则将差值减去。由此得到的和或差即为月球在给定时间内的真行度。如果这个行度等于前面的距离，它就已经足够精确了。否则应把这一距离与估计的小时数相乘，并除以该行度，或者把距离除以每小时的真行度，这样得到的商即为以小时和分钟计的平均合冲与真合冲的真时间差。如果月球位于太阳以西（或者正好与太阳相对），则把这个时间差与平均合或冲的时间相加；如果月球位于太阳以东，则应减去这一差值。如此便得到了真合或真冲的时刻。

不过我必须承认，太阳的不均匀性也会引起一定数量的增减。但这个量完全可以忽略，因为在整个时间段中，甚至在朔望期间两天体的距离达到最大（超过了7°）时，它也不到1′。这种确定朔望月的方法更为可靠。由于月球的行度并不固定，甚至每小时都在变化，所以那些纯粹依靠月球每小时行度（被称为“小时盈余”）进行计算的人[165]有时会出错，于是不得不重复计
算。因此，为了求出真合或真冲的时刻，应当确定黄纬真行度以 222
得出月球黄纬，还要确定太阳与春分点的真距离，即太阳在与月球位置所在的黄道宫或与之直径相对的黄道宫中的距离。

由此可以求得相对于克拉科夫经度圈的平均时或均匀时，我们根据前述方法把它化为视时。但如果要对克拉科夫以外的地方测定这些现象，则应考虑那里的经度，并对经度的每一度取4分钟，对每一分取4秒钟[166]。如果那里偏东，则把这些时间与克拉科夫时间相加；如果偏西，则减去这些时间。得到的和或差即为日月真合或真冲的时刻。

第三十章　如何把食时出现的日月合冲与其他的区分开来

对于月球来说，在朔望时是否出现食是容易确定的，因为如果月球黄纬小于月球直径与地影直径之和的一半，就会出现食；反之则不出现。

然而对于太阳来说，情况却使人困惑，因为它涉及太阳和月球的视差，一般会使视合区别于真合。因此，我们研究真合时太阳与月球的黄经差。类似地，我们在真合前一小时于黄道东面象限内，或者在真合后一小时于黄道西面象限内，测定月球与太阳的视黄经距离，以便求出月球在一小时内看起来远离了太阳多少。用这一小时的行度去除经度差，便可得到真合与视合的时间差。在黄道东部，从真合时间中减去这个时间差，或者在黄道西部加上这个时间差（因为在东部视合早于真合，而在西部视合晚于真合），得到的结果即为所求的视合时间。在减去太阳视差以后，计算此时月球与太阳视黄纬距离，或者视合时日心与月心之间的距离。如果这一纬度大于日月直径之和的一半，则不会有日食出现；如果这一纬度小于日月直径之和的一半，则会有日食发生。由此可知，如果在真合时月球没有黄经视差，则真合与视合一致。从东边或西边量起，这次合出现在黄道上大约90°处。

223 # 第三十一章　日月食的食分

了解到一次日食或月食即将发生之后，我们也很容易知道食分有多大。对于太阳来说，可以取视合时日月之间的视黄纬差。如果把这一纬度从日月直径之和的一半中减去，得到的差即为沿直径测量的太阳被掩食部分。如果把它乘以12，并把乘积除以太阳直径，则得到太阳的食分数。但是如果日月之间没有纬度差，则太阳将出现全食，或者被月球掩食到最大程度。

对于月食，我们可以用近似相同的方法来处理，只是用的不再是视黄纬而是简单黄纬。把该黄纬从月球直径与地影直径之和的一半中减去，如果月球黄纬不比这两个直径之和的一半小一个月球直径，则得到的差值为月球的被食部分；如果月球黄纬比这个和的一半小一个月球直径，则发生的是全食。此外，黄纬越小，月球滞留在地影中的时间就越长。当黄纬为零时，滞留时间达到最大。我相信这一点对于思考这个问题的人来说是显然的。就像我们在解释太阳时一样，对于月偏食来说，把被食部分乘以12，并把乘积除以月球直径，我们就得到了食分数。

第三十二章 预测食延时间

接下来要看看一次食会延续多久。在这方面应当注意的是，我把太阳、月球和地影之间的圆弧都当成了直线来处理，因为它们都小到几乎与直线没有什么差别。

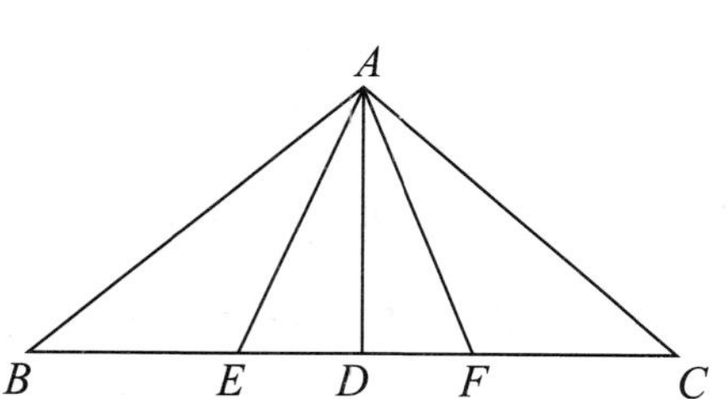

于是设点A为太阳或地影的中心，直线BC为月球所经过的路径。设点B为初亏即月球刚与太阳或地影接触时月球的中心，点C为复圆时的月心。连接AB与AC，作AD垂直于BC。于是当月心位于点D时，它显然是食中点。AD是从A向BC所引线段中最短的。由于$AB=AC$，所以$BD=DC$。日食发生时，AB或AC都等于日月直径之和的一半；而月食发生时，它们都等于月球与地影直径之和的一半。AD为食甚时月球的真黄纬或视黄纬。$(AB)^2-(AD)^2=(BD)^2$，因此BD的长度可得。把这个长度除以月食发生时月球的真小时行度，或除以日食发生时月球的视小时行

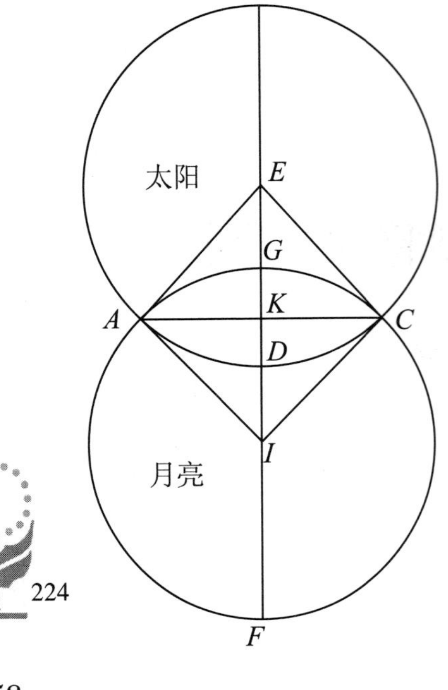

度，我们就得到了食延时间长度的一半。

但月球经常会在地影中间滞留。我已说过［IV，31］，这种情况出现在月球与地影直径之和的一半超过月球黄纬的量大于月球直径的时候。于是，取点E为月球开始完全进入地影时（即月球从内部接触地影圆周时）的月球中心，点F为月球开始从地影中显现时（即月球从内部第二次
224 接触地影圆周时）的月球中心。连接 AE和 AF。和前面一样，ED与DF显然为滞留在地影中的时间的一半。由于AD为已知的月球黄纬，AE或AF为地影半径超过月球半径的量，因此可以定出ED或DF。再次把它们中的任何一个除以月球的真小时行度，我们就得到了所要求的滞留在地影中的延续时间之半。

然而应当注意，月球在白道上运行时，它在黄道上截出的黄经弧段并非绝对等于（由通过黄极的圆量出的）白道上的弧段。不过这个差值非常小，在接近日月食的最远极限，即距黄道交点最远的12°处，这两个圆上的弧长彼此相差不到$2' = {}^{1}/_{15}$小时[167]。因此，我经常用其中的一个来代替另一个，就好像它们是完全一样的。类似地，虽然月球黄纬总在增加或减少，但我对食的极限点和中点也用同一个月球黄纬。由于月球黄纬的增减变化，掩始

区与掩终区并非绝对相等，但它们的差异极小，因此花时间更精确地研究它们似乎徒劳无益。通过以上方式，食的时间、食延和食分都已经根据直径求得了。

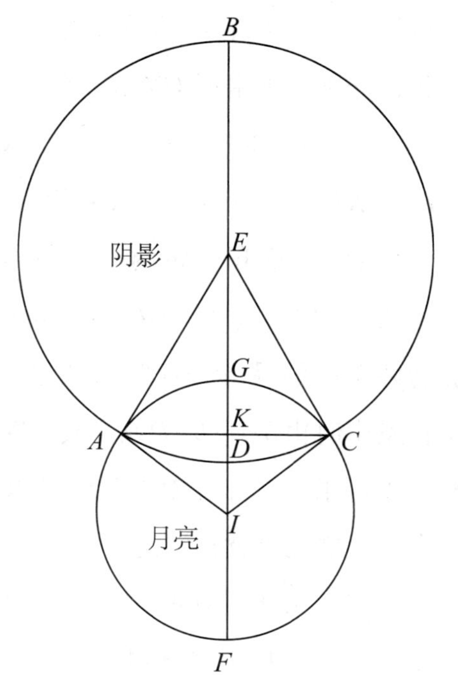

但许多天文学家[168]认为，掩食区域不应根据直径来确定，而应根据表面来确定，因为被食的不是直线而是表面。因此，设*ABCD*为太阳或地影的圆周，点*E*为其中心。设*AFCG*为月球圆周，点*I*为中心。设这两个圆交于*A*、*C*两点。过两圆心作直线*BEIF*。连接*AE*、*EC*、*AI*和*IC*。作*AKC*垂直于*BF*。我们希望由此可以定出被食表面*ADCG*的大小，或偏食时被食部分占太阳或月球整个表面 225
的十二分之几。

由上所述，两圆半径*AE*和*AI*均已知，两圆心的距离或月球黄纬*EI*也已知，所以三角形*AEI*的各边均可求得，根据前面的证明，它的各角也可求得。角*EIC*与角*AEI*相似且相等。因此，如果取周长＝360°，则弧*ADC*与*AGC*的度数可以求得。根据叙拉古的阿基米德在其《圆的度量》（*Measurement of the Circle*）中的说法，周长：直径$<3^{1}/_{7}:1$，但周长：直径$>3^{10}/_{71}:1$。托勒密在这两个值之间取了$3^{p}8'30'':1^{p}$[169]。根据这一比值，弧*AGC*与*ADC*也可用两直径AE和AI的单位表出。EA与AD以及IA与AG所包含的面积，分别等于扇形AEC和AIC。

而在等腰三角形AEC与AIC中，公共底边AKC和两条垂线EK、KI已知，因此，$AK \times KE$为三角形AEC的面积，$AK \times KI$为三角形ACI的面积。将两个三角形从其扇形中减去［扇形$EADC$－三角形AEC，扇形$AGCI$－三角形ACI］，得到的余量AGC和ACD为两个圆的弓形，这两部分之和为所求的整个$ADCG$。此外，日食发生时由BE与BAD或月食发生时由FI与FAG所定出的整个圆面
226 积也可求得，于是被食区域$ADCG$占据了太阳或月球整个圆面的十二分之几也就很清楚了。

以上关于月球的讨论对于目前来说已经足够了，其他天文学家[170]对此作了更详尽的讨论。我现在要赶紧讨论其他五颗行星的运行，这便是以下两卷的主题。

《天球运行论》第四卷终[171]

第五卷

引　言 227

到现在为止，我已尽我所能讨论了地球绕太阳的运行［第三卷］，以及月球绕地球的运行［第四卷］。现在我来讨论五颗行星的运动。我曾在第一卷中［第九章］一般性地指出，诸行星天球的中心并非在地球附近，而是在太阳附近，由于地球的运动，这些天球的次序和大小和谐一致且精确对称地相互关联着。

所以现在我要更清楚地一一证明所有这些论断，以努力履行我的 363
诺言。特别是，我不仅要利用古代的而且也要利用现代的天象观测，以使关于这些运动的理论更加可靠。

> ［Ⅴ，1开始处的较早版本[1]：
>
> 行星以不同方式沿黄经和黄纬运行，其变化是不均匀的，在其均匀运行的两边都可以观测到。因此阐明行星的平均和均匀运行是值得的，以确定其非均匀变化。然而，要想确定均匀运行，就必须知道运转周期。由运转周期可以推断，一种非均匀性已经回到了与之前状态相似的状态。我在前面对太阳和月球正是这样做的［Ⅲ，13；Ⅳ，3］。］

在柏拉图的《蒂迈欧篇》中，这五颗行星中的每一颗都是按照其特征命名的：土星叫做“费农”（Phaenon），犹如称它为“明亮”或“可见”，这是因为它看不见的时候要比其他行星少，而且它被太阳遮住之后不久又会重新出现；木星因其光彩夺目而被称为“费顿”（Phaeton）；火星因其火焰般的光辉而被称为“派罗伊斯”（Pyrois）；金星有时被称为“启明星”（Phosphorus），有时被称为“长庚星”（Hesperus），即“晨星”或“昏星”，视其在清晨或黄昏出现而定；最后，水星因发出闪烁而微弱的光而被称为“斯蒂尔邦”（Stilbon）。

这些行星在黄经和黄纬上的运行比月球更不规则。

第一章 行星的运转与平均行度

行星在黄经上显示出两种完全不同的运动。一种是由前面已经说过的地球的运动引起的，另一种则是每颗行星的自行。我们也许可以恰当地把前一种运动称为视差动，因为正是它使得行星显现出留、［继续］顺行和逆行等现象。这些现象之所以可能，并非由于行星向前自行时[2]出了差错，而是由地球运动所产生的一种因行星天球大小而异的视差所引起。

于是显然，只有当土星、木星和火星在日出时升起时，我们 228
才能看到它们的真位置。这发生在它们逆行的中点附近。因为在那个时候，它们落在一条过太阳平位置与地球的直线上，而且不受视差的影响。然而，金星和水星受另一种关系的支配。因为当它们与太阳相合时，它们完全被太阳光掩盖了，而只有处于太阳两侧大距的位置上时，我们才能看到它们。因此，我们绝不可能在没有视差的情况下发现它们。因此，每颗行星都有自己的视差运转（我指的是地球相对于行星的运动），这种视差运转是行星与地球相互造就的。

[原稿中删去的段落：

以这种方式结合起来的两个天体的运动显示出了相互关联，它们包含了地球（你也可以说是太阳）的简单运动，因为在整本书中，首先要记住，以通常方式就太阳运动[3]所说的一切都要理解为指地球。]

我认为视差运动不是别的，而是地球的均匀运动超过行星的运动（比如土星、木星和火星），或者地球的运动被行星运动所超过（比如金星和水星）的差值。但由于发现这些视差动周期不均匀，有显著的非规则性，所以古人们认识到，这些行星的运行也是不均匀的，它们的轨道圆具有非均匀性开始出现的拱点，并相信这些拱点在恒星天球上具有永远不变的位置。这种想法为研究行星的平均行度和均匀周期开辟了道路。当他们把某颗行星位于与太阳或某恒星某一精确距离处的位置记录下来，并了解到该行星在一段时间之后到达与太阳相似距离的同一位置时，便认为行星已经经历了全部的非均匀性，并且在一切方面重新回到了它先前与地球的关系。于是凭借这段时间，他们可以计算出完整均匀运转的次数，从而求得行星运行的详细情况。

托勒密［《天文学大成》，IX，3］是用太阳年来描述这些运转的，他声称自己是从希帕克斯那里得到这些资料的。但他当时把太阳年理解为从一个分点或至点量起的年份，而现在已经很清楚，这样的年份并非完全均匀。有鉴于此，我将采用通过恒星测得的年份，并且用这样的年份更加准确地重新测定了这五颗行星的行度。我发现，这些行度多少有些盈余或不足，情况如下：

在我所谓的视差动中，地球在59个太阳年加1日、6日-分和大约48日-秒内，相对土星旋转57周。在这段时间里，行星自行运转两周加1°6′6″；木星在71个太阳年减5日、45日-分和27日-秒内，被地球经过65次[4]。在这段时间里，行星自行运转6周减$5°4'1\frac{1}{2}''$；火星在79个太阳年加2日、27日-分和3日-秒内，视差运转共37次。在这段时间里，行星自行运转42周加2°24′56″；金星在8个太阳年减2日、26日-分和46日-秒内，经过运转的地球5次。在这段时间里，行星绕太阳转动13周减2°24′40″；最后，水星在46个太阳年加34日-分和23日-秒内，赶上地球145次。在这段时间 229
里，行星绕太阳转动191周加大约31′23″。因此对每颗行星来说，一次视差运转所需的时间为：

土星—378日	5日-分	32日-秒	11日-毫
木星—398	23	2	56
火星—779	56	19	7
金星—583	55	17	24
水星—115	52	42	12

如果我们把上列数值换算成圆周的度数，乘以365，再把乘积除以已知的日数和日数的分数，则可得年行度为：

土星—347°	32′	2″	54‴	12⁗
木星—329	25	8	15	6
火星—168	28	29	13	12
金星—225	1	48	54	30
水星— 53	56	46	54	40（在三次运转之后）

取以上数值的$^1/_{365}$，即得日行度为

土星—0°	57′	7″	44‴	0⁗
木星—0	54	9	3	49
火星—0	27	41	40	8
金星—0	36	59[5]	28	35
水星—3	3	24	7	43

仿照太阳和月亮的平均行度表［III，14和IV，4结尾］，可以作出以下行星行度表。但我想没有必要也用这种方式把行星的自行列成表，因为把表中行度从太阳的平均行度中减去，便可得到行星的自行。正如我［在V，1中］所说，行星的自行是太阳平均行度的一部分。然而，不然有人不满足于这种安排，他可以按照自己的意愿制定其他表格。以下行星相对于恒星天球的年自行度为：

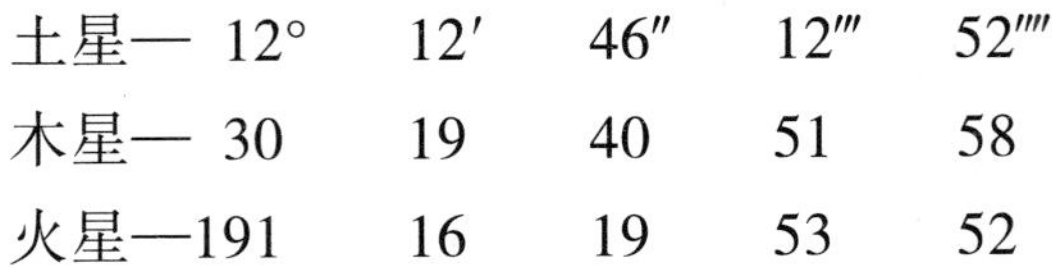

土星— 12°	12′	46″	12‴	52⁗
木星— 30	19	40	51	58
火星—191	16	19	53	52

但对于金星和水星，由于看不到它们的年自行度，所以我们使用太阳的行度，并提出一种测定和显示这两颗行星视运动的方法。情况如下表。

木星在60年周期内逐年的视差动

基督纪元205° 49′ 230

埃及年	黄经					埃及年	黄经				
	60°	°	′	″	‴		60°	°	′	″	‴
1	5	47	32	3	9	31	5	33	33	37	59
2	5	35	4	6	19	32	5	21	5	41	9
3	5	22	36	9	29	33	5	8	37	44	19
4	5	10	8	12	38	34	4	56	9	47	28
5	4	57	40	15	48	35	4	43	41	50	38
6	4	45	12	18	58	36	4	31	13	53	48
7	4	32	44	22	7	37	4	18	45	56	57
8	4	20	16	25	17	38	4	6	18	0	7
9	4	7	48	28	27	39	3	53	50	3	17
10	3	55	20	31	36	40	3	41	22	6	26
11	3	42	52	34	46	41	3	28	54	9	36
12	3	30	24	37	56	42	3	16	26	12	46
13	3	17	56	41	5	43	3	3	58	15	55
14	3	5	28	44	15	44	2	51	30	19	5
15	2	53	0	47	25	45	2	39	2	22	15
16	2	40	32	50	34	46	2	26	34	25	24
17	2	28	4	53	44	47	2	14	6	28	34
18	2	15	36	56	54	48	2	1	38	31	44
19	2	3	9	0	3	49	1	49	10	34	53
20	1	50	41	3	13	50	1	36	42	38	3
21	1	38	13	6	23	51	1	24	14	41	13
22	1	25	45	9	32	52	1	11	46	44	22
23	1	13	17	12	42	53	0	59	18	47	32
24	1	0	49	15	52	54	0	46	50	50	42
25	0	48	21	19	1	55	0	34	22	53	51
26	0	35	53	22	11	56	0	21	54	57	1
27	0	23	25	25	21	57	0	9	27	0	11
28	0	10	57	28	30	58	5	56	59	3	20
29	5	58	29	31	40	59	5	44	31	6	30
30	5	46	1	34	50	60	5	32	3	9	40

231

日	木星在60日周期内逐日和日分数的视差动					日					
	行度						行度				
	60°	°	′	″	‴		60°	°	′	″	‴
1	0	0	57	7	44	31	0	29	30	59	46
2	0	1	54	15	28	32	0	30	28	7	30
3	0	2	51	23	12	33	0	31	25	15	14
4	0	3	48	30	56	34	0	32	22	22	58
5	0	4	45	38	40	35	0	33	19	30	42
6	0	5	42	46	24	36	0	34	16	38	26
7	0	6	39	54	8	37	0	35	13	46	1
8	0	7	37	1	52	38	0	36	10	53	55
9	0	8	34	9	36	39	0	37	8	1	39
10	0	9	31	17	20	40	0	38	5	9	23
11	0	10	28	25	4	41	0	39	2	17	7
12	0	11	25	32	49	42	0	39	59	24	51
13	0	12	22	40	33	43	0	40	56	32	35
14	0	13	19	48	17	44	0	41	53	40	19
15	0	14	16	56	1	45	0	42	50	48	3
16	0	15	14	3	45	46	0	43	47	55	47
17	0	16	11	11	29	47	0	44	45	3	31
18	0	17	8	19	13	48	0	45	42	11	16
19	0	18	5	26	57	49	0	46	39	19	0
20	0	19	2	34	41	50	0	47	36	26	44
21	0	19	59	42	25	51	0	48	33	34	28
22	0	20	56	50	9	52	0	49	30	42	12
23	0	21	53	57	53	53	0	50	27	49	56
24	0	22	51	5	38	54	0	51	24	57	40
25	0	23	48	13	22	55	0	52	22	5	24
26	0	24	45	21	6	56	0	53	19	13	8
27	0	25	42	28	50	57	0	54	16	20	52
28	0	26	39	36	34	58	0	55	13	28	36
29	0	27	36	44	18	59	0	56	10	36	20
30	0	28	33	52	2	60	0	57	7	44	5

土星在60年周期内逐年的视差动

基督纪元98° 16′

232

埃及年	行度					埃及年	行度				
	60°	°	′	″	‴		60°	°	′	″	‴
1	5	29	25	8	15	31	2	11	59	15	48
2	4	58	50	16	30	32	1	41	24	24	3
3	4	28	15	24	45	33	1	10	49	32	18
4	3	57	40	33	0	34	0	40	14	40	33
5	3	27	5	41	15	35	0	9	39	48	48
6	2	56	30	49	30	36	5	39	4	57	3
7	2	25	55	57	45	37	5	8	30	5	18
8	1	55	21	6	0	38	4	37	55	13	33
9	1	24	46	14	15	39	4	7	20	21	48
10	0	54	11	22	31	40	3	36	45	30	4
11	0	23	36	30	46	41	3	6	10	38	19
12	5	53	1	39	1	42	2	35	35	46	34
13	5	22	26	47	16	43	2	5	0	54	49
14	4	51	51	55	31	44	1	34	26	3	4
15	4	21	17	3	46	45	1	3	51	11	19
16	3	50	42	12	1	46	0	33	16	19	34
17	3	20	7	20	16	47	0	2	41	27	49
18	2	49	32	28	31	48	5	32	5	36	4
19	2	18	57	36	46	49	5	1	31	44	19
20	1	48	22	45	2	50	4	30	56	52	34
21	1	17	47	53	17	51	4	0	22	0	50
22	0	47	13	1	32	52	3	29	47	9	5
23	0	16	38	9	47	53	2	59	12	17	20
24	5	46	3	18	2	54	2	28	37	25	35
25	5	15	28	26	17	55	1	58	2	33	50
26	4	44	53	34	32	56	1	27	27	42	5
27	4	14	18	42	47	57	0	56	52	50	20
28	3	43	43	51	2	58	0	26	17	58	35
29	3	13	8	59	17	59	5	55	43	6	50
30	2	42	34	7	33	60	5	25	8	15	6

233

土星在60日周期内逐日和日分数的视差动

日	行度					日	行度				
	60°	°	′	″	‴		60°	°	′	″	‴
1	0	0	54	9	3	31	0	27	58	40	58
2	0	1	48	18	7	32	0	28	52	50	2
3	0	2	42	27	11	33	0	29	46	59	5
4	0	3	36	36	15	34	0	30	41	8	9
5	0	4	30	45	19	35	0	31	35	17	13
6	0	5	24	54	22	36	0	32	29	26	17
7	0	6	19	3	26	37	0	33	23	35	21
8	0	7	13	12	30	38	0	34	17	44	35
9	0	8	7	21	34	39	0	35	11	53	29
10	0	9	1	30	38	40	0	36	6	2	32
11	0	9	55	39	41	41	0	37	0	11	36
12	0	10	49	48	45	42	0	37	54	20	40
13	0	11	43	57	49	43	0	38	48	29	44
14	0	12	38	6	53	44	0	39	42	38	47
15	0	13	32	15	57	45	0	40	36	47	51
16	0	14	26	25	1	46	0	41	30	56	55
17	0	15	20	34	4	47	0	42	25	5	59
18	0	16	14	43	8	48	0	43	19	15	3
19	0	17	8	52	12	49	0	44	13	24	6
20	0	18	3	1	16	50	0	45	7	33	10
21	0	18	57	10	20	51	0	46	1	42	14
22	0	19	51	19	23	52	0	46	55	51	18
23	0	20	45	28	27	53	0	47	50	0	22
24	0	21	39	37	31	54	0	48	44	9	26
25	0	22	33	46	35	55	0	49	38	18	29
26	0	23	27	55	39	56	0	50	32	27	33
27	0	24	22	4	43	57	0	51	26	36	37
28	0	25	16	13	46	58	0	52	20	45	41
29	0	26	10	22	50	59	0	53	14	54	45
30	0	27	4	31	54	60	0	54	9	3	49

火星在60年周期内逐年的视差动

基督纪元238° 22′

234

埃及年	行度					埃及年	行度				
	60°	°	′	″	‴		60°	°	′	″	‴
1	2	48	28	30	36	31	3	2	43	48	38
2	5	36	57	1	12	32	5	51	12	19	14
3	2	25	25	31	48	33	2	39	40	49	50
4	5	13	54	2	24	34	5	28	9	20	26
5	2	2	22	33	0	35	2	16	37	51	2
6	4	50	51	3	36	36	5	5	6	21	38
7	1	39	19	34	12	37	1	53	34	52	14
8	4	27	48	4	48	38	4	42	3	22	50
9	1	16	16	35	24	39	1	30	31	53	26
10	4	4	45	6	0	40	4	19	0	24	2
11	0	53	13	36	36	41	1	7	28	54	38
12	3	41	42	7	12	42	3	55	57	25	14
13	0	30	10	37	48	43	0	44	25	55	50
14	3	18	39	8	24	44	3	32	54	26	26
15	0	7	7	39	1	45	0	21	22	57	3
16	2	55	36	9	37	46	3	9	51	27	39
17	5	44	4	40	13	47	5	58	19	58	15
18	2	32	33	10	49	48	2	46	48	28	51
19	5	21	1	41	25	49	5	35	16	59	27
20	2	9	30	12	1	50	2	23	45	30	3
21	4	57	58	42	37	51	5	12	14	0	39
22	1	46	27	13	13	52	2	0	42	31	15
23	4	34	55	43	49	53	4	49	11	1	51
24	1	23	24	14	25	54	1	37	39	32	27
25	4	11	52	45	1	55	4	26	8	3	3
26	1		21	15	37	56	1	14	36	33	39
27	3	48	49	46	13	57	4	3	5	4	15
28	0	37	18	16	49	58	0	51	33	34	51
29	3	25	46	47	25	59	3	40	2	5	27
30	0	14	15	18	2	60	0	28	30	36	4

235

火星在60日周期内逐日和日分数的视差动											
日	行　度					日	行　度				
	60°	0	′	″	‴		60°	°	′	″	‴
1	0	0	27	41	40	31	0	14	18	31	51
2	0	0	55	23	20	32	0	14	46	13	31
3	0	1	23	5	1	33	0	15	14	55	12
4	0	1	50	46	41	34	0	15	41	36	52
5	0	2	18	28	21	35	0	16	9	18	32
6	0	2	46	10	2	36	0	16	37	0	13
7	0	3	13	51	42	37	0	17	4	41	53
8	0	3	41	33	22	38	0	17	32	23	33
9	0	4	9	15	3	39	0	18	0	5	14
10	0	4	36	56	43	40	0	18	27	46	54
11	0	5	4	38	24	41	0	18	55	28	35
12	0	5	32	20	4	42	0	19	23	10	15
13	0	6	0	1	44	43	0	19	50	51	55
14	0	6	27	43	25	44	0	20	18	33	36
15	0	6	55	25	5	45	0	20	46	15	16
16	0	7	23	6	45	46	0	21	13	56	56
17	0	7	50	48	26	47	0	21	41	38	37
18	0	8	18	30	6	48	0	22	9	20	17
19	0	8	46	11	47	49	0	22	37	1	57
20	0	9	13	53	27	50	0	23	4	43	38
21	0	9	41	35	7	51	0	23	32	25	18
22	0	10	9	16	48	52	0	24	0	6	59
23	0	10	36	58	28	53	0	24	27	48	39
24	0	11	4	40	8	54	0	24	55	30	19
25	0	11	32	21	49	55	0	25	23	12	0
26	0	12	0	3	29	56	0	25	50	53	40
27	0	12	27	45	9	57	0	26	18	35	20
28	0	12	55	26	49	58	0	26	46	17	1
29	0	13	23	8	30	59	0	27	13	58	41
30	0	13	50	50	11	60	0	27	41	40	22

236

金星在60年周期内逐年的视差动

基督纪元126° 45′

埃及年	行度					埃及年	行度				
	60°	°	′	″	‴		60°	°	′	″	‴
1	3	45	1	45	3	31	2	15	54	16	53
2	1	30	3	30	7	32	0	0	56	1	57
3	5	15	5	15	11	33	3	45	57	47	1
4	3	0	7	0	14	34	1	30	59	32	4
5	0	45	8	45	18	35	5	16	1	17	8
6	4	30	10	30	22	36	3	1	3	2	12
7	2	15	12	15	25	37	0	46	4	47	15
8	0	0	14	0	29	38	4	31	6	32	19
9	3	45	15	45	33	39	2	16	8	17	23
10	1	30	17	30	36	40	0	1	10	2	26
11	5	15	19	15	40	41	3	46	11	47	30
12	3	0	21	0	44	42	1	31	13	32	34
13	0	45	22	45	47	43	5	16	15	17	37
14	4	30	24	30	51	44	3	1	17	2	41
15	2	15	26	15	55	45	0	46	18	47	45
16	0	0	28	0	58	46	4	31	20	32	48
17	3	45	29	46	2	47	2	16	22	17	52
18	1	30	31	31	6	48	0	1	24	2	56
19	5	15	33	16	9	49	3	46	25	47	59
20	3	0	35	1	13	50	1	31	27	33	3
21	0	45	36	46	17	51	5	16	29	18	7
22	4	30	38	31	20	52	3	1	31	3	10
23	2	15	40	16	24	53	0	46	32	48	14
24	0	0	42	1	28	54	4	31	34	33	18
25	3	45	43	46	31	55	2	16	36	18	21
26	1	30	45	31	35	56	0	1	38	3	25
27	5	15	47	16	39	57	3	46	39	48	29
28	3	0	49	1	42	58	1	31	41	33	32
29	0	45	50	46	46	59	5	16	43	18	36
30	4	30	52	31	50	60	3	1	45	3	40

237

金星在60日周期内逐日和日分数的视差动											
日	行　度					日	行　度				
	60°	°	′	″	‴		60°	°	′	″	‴
1	0	0	36	59	28	31	0	19	6	43	46
2	0	1	13	58	57	32	0	19	43	43	14
3	0	1	50	58	25	33	0	20	20	42	43
4	0	2	27	57	54	34	0	20	57	42	11
5	0	3	4	57	22	.35	0	21	34	41	40
6	0	3	41	56	51	36	0	22	11	41	9
7	0	4	18	56	20	37	0	22	48	40	37
8	0	4	55	55	48	38	0	23	25	40	6
9	0	5	32	55	17	39	0	24	2	39	34
10	0	6	9	54	45	40	0	24	39	39	3
11	0	6	46	54	14	41	0	25	16	38	31
12	0	7	23	53	43	42	0	25	53	38	0
13	0	8	0	53	11	43	0	26	30	37	29
14	0	8	37	52	40	44	0	27	7	36	57
15	0	9	14	52	8	45	0	27	44	36	26
16	0	9	51	51	37	46	0	28	21	35	54
17	0	10	28	51	5	47	0	28	58	35	23
18	0	11	5	50	34	48	0	29	35	34	52
19	0	11	42	50	2	49	0	30	12	34	20
20	0	12	19	49	31	50	0	30	49	33	49
21	0	12	56	48	59	51	0	31	26	33	17
22	0	13	33	48	28	52	0	32	3	32	46
23	0	14	10	47	57	53	0	32	40	32	14
24	0	14	47	47	26	54	0	33	17	31	43
25	0	15	24	46	54	55	0	33	54	31	12
26	0	16	1	46	23	56	0	34	31	30	40
27	0	16	38	45	51	57	0	35	8	30	9
28	0	17	15	45	20	58	0	35	45	29	37
29	0	17	52	44	48	59	0	36	22	29	6
30	0	18	29	44	17	60	0	36	59	28	35

水星在60年周期内逐年的视差动

基督纪元46° 24′

238

埃及年	行度					埃及年	行度				
	60°	°	′	″	‴		60°	°	′	″	‴
1	0	53	57	23	6	31	3	52	38	56	21
2	1	47	54	46	13	32	4	46	36	19	28
3	2	41	52	9	19	33	5	40	33	42	34
4	3	35	49	32	26	34	0	34	31	5	41
5	4	29	46	55	32	35	1	28	28	28	47
6	5	23	44	18	39	36	2	22	25	51	54
7	0	17	41	41	45	37	3	16	23	15	0
8	1	11	39	4	52	38	4	10	20	38	7
9	2	5	36	27	58	39	5	4	18	1	13
10	2	59	33	51	5	40	5	58	15	24	20
11	3	53	31	14	11	41	0	52	12	47	26
12	4	47	28	37	18	42	1	46	10	10	33
13	5	41	26	0	24	43	2	40	7	33	39
14	0	35	23	23	31	44	3	34	4	56	46
15	1	29	20	46	37	45	4	28	2	19	52
16	2	23	18	9	44	46	5	21	59	42	59
17	3	17	15	32	50	47	0	15	57	6	5
18	4	11	12	55	57	48	1	9	54	29	12
19	5	5	10	19	3	49	2	3	51	52	18
20	5	59	7	42	10	50	2	57	49	15	25
21	0	53	5	5	16	51	3	51	46	38	31
22	1	47	2	28	23	52	4	45	44	1	38
23	2	40	59	51	29	53	5	39	41	24	44
24	3	34	57	14	36	54	0	33	38	47	51
25	4	28	54	37	42	55	1	27	36	10	57
26	5	22	52	0	49	56	2	21	33	34	4
27	0	16	49	23	55	57	3	15	30	57	10
28	1	10	46	47	2	58	5	9	28	20	17
29	2	4	44	10	8	59	5	3	25	43	23
30	2	58	41	33	15	60	5	57	23	6	30

239

水星在60日周期内逐日和日分数的视差动											
日	行　度					日	行　度				
	60°	°	′	″	‴		60°	°	′	″	‴
1	0	3	6	24	13	31	1	36	18	31	3
2	0	6	12	48	27	32	1	39	24	55	17
3	0	9	19	12	41	33	1	42	31	19	31
4	0	12	25	36	54	34	1	45	37	43	44
5	0	15	32	1	8	35	1	48	44	7	58
6	0	18	38	25	22	36	1	51	50	32	12
7	0	21	44	49	35	37	1	54	56	56	25
8	0	24	51	13	49	38	1	58	3	20	39
9	0	27	57	38	3	39	2	1	9	44	53
10	0	31	4	2	16	40	2	4	16	9	6
11	0	34	10	26	30	41	2	7	22	33	20
12	0	37	16	50	44	42	2	10	28	57	34
13	0	40	23	14	57	43	2	13	35	21	47
14	0	43	29	39	11	44	2	16	41	46	1
15	0	46	36	3	25	45	2	19	48	10	15
16	0	49	42	27	38	46	2	22	54	34	28
17	0	52	48	51	52	47	2	26	0	58	42
18	0	55	55	16	6	48	2	29	7	22	56
19	0	59	1	40	19	49	2	32	13	47	9
20	1	2	8	4	33	50	2	35	20	11	23
21	1	5	14	28	47	51	2	38	26	35	37
22	1	8	20	53	0	52	2	41	32	59	50
23	1	11	27	17	14	53	2	44	39	24	4
24	1	14	33	41	28	54	2	47	45	48	18
25	1	17	40	5	41	55	2	50	52	12	31
26	1	20	46	29	55	56	2	53	58	36	45
27	1	23	52	54	9	57	2	57	5	0	59
28	1	26	59	18	22	58	3	0	11	25	12
29	1	30	5	42	36	59	3	3	17	49	26
30	1	33	12	6	50	60	3	6	24	13	40

第二章　古人的理论对行星的均匀行度与视行度的解释 240

以上就是行星的平均行度。现在我们讨论它们的非均匀视行度。认为地球静止的古代天文学家们［例如托勒密，《天文学大成》，IX，5］想象土星、木星、火星与金星都各有一个偏心本轮和一个偏心圆，本轮相对于该偏心圆均匀运动，而行星又在本轮上均匀运动。

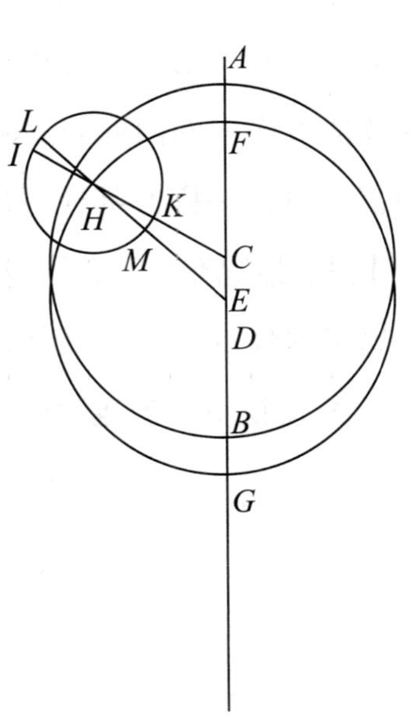

于是，设*AB*为偏心圆，中心为点*C*。又设*ACB*为其直径，在这条直线上有地球中心*D*，点*A*为远地点，点*B*为近地点。设点*E*平分*DC*。以*E*为圆心作第二个偏心圆*FG*与第一偏心圆［*AB*］相等。设点*H*为*FG*上任意一点，以*H*为圆心作本轮*IK*。过*IK*的中心作直线*IHKC*和*LHME*。根据行星的黄纬，应当认为这两个偏心圆相对于黄道面是倾斜的，本轮相对于偏心圆平面也是倾斜的。但为了简化解释，这里设所有这些圆都处于同一平面内。根据古代天文学家的说法，这整个平面连同点*E*和点*C*一起，都随着恒星一起围绕黄道中心*D*旋转。通过这种安排，他们希望将其理解为，这些点在恒星天球上都有固定不变的位置。虽然本轮在圆*FHG*上朝东运动，但可由直线*IHC*调节。相对于该直线，行星在本轮*IK*上也在均匀运转。

然而，本轮上的运动相对于均轮中心*E*显然应当是均匀的，而行星的运转相对于直线*LME*应当是均匀的。因此他们承认，圆周运动相对于一个并非其自身中心的另外的中心而言也可以是均匀的，这个概念是西塞罗著作中的西庇阿（Scipio）[6]所难以想象的。现在，水星的情况也是一样，甚或更加如此。但是（在我看来），我已经结合月亮的情况充分驳斥了这种想法［IV，2］。这类情况使我有机会思考地球的运动以及如何保持均匀运动的其他方式和科学原理[7]，并使视不均匀运动的计算更经得起考验。

第三章　由地球运动引起的视不均匀性的一般解释

为什么行星的均匀运动会显得不均匀，这有两个原因：地球的运动以及行星本身的运动。我将对每种非均匀性给出一般性的说明，并分别用视觉的证据来阐明它们，以将其更好地彼此区分开来。我先从它们都含有的那种由地球的运动引起的非均匀性讲起，并从被包含在地球轨道圆之内的金星和水星开始。

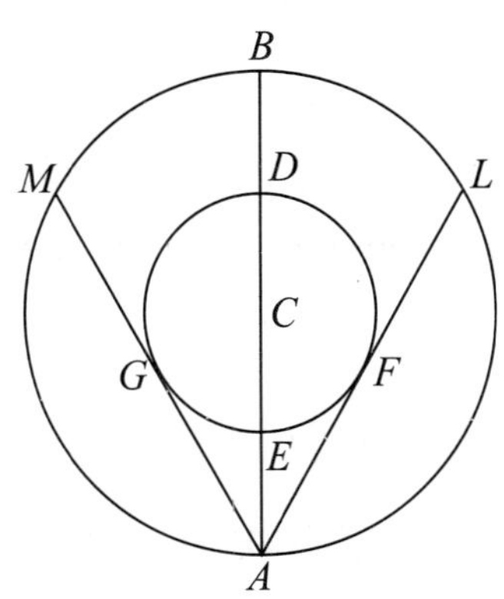

设地心在前面所述的［III，15］周年运转中描出圆AB，它对 241
太阳是偏心的。设AB的中心为点C。现在让我们假定，行星除与

*AB*同心之外没有其他的不规则性。设金星或水星的同心圆为*DE*。由于它们的黄纬不等于零，所以圆*DE*必定倾斜于圆*AB*。但为了解释的方便，可以设想它们在同一平面内。将地球置于点*A*，从这里作视线*AFL*和*AGM*，并与行星的轨道圆相切于点*F*和点*G*。设*ACB*为两圆的公共直径。

假定地球和行星这两个天体都沿同一方向即朝东运动，但行星比地球要快。于是在一个随*A*行进的观测者看来，点*C*和直线*ACB*是以太阳的平均行度运动的。而在圆*DFG*（它被想象为一个本轮）上，行星朝东经过弧*FDG*的时间，要比朝西经过剩余弧段*GEF*的时间更长。在弧*FDG*上，它将给太阳的平均行度加上整个角度*FAG*，而在弧*GEF*上则要减去同一角度。因此，在行星的相减行度超过点*C*的相加行度的地方，尤其是在近地点*E*附近，对于*A*点的观测者来说，它似乎在逆行，其程度视超过量的大小而定，正如这些行星发生的情形那样。后面我们会讲到［V，35］，根据佩尔加（Perga）的阿波罗尼奥斯（Apollonius）的定理，在这些情形中，线段*CE*与线段*AE*之比应当大于*A*的行度与行星的行度之比。而当相加行度等于相减行度（相互抵消）时，行星看上去将是静止不动的。所有这些情况都与现象相一致。

因此，如果像阿波罗尼所认为的那样，行星的运动中没有其他不均匀性，那么这些论述就已经足够了。但是，这些行星在清晨和傍晚与太阳平位置的最大距角（如角*FAE*和角*GAE*所示）并非到处相等。这两个最大距角既非彼此相等，也不是两者之和彼此相等。其推论是显然的：行星并不在与地球（公转轨道）圆同心的圆周上运动，而是沿着另外的圆运动，这便产生了第二种不均匀性。

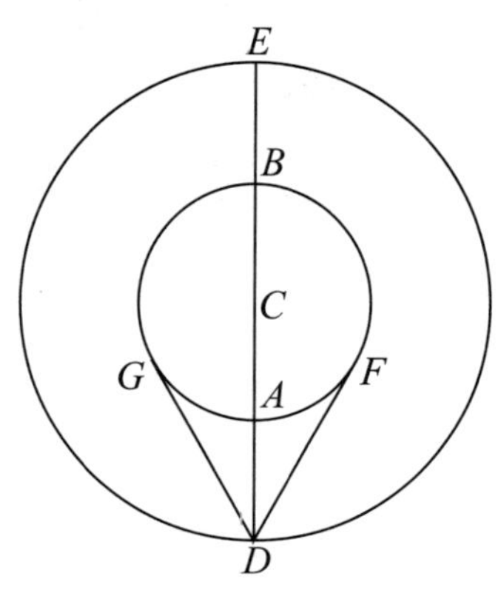

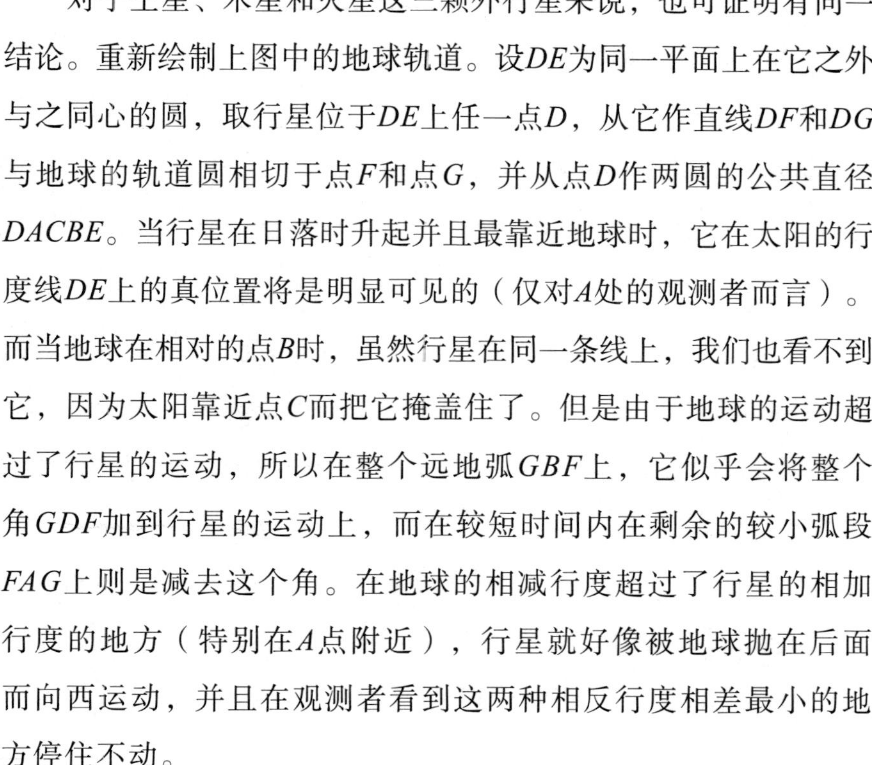

对于土星、木星和火星这三颗外行星来说，也可证明有同一结论。重新绘制上图中的地球轨道。设*DE*为同一平面上在它之外与之同心的圆，取行星位于*DE*上任一点*D*，从它作直线*DF*和*DG*与地球的轨道圆相切于点*F*和点*G*，并从点*D*作两圆的公共直径*DACBE*。当行星在日落时升起并且最靠近地球时，它在太阳的行度线*DE*上的真位置将是明显可见的（仅对*A*处的观测者而言）。而当地球在相对的点*B*时，虽然行星在同一条线上，我们也看不到它，因为太阳靠近点*C*而把它掩盖住了。但是由于地球的运动超过了行星的运动，所以在整个远地弧*GBF*上，它似乎会将整个角*GDF*加到行星的运动上，而在较短时间内在剩余的较小弧段*FAG*上则是减去这个角。在地球的相减行度超过了行星的相加行度的地方（特别在*A*点附近），行星就好像被地球抛在后面而向西运动，并且在观测者看到这两种相反行度相差最小的地方停住不动。

于是，所有这些视运动——古代天文学家试图通过每颗行星都有一个本轮来解释——皆由地球的运动所引起，这再次是十分清楚的。然而和阿波罗尼奥斯和古代人的观点相反，行星的运动
242 并不是均匀的，这可由地球相对于行星的不规则运转而看出。因此，行星并不在同心圆上运动，而是以其他方式运动。这一点我也将在后面解释。

第四章　为什么行星的自行看起来不均匀？

行星在经度上的自行几乎具有相同的模式，只有水星是例外，它看上去与其他行星不同。因此可把那四颗行星合在一起讨论，水星则分开来讲。正如前面已经谈到的那样［V，2］，古人以两个偏心圆为基础来讨论一个单独的运动，而我却认为视不均匀性由两个均匀运动复合而成：可能是两个偏心圆，或者是两个本轮，或者是一个混合的偏心本轮。正如我前面对太阳和月亮所证明的那样［III，20；IV，3］，它们都能产生相同的不均匀性。

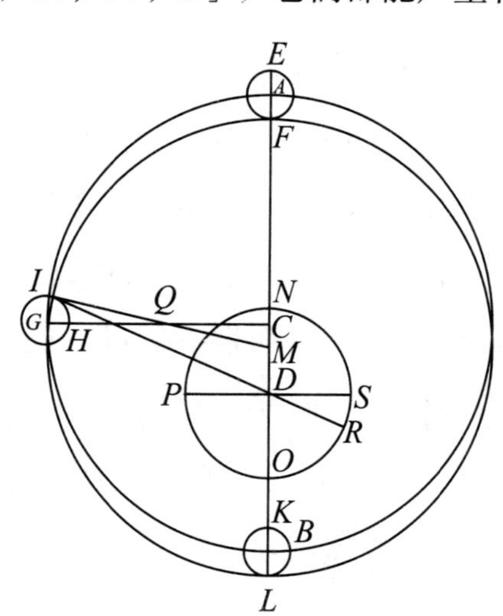

于是，设AB是一个偏心圆，其中心为点C。设过行星高低拱点的直径为ACB，它是太阳平位置所在的直线。设ACB上的点D为地球轨道圆的中心。以高拱点A为中心，CD距离的$^1/_3$为半径作小本轮EF，设行星位于它的近地点F。设该小本轮沿着偏心圆AB朝东运动，行星在小本轮的上半周也朝东运动，但在小本轮圆周的其余部分则朝西运动。设小本轮与行星的运转周期相等。于是，当小本轮位于偏心圆的高拱点，而行星位于小本轮的近地点，而且二者均已各自转了半周时，它们彼此的关系转换了。但在高低拱点之间的两个方照上，本轮和行星各自位于中拱点上。只有在前一种情况下［在高低拱点处］，小本轮的直径才在直线AB上；而在高低拱点之间的中点上，小本轮的直径将垂直于AB；在其他地方则总是接近或远离AB，不断摇摆。所有这些现象都很容易从运动的序列来理解。

于是还要证明，由于这种复合运动，行星并不是描出一个正圆。这种与正圆的偏离是和古代天文学家的想法相一致的[8]，但它们的差别小到几乎无法察觉。重新作一个同样的小本轮，设它为KL，圆心为B。取AG为偏心圆的一个象限，以G为中心作小本轮HI。将CD三等分，设$^1/_3CD=CM=GI$。连接GC与IM，二者相交于点Q。因此，根据假设，弧AG相似于弧HI，角$ACG=90°$，所以角$HGI=90°$。而对顶角角IGQ=角MQC，所以三角形GIQ和三角形QCM的对应角均相等。而根据假设，底边GI=底边CM，所以它们的对应边也相等。而$QI>GQ$，$QM>QC$，所以$IQM>GQC$。但是$FM=ML=AC=CG$，所以以M为圆心过F和L两点所作的圆与圆AB相等，并与直线IM相交。在与AG相对的另一个象限中，可用同样方式加以论证。因此，小本轮在偏心圆上的均匀运动以及行星在本轮上的均匀运动，使行星描出的圆不是一个正圆，但却近乎正圆。证毕。

现在以*D*为圆心作地球的周年轨道圆*NO*。作直线*IDR*，以及 243
*PDS*平行于*CG*。于是，*ID*R为行星的真行度线，而*GC*为其平均的均匀行度线。地球在*R*点时，位于与行星真的最大距离处，而在*S*点时，处在平均最大距离处。因此，角*RDS*或*IDP*是均匀行度与视行度之差，即角*ACG*与角*CDI*之差。又假设我们不用偏心圆*AB*，而取一个以*D*为圆心的与它相等的同心圆作为半径等于*CD*的小本轮之均轮。在这第一个小本轮上还应有第二个小本轮，其直径等于半个*CD*。设第一个本轮朝东运动，而第二个本轮以相等速度朝相反方向运动。最后，设行星在第二个本轮上以两倍速度运行。这就会得出与上面所述相同的结果。这些结果与月亮的现象相差不大，甚至与根据前面提到的任何一种安排所得出的现象都没有很大差别。

但是我在这里选择了一个偏心本轮。虽然太阳与*C*之间的距离总是保持不变，但*D*却会有位移，这在讨论太阳现象时已经说明［III，20］。但其他行星并没有同等地伴随着这种位移，因此它们一定会有某种不规则性。我们将在后面适当的地方［V，16，22］谈到，尽管这种不规则性非常微小，但对于火星与金星来说还是可以察觉的。

因此，我现在要用观测来证明，这些假设能够满足解释现象的要求。我首先要对土星、木星和火星作出证明，对于它们来说，最主要和最艰巨的任务是求得远地点的位置和距离*CD*，因为 244

其他数值都很容易由它们求出。对于这三颗行星，我使用的方法实际上与以前对月亮所作的处理相同［IV，5］，即把古代的三次冲与现代相同数目的冲进行比较。希腊人把这种现象称为“日没星出”，而我们则称之为“夜终”（出没）。在那些时候，行星与太阳相冲，并与太阳平均行度线相交。行星于此处摆脱了地球运动带给它的所有不规则性。正如我们前面已经说明的［II，14］，这些位置可以通过星盘的观测获得，也可以对太阳进行计算，直到行星明显到达冲日位置为止。

第五章　土星运动的推导

让我们首先从托勒密曾经观测到的土星的三次冲［《天文学大成，XI，5》］开始谈起[9]。第一次出现在哈德良11年埃及历9月[10]7日的夜间1时。归化到距亚历山大港1小时的克拉科夫子午圈上，这是公元127年3月26日午夜后17均匀小时。我们把所有这些数值都归化到恒星天球上，并把它当做均匀运动的基准。行星在恒星天球上的位置约为174°40′[11]，其原因是，那时太阳依其简单行度在354°40′［−180°＝174°40′］与土星相对（取白羊宫之角为零点）。

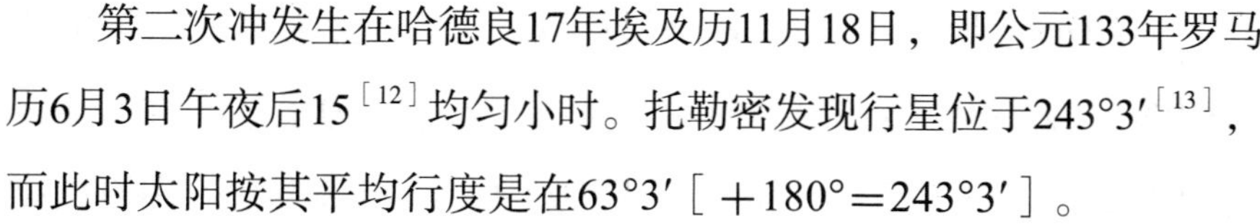

第二次冲发生在哈德良17年埃及历11月18日，即公元133年罗马历6月3日午夜后15[12]均匀小时。托勒密发现行星位于243°3′[13]，而此时太阳按其平均行度是在63°3′［＋180°＝243°3′］。

他报告的第三次冲发生在哈德良20年埃及历12月24日。同样归化到克拉科夫子午圈，是在公元136年7月8日午夜后11小时。这时行星在277°37′[14]，而太阳依其平均行度是在97°37′［＋180°＝277°37′］。

因此，第一时段共有6年70日55日−分[15]，在此期间行星的视行度为68°23′［＝243°3′−174°40′］，地球相对于行星的平均行度即视差动为352°44′[16]。于是把一个圆周所缺的7°16′加上，即得行星的平均行度为75°39′［=7°16′+68°23′］。第二时段有3埃及年35日50日—分[17]，在此期间行星的视行度为34°34′［=277°37′−243°3′］，而视差动为356°43′[18]。将一个圆周所余的3°17′［=360°−356°43′］加上，即得行星的平均行度为37°51′［=3°17′+34°34′］。

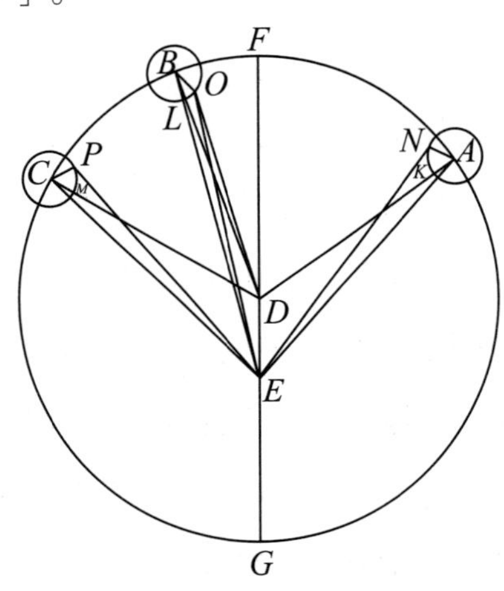

回顾了这些数据之后，以点D为圆心作行星的偏心圆ABC，直径为FDG，地球大圆的中心在此直径上。设A为第一次冲时小本轮的中心，B为第二次冲时小本轮的中心，C为第三次冲时小本轮的中心。以这些点为中心，以$^1/_3$ DE为半径作该本轮。用直线把A、B、C三个中心与D、E相连[19]，这些直线与小本轮圆周相交于
245 K、L、M三点。取弧KN与弧AF相似，弧LO与弧BF相似，弧MP与弧FBC相似。连接EN、EO和EP。于是计算可得：弧AB=75°39′，弧BC=37°51′，视行度角=角NEO=68°23′，角OEP=34°34′。

我们的第一项任务是确定高低拱点F和G的位置，以及行星偏心圆和地球大圆中心之间的距离DE。如果做不到这一点，那么就

无法区分均匀行度与视行度。但在这里，我们遇到了与托勒密在探讨这一问题时遇到的同样大的困难。因为如果已知角*NEO*包含已知弧*AB*，而角*OEP*包含弧*BC*，那么就可以推导出我们所需要的数值。然而已知弧*AB*所对的是未知角*AEB*，类似地，已知弧*BC*所对的角*BEC*也是未知的。*AEB*和*BEC*两角都应当求出。但如果没有确定与小本轮上的弧段相似的弧*AF*、*FB*与*FBC*，那么就无法求得角*AEN*、角*BEO*和角*CEP*这些视行度与平均行度之差。这些量值彼此密切相关，只能同时已知或未知。于是，由于直接的先验（*a priori*）方法行不通，比如化圆为方[20]和其他许多问题，在无计可施的情况下，天文家只好求助于后验的（*a posteriori*）方法。所以托勒密在这项研究中详细阐述了一种冗长的处理方法并进行了浩繁的计算[21]。在我看来，重述这些说法和数值既枯燥又没有必要，因为我在下面的计算中采用的大致是同一种做法。

回顾他的计算，他在最后［《天文学大成》，XI，5］求得 246
弧$AF=57°1'$[22]，弧$FB=18°37'$，弧$FBC=56^1/_2°$。如果取$DF=60^p$，则DE＝两中心之间的距离$=6^p50'$，如果取$DF=10000$，则$DE=1139$[23]。现在$^3/_4DE=854$，其余的$^1/_4DE=285$给小本轮。利用这些数值，并把它们用于我的假设，我将表明它们与观测现象一致。

对于第一次冲，在三角形*ADE*中，边$AD=10000^p$，边$DE=854^p$，角*ADE*为角*ADF*［$=57°1'$］的补角。因此，根据平面三角形定理，我们可以求得边$AE=10489^p$，而如果取四直角$=360°$，则角$DEA=53°6'$，角$DAE=3°55'$。但是角KAN＝角$ADF=57°1'$，因此相加可得角$NAE=60°56'$［$=57°1'+3°55'$］。由此可知，

如果取$AD=10000^p$，则三角形NAE的两边均为已知：边$AE=10489^p$，边$NA=285^p$，且角NAE也可知。如果取四直角$=360°$，则其余角NED［$=AED-AEN$］$=51°44'$［$=53°6'-1°22'$］。

与此类似，对于第二次冲，在三角形BDE中，取$BD=10000^p$，则边$DE=854^p$，而角$BDE=180°-$角$BDF=161°22'$［$=180°-18°38'$］[24]，所以三角形BDE的边角均可知：取$BD=10000^p$时，边$BE=10812^p$，角 $DBE=1°27'$，角$BED=17°11'$［$=180°-(161°22'+1°27')$］。但是角$OBL=$角$BDF=18°38'$[25]，所以相加可得，角EBO［$=DBE+OBL$］$=20°5'$［$=18°38'+1°27'$］。于是在三角形EBO中，除角EBO外还可知以下两边：$BE=10812^p$以及$BO=285^p$。根据平面三角形定理，角$BEO=32'$，因此角$OED=BED$[26]$-BEO=16°39'$［$=17°11'-32'$］。

而对于第三次冲，在三角形CDE中，和前面一样，边CD已知，边DE已知，而且角CDE[27]$=180°-56°29'$［$=123°31'$］，根据平面三角形的定理四，在取$CE=10000^p$时，可得底边$CE=10512^p$，角$DCE=3°53'$，相减可得，角$CED=52°36'$［$=180°-(3°53'+123°31')$］。因此，如果取四直角$=360°$，则相加可得，角$ECP=60°22'$［$=3°53'+56°29'$］。于是在三角形ECP中，除角ECP外有两边已知。而且角$CEP=1°22'$，因此相减可得，角PED［$=CED-CEP$］$=51°14'$［$=52°36'-1°22'$］。由此可知，视行度的整个角OEN［$=NED+BED-BEO$］$=68°23'$［$=51°44'+17°11'-32'$］，而角$OEP=34°35'$［$PED-OED=51°14'-16°39'$］，与观测相符。偏心圆高拱点的位置F与白羊头部相距$226°20'$。由于当时的春分点岁差为$6°40'$，所以拱点到达

天蝎宫内226°20′+6°40′=233°，这与托勒密的结果［《天文学大成》，XI，5］相符。我们曾经说过，第三次冲时行星的视位置为277°37′［28］，从这个数值中减去视行度角51°14′=角*PEF*［29］，则余量226°23′为偏心圆高拱点的位置。

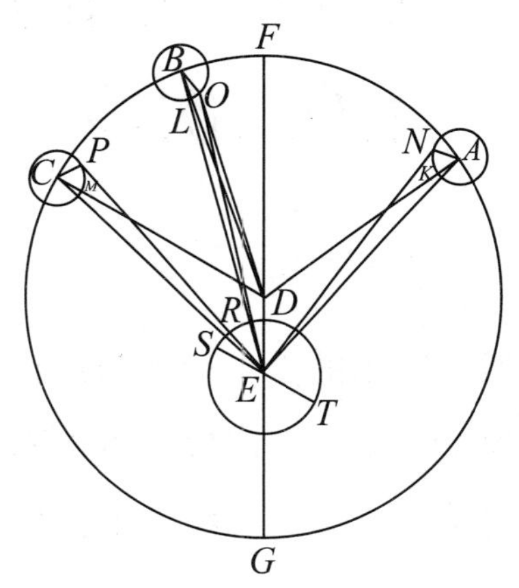

作地球的周年轨道圆*RST*，它与直线*PE*交于点*R*。作与行星平均行度线*CD*平行的直径*SET*。由于角*SED*=角*CDF*，所以视行度与平均行度之差，即角*CDF*与角*PED*之差角*SER*=5°16′［=56°30′−51°14′］。视差的平均行度与真行度之差与此相同。弧*RT*=180°−弧*SER*=174°44′［=180°−5°16′］，即为从假设的起点*T* 247
（即太阳与行星的平均会合点）到第三次“夜末”（即地球和行星的真冲点）之间视差的均匀行度。

因此，在这次观测的时候，即哈德良20年（即公元136年）7月8日午夜后11小时，土星距其偏心圆高拱点的近点角行度为$56^1/_2$°，而视差的平均行度为174°44′。确定这些数值对于以下内容是有用的。

第六章　新近观测到的土星的另外三次冲

然而，托勒密所计算出的土星行度与现代数值相差并不少，而且一时弄不清楚误差的来源，所以我不得不作新的观测，即重新测定土星的另外三次冲。第一次冲发生在公元1514年5月5日午夜前$1^{1}/_{5}$小时，当时土星位于205°24′。第二次冲发生在公元1520年7月13日正午，当时土星位于273°25′。第三次冲发生在公元1527年10月10日午夜后$6^{2}/_{5}$小时[30]，当时土星位于白羊角以东7′。因此，
248 第一次冲与第二次冲之间相隔6埃及年70日33日-分[31]，在此期间土星的视行度为68°1′［＝273°25′-205°24′］。第二次冲与第三次冲之间相隔7埃及年89日46日-分[32]，在此期间土星的视行度为86°42′［＝360°7′—273°25′］。土星在第一段时间内的平均行度为75°39′[33]，在第二段时间内的平均行度为88°29′。因此在计算高拱点和偏心率时，我们应首先遵循托勒密的做法［《天文学大成》，X，7］，认为行星仿佛在一个简单的偏心圆上运行。尽管这种安排并非恰当，但由此更容易达到真相。

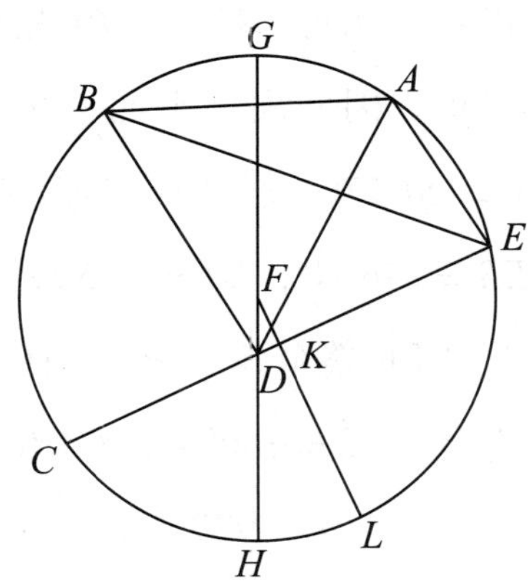

于是，设ABC为行星沿其均匀运行的圆周，并设第一次冲出现在点A，第二次在点B，第三次在点C。在ABC内，设地球轨道圆的中心为点D。连接AD、BD和CD，并把每一直线延长到对面的圆周上，比如CDE。连接AE与BE。于是角$BDC=86°42'$。取两直角$=180°$时，角$BDE=93°18'$［$=180°-86°42'$］，但是取两直角$=360°$时，角$BDE=186°36'$，而截出弧BC的角$BED=88°29'$，于是在三角形BDE中，余下的角$DBE=84°55'$［$=360°-(186°36'+88°29')$］，因此三角形BDE中的各角均已知，取三角形外接圆的直径$=20000$，则各边边长可由圆周弦长表得出：$BE=19953^{p}$，$DE=13501^{p}$。类似地，在三角形ADE中，取两直角$=180°$时，已知角$ADC=154°43'$［$=68°1'+86°42'$］，角$ADE=25°17'$［$=180°-154°43'$］。但如果取两直角$=360°$，角$ADE=50°34'$，截出弧ABC的角$AED=164°8'$［$=75°39'+88°29'$］，余下的角$DAE=145°18'$［$=360°-(50°34'+164°8')$］，因此各边也可知：如果取三角形ADE的外接圆直径$=20000^{p}$，则$DE=19090^{p}$，$AE=8542^{p}$。但如果取$DE=13501^{p}$，$BE=19953^{p}$，则

$AE=6041^p$[34]。所以在三角形ABE中，BE和EA两边可知；截出弧AB的角$AEB=75°39'$。因此根据平面三角形的定理，如果取$BE=19968^p$，则$AB=15647^p$。但如果取偏心圆直径$=20000^p$，则弦$AB=12266^p$，$EB=15664^p$，$DE=10599^p$。于是，通过弦BE可得弧$BAE=103°7'$。因此整个弧$EABC=191°36'$［$=103°7'+88°29'$］，圆的其余部分弧$CE=360°-$弧$EABC=168°24'$。因此弦$CDE=19898^p$，$CD=CDE-DE=9299^p$。

如果CDE是偏心圆的直径，那么高低拱点的位置显然都会落在这条直径上面，而且偏心圆与地球大圆两个中心的距离可得。但因弧$EABC$大于半圆，所以偏心圆的中心将落到它里面。设该中心为点F，过点F和点D作直径$GFDH$，作FKL垂直于CDE。

显然，矩形$CD\times DE=$矩形$GD\times DH$。但矩形$GD\times DH$[35]$+(FD)^2=(1/2GDH)^2=(FDH)^2$，所以$(1/2$直径$)^2-$矩形$GD\times DH$或矩形$CD\times DE=(FD)^2$。因此，如果取半径$GF=10000^p$，则$FD=1200^p$。但如果取半径$FG=60^p$，则$FD=7^p12'$[36]，这与托勒密的值［《天文学大成》，XI，6：$6^p50'$］差别不大。但$CDK={}^1/_2\,CDE=9949^p$，且$CD=9299^p$，所以余下的$DK=650^p$［$=$

249 9949^p-9299^p］，这里$GF=10000^p$，$FD=1200^p$。但如果取$FD=10000^p$，则$DK=5411^p={}^1/_2$弦$2DFK$。如果取四直角$=360°$，则角$DFK=32°45'$[37]。这是在圆心所张的角，它所对的弧HL与此量相似。但整个弧$CHL={}^1/2CLE$［$168°24'$］$\approx84°13'$，所以余下的弧$CH=CHL-HL=84°13'-32°45'=51°28'$，此即为第三次冲点到近地点的距离。而弧$CBG=180°-51°28'=128°32'$，即为高拱点与第三次冲点的距离。由于弧$CB=88°29'$，所以弧$BG=CBG-$

$CB=128°32'-88°29'=40°3'$，即为高拱点与第二次冲点的距离。由于弧$BGA=75°39'$，所以从第一次冲点到远地点G的距离弧$AG=BGA-BG=75°39'-40°3'=35°36'$。

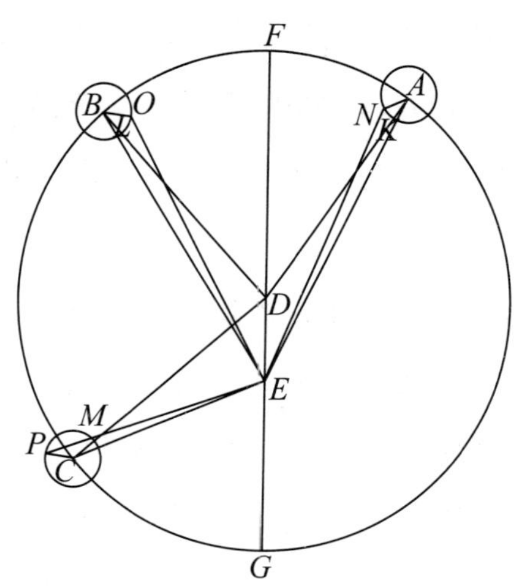

现在设ABC为一个圆，$FDEG$为直径，圆心为点D，远地点为点F，近地点为点G。设弧$AF=35°36'$，弧$FB=40°3'$，弧$FBC=128°32'$。取土星偏心圆半径$FD=10000^{p}$，设DE等于前已求得的土星偏心圆与地球大圆两中心间的距离［1200^{p}］的$^{3}/_{4}$，即设$DE=900^{p}$，且以其余的1/4即300^{p}为半径，以A、B、C三点为圆心作小本轮。根据上述条件绘出图形。

如果我们希望根据这一图形，采用前面解释过并且即将重述的方法求出土星的观测位置，那么我们就会发现一些不相符之处。简要说来，为了不使读者负担过重，或者不在偏僻小径中耗费精力，而是直指光明大道，根据我们已经讲 250
过的三角形定理，由上述数值我们必定会得出以下结果：角$NEO=67°35'$，角$OEM=87°12'$。但角OEM要比视角［$=$

86°42′］大$^1/_2$°，角NEO要比68°1′小26′。要使它们彼此相符，只有使远地点略微前移［3°14′］，并取弧AF＝38°50′［而不是35°36′］，于是弧FB＝36°49′［＝40°3′－3°14′］，弧FBC＝125°18′［＝128°32′－3°14′］，两中心间的距离DE＝854^p［而不是900^p］，并且当FD＝10000^{p}时，小本轮的半径＝285^p［而不是300^p］。这些数值与前面托勒密所得结果［V，5］近乎一致。

由此可以发现，这些值与现象和观测到的三次冲相符。因为对于第一次冲，若取AD＝10000^p，则在三角形ADE中，边DE＝854^p，角ADE＝141°10′，且与角ADF＝38°50′在中心合为两直角。如果取半径FD＝10000^p，则其余的边AE＝10679^p，角DAE＝2°52′，角DEA＝35°58′。类似地，在三角形AEN中，由于角KAN＝角ADF［＝38°50′］，整个角EAN＝41°42′［＝DAE＋KAN＝2°52′＋38°50′］，且当AE＝10679^{p}时，边AN＝285^p。所以角AEN＝1°3′。但整个角DEA＝35°58′，于是相减可得，角DEN＝角DEA－角AEN＝34°55′［＝35°58′－1°3′］。

类似地，对于第二次冲，三角形BED的两边为已知：如果取BD＝10000^p，则DE＝854^p，角BDE［＝180°－（BDF＝36°49′）］＝143°11′。因此BE＝10679^p，角DBE＝2°45′，余下的角BED＝34°4′。但是，角LBO＝角BDF［＝36°49′］，因此，整个角EBO＝39°34′［＝DBO＋DBE＝36°49′＋2°45′］。此角的两夹边为BO＝285^p，BE＝10697^p。因此，BEO＝59′，角OED＝角BED［＝34°4′］－角BEO＝33°5′。而对于第一次冲，我们已经表明角DEN＝34°55′，于是相加可得，整个角OEN［＝DEN＋OED］＝

68°［$=34°55'+33°5'$］。它给出了第一次冲与第二次冲的距离，且与观测［$=68°1'$］相符。

类似的证明也适用于第三次冲。在三角形CDE中，已知角$CDE=54°42'$［$=180°-(FDC=125°18')$］，边$CD=10000^{p}$，边$DE=854^{p}$，因此第三边$EC=9532^{p}$，角$CED=121°5'$，角$DCE=4°13'$，因此相加可得，整个角$PCE=129°31'$［$=4°13'+125°18'$］。所以在三角形EPC中，边$CE=9532^{p}$，边$PC=285^{p}$，角$PCE=129°31'$，所以角$PEC=1°18'$。角$PED=$角$CED-$角$PEO=119°47'$，即为从偏心圆高拱点到第三次冲时行星位置的距离。然而已经阐明，第二次冲时从偏心圆高拱点到行星位置为33°5'，因此土星的第二冲点与第三冲点之间应为86°42'［$=119°47'-33°5'$］，这一数值也与观测相符。由观测可知，当时土星位于距取作零点的白羊宫第一星以东8'[38]处。已经求得从土星 251
到偏心圆低拱点的距离为60°13'［$=180°-119°47'$］，因此低拱点大致位于$60^{1}/_{3}$°［$\approx60°13'+8'$］处，而高拱点的位置则刚好与此相对，即位于$240^{1}/3$°处。

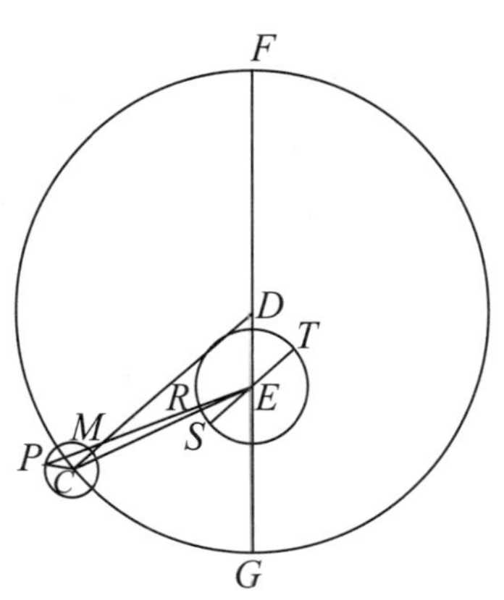

现在以点E为中心作地球的轨道圆RST。设直径SET平行于行星的平均行度线CD（取角$FDC=$角DES），于是地球和我们的观测位置应位于直线PE上，譬如在点R。角PES［$=EMD$］或弧$RS=$角FDC与角DEP之差$=$行星的均匀行度与视行度之差$=5°31'$［（$CES=DCE$）$+PEC=4°13'+1°18'$］。弧$RT=180°-5°31'=174°29'$，即为行星与轨道圆远地点T的距离$=$太阳的平位置。这样我们就证明了，在公元1527年10月10日午夜后$6^2/_5$小时，土星距离偏心圆高拱点的近点角行度为125°18′，视差行度为174°29′，高拱点位于恒星天球上距白羊宫第一星240°21′处。

第七章 土星运动的分析

前已说明［V，5］，在托勒密三次观测的最后一次，土星
的视差行度为174°44′，土星偏心圆高拱点的位置距白羊宫起点
为226°23′。因此显然，在两次观测［托勒密的最后一次观测与
哥白尼的最后一次观测］之间，土星视差均匀运动共运转1344 252
周减$^1/_4$°。从哈德良20年埃及历12月24日午前1小时到公元1527年
10月10日6时[39]的最后一次观测，共历时1392埃及年75日48日-
分[40]。此外，如果我们想用土星视差运动表对这一时段求得行
度，那么我们可以类似地得出视差运转为1343周加上359°45′。所
以前面关于土星平均行度的叙述［V，1］是正确的。

再者，在这段时间中，太阳的简单行度为82°30′。如果从82°30′中减去359°45′[41]，余数82°45′即为土星的平均行度，这个值现已累积在了土星的第47次［恒星］旋转中，这与计算相符。与此同时，偏心圆高拱点的位置也在恒星天球上前移了13°58′［＝240°21′－226°23′］。托勒密认为拱点［与恒星］一样是固定的，但现在已经清楚，拱点每100年移动大约1°[42]。

第八章　土星位置的测定

从基督纪元到哈德良20年埃及历12月24日午前1小时即托勒密进行观测的时刻，共历时135埃及年222日27日-分[43]。在这段时间内土星的视差行度为328°55′。从174°44′中减去这个值，余下的205°49′为太阳的平位置与土星的平位置之间的距离，即土星在公元元年元旦前午夜的视差行度。从第一个奥林匹克运动会期到这一时刻的775埃及年12$^{1}/_{2}$日中，土星的行度除了完整运转外还有70°55′。从205°49′中减去70°55′，余下的134°54′表示在1月1日正午奥林匹克运动会的开始。又过了451年247日，［土星的行度］除完整运转外还有13°7′。把它与134°54′相加，得到的和148°1′即为埃及历元旦正午亚历山大大帝纪元开始时的位置。对于恺撒纪元，在278年118$^{1}/_{2}$日内，土星的行度为247°20′。由此可以确定公元前45年元旦前午夜时［土星］的位置。

第九章　由地球周年运转引起的土星视差以及土星［与地球］的距离

土星在黄经上的均匀行度和视行度如上所述。由地球的周年运动所引起的土星的另一种现象是我所谓的视差［V，1］。正如地球的大小在与地月距离的对比之下能够引起视差，地球周年运转的轨道也能引起五颗行星的视差。但是由于轨道的尺寸，行星的视差要明显得多。然而除非已经知道行星的高度（它可以通过任何一次视差观测而得到），否则就无法确定这些视差。

我在公元1514年2月24日午夜后5小时对土星作了这样一次 253
观测，这时土星看起来与天蝎额部的两颗星（即该星座的第二颗星和第三颗星）排成了一条直线，它们在恒星天球上有相同的黄经，即都是209°。所以由此可得土星的位置。从基督纪元开端到这一时刻共历时1514埃及年67月13日-分[44]，由计算可得太阳的平位置为315°41′，土星的视差近点角为116°31′，因此土星的平位置为199°10′，偏心圆高拱点的位置约为$240\frac{1}{3}$°[45]。

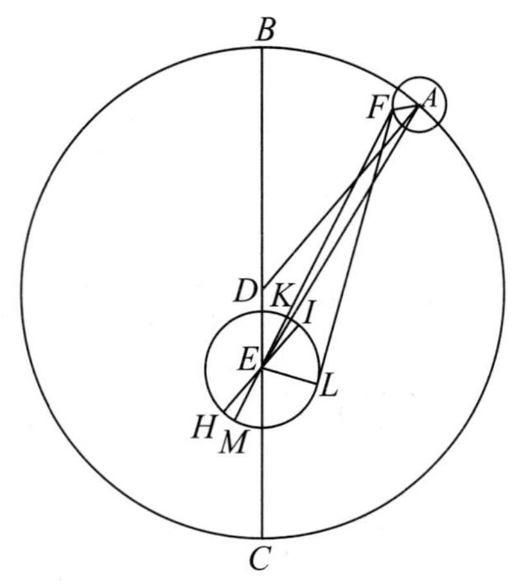

根据前面的模型，设ABC为偏心圆，点D为圆心。在其直径BDC上，设点B为远地点，点C为近地点，点E为地球轨道的中心。连接AD与AE。以A为圆心、$^{1}/_{3}DE$为半径作小本轮。设小本轮上的点F为行星的位置，并设角DAF＝角ADB。经过地球轨道的中心E作HI，假定这条线与圆周ABC位于同一平面。轨道直径HI平行于AD，所以可以认为轨道的远地点为H，近地点为I。根据对视差近点角的计算，在轨道上取弧$HL=116°31'$。连接FL和EL，设$FKEM$与轨道圆周的两边相交。根据假设，角$ADB=41°10'$[46]＝角DAF，补角$ADE=180°-$角$ADB=138°50'$。如果取$AD=10000^{p}$，则$DE=854^{p}$。这些数据表明，在三角形ADE中，第三边$AE=10667^{p}$，角$DEA=38°9'$，角$EAD=3°1'$。因此整个角EAF［$=EAD+DAF$］$=44°11'$［$=3°1'+41°10'$］。于是在三角形FAE中，如果$AE=10667^{p}$，则边$FA=285^{p}$，边$FKE=$
254 10465^{p}，角$AEF=1°5'$。因此显然，角DAE＋角$AEF=4°6'$，此即为行星平位置与真位置之间的全部差值或行差。因此，如果

地球的位置为K或M，那么土星的位置看起来将会位于距白羊座203°16′处，就好像是从中心E对它进行观测的一样。但如果地球位于L，则土星看起来是在209°处。差值5°44′［=209°−203°16′］为角KFL所表示的视差。但在地球的均匀运动中，弧HL=116°31′[47]［=土星的视差近点角］，弧ML=弧HL−行差HM=112°25′［=116°31′−4°6′］。半圆的其余弧LIK=67°35′[48]［=180°−112°25′］。由此可得角KEL=67°35′。于是在三角形FEL中，各角均已知［EFL=5°44′，FEL=67°35′，ELF=106°41′］，如果EF=10465^p，各边的比值也已知。若取AD=BD=10000^p，则EL=1090^p。但如果遵循古人的做法取BD=60^p，则EL=6^{p}32′[49]，这与托勒密的结果相差甚微[50]。因此整个BDE=10854^p，直径的其余部分CE=9146^p［=20000−10854］。但由于当小本轮位于点B时总要从行星高度中减去直径的$^1/_2$即285^p，而位于点C时则要加上同一数量，所以如果取BD=10000^p，则土星距离中心E的最大距离为10569^p［=10854−285］，最小距离为9431^p［=9146+285］。按照这样的比例，如果取地球的轨道圆半径=1^p，则土星远地点高度为9^{p}42′[51]，近地点高度为8^{p}39′[52]。利用这些数值，并且根据前面联系月亮的小视差所阐述的做法［IV，22，24］，土星的较大视差显然可以求得。当土星位于远地点时，其最大视差=5^{p}55′，位于近地点时，其最大视差=6^{p}39′，这两个数值彼此相差44′，这一情形出现在来自土星的两条直线与地球轨道相切的时候。通过这个例子，土星运动中的每一个别变化就找到了。我在后面［V，33］要对五颗行星同时描述这些变化。

第十章　对木星运动的说明

在解决了土星的问题之后，我还要把同样的做法和次序用于阐明木星的运动。首先，我要重复一下托勒密报告和分析过的三个位置［《天文学大成》，XI，1］。通过前面讲过的圆的转换，我将重建这些位置，使其与托勒密的位置相同或相差无几。

他所报告的第一次冲发生在哈德良17年埃及历11月1日之后
406 的午夜前1小时，据托勒密称是在天蝎宫内23°11′［＝223°11′］，但减掉二分点岁差［＝6°38′］之后是在226°33′处；他所报告的第二次冲发生在哈德良21年埃及历2月13日之后的午夜前2小时的双鱼宫内7°54′[53]，而在恒星天球上是331°16′［＝337°54′－6°38′］处；第三次冲发生在安敦尼元年3月20日之后的午夜后5小时，在恒星天球上是7°45′［＝14°23′－6°38′］。

255 因此，从第一次冲到第二次冲历时3埃及年106日23小时[54]，行星的视行度为104°43′［＝331°16′－226°33′］。从第二次冲到第三次冲历时1年37日7小时[55]，行星的视行度为36°29′［＝360°＋7°45－331°16′］。在第一段时间内行星的平均行度为99°55′，在第二段时间内行星的平均行度为33°26′。托勒密发现偏心圆上从高拱点到第一冲点的弧长为77°15′，从第二冲点到低拱点的弧长为2°50′，从低拱点到第三冲点的弧长为30°36′。若取半径为60^p，则整个偏心率为$5^1/_2{}^p$，但如果取半径为10000^p，则偏心率为917^p[56]。所有这些值与观测结果都大致吻合。

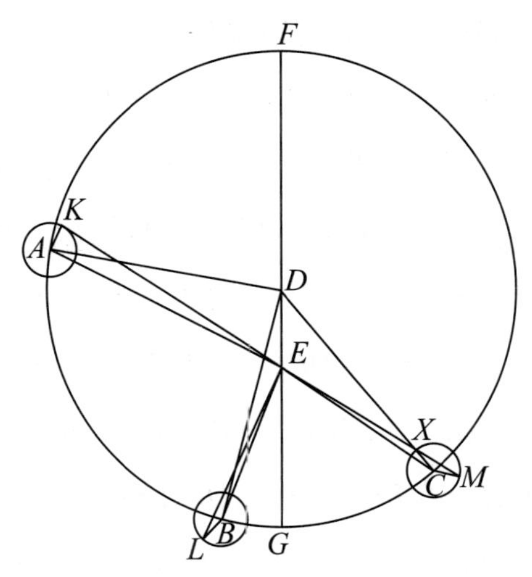

现在，设ABC为一圆，从第一冲点到第二冲点的弧AB＝99°55′，弧BC＝33°26′。过圆心D作直径FDG，使得从高拱点F起，FA＝77°15′，FAB＝177°10′［＝180°－2°50′］，GC＝30°36′。设点E为地球轨道圆的中心，两中心之间的距离为917^p的$^3/_4$，即DE＝687^p＝托勒密偏心率。以917^p的$^1/_4$即229^p为半径，绕A、B、C三点分别作小本轮。连接AD、BD、CD、AE、BE和CE。在各小本轮中连接AK、BL和CM，使得角DAK＝角ADF，角DBL＝角FDB，角DCM＝角FDC。最后，用直线把K、L和M分别与E连接起来。

由于角ADF已知［＝77°15′］，所以在三角形ADE中，其补角ADE＝102°45′；如果取AD＝10000^p，则边DE＝687^p，第三边AE＝10174^p，角EAD＝3°48′，余下的角DEA＝73°27′[57]，整个

角EAK＝81°3′［＝EAD＋（CAK＝ADF）＝3°48′＋77°15′］。因
256 此在三角形AEK中两边已知：AK＝229^{p}时，EA＝10174^{p}，又因其夹角EAK＝81°3′，由此可得角AEK＝1°17′。相减可得，余下的角KED＝72°10′［＝DEA－AEK＝73°27′－1°17′］。

三角形BED的情况可作类似证明。BD与DE两边仍与前一三角形中的相应各边相等，但角BDE＝2°50′［＝180°－（FDB＝177°10′）］，所以如果取DB＝10000^{p}，则底边BE＝9314^{p}，角DBE＝12′。于是同样，在三角形ELB中，两边［BE、BL］已知，而整个角EBL［＝（DBL＝FDB）＋DBE］＝177°22′［＝177°10′＋12′］，角LEB＝4′。但角FEL＝角FDB［＝177°10′］－16′［＝12′＋4′］＝176°54′[58]，角KEL＝角FEL－角KED＝176°54′－72°10′＝104°44′，这与观测到的第一和第二端点之间的视行度角［＝104°43′］几乎完全相符。

第三个位置也是类似，在三角形CDE中，CD和DE两边已知［＝10000；687］，且角CDE＝30°36′，用同样方法可得底边EC＝9410^{p}，角DCE＝2°8′。于是在三角形ECM中，角ECM＝147°44′[59]，由此可得角CEM＝39′。又因为外角DXE＝内角ECX＋相对内角CEX＝2°47′［＝2°8′＋39′］＝FDC－DEM［FDC＝180°－30°36′＝149°24′；DEM＝149°24′－2°47′＝146°37′］，因此角GEM＝180°－角DEM＝33°23′。整个角LEM＝36°29′[60]，即为第二冲点与第三冲点之间的距离，它也与观测结果相符。但（前已证明）位于低拱点以东33°23′的第三冲点位于［恒星天球上］7°45′处，所以由半圆的剩余部分可得高拱点位于恒星天球上154°22′[61]［＝180°－（33°23′－7°45′）］处。

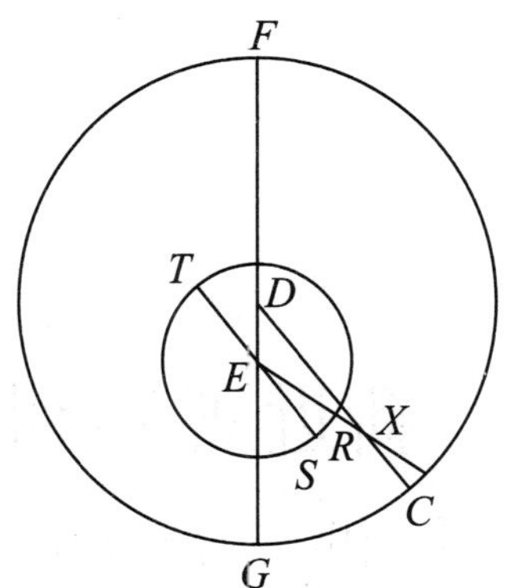

现在围绕点E作地球的周年轨道RST，其直径SET与直线DC平行。前已求得角GDC=30°36′角GES，角DXE=角RES=弧RS=2°47′，即行星与轨道平近地点之间的距离。由此可得，整个弧TSR=182°47′，即为行星与轨道高拱点之间的距离。

这样我们就证明了，在安敦尼元年埃及历3月20日之后午夜后5小时木星的第三次冲时，其视差近点角为182°47′，其经度均匀位置为4°58′［=7°45′−2°47′］，偏心圆高拱点位于154°22′。所有这些结果都与我关于地球运动以及运动均匀性的假说完全符合。

第十一章　新近观测到的木星的其他三次冲

在这样对以前报告的木星的三个位置作出分析之后，我还要补充我观测得极为仔细的木星的三次冲。第一次冲发生于公元1520年4月30日之前的午夜过后11小时，在恒星天球上200°28′。
410 257 第二次冲发生于公元1526年11月28日午夜后3小时，在恒星天球上48°34′。第三次冲发生于公元1529年2月1日午夜后19小时，在恒星天球上113°44′。从第一次冲到第二次冲历时6年212日40日-分[62]，在此期间木星的行度为208°6′［＝360°＋48°34′－200°28′］。从第二次冲到第三次冲历时2埃及年66日39日-分[63]，在此期间木星的视行度为65°10′［＝113°44′－48°34′］。木星在第一段时间内的均匀行度为199°40′，在第二段时间内的均匀行度为66°10′。

为了说明这一情况，作偏心圆ABC，假设行星在它上面作简单均匀的运动。设观测到的三个位置以字母次序排列为A、B和C，使得弧AB＝199°40′，弧BC＝66°10′，因此弧AC＝360°－（AB＋BC）＝94°10′。设点D为地球周年轨道的中心。连接AD、BD与

CD。延长其中任一直线如*DB*为至两圆弧的直线*BDE*。连接*AC*、*AE*和*CE*。

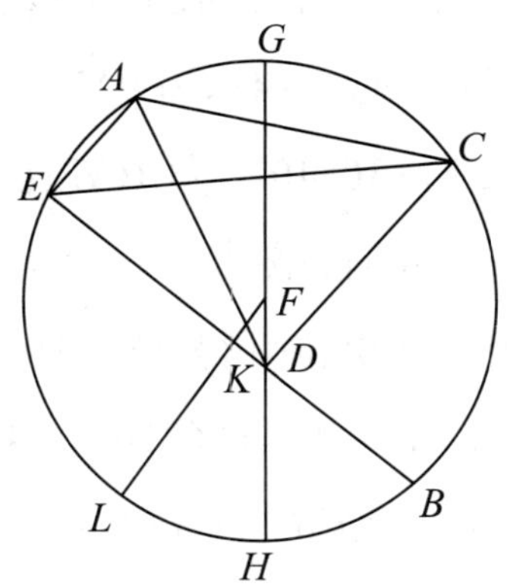

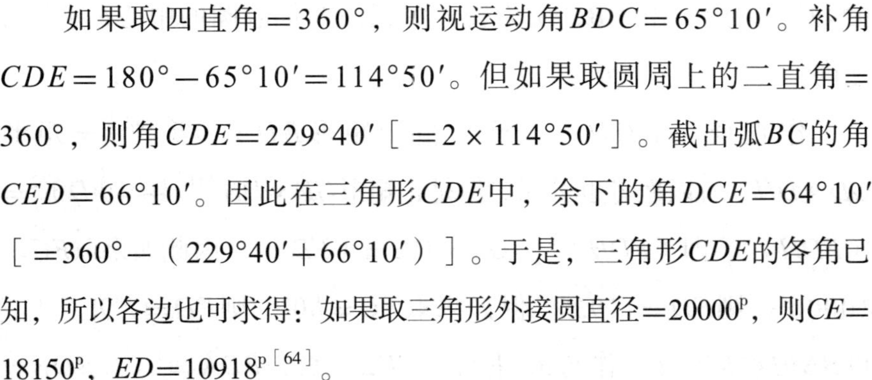
如果取四直角＝360°，则视运动角*BDC*＝65°10′。补角*CDE*＝180°－65°10′＝114°50′。但如果取圆周上的二直角＝360°，则角*CDE*＝229°40′［＝2×114°50′］。截出弧*BC*的角*CED*＝66°10′。因此在三角形*CDE*中，余下的角*DCE*＝64°10′［＝360°－（229°40′＋66°10′）］。于是，三角形*CDE*的各角已知，所以各边也可求得：如果取三角形外接圆直径＝20000ᵖ，则*CE*＝18150ᵖ，*ED*＝10918ᵖ[64]。

三角形*ADE*的情况也是类似。由于圆周在减去从第一次冲到第二次冲的距离［＝208°6′］后剩余的角*ADB*＝151°54′，所以补角*ADE*＝中心角28°6′＝［180°－151°54′］，而在圆周上角*ADE*＝56°12′［＝2×28°6′］。截出弧*BCA*［＝*BC*＋*CA*］的角*AED*＝160°20′［＝66°10′＋94°10′］。［三角形*ADE*中］余下的［内接］角*EAD*＝143°28′［＝360°－（56°12′＋160°20′）］。因此，如果取三角形*ADE*的外接圆直径＝20000ᵖ，则边*AE*＝9420ᵖ，边*ED*＝

18992^p。但如果$ED=10918^p$，用$AE=5415^p$[65]的单位，则$CE=18150^p$。

于是在三角形EAC中，EA和EC两边再次已知［5415；18150］，它们截出弧AC的夹角$AEC=94°10'$也已知，所以可以求得，截出弧AE的角$ACE=30°40'$。角ACE＋弧$AC=124°50'$［$=94°10'+30°40'$］，如果取偏心圆直径$=20000^p$，则$CE=17727^p$。根据前面的比例，用同样单位可得$DE=10665^p$[66]。但整个弧$BCAE=191°$［$=BC+CA+AE=66°10'+94°10'+30°40'$］。由此可得，圆周的其余部分弧$EB$［$=360°-$（$BCAE=191°$）］$=169°$，此为整个$BDE$所对的弧。$BD=BDE-DE=19908^p-10665^p=9243^p$。因此，由于$BCAE$为较大的弧段，偏心圆的中心$F$将在它之内。

作直径$GFDH$。显然，由于矩形$ED\times DB$[67]＝矩形$GD\times DH$，所以后者也可知。但是，矩形$GD\times DH$[68]＋（FD）^{2}＝
258 （FDH）^{2}，即（FDH）$^2-GD\times DH=$（FD）^{2}，因此如果取$FG=10000^p$，则$FD=1193^p$。但如果取$FG=60^p$，则$FD=7^p9'$[69]。设BE被点K等分，作与BE垂直的FKL。因为$BDK={}^1/_2$［$BDE=19908^p$］$=9954^p$，$DB=9243^p$，所以相减可得，$DK=BDK-DB=711^p$。于是在直角三角形DFK中，各边已知［$FD=1193$，$DK=711$，（FK）^{2}＝（FD）$^2-$（DK）^{2}］，角$DFK=36°35'$，与之相同的弧$LH=36°35'$。但是$LHB=84^1/_2°$［$={}^1/_2$（$EB=169°$）］。相减可得，弧$BH=LHB-LH=84^1/_2°-36°35'=47°55'$，此即第二冲点与近地点之间的距离。而弧$BCG=180°-47°55'=132°5'$，即为从远地点到第二冲点的距离。弧$BCG$［$=132°5'$］－弧$BC$［＝

66°10′]=65°55′=CG，即为从第三冲点到远地点的距离。94°10′[=CA]−65°55′=28°15′=GA，即为从远地点到小本轮第一位置的距离。

上述结果与观测到的现象无疑很不相符，因为行星并不沿着前面提到的偏心圆运动。因此，这种建立在错误基础上的证明方法不能得出任何可靠的结果。证明其错误的诸多证据之一是，托勒密用它求得的土星的偏心率太大[70]，而木星的偏心率又太小，可我用它求得的木星偏心率又太大[71]。所以显然，如果对同一颗行星采用圆上的不同弧段[72]，则所求结果不会以同一方式得出。倘若我不接受托勒密所报告的偏心圆半径为60ᴾ时的偏心率5ᴾ30′，那么就不可能对上述三个端点以及一切位置比较木星的均匀行度和视行度。若取半径为10000ᴾ时的偏心率917ᴾ[V，10]，则从高拱点到第一冲点的弧长为45°2′[而不是28°15′]，从低拱点到第二冲点的弧长为64°42′[而不是47°55′]，从第三冲点到高拱点的弧长为49°8′[而不是65°55′]。

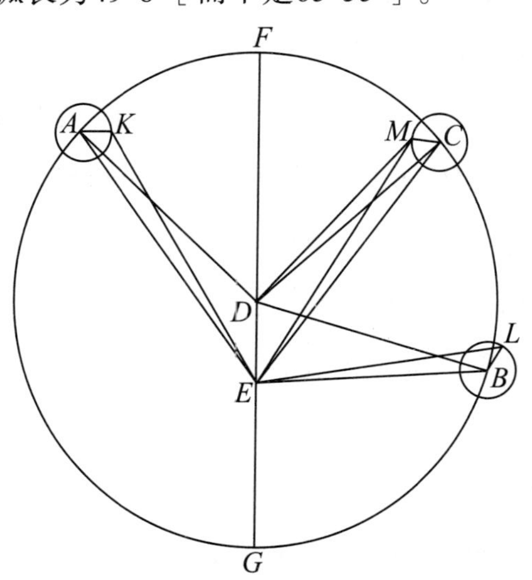

重绘前面的偏心本轮图，使之符合这里的情况。根据我的假设，圆心之间的整个距离［是916而不是1193］的$^3/_4$＝687^p＝*DE*，如果取*FD*＝10000^p，则小本轮获得了剩下的$^1/_4$＝229^p。由于角*ADF*＝45°2′，所以在三角形*ADE*中，*AD*和*DE*两边已知［10000^p，687^p］，其夹角*ADE*也已知［＝134°58′＝180°－（*ADF*＝45°2′）］，所以如果取*AD*＝10000^p，则第三边*AE*＝10496^p，角*DAE*＝2°39′。由于假定角*DAK*＝角*ADF*［＝45°2′］，所以整个角*EAK*＝47°41′[73]［＝*DAK*＋*DAE*＝45°2′＋2°39′］。而在三角形*AEK*中，*AK*和*AE*两边也已知［229^p；10496^p］，由此可得，角*AEK*＝57′。角*KED*＝角*ADF*［＝45°2′］－（角*AEK*＋角*DAE*［＝2°39′］）＝41°26′[74]，即为第一次冲时的视行度角。

三角形*BDE*中也可表明类似结果。*BD*和*DE*两边已知［10000^p，687^p］，其夹角*BDE*＝64°42′，如果取*BD*＝10000^p，则第三边*BE*＝9725^p，角*DBE*＝3°40′。因此在三角形*BEL*中，*BE*及*BL*
259 两边也已知［9725^p；229^p］，夹角*EBL*＝118°58′［＝*DBE*＝3°40′＋*DBL*＝*FDB*＝180°－（*BDG*＝64°42′）＝115°18′］。角*BEL*＝1°10′，所以角*DEL*＝110°28′[75]。但我们已经求得角*KED*[76]＝41°26′，因此整个角*KEL*［＝*KED*＋*DEL*］＝151°54′［＝110°28′＋41°26′］。于是，360°－151°54′＝208°6′，即为第一次和第二次冲之间的视行度角，与［修正的］观测结果相符。

最后，对于第三次个位置，在三角形*CDE*中，*DC*和*DE*两边可用同一方式给出［10000^p，687^p］。此外，由于角*FDC*[77]已知［＝49°8′＝第三次冲到高拱点的距离］，所以*DC*和*DE*的夹角*CDE*＝130°52′。如果取*CD*＝10000^p，则第三边*CE*[78]＝10463^p，角DCE＝2°51′。因此，整个角ECM＝51°59′［＝2°51′+49°8′＝DCE+（DCM＝FDC）］。于是，在三角形ECM中，CM和CE两边［229^{p}；10463^{p}］及其夹角MCE［＝51°59′］已知。而角MEC＝1°，前已求得角MEC+角DCE［＝2°51′］＝角FDC－角DEM，其中角FDC和角DEM分别为均匀行度和视行度。因此在第三次冲时，角DEM＝45°17′[79]。但我们已经求得角DEL＝110°28′，因此，角LEM＝角DEL－角DEM＝65°10′[80]，即为观测到的第二次冲与第三次冲之间的角度，这与观测结果［＝180°－（64°42′+49°8′＝113°50′）＝66°10′］相符。但由于木星的第三次冲的位置看上去位于恒星天球上113°44′处，所以木星高拱点的位置大约在159°［113°44′+45°17′＝159°1′］。

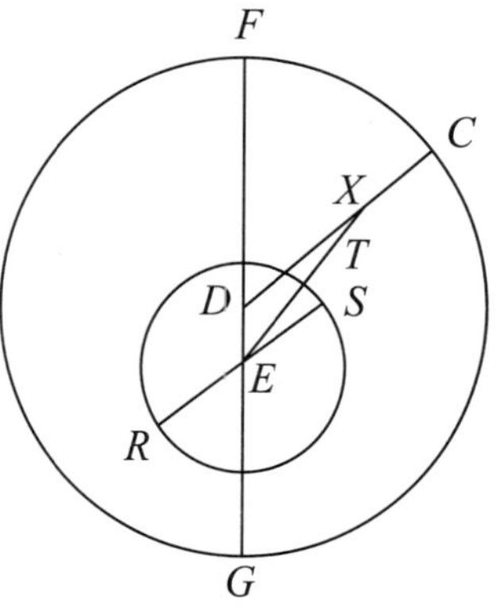

260

现在，绕点E作地球轨道RST，其直径RES平行于DC，那么显然，当木星发生第三次冲时，角FDC＝49°8′＝角DES，视差均匀运动的远地点位于R。但在地球已经走过180°加上弧ST之后，它与太阳相冲并与木星相合。而已知弧ST＝3°51′［在上图中，DCE＝2°51′+MEC＝1°］，所以弧ST＝3°51′＝角SET。这些结果表明，在公元1529年2月1日午夜之后19小时，木星视差的均匀近点角为183°51′［$RS+ST=180°+3°51'$］，木星的真行度为109°52′，现在偏心圆的远地点大约距白羊座的角159°。此即为我们所要求的结果。

第十二章　木星均匀行度的证实

我们在前面已经看到［V，10］，在托勒密观测的三次冲的最后一次，就平均行度而言，木星在4°58′处，视差近点角为182°47′。于是在两次观测［托勒密的最后一次和哥白尼的最后一次］期间，木星的视差行度除整圈运转外显然还有1°5′［≈183°51′−182°47′］[81]，它的自行约为[82]104°54′［=109°52′−4°58′］。从安敦尼元年埃及历3月20日之后的午夜后5小时到公元1529年2月1日之前的午夜后19小时，共历时1392埃及年99日37日−分[83]。根据上述计算，在此期间，视差行度除整圈运转外同样还有1°5′，同时地球在其均匀运动中赶上木星1267次。由于计算值与观测结果符合得相当好，可以认为计算是可靠的和得到确证的。此外，在这段时间内偏心圆的高低拱点明显向东移动了$4^1/_2$°［≈159°−154°22′］。把行度平均分配，结果约为每300年1°[84]。

第十三章　木星运动位置的测定

从托勒密三次观测中的最后一次，即安敦尼元年3月20日之后的午夜后5小时，追溯到基督纪元的开始，即136埃及年314日10日-分[85]为止，在这段时间里，视差的平均行度为84°31′。从182°47′［托勒密的第三次观测］中减去84°31′，得到98°16′，即为基督纪元开始时1月1日之前午夜时的值。追溯到第一个奥林匹克运动会期，即775埃及年$12^1/_2$日，则可算出在此期间，除整圈外的行度为70°58′。从98°16′［基督纪元］中减去70°58′，得到的余量27°18′即为奥林匹克运动会开始时的值。在此后的451年247日里，行度为110°52′。把它与第一个奥林匹克运动会期时的值相加，得到的和为138°10′，即为在埃及历元旦中午亚历山大纪元开始时的值。这个方法对其他历元也适用。

第十四章　木星视差及其相对于地球运转轨道的高度的测定 261

为了确定与木星有关的其他现象，即它的视差，我于公元1520年2月19日[86]中午前6小时仔细观测了它的位置。我通过仪器看见木星位于天蝎前额第一颗亮星以西4°31′处。因为该恒星位于209°40′，所以木星显然位于恒星天球上205°9′处。从基督纪元开始到这次观测共历时1520均匀年62日15日-分[87]，由此可导出，太阳的平均行度为309°16′，［平均］视差近点角为111°15′，因此木星的平位置为198°1′［＝309°16′－111°15′］。在我们这个时代，偏心圆高拱点已被发现位于159°，所以木星偏心圆的近点角为39°1′［＝198°1′－159°］。

为了说明这种情况，以点D为中心，ADC为直径作偏心圆ABC。设远地点为点A，近地点为点C，地球周年轨道的中心E位于DC上。现在，设弧AB＝39°1′。以点B为中心，以$BF={}^{1}/_{3}DE$＝两个圆心之间的距离为半径作小本轮。设角DBF＝角ADB。连接直线BD、BE和FE。

在三角形BDE中两边已知：如果取BD＝10000^{p}，则DE＝

687^{p}。而这两条边所夹的角BDE=140°59′=［180°−（ADB=
39°1′）］。由此可得，底边BE=10543^{p}，角DBE=角ADB−角
262 BED=2°21′。因此，整个角EBF=41°22′［=（DBE=2°21′）+
（DBF=ADB=39°1′）］。于是在三角形EBF中，角EBF以及该
角的两夹边已知：如果取BD=10000^{p}，则EB=10543^{p}，BF=$^{1}/3$
（DE=两个圆心之间的距离）=229^{p}。由此可得，其余的边FE=
10373^{p}，角BEF=50′。直线BD和FE相交于点X，所以角DXE=
角BDA−角FED=平均行度−真行度。角DXE=角DBE+角BEF
［=2°21′+50′］=3°11′。现在，角FED=39°1′［=角ADB］−
3°11′=35°50′，即为偏心圆高拱点与行星的距离。但由于高拱点
位于159°［V，11］，所以159°+35°50′=194°50′，即为木星相对
于中心E的真位置，但其视位置位于205°9′［V，14］，所以差值=
10°19′属于视差。

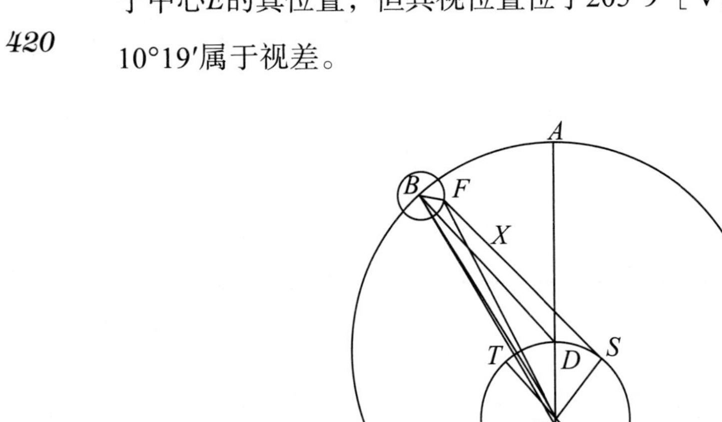

现在，设RST为围绕中心E作的地球轨道，其直径RET平行于BD，点R为视差远地点。根据视差平近点角的测定［V，14

开头］，取弧 $RS=111°15'$。延长直线FEV至地球轨道两边。行星的真远地点将位于点V，角REV=平远地点与真远地点之角度差=角DXE，由此可得整个弧$VRS=114°26'$［$=RS+RV=111°15'+3°11'$］，角$FES=180°-$角SEV［$=114°26'$］$=65°34'$。但由于视差角$EFS=10°19'$，所以在三角形EFS中，其余的角$FSE=104°7'$。因此三角形EFS各角已知，边长之比也可求得：$FE:ES=9698:1791$[88]。因此，如果取$BD=10000$，则当$FE=10373^p$时，$ES=1916$。然而托勒密的结果是，如果取偏心圆半径$=60^p$［《天文学大成》，XI，2］，则$ES=11^p30'$[89]，这几乎与1916：10000具有同一比值。因此在这方面我似乎与他并没有什么不同。

于是，直径ADC：直径$RET=5^p13':1^p$[90]。类似地，$AD:ES=AD:RE=5^p13'9'':1^p$。同样，$DE=21'29''$[91]，$BF=7'10''$。因此，当木星位于远地点时，设地球轨道半径$=1^p$，则整个$ADE-BF=5^p27'29''$［$=5^p13'9''+21'29''-7'9''$］；当木星位于近地点时，其余的$EC+BF$［$=5^p13'9''-21'29''+7'9''$］$=4^p58'49''$；而当木星位于远地点和近地点之间时，其值也可相应求得。由此可得，木星在远地点时的最大视差为10°35′，在近地点时为11°35′，这两个极值之间相差1°。这样，木星的均匀行度及其视行度就确定下来了。

第十五章 火星

我现在要用火星在古代的三次冲来分析它的运转，并将再次把地球在古代的运动与行星的冲联系起来。在托勒密报告的三次冲中［《天文学大成》，X，7］，第一次发生于哈德良15年埃及历5月26日之后的午夜后1个均匀小时。根据托勒密的说法，火星当时位于双子宫内21°处，相对恒星天球位于74°20′［双子宫21°＝81°0′（－6°40′）＝74°20′］；他记录到第二次冲发生在哈
263 德良19年埃及历8月6日之后的午夜前3小时，当时行星位于狮子宫内28°50′，相对恒星天球位于142°10′［狮子宫28°50′＝148°50′（－6°40′）＝142°10′］；第三次冲发生在安敦尼2年埃及历11月12日之后的午夜前2均匀小时，当时行星位于人马宫内2°34′处，相对恒星天球位于235°54′［人马宫2°34′＝242°34′（－6°40′）＝235°54′］。

因此，从第一次冲到第二次冲历时4埃及年 69日加20小时＝50日-分[92]，除整圈运转外，行星的视行度为67°50′［＝142°10′－74°20′］。从第二次到第三次冲历时4年96日1小时[93]，行星的视行度为93°44′［＝235°54′－142°10′］。在第一时段中，除整圈运转外，平均行度为81°44′；在第二时段中为95°28′。如果取偏心圆

半径为60^p，托勒密发现［《天文学大成》，X，7］两个中心间的全部距离为12^p；如果取半径为10000^p，则相应距离为2000^p。从第一冲点到高拱点的平均行度为41°33′，从高拱点到第二冲点的平均行度为40°11′，从第三冲点到低拱点的平均行度为44°21′。

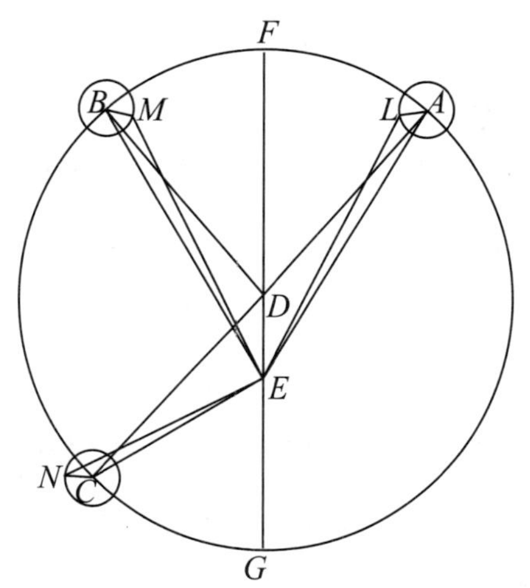

然而根据我的均匀运动假设，偏心圆与地球轨道的中心之间的距离$=1500^p=$［托勒密偏心率$=2000^p$的］$^3/_4$，而其余的$^1/_4=$ 500为小本轮的半径。现在，以点D为中心作偏心圆ABC，FDG为通过两个拱点的直径，点E为周年运转轨道圆的中心。设A、B、C分别为三个冲点的位置，并设弧$AF=41°33'$，弧$FB=40°11'$，弧
$CG=44°21'$。分别绕A、B和C各点以DE的$^1/_3$为半径作小本轮。连 264
接AD、BD、CD、AE、BE和CE。在这些小本轮中作AL、BM和CN，使得角$DAL=$角ADF，角$DBM=$角BDF，角$DCN=$角CDF。

由于在三角形ADE中，因为角FDA已知［$=41°33'$］，所以角$ADE=138°27'$[94]。此外，两边已知：如果取$AD=10000^p$，则$DE=1500^p$。由此可知，其余的边$AE=11172^p$，角$DAE=5°7'$。

于是整个角EAL［$=DAE+DAL=5°7'+41°33'$］$=46°41'$。在三角形EAL中，角EAL［$=46°40'$］和两边也已知：如果取$AD=10000^p$，则$AE=11172^p$，$AL=500^p$。而且角$AEL=1°56'$，角$AEL+$角$DAE=7°3'$，即为角ADF与角LED之间的差值，角$DEL=34\frac{1}{2}°$[95]。

类似地，对于第二次冲：在三角形BDE中，角$BDE=139°49'$［$=180°-$（$FDB=40°11'$），如果取$BD=10000^p$，则边$DE=1500^p$。因此，边$BE=11188^p$，角$BED=35°13'$，角DBE［$=180°-$［$139°49'+35°13'$）］$=4°58'$。因此，已知边BE［$=11188$］和BM［$=500$］所夹的角EBM［$=DBE+$（$DBM=BDF$）$=4°58'+40°11'$］$=45°9'$[96]，由此可得角$BEM=1°53'$，余下的角DEM［$=BED-BEM=35°13'-1°53'$］$=33°20'$。因此整个角MEL［$=DEM+DEL=33°20'+34\frac{1}{2}°$］$=67°50'$，即为从第一次冲到第二次冲时行星的视行度，这个值与观测结果［$=67°50'$］相符。

同样，对于第三次冲，三角形CDE的两边CD［$=10000^p$］和DE［$=1500^p$］已知，它们的夹角CDE［$=$弧CG］$=44°21'$。因此，如果取$CD=10000^p$或$DE=1500^p$，则底边$CE=8988^p$，角$CED=128°57'$，其余的角$DCE=6°42'$［$=180°-$（$44°21'+128°57'$[97]）］。在三角形CEN中，整个角ECN［$=$（$DCN=CDF=180°-44°21'=135°39'$）$+$（$DCE=6°42'$）］$=142°21'$，它的夹边为已知的$EC$［$=8988^p$］和$CN$［$=500^p$］，因此角$CEN=1°52'$。于是在第三次冲时剩余的角$NED$［$=CED-CEN=128°57'-1°52'$］$=127°5'$。但是已经求得角$DEM=33°20'$。因

此角MEN［$=NED-DEM=127°5'-33°20'$］$=93°45'$，即为第二次冲与第三次冲之间的视行度角。此计算结果也与观测结果［93°44′］符合地很好。前面已经说过，当这最后一次观测冲日发生时，火星看起来位于235°54′，它与偏心圆远地点相距127°5′［$=NEF$］，因此火星偏心圆的远地点当时位于恒星天球上108°49′［$=235°54'-127°5'$］处。

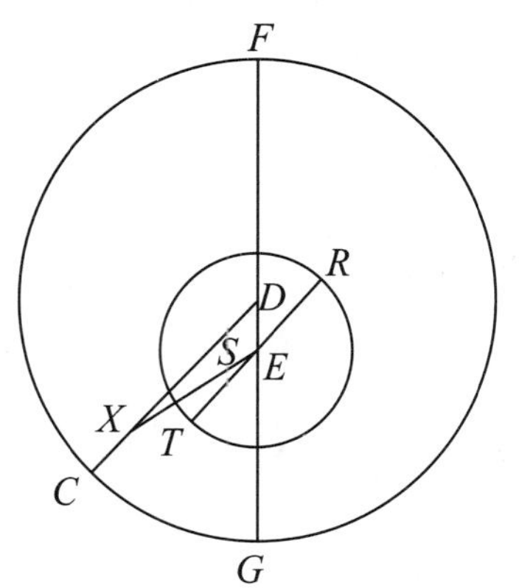

现在，绕中心点E作地球的周年轨道RST，其直径RET平行于DC，点R为视差远地点，点T为近地点。行星沿EX看起来位于黄经235°54′处。我已经表明，均匀行度与视行度之差＝角DXE［$=DCE+CEN=6°42'+1°52'$，见前图］$=8°34'$。因此，平均行度＝$244^1/_2°$［$\approx 235°54'+8°34'=244°28'$］。但角$DXE$＝圆心角$SET$＝8°34′，因此弧$RS$＝弧$RT$－弧$ST$$=180°-8°34'=171°26'$，即为行星的平均视差行度。不仅如此，我还用地球运动的假设证明了，在安敦尼2年埃及历11月12日午后10均匀小时，火星沿黄经的平均 265
行度为$244^1/_2°$，视差近点角为171°26′。

第十六章　新近观测到的其他三次火星冲日

我把托勒密对火星的三次观测与我比较仔细地做的另外三次观测再次进行了对比。第一次发生在公元1512年6月5日午夜1小时，当时火星位于235°33′，它与同恒星天球的起点即白羊宫第一星相距55°33′的太阳正好相冲。第二次发生在公元1518年12月12日午后8小时，当时火星位于63°2′。第三次发生在公元1523年2月22日午前7小时，当时火星位于133°20′。因此，从第一次观测到第二次观测历时6埃及年191日45日-分[98]，从第二次观测到第三次观测历时4年72日 23日-分[99]。在第一时段中，视行度为187°29′［=63°2′+360°−235°33′］，均匀行度为168°7′；而在第二时段中，视行度为70°18′［=133°20′−63°2′］，均匀行度为83°。

现在重作火星的偏心圆[100]，只是弧AB=168°7′，弧BC=
266 83°。凭借我在土星和木星的情形中所使用的方法（在此略过那些浩繁、复杂、枯燥的计算），我最终发现火星的远地点位于弧BC上。它显然不可能在弧AB上，因为在那里视行度比平均行度大19°22′［=187°29′−168°7′］。远地点也不可能在弧CA上，因为尽管在该处视行度102°13′［＝360°－（187°29′＋70°18′）］比平均行度108°53′［＝360°－［168°7′＋83°＝251°7′）］小一些，但在*CA*之前的弧*BC*上，平均行度＝83°超过视行度［＝70°18′］的量［12°42′］要比在弧*CA*上［此处平均行度108°53′－视行度102°13′＝6°40′］大一些。但前已说明［V，4］，在偏心圆上，较小和缩减的［视］行度发生在远地点附近。因此，远地点将被正确地视为位于弧*BC*上。

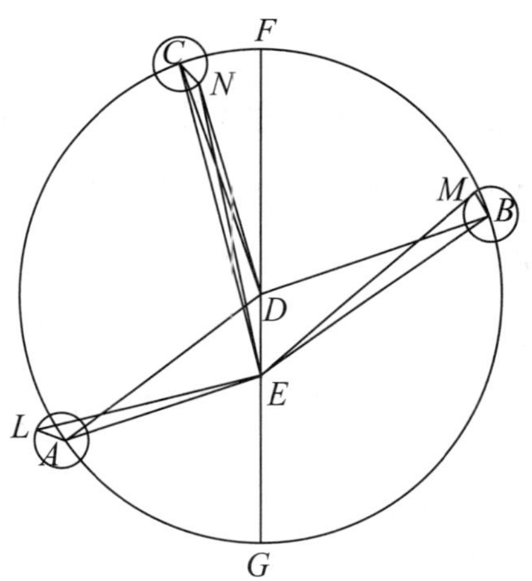

设远地点为点*F*，*FDG*为圆的直径。地球轨道的中心*E*以及偏心圆的中心*D*都位于这条直径上。由此我求得弧*FCA*＝125°59′，弧*BF*＝66°25′[101]，弧*FC*＝16°36′，如果取半径＝10000ᵖ，则两中心之间的距离*DE*＝1460ᵖ，用同样单位表示，小本轮半径＝500ᵖ。这些数值表明，视行度与均匀行度相互一致，并与观测结果完全符合。

根据以上所述作出图形。在三角形*ADE*中，*AD*和*DE*两边已知［10000ᵖ，1460ᵖ］，从火星的第一冲点到近地点的角*ADE*＝54°31′［＝弧*AG*＝180°－（*FCA*＝125°59′）］。因此，角*DAE*＝

7°24′，其余的角AED=118°5′［=180°−（ADE+DAE=54°31′+7°24′）］，第三边AE=9229^{p}。但根据假设，角DAL=角FDA。因此，整个角EAL［=DAE+DAL=7°24′+125°59′］=132°53′。于是在三角形EAL中，EA与AL两边［9229^{p}，500^{p}］以及它们所夹的角A［=132°53′］也已知，因此其余的角AEL=2°12′，剩余角LED=115°53′［=AED−AEL=118°5′−2°12′］。

类似地，对于第二次冲，由于三角形BDE的两边DB和DE已知［10000^{p}，1460^{p}］，它们的夹角BDE［=弧BG=180°−（BF=66°25′）］=113°35′[102]，所以根据平面三角定理可得，角DBE=7°11′，其余的角DEB=59°14′［=180°−（113°35′+7°11′）］，如果取DB=10000^{p}，BM=500^{p}，则底边BE=10668^{p}，整个角EBM［=DBE+（DBM=BF）=7°11′+66°25′］=73°36′[103]。

在三角形EBM中也是如此，它的已知角［EBM=73°36′］的两夹边已知［BE=10668，BM=500］，可以得到角BEM=2°36′。相减可得，角DEM=角DEB［=59°14′］−BEM=56°38′。于是，从近地点到第二冲点的外角MEG=180°−角DEM［=56°38′］=123°22′。但我们已经求得角LED=115°53′，其补角LEG=64°7′。如果取四直角=360°，则角LEG+角GEM［=123°22′］=187°29′。这与从第一冲点到第二冲点的视距离［=187°29′］相符。

第三次冲的情况也可用同样方法作类似分析。我们已经求得角DCE=2°6′，如果取CD=10000^{p}，则边EC=11407^{p}。因此，整个角ECN［=DCE+（DCN=FDC）=2°6′+16°36′］=18°42′。在三角形ECN中，CE、CN两边已知［11407^{p}，500^{p}］，所以角CEN=
267 50′，角CEN+角DCE=2°56′，即为视行度角DEN小于均匀行度角

FDC［$=$弧$FC=16°36'$］的量。因此，角$DEN=13°40'$[104]。这些值［$DEN+DEM=13°40'+56°38'=70°18'$］再次与观测到的第二次冲与第三次冲之间的视行度［$=70°18'$］精确相符。

正如我所说［近V，16开头处］，在第三次冲时火星出现在距白羊座头部133°20′处，并已经求得角$FEN\approx13°40'$，因此往后计算可得，最后一次观测时偏心圆远地点的位置显然在恒星天球上119°40′［$=133°20'-13°40'$］处。在安敦尼时代，托勒密发现远地点位于108°50′处［《天文学大成》，X，7：巨蟹宫$25°30'=115°30'-6°40'$］。因此，从那时起到现在，它已经向东移动了10°50′［$=119°40'-108°50'$］[105]。此外，如果取偏心圆半径为10000^p，我还求得两圆心间的距离小了40^p［1460^p与1500^p相比］。这并不是因为托勒密或我出了差错，而是正如已经清楚证明的，地球轨道圆的中心接近了火星轨道的中心，而太阳此时却静止不动。这些结论彼此高度一致，下面将会看得更清楚［V，19］。

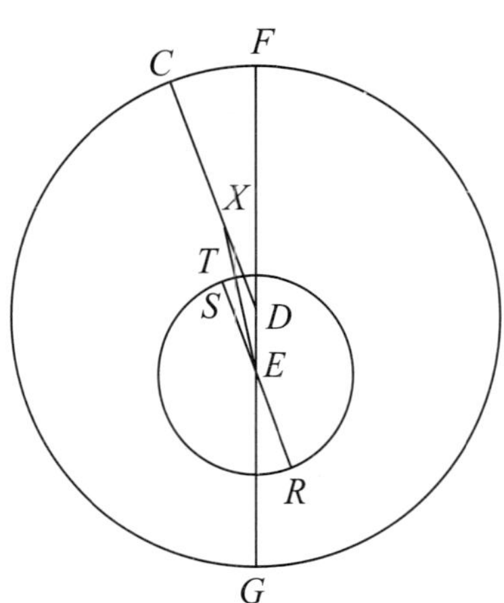

现在，围绕中心点E作地球的周年轨道［RST］，由于运转相等，所以其直径SER平行于CD。设点R为相对于行星的均匀远

地点，点S为近地点。地球位于点T。延长行星的视线ET，与CD交于点X。我已经说过［近V，16开头处］，在最后一个位置，行星看起来在ETX上，其经度为133°20′。此外，我们已经求得，均匀行度角XDF超过视行度角XED的差值角DXE［＝上图中CEN＋DCE］＝2°56′，但角SET＝内错角DXE＝视差行差，STR［＝180°］－2°56′＝177°4′，即为从均匀运动的远地点R算起的均匀视差近点角。于是我们在这里再次确定，在公元1523年2月22日午前7均匀小时，火星的黄经平均行度为136°16′［＝2°56′＋（133°20′＝视位置）］，其均匀视差近点角为177°4′［＝180°－2°56′］，偏心圆的高拱点位于119°40′。证毕。

第十七章　火星行度的证实

前已说明［V，15］，在托勒密三次观测中的最后一次，火星的［黄经］平均行度为$244^{1}/_{2}$°，视差近点角为171°26′。因此，在［托勒密的最后一次观测与哥白尼的最后一次观测之间的］这段时间中，火星的行度除整圈运转外还有5°38′［＋171°26′＝177°4′］。从安敦尼2年埃及历11月12日午后9小时[106]（相对于克拉科夫经度为午夜前3均匀小时）到公元1523年2月22日午前7小时，共历时1384埃及年251日19日-分[107]。根据上面的计算，
在这段时间中，视差近点角除648整圈外还有5°38′。预期的太阳 268
均匀行度为$257^{1}/_{2}$°，从$257^{1}/_{2}$°减去视差行度5°38′，得到的251°52′即为火星的黄经平均行度。所有这些结果都与刚才的结果相符地较好。

第十八章　火星位置的测定

从基督纪元开始到安敦尼2年埃及历11月12日午夜前3小时，共历时138埃及年180日52日-分[108]，在此期间，视差行度为293°4′[109]。把293°4′从托勒密的最后一次观测［V，15结尾］的171°26′（另加一整圈）［171°26′+360°=531°26′］中减去，则对公元元年元旦午夜求得余量238°22′［=531°26′−293°4′］。从第一个奥林匹克运动会期到这一时刻共历时775埃及年12½日。在此期间，视差行度为254°1′。同样，把254°1′从238°22′（另加一整圈）［238°22′+360°=598°22′］中减去，则对第一个奥林匹克运动会期求得余量344°21′。类似地，对其他纪元分离出行度，我们可以求得亚历山大纪元的起点为120°39′，恺撒纪元的起点为211°25′。

第十九章　以地球周年轨道为单位的火星轨道大小

此外，我还观测到火星掩了被称为“氐宿一”的天秤座中第一颗亮星，我是在公元1512年元旦作这次观测的。那天早晨，在中午之前6个均匀小时，我看到火星距该恒星$^1/_4$°，但是在冬至日出的方向［即东北方］，这表明就经度而言火星在该恒星以东$^1/_8$°，就纬度而言在该恒星以北$^1/_5$°[110]。已知该恒星的位置为距白羊宫第一星191°20′，纬度为北纬40′，所以火星显然位于191°28′［≈191°20′+$^1/_8$°］，北纬51′［≈40′+$^1/_5$°］。由计算可得，当时的视差近点角为98°28′，太阳的平位置为262°，火星的平位置为163°32′，偏心圆近点角为43°52′。

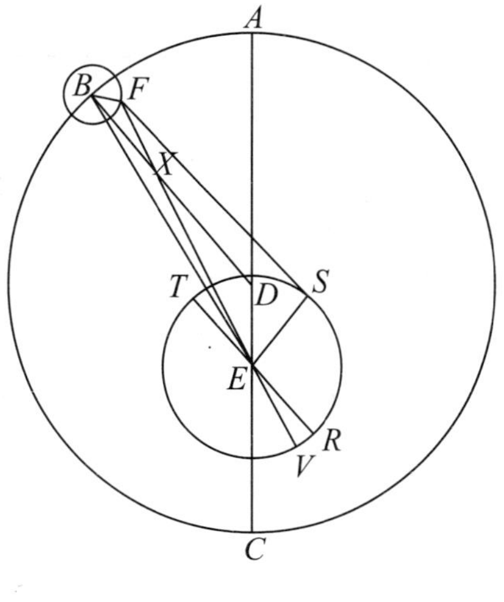

由此，作偏心圆ABC，其中心为点D，直径为ADC，点A为远地点，点C为近地点，如果取

$AD=10000^{p}$，则偏心率$DE=1460^{p}$。已知弧$AB=43°52'$，以点B为中心，取AD为10000^{p}时半径BF为500^{p}作小本轮，使角$DBF=ADB$。连接BD、BE和FE。此外，绕中心E作地球的大圆RST。在与BD平行的直径RET上，取点R为行星视差的［均匀］远地点，点T为行星均匀行度的近地点。设地球位于点S，弧RS为均匀视差近点角，其计算值为98°28′。把直线FE延长为FEV，交BD于点X，交地球轨道的凸圆周于视差的真远地点V。

三角形BDE的两边已知：如果取$BD=10000^{p}$，则$DE=1460^{p}$，它们的夹角为角BDE。而角$ADB=43°52'$，所以角$BDE=$
269 $180°-43°52'=136°8'$。由此可以求得，底边$BE=11097^{p}$，角$DBE=5°13'$。但根据假设，角DBF=角ADB，相加可得，两已知边EB和BF［11097^{p}，500^{p}］的整个夹角$EBF=49°5'$［$=DBE+DBF=5°13'+43°52'$］。因此，在三角形BEF中，我们有角$BEF=2°$，如果取$DB=10000^{p}$，则其余的边$FE=10776^{p}$。于是，角$DXE=7°13'$=角XBE+角XEB=两相对内角之和［$=5°13'+2°$］。角DXE为负行差，即角ADB超过XED的量［$=36°39'=43°52'-7°13'$］，或者火星平位置超过其真位置的量。现在我们已经计算出火星的平位置为163°32′，因此真位置位于偏西156°19′［$+7°13'=163°32'$］处。但在那些在点S附近进行观测的观测者看来，火星出现在191°28′处。因此它的视差或位移为偏东35°9′［$=191°28'-156°19'$］。于是显然，角$EFS=35°9'$。因RT平行于BD，所以角DXE=角REV，类似地，弧$RV=7°13'$。于是整个弧VRS［$=RV+RS=7°13'+98°28'$］$=105°41'$，即为归一化的视差近点角。由此可得三角形FES的外角VES［$=105°41'$］。于是，

如果取两直角＝180°，则可求得相对内角FSE＝70°32′［＝VES－EFS＝105°41′－35°9′］。

但三角形的各角已知，其各边比值也可求得。因此，如果取三角形外接圆的直径＝10000^{p}，则FE＝9428^{p}[111]，ES＝5757^{p}[112]。于是，如果取BD＝10000^{p}，已知EF＝10776^{p}，则ES≈6580^{p}[113]，这与托勒密得到的结果［《天文学大成》，X，8；$39^{1}/_{2}$°：60］同样相差甚微，与之几乎相等［$39^{1}/_{2}$°：60＝$6583^{1}/_{3}$°：10000^{p}］。以同样单位来表示，ADE＝11460^{p}［＝AD＋DE＝10000＋1460］，余量EC＝8540^{p}［$ADEC$＝20000^{p}］。在偏心 270
圆的低拱点，小本轮要加上500^{p}，而在高拱点A则要减去500^{p}，于是在高拱点的余数为10960^{p}［＝11460－500］，在低拱点的和为9040^{p}［＝8540＋500］。因此，如果取地球轨道半径为1^{p}，则火星在远地点的最大距离为1^{p}39′57″[114]，最小距离为1^{p}22′26″[115]，平均距离为1^{p}31′11″［1^{p}39′57″－1^{p}22′26″＝17′31″；17′31″÷2≈8′45″；8′45″＋1^{p}22′26″≈1^{p}39′57″－8′45″］。于是对于火星，其行度的大小和距离也已经通过地球的运动通过可靠的计算加以解释了。

第二十章　金星

在解释了环绕地球的三颗外行星——土星、木星与火星——的运动之后，现在要讨论被地球所环绕的那些行星。首先是金星，只要不缺乏在某些位置的必要观测结果，金星的运动就比水星更容易和更清楚地说明。因为如果求得它在晨昏时与太阳平位置的最大距角相等，我们就可以肯定，金星偏心圆的高、低拱点正好在太阳这两个位置之间。这些拱点可以通过以下事实区分开，即当成对出现的［最大］距角较小时，它们在远地点附近发生；而在相对的拱点附近，成对的距角较大。最后，在［拱点之间的］所有其他位置，我们由距角的相对大小可以完全确定地求出金星球体与高低拱点的距离以及金星的偏心率。这些主题托勒密都已经非常清楚地研究了［《天文学大成》，X，1—4］，因此不必再对它们逐一进行重复，除非可以用我关于地球运动的假说并由托勒密的观测对其进行解释。

他所采用的第一项观测是由亚历山大城的天文学家［士迈纳（Smyrna）？的］西翁（Theon）[116]于哈德良16年埃及历8月21日之后的夜间第一小时，即公元132年3月8日黄昏做出的。托勒密说［《天文学大成》，X，1］，当时金星呈现出的最大黄昏距角与太阳的平位置相距47$^{1}/_{4}$°，而可以算出太阳的平位置在恒星天球上337°41′[117]处。托勒密把这次观测与他在安敦尼4年1月12日破晓即公元140年[118]7月30日的黎明所作的另一次观测相比较，指出当时金星的最大清晨距角＝47°15′＝以前与太阳平位置的距离，该平位置在恒星天球上119°[119]处，而以前为337°41′。于是显然，这两个平位置之间的中点为彼此相对的两个拱点，其位置分别为48$^{1}/_{3}$°和228$^{1}/_{3}$°［337°41′－119°＝218°41′；218°41′÷2≈109°20′；109°20′＋119°＝228°20′；228°20′－180°＝48°20′］。当把二分点岁差6$^{2}/_{3}$°加到这两个值上之后，根据托勒密的说法［《天文学大成》，X，1］，两个拱点分别位于金牛宫内25°［＝55°＝48^{1}/3°＋6$^{2}/_{3}$°］以及天蝎宫内25°［＝235°＝228$^{1}/_{3}$°＋6$^{2}/_{3}$°］处。金星的高、低拱点在这两个位置上必然完全相对。

不仅如此，为了更有力地证实这一结果，他采用了西翁于哈德良12年3月20日破晓，即公元127年[120]10月12日清晨所作的另一次观测结果。当时金星呈现出的最大距角与太阳的平位置191°13′[121]相距47°32′。除此之外，托勒密还补充了他本人于哈 271
德良21年即公元136年埃及历6月9日或罗马历12月25日下一夜的第一小时所作的一次观测，当时金星呈现出的黄昏距角与太阳的平位置265°[122]再次相距47°32′。但在上一次西翁所作的观测中，太阳的平位置为191°13′。这些位置的中点［265°－191°13′＝73°47′；73°47′÷2≈36°53′；36°53′＋191°13′＝228°6′；228°6′－180°＝48°6′］又一次≈48°20′，228°20′，远地点和近地点必定位于这里。从二分点量起，这些点分别位于金牛宫内25°和天蝎宫内25°处。托勒密通过另外两次观测来区分它们，如下所述［《天文

学大成》，X，2］。

第一次是西翁于哈德良13年11月3日，即公元129年5月21日破晓时的观测。当时他测得金星的最大清晨距角为44°48′［123］，而太阳的平均行度为48$^5/_6$°，金星出现在恒星天球上4°［≈48°50′—44°48′］处。托勒密本人于哈德良21年埃及历5月2日或罗马历公元136年11月18日［124］之后夜晚第一小时作了另一次观测，次日夜晚1小时，太阳的平均行度为228°54′［125］，金星距离它的黄昏最大距角为47°16′，行星本身出现在276$^1/_6$°［=228°54′+47°16′］处。通过这些观测，两个拱点就彼此区分开了，即高拱点位于48$^1/_3$°，金星在这里的最大距角较小，低拱点位于228$^1/_3$°，金星在这里的最大距角较大。证毕。

第二十一章　地球和金星的轨道直径之比

由此也能求得地球与金星的轨道直径之比。以点C为中心作地球轨道AB。过两个拱点作直径ACB，在ACB上取点D为相对圆AB为偏心的金星轨道的中心。设点A为远日点的位置。当地球位于远日点时，金星轨道的中心距离地球最远。AB为太阳的平均行度线——点A为$48^1/_3°$，点B为金星的近日点，在$228^1/_3°$。作直线AE和BF与金星轨道切于点E和点F。连接DE和DF。

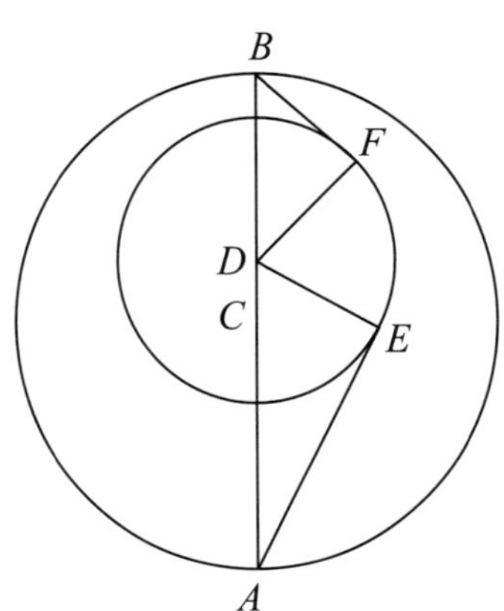

由于圆心角DAE所对的弧$=44^{4}/_{5}°$［=西翁第三次观测中的最大距角，见V，20］，角$AED=90°$，所以三角形DAE的各角已知，于是它的各边也可求得：如果取$AD=10000^{p}$，则$DE={}^{1}/_{2}$弦$2DAE=7046^{p}$[126]。同样，在直角三角形BDF中，角$DBF=47°16'$[127]，如果取$BD=10000^{p}$，则弦$DF=7346^{p}$。因此，如果取$DF=DE=7046^{p}$，则$BD=9582^{p}$[128]。于是整个$ACB=19582^{p}$［$=BD+AD=9582^{p}+10000^{p}$］，$AC={}^{1}/_{2}ACB=9791^{p}$，相减可得，$CD$［$=BC$（$=AC$）$-BD$］$=209^{p}$。因此，如果取$AC=1^{p}$，则$DE=43^{1}/_{6}'$，$CD\approx1^{1}/_{4}'$[129]。如果取$AC=10000^{p}$，则$DE=DF=7193^{p}$，$CD\approx208^{p}$[130]。证毕。

第二十二章　金星的双重运动 272

然而正如托勒密的两次观测所特别证明的［《天文学大成》，X，3］，金星围绕点D并非作简单的均匀运动。他所作的第一次观测是在哈德良18年埃及历8月2日，即罗马历公元134年2月18日。当时太阳的平均行度为$318^{5}/_{6}°$[131]，清晨出现在黄道$275^{1}/_{4}°$[132]处的金星已经达到了距角的最外极限＝43°35′［＋275°15′＝318°50′］。托勒密的第二次观测是在安敦尼3年埃及历8月4日，即罗马历公元140年2月19日清晨。当时太阳的平位置也是$318^{5}/_{6}°$，金星在其黄昏的最大距角与之相距$48^{1}/_{3}°$，出现在黄经$7^{1}/_{6}°$[133]［＝48°20′＋318°50′－360°］。

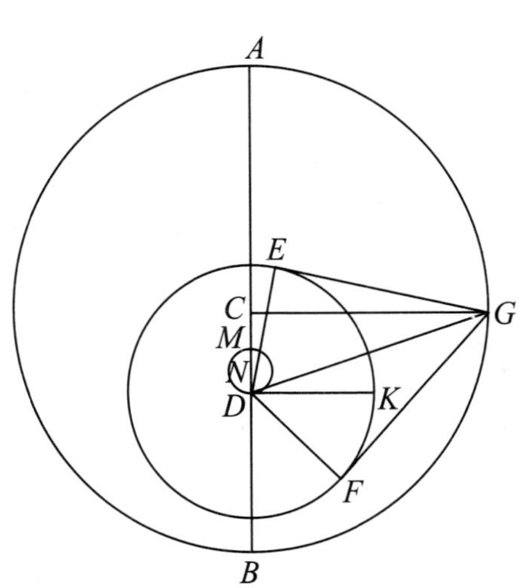

知道了这些之后，在同一地球轨道上取地球所在位置点G，使弧AG为圆的一个象限。太阳因其平均运动而在两次观测时看来各在直径两端，太阳位于金星偏心圆远地点以西的

距离即为AG［$48^{1}/_{3}°+360°-90°=318°20'\approx318^{5}/_{6}°$］。连接$GC$，作$DK$平行于$GC$。作$GE$和$GF$与金星轨道相切。连接$DE$、$DF$和$DG$。

第一次观测时的清晨距角EGC[134]$=43°35'$，第二次观测时的黄昏距角$CGF=48^{1}/_{3}°$，整个角EGF=角EGC+角$CGF=91^{11}/_{12}°$。因此，角$DGF={}^{1}/_{2}$角$EGF=45°57^{1}/_{2}'$。相减可得，角CGD［=角CGF-角$DGF=48^{1}/_{3}°-45°57^{1}/_{2}'=2°22^{1}/_{2}'$］$\approx2°23'$。但角$DCG=90°$，因此直角三角形$CGD$中的各角已知，各边之比也可知，所以如果取$CG=10000^{p}$，则$CD=416^{p}$[135]。我们已经求得，两圆心距离为$208^{p}$［V，21］。现在它正好增大了一倍。于是，如果$CD$被点$M$等分，类似地，整个这一进退变化为$DM=208^{p}$。如果$DM$又被点$N$等分，则该点为此行度的中点和归一化点。于是，和三颗外行星的情况一样，金星的运动也是由两种均匀运动组合而成的，无论是通过那些情况下的偏心本轮［V，4］，还是如前所述的任何其他方式。

然而，这颗行星在其运动的样式和度量上与其他行星有所不同。依我之见，通过一个偏心偏心圆可以更容易和方便地说明这一点。以点N为中心，DN为半径作一个小圆，金星的圆心在其上按照下面规则运转和移动。每当地球落在偏心圆高、低拱点所在的直径ACB上时，行星轨道圆的中心将总是距离地球轨道中心C最近，即位于点M；而当地球落在中拱点比如点G时，行星轨道圆的中心将到达点D，与地球轨道中心C的距离达到最大。由此可以推出，当地球沿其轨道运行一周时，行星轨道圆的中心已经绕中心点N沿着与地球运动相同的方向即往东旋转了两周。根据金星

的这一假设，其均匀行度和视行度与所有情况下的观测结果都符
合，这一点很快就会予以说明。到此为止，我们已经证明的有关
金星的所有结果都与现代数值符合，只是偏心率减小了大约$^{1}/_{6}$， 273
以前它是416^{p}［《天文学大成》，X，3；$2^{1}/_{2}{}^{p}:60^{p}=416^{2}/_{3}$］，但
多次观测表明它现在是350^{p}［$416\times{}^{5}/_{6}=347$］。

第二十三章　对金星运动的分析

从这些观测中，我采用了两个以最高精度观测的位置［《天文学大成》，X，4］。

［较早版本：

一次是托勒密于安敦尼2年5月29日[136]破晓前所作的观测。在月亮与天蝎前额最北面［三颗星中］第一颗亮星之间的直线上，托勒密看见金星与月球的距离是与该恒星距离的$1^1/_2$倍。已知该恒星的位置为［黄经］209°40′和北纬$1^1/_3$°。为了确定金星的位置，弄清楚观测到的月亮位置是值得的。

从基督诞生到这次观测的时刻，共历时138埃及年18日，在亚历山大城为午夜后$4^3/_4$小时，而在克拉科夫则为地方时$3^3/_4$h或均匀时$3^h41^m=9^{dm}23^{ds}$[137]。太阳以其平均均匀行度当时在$255^1/2$°[138]，以其视行度在人马宫内23°［＝263°］处。因此，月亮与太阳的均匀距离为319°18′，其平均近点角为87°37′，距其北限的平均黄纬近点角为12°19′。

由此可以计算出月球的真位置为209°4′和北纬4°58′。加上当时的两分点岁差6°41′，月亮位于天蝎宫内5°45′［=215°45′=209°4′+6°41′］。用仪器可以测出，在亚历山大城室女宫内2°位于中天，而天蝎宫内25°正在升起。因此根据我的计算，月球的黄经视差为51′，黄纬视差为16′。于是在亚历山大城观测到并且修正的月亮位置为209°55′［=209°4′+51′］和北纬4°42′［=4°58′−16′］。由此可以确定金星的位置为209°46′和北纬2°40′[139]。

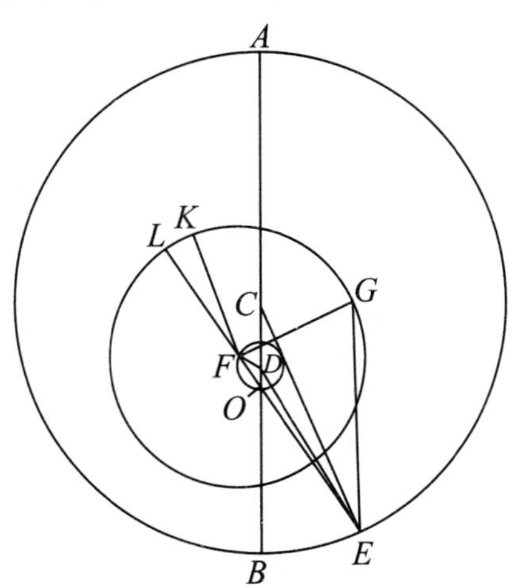

现在设地球轨道为AB，其中心在点C，直径ACB过两拱点。设从点A看去金星位于其远地点$=48^1/_3°$，而点B为相对 274
的点$=228^1/_3°$。取$AC=10000^p$，在直径上取距离$CD=312^p$。以点D为圆心，半径$DF={}^1/_3CD$即104作一个小圆。

既然太阳的平位置$=255^1/_2°$，所以地球与金星低拱点的距离为27°10′［$+228^1/_3°=255^1/_2°$］。因此设弧$BE=$27°10′。连接EC、ED和DF，使角$CDF=2\times BCE$[140]。然后以点F为中心描出金星的轨道。直线EF与直径AB

相交于点O，延长EF与金星的凹面圆周相交于点L。向该圆周引FK平行于CE。设行星位于点G。连接GE与GF[141]。

这些准备工作完成后，我们的任务是求出弧KG＝行星与其轨道平均远地点K的距离以及角CEO。在三角形CDE中，角DCE＝27°10′，而如果取CE＝10000^p，则边CD＝312^p。于是其余的边DE＝9724^p，而角CED＝50′[142]。相似地，在三角形DEF中，两边已知：如果DF＝104^{p}和CE＝10000^p，则DE＝9724^p。ED与DF两边所夹的角［EDF］已知。已知角CDF＝54°20′［＝2×（BCE＝27°10′）］，角FDB＝半圆［减去CDF＝54°20′］的余量＝125°40′。因此整个角FDE＝153°40′[143]。于是采用同样单位，边EF＝9817^p，角DEF=16′。

整个角CEF［＝角DEF＋角CED＝16′＋50′］＝1°6′，即为平均行度与绕中心F 的视行度之差，即角BCE与角EOB之差。因此可得角BOE＝28°16′［＝27°10′＋1°6′］，这是我们的第一项任务。

其次，角CEG＝45°44′＝行星与太阳平位置的距离［＝255$^1/_2$°−209°46′］。于是整个角FEG［＝角CEG＋角FEC＝45°44′＋1°6′］＝46°50′。但如果取AC=10000^p，已知EF＝9817^p，而且以上述单位来表示已知FG＝1193^p，因此在三角形EFG 中，可知EF和FG两边之比［9817：7193］和角FEG［＝46°50′］。角EFG＝84°19′也可知。由此可得外角LFG＝

131°6′＝弧*LKG*＝行星与其轨道的视远地点的距离。但已经表明，角*KFL*＝角*CEF*＝平拱点与真拱点之差＝1°6′。行星至平拱点的距离弧*KG*＝131°6′－1°6′＝130°。圆的其余部分＝230°＝从点*K*量起的均匀近点角。于是对于安敦尼2年（＝公元138年）12月16日午夜后3小时45分[144]，我们得到在克拉科夫的金星均匀近点角＝230°，即为我们所求的量。］

一次观测是提摩恰里斯于托勒密·费拉德尔弗斯（Ptolemy 275
Philadelphus）13年，即亚历山大去世后52年埃及历12月18日清晨进行的。在这次观测中，据说金星当时被看到掩食了室女左翼四颗恒星中最偏西的一颗。在对此星座的描述中，该星为第六颗星，其经度为$151\frac{1}{2}°$[145]，纬度为北纬$1\frac{1}{6}°$，星等为3。这样金星的位置就显然可得了［$=151\frac{1}{2}°$］，太阳的平位置也可算出是194°23′。

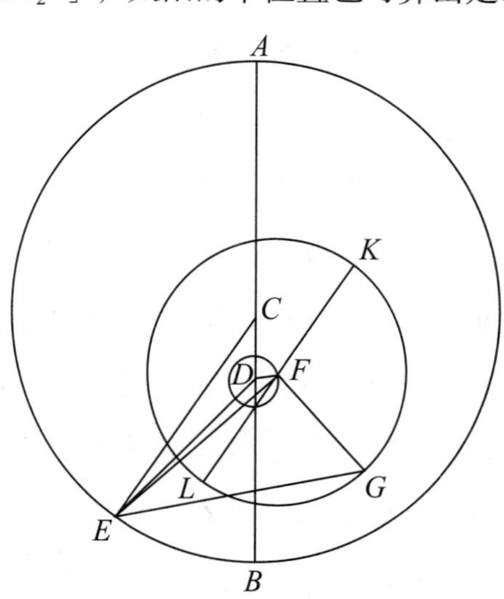

当时的情况如图所示，点*A*位于48°20′处，弧*AE*＝146°3′［＝194°23′－48°20′］，弧*BE*＝［从半圆中减去*AE*＝180°－146°3′

的］余量$=33°57'$，角$CEG=42°53'$［$=194°23'-151\frac{1}{2}°$］，即为行星与太阳平位置之间的角距离。如果取$CE=10000^p$，则线段$CD=312^p$［$=208^p+104^p$］，角BCE［$=$弧BE］$=33°57'$。因此在三角形CDE中，其余的角$CED=1°1'$［和$CDE=145°2'$］，第三边$DE=9743^p$。但角$CDF=2\times BCE$［$=33°57'$］$=67°54'$，角$BDF=180°-CDF$［$=67°54'$］$=112°6'$。三角形CDE的一个外角BDE［$=CED+$（$DCE=BCE$）］$=34°58'$。因此，整个角EDF［$=BDE+BDF=34°58'+112°6'$］$=147°4'$[146]。如果取$DE=9743^p$，则已知$DF=104^p$。此外在三角形DEF中，角$DEF=20'$，整个角CEF［$=CED+DEF=1°1'+20'$］$=1°21'$，边$EF=9831^p$。但我们已经表明，整个角$CEG=42°53'$，因此，角FEG［$=$角CEG（$=42°53'$）$-$角CEF（$=1°21'$）］$=41°32'$。如果取$EF=$
448 9831^p，则金星轨道的半径$FG=7193^p$。因此在三角形EFG中，角FEG和各边之比均已知，所以其余两角也可求得，角$EFG=72°5'$，弧$KLG=180°+$角$EFG=252°5'$[147]，即为从金星轨道高拱点量起的弧。这样我们又一次定出，在托勒密·费拉德尔弗斯13年12月18日清晨，金星的视差近点角为252°5′。

276 我自己在公元1529年3月12日午后第8小时之初日没后1小时对金星的第二个位置进行了观测。我看见金星开始被月亮两角之间的阴暗部分所掩食，这次掩星延续到该小时之末或稍迟一些，直到行星被观察到从月球的另一面在两角之间弯曲部分的中点向西闪现出来为止。因此在该小时的一半处左右，显然有一个月亮与金星的中心会合，我在弗龙堡曾目睹过这一景象。金星的黄昏距角仍在继续增大，尚未达到与其轨道相切的程度。从基督纪元开始算起，共历时1529埃及年87日再加视时间$7^1/_2$小时[148]或均匀时间7小时34分。太阳以其简单行度的平位置为332°11′，二分点岁差为27°24′，月亮离开太阳的均匀行度为33°57′，均匀近点角为205°1′，黄纬行度为71°59′。由此算得月亮的真位置为10°，但相对于分点为金牛宫内7°24′，北纬1°13′。由于天秤宫内15°正在升起，月亮的黄经视差为48′，黄纬视差为32′，所以月亮的视位置位于金牛宫内6°36′［=7°24′−48′］。但它在恒星天球上的经度为9°12′［=10°−48′］，纬度为北41′［=1°13′−32′］。金星在黄昏时的视位置与太阳的平位置相距37°1′［332°11′+37°1′=369°12′=9°12′］，地球与金星高拱点的距离为偏西76°9［+332°11′=408°20′−360°=48°20′］。

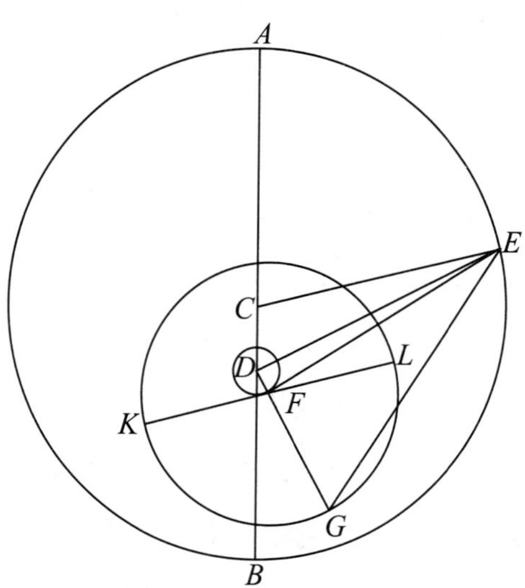

现在根据前面结构的模型重新绘图，只不过弧EA或角$ECA=76°9'$，角$CDF=2\times ECA=152°18'$。如果取$CE=10000^{p}$，则如今的偏心率$CD=246^{p}$，$DF=104^{p}$。因此在三角形CDE中，两

已知边［$CD=246^{p}$，$CE=10000^{p}$］所夹的角DCE［$=180°-$
277 $ECA=76°9'$］$=103°51'$。由此可得，角$CED=1°15'$，第三边$DE=10056^{p}$，其余的角$CDE=74°54'$［$=180°-$（$DCE+CED=103°51'+1°15'$）］。但是角$CDF=2\times ACE$［$=76°9'$］$=152°18'$，角$EDF=$角CDF［$=152°18'$］$-$角CDE［$=74°54'$］$=77°24'$。所以在三角形DEF中，两边已知，如果取$DE=10056^{p}$，则$DF=104^{p}$，它们的夹角为已知角EDF［$=77°24'$］。角DEF也已知$=35'$，其余的边$EF=10034^{p}$，所以整个角CEF［$=CED+DEF=1°15'+35'$］$=1°50'$。进而，整个角$CEG=37°1'$，即为行星与太阳平位置之间的视距离。角$FEG=$角$CEG-$角CEF［$=37°1'-1°50'$］$=35°11'$。同样，在三角形EFG中，角E也已知［$=35°11'$］，两边已知：如果取$FG=7193^{p}$，则$EF=10034^{p}$。所以其他两角也可确定：角$EGF=53^{1}/_{2}°$，角$EFG=91°19'$，即为行星与其轨道的真近地点之间的距离。

但由于直径KFL平行于CE，点K为［行星］均匀运动的远地点，点L为近地点。且角$EFL=$角CEF［$=1°50'$］，所以角$LFG=$弧$LG=$角$EFG-$角$EFL=89°29'$，弧$KG=180°-$弧LG［$=89°29'$］$=90°31'$，即为从轨道均匀运动的高拱点量起的行星视差近点角。这就是对于我这次观测的时刻所求的量。

然而在提摩恰里斯的观测中，相应的值为252°5′，因而在此期间，行度除1115整圈外还有198°26′26′［=（90°31′+360°=450°31′）−252°5′］。从托勒密·费拉德尔弗斯13年12月18日破晓到公元1529年3月12日午后$7^{1}/_{2}$小时，共历时1800埃及年236日加上大约40日−分[149]。因此，如果把1115圈加上198°26′的行度乘以365

日，并把乘积除以1800年236日40日-分，我们将得到3×60°加上45°1′45″3‴40⁗的年行度。再把这个年行度平均分配给365日，就得到36′59″28‴的日行度。前面的表［V，1结尾］正是以此为根据编制的。

［V，23结束段的较早版本：

然而，在托勒密的前一次观测中，这个值为230°。因此在此期间，除整圈外还有220°31′［＝（90°31′＋360°＝450°31′）－230°］。从安敦尼2年5月20日克拉科夫时间午前8¼小时到公元1529年3月12日午后7½小时，共历时1391埃及年69日39日-分23日-秒[150]。同样可以算出，在此期间除整圈外还有220°31′。根据［V，1结尾的］平均行度表，整圈数为859，因此它是正确的。与此同时，偏心圆两拱点的位置保持不变，仍在48⅓°和228°20′］。

第二十四章　金星近点角的位置

［较早版本：

金星平近点角的位置

于是很容易确定金星视差近点角的位置。从基督诞生到托勒密的观测共历时138埃及年18日$9^{1}/_{2}$日-分[151]。与这段
452 278 时间相对应的行度为105°25′。把这个值从托勒密的观测结果230°中减去，余数124°35′［＝230°－105°25′］为［公元1年］元旦前午夜时的金星近点角。于是，根据经常重复的行度与时间的计算，可求得其余的位置对第一个奥林匹克运动会期为318°9′，对亚历山大大帝为79°14′，对恺撒为70°48′。］

从第一个奥林匹克运动会期到托勒密·费拉德尔弗斯13年12月18日破晓，共历时503埃及年228日40日-分[152]。可以算出在此期间的行度为290°39′。把这一数值从252°5′中减去，再加上360°［612°5′－290°39′］，得到的余量321°26′即为第一个奥林匹克运动会期开始时的运动位置。从这一位置，其余的位置可以通过计算经常提到的行度和时间而得到：亚历山大纪元为81°52′，恺撒纪元为70°26′，基督纪元为126°45′。

第二十五章　水星

我已经说明了金星是如何与地球的运动相关联的，以及各个圆之比低于什么值时它的均匀运动被掩藏起来。现在还剩下水星，尽管它的运行比金星或前面讨论的任何其他行星都更复杂，但它无疑也将服从同样的基本假设。古代观测者的经验已经表明，水星与太阳的最大距角在天秤宫最小，而在对面的白羊宫最大距角较大（这是应当的）。但水星最大距角的最大值并不出现在这个位置，而是出现在白羊宫某一侧的某些其他位置，即双子宫和宝瓶宫中，根据托勒密的结论［《天文学大成》，IX，8］，在安敦尼时代情况尤其如此。其他行星都没有这种移动。

古代天文学家认为产生这个现象的原因是地球不动，而水星沿着由一个偏心圆所载的大本轮上运动。他们意识到，单纯一个简单的偏心圆不可能解释这些现象（即使他们让偏心圆不是围绕它自己的中心，而是围绕另一个中心旋转）。他们还不得不承认，携带本轮的同一偏心圆还沿着另一个小圆运动，就像他们对月亮的偏心圆所承认的情况一样［IV，1］。这样便有了三个中心：第一个属于携带本轮的偏心圆，第二个属于小圆，第三个属于晚近的天文学家所说的“偏心匀速圆”

（equant）。古人忽略了前两个中心，而只让本轮围绕偏心匀速圆的中心均匀运转。这种做法与本轮运动的真正中心、它的相对距离以及之前另外两个圆的中心有严重冲突。古人确信，这颗行星的现象只能用托勒密在《天文学大成》［IV，6］中详细阐述的模式来解释[153]。

279 但为了使这最后一颗行星也能不再受到其贬低者的冒犯和伪装，并使其均匀运动与地球运动的关系能够和前述其他行星一样得到揭示，我将在它的偏心圆上也指定一个偏心圆，而不是古代所承认的本轮。但与金星的模式［V，22］不同，尽管确有一个小本轮在外偏心圆上运动，但行星并非沿着小本轮的圆周运转，而是沿着它的直径作起伏运动：我们在前面讨论二分点岁差时［III，4］已经阐明，这种沿一条直线的运动可由均匀的圆周运动复合而成。这并不足为奇，因为普罗克洛斯在其关于《欧几里得〈几何原本〉评注》中也曾宣称，一条直线也可由多重运动复合而成[154]。水星的现象可根据所有这些手段加以论证。但为了把这些假设说得更清楚，设AB为中心在点C、直径为ACB的地球的大圆。在ACB上，以B、C两点之间的点D为圆心，以$^1/_3CD$为半径作小圆EF，使点F距点C最远，点E距点C最近。绕中心点F作水星的外偏心圆HI。然后以高拱点I为圆心，增作行星所在的小本轮KL。设偏心偏心圆HI起着偏心圆上本轮的作用。

这样作图之后，所有点将依次落在直线$AHCEDFKILB$上。与此同时，设行星位于点K，它与点F的距离为最短，点F为携带小本轮的圆的圆心。取点K为水星运转的起点。设地球每运转一周，圆心F就沿同一方向即向东运转两周，行星在KL上也以同样的速度运行，但沿直径相对于圆*HI*的中心作起伏运动。

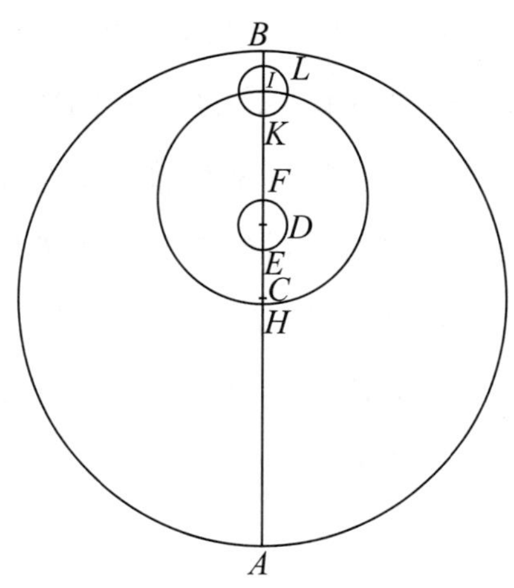

由此可知，每当地球位于点*A*或点*B*时，水星外偏心圆的中心 280
就在与点*C*相距最远的点*F*；而当地球位于*A*与*B*的中点并与它们相距一个象限时，水星外偏心圆的中心就位于与点*C*相距最近的点*E*。根据这个次序所得出的图像与金星相反［V，22］。此外，由于这个规则，当地球跨过直径*AB*时，穿过小本轮直径*KL*的水星距离携带小本轮的轨道圆的中心最近，即水星位于*K*；而当地球位于*AB*的中点时，行星将到达携带小本轮的轨道圆的中心最远的位置*L*。这样一来就出现了双重运转，一个是外偏心圆的中心在小圆*EF*圆周上的运动，另一个是行星沿直径*LK*[155]的运转，它们彼此相等，并与地球的周年运动周期成比例。

而与此同时，设小本轮或直线*FL*围绕圆*HI*自行，其中心作均匀运动，相对恒星天球大约88天独立运转一周。但这种超过了地球运动的所谓“视差运动”使小本轮在116日[156]内赶上地球，这可以由平均行度表［V，1结尾］更精确地得出。因此，水星的自行并不总是描出同一圆周，而是根据与其均轮中心距离的不同，描出尺寸相差极大的圆周：在点K最小，在点L最大，在点I附近则居中，这种变化与月亮的小本本轮的情况［IV，3］几乎相同。但月亮是在圆周上运行，而水星则是在直径上作由均匀运动叠加而成的往返运动。我已经在前面讨论二分点岁差时解释了这是怎么发生的［III，4］。不过后面讨论黄纬时［VI，2］，我还要就这一主题补充一些内容。上述假设足以说明水星的一切现象，回顾托勒密等人的观测就可以清楚地看出这一点。

第二十六章　水星高低拱点的位置

托勒密对水星的第一次观测是在安敦尼元年11月20日日没之后，当时水星位于与太阳平位置的黄昏距角为最大处［《天文学大成》，IX，7］。这是在克拉科夫时间公元138年188日42$^1/_2$日-分[157]，因此根据我的计算，太阳的平位置为63°50′[158]，而托勒密说用仪器观察该行星是在巨蟹宫内7°［＝97°］处。但在减去了春分点岁差（当时为6°40′）之后，水星的位置显然位于恒星天球上从白羊宫起点量起的90°20′［＝97°－6°40′］，它与平太阳的最大距角为26$^1/_2$°［＝90°20′－63°50′］。

第二次观测是在安敦尼4年7月19日黎明，即基督纪元开始后的140年67日加上约12日-分[159]，此时平太阳在303°19′[160]处。通过仪器看到水星在摩羯宫内13$^1/_2$°［＝283$^1/_2$°］处，但在恒星天球上从白羊宫量起约为276°49′［≈283$^1/_2$°－6°40′］。因此，它的最大清晨距角为26$^1/_2$°［＝303°19′－276°49′］。由于它 281
在太阳平位置的距角边界在两边是相等的，所以水星的两个拱点必然位于这两个位置即276°49′[161]与90°20′的中间，亦即为3°34′和与之沿直径相对的183°34′［276°49′－90°20′＝186°29′；186°29′÷2≈93°15′；276°49′－93°15′＝183°34′；183°34′－180°＝

3°34′]，水星高、低拱点必然位于这里。

和金星一样［V，20］，这些拱点可由两次观测区分开来。托勒密的第一次观测是在哈德良19年3月15日破晓时进行的［《天文学大成》，IX，8］，当时太阳的平位置为182°38′[162]。水星距离太阳的最大清晨距角为19°3′，这是因为水星的视位置为163°35′[163]［+19°3′=182°38′］。第二次观测同样是在哈德良19年即公元135年[164]的埃及历9月19日黄昏时，他通过仪器发现水星位于恒星天球上27°43′[165]处，而按照平均行度，太阳位于4°28′[166]。于是又一次［和金星一样，V，20］，行星的最大黄昏距角为23°15′（大于此前的［清晨距角=19°3′］）。于是情况已经很清楚，当时水星的远地点只可能位于$183^1/_2$°［≈183°34′］附近，而不在别处。证毕。

第二十七章　水星偏心率的大小及其圆周的比值

利用这些观测结果，我们可以同时证明圆心之间的距离以及各轨道圆的大小。设AB为通过水星的高拱点A和低拱点B的直线，同时也是中心为点C的［地球］大圆的直径。以点D为中心作行星的轨道。然后作直线AE和BF与轨道相切。连接DE和DF。

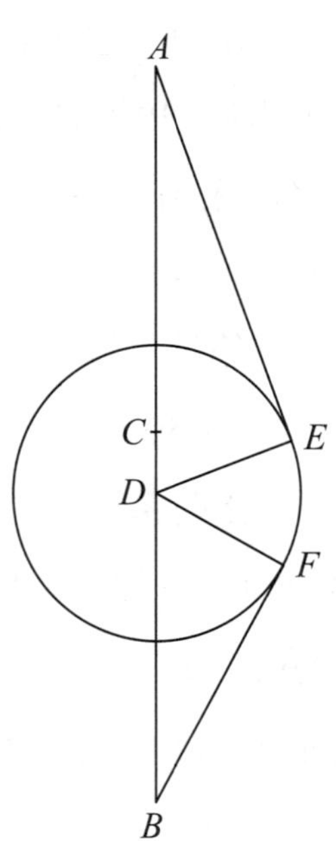

由于在两次观测中的第一次看到最大清晨距角为19°3′，所以角$CAE=19°3'$。但在第二次观测中，最大黄昏距角为$23^1/_4°$。所以在两个直角三角形AED与BFD中，各角已知，各边之比也可求得。如果取$AD=100000^p$，则轨道半径$ED=32639^p$[167]。而如果取$BD=100000^p$，则$FD=39474^p$[168]。但由于$FD=ED$，如果取AD[169]$=100000^p$，则轨道半径$FD=32639^p$。相减可得，$DB=AB-AD=82685^p$[170]。因此，$AC={}^1/_2$［$AD+DB=100000^p+82685^p=182685^p$］$=91342^p$，$CD=AD-AC=100000^p-91342^p=8658^p$，即为地球轨道与水星轨道两圆心之间的距离。如果取$AC=1^p$或60′，则水星的轨道半径为21′26″，$CD=5'41''$[171]，如果取$AC=100000^p$，则$DF=35733^p$[172]，$CD=9479^p$。证毕。

但这些长度并非到处都相同，而与平均拱点附近的值非常
460 不同。西翁和托勒密［《天文学大成》，IX，9］在这些位置观测并记录下来的晨昏距角就说明了这一点。西翁于哈德良14年12月18日日没后，即基督诞生后129年216日45日-分[173]观测到了水星的最大黄昏距角，当时太阳的平位置为$93^1/_2°$[174]，即在水
282 星平拱点［$\approx{}^1/_2(183°34'-3°34')=90°+3°34'$］附近。而通过仪器看到的水星是在狮子宫第一星以东[175]$3^5/_6°$处。因此它的位置为$119^3/_4°$[176]［$\approx 3°50'+115°50'$］，而最大黄昏距角则是$26^1/_4°$［$=119^3/_4°-93^1/_2°$］。据托勒密所说，他于安敦尼2年12月21日[177]破晓，即公元138年219日12日-分[178]观测到了另一个最大距角，太阳的平位置为93°39′[179]。他求得水星的最大清晨距角为$20^1/_4°$，因为他看见水星位于恒星天球上$73^2/_5°$[180]［$73°24'+20°15'=93°39'$］处。

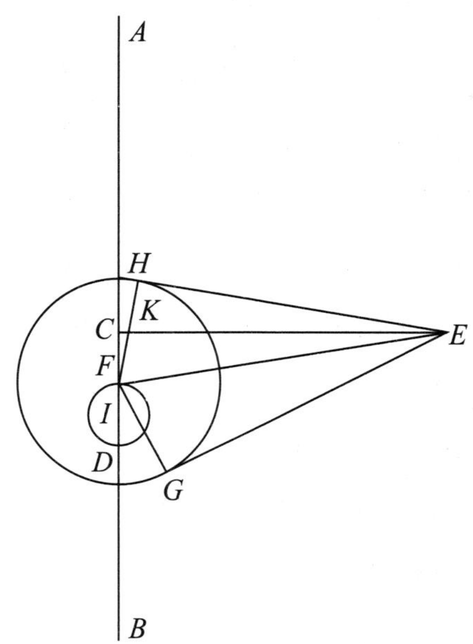

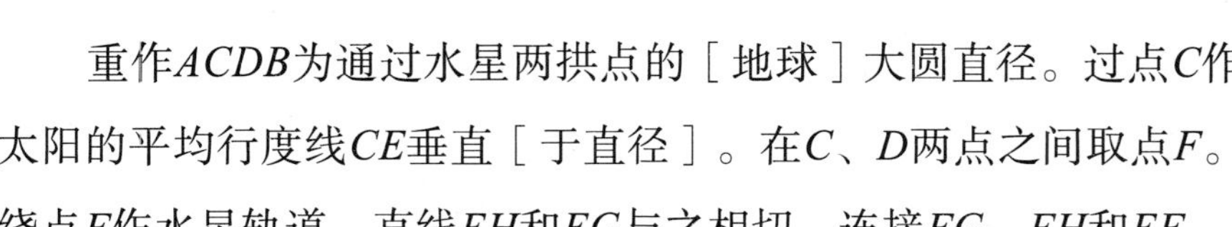
重作*ACDB*为通过水星两拱点的［地球］大圆直径。过点*C*作太阳的平均行度线*CE*垂直［于直径］。在*C*、*D*两点之间取点*F*。绕点*F*作水星轨道，直线*EH*和*EG*与之相切。连接*FG*、*FH*和*EF*。

我们需要再次找到点*F*以及半径*FG*与*AC*之比。已知角$CEG = 26^{1}/_{4}°$，角$CEH = 20^{1}/_{4}°$，所以整个角*HEG*［$= CEH + CEG = 20°15' + 26°15'$］$= 46^{1}/_{2}°$。角$HEF = {}^{1}/_{2}$［$HEG = 46^{1}/_{2}°$］$= 23^{1}/_{4}°$。角*CEF*［$= HEF - CEH = 23^{1}/_{4}° - 20^{1}/_{4}°$］$= 3°$。因此在直角三角形*CEF*中，如果取$CE = AC = 10000^{p}$，已知$CF = 524^{p}$[181]，则$FE = 10014^{p}$。当地球位于该行星的高低拱点时，我们已经求得［V，27前面部分］$CD = 948^{p}$。因此，$DF =$水星轨道的中心所描出的小圆直径$=$［$CD = 948^{p}$超过$CF = 524^{p}$的量］$= 424^{p}$，半径$IF = 212^{p}$［$=$直径*DF*的$^{1}/_{2}$］。因此，整个$CFI =$［$CF + FI = 524^{p} + 212^{p}$］$\approx 736^{1}/_{2}{}^{p}$[182]。

类似地，由于在三角形HEF中，角$H=90°$，角$HEF=23^{1}/_{4}°$[183]，因此，如果取$EF=10000^{p}$，则$FH=3947^{p}$。但如果取$CE=10000^{p}$，$EF=10014^{p}$，则$FH=3953^{p}$[184]。而我们前面已经求得FH［V，27开始，那里使用的字母为DF］$=3573^{p}$。设$FK=3573^{p}$，于是相减可得，HK［=这个$FH-FK=3953^{p}-3573^{p}$］$=380^{p}$，即为行星与行星轨道中心F之间距离的最大变化，当行星运行到高低拱点之间的平拱点时达到这个值。由于这个距离及其变化，行星围绕轨道中心F描出各不相等的圆，这些圆依赖于各不相同的距离：最小距离为3573^{p}［$=FK$］，最大距离为3953^{p}［$=FH$］，它们的平均值为3763^{p}［$380^{p}\div 2=190^{p}$；$190^{p}+3573^{p}$；$3953^{p}-190^{p}$］。证毕。

第二十八章　为什么水星在六边形一边（离近地点=60°）附近的距角看起来大于在近地点的距角

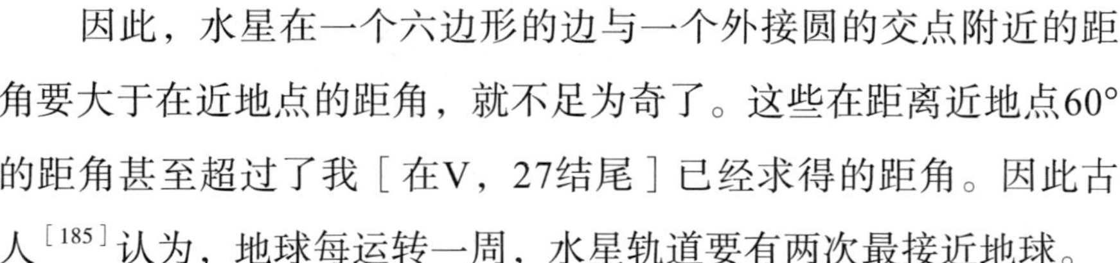

因此，水星在一个六边形的边与一个外接圆的交点附近的距角要大于在近地点的距角，就不足为奇了。这些在距离近地点60°的距角甚至超过了我［在V，27结尾］已经求得的距角。因此古人[185]认为，地球每运转一周，水星轨道要有两次最接近地球。

作角$BCE=60°$。由于假定地球E每运转一周，F就运转两 283
周，所以角$BIF=120°$。连接EF和EI。如果取$EC=10000^p$，我们［在V，27］已经求得$CI=736^1/_2{}^p$，角$ECI=60°$。因此，在三角形ECI中，其余的边$EI=9655^p$，角$CEI\approx3°47'$。而角CEI=角ACE−角CIE，已知角$ACE=120°$［$=BEC$（$=60°$）的补角］，因此角$CIE=116°13'$［=角ACE−角$CIE=120°-3°47'$］。但角$FIB=120°=2\times ECI$［$=60°$］［与$FIB=120°$］合成一个半圆的角$CIF=60°$，角EIF［=角CIE−角$CIF=116°13'-60°$］$=56°13'$。但我们［在V，27］已经求得，如果取$EI=9655^p$［V，

28前面]，则$IF=212^{p}$。这两边夹出已知角EIF[$=56°13'$]。由此可得，角$FEI=1°4'$，相减可得，角CEF[=角CEI−角FEI]$=3°47'-1°4'=2°43'$，即为行星轨道的中心与太阳平位置的差。[三角形EFI中]其余的边$EF=9540^{p}$。

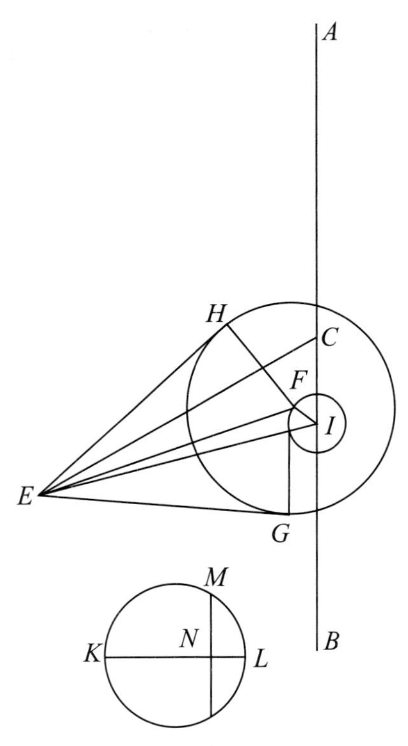

现在，绕中心F作水星轨道GH。从点E作EG和EH与轨道相切。连接FG和FH。我们必须首先确定这种情况下半径FG或FH的大小。方法如下：如果取$AC=10000^{p}$，作一个直径$KL=380^{p}$[=最大变化；V，27]的小圆。假定直线FG或FH上的行星沿直径或与之相当的直线靠近或远离圆心F，就像我们前面谈论的二分点岁差的情况[III，4]一样。根据假设，角BCE截出60°的弧段，设弧$KM=120°$，作MN垂直于KL。由于$MN=\frac{1}{2}$弦$2ML=\frac{1}{2}$

弦$2KM$，所以由欧几里得《几何原本》XIII，12和V，15可得，MN所截的LN=直径的$^1/_4=95^p$［$=^3/_4\times380^p$］。因此，KN=直径的其余$^3/_4=285^p$。KN与行星的最小距离［$=3573^p$；V，27］相加即为我们所要求的距离，即如果取$AC=10000^p$，已知$EF=9540^p$［V，28前面］，则$FG=FH=3858^p$［$=3573^p+285^p$］。于是在直角三角形FEG或FEH中，［EF与FG或FH］两边已知，所以角FEG或角FEH也可求得。如果取$EF=10000^p$，则FG或$FH=4044^p$[186]，其所张的角$=23°52^1/_2{}'$，所以整个角GEH［$=FEG+FEH=2\times23°52^1/_2{}'$］$=47°45'$。但在低拱点看到的只有$46^1/_2°$，而在平拱点也是同样的$46^1/_2°$［V，27前面］。因此，此处的距角比这两种情况都大$1°14'$［$\approx47°45'-46°30'$］。这并不是因为行星轨道比在近地点时更靠近地球，而是因为行星在这里描出了一个比在近地点更大的圆。所有这些结果都与过去和现在的观测相符，它们都由均匀运动所产生。

第二十九章　水星平均行度的分析

在更早的观测中［《天文学大成》，IX，10］有一次水星出现的记录，即托勒密·费拉德尔弗斯21年埃及历1月19日破晓时，水星出现在穿过天蝎前额第一和第二颗星的直线偏东两个月亮直径和第一星偏北一个月亮直径处[187]。现在已知第一颗星位于黄经209°40′，北纬$1^{1}/_{3}{}^{\circ}$，第二颗星位于黄经209°，南纬$1^{1}/_{2}{}^{\circ}{}^{1}/_{3}{}^{\circ}=1^{5}/_{6}{}^{\circ}$[188]。由
466 284 此可得，水星位于经度210°40′［$=209°40'+(2\times{}^{1}/_{2}{}^{\circ})$］，北纬约为$1^{5}/_{6}{}^{\circ}$［$=1^{1}/_{3}{}^{\circ}+{}^{1}/_{2}{}^{\circ}$］。那时距亚历山大之死已经有59年17日45日-分，根据我的计算，太阳的平位置为228°8′，行星的清晨距角为17°28′。且在此后四天中[189]，距角仍在增加。因此行星肯定尚未达到其最大清晨距角或轨道的切点，而是仍然沿着距地球较近的低弧段上运行。由于高拱点位于183°20′［V，26］，所以它与太阳平位置的距离为44°48′［=228°8′−183°20′］。

和前面一样［V，27］，设*ACB*为大圆直径。绕大圆中心*C*作太阳的平均行度线*CE*，使得角*ACE*=44°48′。以点*I*为中心，作携带着偏心圆中心*F*的小圆。根据假设，取角*BIF*=2×角*ACE*［=2×44°48′］=89°36′。连接*EF*和*EI*。

于是在三角形*ECI*中，两边已知：如果取*CE*=10000^{p}，则*CI*=

$736^{1}/_{2}$^{p}[190]［V，27］。这两边夹出已知角$ECI=180°-$角ACE［$=44°48'$］$=135°12'$，边$EI=10534^{p}$，角$CEI=$角$ACE-$角$EIC=2°49'$。因此，角$CIE=41°59'$［$=44°48'-2°49'$］。但角$CIF=180°-$角BIF［$=89°36'$］$=90°24'$，所以整个角EIF［$=$角$CIF+$角$EIC=90°24'+41°59'$］$=132°23'$。

角EIF是三角形EFI的两已知边EI和IF的夹角，如果取$AC=10000^{p}$，则边$EI=10534^{p}$，边$IF=211^{1}/_{2}{}^{p}$，因此角$FEI=50'$，其余的边$EF=10678^{p}$。相减可得，角CEF［$=$角$CEI-$角$FEI=2°49'-50'$］$=1°59'$。

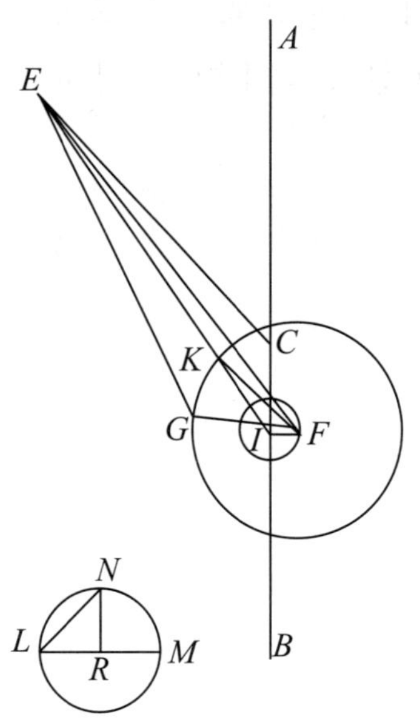

现在作小圆LM。如果取$AC=10000^{p}$，设直径$LM=380^{p}$[191]。根据假设，设弧$LN=89°36'$。作弦LN，设NR垂直于LM。于是$(LN)^{2}=LM\times LR$。如果取直径$LM=380^{p}$，则$LR\approx189^{p}$。线段LR量出行星从其轨道中心F到EC扫出角ACE时的距离。因此，

把这段长度［189^{p}］与3573^{p}=最小距离［V，27］相加，其和为3762^{p}。

因此，以点F为圆心，半径为3762^{p}作一个圆。作直线EG与［水星轨道的］凸圆周交于点G，并使行星距离太阳平位置的视距角$CEG=17°28'$［$=228°8'-210°40'$］。连接FG，作FK平行于CE。现在，角FEG=角CEG−角$CEF=15°29'$［$=17°28'-1°59'$］，于是在三角形EFG中，两边已知：$EF=10678^{p}$，$FG=3762^{p}$，角$FEG=15°29'$。因此，角$EFG=33°46'$。由于角EFK=角CEF，角KFG=角EFG−角$EFK=31°47'$［$=33°46'-1°59'$］=弧KG，即为行星与其轨道平均近地点K的距离。弧KG［$=31°47'$］$+180°=211°47'$，即为这次观测中视差近点角的平均行度。证毕。

第三十章　对水星运动的更多新近观测

这种分析水星运动的方法是古人传下来的，但他们得益于尼罗河流域较为晴朗的天空。据说那里不像维斯图拉（Vistula） 285
河那样冒出滚滚浓雾。我们居住的地域条件较差，大自然没有赋予我们那种有利条件。此地空气常常不太宁静，加之天球倾角很大，所以我们更少能看见水星，即使它与太阳的距角达到最大也是如此[192]。当水星在白羊宫或双鱼宫升起以及在室女宫及天秤宫沉没时，它都不会被我们看见。事实上，在晨昏时分，它不会出现在巨蟹宫或双子宫的任何位置，而且除非太阳已经退入狮子宫，它从不在夜晚出现。因此，研究这颗行星的运行使我们走了许多弯路，耗费了大量精力。

因此，我从在纽伦堡[193]所作的认真观测中借用了三个位置。第一个位置是雷吉奥蒙塔努斯的学生贝恩哈特·瓦尔特（Bernhard Walther）于公元1491年9月9日午夜后5个均匀小时测定的。他用环形星盘[194]指向毕宿五[195]进行观测，看见水星位于室女宫内$13^{1}/_{2}$°［＝$163^{1}/2$°］，北纬1°50′处。当时该行星刚开始晨没，而在这之前的几日里，它在清晨出现的此数逐渐不断减少[196]。因此，从基督纪元开始到那时，共历时1491埃及年258日$12^1/_2$日-分[197]。太阳的平位置为149°48′，但从春分点算起为室女宫内26°47′［=176°47′］[198]，于是水星的距角大约为$13^1/_4$°［176°47′−163°50′=13°17′］。

第二个位置是约翰·勋纳（Johann Schöner）[199]于公元1504年1月9日[200]午夜后$6^1/_2$小时测定的，当时天蝎座内10°正位于纽伦堡上空的中天位置。他看到行星当时位于摩羯宫内$3^1/_3$°，北纬0°45′处。由此可以算出从春分点量起的太阳平位置位于摩羯宫[201]内27°7′［=297°7′］，而清晨时水星位于该处以西23°47′处。

第三个位置也是约翰·勋纳于同年即1504年3月18日[202]测定的。他发现水星当时位于白羊宫内26°55′[203]，北纬约3°处，当时巨蟹宫内25°正通过纽伦堡的中天。他用星盘于午后$12^1/_2$小时指向同一颗星即毕宿五。当时太阳相对于春分点的平位置位于白羊宫内5°39′，而黄昏时水星与太阳的距角为21°17′［≈26°55′−5°39′］。

从第一次到第二次位置观测，共历时12埃及年125日3日-分45日-秒[204]。在此期间，太阳的简单行度为120°14′[205]，而水星的视差近点角为316°1′[206]。从第二次到第三次位置观测，共历时69日31日-分45日-秒[207]，太阳简单平均行度为68°32′[208]，而水星的平均视差近点角为216°。

我希望根据这三次观测来分析目前水星的运动。我认为必须承认，各个圆的比例从托勒密时代到现在仍然有效，因为对于其他行星，早期研究者在这方面并未误入歧途。如果除这些观测以外，我们还有偏心圆拱点的位置，那么对于这颗行星的视运动也不再缺少什么东西了。我取高拱点的位置为$211^{1}/_{2}°$，即天蝎宫内$18^{1}/_{2}°$[209]，因为我无法取更小的值而不影响观测。这样，我们就得到了偏心圆的近点角，即太阳的平位置与远地点之间的距离：第一次测定时为298°15′[210]，第二次测定时为58°29′[211]，第三次测定时为127°1′[212]。

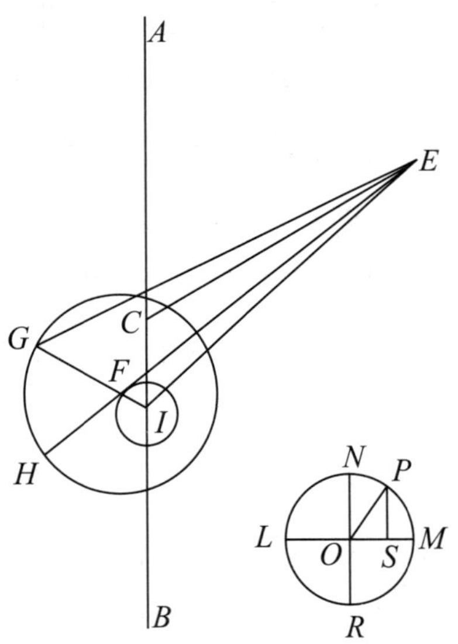

现在根据以前的模型作图，只是要取第一次观测时太阳的平均行度线在远地点以西的距离角ACE=61°45′［=360°−298°15′］。设由此得出的一切都与假设相符。如果取AC=10000^{p}，已知IC［V，29］=$736^{1}/_{2}{}^{p}$，在三角形ECI中，已知角ECI[213]［=180°−（ACE=61°45′）=118°15′］，所以角CEI=3°35′，如果取EC=10000^{p}，则边IE=10369^{p}，IF=$211^{1}/_{2}{}^{p}$［V，29］。 286

于是在三角形EFI中，两边的比值也已知［IE：IF=

$10369^p:211^{1}/_{2}{}^{p}$］。根据所绘图形，角$BIF=123^{1}/_{2}°=2\times$角$ACE$［$=61°45'$］，角$CIF=180°-BIF$［$=123^{1}/_{2}°$］$=56^{1}/_{2}°$。因此整个角$EIF$［（$CIF+EIC$）$=56^{1}/_{2}°+$（$EIC=ACE-CEI=61°45'-3°35'=58°10'$）］$=114°40'$。由此可知，角$IEF=1°5'$，边$EF=10371^p$。于是角$CEF=2^{1}/_{2}°$［$=CEI-IEF=3°35'-1°5'$］。

然而，为了确定进退运动可使中心为F的轨道圆与远地点或近地点的距离增加多少，我们作一个小圆，它被直径LM和NR在圆心点O四等分。设角POL[214]$=2\times$角ACE［$=61°45'$］$=123^{1}/_{2}°$。由点P作PS垂直于LM。因此，根据已知比例，$OP:OS=LO:OS=10000^p:5519^p=190:150$[215]。因此，如果取$AC=10000^p$，则$LS=295^p$，即为行星距中心$F$更远的限度。由于最小距离为$3573^p$［V，27］，$LS+3573^p=3868^p$，即为现在的值。

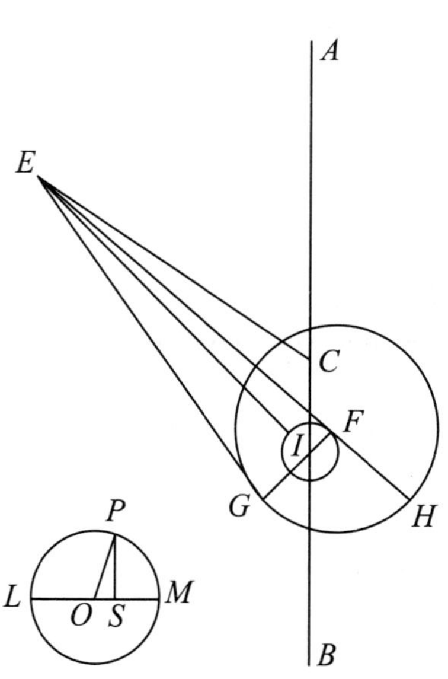

以3868^p为半径，点F为圆心作圆HG。连接EG，延长EF为

直线EFH。我们已经求得角$CEF=2^1/_2°$，根据观测，角$GEC=13^1/_4°$，即为瓦尔特观测到的行星与平太阳之间的清晨角距。因此，整个角FEG［$=GEC+CEF=13°15'+2°30'$］$=15^3/_4°$。但是在三角形EFG中，$EF:FG=10371^p:3868^p$，角E也已知［$=15°45'$］。所以角$EGF=49°8'$，外角GFH［$=EGF+GEF=49°8'+15°45'$］$=64°53'$。$360°-$角$GFH=295°7'$，即为真视差近点角。而$295°7'+$角CEF［$=2°30'$］$=297°37'$，即为平均和均匀视差近点角，这就是我们所要求的结果。$297°37'+316°1'$［=第一次与第二次观测之间的视差近点角］$=253°38'$［$=297°37'+316°1'=613°38'-360°$］，即为第二次观测的均匀视差近点角。我将证明这个值是正确的并且与观测相符。

取角$ACE=58°29'$作为第二次观测时的偏心圆近点角。于是在三角形CEI中同样两边已知：如果取$EC=10000^p$，则$IC=736^p$［之前和之后为$736^1/_2{}^p$］，角ECI［即$ACE=58°29'$的补角］$=121°31'$。因此，第三边$EI=10404^p$，角$CEI=3°28'$。类似地，在三角形EIF中，角EIF[216] $=118°3'$，如果取$IE=10404^p$，则边$IF=211^1/_2{}^p$，边$EF=10505^p$，角$IEF=61'$，于是相减可得，角FEC［$=CEI-IEF=3°28'-1°1'$］$=2°27'$，即为偏心圆的正行差。把角FEC与平均视差行度相加，就得到真视差行度为$256°5'$［$=2°27'+253°38'$］。

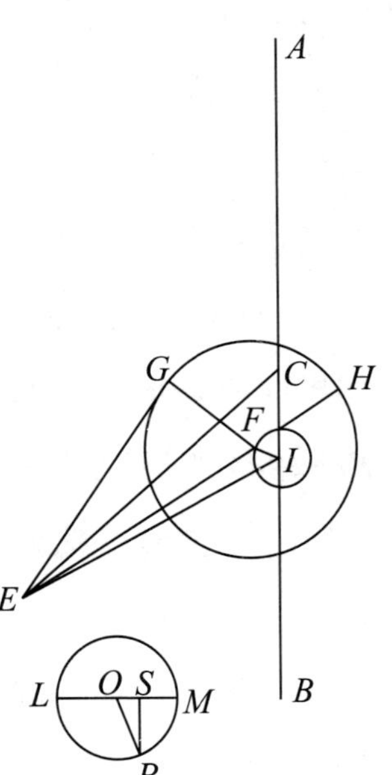

287 现在，我们在引起进退运动的小本轮上取弧LP或角LOP＝2×角ACE［＝58°29′］＝116°58′[217]。于是，在直角三角形OPS中，已知OP：OS＝10000^p：455^p，如果取OP或LO＝190^p，则OS＝86^p[218]。整个LOS［＝LO＋OS＝190^p＋86^p］＝276^p。把LOS与最小距离3573^p［V，27］相加得到3849^p。

以3849^{p}为半径，绕中心F作圆HG，使视差的远地点为点H。设行星与点H之间的距离为向西延伸103°55′的弧HG，它是一次完整运转与经过修正的视差行度［＝平均行度＋正行差＝真行度］＝256°5［＋103°55′＝360°］之差。因此，角EFG＝180°－角HFG［＝103°55′］＝76°5′。于是在三角形EFG中，再次两边已知：如果取EF＝10505^p，则FG＝3849^p。因此角FEG＝21°19′，角CEG＝角FEG＋角CEF［＝2°27′］＝23°46′，即为大圆中心C与行星G之间的距离。它与观测到的距角［＝23°47′］相差极小。

如果我们取角ACE＝127°1′，或者角BCE＝180°－127°1′＝52°59′，则可以第三次进一步证实这种符合。我们再次有一个两边已知的三角形［CEI］：如果取EC＝10000^p，则CI＝736$^1/_2{}^p$。这两边所夹的角ECI[219]＝52°59′。由此可知，角CEI＝3°31′，边IE＝9575^p。根据构造，已知角EIF＝49°28′，角EIF的两边也可知：如果取EI＝9575^p，则FI＝211$^1/_2{}^p$。因此在三角形EIF中，其余的边EF＝9440^p，角IEF＝59′，角FEC[220]＝角IEC［＝3°31′］－59′＝2°32′，即为偏心圆近点角的负行差。我曾把第二时段的［平均视差近点角］216°与［第二次观测时的均匀视差近点角］相加，测出平均视差近点角为［＝216°＋253°38′＝469°38′－360°＝］109°38′，于是可求得真视差近点角为112°10′［＝2°32′＋109°38′］。

现在在小本轮上取角$LOP=2\times$角ECI［$=52°59'$］$=105°58'$。此处同样根据$PO:OS$的比值，可得$OS=52^p$，所以整个$LOS=242^p$［$=LO+OS=190^p+52^p$］。现在最小距离为3573^p，所以修正的距离为$3573^p+242^p=3815^p$。以3815^p为半径，点F为圆心作圆，圆上的视差高拱点为点H，点H位于延长的直线EFH上。取真视差近点角为弧$HG=112°10'$，连接GF。于是补角$GFE=180°-112°10'=67°50'$。此角的夹边已知：若$EF=9440^p$，则$GF=3815^p$。因此，角$FEG=23°50'$。角CEF为行差［$=2°32'$］，角$CEG=$角$FEG-$角$CEF=21°18'$，即为昏星G与大圆中心C之间的视距离。这与观测得到的距离［$=21°17'$］几乎相等。

因此，这三个与观测相符的位置无疑证实了我的假设，即偏心圆高拱点目前位于恒星天球上$211^1/_2°$处，并且由此得出的推论也是正确的，即在第一个位置的均匀视差近点角为$297°37'$，第二个位置的均匀视差近点角为$253°38'$，第三个位置的均匀视差近点角为$109°38'$。这就是我们所要求的结果。 288

在那次于托勒密·费拉德尔弗斯21年埃及历1月19日破晓所进行的古代观测中，在托勒密看来，偏心圆高拱点的位置位于恒星天球上$183°20'$处，而平均视差近点角为$211°47'$［V，29］。最近一次观测与古代那次观测之间共历时1768埃及年200日33日-分[221]，在此期间，偏心圆的高拱点在恒星天球上移动了$28°10'$［$=211°30'-183°20'$］，除5570整圈外视差行度为$257°51'$［$+211°47'=469°38'$；$469°38'+360°=$第三次观测的$109°38'$］。因为20年中大约完成63个周期[222]，所以在［$20\times88=$］1760年中共完成［$88\times63=$］5544周期，在其余的8年200日中可以完成

26个周期［20：$8^1/_2$≈63：26］。因此，在1768年[223]200日[224]33日-分中可以完成5570［5544＋26］个周期外加257°51′，这就是第一次古代观测与我们观测的位置之差。这个差值也与我的表中［V，1结尾］所列的数值相符。如果把这一时段与偏心圆远地点的移动量28°10′相比，则只要它是均匀的，可知每63年［$1768^1/_2{}^y$：$28^1/6$＝63^y］中偏心圆远地点的行度为1°[225]。

第三十一章　水星位置的测定

从基督纪元开始到最近的一次观测，共历时1504埃及年87日48日-分[226]。在此期间，如果不计整圈，则水星近点角的视差行度为63°14′。如果把这个值从［第三次现代观测的近点角］109°38′中减去，则余下的46°24′即为基督纪元开始时水星视差近点角的位置。从那时回溯到第一次奥林匹克运动会的起点，共历时775埃及年$12^1/_2$日。在此期间，如果不计整圈，计算值为95°3′。如果把95°3′（再借用一整圈）从基督纪元的起点减去，则余下的311°21′［46°24′+360°=406°24′−95°3′］即为第一个奥林匹克运动会期时的位置。此外，对从这一时刻到亚历山大大帝去世的451年247日进行计算，可求得当时的位置为213°3′。

第三十二章　对进退运动的另一种解释

在结束对水星的讨论之前，我决定考察另一种用来产生和解释进退运动的同样合理的方法。设圆$GHKP$在中心点F被四等分。以点F为圆心作小同心圆LM。以点L为圆心，等于FG或FH的

LFO为半径作另一圆OR。假定这一整套圆周的组合与其交线GFR和HFP一起围绕中心点F远离行星偏心圆远地点每天向东移动约2°7′[227]，即行星的视差行度超过地球黄道行度的量。设行星在
289 其自身的圆OR上离开点G的视差行度大致等于地球的行度。还假设在这同一周年运转中，携带行星的圆OR的中心沿着比以前假定的大一倍的直径LFM来回作前面所说的［V，25］天平动。

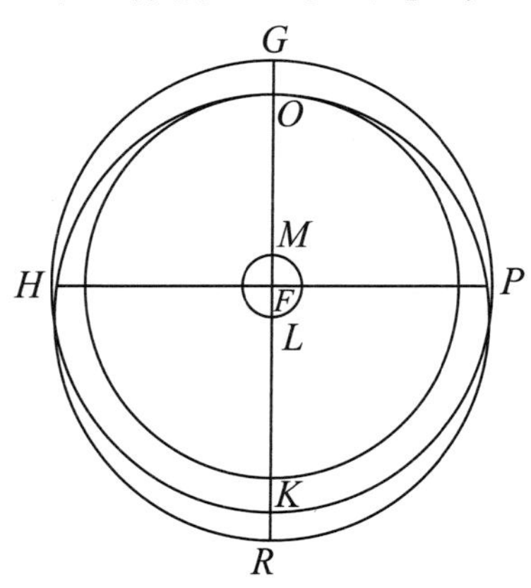

作出这些安排之后，根据地球的平均行度把地球置于行星偏心圆远地点的对面。设携带行星的圆的中心在点L，行星本身在点O。由于此时行星距点F最近，所以在整个［构形］运动时，行星会描出最小的圆，其半径为FO。此后，当地球位于中拱点附近时，到达距点F最远的点H的行星将沿着以点F为中心的圆描出最大弧。这时均轮OR与圆GH重合，因为它们的中心在F会合。当地球从这个位置沿着行星偏心圆近地点的方向行进，圆OR的中心向着另一极限M［振荡］时，圆本身升到GK之上，而位于点R的行星会再次到达距离点F最近的位置，走过起初指定给它的路径。三种相等的运转在这里重合，即地球回到水星偏心圆的远地点，圆心沿直径LM的天平动，以及行星从FG到同一条线的巡回。正如我所说［V，32前面］，与这些运转唯一的偏离是交点G、H、K、P远离偏心圆拱点的运动［≈每天2°7′］。

因此，大自然赋予了这颗行星以奇妙的变化，这种变化被一种永恒的、精确的、不变的秩序所证实。不过这里应当指出，这颗行星并不是没有经度偏离地通过GH与KP两象限的中间区域。只要两个中心有变化，就必然会产生行差。但中心的非永久性却设置了障碍。例如，假定中心在点L时，行星从点O开始运行。当它运行到点H附近时，由偏心率FL所量出的偏离会达到最大。但是由假设可知，当行星远离点O时，它使两中心间的距离FL所产生的偏离开始出现和增加。然而当中心接近其在F的平均位置时，预期的偏离会越来越小，并且在中间交点H和P附近完全消失，而我们本来预期在这些地方的偏离会达到最大。然而（正如我所承认的），甚至当偏离变小时，行星被遮掩在太阳光之中，于是当行星于晨昏出没时，它沿着圆周根本无法被察觉。我不愿忽视这个模型，它与前述模型同样合理，而且非常适用于对黄纬变化的研究［VI，2］。

第三十三章　五颗行星的行差表 290

前面已经论证了水星以及其他行星的均匀行度和视行度，并用计算加以阐述。通过这些例子，对其他任何位置如何计算这两种行度之差就很清楚了。然而为简便起见，我对每颗行星都列出了专门的表，按照通常的做法，每张表有六列、三十行，行与行之间相距3°。前两列为偏心圆近点角以及视差的公共数，第三列是在各轨道圆的均匀行度与非均匀行度之间出现的偏心圆的集合差值——我指的是总差值。第四列是按六十分位算出的比例分数，根据与地球距离的不同，视差按照比例分数增减。第五列是行差本身，即出现在行星偏心圆高拱点处相对于大圆的视差。最后的第六列是出现在偏心圆低拱点处的视差超过高拱点视差的量。各表如下。

291

土星行差表									
公共数		偏心圆改正量		比例分数	[在高拱点的]大圆视差		[在低拱点的]视差超出量		
°	°	°	′		°	′	°	′
3	357	0	20	0	0	17	0	2
6	354	0	40	0	0	34	0	4
9	351	0	58	0	0	51	0	6
12	348	1	17	0	1	7	0	8
15	345	1	36	1	1	23	0	10
18	342	1	55	1	1	40	0	12
21	339	2	13	1	1	56	0	14
24	336	2	31	2	2	11	0	16
27	333	2	49	2	2	26	0	18
30	330	3	6	3	2	42	0	19
33	327	3	23	3	2	56	0	21
36	324	3	39	4	3	10	0	23
39	321	3	55	4	3	25	0	24
42	318	4	10	5	3	38	0	26
45	315	4	25	6	3	52	0	27
48	312	4	39	7	4	5	0	29
51	309	4	52	8	4	17	0	31
54	306	5	5	9	4	28	0	33
57	303	5	17	10	4	38	0	34
60	300	5	29	11	4	49	0	35
63	297	5	41	12	4	59	0	36
66	294	5	50	13	5	8	0	37
69	291	5	59	14	5	17	0	38
72	288	6	7	16	5	24	0	38
75	285	6	14	17	5	31	0	39
78	282	6	19	18	5	37	0	39
81	279	6	23	19	5	42	0	40
84	276	6	27	21	5	46	0	41
87	273	6	29	22	5	50	0	42
90	270	6	31	23	5	52	0	42

续表 292

土星行差表								
公共数		偏心圆改正量		比例分数	[在高拱点的]大圆视差		[在低拱点的]视差超出量	
°	°	°	′		°	′	°	′
93	267	6	31	25	5	52	0	43
96	264	6	30	27	5	53	0	44
99	261	6	28	29	5	53	0	45
102	258	6	26	31	5	51	0	46
105	255	6	22	32	5	48	0	46
108	252	6	17	34	5	45	0	45
111	249	6	12	35	5	40	0	45
114	246	6	6	36	5	36	0	44
117	243	5	58	38	5	29	0	43
120	240	5	49	39	5	22	0	42
123	237	5	40	41	5	13	0	41
126	234	5	28	42	5	3	0	40
129	231	5	16	44	4	52	0	39
132	228	5	3	46	4	41	0	37
135	225	4	48	47	4	29	0	35
138	222	4	33	48	4	15	0	34
141	219	4	17	50	4	1	0	32
144	216	4	0	51	3	46	0	30
147	213	3	42	52	3	30	0	28
150	210	3	24	53	3	13	0	26
153	207	3	6	54	2	56	0	24
156	204	2	46	55	2	38	0	22
159	201	2	27	56	2	21	0	19
162	198	2	7	57	2	2	0	17
165	195	1	46	58	1	42	0	14
168	192	1	25	59	1	22	0	12
171	189	1	4	59	1	2	0	9
174	186	0	43	60	0	42	0	7
177	183	0	22	60	0	21	0	4
180	180	0	0	60	0	0	0	0

续表

293

木星行差表									
公共数		偏心圆改正量		比例分数		[在高拱点的]大圆视差		[在低拱点的]视差超出量	
°	°	°	′	分	秒	°	′	°	′
3	357	0	16	0	3	0	28	0	2
6	354	0	31	0	12	0	56	0	4
9	351	0	47	0	18	1	25	0	6
12	348	1	2	0	30	1	53	0	8
15	345	1	18	0	45	2	19	0	10
18	342	1	33	1	3	2	46	0	13
21	339	1	48	1	23	3	13	0	15
24	336	2	2	1	48	3	40	0	17
27	333	2	17	2	18	4	6	0	19
30	330	2	31	2	50	4	32	0	21
33	327	2	44	3	26	4	57	0	23
36	324	2	58	4	10	5	22	0	25
39	321	3	11	5	40	5	47	0	27
42	318	3	23	6	43	6	11	0	29
45	315	3	35	7	48	6	34	0	31
48	312	3	47	8	50	6	56	0	34
51	309	3	58	9	53	7	18	0	36
54	306	4	8	10	57	7	39	0	38
57	303	4	17	12	0	7	58	0	40
60	300	4	26	13	10	8	17	0	42
63	297	4	35	14	20	8	35	0	44
66	294	4	42	15	30	8	52	0	46
69	291	4	50	16	50	9	8	0	48
72	288	4	56	18	10	9	22	0	50
75	285	5	1	19	17	9	35	0	52
78	282	5	5	20	40	9	47	0	54
81	279	5	9	22	20	9	59	0	55
84	276	5	12	23	50	10	8	0	56
87	273	5	14	25	23	10	17	0	57
90	270	5	15	26	57	10	24	0	58

续表

294

木星行差表									
公共数		偏心圆改正量		比例分数		[在高拱点的]大圆视差		[在低拱点的]视差超出量	
°	°	°	′	分	秒	°	′	°	′
93	267	5	15	28	33	10	25	0	59
96	264	5	15	30	12	10	33	1	0
99	261	5	14	31	43	10	34	1	1
102	258	5	12	33	17	10	34	1	1
105	255	5	10	34	50	10	33	1	2
108	252	5	6	36	21	10	29	1	3
111	249	5	1	37	47	10	23	1	3
114	246	4	55	39	0	10	15	1	3
117	243	4	49	40	25	10	5	1	3
120	240	4	41	41	50	9	54	1	2
123	237	4	32	43	18	9	41	1	1
126	234	4	23	44	46	9	25	1	0
129	231	4	13	46	11	9	8	0	59
132	228	4	2	47	37	8	56	0	58
135	225	3	50	49	2	8	27	0	57
138	222	3	38	50	22	8	5	0	55
141	219	3	25	51	46	7	39	0	53
144	216	3	13	53	6	7	12	0	50
147	213	2	59	54	10	6	43	0	47
150	210	2	45	55	15	6	13	0	43
153	207	2	30	56	12	5	41	0	39
156	204	2	15	57	0	5	7	0	35
159	201	1	59	57	37	4	32	0	31
162	198	1	43	58	6	3	56	0	27
156	195	1	27	58	34	3	18	0	23
168	192	1	11	59	3	2	40	0	19
171	189	0	53	59	36	2	0	0	15
174	186	0	35	59	58	1	20	0	11
177	183	0	17	60	0	0	40	0	6
180	180	0	0	60	0	0	0	0	0

295

续表

火星行差表									
公共数		偏心圆改正量		比例分数		[在高拱点的]大圆视差		[在低拱点的]视差超出量	
°	°	°	′	分	秒	°	′	°	′
3	357	0	32	0	0	1	8	0	8
6	354	1	5	0	2	2	16	0	17
9	351	1	37	0	7	3	24	0	25
12	348	2	8	0	15	4	31	0	33
15	354	2	39	0	28	5	38	0	41
18	342	3	10	0	42	6	45	0	50
21	339	3	41	0	57	7	52	0	59
24	336	4	11	1	13	8	58	1	8
27	333	4	41	1	34	10	5	1	16
30	330	5	10	2	1	11	11	1	25
33	327	5	38	2	31	12	16	1	34
36	324	6	6	3	2	13	22	1	43
39	321	6	32	3	32	14	26	1	52
42	318	6	58	4	3	15	31	2	2
45	315	7	23	4	37	16	35	2	11
48	312	7	47	5	16	17	39	2	20
51	309	8	10	6	2	18	42	2	30
54	306	8	32	6	50	19	45	2	40
57	303	8	53	7	39	20	47	2	50
60	300	9	12	8	30	21	49	3	0
63	297	9	30	9	27	22	50	3	11
66	294	9	47	10	25	23	48	3	22
69	291	10	3	11	28	24	47	3	34
72	288	10	19	12	33	25	44	3	46
75	285	10	32	13	38	26	40	3	59
78	282	10	42	14	46	27	35	4	11
81	279	10	50	16	4	28	29	4	24
84	276	10	56	17	24	29	21	4	36
87	273	11	1	18	45	30	12	4	50
90	270	11	5	20	8	31	0	5	5

续表

296

火星行差表									
公共数		偏心圆改正量		比例分数		[在高拱点的]大圆视差		[在低拱点的]视差超出量	
°	°	°	′	分	秒	°	′	°	′
93	267	11	7	21	32	31	45	5	20
96	264	11	8	22	58	32	30	5	35
99	261	11	7	24	32	33	13	5	51
102	258	11	5	26	7	33	53	6	7
105	255	11	1	27	43	34	30	6	25
108	252	10	56	29	21	35	3	6	45
111	249	10	45	31	2	35	34	7	4
114	246	10	33	32	46	35	59	7	25
117	243	10	11	34	31	36	21	7	46
120	240	10	7	36	16	36	37	8	11
123	237	9	51	38	1	36	49	8	34
126	234	9	33	39	46	36	54	8	59
129	231	9	13	41	30	36	53	9	24
132	228	8	50	43	12	36	45	9	49
135	225	8	27	44	50	36	25	10	17
138	222	8	2	46	26	35	59	10	47
141	219	7	36	48	1	35	25	11	15
144	216	7	7	49	35	34	30	11	45
147	213	6	37	51	2	33	24	12	12
150	210	6	7	52	22	32	3	12	35
153	207	5	34	53	38	30	26	12	54
156	204	5	0	54	50	28	5	13	28
159	201	4	25	56	0	26	8	13	7
162	198	3	49	57	6	23	28	12	47
165	195	3	12	57	54	20	21	12	12
168	192	2	35	58	22	16	51	10	59
171	189	1	57	58	50	13	1	9	1
174	186	1	18	59	11	8	51	6	40
177	183	0	39	59	44	4	32	3	28
180	180	0	0	60	0	0	0	0	0

297

续表

金星行差表									
公共数		偏心圆改正量		比例分数		[在高拱点的]大圆视差		[在低拱点的]视差超出量	
°	°	°	′	分	秒	°	′	°	′
3	357	0	6	0	0	1	15	0	1
6	354	0	13	0	0	2	30	0	2
9	351	0	19	0	10	3	45	0	3
12	348	0	25	0	39	4	59	0	5
15	345	0	31	0	58	6	13	0	6
18	342	0	36	1	20	7	28	0	7
21	339	0	42	1	39	8	42	0	9
24	336	0	48	2	23	9	56	0	11
27	333	.0	53	2	59	11	10	0	12
30	330	0	59	3	38	12	24	0	13
33	327	1	4	4	18	13	37	0	14
36	324	1	10	5	3	14	50	0	16
39	321	1	15	5	45	16	3	0	17
42	318	1	20	6	32	17	16	0	18
45	315	1	25	7	22	18	28	0	20
48	312	1	29	8	18	19	40	0	21
51	309	1	33	9	31	20	52	0	22
54	306	1	36	10	48	22	3	0	24
57	303	1	40	12	8	23	14	0	26
60	300	1	43	13	32	24	24	0	27
63	297	1	46	15	8	25	34	0	28
66	294	1	49	16	35	26	43	0	30
69	291	1	52	18	0	27	52	0	32
72	288	1	54	19	33	28	57	0	34
75	285	1	56	21	8	30	4	0	36
78	282	1	58	22	32	31	9	0	38
81	279	1	59	24	7	32	13	0	41
84	276	2	0	25	30	33	17	0	43
87	273	2	0	27	5	34	20	0	45
90	270	2	0	28	28	35	21	0	47

续表 298

金星行差表									
公共数		偏心圆改正量		比例分数		[在高拱点的]大圆视差		[在低拱点的]视差超出量	
°	°	°	′	分	秒	°	′	°	′
93	267	2	0	29	58	36	20	0	50
96	264	2	0	31	28	37	17	0	53
99	261	1	59	32	57	38	13	0	55
102	258	1	58	34	26	39	7	0	58
105	255	1	57	35	55	40	0	1	0
108	252	1	55	37	23	40	49	1	4
111	249	1	53	38	52	41	36	1	8
114	246	1	51	40	19	42	18	1	11
117	243	1	48	41	45	42	59	1	14
120	240	1	45	43	10	43	35	1	18
123	237	1	42	44	37	44	7	1	22
126	234	1	39	46	6	44	32	1	26
129	231	1	35	47	36	44	49	1	30
132	228	1	31	49	6	45	4	1	36
135	225	1	27	50	12	45	10	1	41
138	222	1	22	51	17	45	5	1	47
141	219	1	17	52	33	44	51	1	53
144	216	1	12	53	48	44	22	2	0
147	213	1	7	54	28	43	36	2	6
150	210	1	1	55	0	42	34	2	13
153	207	0	55	55	57	41	12	2	19
156	204	0	49	56	47	39	20	2	34
159	201	0	43	57	33	36	58	2	27
162	198	0	37	58	16	33	58	2	27
165	195	0	31	58	59	30	14	2	27
168	192	0	25	59	39	25	42	2	16
171	189	0	19	59	48	20	20	1	56
174	186	0	13	59	54	14	7	1	26
177	183	0	7	59	58	7	16	0	46
180	180	0	0	60	0	0	16	0	0

续表

299

水星行差表									
公共数		偏心圆改正量		比例分数		[在高拱点的]大圆视差		[在低拱点的]视差超出量	
°	°	°	′	分	秒	°	′	°	′
3	357	0	8	0	3	0	44	0	8
6	354	0	17	0	12	1	28	0	15
9	351	0	26	0	24	2	12	0	23
12	348	0	34	0	50	2	56	0	31
15	345	0	43	1	43	3	41	0	38
18	342	0	51	2	42	4	25	0	45
21	339	0	59	3	51	5	8	0	53
24	336	1	8	5	10	5	51	1	1
27	333	1	16	6	41	6	34	1	8
30	330	1	24	8	29	7	15	1	16
33	327	1	32	10	35	7	57	1	24
36	324	1	39	12	50	8	38	1	32
39	321	1	46	15	7	9	18	1	40
42	318	1	53	17	26	9	59	1	47
45	315	2	0	19	47	10	38	1	55
48	312	2	6	22	8	11	17	2	2
51	309	2	12	24	31	11	54	2	10
54	306	2	18	26	17	12	31	2	18
57	303	2	24	29	17	13	7	2	26
60	300	2	29	31	39	13	41	2	34
63	297	2	34	33	59	14	14	2	42
66	294	2	38	36	12	14	46	2	51
69	291	2	43	38	29	15	17	2	59
72	288	2	47	40	45	15	46	3	8
75	285	2	50	42	58	16	14	3	16
78	282	2	53	45	6	16	40	3	24
81	279	2	56	46	59	17	4	3	32
84	276	2	58	48	50	17	27	3	40
87	273	2	59	50	36	17	48	3	48
90	270	3	0	52	2	18	6	3	56

续表

300

水星行差表									
公共数		偏心圆改正量		比例分数		[在高拱点的]大圆视差		[在低拱点的]视差超出量	
°	°	°	′	分	秒	°	′	°	′
93	267	3	0	53	43	18	23	4	3
96	264	3	1	55	4	18	37	4	11
99	261	3	0	56	14	18	48	4	19
102	258	2	59	57	14	18	56	4	27
105	255	2	58	58	1	19	2	4	34
108	252	2	56	58	40	19	3	4	42
111	249	2	55	59	14	19	3	4	49
114	246	2	53	59	40	18	59	4	54
117	243	2	49	59	57	18	53	4	58
120	240	2	44	60	0	18	42	5	2
123	237	2	39	59	49	18	27	5	4
126	234	2	34	59	35	18	8	5	6
129	231	2	28	59	19	17	44	5	9
132	228	2	22	58	59	17	17	5	9
135	225	2	16	58	32	16	44	5	6
138	222	2	10	57	56	16	7	5	3
141	219	2	3	56	41	15	25	4	59
144	216	1	55	55	27	14	38	4	52
147	213	1	47	54	55	13	47	4	41
150	210	1	38	54	25	12	52	4	26
153	207	1	29	53	54	11	51	4	10
156	204	1	19	53	23	10	44	3	53
159	201	1	10	52	54	9	34	3	33
162	198	1	0	52	33	8	20	3	10
165	195	0	51	52	18	7	4	2	43
168	192	0	41	52	8	5	43	2	14
171	189	0	31	52	3	4	19	1	43
174	186	0	21	52	2	2	54	1	9
177	183	0	10	52	2	1	27	0	35
180	180	0	0	52	2	0	0	0	0

301 # 第三十四章　怎样计算这五颗行星的黄经位置

我们将根据我所列的这些表，毫无困难地计算这五颗行星的黄经位置，因为对它们几乎可以运用相同的计算程序。不过在这方面，三颗外行星与金星和水星有所不同。

492 因此，我先来说土星、木星和火星，其计算如下。用前述方法［III，14；V，1］，对任一给定时刻求出平均行度，即太阳的简单行度和行星的视差行度。然后从太阳的简单位置减去行星偏心圆高拱点的位置。再从余量中减去视差行度。最后得到的余量即为行星偏心圆的近点角。从表中前两列的某一列的公共数中找到这个数。对着这个数，我们从表的第三列取偏心差的归一化，并从下一列查出比例分数。如果我们查表所用的数在第一列，则把这一修正值与视差行度相加，并将它从偏心圆近点角中减去。反之，如果［初始的］数在第二列，则从视差近点角中减去它，并把它与偏心圆近点角相加。这样得到的和或差即为视差和偏心圆的归一化近点角，而比例分数则用于其他目的，我们很快就会对此作出说明。

然后，我们从前面［两列］的公共数中找到这个归一化的视差近点角，并在第五列中找出与之相应的视差行差，并从最后一列查出它的超出量。我们按照比例分数取此超出量的比例部分，并且总是把这个比例部分与行差相加，其和即为行星的真视差。如果归一化视差近点角小于半圆，则应从归一化视差近点角中减去行星的真视差；如果归一化视差近点角大于半圆，则应把归一化视差近点角与行星的真视差相加。这样我们即可求得行星从太阳的平位置向西的真距离和视距离。从太阳［的位置］减去这个距离，余量则为所要求的行星在恒星天球上的位置。最后，如果把二分点的岁差与行星位置相加，即可求得行星与春分点之间的距离。

对于金星和水星，我们用高拱点与太阳平位置的距离来代替偏心圆的近点角。正如前面已经解释的，我们借助于这个近点角把视差行度和偏心圆近点角归一化。但如果偏心圆的行差和归一化视差在同一方向上或为同一类型，则要从太阳平位置中同时加上或减去它们。但如果它们为不同类型，则要从较大量中减去较小量。根据我前面对较大量的相加或相减性质所作的说明，用余量进行运算，所得的结果即为所要求的行星的视位置。

302 第三十五章　五颗行星的留和逆行

如何理解行星的留、回和逆行以及这些现象出现的位置、时刻和范围，这与解释行星的经度运动显然有某种联系。天文学家们，尤其是佩尔加的阿波罗尼奥斯，对这些主题做过不少讨论［托勒密，《天文学大成》，XII，1］。但他们认为行星运动时似乎只有一种非均匀性，即相对于太阳出现的非均匀性，我把这

494 种非均匀性称为由地球的大圆运动所产生的视差。

假定地球的大圆与行星的圆同心，所有行星都在各自的圆上以不等的速度同向运行，也就是向东运行。又假设像金星和水星位于地球大圆内的行星，在其自身轨道上的运动比地球的运动更快。从地球作一直线与行星轨道相交，并把轨道内的线段二等分。使这一半线段与从我们的观测点［即地球］到被截轨道的下凸弧的距离之比，等于地球运动与该行星速度之比。这样一来，如此作出的线段与行星圆近地弧的交点便将行星的逆行与顺行分开了。于是，当行星位于该处时，它看起来静止不动。

对于其余三颗运动比地球慢的外行星，情况与此类似。过我们的眼睛作一条直线与地球的大圆相交，使该圆内的一半线段与从行星到位于大圆较近凸弧上的我们眼睛的距离之比，等于行星运动与

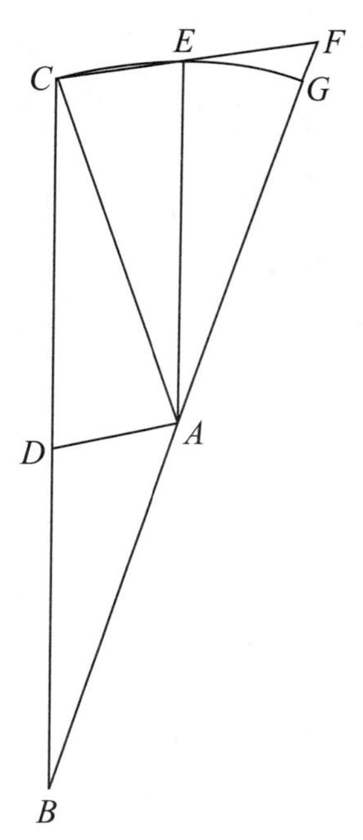

地球速度之比。在我们的眼睛看来，行星在此时此地停止不动。

但是，如果在上述［内］圆里的这一半线段与剩下的外面一段之比超过了地球速度与金星或水星速度之比，或是超过了三颗外行星中任何一颗的运动与地球速度之比，则行星将继续向东前进。另一方面，如果第一个比值小于第二个比值，则行星将向西逆行。

为了证明上述论断，阿波罗尼奥斯还引用了一条辅助定理[228]。虽然它符合地球静止的假说，但也与我基于地球运动而提出的原理是相容的，所以我也将使用它。我可以用下述方式来说明它：假定在一个三角形中，将长边分成两段，使其中一段不小于它的邻边，则该段与剩下一段之比将会大于被分割一边的两角之比的倒数［剩下一段的角；临边的角］。在三角形ABC中，设长边为BC。在边BC上取CD不小于AC，则我说$CD:BD>$角$ABC:$角BCA。

其证明如下。作平行四边形$ADCE$。延长BA和CE，使之相交于点F。以点A为中心，AE为半径作圆。因AE［$=CD$］不小于AC，所以这个圆将通过或超过点C。现在设这个圆通过点C，并设它为GEC。由于三角形$AEF>$扇形AEG，但三角形$AEC<$扇形AEC，所以三角形$AEF:$三角形AEC[229]$>$扇形$AEG:$扇形AEC。但是三角形$AEF:$三角形$AEC=$底边$FE:$底边EC，所以$FE:EC>$

303 角*FAE*：角*EAC*。但因角*FAE*＝角*ABC*，且角*EAC*＝角*BCA*，所以*FE*∶*EC*＝*CD*∶*DB*。因此*CD*∶*DB*＞角*ABC*∶角*ACB*。而且，如果假定*CD*不等于*AC*，但取*AE*＞*CD*，则［第一个］比值显然会大得多。

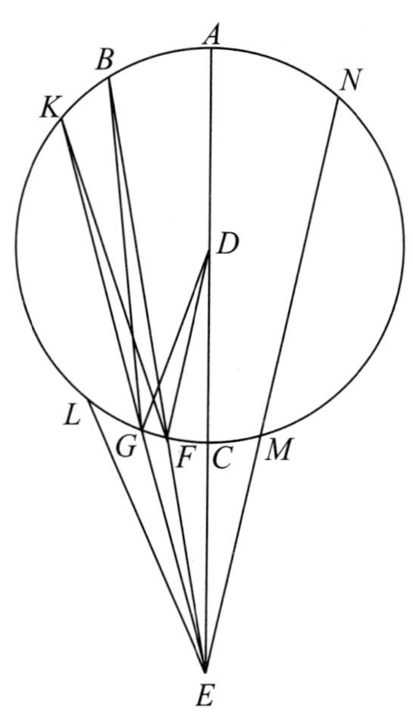

现在设以点*D*为中心的*ABC*为金星或水星的圆。设地球*E*在该圆外面绕同一中心*D*运转。从我们在点*E*的观察处作直线*ECDA*通过该圆中心。设点*A*是离地球最远的点，点*C*是离地球最近的点。假设*DC*与*CE*之比大于观测者的运动与行星速度之比。因此可以找到一条直线*EFB*，使$^{1}/_{2}$ *BF*∶*FE*＝观测者的运动∶行星速度。当*EFB*远离中心*D*时，它将沿*FB*不断缩短而沿*EF*不断伸长，直至所需条件出现为止。我要说，当行星位于点*F*时，它看起来将静止不动。无论我们在*F*任一边所取的弧多么短，我们将发现它在远地点方向上是顺行的，而在近地点方向是逆行的。

首先，取弧FG朝着远地点延伸。延长EGK。连接BG、DG和DF。在三角形BGE中，由于长边BE上的线段BF大于BG，所以$BF : EF >$ 角FEG : 角GBF。因此$^1/_2\ BF : FE >$ 角$FEG : 2 \times$ 角$GBF =$ 角GDF。但是$^1/_2\ BF : FE =$ 地球运动：行星运动，因此角FEG : 角$GDF <$ 地球速度：行星速度。因此，设有一角FEL : 角$FDG =$ 地球运动：行星运动，则角$FEL >$ 角FEG。于是，当行星在此圆的弧GF上运动时，可以认为我们的视线扫过了直线EF与EL之间的一段相反的距离。显然，当弧GF将行星从F送到G时，即在我们看来它向西扫过较小角度FEG时，地球在同一时间内的运行将使行星看上去向东后退，通过了较大的角FEL。结果，行星还是退行了角度GEL，并且似乎是前进了，而不是保持静止不动。

与此相反的命题显然可以用同样的方法加以证明。在同一图上，假设取$^1/_2\ GK : GE =$ 地球运动：行星速度。设弧GF从直线EK向近地点延伸。连接KF，形成三角形KEF。在这个三角形中，$GE > EF$，$KG : GE <$ 角FEG : 角FKG，于是也有$^1/_2\ KG : GE$[230] $<$ 角$FEG : 2 \times$ 角$FKG =$ 角GDF。这个关系与上面所述相反。用同样的方法可以证明角GDF : 角$FEG <$ 行星速度：视线速度。于是，当这些比值随着角GDF变大而变得相等时，行星的运动向西的运行将会大于向前运动要求的量。

这些考虑也清楚地说明，如果我们假设弧$FC =$ 弧CM[231]，则第二次留应出现在点M。作直线EMN。和$^1/_2\ BF : FE$一样，$^1/_2\ MN : ME$也$=$地球速度：行星速度。因此F与M两点都为留点，以它们为端点的整个弧FCM为逆行弧，圆的剩余部分则为顺行弧。还可以得出，无论在什么距离处，$DC:CE$都不超过地球速度：行星速度，不可能作另外一条直线，使它的比等于地球速度：行星速度，于是在我们看来行星既不会静止也不会逆行。
304 在三角形DGE中，如果假定DC不小于EG，则角CEG：角CDG $<DC:CE$。但$DC:CE$并不超过地球速度：行星速度，因此角$CEG:CDG<$地球速度：行星速度。这种情况发生时，行星将向东运动，在行星轨道上找不到任何使行星看起来会逆行的弧段。以上讨论适用于［地球］大圆之内的金星和水星。

对于另外三颗外行星，可采用同样的图形（只是符号改变）以同一方法加以证明。设ABC为地球的大圆和我们观测点的轨道。把行星置于点E，它在其自身轨道上的运动要比我们的观测点在大圆上的运动慢。至于其他，所有方面都可以与前面一样进行论证。

第三十六章　怎样测定逆行的时间、位置和弧段

现在，如果携带行星的圆与地球的大圆同心，那么前面所论证的结论很容易得到证实（因为行星速度与观测点速度之比始终保持不变）。然而，这些圆是偏心的，这就是视运动不均匀的原因。因此，我们必须处处假定速度变化各不相同的归一化行度，而不是简单的均匀行度，并将它们用于我们的证明中，除非行星恰好处于其中间经度附近，似乎只有在其轨道上的这些地方，行星才能按照平均行度运行。

我将以火星为例来证明这些命题，这也将阐明其他行星的逆行。设地球的大圆为ABC，我们的观测点就在此大圆上。把行星置于点E，从点E通过大圆中心作直线$ECDA$，并作直线EFB以及与之垂直的DG[232]。$^1/_2\ BF=GF$。$GF:EF$=行星的瞬时速度：观测点的速度，而观测点的速度大于行星速度。

我们的任务是求出逆行弧段的一半即FC，或者ABF［180°－FC］，从而得知行星留时与点A的最大［角］距离，以及角FEC的值，由此可以预测这一行星现象的时间和位置。设行星位于偏

心圆的中拱点附近，在这里，观测到的行星黄经行度和近点角行度与均匀行度相差甚微。

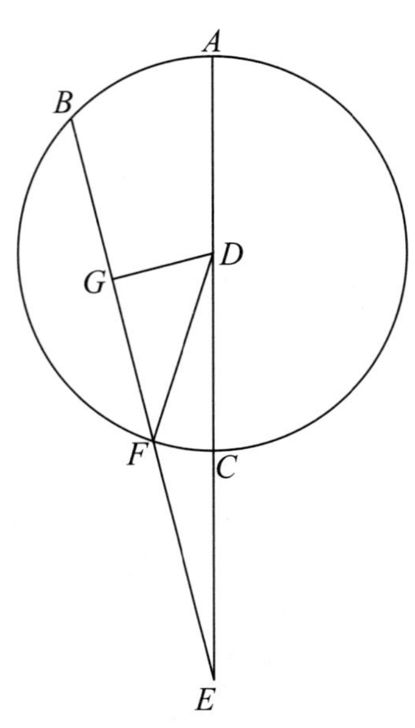

对于火星来说，当它的平均行度＝$1^{p}8'7''$＝直线GF时，它的视差行度即我们视线的运动为：行星的平均行度＝1^{p}＝直线EF。因此整个$EB=3^{p}16'14''$［$=2\times1^{p}8'7''$（$=2^{p}16'14''$）$+1^{p}$］，类似地，矩形$BE\times EF=3^{p}16'14''$。但我已经表明［V，19］，如果取$DE=10000^{p}$，则半径$DA=6580^{p}$。

［较早版本：

整个$EA=16580$［$=6580+10000$］，而［在从$EA=16580$减去$2\times DA=13160$时］余量$EC=3420$。矩形$AE\times EC=56703600$＝矩形$BE\times EF$。但$BE:EF$为已知比，由此可求得矩形$EB\times EF$［＝矩形$AE\times EC$，即56703600］：$(EF)^2$。

因此如果取DE=10000^{p}，我们还可得EF的长度=4164^{p}，DF=6580^{p}［以及整个EB=13618和余量GF［=1/2（BF= 305
13618−4164=9454）=4727^{p}］。在三角形DFG中，DF和FG两边已知［=6580，4727］，而G为直角。于是可知角FDG=39°15′。在三角形DEF中，各边已知［DE=10000；DF=6580；EF=4164］，角FED=17°3′，角FDE=17°2′也已知。于是第一留点的近点角弧ABF=162°58′［+17°2′=180°］。把这个值加上2×FC［=17°2′］，即为从点A量起的第二弧段197°2′［=162°58′+（2×17°2′=34°4′）］。通过弧FG可以求得从第一留点至冲点C经历了多少时间。这段时间加倍即为逆行的整个时间。

上述情况便是在偏心圆的中间经度出现的情况。但是根据对最大距离所作的计算，约为1°的行差使行星的异常行度与视线或视差近点角的异常行度之比，即线GF：线EF=1000：8917，并使［（2×GF）+EF=］整个BE：EF=28917：8917。如果取AD=6580^{p}，已经求得DE=10960^{p}［V，19］。因此如果取DE=10000^{p}，则AD=6004^{p}［6003.6］。整个AE［=AD+DE=6004+10000］=16004。余量EC［=DE−（DC=AD）=10000−6004］=3996。内含的矩形［AE×EC=16004×3996］=63951984[233]小于$(EF)^2$，并与BE：EF成正比。因此，如果取DE=10000^{p}或DF=6004^{p}，则EF=4441^{p}。因此在三角形DEF中再次各边已知，而角……

然而，若取$DE=60^p$，则以此单位来表示，$AD=39^p29'$[234]。［$DE+AD=60^p+39^p29'=$］整个$AE:EC=99^p29':20^p31'$［$=60^p-39^p29'=DE-DC$］。而矩形$AE\times EC=BE\times EF=2041^p4'$[235]，因此，$2041^p4'\div 3^p16'14''$［=以前$BE\times EF$的值］$=624^p4'$[236]，如果取$DE$等于$60^p$，则它的边［=平方根］$=24^p58'52''=EF$。然而，如果取$DE=10000^p$，则$EF=4163^p$[237]，其中$DF=6580^p$。

由于三角形DEF的各边均已知，我们得到行星的逆行角$DEF=27°15'$，视差近点角$CDF=16°50'$。在第一次留时，行星出现在直线EF上，冲时则在直线EC上。如果行星完全没有东移，则弧$CF=16°50'$将构成在角AEF中求得的逆行$27°15'$。然而，根据已经确定的行星速度与观测点速度之比，与$16°50'$的视差近点角相应的行星黄经约为$19°6'39''$。而$27°15'-19°6'39''\approx 8°8'$，即为从第二个留点到冲点的距离，约为$36^1/_2$日。在这段时间中，行星走过的经度为$19°6'39''$，因此整个$16°16'$［$=2\times 8°8'$］的逆行是在73天内完成的。

以上分析是对偏心圆的中间经度进行的。

［较早版本：

但是根据对最大距离所作的计算，由使均匀行度减慢的行差可求得行星异常行度与视线异常行度或视差近点角之比，即线GF：线$EF=46'20''6''':1^p$［$2\times$（$GF=46'20''$）$=1^p32'40''$，+（$1^p=EF$）］：整个$BE:EF=2^p32'40'':1^p$，而矩形$BE\times EF$也$=2^p32'40''$。如果取$DA=6580^p$［V，19］，已经表明在高拱点，$DE=10960^p$。因此若取$DE=60^p$，则

$DA=36^{p}1'20''$[238]。因此整个AE［$=DE+DA=60^{p}+$
$36^{p}1'20''$］$=96^{p}1'20''$。［从AE中减去$2\times DA$的］余量［$=$
EC］$=23^{p}58'40''$。而$AE\times EC=2302^{p}23'58''$[239]。用$2^{p}32'40''$
［$=BE$］除以这个［乘积］，商为$904^{p}51'12''$［应为$52'23''$］。
此数的一边［平方根］$=30^{p}4'51''$，这是在以$DE=60$为单位时
线EF的长度。但如果$DE=100000$，则$EF=50135$[240]，而在同
样单位中$DF=60037$。因此在三角形DEF中各边已知，角也
可知：逆行行星的行度为角$DEF=27°18'40''$，视线的视差近
点角$EDF=22°9'50''$。根据按远地点的比例，与此相关的是异 306
常黄经$=17°19'3''$，而均匀行度$=20°59'3''$。在大约40天里估
计逆行量的一半$=9°59'37''$，而在80天里整个逆行$=19°59'14''$
［$=2\times 9°59'37''$］。

关于近地点也可作类似推理。这里我们可求得行星的异常行度：视线的异常行度$=1^{p}50'40'':1^{p}=GF:FE$。于是矩形$BE\times EF=4^{p}41'21''$［$2\times(GF=1^{p}50'40'')=3^{p}41'20''$；$3^{p}41'20''+1^{p}=4^{p}41'20''\times 1^{p}$］。但如果取$AD=6580^{p}$，则已经求得线$DE=9040^{p}$［V，19］。于是，以$DE=60^{p}$为单位，$AD=43^{p}40'21''$[241]，整个$AE$［$=AD+DE=43^{p}40'21''+60^{p}$］$=103^{p}40'21''$，而余量$CE$［$=AE-2\times AD=103^{p}40'21''-87^{p}20'42''$］$=16^{p}19'39''$。于是矩形$AE\times EC$［$=103^{p}40'21''\times 16^{p}19'39''$］$=1672^{p}42'52''$［应为$1692^{p}$］。用$4^{p}41'21''$［$=BE\times EF$］除以这个值，商为$360^{p}59'1''$，如果取$DE=60^{p}$，则该数的一边［平方根］$=EF=18^{p}59'58''$。但如果取$DE=100000^{p}$，则在这样的单位中，$EF=31665^{p}$[242]，

$DF=72787^p$。于是在三角形DEF中各边已知，各角可求得：$DEF=25°45'16''$=行星的逆行视差，而视线与冲时逆行中点的角距$EDF=10°53'13''$。然而在视线通过弧$FC=10°53'13''$的时间中，行星以其异常行度走过19°44′58″，但以其均匀行度为16°17′21″，即在$31^1/_{12}$日内跨过逆行量的一半≈6°，而在大约$62^1/_6$天里整个逆行量为12°1′］。

对于其他位置，步骤是类似的，但正如我已经指出的那样［近V，36开始处］，运用的始终是由这些位置确定的行星瞬时速度。

因此，只要我们把观测点置于行星的位置，把行星置于观测点的位置，则同样的分析方法不仅适用于金星和水星，也适用于土星、木星和火星。自然，在由地球所围住的这些轨道上发生的情况正好与包围地球的那些轨道上发生的情况相反。因此可以认为前面所说已能满足需要，我不必在这里一遍遍地老调重弹了。

然而，由于行星的行度随视线而变化，所以关于留会产生不小的困难和不确定性。阿波罗尼奥斯的那个假设［V，35］并没有使我们摆脱困境。因此，我不知道单纯相对于最近的位置来研究留是否会好一些。类似地，我们可以由行星与太阳平均运动线的接触来寻求行星的冲，或者由行星已知的行度量来求任何行星的合。我将把这个问题留给读者，直到他的研究令自己感到满意为止。

《天球运行论》第五卷终[243]

第　六　卷

引　言 307

我已尽我最大的努力论证了，假定的地球运转是如何影响行星在黄经上的视运动，并迫使所有这些现象都服从一种精确而必然的规则性的。接下来，我还要考虑引起行星黄纬偏离的那些运动，表明地球的运动也支配着这些现象，在这一领域也为它们确立规则。科学的这一领域是不可或缺的，因为诸行星的黄纬偏离对于升、落、初现、掩星以及前面已经作过一般解释的其他现象都造成了不小的改变。事实上，当行星的黄经连同它们与黄道的黄纬偏离都已测出时，才能说知道了行星的真位置。对于古代天文学家们认为通过静止的地球所能论证的事情，我将通过假设地球运动来做到，而我的论证或许更为简洁和恰当。

第一章　对五颗行星黄纬偏离的一般解释

古人在所有这些行星中都发现了双重的黄纬偏离，对应于每颗行星的两种黄经不均匀性。在古人看来，在这些黄纬偏离中，一种是由偏心圆造成的，另一种则是由本轮造成的。我没有采用这些本轮，而是采用了地球的一个大圆（对此我们前文已经多次提及）。我之所以采用这个大圆，并非是因为它与黄道面有某种偏离，实际上两者永远结合在一起，是完全等同的，而是因为行星轨道与黄道面有一个不固定的倾角，这一变化是根据地球大圆的运动和运转而调整的[1]。

然而，土星、木星和火星这三颗外行星的黄经运动所遵循的某些原理却不同于支配其他两颗行星黄经运动的原理，而且这些外行星就其黄纬运动而言也有不小的差别。于是，古人首先考察了它们北黄纬极限的位置和量。托勒密发现，对于土星和木星，这些极限接近天秤宫的起点，而对于火星，则在靠近偏心圆远地点的巨蟹宫终点附近［《天文学大成》，XIII，1］。

然而到了我们这个时代，我发现土星的北限在天蝎宫内7°处，木星的北限在天秤宫内27°，火星的北限在狮子宫内27°。从那时到现在，它们的远地点也已经移动［V，7，12，16］，这是因为那些圆的运动会引起倾角和黄纬基点的变化。不论地球当时位于何处，在与这些极限相距一个归一化象限或视象限的距离处，这些行
星似乎在黄纬上绝对没有任何偏离。于是在这些中间经度处，可 308
以认为这些行星位于它们的轨道与黄道的交点上，就像月亮位于它的轨道与黄道的交点上一样。托勒密［《天文学大成》，XIII，1］把这些相交处称为“交点”（nodes）。行星从升交点进入北天区，从降交点进入南天区。这些偏离的产生并不是因为地球的大圆（它永远位于黄道面内）在这些行星中造成了任何黄纬。相反地，所有黄纬偏离均来自交点，而且在两交点的中间[2]位置达到最大。当人们看到行星在那里与太阳相冲并于午夜到达中天时，随着地球的靠近，行星在北天区向北移动和在南天区向南移动时发生的偏离总要比地球在其他任何位置时更大。这一偏离比地球的靠近和远离所要求的更大。这种情况使人认识到，行星轨道的倾角并不是固定不变的，而是与地球大圆的旋转相对应地在某种天平动中发生变化。我们稍后［VI，2］会对此进行解释。

然而，尽管金星与水星服从一种与其中拱点、高拱点和低拱点相关的精确规则，但它们似乎是以其他某些方式发生偏离的。在它们的中间经度区，即当太阳的平均行度线与它们的高拱点或低拱点相距一个象限时，亦即当行星于晨昏时与同一条太阳的平均行度线相距行星轨道的一个象限时，古人发现它们与黄道并无偏离。通过这一情况古人认识到，这些行星当时正位于它们的轨道与黄道的交点处。由于当行星远离或接近地球时，这一交点分别通过它们的远

地点和近地点，所以在那些时刻它们呈现出明显的偏离。但是当行星距地球最远时，亦即在黄昏初现或晨没时（此时金星看起来在最北方，水星在最南方），这些偏离达到最大。

另一方面，在距地球较近的一个位置上，当行星于黄昏沉没或于清晨升起时，金星在南而水星在北。反之，当地球位于这一点对面的另一个中拱点，即偏心圆的近点角等于270°时，金星看起来位于南面距地球较远处，而水星位于北面。在距地球较近的一个位置上，金星看起来在北而水星在南。

但托勒密发现，当地球靠近这些行星的远地点时，金星在清晨时的黄纬为北纬，黄昏时的黄纬为南纬。而水星的情况正好相反，清晨时为南纬，黄昏时为北纬。在相反的位置，当地球在这些行星的近地点附近时，这些方向都作类似的反转，于是金星从南面看时是晨星，从北面看时是昏星，而水星在北面于清晨出现，在南面于黄昏出现。然而，当地球位于这两点［这些行星的远地点和近地点］时，古人发现金星的偏离在北面总比在南面大，而水星的偏离在南面总比在北面大。

由于这一事实，针对［地球位于行星的远地点和近地点］这
309 一情况，古人设想出双重的黄纬，而在一般情况下为三重黄纬。第一种发生在中间经度区，他们称之为“赤纬”（declination）；第二种发生在高、低拱点，他们称之为“偏斜”（obliquation）；最后一种与第二种有关，他们称之为“偏离”（deviation），金星的“偏离”永远偏北，而水星的“偏离”永远偏南。在这四个极限点［高、低拱点和两个中拱点］之间，各黄纬相互混合，轮流增减和彼此让位。我将为所有这些现象指定适当的情况。

第二章 表明这些行星在黄纬上运动的圆理论

于是必须认为，这五颗行星的轨道圆都倾斜于黄道面（它们的交线是黄道的一条直径），倾角可变但有规则。对土星、木星和火星而言，如同我对二分点岁差所证明的那样［III，3］，交角以交线为轴作着某种振动。然而对这三颗行星而言，这种振动是简单的，且与视差运动相对应，它在一个确定周期内随视差运动一起增减。于是，每当地球距行星最近，即行星于午夜过中天时，该行星轨道的倾角达到最大，在相反位置最小，在中间位置则取平均值。结果，当行星位于它的北纬或南纬的极限位置时，它的黄纬在地球靠近时要比地球最远时大得多。尽管根据物体看起来近大远小的原理，这种变化的唯一原因只能是地球的远近不同，但这些行星黄纬的增减［较之仅由地球远近改变所引起的］变化更大。除非行星轨道的倾角也在起伏振动，否则这种情况不可能发生。但正如我已经说过的［III，3］，对于振荡运动，我们必须取两个极限之间的平均值。

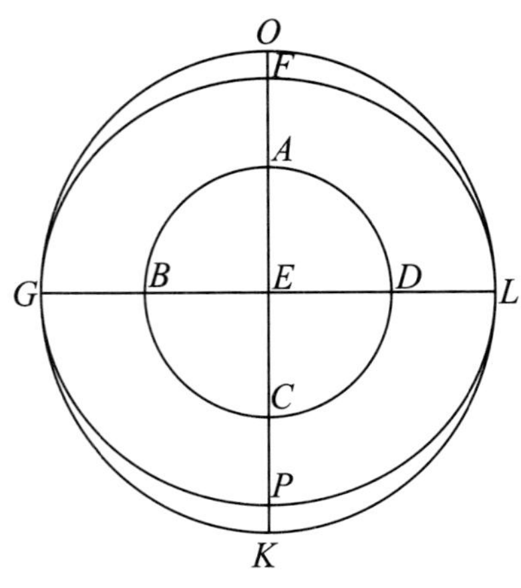

为了说明这些情况，设$ABCD$为黄道面上以E为圆心的地球大圆。设行星轨道与这一大圆斜交。设$FGKL$为行星轨道的平均固定赤纬，点F位于黄纬的北限，点K位于南限，点G位于交线的降交点，点L位于升交点。设［行星轨道与地球大圆的］交线为BED。
512 沿直线GB和DL延长BED。除了拱点的运动，这四个极限点不能移动。然而应当认为，行星的黄经运动并非发生在圆FG的平面上，而是发生在与FG同心且与之倾斜的另一个圆OP上。设这些圆彼此相交于同一条直线$GBDL$。因此，当行星在圆OP上运转时，这个圆有时与平面FK重合，并且由于天平动而在FK的两个方向上振动，因此黄纬好像在不断变化。

于是，首先设行星位于其黄纬北限处的点O，且距位于点A的地球最近。此时行星的黄纬将根据角OGF（即轨道OGP的最大倾角）而增大。它是一种靠近与远离的运动，因为根据假设，它与视差运动相对应。于是若地球位于点B，则点O将与点F重合，
310 行星的黄纬看上去要比以前在同一位置时为小。如果地球位于点C，那么行星的黄纬看上去还会小得多。因为O会跨到其振动的最

外的相对部分，那时其纬度仅为北纬减去天平动后的余量，即等于角*OGF*。此后，在通过剩下的半圆*CDA*的过程中，位于点*F*附近的行星的北纬将一直增大，直到地球回到它出发的第一点*A*为止。

当行星位于南方点*K*附近时，如果设地球的运动从点*C*开始，则行星的行为和变化将是一样的。但假定行星位于交点*G*或*L*上，与太阳相冲或相合。即使当时圆*FK*与*OP*彼此之间的倾角可能为最大，我们也察觉不到行星的黄纬，因为它占据着两圆的一个交点。我认为由以上所述不难理解，行星的北纬如何从*F*到*G*减小，而南纬如何从*G*到*K*增大，并且在*L*处完全消失并且跨到北方的。

以上就是三颗外行星的运动方式。金星和水星无论是经向还是纬向的运动都与它们有所不同，这是因为内行星的轨道［与大圆］相交于它们的远地点和近地点。与外行星类似，它们在中拱点的最大倾角也因振动而变化。然而内行星与外行星所不同的是还有另一种振动。两者都随地球运转而变化，但方式不同。第一种振动的性质是，每当地球回到内行星的拱点时，振动就重复两次，其轴为前面提到的过远地点和近地点的固定交线。这样一来，每当太阳的平均行度线位于近地点或远地点时，交角就达到其极大值，而在中间经度区总为极小值。

而叠加在第一种振动上的第二种振动与前者的不同之处在于，它的轴线是可移动的。结果，当地球位于金星或水星的中间
经度时，行星总是在轴线上，即位于这一振动的交线上。反之， 311
当地球与行星的远地点或近地点排成一条直线时，行星与第二种振动的轴的偏离最大，正如我已说过的［VI，1］，金星总是向北倾斜，水星总是向南倾斜。不过在这些时刻，这些行星不会有由

第一种简单赤纬所产生的纬度。

于是举例来说，假定太阳的平均运动在金星的远地点，并且该行星也在同一位置。由于此时行星位于其轨道与黄道面的交点上，所以它显然不会因为简单赤纬或第一种振动而产生纬度。但交线或轴线沿着偏心圆横向直径的第二种振动，却给行星叠加了最大偏离，因为它与通过高、低拱点的直径相交成直角。而另一方面，假定行星位于［距其远地点］一个象限的两点中任何一点，并且在其轨道的中拱点附近。这［第二种］振动的轴将与太阳的平均行度线重合。金星将把最大偏离加在北纬偏离上，而南纬偏离则由于减去了最大偏离而变小了。偏离的振动就是这样与地球的运行相对应的。

［较早版本：

于是，当太阳的平均行度线通过行星远地点或近地点时，无论行星位于其轨道上的哪个部分，它的偏离都为最大；而［当太阳的平均行度线］在［行星的］中拱点附近时，它将没有偏离。］

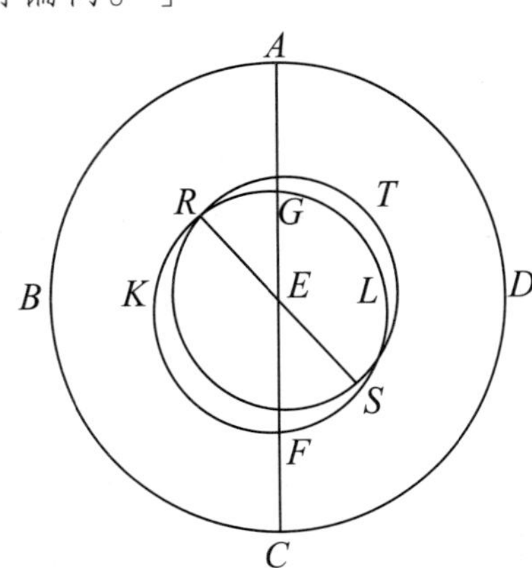

为使以上论述更容易理解，我们重作大圆$ABCD$以及金星或水星的轨道$FGKL$（它是圆ABC的偏心圆，且两者之间的倾角为平均偏斜）。它们的交线FG通过轨道的远地点F和近地点G[3]。为了便于论证，我们首先把偏心圆轨道GKF的倾角看成简单恒定的，或者介于极小值和极大值之间，只不过它们的交线FG随着近地点和远地点的运动而移动。当地球位于交线上即在A或C处，且行星也在同一条线上时，它当时显然没有黄纬，因为它的整个纬度都在半圆GKF和FLG的两侧。如前所述［VI，2前面］，行
星在该处北偏或南偏取决于圆FKG与黄道面的倾角。有些天文学 312
家把行星的这种偏离称为“偏斜”，另一些人则称之为“偏转”（reflexion）。另一方面，当地球位于B或D，即位于行星的中拱点时，被称作“赤纬”的FKG和GLF将分别为上下相等的纬度。因此它们与前者只有名称上的不同而并无实质性的差别，在中间位置上甚至连名称也可以互换。

然而，这些圆的倾角就“偏斜”而言要比“赤纬”大。因此，正如我们已经说过的［VI，2］，这种不等被认为源于以交线FG为轴的振动。于是，当我们知道两边的交角时，我们很容易根据其差值推出从最小值到最大值的振动量。

现在设想另一个倾斜于$GKFL$的偏离圆。设该圆对金星而言是同心的，而对水星而言是偏偏心圆，这一点我们将在后面说明［VI，2］。设它们的交线RS为振动轴，此轴按照以下规则沿一个圆运动：当地球位于点A或点B时，行星位于其偏离的极限处，比如在点T。地球离开A前进多远，可以认为行星也离开T多远。在此期间，偏离圆的倾角减小，结果当地球走过象限AB时，可以

认为行星已经到达了该纬度的交点R。然而此时，两平面在振动的中点重合，并且反向运动。因此，原来在南面的一半偏离圆向北转移。当金星进入这个半圆时，它离开南纬北行，由于这种振动而不再转向南方。与此类似，水星沿相反方向运行，留在南方。水星与金星还有一点不同，即它不是在偏心圆的同心圆上，而是在一个偏偏心圆上摇摆。我曾经用一个小本轮来论证其黄经运动的不均匀性［V，25］。不过在那里，它的黄经是抛开其黄纬来考虑的，而这里是抛开黄经来研究黄纬。它们都包含在同一运转中从而相等地完成。因此很显然，这两种变化可以由单一的运动和同样的振动所产生，此运动既是偏心的又是倾斜的。除了我刚才描述的以外，再没有其他安排了。对此我将在后面作进一步讨论［VI，5—8］。

第三章　土星、木星和火星轨道的倾斜度有多大?

解释了五颗行星黄纬的理论之后，我现在必须转向事实并对细节作出分析。首先［我应确定］各个圆的倾角有多大。凭借过倾斜圆两极并与黄道正交的大圆计算出这些倾角。纬度偏离值是在这个大圆上测定的。理解了这些安排，我们就可以确定每颗行 517
星的黄纬了。

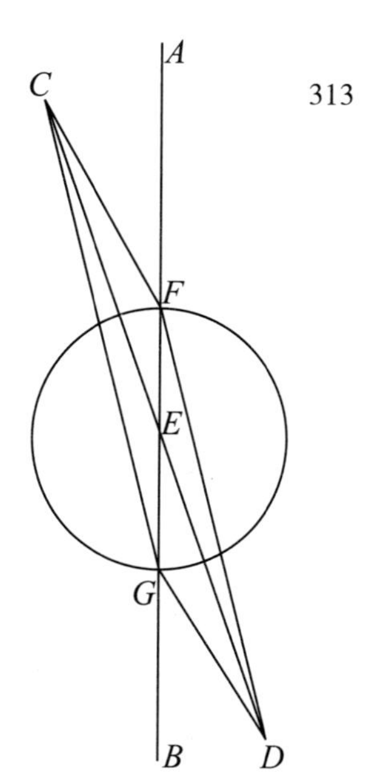

让我们再一次从三颗外行星开始。根据托 313
勒密的表［《天文学大成》，XIII，5］，当行星与太阳相冲，纬度为最南限时，土星偏离3°5′，木星偏离2°7′，火星偏离7°7′[4]。而当行星位于相反位置即与太阳相合时，土星偏离2°2′，木星偏离1°5′，而火星仅偏离5′[5]，所以它几乎掠过黄道。黄纬的这些值可以从托勒密在行星消失和初现前后所测的纬度推出来。

得到这些结果之后，设一个与黄道垂直的平面通过黄道中心，*AB*为此平面与黄道的交线，CD为此平面与三颗外行星偏心圆中任何一个的交线，此交线通过最南限和最北限。再设黄道中心为点E，地球大圆的直径为FEG，D为南纬，C为北纬。连接CF、CG、DF和DG。

［较早版本：

现在我以火星作例，因为它的黄纬超过了其他所有行星。于是，当它位于冲点D时，地球在点G［由F改正过来］，已知角AFC=7°7′。但已知C为火星在远地点的位置。由前已确定的圆的大小，如果取FG［为FE之误］＝1^p，则CE＝$1^p22'20''$[6]。在三角形CEF中，CE与EF两边之比以及角CFE均已知。于是根据平面三角学还可知，角CEF＝偏心圆的最大倾角＝5°11′。然而当地球在相反位置即在G［应改正为F］，而行星仍在C时，角CGF＝视纬度角＝4′。］

对于每颗行星而言，地球大圆［的半径］EG与行星偏心圆［的半径］ED之比在前面已经就地球和行星任何已知的位置求出来了，而最大黄纬的位置也已由观测给出。因此，最大南纬角BGD作为三角形EGD的外角已知。根据平面三角形定理，与之相对的内角，即偏心圆相对黄道面的最大南面倾角GED也可求出。类似地，我们可以通过最小南黄纬如角EFD求得最小倾角。在三角形EFD中，边EF与边ED之比[7]以及角EFD均已知，所以最小南面倾角即外角GED[8]也可求得。这样，由两倾角之差可以求出偏心圆相对于黄道的整个振动量。不仅如此，用这些倾角还可以计算出相对的北纬，比如角AFC和角EGC。如果所得结果与观测相符，就表明我们没有出错。

然而，我将以火星为例，因为它的黄纬超过了所有其他行星。当火星位于近地点时，托勒密指出［《天文学大成》，XIII，5］其最大南黄纬约为7°，而当位于远地点时，最大北黄纬为4°20′。但在确定了角$BGD=6°50'$之后，我发现相应的角$AFC\approx4°30'$。由于已知$EG:ED=1^p:1^p22'26''$［V，19］，由这些边和角BGD可以求得，最大南面倾角$DEG\approx1°51'$。由于$EF:CE=1^p:1^p39'57''$［V，19］，角$CEF=$角$DEG=1°51'$，所以当行星与太阳相冲时，上面提到的外角$CFA=4^1/_2°$。

类似地，当火星位于相反位置即与太阳相合时，假定角$DFE=$
5′，那么由于边DE和EF以及角EFD均已知，所以可得角EDF以及 314
表示最小倾斜度的外角$DEG\approx9'$。由此还可求得北纬度角$CGE\approx6'$。从最大倾角中减去最小倾角，可得这个倾角的振动量为$1°51'-9'\approx1°41'$。于是，［振动量的］$^1/_2\approx50^1/_2{}'$。

对于其他两颗行星，即木星和土星，我们也可以用类似的方法求出倾角和黄纬。由于木星的最大倾角为1°42′，最小倾角为1°18′，所以它的整个振动量不超过24′。而土星的最大倾角为2°44′，最小倾角为2°16′，所以二者之间的振动量为28′［9］。因此，当行星与太阳相合时，通过在相反位置出现的最小倾角，可以求出以下相对黄道的纬度偏离值：土星为2°3′，木星为1°6′［10］。这些值必须测定出来，我们要用它们来编制后面的表［VI，8结尾］。

第四章　对这三颗行星其他任何黄纬的一般解释

由上述内容，这三颗行星的特定纬度一般来说便可清楚。和前面一样，设AB为与黄道垂直且过行星最远偏离极限的平面的交线，北限为点A。设直线CD为行星轨道［与黄道］的交线，并与AB相交于点D。以点D为圆心作地球大圆EF。冲时行星与地球所在的点E排成一线，取任一已知弧EF。从点F和行星位置点C向AB引垂线CA和FG。连接FA与FC。

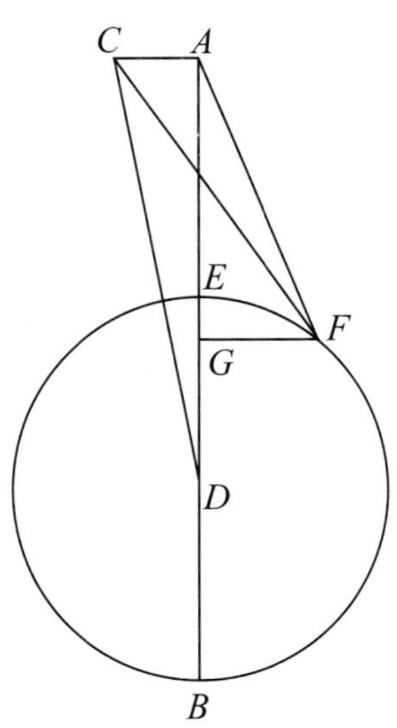

在这种情况下，我们先求偏心圆倾角ADC的大小。我们已经表明［VI，3］，地球位于点E时倾角为极大，而且振动的性质要求，它的整个振动量与地球在由直径BE决定的圆EF上的运转成比例。因此，由于弧EF已知，所以可求得ED与EG之比，这就是整个振动量与刚刚由角ADC分离出的振动之比。于是在目前情况下角ADC可知。

这样，三角形ADC的各边角均已知。但CD与ED之比已知，CD与［ED减去EG的］余量DG之比也已知，所以CD和AD二者与GD之比也可求得。于是［AD减去GD的］余量AG可得。由此同样可得FG，因为$FG={}^{1}/_{2}$弦$2EF$。因此在直角三角形AGF中，［AG与FG］两边已知，所以斜边AF以及AF与AC之比也可知。最后，在直角三角形ACF中，［AF和AC］两边已知，所以角AFC可知，此即我们所要求的视纬度角。

我将再次以火星为例进行分析。设其最大南纬极限位于其低
拱点附近，而低拱点在点A附近。设行星位于点C，当地球位于点 315
E时，前已证明［VI，3］倾角达到其最大值，即$1°50'$[11]。现在我们把地球置于点F，于是沿弧EF的视差行度为45°。因此，如果取$ED=10000^{p}$，则直线$FG=7071^{p}$[12]，把$GD=FG=7071^{p}$从半径［$=ED=10000^{p}$］中减去，余量$GE=10000^{p}-7071^{p}=2929^{p}$。我们已经求得${}^{1}/_{2}$振动角$ADC=0°50{}^{1}/_{2}'$［VI，3］，在此情况下，它的增减量之比$=DE:GE\approx 50{}^{1}/_{2}':15'$[13]。现在，倾角$ADC=1°50'-15'=1°35'$。因此，三角形$ADC$的各边角均可知。如果取$ED=6580^{p}$，前已求得$CD=9040^{p}$［V，19］。因此以相同单位来表示，$FG=4653^{p}$[14]，$AD=9036^{p}$，相减可得，$AEG=AD-GD$［$=FG$］$=4383^{p}$，$AC=249{}^{1}/_{2}{}^{p}$。因此在直角三角形$AFG$中，垂边$AG=4383^{p}$，底边$FG=4653^{p}$，于是斜边$AF=6392^{p}$，于是在三角形$ACF$中，角$CAF=90°$，边$AC$与边$AF$已知［$=249{}^{1}/_{2}{}^{p}$，$6392^{p}$］，于是可知角$AFC=2°15'$，即为地球位于点$F$时的视纬度角。对于土星和木星，我们也将作同样的分析。

第五章　金星和水星的黄纬

还剩下金星和水星。我已经说过［VI，1］，它们的黄纬偏离可以通过三种相互关联的黄纬偏移共同来说明。为使它们可以彼此分离，我将从古人所说的“赤纬”开始谈起，因为它比较容易处理。在这三种偏移当中，只有它有时会脱离其他偏移而发生。这［种分离］发生在中间经度区和交点附近，根据修正的黄经行度计算，此时地球与行星的远地点和近地点相距一个象限。当地球在行星附近时，［古人］求得金星的南黄纬或北黄纬为6°22′，水星为4°5′；而当地球距行星最远时，金星的南黄纬或北黄纬为1°2′[15]，水星为1°45′［托勒密，《天文学大成》，XIII，5］。用已经编制的修正表［VI，8结尾］可以查出行星在这些情况下的倾角。而当金星距地球最远而纬度为1°2′，以及距地球最近而纬度为6°22′时，约为$2^1/_2$°的轨道倾角适合这两种情况。当水星距地球最远而纬度为1°45′，以及距地球最近而纬度为4°5′时，都要求$6^1/_4$°的弧作为其轨道的倾角。因此，如果取四直角等于360°，则金星轨道的倾角等于2°30′，水星轨道的倾角等于$6^1/_4$°。我现在要证明，在这些情况下，它们赤纬的每一个特定数值都可以解释。我们先来看金星。

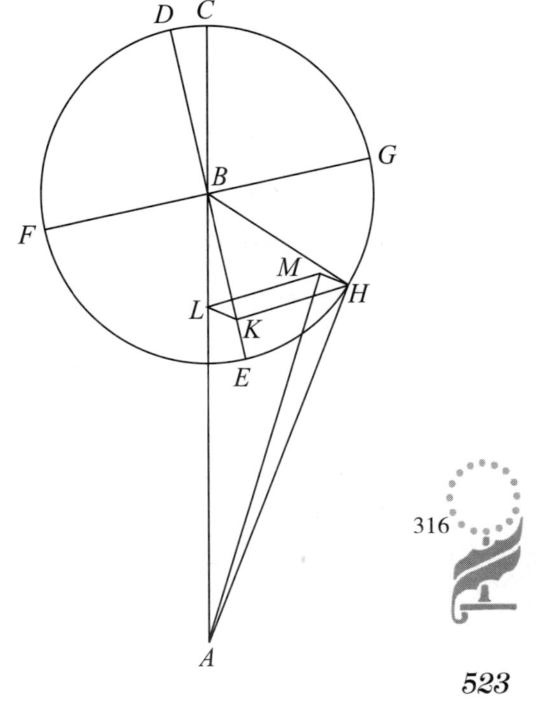

取黄道面为参考平面。设一个与之垂直且过其中心的平面与之交于直线*ABC*，［黄道面］与金星轨道平面的交线为*DBE*。设点*A*为地球的中心，点*B*为行星轨道的中心，角*ABE*为行星轨道对黄道的倾角。以点*B*为中心作轨道*DFEG*，作直径*FBG*垂直于直径*DE*。设想轨道平面与所取垂直面之间的关系是，在轨道平面中垂 316 直于*DE*的直线都彼此平行且与黄道面平行，其中只画出了*FBG*是这样一条垂线。

利用已知直线*AB*和*BC*以及已知的倾角*ABE*，可以求出行星的黄纬偏离为多少。因此，比如设行星与最靠近地球的点*E*相距45°。我之所以要仿效托勒密的做法［《天文学大成》，XIII，4］选取此点，是为了弄清楚轨道的倾角是否会引起金星或水星的经度改变，这些改变应该在基点*D*、*F*、*E*与*G*之间的大约一半处达到最大。其主要原因是，当行星位于这四个基点时，它的经度与没有“赤纬”时是一样的，这是自明的。

因此如前所述，取弧*EH*＝45°。作*HK*垂直于*BE*，作*KL*和*HM*垂直于作为参考平面的黄道面。连接*HB*、*LM*、*AM*和*AH*。由于*HK*平行于黄道面［而*KL*和*HM*已画成垂直于黄道］，所以我们得到了一个四角为直角的平行四边形*LKHM*。平行四边形的边

LM为经度行差角LAM所包围。由于HM也垂直于同一黄道面，所以角HAM包含了黄纬偏离。已知角HBE=45°，所以如果取EB=10000^p，则HK=$^1/_2$弦HE=7071^p[16]。

类似地，在三角形BKL中，已知角KBL=$2^1/_2$°［VI，5前面］，角BLK=90°，如果取BE=10000^p，则斜边BK=7071^p，所以以同样单位来表示，其余的边KL=308^p，边BL=7064^p。但前已求得［V，21］，AB∶BE≈10000^p∶7193^p，所以其余的边HK=5086^p[17]，HM=KL=221^p[18]，以及BL=5081^p[19]。于是相减可得，LA=AB−BL=10000^p−5081^p=4919^p。现在，在三角形ALM中，边AL和LM=HK已知［4919^p，5086^p］，角ALM=90°，所以斜边AM=7075^p，角MAL=45°57′为计算出来的金星的行差或大视差。

类似地，在三角形MAH中，已知边AM=7075^p，边MH=KL［=221^p］，于是可得角MAH=1°47′=赤纬。如果我们还想不厌其烦地考察金星的这一赤纬能够引起多大的经度变化，可取三角形ALH，边LH为平行四边形LKHM的一条对角线。当AL=4919^{p}时，LH=5091^p，且角ALH=90°，由此可得，斜边AH=7079^p。因此，由于两边之比已知，所以角HAL=45°59′，但前已求得角MAL[20]=45°57′，所以多出的量仅为2′。证毕。

对于水星，我仍将采用与前面类似的构造求出其赤纬。设弧EH=45°，使得若取斜边HB=10000^p，那么和以前一样，HK=KB=7071^p。因此，由前面所求得的经度差［V，27］可以推出，半径BH=3953^p，半径AB=9964^p。用这样的单位来表示，BK=KH=2795^p[21]。如果取四直角=360°，则已求得倾角ABE=6°15′

［VI，5前面］。由于直角三角形BKL中的各角已知，所以以同样单位来表示，底边$KL=304^{p}$，垂边$BL=2778^{p}$。相减可得，$AL=AB-BL=9964^{p}-2778^{p}=7186^{p}$。但是$LM=HK=2795^{p}$，因 317
此在三角形ALM中，角$L=90°$，而边AL和边LM已知［$=7186^{p}$，2795^{p}］，因此可求得斜边$AM=7710^{p}$，角$LAM=21°16'$，即为算出的行差。

类似地，在三角形AMH中两边已知：AM［$=7710^{p}$］，$MH=KL$［$=304^{p}$］，边AM和边MH所夹的角M为直角。由此可得角$MAH=2°16'$，即为我们所要求的纬度。但如果我们想知道［这个纬度］在多大程度上是由真行差和视行差引起的，那么作平行四边形的对角线LH[22]，由［平行四边形的］边长可得，$LH=2811^{p}$，$AL=7186^{p}$，所以角$LAH=21°23'$，即为视行差。它大约比前面［角LAM］的计算结果［$21°16'$］大7′。证毕。

第六章　金星与水星的第二种黄纬偏移，依赖于远地点或近地点处的轨道倾角

以上谈论的是在行星轨道的中间经度区发生的黄纬偏移。我曾经说过［VI，1］，这些黄纬被称为“赤纬”。现在，我必须讨论在近地点与远地点附近发生的黄纬，它与“偏离”或第三种［黄纬］偏移混合在一起。三颗外行星并不发生这种偏移，但［对于金星和水星，］它更容易在思想中被区分和分离开。如下所示。

托勒密曾经观测到［《天文学大成》，XIII，4］，当行星位于从地球中心向它们的轨道所引的切线上时，这些［近地点和远地点的］黄纬达到最大值。正如我已说过的［V，21，27］，这种情况发生在行星于晨昏时距太阳最远的时候。托勒密还发现［《天文学大成》，XIII，3］，金星的北纬比南纬大$^1/_3$°，而水星的南纬约比北纬大$1^1/_2$°[23]。但是为了减少计算的难度和繁杂，他对于不同的黄纬值取了$2^1/_2$°作为平均值，主要是因为他相信这样

做不会导致可觉察的误差，这一点我很快也会说明［VI，7］。这些度数是环绕地球并与黄道正交的圆上的纬度，而纬度正是在这个圆上测量的。现在，如果我们取$2^1/_2°$作为对黄道每一边的偏移角，并且在求得偏斜以前暂时排除偏离，那么我们的论证会更为简易一些。

于是，我们必须首先表明，此黄纬偏移在偏心圆切点附近达到最大，经度行差也在这里达到最大。设黄道面与金星或水星偏心圆相交于通过［行星的］远地点和近地点的直线。在交线上取点A为地球的位置，与黄道相倾斜的偏心圆$CDEFG$的中心为点 318
B。于是，［在偏心圆中］画出的与CG垂直的任何直线所形成的角都等于［偏心圆对黄道的］倾角。作AE与偏心圆相切，AFD为任一条割线。从D、E、F各点作DH、EK、FL垂直于CG，作DM、EN和FO垂直于黄道水平面。连接MH、NK和OL以及AN和AOM。AOM为一直线，因为它的三个点在两个平面（即黄道面和与之垂直的ADM平面）上。对于假设的倾角来说，角HAM和角KAN包含了这两颗行星的经度行差，而角DAM和角EAN则包含了它们的黄纬偏移。

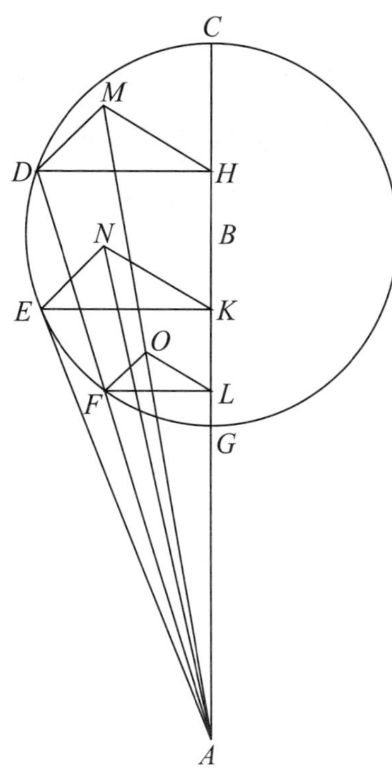

我首先要说，在切点处形

成的角EAN为最大的纬度角，而此处的经度行差也几乎达到其最大值。由于角EAK是所有［经度角］中最大的，所以$KE:EA>HD:DA$，$KE:EA>LF:FA$。但是$EK:EN=HD:DM=LF:FO$，因为正如我所说，角EKN=角HDM=角LFO。此外，角M=角N=角$O=90°$，所以$NE:EA>MD:DA$，$NE:EA>OF:FA$。由于角DMA、角ENA和角FOA都是直角，所以角EAN>角DAM，而且角EAN大于所有其他以这种方式构造的角。

因此，在由这一偏斜所引起的经度行差的差值中，最大值显然也出现在点E附近的最大距角处。因为［在相似三角形中］对应角相等，所以$HD:HM=KE:KN=LF:LO$。由于它们的差值也具有相等的比，所以它们的差值［$HD-HM$，$KE-KN$，$LF-FO$］也具有相等的比。因此，$EK-KN$与EA之比要大于其他差值与AD这样的边长之比。于是，最大经度行差与最大黄纬偏移之比等于偏心圆弧段的经度行差与黄纬偏移之比，这也是很清楚的。因为，KE与EN之比等于所有类似于LF和HD的边与类似于FO和DM的边之比。证毕。

第七章　金星和水星这两颗行星的偏斜角的大小

作了上述初步论述之后，让我们看看这两颗行星平面的倾角有多大。让我们回忆一下前面所说的内容［VI，5］：每颗行星当［与太阳］的距离介于最大和最小之间时，最多偏北或偏南5°，相反方向取决于它在轨道上的位置。因为在偏心圆的远地点和近地点，金星的偏移与5°相差极小，而水星却与5°相差$^{1}/_{2}$°左右。

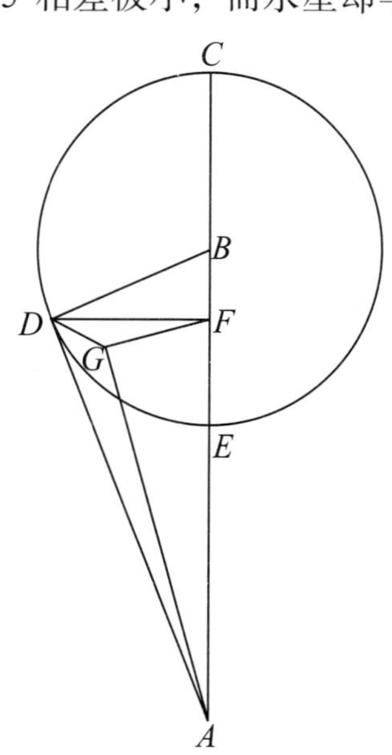

和前面一样，设ABC为黄道与偏心圆的交线。按照前已解释的方式，以点B为中心作倾斜于黄道面的行星轨道。从地球中心作直线AD切［行星的］轨道于点D。从点D作DF垂直于CBE，DG垂直于黄道的水平面。连接BD、FG和AG。取四直角＝360°，并设

319 前已提到的每颗行星的纬度差之半$DAG=2^1/_2°$。我们的任务是求出两平面的倾角即角DFG的大小。

对于金星而言，如果取轨道半径＝7193ᵖ，那么以此为单位，我们已经求得位于远地点处的最大距离＝10208ᵖ，位于近地点处的最小距离＝9792ᵖ［V，21—22：10000 ± 208］。这两个值的平均值＝10000ᵖ，我为这一论证而采用了这个值。考虑到计算的繁难，托勒密试图走捷径［《天文学大成》，XIII，3结尾］。在这两个极值不会造成很大差别的地方，采用平均值是比较好的。

于是，AB : BD＝10000ᵖ : 7193ᵖ，而角ADB＝90°，由此可得边AD＝6947ᵖ。类似地，BA : AD＝BD : DF，我们有DF＝4997ᵖ[24]。由于角$DAG=2^1/_2°$，角AGD＝90°，所以在三角形ADG中，各角均已知，如果取AD＝6947ᵖ，则边DG＝303ᵖ，于是［在三角形DFG中，］DF和DG两边均已知［＝4997；303］，且角DGF＝90°，所以角DFG＝3°29′，即为倾角或偏斜角。由于角DAF超出角FAG的量为经度视差之差，所以此差值必定可以由各已知角的大小导出。

如果取DG＝303ᵖ，我们已经求得斜边AD＝6947ᵖ，DF＝4997ᵖ，现在$(AD)^2-(DG)^2=(AG)^2$，且$(FD)^2-(DG)^2=(GF)^2$，所以AG＝6940ᵖ，FG＝4988ᵖ。如果取AG＝10000ᵖ，则FG＝7187ᵖ[25]，角FAG＝45°57′。如果取AD＝10000ᵖ，则DF＝

7193^p[26]，角DAF≈46°。因此当偏斜角最大时，视差行差大约减少了3′［=46°−45°57′］。然而在中拱点处，两圆之间的倾角显然为$2^1/_2$°，但在此处它却增加了将近1°［达3°29′］，这是我所说的第一种天平动加给它的。

对于水星，论证方式也是类似的。如果取轨道半径为3573^p，那么轨道与地球的最大距离为10948^p，最小距离为9052^p，这两个值的平均值为10000^p［V，27］。AB：BD=10000^p：3573^p。于是在三角形ABD中，第三边AD=9340^p。由于AB：AD=BD：DF，所以DF=3337^p[27]。根据假设，纬度角DAG=$2^1/2$°，所以如果取DF=3337^p，则DG=407^p。于是在三角形DFG中，这两边之比为已知，而角G=90°，于是角DFG≈7°。这就是水星轨道相对于黄道面的倾角或偏斜角。然而我们已经求得，在［与远地点和近地点的距离为］一个象限的中间经度区，倾角为6°15′［VI，5］，所以第一种天平动给它增加了45′［=7°−6°15′］。

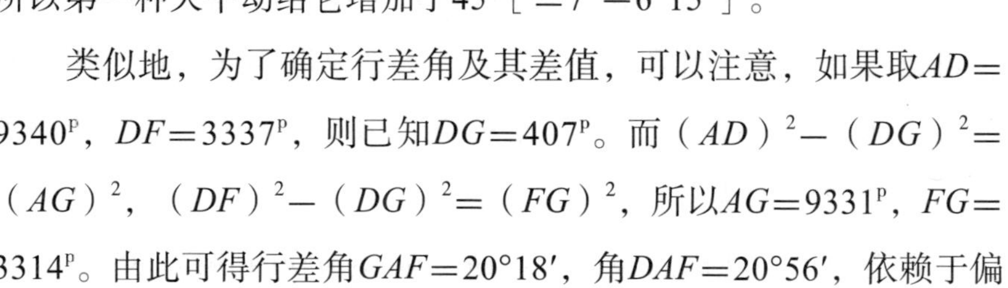

类似地，为了确定行差角及其差值，可以注意，如果取AD=9340^p，DF=3337^p，则已知DG=407^p。而$(AD)^2-(DG)^2=(AG)^2$，$(DF)^2-(DG)^2=(FG)^2$，所以AG=9331^p，FG=3314^p。由此可得行差角GAF=20°18′，角DAF=20°56′，依赖于偏斜角的角GAF大约比角DAF小8′。

接下来，我们还要看看这些与轨道［距地球］的最大和最小 320
距离有关的偏斜角和黄纬是否与观测值相一致。为此，在同样的图形中我们仍然假定，对于金星轨道与地球的最大距离，AB：BD=10208^p：7193^p。由于角ADB=90°，用同样的单位来表示，AD=7238^p。AB：AD=BD：DF。于是用同样的单位来表示，DF=

5102^{p}[28]。但已求得偏斜角$DFG=3°29'$［VI，7前面］。如果取$AD=7238^{p}$，则剩余的边$DG=309^{p}$。于是，如果取$AD=10000^{p}$，则$DG=427^{p}$[29]。由此可知，在行星与地球的最大距离处，角$DAG=2°27'$[30]。而在行星与地球的最小距离处，如果取$BD=$轨道半径$=7193^{p}$，则$AB=9792^{p}$［10000－208］，垂直于BD的$AD=6644^{p}$。$AB:AD=BD:DF$。类似地，$DF=4883^{p}$[31]。但已经取角$DFG=3°29'$，所以如果取$AD=6644^{p}$，则$DG=297^{p}$。于是三角形ADG的各边均已知，所以角$DAG=2°34'$。然而，无论$3'$还是$4'$［$2°30'=3'+2°27'=2°34'-4'$］都不够大，很难用星盘这样的仪器测量出来。因此，前面对金星所取的最大黄纬偏移仍然有效。

类似地，设水星轨道与地球的最大距离与水星半径之比$AB:BD=10948^{p}:3573^{p}$［V，27］，则通过与前面类似的论证，我们可以求得$AD=9452^{p}$，$DF=3085^{p}$。但我们这里再次求得水星轨道与黄道面的倾角$DFG=7°$，并且如果取$DF=3085^{p}$或$DA=9452^{p}$，则$DG=376^{p}$，因此直角三角形DAG的各边已知，所以角$DAG\approx 2°17'$，即为最大黄纬偏移。

但在轨道与地球的最小距离处，$AB:BD=9052^{p}:3573^{p}$，因此用同样单位来表示，$AD=8317^{p}$，$DF=3283^{p}$。由于倾角相同［$=7°$］，如果取$AD=8317^{p}$，则$DF:DG=3283^{p}:400^{p}$。所以角$DAG=2°45'$。

这里也假设，与［水星轨道与地球距离的］平均值相联系时的黄纬偏移角$=2^{1}/_{2}°$，这个量与远地点处达到最小的黄纬偏离角相差$13'$［$=2°30'-2°17'$］，而与在近地点处达到最大的黄纬偏离角相差15′［＝2°45′−2°30′］。我在计算中不使用这些［远地点和近地点的差值］，而将以平均值为基础，上下取$^{1}/_{4}$°，这与观测结果并无可觉察的差异。

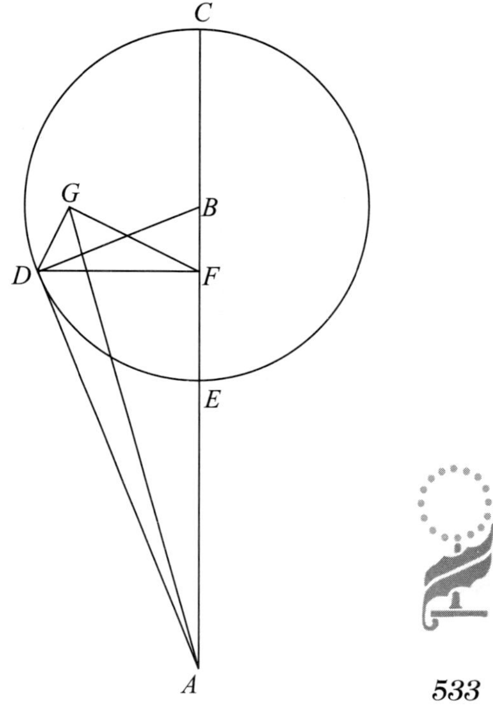

由于以上的论证，也因为最大经度行差与最大黄纬偏离之比等于轨道其余部分的行差与几个黄纬偏移之比，我们将求得金星和水星的轨道倾角所引起的所有黄纬量。但正如我已经说过的［VI，5］，我们只能得到介于远地点和近地点之间的黄纬。我们已经表明，这些纬度的最大值为$2^{1}/_{2}$°［VI，6］，此时金星 321
的最大行差为46°，水星的最大行差约为22°［VI，5：45°57′，21°16′］。我们已经在它们的非均匀行度表中［V，33结尾］就轨道的个别部分列出了行差。我将分别对每颗行星从$2^{1}/_{2}$°中取出最大行差值比最小行差值多出来的那部分，并在下面的表中列出这部分数值［VI，8结尾］。通过这种方法，我们可以求出当地球位于这些行星的高、低拱点时每一特定偏斜纬度的精确值。类似地，我已经记录了［当地球与行星的远地点和近地点之间］距离一个象限而［行星］位于中间经度区时行星的赤纬。这四个临界点［高低拱点和两个中拱点］之间出现的情况可以运用数学技巧由业已提出的圆周体系导出，不过需要费

些气力。然而，托勒密在处理任何问题时都力求简洁。他发现［《天文学大成》，XIII，4结尾］，这两种纬度［赤纬和偏斜］本身无论是整体还是各个部分都像月球纬度那样成比例地增减。因为它们的最大纬度为$5°={}^{1}/_{12}\times60°$，所以他把每一部分都乘以12，并把乘积做成比例分数，想把它们不仅用于这两颗行星，而且还用于另外三颗外行星，这一点我们后面会予以解释［VI，9］。

第八章　金星和水星的第三种黄纬即所谓的“偏离”

阐述了上述主题之后，我们还要讨论第三种黄纬运动即“偏离”。古人把地球置于宇宙的中心，认为偏离是由偏心圆的振动造成的，它与围绕地球中心旋转的本轮的振动同步，而且当本轮位于偏心圆的远地点或近地点时偏离达到最大［托勒密，《天文学大成》，XIII，1］。正如我在前面所说，金星总是向北偏$^1/_6$°，而水星总是向南偏$^3/_4$°[32]。

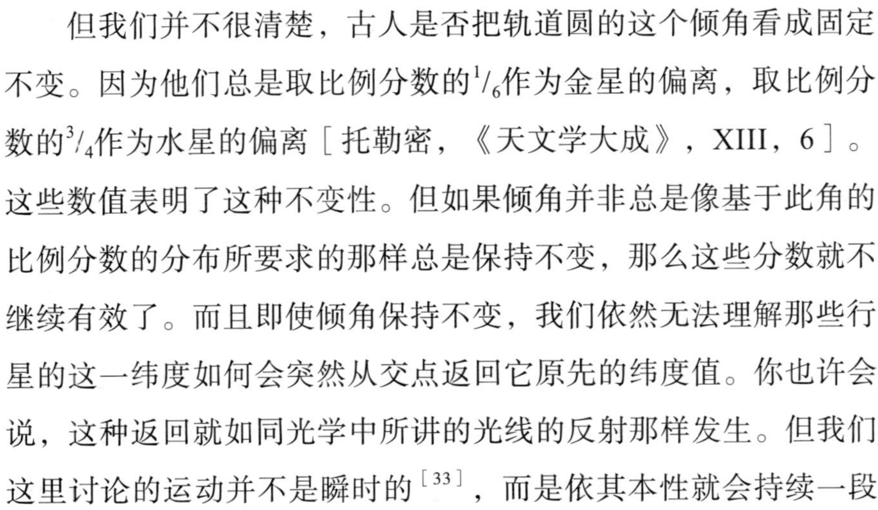

但我们并不很清楚，古人是否把轨道圆的这个倾角看成固定不变。因为他们总是取比例分数的$^1/_6$作为金星的偏离，取比例分数的$^3/_4$作为水星的偏离［托勒密，《天文学大成》，XIII，6］。这些数值表明了这种不变性。但如果倾角并非总是像基于此角的比例分数的分布所要求的那样总是保持不变，那么这些分数就不继续有效了。而且即使倾角保持不变，我们依然无法理解那些行星的这一纬度如何会突然从交点返回它原先的纬度值。你也许会说，这种返回就如同光学中所讲的光线的反射那样发生。但我们这里讨论的运动并不是瞬时的[33]，而是依其本性就会持续一段可测量的[34]时间。

因此必须承认，这些行星有一种类似于我所解释的天平动［VI，2］。它使圆的各个部分纬度反向。它也是它们数值变化的一个必然结果，对水星而言这个变化为$^1/_5$°。如果根据我的假设，
322 这个纬度是可变的，并非绝对常数，那么这不应使人感到惊奇。然而它不会引起可在一切变化中区分出来的可觉察的不规则性。

设水平面垂直于黄道。在这两个平面的交线上，设点*A*为地球的中心，点*B*为距地球最远或最近处的通过倾斜轨道两极的圆*CDF*的中心。当轨道中心位于远地点或近地点即在*AB*上时，无论行星位于与轨道平行的圆上的任何地方，它的偏离都为最大。在这个平行于轨道的圆上，直径*DF*平行于轨道直径*CBE*。这两个平行的圆垂直于*CDF*平面，取这些直径［*DF*和*CBE*］为与*CDF*的交线。设*DF*被平分于点*G*，即［与轨道］平行的［圆］的中心。连接*BG*、*AG*、*AD*与*AF*。取角*BAG*＝10′为金星的最大偏离。于是在三角形*ABG*中，角*B*=90°，由此可知两边之比*AB*：*BG*＝10000^p：29^p[35]。但整个*ABC*＝17193^p［*CB*＝*CA*－*BA*＝17193^p－10000^p＝7193^p；*CE*＝2×7193^p＝14386^p］，*AE*＝*AC*－*CE*＝17193^p－14386^p＝2807^p，$^1/_2$弦2*CD*＝$^1/_2$弦*EF*＝*BG*。因此角*CAD*＝6′，角*EAF*≈15′。而角*BAG*［＝10′］－角*CAD*＝4′，角*EAF*－角*BAG*＝5′，这些差值小到可以忽略不计。因此，当地球位于远地点或近地点时，无论金星位于轨道的任何地方，其视偏离都在10′左右。

然而对水星而言，我们取角*BAG*＝$^3/_4$°，*AB*：*BG*＝10000^p：131^p[36]，*ABC*＝13573^p，相减可得，*AE*＝6427^p［＝*AB*－*BE*＝10000^p－3573^p］。于是角*CAD*＝33′，角*EAF*≈70′。因此

角CAD少了12′［=45′−33′］，而角EAF多了25′［=70′−45′］。不过在我们看到火星之前，这些差值实际上被太阳光遮住了。因此古人只研究过水星的视偏离，就好像它是固定不变的一样。

［较早版本：

然而，如果有人还想研究被太阳掩藏的水星的那些偏离，他［为此］耗费的精力将会比前面提到的任何纬度都多。因此我将放弃这一主题，采用背离真相不多的古人的计算结果，以免在这桩次要的事情上我（如俗话所说）似乎是在为驴影作斗争。以上论述对于五颗行星的黄纬偏离已经足够，对此我作了一个与前表［V，33结尾］相似的30行的表。］

然而，如果有人想不辞辛苦地弄清楚当行星为太阳所掩藏时的那些偏离有多大，我将在下面阐述如何做到这一点。

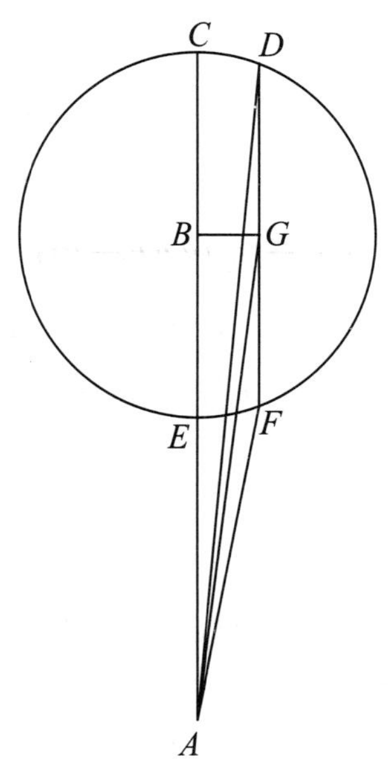

我将以水星为例，因为它的偏离比金星更显著。设直线AB位于行星轨道与黄道的交线上。地球位于行星轨道的远地点或近地点A。和前面对偏斜的处理一样［VI，7］，仍取线段$AB=10000^p$，把
323 它当做最大距离和最小距离的平均值。以点C为中心作圆DEF与偏心轨道平行，且与之相距CB。设想行星此时正在这个平行圆上发生其最大偏离。设此圆的直径为DCF，它也必然平行于AB，且DCF和AB都位于与行星轨道垂直的同一平面上。举例说来，设弧$EF=45°$，我们研究行星在此弧段的偏离。作EG垂直于CF，EK和GH垂直于轨道的水平面。连接HK，完成矩形。再连接AE、AK和EC。

根据水星的最大偏斜，如果取$AB=10000^p$，则$BC=131^p$，$CE=3573^p$。直角三角形EGC的各角已知，边$EG=KH=2526^p$。由于$BH=EG=CG$［$=2526^p$］，$AH=AB$［$=10000^p$］$-BH=7474^p$，因此在三角形AHK中，直角H的夹边已知［$=7474^p$，2526^p］，所以斜边$AK=7889^p$。但已经取［$KE=$］$CB=GH=131^p$，于是在三角形AKE中，直角K的两夹边AK和KE已知，所以角KAE可以求得，此即为我们所要求的在所假设弧段EF的偏离，它与实际观测角度相差极小。对水星的其他偏离以及对金星作类似的计算，我将把结果列入附表。

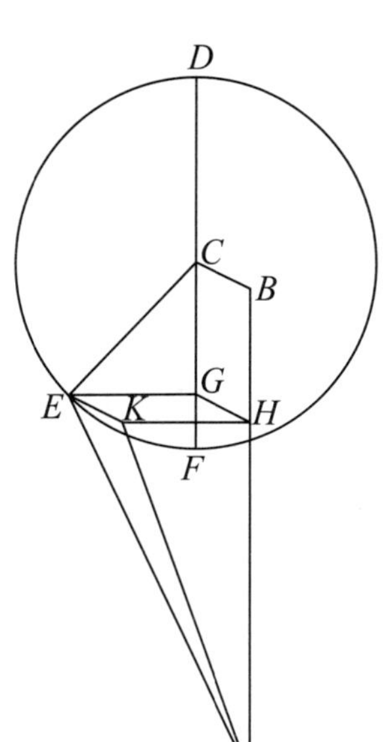

做了上述说明之后，我将对金星和水星在这些极限之间的偏离校准六十分位或比例分数。设圆ABC为金星或水星的偏心轨道，点A和点C为该纬度上的交点，点

B为最大偏离的极限。以点B为中心，作小圆DFG，其横向直径是DBF。设偏离的天平动沿着直径DBF发生。我已经说过，当地球位于行星偏心轨道的远地点或近地点时，行星位于其最大偏离点F，行星的均轮与小圆在该点相切。

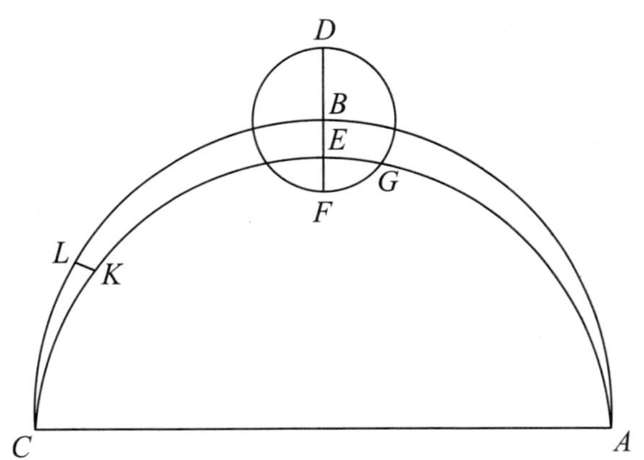

现在设地球位于与行星偏心圆的远地点或近地点的任意距离处。根据这一行度，取FG为小圆上的相似弧段。作行星的均轮AGC与小圆相交，并且截其直径DF于点E。把行星置于AGC上的点K，而根据假设，弧EK与弧FG相似。作KL垂直于圆ABC。

我们的任务是由FG、EK和BE求得KL的长度，即行星与圆ABC的距离。根据弧FG可以求得弧EG，它就好像是一条几乎与圆弧或凸线无甚区别的直线。类似地，EF也可用与整个BF和BE 324
［$=BF-EF$］相同的单位表示出来。$BF:BE=$弦$2CE:$弦$2CK=BE:KL$。因此，如果把BF和半径CE都与60这个数相比，则可得BE的值。把这个数平方，并把得到的积除以60，我们便可得到$KL=$所求的弧EK的比例分数。我也类似地把它们列入下表的第五列即最后一列。

325

土星、木星和火星的黄纬															
公共数		土星黄纬				木星黄纬				火星黄纬				比例分数	
		北		南		北		南		北		南			
°	°	°	′	°	′	°	′	°	′	°	′	°	′	分	秒
3	357	2	3	2	2	1	6	1	5	0	6	0	5	59	48
6	354	2	4	2	2	1	7	1	5	0	7	0	5	59	36
9	351	2	4	2	3	1	7	1	5	0	9	0	6	59	6
12	348	2	5	2	3	1	8	1	6	0	9	0	6	58	36
15	345	2	5	2	3	1	8	1	6	0	10	0	8	57	48
18	342	2	6	2	3	1	8	1	6	0	11	0	8	57	0
21	339	2	6	2	4	1	9	1	7	0	12	0	9	55	48
24	336	2	7	2	4	1	9	1	7	0	13	0	9	54	36
27	333	2	8	2	5	1	10	1	8	0	14	0	10	53	18
30	330	2	8	2	5	1	10	1	8	0	14	0	11	52	0
33	327	2	9	2	6	1	11	1	9	0	15	0	11	50	12
36	324	2	10	2	7	1	11	1	9	0	16	0	12	48	24
39	321	2	10	2	7	1	12	1	10	0	17	0	12	46	24
42	318	2	11	2	8	1	12	1	10	0	18	0	13	44	24
45	315	2	11	2	9	1	13	1	11	0	19	0	15	42	12
48	312	2	12	2	10	1	13	1	11	0	20	0	16	40	0
51	309	2	13	2	11	1	14	1	12	0	22	0	18	37	36
54	306	2	14	2	12	1	14	1	13	0	23	0	20	35	12
57	303	2	15	2	13	1	15	1	14	0	25	0	22	32	36
60	300	2	16	2	15	1	16	1	16	0	27	0	24	30	0
63	297	2	17	2	16	1	17	1	17	0	29	0	25	27	12
66	294	2	18	2	18	1	18	1	18	0	31	0	27	24	24
69	291	2	20	2	19	1	19	1	19	0	33	0	29	21	21
72	288	2	21	2	21	1	21	1	21	0	35	0	31	18	18
75	285	2	22	2	22	1	22	1	22	0	37	0	34	15	15
78	282	2	24	2	24	1	24	1	24	0	40	0	37	12	12
81	279	2	25	2	26	1	25	1	25	0	42	0	39	9	9
84	276	2	27	2	27	1	27	1	27	0	45	0	41	6	24
87	273	2	28	2	28	1	28	1	28	0	48	0	45	3	12
90	270	2	30	2	30	1	30	1	30	0	51	0	49	0	0
93	267	2	31	2	31	1	31	1	31	0	55	0	52	3	12
96	264	2	33	2	33	1	33	1	33	0	59	0	56	6	24
99	261	2	34	2	34	1	34	1	34	1	2	1	0	9	9
102	258	2	36	2	36	1	36	1	36	1	6	1	4	12	12
105	255	2	37	2	37	1	37	1	37	1	11	1	8	15	15
108	252	2	39	2	39	1	39	1	39	1	15	1	12	18	18
111	249	2	40	2	40	1	40	1	40	1	19	1	17	21	21
114	246	2	42	2	42	1	42	1	42	1	25	1	22	24	24

续表

土星、木星和火星的黄纬															
公共数		土星黄纬				木星黄纬				火星黄纬				比例分数	
		北		南		北		南		北		南			
°	°	°	′	°	′	°	′	°	′	°	′	°	′	分	秒
117	243	2	43	2	43	1	43	1	43	1	31	1	28	27	12
120	240	2	45	2	45	1	45	1	44	1	36	1	34	30	0
123	237	2	46	2	46	1	46	1	46	1	41	1	40	32	36
126	234	2	47	2	48	1	47	1	47	1	47	1	47	35	12
129	231	2	49	2	49	1	49	1	49	1	54	1	55	37	36
132	228	2	50	2	51	1	50	1	51	2	2	2	5	40	0
135	225	2	52	2	53	1	51	1	53	2	10	2	15	42	12
138	222	2	53	2	54	1	52	1	54	2	19	2	26	44	24
141	219	2	54	2	55	1	53	1	55	2	29	2	38	46	24
144	216	2	55	2	56	1	55	1	57	2	37	2	48	48	24
147	213	2	56	2	57	1	56	1	58	2	47	3	4	50	12
150	210	2	57	2	58	1	58	1	59	2	51	3	20	52	0
153	207	2	58	2	59	1	59	2	1	3	12	3	32	53	18
156	204	2	59	3	0	2	0	2	2	3	23	3	52	54	36
159	201	2	59	3	1	2	1	2	3	3	34	4	13	55	48
162	198	3	0	3	2	2	2	2	4	3	46	4	36	57	0
165	195	3	0	3	2	2	2	2	5	3	57	5	0	57	48
168	192	3	1	3	3	2	3	2	5	4	9	5	23	58	36
171	189	3	1	3	3	2	3	2	6	4	17	5	48	59	6
174	186	3	2	3	4	2	4	2	6	4	23	6	15	59	36
177	183	3	2	3	4	2	4	2	7	4	27	6	35	59	48
180	180	3	2	3	5	2	4	2	7	4	30	6	50	60	0
138	222	2	53	2	54	1	52	1	54	2	19	2	26	44	24
141	219	2	54	2	55	1	53	1	55	2	29	2	38	46	24
144	216	2	55	2	56	1	55	1	57	2	37	2	48	48	24
147	213	2	56	2	57	1	56	1	58	2	47	3	4	50	12
150	210	2	57	2	58	1	58	1	59	2	51	3	20	52	0
153	207	2	58	2	59	1	59	2	1	3	12	3	32	53	18
156	204	2	59	3	0	2	0	2	2	3	23	3	52	54	36
159	201	2	59	3	1	2	1	2	3	3	34	4	13	55	48
162	198	3	0	3	2	2	2	2	4	3	46	4	36	57	0
165	195	3	0	3	2	2	2	2	5	3	57	5	0	57	48
168	192	3	1	3	3	2	3	2	5	4	9	5	23	58	36
171	189	3	1	3	3	2	3	2	6	4	17	5	48	59	6
174	186	3	2	3	4	2	4	2	6	4	23	6	15	59	36
177	183	3	2	3	4	2	4	2	7	4	27	6	35	59	48
180	180	3	2	3	5	2	4	2	7	4	30	6	50	60	0

金星和水星的黄纬[37]

公共数		金星				水星				金星		水星		偏离的比例分数	
		赤纬		倾角		赤纬		倾角		偏离		偏离			
°	°	°	′	°	′	°	′	°	′	°	′	°	′	分	秒
3	357	1	2	0	4	1	45	0	5	0	7	0	33	59	36
6	354	1	2	0	8	1	45	0	11	0	7	0	33	59	12
9	351	1	1	0	12	1	45	0	16	0	7	0	33	58	25
12	348	1	1	0	16	1	44	0	22	0	7	0	33	57	14
15	345	1	0	0	21	1	44	0	27	0	7	0	33	55	41
18	342	1	0	0	25	1	43	0	33	0	7	0	33	54	9
21	339	0	59	0	29	1	42	0	38	0	7	0	33	52	12
24	336	0	59	0	33	1	40	0	44	0	7	0	34	49	43
27	333	0	58	0	37	1	38	0	49	0	7	0	34	47	21
30	330	0	57	0	41	1	36	0	55	0	8	0	34	45	4
33	327	0	56	0	45	1	34	1	0	0	8	0	34	42	0
36	324	0	55	0	49	1	30	1	6	0	8	0	34	39	15
39	321	0	53	0	53	1	27	1	11	0	8	0	35	35	53
42	318	0	51	0	57	1	23	1	16	0	8	0	35	32	51
45	315	0	49	1	1	1	19	1	21	0	8	0	35	29	41
48	312	0	46	1	5	1	15	1	26	0	8	0	36	26	40
51	309	0	44	1	9	1	11	1	31	0	8	0	36	23	34
54	306	0	41	1	13	1	8	1	35	0	8	0	36	20	39
57	303	0	38	1	17	1	4	1	40	0	8	0	37	17	40
60	300	0	35	1	20	0	59	1	44	0	8	0	38	15	0
63	297	0	32	1	24	0	54	1	48	0	8	0	38	12	20
66	294	0	29	1	28	0	49	1	52	0	9	0	39	9	55
69	291	0	26	1	32	0	44	1	56	0	9	0	39	7	38
72	288	0	23	1	35	0	38	2	0	0	9	0	40	5	39
75	285	0	20	1	38	0	32	2	3	0	9	0	41	3	57
78	282	0	16	1	42	0	26	2	7	0	9	0	42	2	34
81	279	0	12	1	46	0	21	2	10	0	9	0	42	1	28
84	276	0	8	1	50	0	16	2	14	0	10	0	43	0	40
87	273	0	4	1	54	0	8	2	17	0	10	0	44	0	10
90	270	0	0	1	57	0	0	2	20	0	10	0	45	0	0
93	267	0	5	2	0	0	8	2	23	0	10	0	45	0	10
96	264	0	10	2	3	0	15	2	25	0	10	0	46	0	40
99	261	0	15	2	6	0	23	2	27	0	10	0	47	1	28
102	258	0	20	2	9	0	31	2	28	0	11	0	48	2	34
105	255	0	26	2	12	0	40	2	29	0	11	0	48	3	57
108	252	0	32	2	15	0	48	2	29	0	11	0	49	5	39

续表

金星和水星的黄纬[37]															
公共数		金星				水星				金星		水星		偏离的比例分数	
		赤纬		倾角		赤纬		倾角		偏离		偏离			
°	°	°	′	°	′	°	′	°	′	°	′	°	′	分	秒
111	249	0	38	2	17	0	57	2	30	0	11	0	50	7	38
114	246	0	44	2	20	1	6	2	30	0	11	0	51	9	55
117	243	0	50	2	22	1	16	2	30	0	11	0	52	12	20
120	240	0	59	2	24	1	25	2	29	0	12	0	52	15	0
123	237	1	8	2	26	1	35	2	28	0	12	0	53	17	40
126	234	1	18	2	27	1	45	2	26	0	12	0	54	20	39
129	231	1	28	2	29	1	55	2	23	0	12	0	55	23	34
132	228	1	38	2	30	2	6	2	20	0	12	0	56	26	40
135	225	1	48	2	30	2	16	2	16	0	13	0	57	29	41
138	222	1	59	2	30	2	27	2	11	0	13	0	57	32	51
141	219	2	11	2	29	2	37	2	6	0	13	0	58	35	53
144	216	2	25	2	28	2	47	2	0	0	13	0	59	39	15
147	213	2	43	2	26	2	57	1	53	0	13	1	0	42	0
150	210	3	3	2	22	3	7	1	46	0	13	1	1	45	4
153	207	3	23	2	18	3	17	1	38	0	13	1	2	47	21
156	204	3	44	2	12	3	26	1	29	0	14	1	3	49	43
159	201	4	5	2	4	3	34	1	20	0	14	1	4	52	12
162	198	4	26	1	55	3	42	1	10	0	14	1	5	54	9
165	195	4	49	1	42	3	48	0	59	0	14	1	6	55	41
168	192	5	13	1	27	3	54	0	48	0	14	1	7	57	14
171	189	5	36	1	9	3	58	0	36	0	14	1	7	58	25
174	186	5	52	0	48	4	2	0	24	0	14	1	8	59	12
177	183	6	7	0	25	4	4	0	12	0	14	1	9	59	36
180	180	6	22	0	0	4	5	0	0	0	14	1	10	60	0

329 第九章　五颗行星黄纬的计算

通过以上诸表计算五颗行星黄纬的方法如下。对于土星、木星和火星，我们可以由校准的或归一化的偏心圆近点角求得公共数：使火星的近点角保持不变，木星先减去20°，土星则先加上50°。然后，把结果用六十分位或比例分数列入最后一列。

类似地，利用校准的视差近点角，我们取每颗行星的数为与之相关的黄纬。如果比例分数由高变低，则取第一纬度即北黄纬，此时偏心圆的近点角小于90°或大于270°；如果比例分数由低变高，即如果表中所列的偏心圆近点角大于90°或小于270°，则取第二纬度即南黄纬。因此，如果把其六十分位值乘以这两个纬度中的任何一个，则乘积即为黄道以北或以南的距离，这取决于所取数的类型。

而对于金星和水星，应首先从校准的视差近点角中取发生的赤纬、偏斜和偏离这三种黄纬。将它们分别记录下来。一个例外是，对于水星，如果偏心圆近点角及其数是在表的上部找到的，则应减掉偏斜的十分之一；而如果偏心圆近点角及其数是在表的下部找到的，则应加上偏斜的十分之一。把由这些运算所得到的差或和保留下来。

然而，必须把这些黄纬明确区分成南北两类。假设校准的视差近点角位于远地点所在的半圆中，即小于90°或大于270°，而且偏心圆近点角小于半圆，或者假设视差近点角位于近地点圆弧上，即大于90°且小于270°，而且偏心圆的近点角大于半圆。那么，金星的赤纬在北，而水星的赤纬在南。另一方面，假设视差近点角位于近地点圆弧上，而且偏心圆近点角小于半圆，或者假设视差近点角位于远地点圆弧上，而且偏心圆近点角大于半圆。那么相反地，金星的赤纬在南，而水星的赤纬在北。然而，在偏斜的情况下，如果视差近点角小于半圆，而且偏心圆近点角为远地的，或者，如果视差近点角大于半圆，而且偏心圆近点角为近地的，那么金星的偏斜是向北的，而水星的偏斜是向南的。反之亦然。然而，金星的偏离总是向北，水星的偏离总是向南。

然后，根据校准的偏心圆近点角查到所有五颗行星公共的比例分数。尽管这些比例分数是属于三颗外行星的，我们仍然先把它们应用于偏斜，其余的应用于偏离。然后，给同一偏心圆近点角加上90°，与这个和有关的共同的比例分数再次被应用于赤纬。

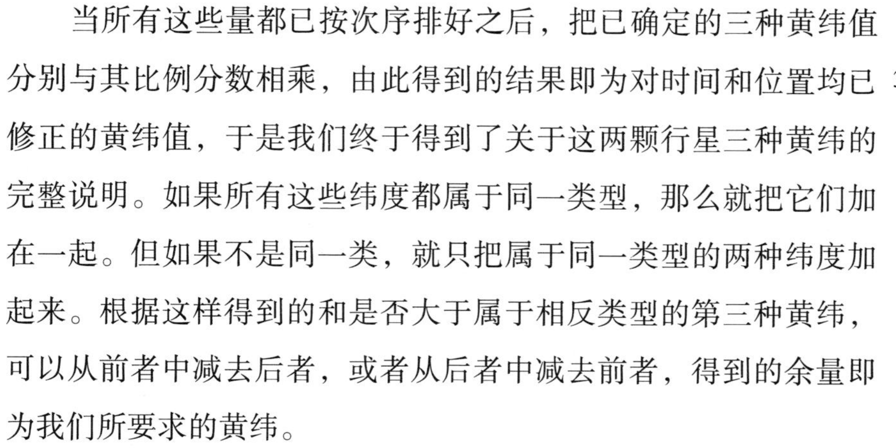

当所有这些量都已按次序排好之后，把已确定的三种黄纬值
分别与其比例分数相乘，由此得到的结果即为对时间和位置均已 330
修正的黄纬值，于是我们终于得到了关于这两颗行星三种黄纬的完整说明。如果所有这些纬度都属于同一类型，那么就把它们加在一起。但如果不是同一类，就只把属于同一类型的两种纬度加起来。根据这样得到的和是否大于属于相反类型的第三种黄纬，可以从前者中减去后者，或者从后者中减去前者，得到的余量即为我们所要求的黄纬。

《天球运行论》第六卷终[38]

注　　释

常引著作缩写 332

A	*Astronomia instaurata*（Amsterdam，1617），《天球运行论》第三版
B	《天球运行论》第二版（Basel，1566）
GV	Valla，Giorgio，*De expetendis et fugiendis rebus*（Venice，1501）
Me	Menzzer，C. L.，*Über die Kreisbewegungen der Weltkörper*（Leipzig，1939，reprint of Thorn 1879 ed.）
MK	Birkenmajer，L. A.，*Mikolaj Kopernik*（Cracow，1900）. Xerox University Microfilms，Ann Arbor，Michigan于1976年出版的英文节略本这里没能来得及利用。
Mu	*Nikolaus Kopernikus Gesamtausgabe*，vol. II（Munich，1949）
N	Copernicus，*De revolutionibus orbium coelestium*（Nuremberg，1543）
NCCW	*Nicholas Copernicus Complete Works*: vol. I（London/Warsaw，1972）
P	Prowe，Leopold，*Nicolaus Coppernicus*（Berlin，1883—1884; reprinted，Osnabrück: Zeller，1967）: PI: vol. I，part I PI^2: vol. I，part II

	PII: vol. II
P-R	Peurbach, George and Johannes Regiomontanus, *Epitome* (Venice, 1496)
PS	Ptolemy, *Syntaxis*
PS 1515	Ptolemy, *Syntaxis*; 拉丁文译本1515年1月10日出版于威尼斯。
SC	Birkenmajer, L. A., *Stromata Copernicana* (Cracow, 1924)
T	Copernicus, *De revolutionibus orbium caelestium* (Thorn, 1873)
3CT	Rosen, Edward, *Three Copernican Treatises*; 3rd ed. (New York: Octagon, 1971)
W	Copernicus, *De revolutionibus orbium coelestium* (Warsaw, 1854)
Z	Zinner, Ernst, *Entstehung und Ausbreitung der coppernicanischen Lehre* (Erlangen, 1943)
ZGAE	*Zeitschrift für die Geschichte und Altertumskunde Ermlands*

正文前部注释 333

目　　录

哥白尼手稿中并无目录。《天球运行论》中的目录为该书编辑而非哥白尼所制。

551

第一版扉页

该扉页为负责《天球运行论》第一版（此后引做N）出版的人员在纽伦堡设计的。他们肯定没有和当时远在弗龙堡身患重病的哥白尼商量过。根据现存手稿无法确定哥白尼作为作者是否提供了自己的正式扉页。因为在某个难以确定的时间（正如NCCW，I，6，11所表明的），第一帖纸的第一页被小心地切掉了，而松散的边缘在合适的位置被粘牢，以免损害手稿的其余部分。在现在的右页或第一对开纸的上部，右下角表示第一帖纸的字母a是别人写的，而哥白尼本人则书写了所有其他帖纸的记号。既然没有0号对开纸（遗失的一页纸标号为零），谁也不能确定地说，这是否就是哥白尼所设想的扉页（如果他的确有所设想的话）。

因此，围绕着“论天球的运行六卷本”（*De revolutionibus orbium coelestium libri VI*）这一标题疑云重重。尤其是，“天球”

（*orbium coelestium*）二字在一些N的副本中被删掉了。安德列亚斯·奥西安德尔未经授权便在书中插进一篇序言，这遭到哥白尼的唯一弟子也是其忠诚支持者雷蒂库斯（1514—1574）的严厉抨击。雷蒂库斯对插入奥西安德尔序言的完全正当的抗议使人想到，纽伦堡的那位传教士可能也毫无根据地塞进了“天球”二字。（可以假设哥白尼为了方便而使用的简短书名*De revolutionibus*也是他选定的全称。）

然而，“天球”二字本身是完全不会招致反对的。因为（和雷蒂库斯一样，）哥白尼认为可见天体，即恒星和行星，是嵌在不可见的天球（*orbes coelestes*）上的。根据自古希腊以来所接受的宇宙论思想，天球推动可见天体运动。因此，虽然我们无法绝对确定哥白尼想为自己的巨著取什么正式标题，但在概念层面，就N上所印的标题而言是找不到差错的。因为在手稿第一卷第十章开头，哥白尼本人写了“天球的次序”（*De ordine coelestium orbium*；NCCW，I，fol. 8[r]，line 1），在序言中则提到了“天球的运行”（*revolutione orbium coelestium*）。因此，这两个有争议的字不仅表达了他的基本观念，而且也是其基本词汇的一个不可分割的组成部分。

哥白尼的伟大仰慕者第谷从天界永远废除了这些假想的天球。如果在这之前就把“天球”二字删去，则反对意见可能会基于哥白尼在其序言开头一句对词的选择。他在那里谈到了他“关于宇宙球体的运行”（*de revolutionibus sphaerarum mundi*）所写的六卷书。或许某个学识不足的人没能意识到“宇宙球体”（*sphaerarum mundi*）和“天球”（*orbium coelestium*）这两个表达在语义上是等价的。哥白尼是一位有理解力的文体家，他有意避免同一短语的过多重复。当他写出“宇宙球体”和“天球”时，它们完全可以互换，而“宇宙球体”在序言中的出现保证了标题中的“天球”一词是有效的。

虽然在这种宇宙论语境中，*sphaera*与*orbis*一般说来是同义的，但作为精确的数学术语，它们指的是两种非常不同的物体：前者是一个是实心球，而后者则是一个空心球壳或环。著名语言学家、天文学家和地理学家塞巴斯蒂安·明斯特（Sebastian Münster，1488—1552）在其初等数学教科书《数学基础》（*Rudimenta mathematica*，Basel，1551），p. 60中极为清楚地指出了*sphaera*与*orbis*的区别：

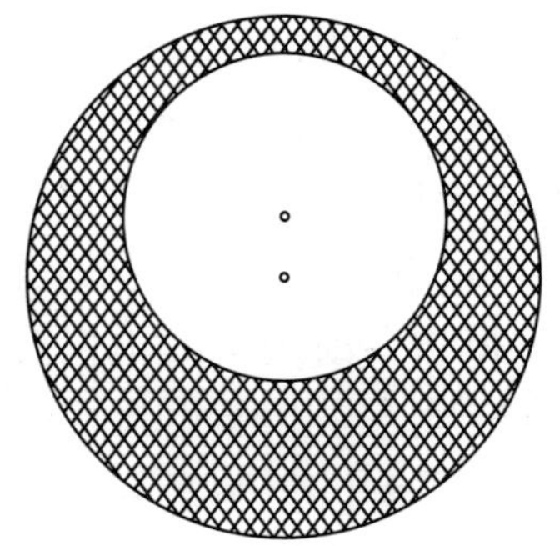

> 在实心物体中，最重要的是球体（sphere），它也是所有物体中最有规则的。它是被一个表面所包围的规则实心物体。……我们设想球体是由一个半圆的完整旋转所产生的：旋转时半圆的直径保持固定不动，而那个圆的平面在转动。……球壳（*orbis*）也是实心物体。但它是由两个圆的球形表面形成的，即一个被称为凹面的内表面和一个被称为凸面的外表面。如果这两个表面有同一个中心，则该球壳是均匀的，即各处的厚度相等。但若两个表面有不同的中心，则球体的厚度将是不均匀和不规则的。所有行星的天球都是这种类型。 334

哥白尼对*sphaera*和*orbis*的理解与比他年纪略轻的同时代人明斯特的理解是一致的。

扉页上的推荐广告显然不是哥白尼所作。作为宣传本的一页，它显然出自印刷者-出版者本人，因为约翰内斯·彼得雷乌斯（汉斯·彼得）凭自身的权利就是作者。两年后的1545年，当他出版吉罗拉莫·卡尔达诺（Girolamo Cardano）的《大术》（*Ars magna*）［T. Richard Witmer所译英译本为*The Great Art or the Rules of Algebra*, Cambridge, Mass., 1968］一书时，在这本为方程论奠基的著作扉页上，彼得雷乌斯也写了一篇类似的推荐广告。然后，当他在1550年出版卡尔达诺的《论精巧》（*De subtilitate*）时，彼得雷乌斯承认推荐广告是自己写的。同样，当彼得雷乌斯于1534年出版《算法演示》（*Algorithmus demonstratus*）时，其推荐广告的结束语为：*Quare* *eme*，*lege*，& *iuvaberis*（因此，请购买、阅读和欣赏吧）。9年后，他为哥白尼著作所写的推荐广告以同样的笔调但略微不同的语句作结：*Igitur eme*，*lege*，*fruere*（因此，请购买、阅读和欣赏吧）。所有这四段推销的话都明确无误地出自同一人之手。

扉页上警告不懂数学的读者不要读《天球运行论》的话很可能出自奥西安德尔，他为彼得雷乌斯编辑的不仅有哥白尼的《天球运行论》，还有卡尔达诺的《大术》。虽然奥西安德尔以其激进的神学观点和振奋人心的布道而著称，但他最喜欢的爱好是数学科学。他在《天球运行论》的扉页上用希腊文向非数学家留下了这句警告。当时一般认为这句话曾被铭刻在柏拉图学园的入口处。这所学校存在时，谁也没有提到过这样的铭文。但是在查士丁尼（Justinian）皇帝于529年下令关闭包括柏拉图学园在内的所有异教学校之后，约翰内斯·菲洛波诺斯（Joannes Philoponus）在其《亚里士多德的〈论灵魂〉评注》（*Commentaria in Aristotelem graeca*，XV，Berlin，1897，p. 117，lines 26—27）中第一次提到了上述假想的铭文。当法国数学家弗朗索瓦·韦达（François Viète，1540—1603）猛烈抨击哥白尼不能胜任时，他正是用这句警语来反对哥白尼本人。在指责哥白尼的“非几何学程序”时，用拉丁文写作的韦达却用了与警语中第一个词有关的希腊词*agemetresia*，这显然是基于一种（错误的）看法，即是哥白尼把这句警语置于了扉页。这一错误并非止于韦达。在《天文学革命》（*Astronomical Revolution*，Paris，1973），p. 73，§9中，亚历山大·柯瓦雷（Alexander Koyré）说：“无疑是得到了他的老师［哥白尼］的赞同，雷蒂库斯才把这句著名的格言置于《天球运行论》的扉页上，［至少］根据传统的说法，这句格言位于［柏拉图］学园的大门上方。”

《天球运行论》的排印是在1543年3月21日前几天完成的。这时富格尔家族（Fugger）银号的一位雇员塞巴斯蒂安·库尔茨（Sebastian Kurz）从纽伦堡寄了一个副本给皇帝查理五世。而当时身在弗龙堡的哥白尼直到1543年5月24日即他逝世那天才收到一本。见Marcel Bataillon，“Charles-Quint et Copernic: documents inédits,” *Bulletin hispanique*，1923，*25*：256—258，或*La Revue de Pologne*，

1923，2nd series，1：131—134，以及*Avant*，*avec*，*après Copernic* (Paris，1975)，p. 184。

安德列亚斯·奥西安德尔的序言

在《天球运行论》的第一位编者雷蒂库斯离开纽伦堡去莱比锡大学（该校刚任命他为数学教授）后，奥西安德尔插入了这篇序言。它有力地展示了构造论的科学哲学。当时彼得雷乌斯把《天球运行论》的编印事务托付给了奥西安德尔。奥西安德尔是一位多产的作者，他的一些作品已由彼得雷乌斯排印。

雷蒂库斯是维滕堡（Wittenberg）大学的一名年轻的教授，他于1538年获准休假，以便走访德国天文学家，可能正是在这时，奥西安德尔第一次见到了他。后来，当雷蒂库斯关于哥白尼天文学的《第一报告》（*First Report*）于1540年在格但斯克（Gdańsk）出版时，他寄了一本给奥西安德尔。新体系竟然自称是真实的，这使这位路德派传教士大为震惊，因为他认为神的启示是真理的唯一来源。1541年4月20日，他给哥白尼写了一封信，此信的仅存部分如下：

> 关于假说，我总感到它们不是信条，而是计算的基础。因此即使它们是错误的也无妨，只要它们能够精确地再现运动现象就可以了。如果我们遵循托勒密的假说，谁能告诉我们太阳的非均匀运动究竟是因为本轮还是因为偏心圆而发生的？这两种安排都 335
> 能解释现象。因此你在你的介绍中谈到这件事情似乎是可取的。你这样做就可以安抚亚里士多德主义者和神学家们，他们的反对你是害怕的。

同一天，奥西安德尔还给雷蒂库斯发了一封信。雷蒂库斯当时也在弗龙堡，正期待哥白尼临终前能够看到《天球运行论》。奥西安德尔在第二封信中继续沿着第一封信的思路写道：

> 亚里士多德主义者和神学家们将很容易被安抚，只要他们听说：对同一种视运动可以有不同的假说；提出现有的假说并非因

> 为它们实际上是真的，而是因为它们可以尽可能方便地调节视运动与组合运动的计算；别人可能设计出不同的假说；一个人可以设想一种合适的体系，另一个人可以设想出更合适的体系，这两个体系都能产生同样的运动现象；每一个人都能随意设计出更方便的假说；如果他成功了，就应祝贺他。这样就可使他们不再进行严厉的辩护，而是为研究的魅力所吸引。首先他们的对抗会消失，然后他们按自己的设想寻求真理会徒劳无功，于是便转向作者的见解。

不幸的是，哥白尼的回复没有留下来。但据看过复信的约翰内斯·开普勒（1571—1630）说，“哥白尼被一种斯多亚派的坚定信念所激励，认为他应当公开发表他的坚定看法，即使这门科学会受到损害”（3CT，p. 23）。

于是奥西安德尔知道，哥白尼拒绝接受其构造论哲学。哥白尼认为，世俗的人类理性完全能够获得物理宇宙的真相，他本人就已经揭示了物理宇宙的一些奥秘。但由于造化弄人（这在人类历史上是屡见不鲜的），监印《天球运行论》的任务竟然落在了一位与作者的基本观点截然相反的编辑身上。这位（未来的）编辑曾努力劝说作者掩饰自己的思想，但作者坚决拒绝了。

在这一努力失败之后，奥西安德尔塞进了他那篇构造论声明，并小心翼翼地隐藏了自己的名字。它就这样偷偷摸摸地塞进了正文前部，以致彼得雷乌斯没有注意到它。虽然奥西安德尔成功地没有让彼得雷乌斯发现自己是这篇插入序言的作者，但他后来还是公开承认了自己的花招。尽管雷蒂库斯很快便发觉了此事，布鲁诺也斥责其作者是一个笨蛋，但这篇插入的序言还是愚弄了许多读者，包括19世纪伟大的天文学史家德朗布尔（J. B. J. Delambre），他并未怀疑它是伪造的。现存最早的重要哥白尼传记（完成于1588年10月7日）的作者伯纳迪诺·巴尔迪（Bernardino Baldi，1553—1617）同样没有察觉到。在总结了新天文学的一些关键特征（天是静止的，地球绕静止于宇宙中心的太阳运转）之后，巴尔迪指出，哥白尼“为自己开脱说，他这样做并非因为他相信这是真的并且是事物的本性，而是认为这样可以更方便地完成其任务，从而被诱使这样做”［译自意大利文本，重印于Biliński，*La vita di Copernico di B. Baldi*，1973，pp. 21—22，lines 58—60］。巴尔迪误认为奥西安德尔的序言系哥白尼所作，这与他对哥白尼和博洛尼亚的误述是一致的。巴尔迪（line 23）说哥白尼到达博洛尼亚时的年龄为“大约21岁”，而当时这位法律学生和未来的天文学家已经23岁零8个月了。巴尔迪说“大约21岁”，是因为他不确定哥白尼到底生于1472年还是1473年，不过他肯定哥白尼是1494年进入博洛尼亚大学的（line 25）。实际上他是1496年被录取的。

在思想史上，奥西安德尔既不是第一个也不是最后一个拥护其科学哲学版本的。19世纪著名的有机化学家凯库勒（Kekulé）宣称：

> 从化学的观点看，原子是否存在的问题没有什么重大意义。关于它的讨论其实属于形而上学。在化学中我们只需确定，采用原子是否是一种有利于解释化学现象的假说。我们更需要考虑的问题是，原子假说的进一步发展是否会促进我们对化学现象机理的认识。

> 我毫不犹豫地说，从一种哲学观点来看，如果取“原子”一词的字面含义即“不可分的物质粒子”，则我并不相信原子是实际存在的。我非常希望有一天可以为我们现在所谓的原子找到一种数学—力学的解释。这种解释将能说明原子量、原子价以及所谓原子的其他许多性质。然而，作为化学家，我认为原子假说在化学中不仅是可取的，而且是绝对必需的。我还愿意进一步宣 336
> 布我的信念，即化学原子是存在的［原文为斜体字］，只要把这个词理解成在化学变化中不可再分的物质；粒子。……事实上，我们可以采用杜马（Dumas）和法拉第（Faraday）的观点，即“无论物质是否是原子的，可以确定的是，只要承认它是原子的，它看起来就会像现在这样行为”［Richard Anschütz，*August Kekulé*，Berlin，1929，II，366］。

在托勒密体系中，金星与太阳的距角可以这样来说明：金星沿着一个本轮的圆周运转，该本轮的中心则以太阳的平均行度运行。因此，金星本轮的半径必须足够长，才能产生该行星与太阳的大于40°比如45°的大距。在所得的等腰直角三角形中，设金星本轮半径＝1。于是此行星与位于托勒密宇宙中心的地球之间的近地距离≈$^1/_2$，而其远地距离≈$2^1/_2$，即大“3倍多”。因此，如果托勒密是正确的，那么金星的视直径在近地点看起来会比在远地点大3倍多，从而星体会大15倍多。正如奥西安德尔正确指出的，从未有人这样报导过金星亮度的这种变化。奥西安德尔对托勒密体系这一缺陷的强调曾被误归于哥白尼：“在一个引人注目的情形中，他［哥白尼］指出了托勒密无法说明金星的亮度变化这一错误”（Derek Price，“Contra-Copernicus,” in *Critical Problems in the History of Sciences*，University of Wisconsin Press，1959，p. 198）。哥白尼从未让人注意过托勒密无法说明为什么用肉眼看不出金星的亮度变化。也许这一情形使普莱斯头脑发昏，以至于把奥西安德尔和哥白尼搞混了。哥白尼之所以反对托勒密体系中庞大的金星本轮，其根据并不在于没有相伴随的金星亮度变化，而在于“丰饶原理”：宇宙是充满的，如果托勒密是正确的，那么宇宙不会包含像金星本轮内部那样如此之大的无用空间（《天球运行论》，I，10）。

尼古拉·舍恩贝格的信

为了谋求条顿骑士团的骑士们与波兰王国之间的和平，尼古拉·舍恩贝格（1472—1537）于1518年作为罗马教皇的使节前往瓦尔米亚（Varmia）。当时舍恩贝格尚未见过哥白尼，甚至没有听说过他。然而，1534年9月25日教皇克雷芒（Clement）三世逝世后，这种情况改变了，因为教皇的秘书约翰·阿尔布莱希特·魏德曼斯泰特（Johann Albrecht Widmanstetter，1506—1577）进入了舍恩贝格的机构。在1533年6月6日与9月9日之间，魏德曼斯泰特在梵蒂冈的花园发表了一次“对哥白尼地动观点的解释”的演说，为此教皇赐予他一份可观的奖赏，还给他看了一份珍藏的希腊文手稿（3CT，p. 387）。改换雇主之后，魏德曼斯泰特继续保持着对哥白尼天文学的兴趣。舍恩贝格于1536年11月1日签署的这封致哥白尼的信很可能是由魏德曼斯泰特起草的。虽然哥白尼把舍恩贝格的信保存在他的文件夹中，并且后来准许这封信发表，使之能够印在1543年《天球运行论》的正文前部，但在这之间的6年中，哥白尼并没有接受舍恩贝格的请求，把他的著作寄到罗马，或者由红衣主教出资在弗龙堡复制。哥白尼的无行动和沉默大概是出于其特有的谨慎。

为了填补这种沉寂，巴尔迪捏造了一个与历史事实完全不符的情节。他假想：

> 舍恩贝格看到了哥白尼的著作，认识到它的完美和卓越，并把它呈献给教皇，经教皇裁决它获得赞许。这位红衣主教［舍恩贝格］询问哥白尼愿意出版这部著作的诸多理由。……哥白尼把它献给了教皇保罗三世。前面已经谈到，正是经由教皇裁决，它才获得赞许。至于哥白尼因此而获得了什么奖赏，以及在这一事件中发生了什么，我并不知道（Biliński, *Vita*, 22–23, lines 103–106, 109–111）。

倘若巴尔迪不是假装知道舍恩贝格已经有了一份《天球运行论》的手稿副本，并把它呈献给教皇，并获得教皇赞助，以及舍恩贝格再次向哥白尼提出问题，那么历史的准确性就会好得多。根据现有文献，1536年11月1日之后舍恩贝格并未与哥白尼有过这样的联系，教皇也从未赞许过《天球运行论》。在其哥白尼传记的简写本（*Cronicade'matematici*，Urbino，1707，p. 121）中，巴尔迪只是说"哥白尼把他的伟大著作《天球运行论》献给了保罗三世"，而对料想的教皇的任何赞许未置一词。

出生约比哥白尼晚5年而在他之后10年去世的吉罗拉莫·弗拉卡斯托罗（Girolamo Fracastoro）的相反情形很有启发性。他和哥白尼一样，把自己的天文学著作《同心轨道》（*Homocentrics*，Venice，1538）献给了教皇保罗三世。但是和不露锋芒且沉默寡言的哥白尼不一样，弗拉卡斯托罗在献词中十分坦率地告诉我们，是什么诱使他把书献给教皇。弗拉卡斯托罗为自己有空闲写书而深深感谢其慷慨的赞助人——其故乡维罗纳（Verona）的主教吉安·马蒂奥·吉贝蒂

（Gian Matteo Giberti）。因此弗拉卡斯托罗首先希望把他的《同心轨道》献给吉贝蒂。

337 但主教回复说："你的书将不在我的赞助下，而会在更强有力的赞助下出版。如果我有这样的才能，我会因把这部新著献给新教皇而感到愉快。"当时保罗三世刚刚升任教皇。一方面，吉贝蒂拿到了弗拉卡斯托罗的著作，并让作者把它献给教皇保罗三世。而另一方面，尽管有巴尔迪的设想，但红衣主教舍恩贝格从来没有拿到哥白尼的著作，也从未把它呈献给教皇，而教皇也从未赞许过它。

事实上，教皇保罗三世最欣赏的神学家、其宗座宫殿主管巴尔托洛梅奥·斯皮纳（Bartolomeo Spina）"曾经计划谴责他的书［哥白尼的《天球运行论》］，但因为生病和去世，他未能实现这个"计划。保罗三世最亲近的神学顾问对《天球运行论》的这种敌视态度被斯皮纳的密友乔万尼·玛丽亚·托洛萨尼（*Giovanni Maria Tolosani*）记载下来。他补充说："［斯皮纳1546年去世］之后，为了为神圣教会的共同利益保卫真理，我着手在这部小作品中完成这一任务。"（*Studia Copernicana*，VI，42）。这里所说的"小作品"是托洛萨尼附加给其长篇论著《论圣经的真理》（*On the truth of Holy Scripture*）的。后来对伟大的哥白尼主义者伽利略发起攻击的多明我会传教士便是利用了这个小册子的手稿，这次攻击以判处这位卓越的意大利科学家终身监禁而了结（*Studia Copernicana*，VI，31）。

或许巴尔迪听说过教皇克雷芒七世于1533年对魏德曼斯泰特"对哥白尼地动观点的解释"的实际赞许？于是巴尔迪误把真实情况变成了教皇保罗三世对哥白尼《天球运行论》的假想的赞许？哥白尼果真获得过保罗三世关于《天球运行论》的出版许可吗？有什么现实原因使他没有在序言的某个显著位置对此作公开声明？关于这些问题，参见 Edward Rosen，"Was Copernicus'*Revolutions* Approved by the Pope?" *Journal of the History of Ideas*，1975，*36*：531—542。

舍恩贝格提到了"第八层天"。这个词指的是恒星天球，传统天文学认为七颗行星分别位于其自身的天球上，这些天球都在第八层天即恒星天球之下。在这八层天或八个天球中，有六个被托马斯・库恩（Thomas Kuhn）忽略了，其《哥白尼革命》（*Copernican Revolution*）一书多次提到“古代的两球宇宙”。

舍恩贝格的代理人，雷登的特奥多里克（Theodoric of Reden），是瓦尔米亚教士会驻罗马的代表。可能是他使魏德曼斯泰特注意到了与之同为教士的哥白尼的天文学。特奥多里克返回弗龙堡之后，成为哥白尼遗愿和遗嘱（并未留存下来；3CT，p. 404）的四位执行人之一。

《天球运行论》正文注释

致教皇保罗三世陛下 哥白尼《天球运行论》原序

[1] 1543年9月，彼得雷乌斯把一部《天球运行论》的副本赠给了雷蒂库斯的朋友阿基里斯·佩尔明·加塞尔（Achilles Pirmin Gasser，1505—1577），这本书现藏于梵蒂冈图书馆（Enrico Stevenson，Jr.，*Inventario dei libri stampati palatino-vaticani*，Rome，1886—1889，vol. 1，part 2，page 161，no. 2250；扉页的一个复制品见Karl Heinz Burmeister，*Achilles Primin Gasser*，Wiesbaden，1970，I，77）。在该书第一帖的folio 2^v上，加塞尔写道，哥白尼的序言是"1542年6月在普鲁士的弗龙堡撰写的"（Z，p.451）。这可能是彼得雷乌斯或雷蒂库斯告诉加塞尔的。无论如何，当雷蒂库斯于1541年秋离开弗龙堡返回维滕堡大学任数学教授时，他所携带的《天球运行论》手稿似乎并不包含这篇序言（因为它当时还没有写）。后来在冬季学期末的1542年5月1日，雷蒂库斯离开维滕堡大学赴纽伦堡，彼得雷乌斯开始在纽伦堡排印《天球运行论》。是否在那里和那个时候计划让哥白尼写这篇序言，把《天球运行论》献给当时在位的教皇？如果是这样，我们便可理解为什么序言的手稿没有保留下来。因为如果哥白尼在1542年6月撰写序言后把它直接寄往纽伦堡，则它必定有着与彼得雷乌斯用于印刷N的那份手稿的同样命运。那份印刷稿与序言的手稿一起彻底不见了踪影。保存下来的《天球运行论》手稿是哥白尼撰写序言前大约9个月雷蒂库斯离开弗龙堡时留下的那一份。由于哥白尼手稿中表示大量增删和插入的复杂符号容易把排字工人弄糊涂，雷蒂

库斯需要为彼得雷乌斯的印刷作坊提供一个整洁的本子。

伽利略对这些复杂的情况（如果以上所说是正确的话）一无所知，他只知道《天球运行论》的前两个印刷版本（1543年和1566年）。在伽利略的时代，从哥白尼的同时代人所写的信件和旁注中找到的东西尚不为人知。作出一些毫无根据的推断后，这位伟大的意大利科学家在其《致克里斯蒂娜大公夫人的信》（*Letter to the Grand Duchess Christina*）中犯了一个可怕的错误。他说哥白尼“已经遵从教皇的命令承担其艰巨事业，……把他的书献给了保罗三世”。当然，并没有哪位教皇曾经命令哥白尼撰写《天球运行论》，而哥白尼也不需要教皇或任何别人命令他撰写这部为此奉献终生的著作。

伽利略的勇敢支持者托马索·康帕内拉（Tommaso Campanella）以异教徒的罪名被判终身监禁，他在意大利那不勒斯的监狱里服刑时写了《为伽利略辩护》（*Defense of Galileo*，Frankfurt，1622）一书。康帕内拉甚至比伽利略更加误入歧途地说，“哥白尼把书献给了教皇保罗三世，……教皇赞许了它”，并“允许该书付印”。实际上，对于四分之三个世纪之前在弗龙堡和纽伦堡发生的事情，身陷囹圄的康帕内拉和牢外的伽利略（和巴尔迪）了解得都不多。一个客观的历史事实是，没有丝毫证据表明保罗三世事先获悉哥白尼有意出版《天球运行论》并把此书献给他，也没有任何迹象表明教皇喜欢《天球运行论》及其献词。然而，尽管缺乏证据，许多作者仍然以各种形式不加批判地重复着巴尔迪、伽利略和康帕内拉有违历史的断言。

[2] 这封信的译文见第一卷第十一章。收信人希帕克斯并非与之同名的公元前2世纪的大天文学家，而且与毕达哥拉斯学派毫无关系。

[3] 舍恩贝格给哥白尼的信见前面。哥白尼说舍恩贝格“在每一个学术领域都享有盛名”，这似乎是对这位红衣主教的客套恭维而非诚实评价。舍恩贝格的少得可怜的学术著作目录见Jacques Quétif and Jacques Echard，*Scriptores ordinis praedicatorum*，Paris，1719—1723，II，103—104（reprinted，Burt Franklin，New York，1959）。

[4] 吉泽（1480—1550）自1504年起与哥白尼同为在大教堂中任职的教士，也是他最亲密的朋友之一。1537年9月22日，吉泽成为

切姆诺（Chelmno，德文名为库尔姆［Kulm］）的主教。在哥白尼的敦促下，他于1525年在克拉科夫出版了一部论战著作（有两个版本）。这本书显示出他的神学知识。哥白尼逝世6年后，吉泽于1549年5月20日成为瓦尔米亚的主教。

［5］罗马作家贺拉斯（Horace）在其《诗艺》（*Art of Poetry*）（lines 388—389）中劝告初露头角的作者们不要在作品刚写成就立即发表，而要把它放到“第九个年头”。哥白尼采用了这个潜伏期的4倍，有时被人误解为他用了整整36年来创作《天球运行论》。按照这种计算，他应在1507年（或1506年）就开始（甚或按另一种版本，是结束）写作这本书。而实际上，在1508年以前他不曾想到过地动宇宙（3CT，p. 339），而在此之后至少几年他才开始撰写《天球运行

339 论》。哥白尼说1542年6月这部著作已在其第四个9年之中，他的意思是在1515年前某个时候他已开始撰写。

［6］哥白尼这里没有提到雷蒂库斯，近年来曾被认作一桩“丑闻”和“对雷蒂库斯的背叛”。但雷蒂库斯本人并未埋怨哥白尼轻视他，也没有感到或表达对其老师的任何不满。与此相反，雷蒂库斯后来公开宣称哥白尼“从未受到足够的赞扬”，并且公开表示他“始终珍视、敬重和尊重哥白尼，不仅作为一位老师，而且作为一个父亲”。其生父已被当作男巫而斩首。雷蒂库斯是一个新教徒，维滕堡大学的数学教授，也是反教皇的路德宗异端智囊团中富有斗争性的一员。他很清楚，在一篇献给教皇保罗三世并称颂卡普亚红衣主教与切姆诺主教的序言中，他的名字将不会出现。

虽然关于雷蒂库斯对N的反应，我们并没有任何直接的资料，但我们知道他即时地给吉泽寄去两个副本还有一封信，不幸的是该信已经遗失。不过，我们的确有吉泽给雷蒂库斯的回复，该信是他于1543年7月26日在其位于切姆诺主教辖区的卢巴瓦（Lubawa）写的。由于这个文件有重要的历史意义，现将它翻译如下。

> 我在克拉科夫参加［波兰的西吉斯蒙德·奥古斯都（Sigismund Augustus）王子与奥地利的伊丽莎白女大公的］皇家婚礼之后返回卢巴瓦时，收到了你寄来的我们的哥白尼新近出版

著作的两个副本。我到普鲁士之后才听说他的死讯。失去了这位非常伟大的人物和我们的兄弟，我感到悲痛。他的书仿佛使他死而复生，阅读他的书能使我平复自己的哀思。然而一翻开这本书我就察觉出一种不诚实，正如你正确指出的，这是彼得雷乌斯的恶劣行径。这引起我的义愤，比我之前的悲伤更为强烈。对于在真诚的掩饰下所做的这种如此不光彩的行为，谁能不感到极度痛苦呢？

但我还不能断定，［这种不端行为］应归咎于依赖他人劳动的这位出版商，还是某个心怀嫉妒的人。如果这本书赢得名声，他就不得不悲痛地放弃从前的信仰。也许是担心这一情况出现，他就利用［印刷商的］天真来冲淡原著中的信念。然而，为了不使这个受别人欺骗而误入歧途的人免受惩罚，我已致函纽伦堡市议会，说明了为了恢复作者的信念我认为应当做的事情。现在我随信寄去该函的一份抄件，以使你能够决定这件事根据已经出现的情况应如何处理。我认为谁也不比你更适合和更迫切地想与该市议会共同处理此事。在这出戏中扮演领导角色的正是你，因此在恢复被歪曲的情节方面，现在你的作用会比作者更大。如果你认为这件事有意义，我热情恳求你极度认真地办理它。如果前面几页要重印，你似乎应补充一篇简短的导言，它还可以洗清在已经流传的那些副本中由不诚实的行为所留下的污点。

我在正文前部还想看到你所写的很有品位的作者传记，我曾经读过一次。我认为你的叙述中只缺少他的逝世。他因脑溢血和随后5月24日的右身瘫痪而离世。在这之前很多天，他的记忆已经丧失而且神志不清。直到逝世那天，他在弥留之际才看到自己的著作。

在他死之前流传这部已出版的著作，这并没有什么问题，因为年份是对的，而出版者并未标明印刷完毕的日期。我还希望你的小册子能够加进来，你在其中完全正确地保卫了地动学说免于与《圣经》相冲突。这样一来你可以把该书充实成合适的篇幅，还可以对你的老师在其序言中没有提及你这一伤害进行修补。我认为这一疏忽并非因为他不尊重你，而是由于某种冷淡和漠不关心（他对一切非科学的东西都不够留意），特别是当他变得日渐衰弱时。我并非不知道，他对你积极而热情地帮助他经常予以高度评价。

对于你寄给我的书，我对赠送者深怀感激。这些书会经常提醒我，不仅要纪念我一向尊重的作者，还要记住你。你已经表明你是他工作中的一位得力助手，现在你也用自己的努力和关心来帮助我们，以免我们无法欣赏这部精湛的作品。不消说，我们都因为你的这种热忱而感谢你。

340 请告诉我这本书是否已经寄给教皇。如果还没有，我愿为死者尽此义务。再见。（拉丁文本载PII，419—421）

雷蒂库斯必定欣然接受了吉泽的建议，把他对彼得雷乌斯的控告提交给纽伦堡市议会。接着，纽伦堡市议会把这一控告传达给了彼得雷乌斯，他向市议会提交了初步答复。在1543年的市议会手稿档案中，议会秘书希罗尼穆斯·鲍姆加特纳（Hieronymus Baumgartner）记录了8月29日星期三的以下决议：

566 约翰内斯·彼得雷乌斯对主教信函的答复，致普鲁士切姆诺主教蒂德曼［·吉泽］。彼得雷乌斯复信中的尖锐措词应予删除并改为温和词句。又及：根据彼得雷乌斯的答复，不应就此事惩罚他。（MK，p. 403）

不幸的是，彼得雷乌斯的初步答复以及市议会给吉泽的正式答复都没有保存下来。

然而，彼得雷乌斯自我辩解的主要内容可以从米沙埃尔·梅斯特林（Michael Mästlin，1550—1631）所藏的一本N的正文前部fol. 2^r顶部所写的一个注释推断出来。梅斯特林是图宾根（Tübingen）大学天文学教授，人类要深深地感谢他，因为他使伟大的约翰内斯·开普勒皈依了哥白尼学说。梅斯特林的那本N现藏于瑞士沙夫豪森（Schaffhausen）市立图书馆。视力好得出奇的梅斯特林用自己的微小字体写道：

关于［奥西安德尔写的］这篇序言，我，米沙埃尔·梅斯特

> 林，从菲利普·阿皮安（Philip Apian）的书（这是我从他的遗孀那里借来的）中某处找到了以下手写的话。尽管书写人没有附上名字，但我从字形很容易认出，这是菲利普·阿皮安的手迹。于是我猜想，这些话是他从某个地方抄来的，其目的无疑是要保存它们。“由于这篇序言，莱比锡的教授和哥白尼的学生格奥格·约阿希姆·雷蒂库斯卷入了一场与印刷商［彼得雷乌斯］的非常激烈的争执。后者宣称，这篇序言是与书中其余部分一齐交给他的。然而雷蒂库斯却猜测，是奥西安德尔把它塞进了该书正文前部。他宣称，如果雷蒂库斯知道这是事实，他会把这家伙痛打一顿，让他以后只管自己的事，再也不敢给天文学家造成损害。”但阿皮安告诉我，奥西安德尔向他公开承认，是他把这篇［序言］作为自己的看法加到书里的。（Z，p. 453）

不幸的是，我们并不确切知道奥西安德尔是什么时候向菲利普·阿皮安（1531—1589）公开承认这一点的。后者住在因戈尔施塔特（Ingolstadt），他的父亲彼德·阿皮安（Peter Apian）是当地大学的数学教授。奥西安德尔出于宗教原因于1548年11月18日前后被迫离开纽伦堡另寻职位。这时他可能去过因戈尔施塔特以南50英里处的大学，他年轻时曾在该校学习。如果是这样，菲利普·阿皮安也许听到过1548年11月奥西安德尔在因戈尔施塔特发表的关于序言的声明。

奥西安德尔的招供的下一个传播阶段要更为确定。1568年12月3日，梅斯特林考入了图宾根大学，而菲利普·阿皮安于1570年3月1日成为该校的数学教授。梅斯特林于1570年7月6日买了他的N。必定是在那时或此后不久，阿皮安向梅斯特林重复了奥西安德尔的自白，即承认在N中插入他的序言是他自己的主意。他是偷偷摸摸干的。于是在纽伦堡市议会把吉泽的控告交给印刷商并要求他答复时，彼得雷乌斯才第一次发现此序言并非哥白尼所写，而是别人写的。

由于市议会接受了彼得雷乌斯的解释，即他被奥西安德尔的诡计欺骗了，并且立即决定不再讨论此事，所以吉泽关于修订《天球运行论》正文前部的建议未能付诸实施。于是雷蒂库斯的哥白尼传记以及他关于新天文学与《圣经》可以相容的辩护都没有印出来（而且此后就消失了），尽管他的名字仍然不见于《天球运行论》，而如果没有他的介入，这本书很可能永远不会出版。

而另一方面，彼得雷乌斯与奥西安德尔之间继续存在着真诚的合作关系。这可见于《天球运行论》问世两年后又出版了卡尔达诺的《大术》。此书献给编者奥西安德尔，并由彼得雷乌斯承印。

［7］关于哥白尼对“回归年”的定义及其与“恒星年”的区别，见III，1。

［8］围绕同一中心——静居于宇宙中心的地球——运转的同心球是亚里士多德和亚里士多德主义者唯一承认的宇宙论单元。业已发
341 现，这一同心原则无法说明所有已知的天界现象，要对其中一些现象作出解释，可以让天球的中心不在中心的地球，或者把天体置于一个本轮上，而本轮的中心围绕着一个同心或偏心的均轮运转。使用偏心圆和本轮的天文学体系在公元2世纪克劳迪乌斯·托勒密的《天文学大成》（*Syntaxis*，误称为《至大论》［*Almagest*］）中达到了顶峰。《天文学大成》的希腊文本（以后引做PS）于1538年在巴塞尔首次出版。雷蒂库斯于1539年送给了哥白尼一本该书的第一版，但为时已晚，不能对《天球运行论》的编写产生任何重大影响。在此之前的25年间，哥白尼使用过PS的两种拉丁文译本。克雷莫纳的杰拉德（Gerard of Cremona）的译本（Venice，1515；此后引做PS 1515）是从阿拉伯文本转译的，而特拉布松的格奥格（George of Trebizond）的译本（Venice，1528）则是直接基于托勒密的希腊文本。哥白尼还看过格奥格·普尔巴赫（George Peurbach）和约翰内斯·雷吉奥蒙塔努斯（Johannes Regiomontanus）的《托勒密〈天文学大成〉概要》（*Epitome of Ptolemy's Almagest*）（Venice，1496；此后引做P-R）。瓦尔米亚教士会的PS 1515副本现藏乌普萨拉（Uppsala）（MK，pp. 242—292），而它的P-R副本没有查到（ZGAE，*5*：374—375）。哥白尼对1528年译本的使用由内在证据所确立。

［9］“均匀运动的第一原则”要求一个旋转的圆在相等时间内走过从圆自身的中心量出的等弧。正如托勒密对这一原则的表述（PS，III，3），“行星的所有向东运动……本性上都是均匀的和圆形的。也就是说，被设想引起行星旋转的直线或行星的圆轨道在一切

情况下都在相等时间内均匀地走过在各圆中心所成的相等角度”。然后在PS，IX，2中，托勒密解释了为什么“我们的任务是把五颗行星所有观测到的非均匀性……都当做由完全均匀和圆周的运动所引起的而导出来”。因为只有这种匀速圆周运动才能“与神圣的［天体］的本性相一致，天体远非无秩序和不规则”。托勒密宣称，对匀速圆周运动的任何偏离都是无秩序的、不规则的、与天体及天界运动的本性不相容的，但他在PS，IX，5中进而引入的恰恰是这样一种偏离：“对偏心圆的中心而言，本轮在相同时间内在均匀向东运动中扫过相同角度，而本轮自身的中心不能在这样的偏心圆上运动……本轮中心围绕着符合下列条件的圆周上运转：（a）与产生近点角的偏心圆相等，但（b）并非围绕相同的中心”。本轮中心与偏心圆中心的距离保持恒定，但本轮中心在相等时间内在偏心圆中心所成的角并不相等。这与“均匀运动的第一原则”相矛盾，哥白尼在这里用它来反驳“那些设计出偏心圆的人”。

［10］正如哥白尼在前面记起贺拉斯对有志作家的建议［见注释（5）］，这里他重复了《诗艺》的前五行。

［11］哥白尼关于宇宙作为一部世界机器（*machina mundi*）的观念与他坚持绝对信奉均匀运动原则有关。一个机械圆或轮子在做旋转运动时，如果（根据天文学家的传统信念）这种旋转注定会无限期地持续下去，则它必定是围绕自身的中心均匀转动。因此，匀速圆周运动是一种机械上的需要。任何一部平稳运转的机器，首先是平稳运转的世界机器，在一位赞美者看来或许也是很美的。但因此之故，他的观点并不完全是美学的。在这次对世界机器的提及之后几行又引用了西塞罗的说法。对于这位罗马哲学家在《诸神的本性》（*Nature of the Gods*，I，10）中的这段话，哥白尼或许已经很熟悉。在那里，一位演讲者回忆起“柏拉图否认有任何形状比球体更美”。“而在我看来，圆柱体、立方体、圆锥体或棱锥体似乎要更为可爱”。关于美的判断可能会改变。但如果让一个机械轮在地球上或在天文学家的天上不绕其自身的中心而绕别的某个中心以均匀速度旋转，则它将不会像哥白尼对天所相信的那样长久旋转。因此，他的世界机器只能绝对均匀地运转。

［12］“根据塞奥弗拉斯特（Theophrastus）的说法，叙拉古的

希克塔斯认为天空、太阳、月亮、恒星——简而言之所有天体——都静止不动，宇宙中只有地球在运动。由于地球以最大的速度绕轴旋转，所产生的现象就和天在运动而地球静止时一样”（Cicero，*Academic Questions*，II，39，123）。哥白尼在弗龙堡教士会图书馆可以找到一份包含西塞罗*Academic Questions*的手稿（ZGAE，5：377，n.56）。哥白尼在西塞罗这本书上找到了上面这段话，并把它抄在了老普林尼（Pliny the Elder）《博物志》（*Natural History*，Venice，1487）sig. $a2^{v}$的下半部分。他在老普林尼书中的手写摘录的一个照相复制品现藏瑞典乌普萨拉大学图书馆，出版于MK，正对着p. 567。和早期的印刷版本一样，哥白尼所看到的西塞罗手稿误把“N”当成了这位叙拉古地动主义者名字的首字母。这里提到了西塞罗，但没有引用他的话，这与下一份古代文献不同。那份文献在天文学上有意义，而在西塞罗这里，否认月亮的运动是地球旋转的结果，这必定使哥白尼确信这段引语是不可取的。

342 ［13］*Opinions of the philosophers*，III，13。在哥白尼的时代，这部著作被认为是普鲁塔克所写，但现在认为这是错误的。由于哥白尼引用的是伪普鲁塔克的原文，所以他必定能够看到希腊文本，它第一次刊印于阿尔定版（Aldine edition）的*Plutarchi opuscula LXXXXII* (Venice，1509)，这段引文在p. 328。它遗漏了两个关键词（*alla treptikos*），哥白尼也遗漏了。

虽然哥白尼的天文学仅在有限程度上与毕达哥拉斯学派的天文学有相似之处，但由于他引用了伪普鲁塔克所提到的毕达哥拉斯主义者菲洛劳斯和埃克番图斯的话，这使一些肤浅的读者和作者把他的体系称为毕达哥拉斯主义的。这种倾向后来加强了，1616年3月5日，罗马天主教会的禁书目录圣会（Sacred Congregation of the Index）在处理一批书籍的法令中宣布，《天球运行论》若不改正便中止发行。我们的这本著作受到了如下谴责：

> 上述禁书目录圣会注意到，毕达哥拉斯学派关于地球运动而太阳不动的学说是错误的，它完全违反《圣经》。尼古拉·哥白尼在其《天球运行论》中讲授了这种学说。……这种学说已经广为

人知，为许多人所接受。……因此，为使这种有损教会真理的观点不再继续传播，禁书目录圣会决定，上述尼古拉·哥白尼的《天球运行论》……若不修改则应中止发行。

1620年宣布了以下警告（*Monitum*）：

对尼古拉·哥白尼之读者的警告以及对那位［作者］的修改

禁书目录圣会的神父们决定，著名天文学家尼古拉·哥白尼论述宇宙运转的著作应当完全禁止，因为该作者毫不犹豫断言的有关地球位置和运动的原则与《圣经》及其正确的教会诠释不相容（对于一个基督教徒而言，这种举动是不能容忍的），而且他把这些原则不是当成假说，而是当成可靠的真理。但尽管如此，由于他的著作中包含着许多对教会非常有用的内容，禁书目录圣会一致决定，已经付印的哥白尼著作应被准许，禁书目录圣会赐予特许，只要按照附加的订正要求，对作者讨论地球位置和运动（不是作为假说而是断然肯定）的那些段落进行修改。如果上述各段修订如下，并把这一修改附在哥白尼的序言之前，则今后各版可准予发行。

“对哥白尼书中应予修改段落的修订”将在合适的地方指出。

对《天球运行论》的谴责发生在《禁书目录》（*Index of Prohibited Books*）两个官方修订版之间的时期，其最近一个版本是教皇克雷芒八世于1596年批准颁布的。在这份克雷芒目录的一个复印本（Rome，1624）后面附有《克雷芒八世目录问世以来颁布的关于禁书的所有法令》（*All the Decrees hitherto promulgated regarding Books Prohibited since the Index of Clement VIII*），包括1616年的中止法令和1620年的修改法令。禁书目录圣会的秘书弗朗西斯科·马格达林·卡皮费鲁斯（Franciscus Magdalenus Capiferreus）于1632年在罗马出版了被禁作者名单（*Elenchus*），其中有哥白尼的名字。后来在1664年由官方再次修订的《奉教皇亚历山大七世之命颁布的禁书目录》（*Index of Prohibited Books issued by order of Pope Alexander VII*）中，他再度被列入。该目录重印了中止法令和修改法令。《天球运行论》被列入禁书目录超过两个世纪，在此期间该书没有出版。第三版是1617年在中止法令颁布前出版的，而在1835年颁布的禁书目录中这本书不再列入，此后出了第四版。《天球运行论》第三版（Amsterdam，1617）的标题为《恢复的天文学》（*Astronomica instaurata*），后引做A，而第四版（Warsaw，1854）后引做W。

［14］哥白尼用拉丁文引用了这一格言，但它在任何古典罗马作家的作品中都未出现过。它首先由伊拉斯谟（Erasmus）译成拉丁文。伊拉斯谟在阿里斯托芬（Aristophanes）的著作中找到了这条格言，并把它收入其《千条格言集》（*Chiliades adagiorum*，Venice：Aldus，1508）中，它是该书中的第2629条。没有证据表明哥白尼直接熟知伊拉斯谟的格言选集。但他的朋友吉泽与伊拉斯谟有过通信。后者于1526—1527年出版了一本反对马丁·路德的论战性的小册子，名为《执盾手，以抵御他的抨击》（*Hyperaspistes for his Diatribe*）。伊拉斯谟这部著作标题中的第一个词Hyperaspistes被他的崇拜者吉泽用来作为其本人支持哥白尼学说与《圣经》相容性的论著标题。吉泽的（已经失传的）著作《执盾手》（*Hyperaspisticon*）引用了伊拉斯谟对哥白尼“十分赞许的”评判。如果没有吉泽的引用，没有人能知道这一评判。如果哥白尼与伊拉斯谟或这位荷兰学者的格言集之间没有任何直接接触，那么吉泽是最有可能的渠道，使哥白尼能够知道伊拉斯谟对阿里斯托芬格言的拉丁文翻译。

343 ［15］禁书目录圣会提出的第一项修改是删掉从此段开始至“天文学是为天文学家而写的”这句名言（即从*Si fortasse*至*hinostril labores*）之间的内容。

［16］通过扩充哥白尼关于《天球运行论》与得到正确理解的《圣经》完全相容的辩护，雷蒂库斯沿着相同的思路写了一本小册子。我们在前面已经看到（见注6），根据吉泽主教的判断，雷蒂库斯“完全正确地保卫了地动学说免于与《圣经》相冲突”。但与吉泽的《执盾手》一样，雷蒂库斯对哥白尼学说与《圣经》的调和努力也未能使之摆脱天主教反宗教改革势力的控制。

［17］Lactantius, *Divine Institutes*, III, 24.

［18］第五届拉特兰会议（1512—1517）开会期间，教皇利奥十世宣布他已经"与最伟大的神学和天文学专家交换了意见"，并"劝告并鼓励他们考虑补救和适当修改"已经出了问题的历法。教皇还说，专家们"有的写信，有的口头上告诉我，他们已经认真听从了我和我的指令。"但这些书面或口头的讨论并没有产生合适的修改，利奥十世遂发出普遍呼吁。例如他在1514年7月21日致神圣罗马皇帝的信中，敦促他"对于在您的帝国管辖下的所有神学家和天文学家，您应当命令每一位声誉卓著的人……来参加这次神圣的拉特兰会议。……但若有人出于某种正当理由无法赴会，请陛下指示他们……把认真撰写的意见寄给我"。三天后，他把一份印好的类似通知分发给其他政府首脑和各大学校长。1515年6月1日和1516年7月8日又重复了这一普遍邀请。弗桑布隆的主教，即米德尔堡的保罗（Paul of Middelburg, 1445—1553），发表了一份致利奥十世的报告，内容为教皇倡议修改通行历法中的缺陷所取得的结果。在那份名为《历法修改纲要》（*Secundum compendium correctionis calendarii*, Rome, 1516）的报告中，米德尔堡主教把哥白尼列入了提书面建议的名单中，而没有纳入前往罗马的人之列（sig. b 1）。不幸的是，哥白尼写的材料已经遗失。但现存证据否证了伽利略的说法，即"当利奥十世主持的拉特兰会议着手修正教历时，哥白尼应召从德国最偏僻的地区赴罗马从事改历工作"。由于伽利略的极大威望，这一错误说法经常被重复，类似的还有他所犯的相关错误，即1582年的格里高利历是"在哥白尼学说的指导下修订的"。

［19］巴尔迪错误地想象，米德尔堡的保罗于1516年前后给哥白尼写信（已遗失）之前，两人已经彼此熟悉。因为在谈到哥白尼1496年到达意大利时，巴尔迪没有根据地断言，"那时，他和意大利当时活跃的所有的知识界人士都很友好和熟悉，包括在乌尔比诺的圭多一世（Guido I of Urbino）公爵手下任职的米德尔堡的保罗"。然而，没有任何证据表明哥白尼曾经到过乌尔比诺，或者从1496年至1503年在意大利时曾遇见过米德尔堡的保罗。倘若米德尔堡的保罗已经是哥白尼的朋友，哥白尼这里难道不是肯定会直接指明，而不是正式和

生硬地提到“当时主持编历事务的弗桑布隆主教保罗这位杰出人物”吗？这与哥白尼关于“挚爱我的蒂德曼·吉泽，他是切姆诺的主教”的提法真是完全不同啊！

至于巴尔迪的生动想象，在其《数学纪事》（*Cronica de'matematica*, Urbino，1707），p. 81中，他把“一部论述东方三博士之星的论著”归于梅希林的亨利·贝特（Henry Bate of Malines），而根据博士论文研究贝特的亚历山大·比肯马耶尔（Aleksander Birkenmajer）的考证，贝特从未写过这部论著（*Studia Copernicana*，I，110）。

［20］正如哥白尼把舍恩贝格红衣主教说成“在每一个学术领域都享有盛名”，他称颂保罗三世是一位有学识的天文学家，这也是客套的奉承。

第 一 卷

［1］哥白尼给《天球运行论》第一卷写的引言保存在手稿中（fol. 1^r-2^r）。但这一简要陈述在N中没有印出，这可能是因为它被更长的全书序言取代了。正如我们已经看到的（见原序注［1］），这篇序言是哥白尼1542年6月对《天球运行论》作最后一次增补时写的。雷蒂库斯把第一卷的引言删掉了，这大概得到了哥白尼的同意，因为雷蒂库斯和吉泽都发现印成的纽伦堡版有差错［见原序注［6］］，但对删除引言都没有怨言。《天球运行论》第二版与第三版（Basel，1566；Amsterdam，1617）的编辑和出版商都没有见过哥白尼的手稿。然而到第四版时，手稿被发现了，于是它所包含的第一卷引言首次在W中印出。此后各版（Thorn，1873；Munich，1949；Warsaw，1972）当然都包括有第一卷引言。后面Thorn版引做T，Munich版（*Nikolaus Kopernikus Gesamtausgabe*，vol. II）引做Mu。

［2］哥白尼从普林尼《博物志》II，3，8中找到了这些词源：“对希腊人作为装饰所称的‘宇宙’，我们［罗马人］因其完美和绝对优雅而称之为*mundus*。我们还说*caelum*，它无疑是指一种雕刻品”。除了以上提到的1487年威尼斯版《博物志》（见原序注［12］），哥白尼还查阅了其教士会收藏的1473年罗马版。通过把名词*mundus*（＝宇宙）与形容词*mundus*（＝纯洁）联系起来，哥白尼回想起一

个比普林尼更早的权威解释。现代语言学家认为*caelum*和*mundus*的词源是不确定的。

［3］一个例子是柏拉图，其《蒂迈欧篇》结尾称天为“可见的神”。哥白尼在其教士会图书馆可以看到马西里奥·菲奇诺（Marsilio Ficino）翻译的柏拉图《著作集》拉丁文本（Florence，about 1485）。

［4］哥白尼此处谈到，天文学以前也被称为“占星学”。他写这本书时，后面一词的含义并不像今天那样局限于一种极为流行的错觉，即其他行星和恒星可以通过某种不可理解的方式来支配这颗行星上的人类事务。甚至迟至1676年9月17日，约翰·伊夫林（John Evelyn）还写道：“学识渊博的占星学家和数学家弗拉姆斯蒂德（Flamested）在那里与我一起进餐。国王陛下现在为他在格林尼治公园建立了新天文台……”（*Diary*，ed. E. S. de Beer，Oxford：Clarendon Press，1955，IV，98）。

哥白尼绝不会支持算命的占星术。在这方面，他不同于第谷、伽利略和开普勒等一些著名天文学家，他们都相信占星学，并且出于种种原因从事占星活动。特别是，哥白尼与他的学生雷蒂库斯在这方面完全相反。无论在《天球运行论》中，还是在哥白尼无疑为真的任何其他著作中，都找不到信仰占星学的一丝一毫的迹象。而雷蒂库斯对占星术的沉溺则是声名狼藉的。

在这方面，瓦尔米亚主教约翰内斯·丹提斯科（Johannes Dantiscus，1485—1548）所写的一首诗的命运很有启发性。1541年6月9日，丹提斯科邀请哥白尼赴宴，此后不久，他给这位天文学家写了一封“十分殷勤和友好的”信，并附有一首“优雅的短诗”。这些引语都取自哥白尼6月27日给其主教的复信。当时的人普遍认为，这位主教是欧洲第一流的新拉丁语诗人。哥白尼在回信中指出，丹提斯科的这首诗是写给“我关于《天球运行论》的［六卷］著作的读者的”，并称该诗是“切题的”（*adrem*）。不仅如此，他还承诺要在自己著作的“最前部”写上这位主教的“大名”。然而，丹提斯科主教的名字并没有在《天球运行论》的正文前部出现，虽然教皇保罗三世、舍恩贝格红衣主教和蒂德曼·吉泽主教在开篇几页都很引人注目。

1543年出版的《天球运行论》中根本没有出现过丹提斯科主教的名字，在1542年出版的《三角学》（*Trigonometry*）中也是如此。然而，雷蒂库斯却在他为哥白尼《三角学》所写的献词末尾印出了丹提斯科的这首“优雅的短诗”。不过，雷蒂库斯小心翼翼地没有提到丹提斯科这位罗马天主教主教的名字，因为哥白尼的《三角学》是在维滕堡出版，这里是马丁·路德所领导的反教皇运动的核心堡垒。虽然隐去了作者的姓名，雷蒂库斯还是印出了这首本是为《天球运行论》而写、却未能被读者看到的诗。这首诗对未来的读者说，“这些著作向你们指出了天路”，这种描述对《天球运行论》是完全“切题”的，对于《三角学》则并非如此。尽管如此，雷蒂库斯还是印出了丹提斯科的诗，他完全掌控着《三角学》的内容，也许是因为诗中有四行向读者宣告：

若问谁司未来事，
凶星导致何灾祸，
劝君先研此学说，
简述原理请倾听。

对于占星学自称的这种穿透掩盖人类命运的黑幕的能力，雷蒂库斯深信不疑，而它完全不见于哥白尼的思想。

［5］哥白尼读过柏拉图《法律篇》的上述菲奇诺译本（见注［3］）。此处所用段落为809C–D 和818C–D。

［6］哥白尼所用的表述，即“任何不具备关于太阳、月亮以及其他天体的必要知识的人，都不可能变得神圣或被称为神圣”（*abesse…ut…divinus effici … possit*，*qui nec solis nec lunae nec reliquorum siderum necessaiam habeat cognitionem*），重复了贝萨利翁（Bessarion）红衣主教的《反毁谤柏拉图者》（*In calumniatorem Platonis*，Venice，1503）。哥白尼本人藏有此书。相应段落可见于Ludwig Mohler，*Kardinal Bessarion*，II，595：30—34。

［7］在哥白尼看来，假说是一个基本命题，是一个持续推理过程的基础。在他的词汇中，假说并不是一种试探性的或不确定的建议，他会把后者称为“猜想”（*coniectura*）。和哥白尼一样，牛顿在1713年提出他的名言“我不杜撰假说”（*Hypotheses non fingo*）之前，1687年也把自己的基本想法称为“假说”。例如，在《自然哲学的数学原理》第一版中，“宇宙中心为静止的”这一命题乃是假说4。见“Newton's Use of the Word Hypothesis” at pp. 575—589 in I. Bernard Cohen，*Franklin and Newton*（Philadelphia，1956）。

［8］一个例子是托勒密的月球理论。根据这一理论，月球最靠 345
近地球时的地月距离约为最远距离的一半。在那种情况下，月球的“直径看起来将为两倍大和一半大。……相反者是自明的。”（IV，2）。

［9］最后三个词“*mathematicorum peritiam vincit*”（战胜了数学家的技能）取自路卡的约翰·彼得（John Peter of Lucca）翻译的普鲁塔克《罗马问题》（*Roman Questions*）的多次重印的拉丁文译本。此处哥白尼并未引用普鲁塔克的希腊文本，他能在p. 240看到这句话。他曾在序言中引用了该书中伪普鲁塔克的话。由于普鲁塔克的第24个罗马问题讨论的是月球和月份，而不是“太阳的回归年”，所以哥白尼这里显然是凭记忆写成，而其记忆有时是不可靠的。

［10］这种对原创性的谦逊要求几乎是以道歉的口气说出的，就好像既承认自己引入新的想法是不情愿的，同时又慷慨地承认自己得益于以前研究者的成功。无论在思想上还是语言上，这都很类似于普林尼《博物志》，II，13，62。

［11］认为宇宙为球形的，这种观点在早期希腊天文史上即已提出，它在古代和中世纪思想中始终占据主导地位。

在哥白尼为解释宇宙是球形而提出的四种理由中，第一种理由，即球形的完美性，是古希腊和后世所熟悉的一种数学—美学判断。当时普遍认为，这种几何形式因其完美性而是合适的宇宙形状。第二种理由被托勒密（PS，I，3）及其追随者所利用，它基于这样一条定理，即在一切具有相等表面的立体中球的体积最大。天体皆为球形这一学说战胜了其他观点，成为天文学的传统观念。水滴呈球形则是古代和中世纪科学的常识。

[12] 哥白尼的表述“不需要联接”（*nulla indigens compagine*）是仿效了普林尼的“不缺乏联接”（*nullarum egens compagium*）（《博物志》，II，2，5）。

[13] 哥白尼在手稿中（fol. 2ʳ，lines 5—6）谈到“神圣”物体时，只是在遵循一种长期存在的习惯。但他在纽伦堡的编辑们显然害怕遭到教会的谴责，把这一措词改成了“天”体（N，fol 1ʳ）。雷蒂库斯在其《第一报告》中也把行星称为“这些神圣物体”（3CT，p. 145：*divinis his corporibus*）。在决定把《天球运行论》献给教皇时，他把哥白尼的“神圣”物体改成了“天”体吗?

[14] 哥白尼关于大地为球形的第一个论证源自亚里士多德的向心冲动理论：“从各个方向朝中心运动是地球的固有本性。”（*Heavens*，II，14）。在哥白尼所上大学的课程中，亚里士多德的著作非常重要。

[15] 在哥白尼的时代之前很久人们便已熟知，地球表面并非绝对的球形，只是其不规则性可以忽略不计。

[16] 哥白尼对大地在南北方向为球形的证明遵照的是亚里士多德的*Heavens*，II，14和PS，I，4。

[17] 在II，14之后的哥白尼星表中，一等星老人星临近南天星座船底座的最后一星。哥白尼说“在意大利看不见老人星”（*Canopum non cernitItalia*），这重复了普林尼的“*non cernit… Canopum Italia*”（《博物志》，I，70，178）。但在补充说老人星“在埃及却可以看到”时，哥白尼觉得没有必要重复普林尼的详细陈述，即“在亚历山大城的观测者看来，老人星几乎达到了地球之上四分之一宫［$=7^1/_2°$］”。

[18] 波江座最后一星是另一个南天星座中的另一颗一等星。

[19] 此段最后一句重复了普林尼《博物志》，II，72，180。但在哥白尼能够看到的普林尼著作的两个版本中，印出的普林尼句子的末尾无法理解，因此哥白尼不得不加以修订。

[20] 到此处为止，这段话是普林尼《博物志》，II，65，164—165的意译。根据亚里士多德《论生灭》（*Generation and*

Corruption），II，3，“大地与水构成了向中心运动的东西”。

［21］在哥白尼于I，3中引用的《地理学》中，托勒密断言水陆联合成一个球体：“我们由数学学科可以得出这一命题，即陆地与水的整个连续表面是球形的”（I，2，7）。阿基米德已经表明，“任何静止流体的表面都是球形，且与地球有同一中心”（*Floating Bodies*，I，2）。

［22］根据哥白尼及其同时代人所接受的目的论观点，宇宙是为生物尤其是人类而创造的。

［23］此处哥白尼与托勒密的见解不同。托勒密否认整个已知大地完全被水所环绕（《地理学》，VII，7，4；VIII，1，4）。

［24］一个例子是阿雷佐的里斯托罗（Ristoro d'Arezzo），他在1282年出版的《宇宙的组成》（*Della composizione del mondo*）一书中说：“于是水将是土的10倍，气是水的10倍，而火又是气的10倍”（IV，3）。

［25］根据诺瓦拉的康帕努斯的《大计算》（*Computus maior*）第三章：“元素来自其他元素，又转化为其他元素。……由1份土 346
可以产生10份水。”（fol. 159^{v}，*Sphaera mundi noviterrecognita*，Venice，1518）。关于哥白尼给雷蒂库斯看的副本，见SC，pp. 320—321。

［26］在前面提到的*Sphaera mundi novier recognita*中，曼弗雷多尼亚的卡普阿努斯（Capuanus of Manfredonia）在《对萨克罗博斯科〈天球论〉的评注》（*Commentary on Sacrobosco's Sphere*）修订版中（fol. 37^{v}）谈道：“地球的重量并非到处均匀，而是一部分比另一部分重。原因是一部分没有洼地和空洞，就比较致密和紧凑，而另一部分多孔，满是空洞。因此地球的体积中心并非其重心。”

［27］把哥白尼凝练的论证扩充如下，就更容易理解。如果水的体积为陆地的7倍，则水陆球体的体积（V_1）为$7+1=8$，而陆地的体积（V_2）为1。因为$V_1 : V_2 = d_1^3 : d_2^3$，$8 : 1 = d_1^3 : d_2^3$，于是$2 : 1 = d_1 : d_2$或$d_2 = {}^1/_2 d_1$。也就是说，陆地的直径（$d_2$）应当等于水陆球体的半径（${}^1/_2 d_1$）或从它的中心到水域圆周的距离。于是，由于土作为较重的元素必定居于中心，便不会有陆地冒出水面。

［28］根据哥白尼在下一句话中引用的托勒密《地理学》的说法，地球上有人居住的地区约占80°的纬度，即从北纬63°至大约南纬17°。因此大约位于北纬23°的埃及“几乎位于有人居住陆地的中心”。

［29］这里哥白尼意在重复普林尼《博物志》，II，68，173的说法：“阿拉伯海距埃及海有115哩”（*centum quindecim milibus passuum Arabicus sinus distet ab Aegyptio mari*）。但在谈到“埃及海与阿拉伯海之间为15斯塔德”（*inter Aegyptium mare Arabicumque sinum vix quindecim superesse stadia*）时，哥白尼不仅把普林尼的英里换算成了斯塔德（1斯塔德仅为1/8英里），而且还把普林尼的*centum*（百）漏掉了。由于这些异乎寻常的错误，哥白尼把苏伊士的地峡从115英里（普林尼的说法）缩窄成了不到2英里。

［30］“已知陆地的东限为穿过中国首都的子午线，……西限则为通过幸运岛的子午线，它……与最东面子午线的距离为一个半圆的180°”（托勒密，《地理学》，VII，5，13—14）。托勒密取他的本初子午线通过加那利群岛（Canary Islands，当时称为“幸运岛”），因为它们是当时已知的最西边的陆地：“我们把赤道分成……180°，并从最西边的子午线开始分配数字”（I，24，8）。哥白尼把托勒密这部地理学著作称为*Cosmography*，因为哥白尼在其教士会图书馆参考的1486年乌尔姆版给出的是这个书名（MK，pp. 337—341）。

［31］“我们所居住的这部分地球在东面以一块未知的陆地为限，它与大亚细亚的东部、中国和西伯利亚接壤”（托勒密《地理学》，VII，5，2）。

［32］哥白尼所说的*Cathagia*可能仅指中国北部，尽管这个词也适用于整个中国。在俄文中，整个中国仍称为“Kitai”。

［33］这里哥白尼想到的无疑是奥古斯丁（Augustine）的《上帝之城》（*City of God*），XVI，9：

> 据说，在大地上和我们相对的部分，也就是我们日升时那里日落的地方，有对跖人，他们的脚印和我们正相对。我们没有理由相信这个。肯定这一点的人都没有确切的历史证据，而是想

> 象出这样的理论：大地是悬在空中的，世界的底部和顶部与中部是完全一样的；他们由此认为，大地的另外一部，即底部，也不会缺少人类的居所。他们没有注意到，如果他们根据某种理论证明，使我们认为世界就是球形的，那就会推论出，地球的另一面不是积水的聚处，而是裸露的大地了；另外，即使大地是裸露的，也不一定就有人。《圣经》不可能骗我们，我们对其中叙事的信仰建立在很多预言都实现了的基础上。要说人可以远渡重洋，从这一边到那一边，从而使得从初人来的人类能在那里立足，也未免过于荒谬。（*Corpus Christianorum*，serieslatina，48（1955），510：1—19）

［34］由于哥白尼所说的"美洲与印度的恒河流域沿直径相对"，他显然没有把"美洲"这个词用于整个新发现的半球。因此，在谈到美洲"以发现它的船长而得名"时，他并非像有些人所指责的那样，忽视了哥伦布或者缺乏历史观点。

虽然无法确认哥白尼读过关于航海大发现的文献，但内部证据表明他所用的主要文献是马丁·瓦尔德泽米勒（Martin Waldseemüller）的《地理学导论》（*Cosmographiae introductio*，St.Dié，1507）。这本小书因创造了"美洲"这个名字而闻名。它包含有一篇地理学导
论、亚美利哥·韦斯普奇（Amerigo Vespucci）的四次航海以及一张 347
世界地图。把我们那段话与《地理学导论》中的材料进行对比，便可发现哥白尼使用了瓦尔德泽米勒的这本书：

1）哥白尼说在中国的旅行者进入托勒密所说的未知陆地的限度是60°，而未知陆地始于180°；瓦尔德泽米勒的地图表明中国的东部边界在240°。

2）哥白尼只谈到了西班牙与葡萄牙的探险队；《地理学导论》也是如此。

3）哥白尼把美洲当成了这些航行中发现的主要岛屿；而《地理学导论》，pp. XXX，70把美洲说成是一个岛，瓦尔德泽米勒的地图上也是这样绘出的。

4）哥白尼确认美洲以其发现者即一位船长的名字而命名（*ab*

inventore... navium praefecto）；而《地理学导论》，pp. XLV，88及地图表明，美洲之名源于其发现者（*ab...inventore*），据说后者是一位船长（*uno ex naucleris naviumque praefectis*）。

5）哥白尼说美洲的大小不明；而根据地图上的一则说明，它的大小尚未完全弄清楚。

6）哥白尼提到了其他许多前所未知的岛屿；而《地理学导论》中描述了古代作者未曾提到的各个岛屿（《地理学导论》，pp. XLV，88及地图）。

7）哥白尼总结说，对跖人的存在不足为奇；《地理学导论》中说，已经证实在最南方有对跖人（《地理学导论》，pp. VIII，41）。

8）根据哥白尼的说法，美洲与印度的恒河流域沿直径相对；《地理学导论》中说，恒河口位于145°处，恰好在北回归线之下，而美洲位于325°处，恰好在南回归线之上。

可以看出，哥白尼仅在一点上偏离了瓦尔德泽米勒，即认为美洲是第二个*orbisterrarum*（大陆）。对于这一分歧，也许可以提出一个理由。瓦尔德泽米勒把美洲称为地球的第四部分，因为他把欧洲、非洲和亚洲看成三个单独的洲（pp. XXV，XXVIII—XXIX，63，68—69）。而哥白尼则把这些陆地设想为一个单独的洲和一个*orbisterrarium*，正如我们在I，3第一段所看到的那样。因此对他来说，美洲不可能构成地球的第四部分。他接受的是流行的说法，认为它是第二个*orbis terrarum*。

如果上述分析已经表明哥白尼非常依赖于瓦尔德泽米勒的著作，那么后者赋予“美洲”这一地理学名词的含义就至关重要了。在《地理学导论》正文中的一个地方，瓦尔德泽米勒把“美洲”作为整个新发现地区的名字（pp. XXX，70）；而在另一段，他把它局限于南北回归线之间的地区（pp. XVIII，54）；而在别处唯一一次提到它时，他又把它置于南半球靠近南回归线的地区。他在地图上印出的美洲是在最后这个位置，“美洲”并不是包含整个新发现领土的一个无所不包的名称。

哥白尼所用的“美洲”一词是哪一种含义呢？我们前面对哥白尼

和瓦尔德泽米勒的论述所作比较的第8点可以回答这个问题。哥白尼断言美洲与印度恒河区域沿直径相对，这表明他认为美洲在南回归线附近。因此，当他说美洲由其发现者而得名时，他并非意指最先踏上大西洋之外这块土地的人是韦斯普奇。他想到的是，韦斯普奇在南半球发现了一个重要地区。

即使除了瓦尔德泽米勒的著作，哥白尼对航海大发现的文献一无所知，他也不可能不了解哥伦布的成就，因为哥伦布已经作为某些岛屿的发现者而在地图上标出。哥白尼也不可能弄不清楚哥伦布的优先地位，因为在韦斯普奇的第二次航海中提到了若干年前由哥伦布发现的一个岛屿（pp. LXXXV，132）；而且在瓦尔德泽米勒的地图上有一个说明，在提到两位发现者时把哥伦布排在第一位，而把韦斯普奇排在第二位。

［35］哥白尼所熟知的这个对地球为球形的观测证据来自亚里士多德的《论天》，II，14：“月食的时候，边界线总是凸的。由于月食由地球的介入而产生，所以边界线的形状必定由地球的表面所决定，因此地球为球形。”

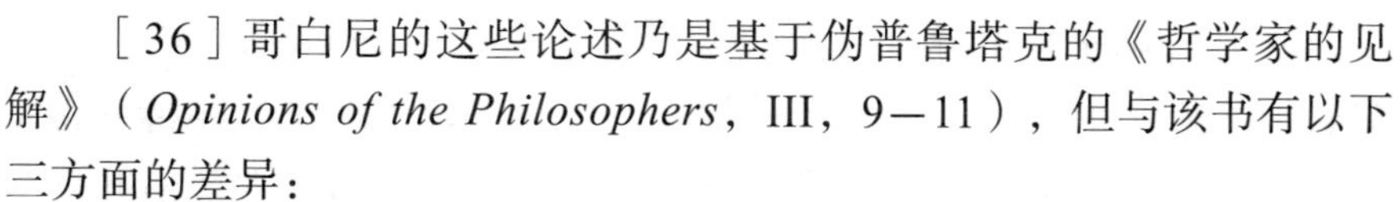

［36］哥白尼的这些论述乃是基于伪普鲁塔克的《哲学家的见解》（*Opinions of the Philosophers*，III，9—11），但与该书有以下三方面的差异：

1）和别人一样，伪普鲁塔克对恩培多克勒关于地球形状的构想也未置一词。但是根据伪普鲁塔克的说法（II，27），恩培多克勒认为月亮是平的。哥白尼把这种刻画转移给了地球，这也许是根据亚里士多德的原则：“对一个天体为真的东西，对所有天体也都是真的。”（《论天》，II，11）

2）同样，哥白尼也把赫拉克利特关于日、月为碗形的描述（伪普鲁塔克，II，22，27）用于地球。但是根据第欧根尼·拉尔修 348
（Diogenes Laertius）的说法（IX，11），赫拉克利特“没有谈到地球的本性”。

3）伪普鲁塔克报告说，根据克塞诺芬尼的说法，地球向下无限延伸。哥白尼对这种看法做了修饰，他让克塞诺芬尼的地球厚度朝底部减小。哥白尼在这样做时，受到了乔治·瓦拉（Giorgio Valla）的

《哲学家的见解》拉丁文译本中一个错误的误导。瓦拉引入了“厚度”一词，而它在伪普鲁塔克的希腊文本中并无对应的词，而且在上下文中的意思并不明确。哥白尼把瓦拉的*immissam*换成了*submissa*，似乎是想尝试消除这种模糊性。

瓦拉把他翻译的《哲学家的见解》作为第20至21卷收入了他的*De expetendis et fugiendis rebus*（Venice，1501，2卷）。哥白尼所在的教士会图书馆（ZGAE，5：375）藏有瓦拉的书（此后引做GV）。

哥白尼说，地球“是哲学家们所理解的完美球形”，这会使某些读者感到奇怪。他们误认为在那个时代，所有人都以为大地是平的，必须由哥伦布来证明事实并非如此。“在与哥伦布有关的所有庸俗错误中，最为持久和荒谬的是，他必须使人们相信‘世界是圆的’。在他的时代，每一个受过教育的人都相信世界是一个球体，欧洲每一所大学的地理课都是这样讲授的。”（Samuel Eliot Morison，*Admiral of the Ocean Sea*，Boston，1942，p. 33）。哥伦布本人认为地球为梨形（Morison，p. 557）。

［37］天界运动应当是圆形，这一信念支配着古希腊的理论天文学。在开普勒于1609年在《新天文学》（*New Astronomy*）中证明行星轨道为椭圆形之前，这一准神学教条一直占统治地位。在第一卷做了粗略的宇宙论概括之后，哥白尼在后面几卷需要面对天文学的技术细节，有时他发现引入一种像活塞一样直线往复的非圆形天体运动会很方便。但在这些情况下他立刻急于证明，这种沿直线的往返振荡可以由“两种联合作用的圆周运动”组合而成（III，4；V，25）。哥白尼在被删掉的一段话（III，4）中指出，如果这些圆周运动不相等，它们将描出一个椭圆。

［38］这一命题表述了哥白尼的整个天界力学观。在他看来，宇宙是一个无所不包的球体，含有若干个较小的球体。而球体作为一种几何形式被赋予了圆周运动的性质。这就是他对天为何作圆周运动这一问题的全部回答。他先是对关于运动原因的这种解释表示满意，然后指出天文学家的任务是努力追索运动的样式，解决天如何作圆周运动的问题。

哥白尼从亚里士多德那里得到了这样一种观念，即“球体依其本性永远在圆上运动”（《论天》，II，3）。但亚里士多德主张地球是静止的（II，14），因此他不能说每个球体都在作圆周运动。他把地球与天体区分开来，断言天体是由第五种元素——以太（*aither*）——构成的，并认为以太作自然的圆周运动（I，2，3；II，7）。这样他便解释了天球的旋转和地球的静止。哥白尼在大体接受亚里士多德运动理论的同时，又不得不把它与自己的地动天文学相协调。于是，他从自己的宇宙论中抛弃了以太，并把自然圆周运动赋予球体这一几何形式。不过，哥白尼宇宙的最内和最外层球体并没有作自然的圆周运动，因为他认为太阳和恒星都是静止的。

虽然无法表明哥白尼熟悉库萨的尼古拉（Nicholas of Cusa，约1401—1464）的著作，但这位德国红衣主教在其1463年的《论球戏》（*De ludo globi*）第一卷中谈到：

> 于是，对永恒运动而言，球形是最合适的。它如果自然地获得运动，就永远不会停止。因此，如果它是自身运动的中心，围绕自己运动，它就会永远运动下去。这是最外层球体所作的自然运动，是一种非受迫的或没有损耗的运动，所有作自然运动的物体都分享着这种运动。

根据库萨的说法，上帝在创世时一劳永逸地发动了各个球体，为其提供了使之永远运转所需的初始冲力。于是，他不再依赖于亚里士多德所说的不动的推动者来充当一切运动的持续的最初原因（*Physics*，VIII，6，10；*Metaphysics*，XII，7，8）。而通过把永恒的圆周运动赋予球体这一几何形式，哥白尼便不需要初始冲力或一个原动者。他也不需要像弗赖贝格的狄奥多里克（Theodoric of Freiberg）那样用“灵智”（intelligences）作为“天的推动者”（P. Duhem，*Le Système du monde*，III，repr. 1958，388）。

［39］这一论断确凿无误地表明，哥白尼秉持着关于球体的一种传统学说。正如意大利自然哲学家弗朗西斯科·帕特里齐（Francesco Patrizi）在其《新宇宙哲学》（*Nova de universis philosophia*，Venice，1593，Book XVII）中所说，哥白尼“认为行星和其他天体

349 一样，由它们所依附的天球带动”。

［40］哥白尼这里重复了亚里士多德的论证（《论天》，II，6），即天体的完美性要求它们的运动是均匀和规则的：“既然一切运动者皆由某种东西所推动，运动的任何不规则性都必定由推动者或被推动者或此二者所引起。因为如果推动者没有施加一个恒力，或者被推动者发生了变化而不是保持原状，或者二者皆变，则没有什么能够阻止被推动者作不规则运动。但这些事情在天界都不可能发生。”

［41］欧几里得，《光学》，命题5：“相同的大小在不同距离看是不等的，靠近眼睛的物体看起来总是大一些。”由于欧几里得《光学》的希腊文本是在哥白尼逝世后的1575年首次出版的，所以哥白尼使用的必定是一个拉丁文译本。对目前的例子而言，它不可能是瓦拉的译本，因为该书第15卷第3章遗漏了命题5。然而，巴尔托洛梅奥·赞贝蒂（Bartolomeo Zamberti）的欧几里得著作译本（Venice，1505）中却包含有这一命题。赞贝蒂对命题5的译文为哥白尼在IV，1中重述这条光学定理提供了模型。

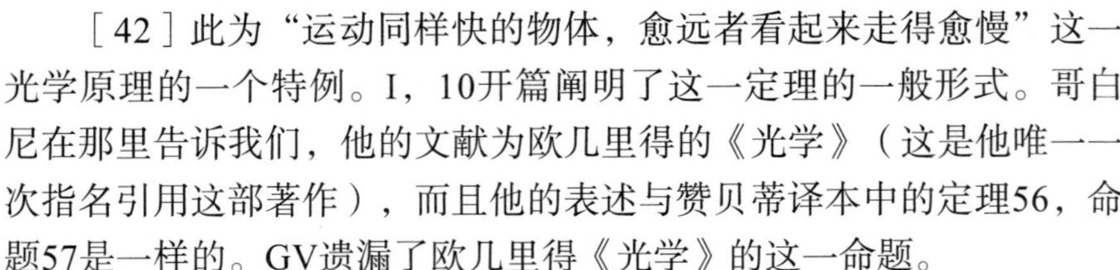

［42］此为“运动同样快的物体，愈远者看起来走得愈慢”这一光学原理的一个特例。I，10开篇阐明了这一定理的一般形式。哥白尼在那里告诉我们，他的文献为欧几里得的《光学》（这是他唯一一次指名引用这部著作），而且他的表述与赞贝蒂译本中的定理56，命题57是一样的。GV遗漏了欧几里得《光学》的这一命题。

［43］地球的运动会影响我们对其他天体运动的观测，哥白尼的这一有益警告曾被误解为他仍然坚持天地现象之间的传统二分。

［44］禁书目录圣会要求把这句话改为：“然而，如果我们更仔细地考察一下就会发现，就拯救天界运动现象而言，地球位于宇宙中心还是位于中心之外并无差异。”

［45］只要认为地球静止不动，相对运动原理对天文学家来说就不很重要。但一个地动体系必须试图理解地球运动对观测到的现象的影响。

［46］既然已经表明哥白尼很熟悉欧几里得的《光学》，他大概也熟知该书的命题51：“如果几个物体以不同速度沿同一方向运动，而视线也随之移动，则速度与视线移动速度相等的任何物体看起来是

静止的”。

［47］哥白尼渴望避免被指控为原创（或者用当时的话说是引入新观念），因此寻求地动学说的古代支持者。他在伪普鲁塔克的书中找到了一段合适的话，并把它放在了序言中的显著位置。这里则用它来表明，赫拉克利德和埃克番图斯都承认地球在绕轴自转，尽管他们没有进一步想到地球在空间中不断进动。根据前引西塞罗的话［见注释［12］］，对希克塔斯也可作类似的结论。

哥白尼把赫拉克利德与毕达哥拉斯学派联系起来，这是一种疏忽还是有意为之？哥白尼可能不知道，赫拉克利德与毕达哥拉斯学派的关系并不密切（Diogenes Laertius，V，86）。

［48］“地球是一个天体，它绕中心作圆周运转，由此产生了昼夜”，亚里士多德（《论天》，II，13）把这些信念都归于了整个毕达哥拉斯学派。哥白尼毫无根据地把所有这些信念都转给了菲洛劳斯一个人。但是根据哥白尼在序言中所引伪普鲁塔克的说法，菲洛劳斯并不认为地球在作周日旋转。其他地方也没有证据表明，菲洛劳斯在公元前5世纪末察觉出了地球的旋转。

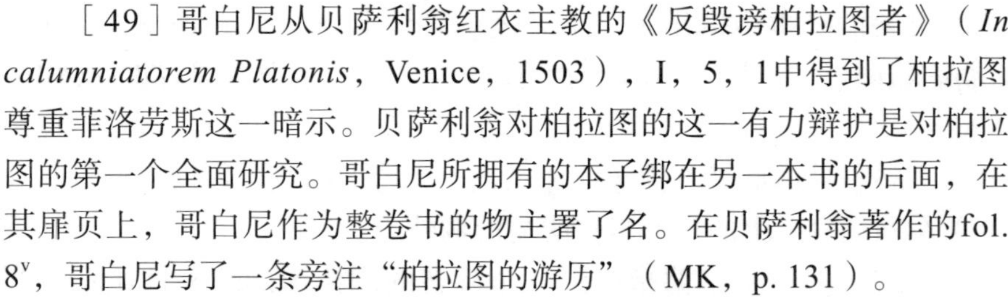

［49］哥白尼从贝萨利翁红衣主教的《反毁谤柏拉图者》（*In calumniatorem Platonis*，Venice，1503），I，5，1中得到了柏拉图尊重菲洛劳斯这一暗示。贝萨利翁对柏拉图的这一有力辩护是对柏拉图的第一个全面研究。哥白尼所拥有的本子绑在另一本书的后面，在其扉页上，哥白尼作为整卷书的物主署了名。在贝萨利翁著作的fol. 8^{v}，哥白尼写了一条旁注“柏拉图的游历”（MK，p. 131）。

［50］此处哥白尼基本上采用了PS，I，6的说法。

［51］哥白尼利用了狄奥多修（Theodosius）《球面几何学》（*Spherics*）第一卷的命题6：“在一个球的各个圆中，过球心的圆为大圆。”虽然此书的希腊文本直到哥白尼逝世后才出版，但哥白尼有两个拉丁文译本，一个载GV（XIII，5），另一个载《重新认识的宇宙球体》（*Sphaera mundi noviter recognita*）［见注释［25］］。

［52］“仪器制造者所发明的望筒，可使视线穿过一个狭窄空 350
间后沿一条直线前进，避免其偏向任何其他方向”（Olympiodorus，*Commentary on Aristotle's Meteorology*，III，6）。哥白尼从普林尼

《博物志》，II，69，176中了解到望筒的一个用途，即“在分点时沿同一条直线看日出和日没”，此仪器证实昼夜等长。

［53］哥白尼由维特鲁威（Vitruvius）的《建筑十书》（*Architecture*），VIII，5，1中了解到水准器（*chorobates*）。哥白尼的教士会图书馆中藏有这本书（ZGAE，5∶375，377)。他把维特鲁威书中的一小段话抄写到他那本威特罗（Witelo）的《光学》（*Optics*）中（PI^2，410）。

［54］“对任何人来说，十二宫中有六个随时都可在地平圈上看到，而其他六个看不到。同一个半圆有时完全在地平圈之上，有时又在它之下，这一事实清楚地表明，黄道也被地平圈等分”（PS，I，5）。

［55］这里哥白尼的论证仿效了欧几里得在《现象》（*Phenomena*）序言中的说法：“地平圈也是一个大圆。它总是把黄道等分。……黄道是一个大圆，因为它总是使十二宫中的六个保持在地平圈之上。……但若在一个球上，……一个圆可使任一大圆等分，……则此圆本身也是一个大圆。因此，地平圈是一个大圆。”哥白尼从赞贝蒂的译本中借用了一个表述“总是平分”（*semper bifariam dispescit*），但对于这段话的大部分内容，他遵照的是GV（XVI，1）。

［56］哥白尼毫不犹豫地把三点（天穹上的点、地面上的点和地心）在同一直线上的情形当作明显的例外。

［57］亚里士多德指出了一个旋转的刚体球的这些性质：“当一个物体在圆周上运转时，它的某个部分即中心部分必定保持静止”；“圆的速度应与圆的大小成正比，这并非荒谬，而是不可避免的。……在较大的圆上运动的物体必定会快一些。”（《论天》，II，3，8）

［58］在哥白尼的星表中，小熊座为北天第一星座，而北天区的天鹰座和南天区的小犬座都是比较靠近黄道的星座。

［59］欧几里得在其《现象》的序言中指出：“如果球体绕其轴均匀旋转，则球面各点在相等时间内在携带它们的平行圆周上描出相似弧段。”

［60］支配一个旋转球体各部分运动的原理显然不适用于行星，因为它们在天上运转一周的时间有所不同。其周期差异引出了亚里士多德表述的规则：“最接近简单初始运转的物体，转一周所需时间最长，最远离它的物体所需时间最短。其他物体也是如此，较接近者时间较长，较远者时间较短。这些情况是合理的。”（《论天》，II，10）

［61］在手稿中（fol. 5^{r}），最后七行被标记了删除，这可能是哥白尼以外的某个人作的记号。因为当哥白尼决定删去较长一段话时，他会在整段话上用力画横线、竖线、对角线或十字形。而在这里，一个不明显的小圆圈表示删除，它还影响fol. 5^{v}的头一行，尽管此处没有出现删节符。这两种特征都与哥白尼通常的做法相反，与他手稿中的其他地方也不相符。为什么把I，6结尾的这段令人赞赏的文字去掉了？是因为它提到了原子吗？对于原子这种非受造的不灭的东西，那些相信宇宙是在过去某一时刻被创造出来而且会在将来某一时刻消失的人并不喜欢。

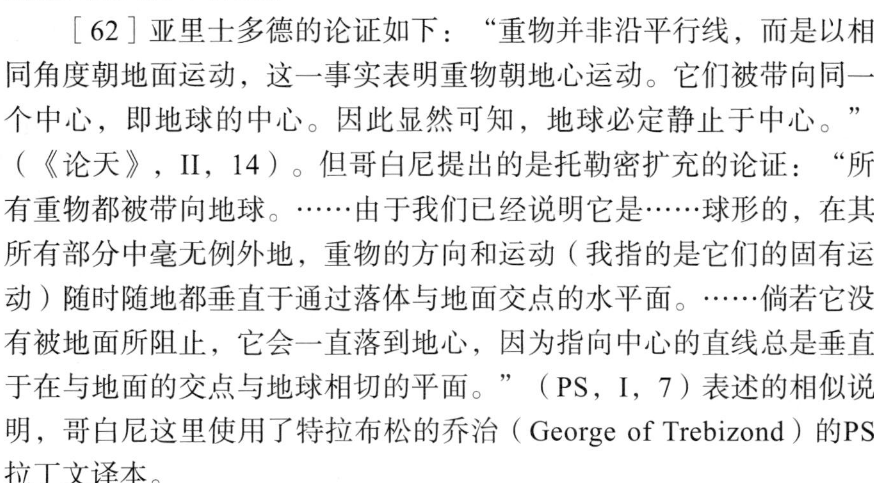

［62］亚里士多德的论证如下：“重物并非沿平行线，而是以相同角度朝地面运动，这一事实表明重物朝地心运动。它们被带向同一个中心，即地球的中心。因此显然可知，地球必定静止于中心。”（《论天》，II，14）。但哥白尼提出的是托勒密扩充的论证：“所有重物都被带向地球。……由于我们已经说明它是……球形的，在其所有部分中毫无例外地，重物的方向和运动（我指的是它们的固有运动）随时随地都垂直于通过落体与地面交点的水平面。……倘若它没有被地面所阻止，它会一直落到地心，因为指向中心的直线总是垂直于在与地面的交点与地球相切的平面。”（PS，I，7）表述的相似说明，哥白尼这里使用了特拉布松的乔治（George of Trebizond）的PS拉丁文译本。

［63］这是亚里士多德的自然位置学说：“本性把地球带到哪里，
它就因本性静止在哪里。”这一命题的概括形式为：“元素因本性产生 351
在哪里，它就因本性留在哪里。”（《论天》，II，13；III，2）

［64］这里哥白尼的表述再次与特拉布松的乔治的PS译本中的相应段落明确无误地相似。

［65］托勒密的确认为，“生物与分离的重物会落在后面，在空中摇摆，而地球本身最后会以很大速度跑到天外。但这些结果只要想想就知道是完全荒谬的”（PS，I，7）。但这位希腊天文学家并没有把这些可怕的结果设想成由地球自转所引起。根据他的分析，如果整个地球具有与任何土微粒或重物一样的向下运动，这些结果就会出现。因此，哥白尼可能是在凭记忆重构托勒密的观点。即便如此，他还是重复了特拉布松的乔治的PS译本中的表述。

［66］这个论证并不是托勒密提出的，但却成为亚里士多德反对地动学说的一个论据：“用力上抛的重物垂直返回其初始位置。”（《论天》，II，14）

［67］哥白尼在结束对古代观点的这一考察时，引用了托勒密反驳地球自转的话：“从未见过云和任何其他飞翔的或抛掷的东西向东飘去”（PS，I，7）。

［68］在哥白尼的著作中，使禁书目录圣会最感不安的莫过于I，8，这一节概述了一种与地球运动相符的物理理论。禁书目录圣会在其修改法令中宣布：“整个这一章可以删去，因为作者公然讨论地球运动的实在性，并且反驳了古人为证明地球静止不动而提出的各项论证。然而，由于他似乎总是以未定的方式讲话，为了满足学生们的要求并保持此书的顺序和安排不变，可使本章作如下订正”。接着，该法令颁布了三处具体修改，下面会指出。

［69］根据亚里士多德的说法，“一切运动物体都要么作自然运动，要么作非自然的受迫运动”。“显然，……非自然运动很快便遭到破坏”，而自然运动将永远持续下去（《物理学》，VIII，4；《论天》，I，2）。

［70］哥白尼再次接受了亚里士多德的格言：“无限无法被穿越”；“无限不可能以任何方式被推动”（《论天》，I，5，7）。

［71］“已经阐明，天之外既没有物体也不可能有物体。因此，那里……显然既无空间也无虚无”。“宇宙之外一无所有”（亚里士多德，《论天》，I，9；《物理学》，IV，5）。

［72］天的“内侧凹面”是第八层天球或恒星天球的下表面。可以设想这样一个有限的内侧凹面与一个有限的外侧凸面或无限的向上

太空共存。

［73］“无限竟然会运动，这是不可能的”（亚里士多德：《论天》，I，7；274b30）。

［74］为了驳倒对地球自转的反对意见，哥白尼先是反驳地球的任何旋转都会释放破坏性的离心力这一论点。对此，他从两方面作了回应。首先，他坚持认为旋转是自然的，因而是永恒的。我们将会看到，这种观念迫使他修正亚里士多德的运动理论。他的第二个反驳是“你也如此”类型的，这把他引到了无限问题。那些否认地球旋转的人必定把周日旋转归因于天的转动。但若地球的自转会使地球飞散，那么天的旋转会使天分崩离析。

哥白尼假想的对手现在承认了宇宙旋转所引起的离心后果，但却用它们来说明天的广阔。根据这种看法，地球不能旋转，否则它就会飞散；而宇宙在转动，其浩瀚无垠正是由于这一事实。哥白尼通过表明这种观点包含矛盾而推翻了它：如果天向外运动，它应当变成无限大；但若为无限大，它就无法运动。对手试图这样来打破这一逻辑链条：虽然天在增大，它却未到达无穷；因为它不可能越过其有限的边界，在边界之外没有空间可以进入。哥白尼回应说，这种修改的论证假定天之外没有什么东西能够阻止天膨胀。如果天之外一无所有，则天必定是无所不包的或无限大的，但那样一来它将静止不动。因为只有有限的宇宙才能运动。

现在哥白尼的地动体系要求天是不动的。于是也许可以预料他会认为宇宙是无限的。但一个无限的宇宙没有中心，而如果没有中心，哥白尼的球面天文学就会完全无处依存。因此他避开了这个没有限定的命题，仅仅宣称“宇宙……类似于无限大”，“天……展现了一个无限量的特征”以及“根据感官的证词，地与天相比……就像一个……有限量与无限量相比”（I，6；I，11结尾）。作为认真研读过亚里士多德著作的人，关于一个无限大的东西确实存在这一绝 352
对断言所伴随的哲学困难可能使哥白尼畏缩不前。无论如何，他显然不愿意接受这种令人烦恼的对立说法——宇宙是有限的，宇宙是无限的——的任何一半。他的最终态度可从以下两种判断中得出：“［天］究竟大到什么程度是完全不清楚的”，宇宙的“限度是未知

的，也是不可知的”（I，6，8）。于是他最后把这个问题交给了自然哲学家去考虑，而他作为一个职业的天文学家是与自然哲学家分离的。在《失乐园》（*Paradise Lost*），VIII，76—77中，约翰·弥尔顿（John Milton）说，上帝“把天的结构/留给他们去争论”。和哥白尼的“是否……宇宙是有限的……交给自然哲学家去争论（*Sive... finitus sit mundus...disputationi physiologorum dimittamus*）”一样，弥尔顿的表述也是仿效了“把宇宙交给他们去争论”（*mundum tradidit disputationi eorum*）（Vulgate，*Ecclesiastes*，III，11）。达朗贝尔（D'Alembert）对一些神学家的答复也是如此：“虽然宗教仅仅旨在支配我们的道德和信仰，但他们认为宗教还可以在宇宙体系方面给我们以启发，即上帝明确留给我们讨论的那些事情”（*Encyclopédie*，Vol. I，Paris，1751，Discours préliminaire, p. XXIV）。

［75］在禁书目录圣会下令I，8应做的三处具体修改中，第一项是把这一段改成：“那么，为什么我们不能按其形状赋予它以运动，而更倾向于认为整个宇宙（它的限度是未知的，也是不可知的）在运转，并认为天界现象就像维吉尔（Virgil）著作中的埃涅阿斯（Aeneas）所说呢？”

［76］哥白尼现在转而讨论大气现象这一论题，因为它们是托勒密反对地球旋转的主要证据。这位主张地球静止的一流天文学家完全愿意承认，把周日旋转归于地球而不是天，也能对天界现象本身作出令人满意的解释。他说：“现在有人提出了自认为更可信的解释，即使他们没有理由反对我们的观点。他们认为找不到驳倒他们的相反论据，例如他们假定天不动而地球每天绕相同的轴自西向东自转一次。……就天体现象而言，也许不会有任何说法能比这个学说对天象作出更简单的解释了。但是考虑到我们周围以及空气中发生的情况，这种假设似乎是绝对荒谬的”（PS，I，7）。

［77］托勒密知道，如果断言空气参与地球的旋转，则他根据大气现象所作的论证就能成立：“那些主张地球旋转的人，可以认为空气也在相同方向上以同样速度被带着围绕地球转动”（PS，I，7）。

［78］例如，亚里士多德主张“大部分空气被天的旋转运动带着围绕地球运转”（《气象学》，I，3，7）。

［79］哥白尼对“突然”（*repentina*）、“彗星”（*cometae*）、“胡须星”（*pogoniae*）等词的使用让人想起了普林尼，《博物志》II，22，89。

［80］亚里士多德主张彗星和胡须星都是在上层大气中产生的（《气象学》，I，7）。

［81］这是哥白尼对托勒密反对地球与空气一同旋转的回应。托勒密的反对意见是：“空气中的复合物似乎总会落到空气和地球的共同运动后面。或者，如果这些物体被携带着与空气一齐运动，它们看起来就不会有前后运动，而会总是静止，无论是飞动还是被抛掷，其位置都不会有移动或改变”（PS，I，7）。

［82］“风被认为不过是空气的一种摇摆”（普林尼，《博物志》，II，44，114）。埃德蒙·哈雷（Edmund Halley）同意，“最适当的说法是把风定义为气流”。哈雷接着说：“当这种气流持久而固定时，它必然来自一个持久而不间断的原因。因此有人倾向于提出，地球绕其轴每天旋转转一周，当地球向东转动时，空气中极轻的松散的流动微粒便因此而落在后面，因此相对于地球表面它们向西移动，成为一种恒常的东风。这种观点似乎得到了确证，因为只是在赤道附近，即在周日运动最快的纬度圈内才有这样的风”。由于“这个假说不够充分”，哈雷提醒人们注意“太阳光每天越过海洋时对空气和水的作用”。但这仅仅是出自哈雷这位坚定的哥白尼主义者笔下的传统表述。因此，当哈雷发表《信风的历史解释……这种风的物理原因考》（“An Historical Account of the Trade Winds...with an attempt to assign the Phisical cause of the said Winds”，Royal Society of London，*Philosophical Transactions*，1686—1687，*16*：153—168；引文见pp. 164—165）时，他把信风解释为地球周日旋转（和周年轨道运转）所产生的结果。

此后很久，到了1902年，著名法国数学家和科学哲学家昂利·庞加莱（Henri Poincaré，1854—1912）在抨击艾萨克·牛顿的绝对空间概念时问道：“说地球在旋转是否有任何意义？如果没有绝对空间，若非相对于某个东西转动，一个物体能否转动？”（载英译本*Science and Hypothesis*，reprint，Dover，New York，1952，p.

353 114）。4年后，庞加莱在其《科学的价值》（*Value of Science*）（英译本，reprint，Dover，New York，pp. 140—141）中指出：

> 地球在旋转，这一说法毫无意义。……或者毋宁说，说地球在旋转，以及说假定地球在旋转要更为方便，这两种说法具有相同的含义。这些话引出了最奇特的诠释。有人想到，他们在其中看到了托勒密体系的复活……
>
> 请看恒星的视周日运动和其他天体的周日运动，还有地球的平坦、傅科摆的旋转、旋风的旋转、信风，此外还有什么？对托勒密主义者而言，所有这些现象之间并无联系。而对于哥白尼主义者而言，它们都由同一种原因产生。在说地球旋转时，我宣称所有这些现象都有一种密切的联系，并且这是真的［原文为斜体字］，即使没有也不可能有绝对空间，这仍然是真的。
>
> 对地球的自转就谈这些。地球绕太阳的运转情况又如何呢？这里我们同样有三个现象，它们对托勒密主义者来说是绝对独立的，而对哥白尼主义者来说却与同一根源相关。这些现象是行星在天球上的视位移、恒星的光行差以及恒星的视差。所有行星都以一年为周期显示出一种非均匀性，而这一周期又正好等于光行差的周期，也刚好是视差的周期，这是偶然的吗？接受托勒密体系就是回答是，接受哥白尼体系就是回答不是。这就是宣称这三种现象之间有一种联系。即使没有绝对空间，这也是真的。
>
> 在托勒密体系中，不可能用中心力的作用来解释天体的运动。在这种情况下，天体力学是不可能的。天体力学向我们揭示的天界现象之间的密切关系是真实的关系。断言地球不动就是否认这些关系，因此就是欺骗自己。

尽管庞加莱坚决地断然否认他的约定主义科学哲学可以为托勒密学说的复活提供任何依据，但不久前有人向我们郑重保证：“今天我们不能在任何有意义的物理意义上说，哥白尼的理论是‘正确的’而托勒密的理论是‘错误的’。这两种理论……在物理上是彼此等价的”（Fred Hoyle，*Nicolaus Copernicus*，London，1973，p. 79）。

［83］哥白尼不得不违背亚里士多德的运动理论，因为地动学说与亚里士多德关于土向下自然运动的观点不相容。哥白尼认为，整个地球在作自然的圆周运动。但个别土块无可否认是在下落。于是他提出，作为球形整体的地球作自然的圆周运动，而地球的某些部分除参与这种圆周运动外，还要作各自的直线运动。

［84］这是亚里士多德的定义（《论生灭》，II，4；《气象学》，IV，9）。托马斯·阿奎那（Thomas Aquinas）对后一著作的评注没有完成，而不知姓名的续写者使用的正是哥白尼在这里重复的措词（Aquinas' *Opera omnia*，Leonine ed.，III，Appendix，p. CXXXIX）。

［85］哥白尼对新近引进的火器与大炮是熟悉的。他在其教士会反对条顿骑士团的战争中曾任军队指挥官。

［86］亚里士多德，《论天》，I，7。

［87］根据亚里士多德的说法，“一个旋转球体虽然在运动，但在某种意义上又是静止的，因为它持续占有同一个位置”（《物理学》，VIII，9）。

［88］此处哥白尼抛弃了传统上认为构成宇宙的四种元素中的一种。因为虽然哥白尼能够看见和感觉到他周围有土、水和气，但对于第四种元素的存在性他却没有确凿的证据，这是环绕大气并位于天区正下方的一个假想的看不见的火球。哥白尼当然知道地上有火存在，但对传统宇宙论中的火元素却表示怀疑。持怀疑态度的并非只有他一人。形而上学诗人约翰·多恩（John Donne）在《世界的构造》（*An Anatomy of the World*，London，1611）第205—206行吟咏道：

新哲学置一切于怀疑之中，
火元素已被扑灭。

［89］哥白尼对加速和减速的讨论并不违背亚里士多德的观点。亚里士多德说，“只有圆周运动才可能是均匀的，因为作直线运动的物体在出发和接近目的地时有不同的速度。它们离其初始静止位置愈远，运动就愈快”。如果把火当成一种元素和简单物体，则这条规则 354

也适用于它："土是接近中心时运动越来越快，而火却是接近上限时运动越来越快"。然而，由于我们观察范围内的火会消耗土质燃料，所以受迫运动会减速这一原则就起作用了："一个物体接近其自然的静止位置时运动似乎越来越快，而一个作受迫运动的物体则相反"，"每个物体在远离其受迫运动的来源时都会慢下来"。最后，当运动物体到达其自然目的地时，运动就停止了："任何物体到达其固有位置时就停止运动了"（《物理学》，V，6；VIII，9；《论天》，I，8，9）。

［90］为了构造一种与地动学说相一致的运动理论，哥白尼必须放弃亚里士多德关于整体与部分的运动是相同的这一原则。例如亚里士多德指出："地球不作圆周运动。否则，它的每个部分都会作同样的运动，然而事实上它们都朝中心作直线运动"（《论天》，II，14）。于是哥白尼概括说，整体与其各个部分的运动有所不同。圆周运动可以脱离直线运动而存在，正如一个生物可以免于疾病。但可以把直线运动附加到一个旋转物体之上，一如疾病可能降临到一个健康生物身上。

哥白尼对传统运动定律的修改给葡萄牙数学家佩德罗·努内斯（Pedro Nunes，1502—1578）留下了深刻的印象。虽然努内斯对新天文学毫无同情，但在其《航海术的规则和仪器》（*Rules and Instruments for the Art of Navigation*）第十一章（*Opera*，Basel，1566，pp. 105—106）中，努内斯写道：

> 哥白尼通过托勒密用以表明地球根本不作圆周运动的那些论证所作的推理是否可靠，这是哲学家需要讨论的一个问题。哥白尼说，地球以及地上的物体和所有重物，无论它们位于何处，都在自西向东作自然运动，而当它们无论以任何方式偏离其自然位置时，就会作附加的直线［运动］，那种圆周［运动］与直线［运动］的并存有如"活着"与"生病"的并存。因为一个物体如果不也绕着中点旋转，就不能说它是远离中点或朝着中点运动。哥白尼设计出这些［原则］是为了能够解释，如果地球在一个圆上运行，为什么向上抛出的重物会垂直地落回到其下方。

只有像努内斯这样的反哥白尼主义者，才会把I，8中的新颖推理说成是“托勒密用以表明地球根本不作圆周运动的那些论证”。

到了下一代，另一位反哥白尼主义者克里斯托弗·克拉维乌斯（Christopher Clavius，1537—1612）在其《对萨克罗博斯科〈天球论〉的评注》（*Commentary of the Sphere of Sacrobosco*，Lyon，1593；reissued，1594）第四版中，反对哥白尼违背亚里士多德关于地球是简单物体且只作一种简单运动的学说：

> 哥白尼的学说中包含有许多谬论和错误，例如地球……作三重运动。我很难理解这种情况怎么发生，因为根据哲学家们的看法，一个简单物体［只能］与一种运动相关联（p. 520）。

［91］禁书目录圣会要求对I，8作的第二点修改是把这句话改成：“此外，把运动归于地球这个占据空间的被包围者，和把运动归于空间结构是同样困难的。”

［92］在亚里士多德的理论中，任何圆周运动或围绕中心的运动都必须围绕宇宙中心进行。这个同心体系的简单性因为哥白尼扩展了绕心运动的含义而被粉碎了。在他那个更复杂的宇宙中有许多个中心。每一个球形整体都因其形式而具有一种围绕其自身中心的圆周运动，而这个中心不一定与任何其他中心相同。此外，圆周运动不再与直线运动等量齐观，因为后者仅仅影响部分即不完整的物体，而这些物体一旦加入其球体整体就不再保持这一临时特征。

［93］禁书目录圣会命令删去这一结论。

［94］这里提到的问题在I，5的标题中分两部分提出。第一部分问，“圆周运动对地球是否适宜？”现在哥白尼对它作了肯定的回答。第二部分问的是地球的位置，这个问题将在I，9中回答。

I，8的最后这句话（fol. 7^v，line 8）在N中被略去，这也许是因为它听起来很像是经院论辩中的一种熟悉的结构程式。在12年里，哥白尼在三所大学接受的正是这种学院式训练，但其编者希望彻底摆脱那种守旧的传统。

［95］禁书目录圣会命令把I，9的第一句话改成：“因此，既然

我已经假定地球在运动，我认为我们现在还应当考虑是否有几种运动
355 都对地球适宜”。禁书目录圣会的修改取消了哥白尼所要作的结论，即“可以将地球看成一颗行星”。

［96］亚里士多德说，“地球和宇宙碰巧有同一个中心；重物也向地心运动，但这是偶然的，因为地心位于宇宙的中心”。“如果有人把地球移到月亮现在的位置上，则［地球的］每一［分离］部分都不会朝着它运动，而会朝着它现在的位置运动”（《论天》，II，14；IV，3）。

［97］这里哥白尼明显背离了亚里士多德。哥白尼不像亚里士多德那样认为整个宇宙有一个单独的中心或重心，而是正确地看到有多个中心。正如地上的重物倾向于朝地心运动，月球上的重物也倾向于朝月心运动，其他天体的情况也是如此。然而细心的读者会注意到，对哥白尼而言，这种倾向是同属一体的各个部分中固有的一种对聚在一起的渴望。在哥白尼那里没有任何迹象表明他想到了后来作为物体相互吸引的引力观念，无论对那种吸引作何解释。

［98］哥白尼把他在GV，XV，3，sig. aa8^{r}看到的一句话变成了I，9结尾的“正如人们所说，只要我们睁开双眼，正视事实”这样的表述，或者拉丁文*ambobus*（*ut aiunt*）*oculis*，fol. 7^{v}，最后一行。在翻译欧几里得《光学》的命题25时，GV此处所用的*ambobus... oculis*（双眼）是字面上的生理学含义，即“用双眼”而不是只用一只眼睛来看可见物体。哥白尼用括弧中的*ut aiunt*（如他们所说）表示他在引用别人的话，并把*ambobus oculis*的含义扩展为指不受阻碍的思想洞见。J. L. Heiberg, “Philologische Studien zu griechischen Mathematikern：III. Die Handschriften Georg Vallas von griechischen Mathematikern,” *Jahrbücher für classische Phlologie*，suppl. *12*（1881），377—402列举了GV使用的希腊文献。

［99］整个宇宙的和谐是古希腊各个思想流派所强调的一个常见主题。读者们还记得，哥白尼在其言中把“宇宙的结构及其各个部分的真正对称性”称为“最重要的一点”。

［100］亚里士德，《论天》，II，10［注释（60）中引用过］。

［101］正如前面指出的［见注释（42）］，这里哥白尼重复了

赞贝蒂翻译的欧几里得《光学》命题56—57中的词句。该书在赞贝蒂翻译的欧几里得著作中编号为no. 53。

［102］比特鲁吉（Al-Bitruji，其拉丁化名字为阿尔佩特拉纠［Alpetragius］）把伊斯兰世界对托勒密回到同心理论的攻击发展到顶峰。1185年后不久，比特鲁吉用阿拉伯文撰写了《论球》（*Book on the Sphere*）。1217年，苏格兰人迈克尔（Michael Scot）把此书译成拉丁文。1529年，那不勒斯的犹太人卡罗·卡罗尼穆斯·本·大卫（Calo Calonymus ben David）把摩西·本·提本（Moses ben Tibbon）1259年的希伯来文译本再次译成拉丁文。两年后，此译本作为《论球》（*Sphaerae tractatus*）集刊的一部分在威尼斯出版，但为时已晚，没有影响哥白尼对I，10的写作。同样，哥白尼生前苏格兰人迈克尔的译本未曾付印，哥白尼也没有见到过它的任何手稿副本。由于哥白尼不懂阿拉伯文，比特鲁吉的原始文本对他没有用。在看不到比特鲁吉的原著及其希伯来文和拉丁文译本的情况下，哥白尼从P-R第IX卷命题1中了解到这位西班牙穆斯林对金星与水星的特殊安排。与哥白尼不同，雷吉奥蒙塔努斯本人拥有一本比特鲁吉著作的苏格兰人迈克尔译本。

［103］柏拉图在《蒂迈欧篇》（39B）中说太阳光“照彻整个天界”。根据这一说法，哥白尼心目中的柏拉图主义者会推论说，行星本身并不发光。

［104］由于误解了这段话，常有人说，哥白尼预言了改进人类视力的工具发明时会发现金星和水星的位相。哥白尼逝世后大约半个世纪，望远镜的发明使内行星的位相第一次被看见。只是在此之后才出现了这个关于“哥白尼预言”的传说。但在其裸眼观测时代，柏拉图主义者正是利用金星和水星没有类似月亮的位相这一事实来反对托勒密主义者给这两颗行星指定在太阳下方的位置。

［105］哥白尼逝世前从未有人观测到金星或水星凌日。

［106］托勒密主张，金星与水星必定位于太阳和月亮之间，否则“这广阔的空间将空无所有，仿佛被自然遗忘和忽视了”。托勒密在其《行星假说》（*Planetary Hypotheses*）第二卷中阐述了这个论点。这本书的希腊文原本已经失传。它没有被译成拉丁文，而阿

拉伯文和希伯来文译本对哥白尼没有用。但公元5世纪的新柏拉图主义哲学家普罗克洛斯仍然能够看到希腊文本，他的《生动叙述》（*Hypotyposis*）被部分译成了拉丁文，载GV，Book XVIII，我们前面说过［见注释（36）］，GV是哥白尼能够看到的。

［107］$16^{1}/_{6}\times 18=1155\approx 1160$。

［108］哥白尼从GV（Book XVIII，Ch. 23，sig. gg 6^{v}）中获
356 得了本段的大部分数值。不仅如此，哥白尼对GV的这种依赖也见于他重复使用了GV中的一些表述（*vendicant rationem*；*minimum solis intervallum*；*inanis*；*comperiunt*；*compleri numeros*；*succedat*）。由于今天已经很难找到一本GV，因此这里插入GV相关段落的内容也许是有用的：

> 关于行星的次序，……一些［天文学家］通过对近地点和远地点进行操作而得出了一种猜测性的［安排］：也就是说，紧接着月球远地点的是水星的近地点，然后是金星近地点紧接着水星远地点，太阳的近地点紧接着金星远地点。于是根据这种推理可得出相对次序。如果取地球半径＝1^{p}，他们求得月球……［与宇宙中心］……的［最大］距离……＝$64^{p}10'$，但太阳的最小距离＝1160^{p}，……它们的差为1096^{p}……由于……在宇宙的安排中没有空的空间，各个天体的距离把空间塞满了，因此天文学家们想到可以考察水星和金星的远地点与近地点之比，从而确定这些值能够充满上面提到的数值。于是这些天文学家发现，水星本轮的远地点与黄道中心的距离……≈$177^{p}33'$，这是水星的最大距离。同样，由于这个$177^{p}33'$与太阳的近地点＝1160^{p}之间有一个大的空隙，他们认为应当插进另一个天球，即金星的天球，以避免空的空间……

虽然哥白尼这里非常忠实地遵循着GV的说法，但他对$177^{p}33'$（取约数为$177^{1}/_{2}$）这个数的意义的解释却大不一样。GV认为，这个数指的是“从水星本轮远地点到黄道中心的距离，……即为水星的最大距离”（*Mercurii ab apogio epicycli ad centrum usque signiferi…quantum est Mercurii maximum intervallum*）。而哥白尼则认为，$177^1/_2$是水星的内拱点距，即它的两拱点之间的距离（*inter absides Mercurii*，fol. 8^r，line 5 up）。只有这样，哥白尼才能把910^p分配给金星。这一值约为1096^p（＝从月球远地点与太阳近地点的间距）减去$177^1/_2$之差，而按照哥白尼的解释，$177^1/_2$为水星的内拱点距。

上述讨论的最终来源为托勒密《行星假说》中的一段话。这本书哥白尼没有见过，但不久前为伯纳德·R.戈德斯坦（Bernard R. Goldstein）重新恢复（*Transactions of the American Phalosophical Society*，1967，*57*，pt. 4，p. 7）。哥白尼看到的是普罗克洛斯不够忠实的GV译本，普罗克洛斯对这一问题的讨论见Willy Hartner，*Oriens-Occidens*（Hildesheim：Olms，1968），pp. 323—326。

［109］根据哥白尼对托勒密主义者计算的理解，水星的远地点＝$64^1/_6+177^1/_2=241^2/_3$。于是，$241^2/_3+910=1151^2/_3\approx1160$。

［110］哥白尼的手稿（fol. 8^r，line 3 up）说*Non……fatentur*，"他们不承认"，即托勒密主义者们不承认。但由于N中的一个排印错误（fol. 8^r，line 13），印成了*Non……fatẽur*，即"我们不承认"。伽利略这位有影响的读者未能察觉这个印刷错误，他应对由此形成的历史错误负责，即哥白尼否认行星是不透明的。而哥白尼认为作此否认的是托勒密主义者。

［111］"有的行星也许在太阳下面，但它们不必在通过太阳和我们眼睛的任何平面上。它们可能在另一个平面上，因此不会引起在日面上穿过的可见现象。正如当月球在合时在太阳下边通过时，通常不发生日食"（PS，IX，1）。

［112］哥白尼在手稿中（fol. 8^r，line 5）写的是"Albategnius"，这是巴塔尼（Al-Battani）通常的拉丁文转写。后来他把"Albategnius"删去，在左面空白处写上巴塔尼的姓"Machometus"。哥白尼既没有看到巴塔尼伟大的天文学论著的阿拉伯文原本，也没看到过它的拉丁文译本（Nuremberg，1537）。哥白尼所引阿尔·巴塔尼表述的出处其实是P-R（IX，1）。然而P-R说，根据巴塔尼的说法，把太阳视直径取为金星视直径10倍的是古人。哥白尼把这一点说成是巴塔尼的观点。通过使

用同化的阿拉伯文冠词，他被指定了观测地点ar-Raqqa，其拉丁化名称为Araccensis或这里的Aratensis。对巴塔尼私人天文台的讨论参见Aydin Sayili，*The Observatory in Islam*（Ankara，1960），pp. 96—98。

［113］伊本·鲁世德（Ibn Rushd，或这位伊斯兰大哲学家的拉丁化名字阿威罗伊［Averroes］）在12世纪用阿拉伯文撰写了《托勒密〈天文学大成〉释义》（*Paraphrase of Ptolemy's Syntaxis*），此书由那不勒斯的雅各布·阿纳托利（Jacob Anatoli of Naples）于1231年译成希伯来文。卓越的希伯来语学者乔万尼·皮科·德拉·米兰多拉（Giovanni Pico Mirandola）在其遗著《驳占星术预言》（*Disputations against Predictive Astrology*，Bologna，1495—1496）中谈到："伊本·鲁世德在其《托勒密〈天文学大成〉释义》中说，他曾经观察到太阳上有两个黑点状的东西。他对那个时刻查表，发现水星位于太阳的光线中"（X，4；reprinted，Florence，1946—1952，II，374：14—17）。

开普勒在其《光学》中提到这件事。他在书中没有质疑阿威罗伊的名字是否确切（*Gesammelte Werke*，II，265：7）。后来他在1607年4月7日给他从前的教师梅斯特林写的一封信中问道，"哥白尼引用的阿威罗伊的《托勒密〈天文学大成〉释义》是否至今犹存？"（同前引，XV，418：48—49）大约与此同时，开普勒问一位富有的赞助人，哪里可以获得"哥白尼提到的阿威罗伊的《托勒密〈天文学大成〉释义》"（同前引，XV，462：354）。然后在1607年5月28日出现了一个奇特的现象，开普勒在报告此现象时引用了其《光学》中前面提到的那段话，并插进了一首诗。在这些地方他都没有对阿威罗伊表示过任何怀疑（同前引，IV，83：20，96：36）。开普勒与梅斯特林的通信中断了三年多，而在继续通信时，一个更为迫切的论题使阿威罗伊问题被人遗忘了（同前引，XVI，no. 592）。

然而1612年初，开普勒承认自己犯了个错误。他在给另一位收信人的信中写道："阿威罗伊［或者我猜测是阿文罗丹（Avenrodan）］，正如皮科在其反对占星术士的著作中所证实的"（同前引，XVII，9：83—84）。开普勒说这是一个猜测（*conijcio*），即承认自己不够确定。他显然没有花时间查阅皮科书中的那段话。否则，他会发现皮科说的是阿威罗伊，而不是阿文罗丹（Ali ibn Ridwan，998—1061）。然而开普勒是在很匆忙地评论一本刚刚出版的重要著作。开普勒还记得自己曾经读过皮科的著作，经回忆，这位著名的反占星术学者在书中经常提到阿文罗丹的名字（有30多次），而谈到阿威罗伊的次数要少得多（连我们所说的这段话在内也只有7次）。皮科著作的主要目标毕竟是反驳占星术士。阿文罗丹写过一篇关于（伪）托勒密的占星学小册子的评注，而阿威罗伊释义的则是托勒密的《天文学大成》，后者是一本纯粹的天文学著作，绝对未受占星学的玷污。考虑到阿文罗丹在皮科的书中更为显著，加之当时开普勒对这件事已不太关注，他猜想阿威罗伊应为阿文罗丹似乎就完全可以理解了。事实上，它出现在一封私人信件中也使之没有什么害处。

然而没过多久害处就出现了，当时开普勒把他1612年的私下猜测变成了公开的断言："（正如皮科·德拉·米兰多拉在其反驳占星术的著作中所说，）阿文罗丹看见太阳上有两个斑点"（*Ephemerides*，Preface，p. 17；*Kepleri opera omnia*，ed. Frisch，II，786：13—14）。这时开普勒确信他是正确的，于是他发起了进攻："虽然这［段话］是哥白尼从皮科的书中抄来的，但他把阿文罗丹的名字改成了阿威罗伊"（ed. Frisch，*ibid.*，lines 15—17）。但哥白尼当然没有做过这样的事情。因为皮科引用的是阿威罗伊的《托勒密〈天文学大成〉释义》，而阿文罗丹从未写过这样的书。

在这场对哥白尼的错误指控中，开普勒以前的教师必定也受到牵连。因为开普勒又说，哥白尼"使梅斯特林面临一项徒劳的任务，即要从阿威罗伊的所有评注中找到那段话"（ed. Frisch，*ibid.*，lines 17—18）。这些为数众多和卷帙浩繁的著作已被译成拉丁文，并与亚里士多德的著作一起出版（Venice，1562—1574；reprinted，Frankfurt/Main，1962）。然而皮科所引用的并非阿威罗伊对亚里士多德的评注，而是他的《托勒密〈天文学大成〉释义》。难怪梅斯特林"查遍了阿威罗伊的所有评注"而一无所获。这些评述均已被译成拉丁文，而《托勒密〈天文学大成〉释义》却未译出。事实上，原始的阿拉伯文手稿没有留存下来，此书为人所知只是因为它被译成了希伯来文，而皮科精通希伯来文（Moritz Steinschneider，

Die hebraeischen Übersetzungen des Mittelalters und die Juden als Dolmestscher，Graz，1956，reprint of 1893ed.，pp. 546—549）。此外，他拥有雅各布·阿纳托利的希伯来文译本的一份手稿（Pearl Kibre，*The Library of Pico della Mirandola*，2nd printing，New York，1966，pp. 203—204）。

然而，尽管哥白尼的引文是正确的，开普勒指责哥白尼犯错误是不当的，但Z硬说下列情况是哥白尼“引用前人著作之差错”的一个例子：

> 他把观测到太阳上的黑斑归于阿威罗伊。梅斯特林徒劳地查遍了阿威罗伊的所有评注，都没有找到这段话。实际上，这件事与阿文·罗丹（Aven Rodan）有关。哥白尼其实是从皮科·德拉·米兰多拉反驳占星术的著作中抄的这段话，并把阿文·罗丹的名字误写为阿威罗伊（p. 510）。

Z彻头彻尾的无稽之谈在1951年为马克斯·卡斯帕（Max Caspar）重复：“哥白尼把阿文·罗丹误写为阿威罗伊”（in Kepler，*Gesammelte Werke*，XV，549，note to line 45）。

由于哥白尼在克拉科夫大学念书时已经接触过一些占星术，他后来对这门据说能预测未来的技艺漠然视之，可能是因为熟读了皮科的《驳占星术预言》。这本书是在哥白尼到达意大利之前不久出版的，他从其中摘引了与阿威罗伊有关的那句话。

［114］哥白尼在手稿中（fol. 8^v，line 14）取月球的近地点距离为“大于49”（*plusquam iL*），并说“下面将会阐明”。但后来在
358 IV，17，22和24中，他把这个距离取为大于52，精确值为$52^p17'$，N在I，10这里印的是52，以使哥白尼与自己保持一致。然而，他本人在向上修订了月球近地点距离的估计值后，却没有修改稿件中的这段话。因此49这个数有助于说明那个仍然未能完全解决的问题，即哥白尼是在什么时候撰写《天球运行论》的各个部分的。哥白尼所作的观测和计算使他把49改为52，I，10 和fol. 8显然都是在此之前写成的。

52当然大于49。也许有人认为第四卷中出现的三处$52^p17'$实现了

I，10所作的诺言，即“下面将会说明”，月球的近地点距离“据更准确的测量结果应大于49倍”。但是，倘若哥白尼在撰写I，10时已经得到了$52^{p}17'$的结果，他肯定不会说“大于49”，而会说“大于52”。因为较大的数更有利于他反对托勒密主义者的推理。他用的是49这一事实表明他还没有得到52的结果。作为这种分析的一个副产品，“大于”（*plusquam*）显然意味着一个小于1的分数，所以“大于49”暗示着“小于50”。

于是显然，$52^{p}17'$的结果是根据IV，16讨论的两次观测算出来的。由于它们的日期分别为1522年9月27日和1524年8月7日，我们可以有把握地断言，哥白尼撰写I，10和fol. 8是在1522年9月27日之前。a叠的fol. 8写在C种纸上，它是手稿所用四种纸中的第一种。虽然我们无法根据水印来断定C型纸的确切日期，但由其他考虑可以证实这一结论，即fol. 8是在1522年或之前写的（参见NCCW，I，p. 3）。

［115］这里和I，8［见注释（88）］的情况相同。哥白尼的意思是，他对火“元素”球的存在感到怀疑。

［116］哥白尼再次作了一个未能实现的承诺，但这一次N把它保留了下来，也许是感到它可由V，21，22的内容证实。I，10的这段话也许使奥西安德尔（参见“安德列亚斯·奥西安德尔的序言”注释）想起了关于金星的争论，他认为可以由此证明天文学永远是不可靠的。但和自然科学的其他分支一样，天文学表明自身也是一门可以自我纠正的学科。

［117］这里“其他一些拉丁学者”可能包括维特鲁威。他的《建筑十书》，IX，6谈道：“水星和金星在以太阳光线为中心运行时盘旋成花冠形，由此形成逆行和留。”

［118］马提亚努斯·卡佩拉的百科全书一般称为《菲劳罗嘉与墨丘利的婚姻》（*The Marriage of Philology and Mercury*）。它的VIII，857谈道：“金星和水星……以太阳为其轨道圆的中心。”

［119］由于哥白尼使用的“*terram non ambiunt*”（并非绕地球旋转）与卡佩拉的“*terras…non ambiunt*”相近，哥白尼也许看过那本一度流行的百科全书的1499年维琴察（Vicenza）版或1500年摩德纳（Modena）版。

［120］哥白尼的表述“*absidas conversas habent*”（有方向相反的圆）重复了普林尼《博物志》，II，14，72中的“*conversas habent...apsidas*”。哥白尼似乎从普林尼的模糊讨论中得到了一种印象，即《博物志》的作者把日心轨道赋予了金星和水星。普林尼在II，13，63中解释说，他所用的希腊词*apsides* 意为“圆”。

［121］禁书目录圣会命令把“因此我敢毫无难堪地断言”改成“因此我敢毫无难堪地假定”。

［122］哥白尼这里首次引入了*orbis magnus*一词来指地球围绕太阳的周年运转。这个专业术语仿佛成了一直到牛顿时代的哥白尼天文学的标志。把它译成“great circle”也许更为自然，但球面几何学早已使用这个词了。

［123］哥白尼这里说宇宙的中心在太阳“附近”（*circa*）。他是经过深思熟虑才选用这个词的，因为他知道他所取的轨道不可能是同心的，而是必定有些偏心。一些所知不多的评论家坚持认为，哥白尼的天文学其实日心天文学，因为他的宇宙中心在太阳以外。他在I，9中说“太阳占据着宇宙的中心”，这与他此处的说法不同。关于他对这种含糊性（或者他所谓的“模棱两可”［amphibology］）的有意识使用，参见III，25。

［124］禁书目录圣会命令把“*potius*”（相当于rather）改为“*consequenter*”（因此）。禁书目录圣会要求做这种修改目的何在并非一目了然。也许禁书目录圣会感到*potius*意味着一种事实状态，而*consequenter*仅表明一种逻辑推论。

［125］虽然哥白尼小心翼翼地避免提及他所想到的作者的名字，但一种可能性是指穆斯林天文学家纳西尔丁（Nasir al Din，1201—1274），即马拉盖（Maragha）天文台台长。他因生于波斯的图斯（Tus）而被称为“图西”（al Tusi），哥白尼（III，4）接受了“图西双轮”的一种修改形式。图西在其*Kitab al-tadhkira*的一节中又给托勒密使用的大量天球增添了33个。卡拉·德·沃克斯（Carrade Vaux）把该书从阿拉伯文译成了法文，载Paul Tannery，*Recherches sur l'histoire de l'astronomie ancienne*（*Mémoires de la Société des sciences...de Bordeaux*，1893，pp. 351，358—359）。

［126］哥白尼的学生雷蒂库斯从盖伦（Galen）的著作中摘引出 359
这些熟悉的格言："自然不作徒劳之举"，"我们的造物主技能高超，他所创造的每一个部分不仅有一种用途，而且有两种、三种、经常是四种用途"（*On the Usefulness of the Parts of the Body*，tr. M. T. May，Ithaca，1968，pp. 501—502）。

［127］N中印的图与哥白尼所绘的（fol. 9）并不完全一样。例如，他的阿拉伯数字1—7被替换成了罗马数字I—VII（N，fol. 9^{v}）。他的图只是提到了月亮的名字，但N却标出了月亮的轨道并且包含月亮的符号，这是整个图中唯一一个这样的符号。哥白尼在那个圆的下方为恒星天球写了说明，这显然是为了避免与正文中的词句相混淆，后者可以填满该圆周的三分之二。相比起来，印刷页设计得要清楚可读得多，正文各行与对恒星天球的说明截然分开，尽管该项说明被置于最外层圆的上方。依照这种样式，N把对三颗外行星的说明分别放在各自圆周的上方。N采用这个方案，不经意间掩盖了哥白尼的意图，结果导致对他的宇宙构想出现了一些甚为荒唐的猜测。

哥白尼手稿中的图为每颗行星都分配了两个圆，内圆按行星的近日距绘出，外圆则按远日距绘出。根据哥白尼的相邻天球理论，外圆有双重意义，即它同时也是下一个更高行星的内圆。因此最里面围绕着太阳中心的圆标记的是水星的近日距。然后离开太阳向外，下一个圆既是水星的远日圆，也是金星的近日圆。再往外是金星的远日圆，在手稿中它也是地球的近日圆，而在N中却是月球的近日圆。然而在N中，除月球的近日圆和远日圆以外，还有地球中心所在的一个单独的圆，因此地—月系统共有三个圆，而不是通常情况下的两个。

读者在N中可以看到，地—月系统之上是行星区域中一个相当非哥白尼的空的空间，这是因为对火星的说明被置于它的远日圆上方，而不是像地—月系统、金星和水星那样，被置于远日圆与近日圆之间。这种对火星位置的安排只不过是为了排字工人的方便，而不应为其赋予什么宇宙论含义。对于太阳区域，情况也是如此。其中心处有某个东西被误认为是一个小圆，而它实际上是哥白尼在图上画圆时由不尖的圆规固定脚点无意中留下的一个标记。还可看出，哥白尼在画木星的圆时，不经意间使圆规的可动脚点在5点钟区域扭动了一点。

［128］对这种“第一原则”的解释见I，10的第一段。

［129］在断言静止不动的恒星天球是宇宙的位置（*locus*），所有其他天体的运动都要与它相比照时，哥白尼是在应用亚里士多德的概括：“没有位置，……运动是不可能的”（《物理学》，III，1）。

［130］普林尼在《博物志》，II，4，13中把太阳称为“宇宙之心灵”（*mundi…mentem*）和天之主宰（*caeli…rector*）。西塞罗是哥白尼发现把太阳称为“宇宙之心灵”（*mens mundi*）的另一位作者（*Republic*，VI：*Scipio's Dream*，Ch. 17）。如果哥白尼看到某一作者把太阳描绘为宇宙之灯（*lucernam mundi*），那么有关学者尚未确认这位作者是谁。

［131］一些过分热情的作者由此得出结论说，哥白尼与文艺复兴时期的赫尔墨斯主义魔法或新柏拉图主义的神秘主义有关。那些伪造的神学论著借用著名的希腊神赫尔墨斯之名来掩饰自己的真实本性。在唯一一次引用这个著作集时，哥白尼甚至没有提到那个神，也没有把这位（假想的）作者称为“Trimegistus”（fol. 10r，line 6），尽管他精通希腊文，知道那个三重伟大的人（Thrice Greatest）应当是Trismegistus。此外，哥白尼断言，在被归于三重伟大的赫尔墨斯的那部杂乱的著作中，没有一处把太阳称为“可见之神”。哥白尼显然对赫尔墨斯文集原文不够熟悉，他又一次依赖于自己不完美的记忆，也许是他曾经在大学听过的一次课。那位教授可能看过拉克坦修（Lactantius）的《神的原理》（*Divine Institutes*）的《概要》（*Epitome*）手稿。哥白尼在《天球运行论》的序言接近结尾处斥责的正是拉克坦修。拉克坦修在《概要》中把一部赫尔墨斯主义著作《阿斯克勒庇俄斯》（*Asclepius*）中的一段话译成拉丁文时，使用了*visibilem deum*（可见之神）这一表述（哥白尼在I，10中作了引用）。然而正如哥白尼在第一卷引言（第一段）中正确暗示的那样，那里所说的“可见之神”指的是可知觉的宇宙。但在I，10中的这里，哥白尼因为记忆出了错而把“可见之神”误用于太阳。

［132］索福克勒斯不是在《埃莱克特拉》（*Electra*）中，而是在《俄狄浦斯在科罗诺斯》（*Oedipus at Colonus*）的第869行把太阳

称为洞悉万物者。哥白尼这里并没有像在序言中那样引用希腊文原文，而是重复了普林尼的*omnia intuens*这一表述（《博物志》，II，4，13）。

［133］亚里士多德在一本论动物的书中说，月亮的本性更接近 360
于地球而不是其他天体（Averroes，*De substantia orbis*，Ch. 2，与亚里士多德一些著作的拉丁文译本一起于15世纪在威尼斯出版）。哥白尼重复了这位最伟大的穆斯林亚里士多德评注家的上述误解，而不知道亚里士多德在《动物的产生》（*Generation of Animals*），IV，10中认为月亮并非与地球相近，而是“第二个较小的太阳”。

［134］欧几里得，《光学》，命题3。

［135］哥白尼在他的《驳维尔纳书》（*Letter against Werner*）中用恒星的闪烁与行星亮度稳定之间的对比来方便地说明天文学家如何从观测中得出推论：“恒星科学是我们所了解的与自然次序相反的学科之一。例如，自然次序是先知道行星离地球比恒星近，然后得出推论说行星没有闪烁。与此相反，我们是先看到行星不闪烁，然后知道它们距地球较近。”这里哥白尼重复了亚里士多德《论天》，II，8和《后分析篇》（*Posterior Analytics*），I，13中的说法。

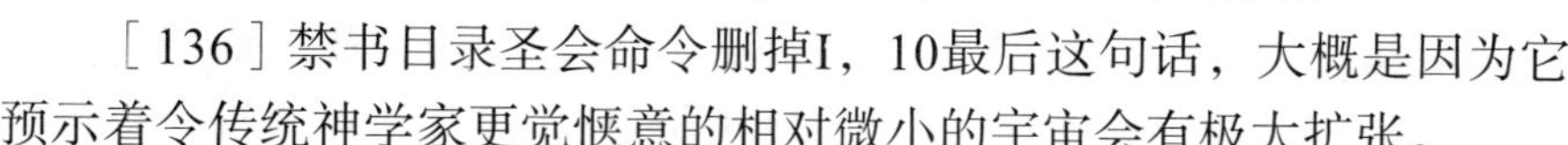

［136］禁书目录圣会命令删掉I，10最后这句话，大概是因为它预示着令传统神学家更觉惬意的相对微小的宇宙会有极大扩张。

［137］禁书目录圣会命令把I，11的标题改为“地球三重运动的假说及其证明”。

［138］哥白尼似乎想到了I，6。但在那里，他是用摩羯宫和巨蟹宫来证明地平圈与黄道的中心相合，而并不像在这里是用地球在黄道上的真位置与太阳的视位置正好相对来证明这一点。

［139］在哥白尼看来，地球的第三重运动似乎是不可或缺的，因为他认为地球被牢固地附着在一个看不见的球上。但在所有这些无法知觉的天界装置被清扫出天外之后，地球已经成了一个在空间中自由运动的非附着的天体，因此哥白尼的第三重地球运动便被视为不必要的。于是开普勒在其《新天文学》第57章中写道：

> 在［地球］中心的整个周年运转中，地轴几乎在其所有位

置都与自身保持平行，由此产生了夏天和冬天。然而，由于漫长的时间会改变地轴的倾角，所以恒星被认为有位置变化，二分点被认为有岁差。……哥白尼错误地认为需要一种特殊的原理使地球每年一次从南到北、再从北到南地振荡，使冬夏得以产生，这种［天平动］与［地心］运转步调一致，于是引起回归年与恒星年均匀重现（因为二者近乎相等）。另一方面，由于周日运动所围绕的地轴方向固定，这本身就可以形成所有那些［结果］，唯一的例外是二分点极缓慢的进动（*Gesammelte Werke*，III，350：22—25，30—37）。

［140］在原稿中（fol. 11r，line 17），*h*之后有*se*（已删去）。这里哥白尼写了一个长长的ʃ符号，并画了一条删节短线穿过它，于是粗心的读者可能会把删去的*se*误认为*f*。N中出现的情况（fol. 11v，line 7）就是如此，虽然根据上下文应为没有F的H，但该书误印成了HF。在此后的五个版本中都重复了HF这一误印。导致这一差错的无疑是哥白尼在第18行中重复了*se*，并把“*convertens*”写成了并不存在的形式“conventententens”。

［141］在原稿中（fol. 11r，line 22），这个与黄道垂直的圆用*abc*表示，但哥白尼在fol. 11r 底部画附图时并没有把这个符号包括在内，因此N把它明智地略掉了。右圆中心原用字母为*b*，哥白尼后来写成了*c*。

［142］哥白尼在原稿中（fol. 11r，line 8 up）误写为*ac*，在N中被改为*AE*，因为*E*是假定的观测者的位置。此外，就在下面*C*被称为“相对的点”，因此前面的观测不可能是从*AC*做的。

［143］菲洛劳斯的看法在古代已被证实并受到哥白尼的赞扬，参见哥白尼的原序和注释［48］。

［144］在重新发现和公布这段被删掉的话之前，人们认为哥白尼完全不知道阿里斯塔克的地动学说。例如开普勒问道：“哥白尼对阿里斯塔克的理论一无所知。既然如此，谁能否认把地球变成一颗运动行星的体系是哥白尼发现的呢？”（Appendix to His *Hyperaspistes*，in *The Controversy on the Comets of 1618*，

Philadelphia，1960，p. 344）。

事实上，哥白尼从GV，XXI，24中得到的情况微乎其微。因为那位不可靠的百科全书家歪曲了古希腊的说法，即“根据阿里斯塔克 361
的主张，太阳和恒星静止不动，而地球沿黄道运转”。GV的误译为“阿里斯塔克把太阳置于恒星之外”。单凭这一点已经足以说服哥白尼删去他这段包含地动学者阿里斯塔克的话。

但哥白尼抛弃地动学者阿里斯塔克可能还有一个动机。因为从普鲁塔克的《月亮的面貌》（*Face in the Moon*）中哥白尼或许已经读到，这位古代哲学家“认为希腊人应当控告萨摩斯的阿里斯塔克不虔敬，因为他使宇宙的心脏不断运动。证据是他试图通过假定天静止不动，而地球却在一个倾斜的圆上运转同时又绕轴自转来拯救现象”。如果哥白尼注意到了普鲁塔克*Opuscula LXXXXII*第932页的这句话（哥白尼在序言中摘引了其中第328页的一段希腊文段落），他也许会决定与阿里斯塔克撇清干系。因为倘若阿里斯塔克真是古代的哥白尼，哥白尼不会希望成为近代的阿里斯塔克而被指控为不虔敬，并导致通常不愉快的后果。

关于阿里斯塔克的天文学体系，我们最重要的古代文献是阿基米德的《数沙者》（*Sand-Reckoner*），但哥白尼并不知道这本书。

［145］哥白尼也许想到了贝萨利翁红衣主教的评论，即柏拉图“敦促少数人精通这些学科”，包括天文学（*In calumniatorem Platonis*，IV，12；ed. Mohler，II，593：4—5）。

［146］哥白尼从《哲学家书信》（*Epistolae diversorum philosophorum*，Venice，1499）的sig. Γ 6^{v}—7^{v}中看到了吕西斯信件的希腊文本。该书收集了26位希腊哲学家、演说家和修辞学家所写的书信。哥白尼所在的教士会图书馆藏有此书（ZGAE，*5*：376）。此外，在哥白尼收藏的贝萨利翁的《反毁谤柏拉图者》，fol. 2^{v}—3^{r}中也有贝萨利翁对吕西斯信件的拉丁文翻译。贝萨利翁在该书中抨击了特拉布松的乔治对柏拉图的诽谤，哥白尼对这段话作了特别标记并在下面画了横线（MK，p. 131）。

MK，pp. 132—134把吕西斯信件的两种拉丁文译本（分别为贝萨利翁和哥白尼所译）并排印出。一眼便可看出，哥白尼处处仿效贝萨利翁的译文。但哥白尼的译文究竟为什么要与贝萨利翁的有所不同？虽然这位红衣主教的母语为希腊语，但一位同时代的杰出语言学家称赞他是“希腊人里最好的拉丁语学者”（ed. Mohler，I，251）。然而，他直到大约40岁才开始学拉丁语。哥白尼也许认为自己如果能够修改贝萨利翁的拉丁语文体会深感荣幸。他的确更加忠实于希腊文原文，例如他指出，加入毕达哥拉斯兄弟会需要5年，而贝萨利翁漏掉了这一要求。

在1499年的书信集中印出并由贝萨利翁和哥白尼翻译的吕西斯信件的希腊原文要比扬布里柯（Iamblichus）的《毕达哥拉斯传》（*Life of Pythagoras*）第17章第75—78节（ed. Ludwig Deubner，Leipzig，1937）中保存的该信件版本略长一些。扬布里柯（约250—330）后来收入其毕达哥拉斯传中的缩写本略去了长版本开头处谈到的毕达哥拉斯兄弟会的解体及其原有成员的四散远离。缩写者也没有在开头处（以及在其他任何地方）承认，毕达哥拉斯学派遭受了一次如此沉重的打击。相反，他的开头是长版本的第四段中所说的（这里译出的）吕西斯对收信人非毕达哥拉斯主义行为的谴责。但一燕不成春，一个人的错误行为不会导致整个兄弟会的终结。即使吕西斯的收信人没能诚心诚意地重新回到组织，该团体还会继续存在。缩写者在这一点上重复了长版本最后那句强有力的话。

然而到此并未结束，缩写者用括号插进“他说”，并继续写下去。插进这两个字当然暗示吕西斯是长版本的作者，从长版本此处至我们的第三段结尾是缩写本的其余部分。

长版本随后提到了毕达哥拉斯的女儿，这一点为第欧根尼·拉尔修的《名哲言行录》（*Lives of Eminent Philosophers*），VIII，42所引用。在第欧根尼·拉尔修著作的三份最早手稿中，有两份都确认吕西斯的收信人是希帕苏斯（Hippasus），而不是希帕克斯（Armand Delatte，*Lavie de Pythagore de Diogène Laërce*，Brussel，1922；Académie royale de Belgique, Classe des Lettres, Mémoires, Collection in 8°，2e série，t.17，fasc. 2，p. 138，line 11）。根据扬布里柯《毕达哥拉斯传》（第18章，第88节）所述，“希帕苏斯……是毕达哥拉斯学派的成员之一。……他最先记录并泄露了”毕达哥拉斯学派的一

个秘密。后来，关于“最先泄露可公度量和不可公度量性质的人”，扬布里柯指出，这个叛徒

> 不仅被开除出共同生活和集体，大家还为他竖了一块墓碑，就好像这位曾经的成员实际上已经亡故（第34章，第246节）。

此处虽然没有提到叛徒的名字，但可能指的是希帕苏斯。因此，362 第欧根尼·拉尔修的三部最早手稿中的两部都说希帕苏斯是吕西斯信件的收信人，这就历史而言无疑要比另一个无人知晓的希帕克斯更容易被接受。在218位毕达哥拉斯男性门徒的名单中并无希帕克斯。扬布里柯（《毕达哥拉斯传》，第36章，第267节）根据在之前久已编好的文献重述了这一名单。诚然，这份名单可能并不齐全，但名单上没有希帕克斯也许能够解释扬布里柯为何会犹豫不定地说，吕西斯的信是写给“某一位希帕克斯”的（ed. Deubner，p. 42，line 23）。

前面谈到，在第欧根尼·拉尔修的三份最早的手稿中，有两份都确认吕西斯的收信人为希帕苏斯，但在第三份手稿中有一个空缺，后来有人写上“希帕克斯”。到了19世纪初，有一个很有影响的第欧根尼·拉尔修著作版本采用了这个有缺陷的异文，尽管它在一个注释中引用了手稿，并说在编辑上倾向于希帕苏斯（ed. Hübner，Leipzig，1828—1831，II，275，note “1”）。通过第欧根尼·拉尔修著作的另一个权威性的19世纪版本（Paris，1850，ed. Cobet，p. 214，line 23），用希帕克斯错误地代替希帕苏斯就更加牢固地确立了。

这一差错的开始与亚里士多德的论述（《形而上学》，984a7）有关，即希帕苏斯主张最基本的元素是火。但是当一位认为哲学乃异端之母的基督教辩论家大约在210年写一部名为《论灵魂》（*On the Soul*）的论著时，他把灵魂由火构成的学说误归于希帕克斯而非希帕苏斯（Tertullian，*Deanima*，Ch. 5，ed. J. H. Waszink，Amsterdam，1947，p. 6，line 6）。又过了大约两个世纪，马克罗比乌斯（Macrobius）（ed. Willis，Leipzig，1970，II，59，line 8）也误认为火灵魂是希帕克斯提出的（William H. Stahl，*Macrobius*，*Commentary on the Dream of Scipio*，New York，1966，p. 146）。虽

然16世纪末有一位注释者提醒人们注意德尔图良的错误，但不久前Timothy David Barnes，*Tertullian*（Oxford，1971），p. 207依然犯了这个错误。

关于德尔图良是否受了一位早期哲学论述编辑者的误导，可参见Werner W. Jaeger，*Nemesios von Emesa*（Berlin，1914），pp. 94－96。无论如何，在一个不同语境中，亚历山大的克雷芒（Clement of Alexandria）在他的《杂录》（*Miscellanies*）第五卷，第9章，第57节说：

> 毕达哥拉斯主义者希帕克斯因用明语写出了毕达哥拉斯的教诲而被开除出兄弟会，大家还为他竖了一块墓碑，仿佛他已经死去。（Clemens Alexandrinus, *Stromata I—VI*, 3rd ed. by Stählin and Früchtel, Berlin, 1960, p. 364, lines 27—29）

克雷芒的以上说法使我们想起了刚才从扬布里柯《毕达哥拉斯传》第246节引用的那段话。由于词句确实非常相近，足以暗示这两段话出处相同。如果真是这样，则那位未知的作者也许会避而不提叛徒的名字。扬布里柯继续了这种缄默，但克雷芒却轻率地给出了希帕克斯这个错误的名字。大约两个世纪后，西内修斯（Synesius，约365－约414）毫不犹豫地把希帕克斯指认为吕西斯的收信人（*Synesii…opera*，Paris，1612，p. 279B；*Letters of Synesius of Cyrene*，tr. Augustine FitzGerald，London，1926，p. 237）。

根据扬布里柯《毕达哥拉斯传》（第31章，第199节）所述，毕达哥拉斯学派的另一个叛徒是菲洛劳斯：

> 菲洛劳斯陷入了非常严重的贫困境地，他最先公布了那三本著名的书，据说……在柏拉图的怂恿下有人花一百迈纳（minas）把它买了去。

柏拉图在《斐多篇》（*Phaedo*）（61E）中暗示菲洛劳斯在底比斯（Thebes）待了一段时间。这是吕西斯随同另一位毕达哥拉斯门徒从他们在克罗托内（Crotona）的聚会所（反毕达哥拉斯主义者在此处纵火）逃亡后的定居之地。但据说为公元6世纪的新柏拉图主义者奥林匹奥多罗（*Olympiodorus*）所著的《柏拉图〈斐多篇〉评注》（*Commentary on Plato's Phaedo*）把两个逃亡成功者的名字改成了希帕克斯和菲洛劳斯（ed. William Norvin，Hidersheim，1968；reprint of 1913 ed.，p. 9，lines 17—18）。还有一位轶名的注释者在某时写的一本讨论柏拉图《斐多篇》的著作中也重复了这两个名字（*Scholia platonica*，ed. W. C. Greene，Haverford，1938，p. 9）。然而扬布里柯在叙述克罗托内灾难时，说两位逃亡者是吕西斯和阿奇普斯（Archippus）。欧文·罗德（Erwin Rohde）毫无根据地把吕西斯的同伴换成了希帕克斯（*Rheinisches Museum für Philologie*，1879，*34*：262），这一未经证实的等式，阿奇普斯＝希帕克斯，经常被人不加批判地重复使用。如果我们按照扬布里柯的说法，把阿奇普斯当做吕西斯的逃亡同伴，我们就没有理由认为阿奇普斯是吕西斯的收信人，因为阿奇普斯并没有泄漏毕达哥拉斯学派的秘密。但希帕苏斯这样干过，因此把他认作吕西斯的收信人是合适的。

由于吕西斯和希帕苏斯在年代上难以确定，人们更加怀疑吕西斯信件的真实性，常有人说它是“伪造的”。然而，这样的指责只是意味着历史上的吕西斯并非该信件的真实作者。毫无疑问，它已成为大量假托的毕达哥拉斯主义文献的一部分，这些文献以古代著名毕达哥 363
拉斯主义者的名义流传着。作为这场哲学运动中的一个非常明显的要素，我们这份文件的长版本是后来的一位毕达哥拉斯主义者撰写的，然后又被更后的一位毕达哥拉斯主义者加以缩写。这两位幽灵般的作者都隐瞒了自己的身份，而佯称两个版本的作者都是吕西斯。它们都是较后（也许是公元前3世纪或2世纪）的作品，却被故意误归于公元前5世纪或4世纪的一位著名毕达哥拉斯主义者。哥白尼并不熟悉毕达哥拉斯主义著作的这种假托类型。本着同样的单纯精神，他认为《哲学家的见解》真是普鲁塔克的著作。现已知道，它是普鲁塔克之后的作品，只不过是以这位著名传记作家的名义发表的。

为什么最初要捏造这封伪吕西斯信件？最初的炮制者也许是想给伪造的毕达哥拉斯“注释”披上一层真实的外衣。这些“注释”

由毕达哥拉斯传给他的女儿和孙女，然后突然被发现并作为毕达哥拉斯主义复兴的一个重要部分而出版（Walter Burkert，*Weisheit und Wissenschaft*，1962，436，n. 86）。这封伪吕西斯信件的原始形式后来被缩短，以不再提及毕达哥拉斯教派陷入的那次灾难，并增强兄弟会仍然处于繁荣状态的假象。

在1499年版的希腊书信集中，毕达哥拉斯的女儿和孙女的名字为达穆（Damo）和碧斯塔莉娅（Bistalia）［后者应为碧塔丽（Bitale）］。贝萨利翁把这些名副其实的希腊妇女名字不适当地拉丁化为达玛（Dama）与维塔莉娅（Vitalia），哥白尼沿用了这些名字。当哥白尼把男性的不忠与女性的忠诚进行对比时，他忽略了贝萨利翁的评论，即“尽管她是一个妇女”，但达穆仍然保持忠诚。在哥白尼看来，这一诋毁是贝萨利翁在1499年版希腊书信集中毫无道理地塞进的一段反女性的侮辱。哥白尼也许不知道，第欧根尼·拉尔修从伪吕西斯信件引用的一段话的结尾说，“尽管她是一个妇女”，但达穆的行为是高尚的。贝萨利翁并没有向读者暗示他把拉尔修与1499年版的希腊文本混在一起。

［147］在古希腊的几何学术语中，问题与定理不同。问题与构造有关，这里是编制圆周弦长表，哥白尼把此表置于紧接着问题之后。为方便起见，今后把此表引做“弦长表”。

［148］哥白尼藏有一本欧几里得《几何原本》的第一个印刷版（Venice，1482）。这个拉丁文译本主要依据之前的一个阿拉伯文译本而非希腊文原本。后者于1533年在巴塞尔首次出版，雷蒂库斯1539年送了一本给哥白尼，但未能来得及影响《天球运行论》的撰写。

［149］哥白尼根据1482年版引用欧几里得的《几何原本》，它的总体编排与希腊文手稿有所不同。

［150］PS，I，11中相应的表为从0°至180°。

［151］PS，I，11中相应的表每隔半度给出一个数值。

［152］PS，I，11中相应的表取直径＝120^{p}，给出以直径的六十分之一为单位的弦长。而哥白尼则取直径＝200000，把弦长表示为直径的小数。在P-R，GV和PS1515中都找不到这种从六十分度到小数的转换，以及与之伴随的表的范围从半圆减小为象限，间距从30′减

小为10′。研究哥白尼的学者们尚未发现，哥白尼把托勒密的六十分度弦长表变为近代自然正弦表的一种早期形式时采用的是哪种模型。因为哥白尼的半弦就是正弦。

于是，哥白尼取直径＝200000，则半径＝100000。对于0°与90°之间的角C，哥白尼的半弦$AB=\sin C$用100000 的五位小数部分来表示。

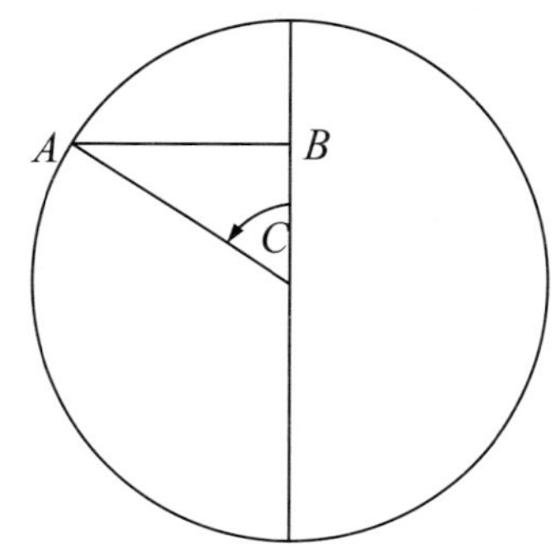

虽然哥白尼知道小数比六十分度排列好在哪里，但他有意避免使用“正弦”这个不见诸古代作者的新词。“雷蒂库斯告诉我，哥白尼回避‘正弦’这个词”；这是1569年与雷蒂库斯在克拉科夫同学的约翰内斯·普雷托里乌斯（Johannes Praetorius，1537—1616）所拥有的一本《天球运行论》上所写的注解（Z，p. 454）。

［153］开普勒在其《鲁道夫星表》（*Rodolphine Tables*，Ulm，1627）的序言中说：

> 尽管这部著作［哥白尼的《天球运行论》］给各项证明的解释附上了表，但据我所知，现在没有人会为计算而使用这些表。……另一方面，表应当方便易用。阿方索（Alfonsine）［星表］和其他作者所编的表都因书的开本适宜、数值表逐次排列以及开头处预先有简短说明而变得更加方便易用。而哥白尼的书却和托勒密的《天文学大成》一样，把表格分散到证明文本各处，结果导致对理论感兴趣的人因正文被插入表格而分散了注意力，而对实用感兴趣的人却因表格散布各处而不能集中注意力，以致

这部著作失去了其主要用途（Kepler，*Gesammelte Werke*，X，39：40—41；40：4—11）。

倘若开普勒能多活两年，而且他的意大利语水平能够阅读1632年出版的伽利略的《关于两大世界体系的对话》（*Dialogue*），他就会看到，在为某个问题而必须查弧和弦长表时，哥白尼的《天球运行论》非常好用，从这个圆周弦长表中可以查出所需的数值（Galileo Galilei，*Opere*，national edition，reprinted，Bologna，1968，VII，207，lines 34—35）。

［154］从梅斯特林1570年获得的那本《天球运行论》可以看出哥白尼的表被详细检查的情况。梅斯特林在这张表中总共改正了八处错误，其中五处来自哥白尼的原稿，其余三处则是N中的排印错误。

［155］哥白尼在其圆周弦长表（fol. 15v）的第三列中取从0°0′到2°40′的比例差值为291。然而由实际计算可知，在第二列中的0°40′、1°30′和2°20′等三处，比例差值仅为290。因此在第三列中从2°50′至5°40′的比例差值为290，而在第二列中，3°0′和3°30′的比例差值为291。哥白尼在第三列中用同样方式记下了不断减少的比例差值直到90°附近，该处正弦＝100000。

对12°20′，哥白尼的21350在N中误印为12350，而现代数值为21360。虽然在第三列13°50′处应为23910，但哥白尼写的并且在N中重复的都是23900。在20°50′和21°0′，哥白尼的最后一个数字应分别为5和7。在22°10′，第五位数字应为0。在25°10′，第三位数字应为5。在25°30′，第三位数字由于重复书写而写成了3，实际上应为0。在计算25°40′时，虽然哥白尼写的是43351，但他实际上用的是43051，这里他把43313误写为43393。大概也是由于重复书写，哥白尼对25°50′写了43555，而这里第四位数字应为7。由于可以预料的重复书写，哥白尼对37°40′把61107写成了61177。他把这个错误值与差值200相加，而不是与所需的230相加，于是对37°50′得出错误结果为61377而非61337。对40°10′，哥白尼由于重复书写而把第三个数字写成了2，而实际上应为5。他没有察觉这一差错，对40°20′把第三个数字写成了4，而实际上应为7。对72°40′，哥白尼由于重复书写而把第四个数字由5误写为9。又是由于重复书写，他对72°50′把第四个数字第三次写成5。对73°0′他由于重复书写而写成了95600，因为他给正确数值95630加上了差值85，以对73°10′得出95715。仍然是由于重复书写，哥白尼对76°10′写成了97009，而此处应有97030＋69＝97099。在82°10′，哥白尼在把99027加上比例差值40时，把第四个数字重写为4。我们这里把这些重复书写都记下来，希望对它们的分析能够有助于了解哥白尼圆周弦长表的根源。

他的其他表也有类似缺陷。一般说来，原稿中的表（NCCW，I）与N中的表有所不同。在这些变化中有多少是N的编者雷蒂库斯引入的？雷蒂库斯1541年离开哥白尼之后，他在科学上的独立职业主要是编制和出版数学用表。但他供排印工人使用的《天球运行论》誊清本没有留存下来，因此无法断定雷蒂库斯为出版N而对原稿的表做了哪些修改。在印刷这些表时，N有一些排印错误。后来的各个版本试图改正这些错误，但并非总能成功。完全阐明《天球运行论》的这个方面还须作进一步研究。

［156］在原稿中（fol. 19^{v}，line 12），哥白尼因笔误而写成了*etsi*，而N（fol. 19^{v}）认识到，此处按理应为第二个*aut*。

［157］在原稿中（fol. 19^{v}，lines 11—10 up），哥白尼最初
写的是“取圆周为360°的度数”。后来他删去了这一表述，而改说 365
“取180等于两直角的度数”。N（fol. 20^{r}，lines 6—7）把这两种不同但却等价的说法令人困惑地结合起来，印成了360等于两直角，而非180等于两直角。N之后有三个版本都沿用了这种表述，但T（p. 54，lines 11—12）恢复了哥白尼原稿中后来的正确异文。

［158］在原稿中（fol. 20^{r}，line 12），哥白尼因笔误而写成了*ab*，但被Me，p. 44，no. 5悄悄改成了*BC*。

［159］努内斯指出了哥白尼在阐述定理IIE（或按N，fol. 20^{r}的编号为定理VI）时的一处疏忽。努内斯让我们注意现在所谓的“歧例”：

> 哥白尼在论述平面三角形的定理VI［我们的定理IIE］时所出的差错［与后面论述球面三角形的定理XI时］是一样的。因

为如果三角形的两边和底边的一个角已知，则其余一边和两角无法求得，除非已知角为直角或钝角，而若为锐角，除非它与已知边中较长一边相对。如果提出其他条件［已知的锐角与两已知边中较短的边相对］，则由假设无法判定底边的其余一角为锐角或其钝补角，因此底边也未知（《航海术的规则和仪器》，ed. Basel，1566，p. 105）。

［160］哥白尼的球面三角形定理编号有过多次改变，直到雷蒂库斯用罗马数字I到XV给出了它的最后形式。哥白尼原先用阿拉伯数字1至12作为其定理的编号。

［161］在梅斯特林所藏的一册N中（fol. 22^r，line 12），别人在右边空白处插入了*parallelae*。

［162］克里斯托弗·克拉维乌斯在其《球面三角形》（*Spherical Triangles*）中（*Opera mathematica*，Mainz，1611—1612，I，179）指出：

哥白尼在定理IV中的论述并非总是正确。……因为即使直角*D*和角*ABD*已知，边*AD*也已知，但因［已知边］与已知角*ABD*相对而非与直角相对，所以我们无法求得其余一角和两边。显然，其余两边可能是*AB*与*BD*，或*AC*和*CD*，其余的角可能是*BAD*或*CAD*。因此，要想确定其余一角和两边，还须知道其他量。

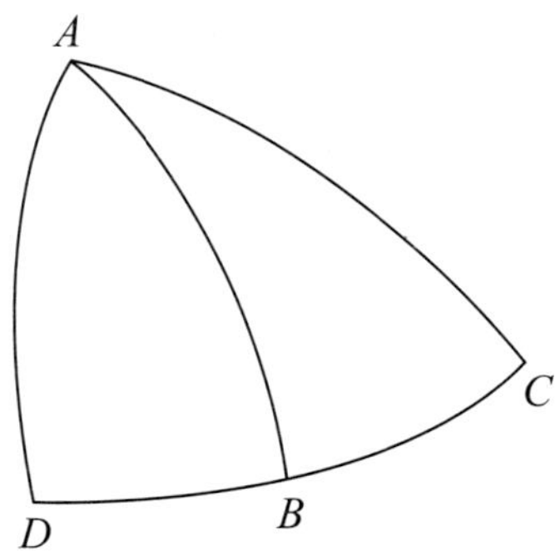

［163］哥白尼不仅用阿拉伯数字，而且用希腊字母 α 至 ε 对定

理I至V进行编号。但从下面一条定理开始，阿拉伯数字与希腊字母不再相符。在fol. 24－25，雷蒂库斯对定理XIII－XV不再使用希腊字母。

［164］从这个定理开始，编号变化不止一次。定理VI用希腊字母digamma＝6表示，但以前编号为7，用希腊字母 ζ 和拉丁字母G表示，后来这些字母都被删掉。编号11曾用拉丁字母L表示，后来也被删掉。还有一个被删掉的符号难以解读。

［165］两个相应的等边必定与直角相对。哥白尼把这个条件推广为“两等角中的任何一个”，这样就错误地把并非直角的对应角也包括在内。克拉维乌斯，《球面三角形》（*Opera mathematica*，I，179）指出了这一点。

［166］此定理原来用阿拉伯数字编号为10，后来被删掉。然后数字减为8，用希腊字母 η 表示，后来也被删掉。最后此定理被称为定理7，用罗马数字VII和希腊字母 ζ 表示。然而，正确的罗马字母G被删掉，而左边空白处的H却保留下来，尽管右面空白处对应的希腊字母 η 被删掉。是否有人把罗马字母表中的字母数错了呢？ 366 ***621***

［167］这条定理编号为8，用罗马数目VIII和希腊字母 η 表示。和前一条定理的情况类似，正确的罗马字母H 被删掉而代之以I，这也许是前注所设想的数错字母造成的。

［168］由于论述中出现了含糊之处，哥白尼受到了努内斯的以下批评：

> ［不仅是梅内劳斯，还有］托伦城的尼古拉·哥白尼也没有对三角形边与角的这一关系给予足够重视。后者主要关心的问题是，利用托勒密的方法、历元和证明，他如何能使公众再次注意几乎被人遗忘的古代的萨摩斯的阿里斯塔克的天文学。阿基米德在其《数沙者》中提到，这种天文学主张地球在运动，而太阳和第八层天球静止不动。在［哥白尼的］《天球运行论》讨论球面三角形的I，14中，定理VIII如下：“如果两三角形有两边等于两相应边，还有一角等于一角（无论是相等边所夹角还是底角），则底边也将等于底边，其余两角各等于相应的角”。然而我将通

过一个简单证明来表明，最后一部分是错的。在球面三角形*ABC*中，设*AB*与*AC*两边相等。把底边*BC*延长至*D*，并设弧*CD*小于半圆。过*A*、*D*两点画大圆弧*AD*。因此，在*ABD*和*ACD*两球面三角形中，三角形*ABD*的*AB*与*AD*两边等于三角形*ACD*的*AC*与*AD*两边，而*ADB*是位于两三角形底边的公共角。于是根据尼古拉·哥白尼的定理VIII，三角形*ABD*的底边*BD*应等于三角形*ACD*的底边*CD*，即部分［*BD*］竟等于整体［*CD*］，这是不可能的。对于*BAD*和*CAD*两角也会得出同样的荒谬结果，因为一个角是另一个角的一部分。

此外，除非假设为相等的*AB*和*AC*两边都是象限，则角*DBA*将总是不等于角*DCA*。于是，设这两边都小于一个象限，则*DCA*为锐角，*DBA*为钝角，*ADB*为锐角。因此，定理XI所述，即任一三角形若两边和一角已知则各角各边均可知，并不可靠（《航海术的规则和仪器》，ed. Basel，1566，pp. 104—105）。

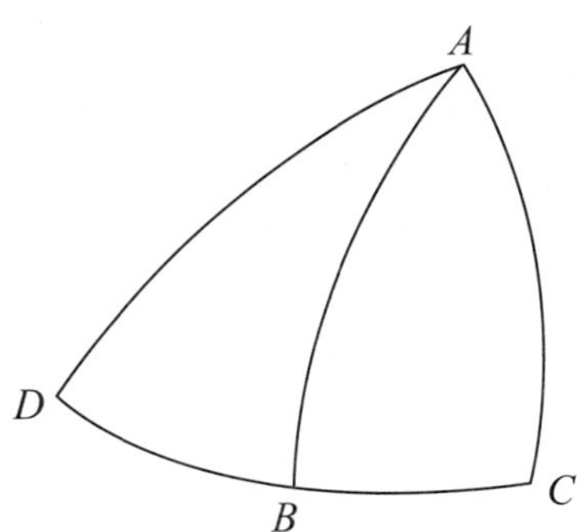

克拉维乌斯重复了努内斯对I，14，VIII的批评。他说：

除非指明余下的底边两角都大于或小于直角，否则这［条定理］不正确（《球面三角形》，in *Opera mathematica*，I，181）。

［169］此定理编号为9，用罗马数字IX和希腊字母 θ 表示。由于前面提到的数错字母，右侧空白处写有罗马字母K。然而这条定理以前的编号为11。这个阿拉伯数字写在右侧空白处，后被删掉。

［170］此定理编号为10，用罗马数字X表示。左侧空白处正确的罗马字母K被删掉，而让错误的字母L留在右侧空白处。fol. 26^r（被删掉的）最后两行表明，右侧空白处标明哥白尼原来所写最后一条定理的阿拉伯数字12已被删掉。

［171］此定理编号为11，用罗马数字XI以及（在左侧空白处被删掉的）希腊字母ια表示。左侧空白处被删掉的还有正确的罗马字母L，而右侧空白处的错误字母M被保留下来。在较早的编号中，“任何三角形中，若两边和一角已知，则其余的角和边可求”这条一般陈述的编号为阿拉伯数字6，后被删掉。类似地，右侧空白处插入了已知两边相等这一特例，其编号为阿拉伯数字7。

［172］努内斯对I，14，XI的批评被克拉维乌斯补充叙述如下： 367

> 即使*AD*和*AB*两边以及角*D*已知，我们也无法由此确定另一边和另外两角。因为其余一边可能是*DB*或*DC*，等等。因此，要想确定其余一边和两角，还须知道其他条件（《球面三角形》，in *Opera mathematica*，I，181）。

［173］此定理编号为12，用罗马数字XII和希腊字母ιβ表示，但左侧空白处的阿拉伯数字12被删掉。再一次地，正确的罗马字母 M被删掉，而留下错误的字母N。

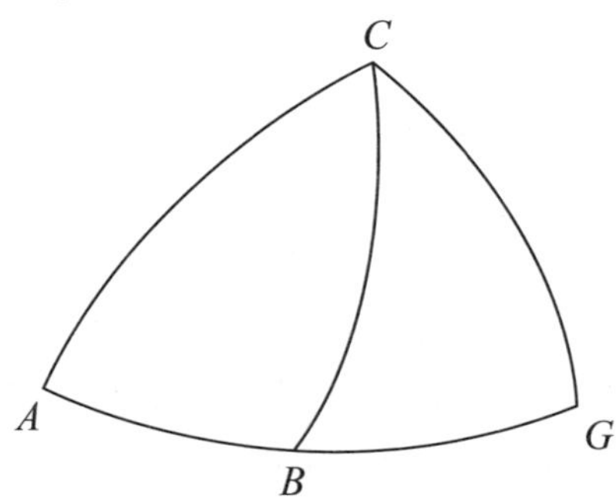

［174］努内斯在其《航海术的规则和仪器》中（*Rules and Instruments*，ed. Basel，1566，p. 105）作了如下评论：

> 哥白尼在定理XII中也犯了个错，它说："此外，如果任何两角和一边已知，可得同样结果"［即各角和各边均可知］。作球面三角形*BCG*，其*BC*和*CG*两边之和等于半圆。将边*BG*延长至*A*，过*A*和*C*作一大圆。在三角形*ABC*中，设*CAB*和*CBA*两角已知，与角*CBA*相对的边*AC*也已知。通过被假定为已知的量无法求得其余的角［*ACB*］和两边［*AB*，*BC*］。由于*CB*与*CG*之和等于半圆，因此角*ABC*等于角*BGC*。类似地，假定三角形*ACG*的*CAG*和*AGC*两角以及与角*AGC*相对的边*AC*均已知。于是对*ABC*与*AGC*这两个三角形而言，所假设的条件相同。因此，从假定为已知的量尚不能确定未知的其余角是*ACB*还是*ACG*［并非印刷版中的*ABG*］，以及未知的其余边是*CB*与*AB*还是*CG*与*AG*。

克拉维乌斯，《球面三角形》，*Opera mathematica*，I，179和180（后者取两边和两角为已知）重述了努内斯对I，14，XII的批评。

［175］此定理编号为13，用罗马数字XIII表示。再一次地，右侧空白处写有错误字母O。最后三条定理XIII—XV写在F型纸上，这是哥白尼使用的最后一批纸张。雷蒂库斯带着一本雷吉奥蒙塔努斯的《论各种三角形》（*On all Kinds of Triangles*，英译本，Madison，1967）到达之后，哥白尼把folios 24和25插进了*c*帖纸中。研读此书之后，哥白尼决定删掉最初写在fol.22^{v}上的定理13（当时编号为8）。当他扩充这份草稿时，他把编号13留在了fol. 22^{v}的右侧空白处，用希腊字母ιγ表示（或者不是希腊字母γ，而是与之等价的罗马字母"c"）。

［176］此定理编号为14，用罗马数字XIIII表示。它在fol. 25^{r-v}上的位置清晰表明，哥白尼原打算把它当作三条补充定理中的最后一条。在fol. 25^{r}的左侧空白处有一个罗马字母f，它的意义不明。

［177］这条定理编号为15，用罗马数字XV表示。在fol. 24^{v}的左

侧空白处，罗马字母 f 被删掉，而字母 g 保留下来。这两个字母的含义还没有得到令人满意的解释。

［178］哥白尼在fol. 25^{v}结束了第一卷但没有作任何标记。N在此注明第一卷结束，以后各版均如此。

第 二 卷

［1］这是亚里士多德的时间定义（《物理学》，IV，11）。

［2］哥白尼说他持“相反的立场”，指的是他拒绝接受托勒密关于地球静止的学说。然而Fred Hoyle，*Nicolaus Copernicus*（London，1973），p. 79坚持认为：“今天我们不能在任何意义上说哥白尼理论是‘正确的’，而托勒密理论是‘错误的’。这两种理论在物理上……彼此等价。”但这两种理论在物理上显然不等价，因为哥
白尼理论让地球作周日旋转，从而使地球两极变为扁平，而静止不动 368
的托勒密地球应为球形，而并非扁平的椭球体。

［3］哥白尼直率地宣称自己愿意继续使用以前主张地静学说的人的日常语言，这一点被他的一些批评者忽略了。他们指责他对自己所信奉的原则摇摆不定。每当哥白尼必须把运动的地球与之前的静止地球进行对比时，他都直言不讳地强调其区别。而每当这种对比无关紧要时，他又毫不犹豫地采用传统说法。例如在II，1中，他说“太阳到达子午圈”。严格说来，这种说法在哥白尼天文学中当然是不允许的，因为哥白尼的太阳是绝对静止不动的。但是为了一般地阐述第二卷，使用习惯用语很方便。如果非得说“穿过某地的天顶和天球赤道两极的假想大圆在地球周日运转的过程中直接通过太阳中心”，那就太累赘了。

［4］哥白尼没有说明这则对句是谁写的。但这两句长短短格的六步格诗显然是模仿了前面（I，8）引用的维吉尔《埃涅阿斯纪》中的诗句。那里和这里都是用*recedunt*来结束六步格诗。此外，维吉尔的*Provehimur*在这里被部分模仿成*vehimur*，这暗示哥白尼是此对局的作者。诚然，古罗马和文艺复兴时期的拉丁文诗人都很喜欢谈日月的运行和星辰的循回出没，但所有这些作者无一例外都认为地球静止不动，因此谁也不会说我们人类被“大地载（*vehimur*）”。难怪有

些博学的研究者在古代和文艺复兴时期的诗作中耐心搜寻这个对句，但都没有找到。这些学者之所以不敢断定哥白尼就是这个对句的作者，是因为他没有写过别的诗。但是当我们想了解哥白尼为何在I，8中引用维吉尔的名字而对这个对句不提作者时，应当想到他一贯不愿把自己的名字放在显著位置。顺便谈到，巴尔迪（Biliński，*Vita*，p. 22，line 66）引用这个对句时把哥白尼在第二行中使用的*vices*错换成了*obitus*，他在准备写自己的拉丁文诗句而阅读拉丁诗人的作品时经常碰到*obitus*。但把这个词用作*recedunt*的主语，显然不如哥白尼的*vices*那样适宜。

［5］在梅斯特林所藏的N中（fol. 28^r，line 13，右侧空白处），有人把“升起和落下”（*quae oriuntur*，*et occidere*）作为被哥白尼略掉的字（fol. 26^v最后一行）补写上去。

［6］“南极圈”一词出现在普罗克洛斯的《球体》（*Sphaera*）中。该书的希腊文本与拉丁文译本一起于1499年在威尼斯出版。在哥白尼所藏的合订本中，最后一节是普罗克洛斯对球面天文学的简要介绍。哥白尼对其他希腊人的引证可能是根据《哲学家的见解》，III，14以及P-R中的木刻（sig. $a3^v$）。

［7］为什么哥白尼（fol. 27^r，lines 19—20）起先提到埃拉托色尼和波西多尼奥斯与地球尺寸的关系，后来却把他们的名字删掉了？对于他们的估计值，我们最好的文献是克莱奥密德斯（Cleomedes）的著作，乔治·瓦拉将其译成了拉丁文（Venice，1498）。瓦拉的译本于1498年9月30日出版，当时哥白尼正在博洛尼亚近郊与这位天文学教授密切合作。克莱奥密德斯（I，10）详细讨论了埃拉托色尼和波西多尼奥斯为估计地球尺寸而作的努力。在I，2（开头一句话）中，克莱奥密德斯说：“天上划出五个平行圆。”此后不久他又补充说：“上述圆把天分为五个区域，在它们下面是大地的五个部分。”然而克莱奥密德斯并不认为初始的圆在地上，并假想投到天上。这是哥白尼的观点。通过后来的反思他也许意识到，他的观点并不见诸克莱奥密德斯的著作，无论如何与埃拉托色尼和波西多尼奥斯没有关系。这些后来的想法也许促使哥白尼删掉了他们的名字。瓦拉的译本没有显示真的标题。其扉页以“译者乔治·瓦拉·普拉琴蒂

诺”（*Giorgio Valla Placentino Interprete*）开始，然后列出了他所译的希腊文著作，第一部是尼塞福鲁斯（Nicephorus）的《逻辑学》（*Logics*），并且包括克莱奥密德斯的著作（sig. h5ʳ—13ʳ）。

［8］因此这种仪器本身被称为“象限仪”。哥白尼对其结构的描述根据的是PS，I，12的第二种装置。

［9］鉴于哥白尼知道这种测量中最大精度的有利条件，很重要的一点是，他遵循托勒密的做法，用有刻度的象限仪定出某一天体的影子及其中点的位置。哥白尼必定知道并倾向于采用P-R，I，17所描述和用插图说明的另一种装置。在这种象限仪的中心装有可动指针，太阳光可从它的两个窥视孔穿过，而不是在一个不透明的针或圆柱体后面形成阴影。

［10］在原稿中（fol. 27ᵛ，line 16 up），哥白尼因笔误而写成了23°52′20″，N中（fol. 29ʳ）改正了这个值。

［11］三位同时代人或近乎同时代人的名字见下面III，6：普尔巴赫（他在哥白尼出生前12年去世），普尔巴赫的学生雷吉奥蒙塔努斯，以及哥白尼的老师多米尼科·马利亚·诺瓦拉［见第三卷注［59］］。 369

［12］因此，当哥白尼写II，2时，他已经根据自己的（错误）理论形成了关于黄道倾角振荡的上下限的想法。

［13］根据弦长表，23°30′对应于39875，23°20′对应于39608。于是对23°28′内插得39822，而哥白尼因笔误而写成了3822（fol. 28ʳ，line 18 up）。当他注意到这个差错时，他没有把少写的9插进去，而是在8下面加了一个圆点，以提醒这一遗漏。这并不影响他的计算，因为就在下面（line 15 up）他给出了这个数的一半为19911（原为19905，后改正）。

［14］根据弦长表，11°30′对应于19937，11°20′对应于19652，于是11°29′对应于19909≈19911（根据fol. 28ʳ，line 15 up为19905）。

［15］在原稿中（fol. 28ʳ，line 7 up），哥白尼因笔误而写成了AF＝64°30′。但他已取GEH＝23°28′，因此AF＝BF－BA＝90°－23°28′＝66°32′，这是他在下面不远处的fol. 28ᵛ，line 2所使用的正确值。他的错误在N中（fol. 30ʳ）得到改正。

［16］在现存原稿中，哥白尼在前面没有谈到这一点。也许他在最初草稿中谈到过，但未收入原稿。

［17］在原稿中（fol. 28，line 8以及左侧空白处顶部的插图），哥白尼误用字母K来表示南极和北极。在N的fol. 30^{r}中改正了这个错误，把弧KMG改为HGM，其订正单提醒读者注意图中的误标。

［18］在原稿中（fol. 28^{v}，line 16），哥白尼由于笔误写了DB，但按fol. 28^{v}左侧空白处的第三幅图应为DC。1964年俄文版p. 77改正了这一错误。

［19］哥白尼在“我并不介意把它加进去”之后写了一句无关紧要的话，后来他决定把这句话删掉（fol. 28^{v}，lines 5—4 up）。

［20］在“对于黄道的任何其他倾角，同样结果也可得出”之后，哥白尼起初删掉了II，3的其余部分（fol. 28^{v}，30^{v}）。后来他决定不予删节，并且在fol. 28^{v}底部写道：“由此至下一章的材料不应删掉。”

［21］哥白尼能够读到欧几里得天文学导论的1505年赞贝蒂译本。

［22］地球上一个地点的纬度以现代方式可以通过它与赤道的角距来定义，而以古代方式则通过此地一年中最长白昼与最短白昼之比来定义。古代在北半球有一个区域，其分界线为两条纬圈，在它们之间最长白昼的长度变化为$^{1}/_{4}$小时，或在北纬60°附近为$^{1}/_{2}$小时（PS，II，6）。然而实际上一般认为只有七个“地区”。哥白尼显然是从GV，XVI，1（sig. bb4^{v}）中抄的这些地名。

［23］哥白尼坚持认为“所在地的纬度……，都与古代的观测记录相符”，这意味着他拒斥了他在博洛尼亚的老师多米尼科·马利亚·诺瓦拉所提出的论点（他在这里有礼貌地避免提及其名），其大意是，自托勒密时代以来，地中海区域的纬度已经增加了1°10′。

［24］在原稿中（fol. 32^{v}，line 13 up），哥白尼由于疏忽，忘记像在7行之前那样取*EH*等于最长白昼与分日白昼之差的一半。

［25］波西多尼奥斯对平行线的定义保存在普罗克洛斯的《对欧几里得〈几何原本〉第一卷的评注》（*Commentary on the First Bookof Euclid's Elements*，tr. Glenn R. Morrow，Princeton，1970，p. 138）中。但在撰写《天球运行论》的这一阶段，哥白尼必定已从

其他文献中知道了波西多尼奥斯的定义，因为1539年雷蒂库斯才把一本普罗克洛斯的书作为礼物送给他（PI^{2}，p. 407）。

［26］哥白尼本来以“［黄道］十二宫和黄道分度以及恒星的出［没］”为题开始写新的一章，但后来删掉了这19行（fol. 33^{v}）。他可能在另一张纸上接着写，但后来把这张纸丢掉了，因此这帖纸比正常的张数少（NCCW，I，11—12）。哥白尼并没有抛弃这删掉的19行（也许还有其后续部分），而是把它们放到了后面。在fol. 34^{r}—36r上的表（其后是fol. 36^{v}上的II，8）之后，哥白尼在fol. 36^{v}—37^{r}上的II，9中在一个修改的标题下重述了被删掉的内容。

［27］机械钟的使用和推广无疑加快了等长时辰的普遍采用并取代了季节时辰。这种巧妙的装置起初是由重物的受控下落驱动的，它可以量出“对白天和夜间都适用的等长时辰”。哥白尼对于等长时辰何时被普遍采用只有很模糊的认识，这可以理解，因为他并不很了解这项极有影响的发明的来源及其逐渐被人们普遍接受。甚至在现代，热忱而有才能的中世纪技术史家依然无法断定第一架重物驱 370

动钟的制作年代。Carlo M. Cipolla，*Clocks and Culture 1300—1700*（London：Collins，1967），pp. 111—114对最早利用重物稳定下落测量时间的机械装置作了简明的解释。

［28］哥白尼在II，8结尾（fol. 36^{v}）开始撰写现在的II，10开头。但在写下标题和前4行之后，他突然想起需要把他在II，7结尾丢掉的材料插进来。前面已经谈到，他这样做了（fol. 36^{v}—37^{r}），然后在现在的II，9结尾处他在fol. 37^{r}上略带改动地重写了II，10的标题和开头几行，这是他以前在fol. 36^{v}上删掉的内容，因此这不是删除，而是推后或重新组织材料。

［29］哥白尼由于笔误（fol. 37^{r}，line 15 up）而写成了“*AFH*，黄赤交角*AHF*”。N（fol. 39^{r}）正确地删掉了“*AFH*”。

［30］哥白尼忘了说子午圈高度*AB*也已知，虽然这在其论证中是一个不可或缺的部分。N弥补了这一遗漏，正确地插进了*cum AB altitudine meridiana*（fol. 39^{v}）。

［31］哥白尼所说的“完成象限*EAG*和*EBH*”（fol. 37^{v}，line 17 up）与fol. 37^{v}左侧空白处的附图不相容。该图只是复制了fol. 28^{r}上

的插图。N认识到了这一点，为II，10补充了一张合适的插图（fol. 39^{v}）。

［32］这张“在正球自转中［黄道］十二宫赤经表”是II，3结尾“赤经表”的扩充。那张较早的表仅限于前三个宫，但在第一象限中就每一分度给出了赤经值。而在这里，哥白尼对所有十二宫每隔6°便列出一个数值。

紧接着，哥白尼在fol. 38^{v}上开始编制另一张表，但还没有完成便用一条对角线把它删掉了。他画这条线用的是红墨水，一般情况下他只是在表中写题目时才用这种墨水。这里他在写红字之前就把表删掉了。在这个未完成的表中，垂直方向共有七列，从北纬39°到57°每隔3°置一列。水平方向共十行，每一行有三项。

［33］在梅斯特林所藏的N中（fol. 42^{r}），黄道与地平圈交角表在左侧空白处被扩充到了北纬31°至36°，一些印出的数值也被更改。

［34］fol. 46与fol. 47一样为C型纸，这在第*e*帖纸中是仅有的一张。除它以外，该帖全为D型和E型纸（NCCW，I，7，12）。

［35］这是哥白尼原稿中唯一一处用希腊字母来表示图中的点。

［36］哥白尼由于笔误而引用了球面三角形的定理V。此定理出现在fol. 22^{r}，讨论的是直角三角形。然而紧接在它之下的才是哥白尼想引用的定理，因为它讨论的是他所处理的两已知边夹一已知角的情形。

［37］此处译为“截距”的原词为*schoenus*。哥白尼使用了这个词而没有用“正弦”［见第一卷注［152］］。在普林尼的《博物志》中（VI，30，124；XII，30，53），*schoenus* 是一种波斯的（和希腊的）距离量度。

［38］这里的“其他人”可能是指托勒密之后的作者，哥白尼从他们的著作中摘引了“正弦”（*schoenus*）一词。哥白尼在II，12的最后定稿中把“其他人”及其新词正弦都删掉了。这段话是用后来的E 型纸写在fol. 41^{r}上的。

［39］II，13的标题重复了GV，XV，3的标题。GV在sig. cc 7^{r}, line 13解释说，他主要是在阐述奥托吕科斯（Autolycus）的《论出与没》（*On Risings and Settings*），这是完整保留至今的最早的希腊天

文学著作之一。由于该希腊文本直到1885年才出版，GV所引的应为一种手稿。奥托吕科斯的希腊文手稿是GV大量私人收藏的一部分，仍盖有其主人的印章。此稿现存梵蒂冈图书馆的Barbarinianus graecus 186（Giovanni Mercati，*Codici latini... e i codici greci Pio.* Studi e testi 75，Città del Vaticano，1938，p. 204，n. 3）。

［40］在一般地谈到“古代数学家”时，哥白尼并没有提奥托吕科斯的名字，而且也从未提到GV。

［41］哥白尼这里并非只是重复GV的论述，他还作了两项风格上的改进。首先，GV在两种不同意义上两次使用*cum*一词（*cum una cum sole astrum oritur*），哥白尼把第一个*cum*换成了*quando*。其
次，GV用的*oritur*让人想起的是*ortus*，而在哥白尼的著作中变成了 371
emergit。有些人误以为哥白尼对文字上的细微差别不敏感，这两处修改可供他们思考。

［42］GV对恒星真晨没的定义是有缺陷的，因为他认为这种现象出现在“当恒星与太阳一同沉没时”（*cum pariter cum sole astrum occidit*；XV，3，line 3）。但是太阳当然不会在早晨沉没。哥白尼清楚地意识到，GV忘了与奥托吕科斯的“升起的”太阳相符合。于是他把GV的*pariter cum sole*替换成了*oriente sole*。哥白尼对GV拉丁文风格的改进以及对GV有缺陷定义的改正都表明，他在II，13的某些地方并非逐字逐句遵循奥托吕科斯（尽管*Studia Copernicana*，IV，693这样说）。

［43］参见D. R. Dicks，*Early Greek Astronomy to Aristotle*（London：Thames and Hudson，1970），p. 13。

［44］在相对于黄道十二宫的背景作自西向东的整个周年视运转过程中，太阳总是比火星、木星和土星等外行星运动更快。因此，太阳与某颗外行星的相对位置就像太阳与恒星的相对位置一样在变化。于是对于外行星和恒星而言，初升与初没的现象是类似的。然而对于水星和金星这两颗内行星来说，情况则完全不同。在西大距与东大距之间，这两颗行星由于在天空中的东向运行快于太阳，从而可以赶上太阳。因此，当它们与太阳上合时，其视昏升比真昏升出现晚一些。和托勒密一样，哥白尼也用“昏升”和“晨没”来表示内行星在黄昏

天空中的初现以及在清晨天空中的末现。

［45］这五颗行星的初现值是太阳在地平线以下的俯角的函数。哥白尼的值取自PS，XIII，7。

［46］哥白尼在一本新书的开头习惯于为一个大的花体首字母留下空白。在fol. 46^{r}的I，l. 1—4他是这样做的。对于II，14的定稿，他在fol. 42^r，l. 9—13也是这样做的。

［47］这份早期草稿写在C型纸上，而fol. 42^r—44^{r}的定稿是写在D型和E型纸上（NCCW，I，7）。此外，哥白尼在早期草稿中（fol. 47^r，line 13 down and 6 up）使用了阿拉伯数字$2^1/_2$与360，而在定稿中却把它们变成了相应的罗马数字（fol. 42^v，line 15；fol. 43^r，line 11）。一般说来，在《天球运行论》的最后定稿中，哥白尼只是在表和相关计算中才使用阿拉伯数字。

［48］PS，VII，3报道了梅内劳斯在罗马对恒星与月亮相合所做的两次观测。

［49］对托勒密而言，基本事实是太阳年的长度。由于岁差会影响恒星的位置，所以他把对恒星的讨论推迟到PS第七、八卷。而对哥白尼而言，恒星在太空中静止不动。因此他把自己的星表置于II，14，即他对太阳（视）运动的讨论（第三卷）之前。在原稿的这个位置（fol. 42^v，line 5），哥白尼写下标题“用仪器测定太阳位置”，但后来把它删掉了。

［50］太阳位于双鱼座 30°—3°2′30″ ＝26°57′30″

白羊座 30°

金牛座 30°

双子座 $5^1/_6$° ＝5°10′

————

92° 7′30″ ＝$92^1/8$°

［52］取月亮在双子座内5°24′，轩辕十四与月亮的距离＝$57^1/10$°，

双子座 24° 36′

巨蟹座 30°

轩辕十四在狮子座内 2° 30′

57° 6′

［53］轩辕十四与夏至点的距离：巨蟹座30°

狮子座 2°30′

32°30′

［54］这里哥白尼确定托勒密的观测日期为公元139年2月24日。然而他在《驳维尔纳书》中却把日期定为22日而非24日。他在那里只是重复了维尔纳的2月22日，因为他是如此关注改正后者所说的这次观测日期有11年这一重大错误，以至于忽视了两天这一微小差错（3CT，p. 97）。第谷在他的B（此书1971年在布拉格重印）fol. 46^{r}的右侧空白处写道："24日应为23日。否则太阳的经度应为双鱼座内4°3′，而托勒密取的值为3°3′。"在梅斯特林的N中（fol. 46^{r}，line 11），这一天也由24日改成了23日，并且在A中首先公开这样修改。 372

［55］哥白尼为测定天体经度而选作零点的恒星为PS中黄道第一宫的第一颗星（VII，5）。

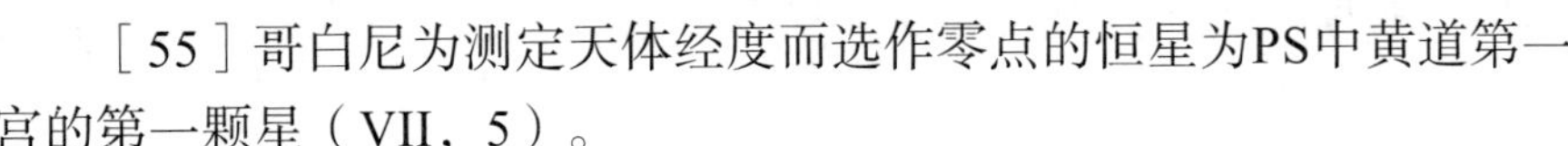

［56］阿拉托斯在其《现象》（*Phenomena*，公元前3世纪）中用诗歌描述了星座。在古代，一部关于阿拉托斯《现象》的评注被归于"西翁"，而西翁是古希腊人的常用名。后来有人追问，究竟是哪一位西翁写了这部评注？在拜占庭有人猜测，他就是公元4世纪著名的天文学家和数学家亚历山大城的西翁。这种选择可能是基于该评注中出现了亚历山大城。此外，伟大的希帕克斯本人写过一部对阿拉托斯著作的评注。因此，当哥白尼把"西翁"的评注归于"小西翁"时，他指的是亚历山大城的西翁，而不是公元前2世纪的"老西翁"。哥白尼拥有一本西翁的评注（PI^{2}，415—416），但它并不全，而只是尤利乌斯·费尔米库斯·马特努斯（Julius Firmicus Maternus）《天文学》（*Astronomica*）等书（Venice，1499年10月）的一部分（sig. N bis 1^{r}—$S7^{r}$）。西翁在sig. P2指出："他教导我们说，古人把恒星按星座排列，以便一眼就能认出。"哥白尼在边缘空白处用希腊文写道："这就是古人为什么把恒星按星座排列的原因。"（MK，136）哥白尼的这本书现藏于瑞典乌普萨那大学图书

馆。“西翁”对阿拉托斯的评注侧重于文学和语言，这与亚历山大城的西翁对托勒密和欧几里得著作的评注迥然不同。于是人们注意到了对公元前1世纪初的希腊诗人写过许多评注的语法学家西翁。为什么对语法学家西翁的传统叙述会略掉对阿拉托斯诗歌的这部评注，这还难于解释。不过现在看来，把对阿拉托斯的“西翁”评注归于语法学家西翁而非亚历山大城的西翁，似乎更为合理。参见*Paulys Realencyclopädie*，2e Reihe，10th half-volume（Munich，1934），columns 2079—2080。

［57］哥白尼时代的拉丁通行本《圣经》（Job，IX，9；XXXVIII，31）提到了这四个星座。他是否听说有人怀疑过拉丁通行本《圣经》对这些希伯来段落的翻译，并因此在原稿中删掉了约伯的名字，并在fol. 44^{r}的右侧空白处代之以赫西俄德（Hesiod）和荷马（按这个次序）？这荷马，《伊利亚特》（*Iliad*），XVIII，486—487和赫西俄德，《工作与时日》（*Works and Days*），610，615对这四个星座命了名。哥白尼在其星表中区分了一等星大角和它所在的牧夫星座。

［58］哥白尼编制其星表快到飞马座时，才决定对每颗恒星标出其在360°圆周中的黄经而不是它所在的黄道宫。在其星表中直至57^{r}，他都按黄道来记录恒星经度。然后他决定在那里重编星表。于是在fol. 44^{v}—45^{v}和48^{r}—51^{v}，在后来才使用的D型和E型纸上，他画出直至飞马座的北天星座所需的直线。他突然意识到不必抛弃已经花了大量精力制成的前面的表。他只需把一个直列中的黄道数换成圆周数。他从53^{r}到57^{r}这样做了。此后直到fol. 69^{v}即星表末尾，他只用圆周度数。然而对于星表的起始页，他明显感到在别处用以删掉黄道经度的垂直红线太不雅观，于是他重写了起始页，即现在的fol. 52^{r-v}，上面记录了圆周经度，这是哥白尼最佳书法的范例。

［59］梅斯特林曾多次使用哥白尼的星表。梅斯特林在其N中（fol. 46^{v}—62^{v}）曾多次把哥白尼的数值与托勒密、他的译者、阿方索星表（Alfonsine Tables）、施托弗勒（Stöffler）、勋纳以及莱因霍尔德（Reinhold）的数值相比较。此外，梅氏经常使用哥白尼审慎回避的阿拉伯术语。

［60］天龙座第7星被描绘为“在颈部第一个扭曲处南面的一颗”，哥白尼给出其黄经为295°50′（fol. 52^{v}，line 6 up）。他大概依据的是PS 1515的黄经“9 2 30”＝272°30′（fol. 78^{v}，line 8）。他应从该值中减去6°40′，因为后者是PS中白羊座第1星的黄经。由于在黄道十二宫的所有恒星中，这颗星最接近春分点，所以哥白尼取其天球黄经为0°0′。但是272°30′－6°40′＝265°50′，哥白尼本应得到这一结果。这显然是他做心算时多算了一个宫，于是把PS 1515的黄经取为10 2 30＝302°30′，由此减去6°40′便得出哥白尼的错误黄经值295°50′。梅斯特林在其N中（fol. 47^{r}，line 12 up）指出，这个值超过了托勒密、勋纳和阿方索星表所给出的黄经。

［61］天龙座第20星被描述为“在三角形之西两小星中朝东的 373
一颗”。哥白尼给出其黄经为200°0′（fol. 53，line 11）。这里他大概依据的是PS 1515（fol. 78^{v}，line 21）。PS 1515用三列（黄道宫、度数、分数）报告这颗星是“3 26 40”（＝116°40′）。哥白尼应从该值中减去6°40′。哥白尼没有用这种心算（116°40′－6°40′＝110°0′），而是用所谓的“物理”宫（＝60°）来进行运算，于是得出了200°0′这一奇怪结果。梅斯特林在其N中（fol. 47^{v}）指出，勋纳、莱因霍尔德和阿方索星表都给这颗星指定了110°0′的黄经，哥白尼也本应取此值。他显然知道这里有某种差错，因为他在fol. 53^{r}右侧的这一行旁边做了一个记号，提醒应作改正。当他在其他地方（fol. 88^{r}，114^{r}，143^{r}，153^{r}，173^{v}）在边缘处也使用同一符号（＋）时，他都做了必要的修改。然而这里他却没有进行任何修改。也许可以认为，这一疏忽表明在他心中，其星表不像《天球运行论》其他部分那样重要。

［62］和前一颗星（天龙座第20星）相似，这里可能也是由于同样的差错，哥白尼给出的黄经为195°0′（fol. 53^{r}，line 12）。他所依据的文献（PS 1515，fol. 78^{v}，line 22）给出的是3 21 40（＝111°40′）。梅斯特林在其N中（fol. 47^{v}）指出，PS 1515的值减去6°40′＝105°0′应为PS、勋纳、莱因霍尔德和阿方索星表所给出的值。

［63］哥白尼为这颗“在东面的尾部”的星指定的黄经为192°30′（fol. 53^{r}，line 21）。他所依据的文献（PS 1515，fol. 78^{v}， line 31）给出的经度为“3 19 10”（=109°10′）。减去6°40′后，哥白尼应得102°30′。但他又一次错误地使用了“物理”宫=60°，从而得出了错误结果192°30′。

［64］对于天龙座的最后一星，哥白尼所给出的黄经再次大于90°（fol. 53ʳ，line 22）。对于天龙座四颗星中的三颗，他都把黄经多算了三个宫，而PS 1515取该星座第一部分的黄经为三个宫。

［65］哥白尼对前三个星座都使用了标准名称，他可能是从PS 1515（fol. 78ʳ⁻ᵛ）中查到的。然而对于第四个星座，他并没有遵循PS 1515的称呼“Cheichius”，而是采用了“仙王”。一般而言，哥白尼所编星表并非完全取自PS，而是还利用了其他文献，特别是GV。

［66］哥白尼起先把跪拜者第五星的黄经写成190°0′，但后来把这个度数改为220（fol. 54ʳ，line 11）。他所采用的可能是PS 1515（fol. 79ʳ，line 22 up）中的“7 16 40”（=226°40′）。减去6°40′后，他得到了偏心结果10°0′，并且在合适的各列中写下这个值。但在转换为圆周度数时，他必定看到了PS 1515中的前面一行，查出黄道宫数为6。哥白尼由此得出和数为190。但在注意到这里的差错后，他删掉了190而改写成220。

［67］跪拜者第20星被描述为“在左脚的三星中西面的一颗”。哥白尼给出它的经度为188°40′（fol. 54ʳ，line 8 up）。他这里无疑也是依据PS 1515。因为在PS 1515的黄道宫号一列中，7误印为6（fol. 79ʳ，line 7 up）。哥白尼把PS 1515的值“6 15 20”（=195°20′）减去6°40′，得到188°40′。但PS的实际值为“7 15 20”=225°20′。梅斯特林在其N中（fol. 48ᵛ，line 17）指出，如果哥白尼从PS 1515以外的任何文献中得知这个正确的数值，他就会得出218°40′的结果，从而与托勒密、阿方索星表和勋纳的值相符。这里我们可以回想起［原序注释［8］曾提到过］，1539年哥白尼从雷蒂库斯那里得到了一册一年前在巴塞尔出版的托勒密《天文学大成》希腊文本的第一版。哥白尼要是查阅过它的星表，就会看到该表把跪拜者第20星置于天蝎座内15 20处（=225°20′；p. 176，误印成174，line 9）。哥白尼显然没有用PS 1538来验证自己的星表。

［68］天鹅座第9星被描述为“三颗星的最后一颗，在翼尖”，

哥白尼指定的黄经为310°0′（fol. 54^{v}，line 7 up）。他这里又一次依据了PS 1515中的10 16 40（fol. 79^{v}，第9星座，line 9）＝316°40′。哥白尼从该值中减去6°40′，得出他的结果310°0′。然而在天鹅座中，在星座一列内，PS 1515提前一行把数目从9增加为10。因此哥白尼的经度310°大了30°。梅斯特林在其N中（fol. 49^{r}，line 12）指出了这一点，并引用280°作为托勒密、阿方索星表和勋纳所给出的等价值。倘若哥白尼检查过他的PS 1538抄本（p. 176，误印成174，line 2 up），就会知道PS 1515把天鹅座第9星置于错误的星座中。

［69］哥白尼为天鹅座中被他描述为“在左翼尖端”的一颗星指定的天球纬度为74°0′（fol. 54^{v}，line 4 up）。这里哥白尼准确无误地采用了他所依据的PS 1515中（fol. 79^{v}，第9星座，line 12）给出的值。开普勒在其N中把这个巨大的向北位移从74°改为47°，不久前重印（New York/London：Johnson，1965，fol. 49^{r}，line 15）。开普勒不仅改正了这一纬度，而且对此星座中的恒星作了编号。在48个星座中，他只对这一星座作了特殊对待。他之所以这样做，是因 374
为1600年在天鹅座中观测到了一颗以前未被注意的恒星。当开普勒获悉这个激动人心的消息时，他积极参与了关于这颗三等星是否真为新星的激烈争论（现在知道它是一颗变星）。开普勒在《对1600年前天鹅座中一颗未知的而目前尚未消失的三等星的天文报告》（*Astronomical Report on the Star of the Third Magnitude in the Swan Which Was Unknown until 1600 and is Not Yet Extinct*）（Prague，1606）一文中发表了自己对这个问题的见解，并把该文收入他所著的《新星》（*New Star*，Prague，1606）。开普勒的《报告》可见于他的*Gesammelte Werke*，I，293—311。倘若哥白尼在GV（sig. dd4^{r}，line 25）中查阅过天鹅座第12星的纬度，他就会看到PS的值为44，然后可能猜想到PS 1515中所列天鹅12的纬度74是天鹅九的74的重排之误。

［70］哥白尼在黄道列中对仙后座最后一星所写黄经原为27（fol. 55^{r}）。然后在把度数转换为圆周分度时，他忘了对此星这样做，于是仍写成27。梅斯特林在其N中用一个列间注释把此数改为357，而在第谷的B中是在印刷数字27上面用粗体字写出357（fol.

49r，line 2 up）。由于1572年有一颗极为明亮的新星在仙后座出现，他们的注意力都被导向这个星座并对这颗新星作了重要讨论。

［71］PS 1515（fol. 80r，line 15 up）把一等星五车二误置于另一黄道宫中，于是哥白尼所取黄经又一次大了30°（78°20′而非48°20′；fol. 55v，line 9 up）。梅斯特林在其N中（fol. 50r，line 9）指出了这一差错。

［72］御夫座最后一星被描述为“在左脚的一颗小星”。哥白尼从PS 1515，fol. 80r，line 4 up查出其黄经为“1 0 40”（=30°40′）。他把该值减去6°40′，得到 24°（fol. 56r，line 5）。然而，他若是对御夫14查阅过他的PS 1538（p. 178，line 16 up），就会看到PS对此星座最后一星给出的黄经为50°40′。于是肯定会意识到，PS 1515只是由于一个排印错误而在第二列略掉了第一位数字，于是使御夫14的黄经少了20°。梅斯特林在其N中（fol. 50r，line 18）指出了这一差错，并把相应的黄经44°归于托勒密。

［73］蛇夫座第9星被描述为“在右肘”。哥白尼由PS 1515，fol. 80v，line 12查出其黄经为“7 26 40”。他先把该值减去6°40′，得出相应黄道宫内的20°0′。后来当他改用圆周分度时，仍然采用20°，而不是对7个宫（=210°）加上20°。于是他最终的错误结果为220°0′（fol. 56r，line 16）。梅斯特林在其N中（fol. 50r，line 10 up）指出了这10°的短缺，并把相应的黄经230°归于阿方索星表、托勒密和勋纳。

［74］对蛇夫座第10星的描述为“在右手，西面的一颗”。哥白尼从PS 1515，fol. 80v，line 13查出它的经度为“7 2 20”=212°20′。他把该值减去6°40′，得出 205°40′（fol. 56r，line 17）。然而他倘若查阅过自己的PS 1538（p. 178，line 4 up），就会发现PS 1515把蛇夫10置于错误的黄道宫。因此哥白尼为这颗星给出的黄经小了30°。梅斯特林在其N中（fol. 50r，line 9 up）指出了这一短缺，并把相应的黄经230°40′归于托勒密、勋纳和阿方索星表。

［75］和前注所讨论的蛇夫10的情况相同，PS 1515（fol. 80v，line 14）对蛇夫11也少算了一个黄道宫。然而，这里PS 1515还出了另一个差错，即对前一颗星的黄经加上2°而不是1°。倘若哥白尼把他

的PS 1538，p. 178，lines 4 up与3 up加以比较，就会立即发现这个差错。梅斯特林在其N中（fol. 50^{r}，line 8 up）指出，阿方索星表和勋纳也多了这1°。

［76］蛇夫座第18星被描写为“与脚后跟接触”。哥白尼由 PS 1515（fol. 80^{v}，line 21）查出其黄经为“7 26 10”＝236°10′。他把该值减去6°40′，得出229°30′（fol. 56^{v}，line 11 up）。然而他若查阅过PS 1538（p. 179，line 6），就会看到在PS中用来表示7的希腊字母 ξ 不知为何少了1。梅斯特林在其N中（fol. 50^{r}，末行）指出了这一短缺。GV（sig. dd5^{r}，line 18）对天蝎座也取27 1/6（＝237°10′），哥白尼由此应得出230°30′。

［77］巨蛇座第2星被描述为“与鼻孔相接”。哥白尼从PS 1515（fol. 80^{v}，line 21 up）查出其黄经为“6 27 40”＝207°40′。他把该值减去6°40′，得出201°0′（fol. 56^{v}，line 8）。但他若查阅过自己的PS 1538（p. 179，line 23），就会发现1被误写为7。使用希腊数字时，这种混淆并不很常见；但是当PS的阿拉伯文本中人们不太熟悉的数字被拉丁文译本或PS 1515所采用时，上述情况就可能出现。梅斯特林在其N中（fol. 50^{v}，line 18 up）指出，无论如何哥白尼对巨蛇2所取的黄经比阿方索星表和勋纳的相应值大了6°。GV对天秤座给出21 1/2（＝201°30′；sig. dd5^{r}，line 13 up）。

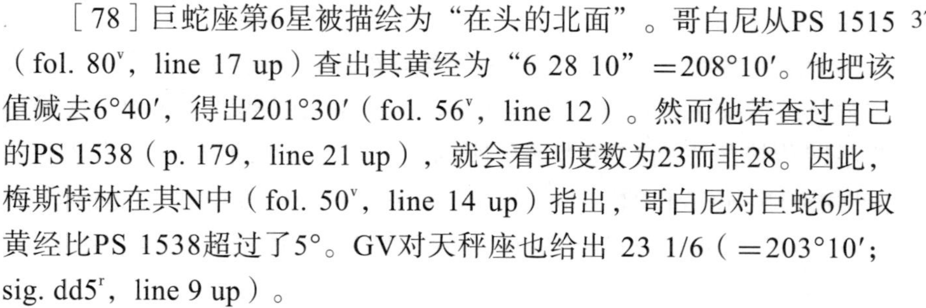

［78］巨蛇座第6星被描绘为“在头的北面”。哥白尼从PS 1515 375
（fol. 80^{v}，line 17 up）查出其黄经为“6 28 10”＝208°10′。他把该值减去6°40′，得出201°30′（fol. 56^{v}，line 12）。然而他若查过自己的PS 1538（p. 179，line 21 up），就会看到度数为23而非28。因此，梅斯特林在其N中（fol. 50^{v}，line 14 up）指出，哥白尼对巨蛇6所取黄经比PS 1538超过了5°。GV对天秤座也给出 23 1/6（＝203°10′；sig. dd5^{r}，line 9 up）。

［79］天鹰座外第1星被描述为“在头部南面，朝西的一颗”。哥白尼从PS 1515（fol. 81^{r}，line 20）查出其黄经为“9 8 40”＝278°40′。他把该值减去6°40′，得出272°0′（fol. 57^{r}，line 12）。然而他若查过自己的PS 1538（p. 182，line 14），就会发现度数为3而非8。因此，梅斯特林在其N中（fol. 51^{r}，line 19 up）指出，哥白尼

对此星所取黄经比PS 1538超过了5°。GV所给出的度数也是3（sig. dd5^{v}，line 23 up）。

［80］马的局部第2星被描写为“东面一颗”。除黄道宫数目外，哥白尼从PS 1515（fol. 81^{r}，line 18）查出其黄经为“28 0”。他作减法28°0′－6°40′得出21°20′（fol. 57^{r}，line 2 up）。但在改用圆周分度后，他在把度数与9个宫＝270°相加时，不知为何把21写成了22，从而得到的结果比莱因霍尔德、托勒密、阿方索星表和勋纳的相应值大了1°。梅斯特林在其N中（fol. 51^{v}，line 5）指出了这一点。

［81］NCCW，1，12指出，哥白尼从这一星座飞马座开始从表示恒星天球经度的古代方法转向现代方法。根据表示飞马座20颗星的传统次序，前三颗在双鱼宫中，第四颗靠近前一个宫即宝瓶宫的末端，第五、六颗则接近双鱼宫的前端，而所有其他的星又回到了宝瓶宫内。这种锯齿形的安排显然不会使托勒密及其追随者感到不安，他们满足于把每一颗星都放在一个给定的黄道宫内。但是“黄道十二宫……是从二分点和二至点导出的”，并且“尽管黄道十二宫在开始的时候与原来的名称和位置相符，但现在它们已经移动很长一段距离了”（哥白尼，《天球运行论》，II，14；III，1）。由于哥白尼认为，相对于永远静止不动的恒星，“二分点和二至点似乎都向前运动”，因此他以他指定黄经固定为0°0′的恒星为起点来测定所有天体黄经。

于是在哥白尼看来，托勒密对飞马座20颗星排列的样式不如按天体黄经递增次序进行排列那样适当。因此哥白尼把飞马座中经度最小的星即传统的飞马17列为该星座的第一星。哥白尼对它的描述并非依据PS 1515（fol. 81^{v}，line 7：*Quae est in muscida*），而是依据GV（sig. dd6^{r}，line 21；*Quae in rictu*）。哥白尼从其黄经（宝瓶座5 1/3＝305°20′）中减去6°40′，得出298°40′（fol. 57^{v}，line 6）。

哥白尼选择GV的飞马15（宝瓶座9 1/6＝309°10′）作为他的飞马2。哥白尼把这一经度值减去6°40′，得到302°30′（fol. 57^{v}，line 7）。然后他必定注意到，PS 1515（fol. 81^{v}，line 5）所列的分数为20，而不是GV中的10。因此他在分数列中把3擦掉，在它上面写了一个4。

哥白尼取GV的飞马14作为他的飞马5。但他注意到，GV中的度数（宝瓶座2 1/2＝302°30′）排印有误。于是他采用PS 1515（fol. 81^{v}，line 4）的10 20 30（＝320°30′），把该值减去6°40′，得到313°50′（fol. 57^{v}，line 10）。

哥白尼取GV的飞马11（宝瓶座18 50＝318°50′［－6°40′］＝312°10′）作为他的飞马6。然而哥白尼在他的第二位数字上加了一个圆点，以表示他在原来的2上面写了1。这个被抹去的2表明他以前曾经采用过PS 1515的经度（fol. 81^{r}，line 3 up：10 28 50＝328°50′）。

哥白尼取GV的飞马20（宝瓶座12 1/3＝312°20′；312°20′－6°40′＝305°40′）作为他的飞马8。他在原载数字上面重重地写了第3位数字。如果由此被抹去的这位数字为6，则它的出现可能只是由于计算差错，并很快得到改正。哥白尼起初采用了GV对其飞马20的描述：（*Quae*）*in sinistra sura*作为对飞马8的描述。后来他把*sura*改为*subfragine*，并且在原来的*ra*上重重地写了*bf*（fol. 57^{v}，line 13）。

哥白尼取GV的飞马19作为他的飞马9，但没有用前者的黄经（宝瓶座17 1/2＝317°30′；317°30′－6°40′＝310°50′）。由于哥白尼得出311°0′（fol. 57^{v}，line 14），所以他显然采用了 PS 1515的黄经（fol. 81^{v}，line 9：10 17 40＝317°40′）。

哥白尼取GV的飞马18作为他的飞马10，但和前面的情况一样，他也没有用前者的黄经（宝瓶座23 1/2＝323°30′；323°30′－6°40′＝316°50′）。哥白尼又一次采用了PS 1515的黄经（fol. 81^{v}，line 8：10 23 40＝323°40′），因为他得出了317°0′（fol. 57^{v}，line 15）。

哥白尼取GV的飞马4作为他的飞马17，但没有接受前者的黄经 376
（双鱼座26 1/2＝356°30′），而采用了PS 1515的11 26 40＝356°40′（fol. 81^{v}，line 10 up）。他把PS 1515中的356°40′减去6°40′，得到350°0′。

在所有其余所有情况下，哥白尼都采用了GV的数据。于是，他的第3、4、7、11、12、13、14、15、16、18、19和20颗星，分别为GV的第 16、13、12、9、10、7、8、5、6、3、2和1颗星。对于这12颗星，他都把GV的经度减去6°40′，得出了他在fol. 57^{v}经度列中所列的值。

当他接着记录飞马座恒星的黄纬时，他一定是忘记了他已经重新编排过该星座内的次序。开始时他显然只是照抄他从GV中查到的黄纬。因此他的第一个黄纬值必定与GV中的一样，为26°0′。直到记录自己的飞马12时，他才发现前面的11个黄纬值都错了。这时他又回到了自己的飞马1（＝PS的飞马17）。但他从PS 1515中取了其黄纬值为21°30′，而没有从GV取，在后者中，一个少见的排印错误把1替换成了一个小圆点（即印成了2. 1/2）。

哥白尼在他原来的第二个黄纬值（12°30′）上面重重地写了16°50′（PS中飞马15的值）。他的第三个黄纬值本来是31°0′，他删掉这个数字把它替换成了16°0′（PS中飞马16的值），并把它的星等由2改成4。对于他的飞马4来说，星等应由2改为5（PS中的飞马13）。因此他不能像前面那样在原来的数上重写，而是必须把2划掉，在右侧空白处将其换成5。他的第四个黄纬值原为19°40′，这和PS 1515中的值一样（而不是GV中的19 1/2）。这个值应改为15°0′（PS中飞马13的值）。为此，哥白尼在9上面重重地写了一个5，而被擦掉的4仍然可见。

对于他的飞马5，哥白尼同样应把25°30′改为16°0′。他在原来的2上面写了一个1，上面加一点，把5改写为6，并把3擦掉，留下的痕迹很容易看见。他在星等一列中把4删掉，在右侧空白处写了一个5。

对于他的飞马6，哥白尼又一次在星等列中删掉4并且在右侧空白处写了一个3（PS中飞马11的值）。原来的黄纬（25°0′）被方便地改为18°0′，哥白尼在度数上画一条线并把新数值写在左边的空列内。

对于他的飞马7（PS的飞马12），哥白尼在星等列内的3上面写了一个4，他还应改正35°0′的黄纬。他的做法是在前一位数字上面重重地写了一个1，并把5重写为8。然后他意识到自己所取的黄纬并非PS的飞马12而是飞马11的。于是他在度数列中改写的18上面画了一条线，并把19写在左边的空列内。

哥白尼的第八个黄纬取自PS 1515（24°30′）而非GV（34 1/2）。接着在为其飞马8（＝PS的飞马20）推求数值时，他再次采用了PS 1515的36°30′，而没有用GV的36 1/2 1/3（＝36°50′）。结果是分数列无需改动，他只是把24划掉，并把36写在左边的空列内。

哥白尼的第九个黄纬为29°0′，该值应改为34°15′（PS中飞马19的值）。他把29划掉，在左边空列内写上34，插进一个1，并在0上面写了一个5。

哥白尼的第十个黄纬为29°30′，该值应改为41°10′（PS中飞马18的值）。于是他划掉29，在左边空列内写上41，在分数列内在3上面重重地写了一个1，并且在它上面加上一点以便引起对改动的注意。

哥白尼的第十一个黄纬为18°0′，该值应改为29°0′（PS中飞马9的值）。于是他划掉18，在左边空列内写上29。虽然分数列内不需要修改，但星等应改动，为此哥白尼在原来的3上面重重地写了一个4。

从他的飞马12开始，哥白尼不再使用与自己的次序非常不同的PS中的黄纬。从自己的飞马12开始，哥白尼注意到必须从GV和PS 1515这两份重要文献中查阅恰当的黄纬。当两项文献不一样时，例如对哥白尼的飞马14（＝PS的飞马8），哥白尼采用了PS 1515的24°30′，而没有用GV的34°30′。对于他的飞马17（＝PS的飞马4），情况也是如此，哥白尼采用了PS 1515的19°40′，而没有用GV的19°30′。对于哥白尼的飞马15（＝PS的飞马5），GV和PS 1515都给出了25°30′，而哥白尼大概因笔误而写成了25°40′。

梅斯特林注意到了哥白尼对飞马座恒星的重新排列。梅斯特林在其N中（fol. 51^{v}，左侧空白处），在哥白尼对飞马座每一颗星所作描述的旁边按照PS的次序写了适当的序号。然而尽管对《天球运行论》作了深入细致的研究，但梅斯特林没有弄清楚哥白尼为什么要把飞马座恒星重新排列。他要是看过哥白尼的原稿，肯定会明白其中的原因。

［82］在PS 1515中，仙女座最后一星的黄经与GV相比相差一 377
个宫。这里，哥白尼坚持圆周标记可能促使他取了PS 1515中的值0 11 40（＝11°40′）。他把该值减去6°40′，得到5°0′（fol. 58^{r}，line 17）。但他如果查阅过自己的PS 1538（p. 183，line 10 up），就会看到它和GV（sig. dd6^{r}，line 5 up）一样都把仙女座23置于双鱼座内。然而GV中的经度（双鱼11 1/2＝341°30′）比PS（341°40′）少了10′，因此正如梅斯特林在其N中（fol. 52^{r}，line 18）指出的，哥白尼求得的值不应为5°0′，而应为335°0′。

［83］白羊座第1星的情况明确无误地暗示了哥白尼所取黄经的

来源。PS 1515（fol. 81[v]，line 10 up）给出该星的黄经为0 640。哥白尼把该值减去6°40′，使“众星之首”的白羊1的黄经成为0°0′（fol. 58[r]，line 3 up）。但是根据GV（sig. dd6[v]，line 8），白羊1的经度为白羊6 30（=6°30′），而根据PS 1538（p. 184，line 3）却为白羊6 20（=6°20′）。

哥白尼决定把天球经度0°0′指定给白羊1，这违背了托勒密在《天文学大成》中的做法，但与出版迟于《天文学大成》的《实用天文表》（*Handy Tables*）相符，只是托勒密在该书中把轩辕十四用作零点。《实用天文表》是通过把星表记录的恒星经度与轩辕十四的平均行度相加而求出恒星的天球经度的（J. B. J. Delambre，*Histoire de l'astronomie ancienne*，II，623；New York，1965，reprint of the Paris 1817 edition）。德朗布尔（Delambre）在书中所引希腊文原文见海贝格（Heiberg）编的托勒密的《天文学短篇著作》（*Opera Astronomica Minora*，Leipzig，1907，II，167）。此外，托勒密在《行星假说》（*Hypotheses of the Planets*，Heiberg，II，80：25—27）中给出了轩辕十四在其亚历山大时代开端时的经度，［托勒密最早的著作］《卡诺比克铭文》（*Canobic Inscription*）中（ed. Heiberg，II，152：3）采用的也是同样的做法。

［84］PS 1515所载白羊第5星的黄经比GV的值大10′。哥白尼这里也选择采用了PS 1515的16°30′，而不是GV的6 1/2（sig. dd6[v]，line 12），因为前者符合黄经递增的模式。然而倘若哥白尼查阅过他的PS 1538（p. 184，line 6），他就会发现在这本书中白羊5的黄经只比白羊座前面几颗星中的一颗更大。因此梅斯特林在其N中（fol. 52[r]，line 5 up）在哥白尼给出的白羊5经度9°50′旁边写了“根据托勒密和莱因霍尔德，应为359°50′”。

［85］哥白尼在fol. 59[r]的右侧空白处写了“金星的远地点在48°20′”。PS（X，1）把这个远地点取为55°。哥白尼只是从该值中减去6°40′（=哥白尼的零点在PS中的经度），便得到了自己的值。

N中没有出现关于金星远地点位置的这一记述。N是根据雷蒂库斯离开弗龙堡之前所整理的哥白尼手稿抄本印出的。雷蒂库斯在为出版商整理抄本时大概不会把行星远地点位置这样重要的内容略去，而出版商也不会把它排除于N之外。因此关于金星的这项内容可能是雷蒂库斯返回维滕堡之后，哥白尼才写在fol. 59^r页边空白处的。如果这种推理符合历史事实，那么它也适用于fol. 60^r，61^{r-v}页边空白处关于其他行星的记述以及fol. 59^v页边空白处的黄经改动。

[86] PS 1515（fol. 82^r，line 24—23 up）对金牛座第20和21星给出了相同经度（1 25 40＝55°40′）。哥白尼把该值减去6°40′，得出49°（fol. 59^r，lines 8—9）。然而在GV中（sig. dd6^v，lines 6—5 up），这两个经度相差10°（金牛座15 1/2和25 1/2）。这里，哥白尼的PS 1538完全帮不上忙，因为由于排印错误（p. 184，line 3 up），它漏掉了金牛21的经纬度和星等。梅斯特林在其N中（fol. 52^v，line 4 up）指出，托勒密、勋纳和阿方索星表对金牛20所给出的相应经度都应为39°0′。PS 1515把金牛座20和21都置于北纬，而GV则把金牛20置于南纬。在这方面哥白尼遵循了GV，而且也取金牛座21的星等为3（而不是PS 1515所取的4）。

[87] 对于双子座第7星，哥白尼和往常一样采用了GV的描述。然而这里哥白尼改正了GV的一个排印错误（sig. dd7^r，line 19 up）。此处应为“双子座东部（*sequentis*）的左（*sinistro*）肩”，但由于重复书写而误印为“双子座东部（*sequentis*）的东（*sequenti*）肩”。由于另一个可以预料的重复书写，GV把双子8的黄经也指定给了双子7。因此，哥白尼从PS 1515中取了双子7的黄经（fol. 82^v，line 14：2 26 40＝86°40′）。他把该值减去6°40′，得到80°0′（fol. 59^v，line 10）。

[88] 对于双子座第9星的经度，GV（sig. dd7^r，line 17 up：双子座26 16＝86°10′）与PS 1515（fol. 82^v，line 16：2 23 10＝83°10′）有3°之差。和通常的做法一样，哥白尼采用了PS 1515的值83°10′，由此减去6°40′得到76°30′（fol. 59^v，line 12）。梅斯特林在其N中（fol. 53^r，最后一行）指出，对于托勒密而言，相应值应为79° 1/2′。事实上，PS 1538（p. 185，误印为192，line 12 up）的确给出了26°1/6′，这与GV的值相符，相当于哥白尼的79° 1/2′。梅斯特林还指出，N中（fol. 53^r，最后一行）的星等3有误，而应为哥白尼所想取的5（fol. 59^v，line 12）。GV的黄纬1/3°而不是3°表明分数常与其相应的整数

378 相混淆。在希腊数值符号中，这两者的区别通过是否出现一个像我们表示分那样的撇号来表明。

［89］N（fol. 53^{v}，line 4）给哥白尼对双子座第10星的描述（fol. 59^{v}，line 13）加上了*maior*一词，B，A和W均如此。

［90］对于双子座第11星，哥白尼采用了GV的经度，即双子18 1/4（＝78°15′；sig. dd7^{r}，line 15 up）。他把该值减去6°40′，得到71°35′（fol. 59^{r}，line 14）。然而在N中（fol. 53^{v}，line 5），对于分数，除了1/2＝30′外还印有1/6＝10′，使得总和为40′而非35′。在开普勒的N中，1/6被删掉而代之以左侧空白处的1/12（＝5′）。梅斯特林在其N中也指出，对于托勒密而言，相应值应为71 1/2 1/12＝71°35′。

［91］对于双子座第12星，哥白尼似乎采用了PS 1515对双子11所取的经度：2 21 40（＝81°40′），他把该值减去6°40′，得到75°0′（fol. 59^{v}，line 15）。他可能已经意识到，PS 1515把双子11与12的黄经弄反了。他的线索也许是黄纬。他采用GV的黄纬值2°30′和0°30′，也许推断PS 1515对双子12所取的黄纬（2°30′）与双子11有关。梅斯特林在其N中指出，勋纳和阿方索星表都把双子11和12弄反了。

［92］对于双子座第16星，哥白尼采用了PS 1515的黄经2 10 10（＝70°10′；fol. 82^{v}，line 24）。他把该数减去6°40′，得到63°30′（fol. 59^{v}，line 19）。然而他后来在左侧空白处写了63 36，后来又把36划掉而代之以20。这种从30到36再到20的分数变化并没有影响N，该书印出的数为63 1/2（fol. 53^{v}，line 10）。这一经度改动是像行星远地点那样，是雷蒂库斯离开弗龙堡之后由哥白尼在手稿中插入的吗？

［93］对于双子座以外7颗星的最后一颗，GV似乎没有记录它的经纬度和星等（sig. dd7^{v}，line 4）。然而哥白尼意识到，对这组恒星中第4颗的那部分冗长描述与其余部分有些脱节，看起来就好像指一颗单独的星似的。换句话说，在缺乏实践的人看来，*In recta linea borea*（sig. dd7^{v}，line 2）像是一则独立的描述，但哥白尼很清楚这个短语实际上与sig. dd7^{r}最后一行谈到的第4颗星有关。通过把这一被误置的短语放回其应有的位置，哥白尼求得了在GV中显然缺失的第7

颗星的值。但他发现GV（巨蟹座 1/2=90°30′）与PS 1515（3 5 40=95°40′；fol. 82v，line 24 up）所给出的经度之差大于5°。倘若他完全采用GV的值，就应得到83°50′（=90°30′−6°40′）而不是84°0′（fol. 59v，line 4 up）。梅斯特林在其N中（fol. 53v，line 21）指出，倘若哥白尼转而采用PS 1515的值，他将得出89°0′。

［94］对于巨蟹座第4星，哥白尼发现GV（sig. dd7v，line 13：巨蟹座13=103°0′）与PS 1515（fol. 82v，line 18 up：3 10 20=100°20′）在经度上有差异。哥白尼取了后者的值（100°20′−6°40′），得到93°40′（fol. 60r，line 4）。梅斯特林在其N中（fol. 53v，line 10 up）指出，倘若哥白尼采用了GV的值（103°0′−6°40′），他将得到96°20′。

［95］在fol. 60r，哥白尼开始把火星远地点的位置写在右侧空白处的顶部。接着，经过进一步考虑，他决定把这项内容写在边缘较低的地方，从而位于狮子座中相邻恒星的旁边。他实际写的是“火星的远地点在109°50′”。但它应为108°50′（在V，15，fol. 165v左侧空白处便是这个值）。因为PS（X，7）取火星远地点为115°30′，而115°30′−6°40′=108°50′。

［96］对于狮子座第12星的黄经，哥白尼发现GV（巨蟹座1/6=90°10′；sig. dd7v，line 13 up）与PS 1515（3 24 10=114°10′；fol. 83r，line 11）之间有显著差异。作为一位细心的学者，哥白尼或许已经意识到，GV中在星座名称与分数1/6之间的空白处正好可以写上一个两位数的度数，因此他可能猜到GV漏掉了24。他心里想着这个数，和通常一样减掉6°40′，便得出117°30′（fol. 60r，line 6 up）。这一结果表明：他的被减数是124°10′而不是PS 1515中的114°10′。梅斯特林在其N中（fol. 54r，狮子座，line 12）指出，托勒密、莱因霍尔德、勋纳和阿方索星表都得出了正确值107°30′。

［97］哥白尼在原稿中（fol. 61r，右侧空白处）取“木星的远地点为154°20′”。这比PS的值161°（XI，1）小6°40′。

［98］哥白尼在原稿中（fol. 61r，右侧空白处）取水星远地点的黄经为他重写的值。起初他只是从PS的初步值186°中减去6°40′，得出水星远地点在179°20′。然而在读完PS的讨论（IX，7）（它把水星的远地点向前推了4°）之后，哥白尼把7改为8，删掉了9，并且在它

上面写了一个3，于是他的水星远地点经度再一次比PS的真实值190°小6°40′。

［99］对于脚爪座第4星的黄经，哥白尼发现PS 1515（fol. 83v，line 16 up：6 27 40＝207°40′）与GV（sig. dd8v，line 11：天秤座17 1/2＝197°30′）之间有很大差异。他开始时似乎是从PS 1515的值中减去6°40′，因为他在度数一列的百分位上写了一个2（fol. 61r，line 3 up）。后来他改用GV的值，因为他在2上面加了一个小圆点，并在其上重重写了一个1。然而，他把GV的197°30′减去6°40′，得到的值不是190°50′而是191°0′。

［100］哥白尼在原稿中（fol. 61v，左侧空白处）取“土星的远地点在226°30′。他大概是想从PS的值233°（XI，5）减去6°40′，但差了10′”。

［101］哥白尼改变了这两颗星的黄经（fol. 62v，lines 7—8）。但NCCW，vol. II，拉丁文本，p. 101，lines 7—8给这两颗星指定了相同的经纬度和星等，以至于它们相同或无法区分。然而哥白尼说得很清楚，第一星在西而第二星在东。不仅如此，根据拉丁文本p. 101的脚注，哥白尼把第8行中的261改为262。然而第8行中仍为261而非262。实际上两颗星的度数都应为261。但对于西面一星，哥白尼把分数列的第一位数字部分擦去，从而表示他最后选定的这个黄经为261°0′和261°10′。

［102］虽然哥白尼为这颗星指定的黄纬为0°0′，但他不经意间把它的纬度标为“南纬”（fol. 62v，line 4 up）。在一个类似的情形中（p. 100，line 27）哥白尼更为注意，在该列中留下一个空白，尽管他本人写了“0”以表示该星既非北纬也非南纬（fol. 60r，line 7 up）。

［103］对于这颗星的黄经（fol. 63r，line 2），哥白尼起初误写为289°40′，这是下一颗星的正确值。他在第二次写289°40′时注意到了自己的错误，于是回到原处，在原来的9上面加写一个8，但改得很不成功。他在4上面加了一个我们现在用来表示分数的符号，以便用一个1来取代原来的数字。他在fol. 61r，line 3 up就曾这样做。NCCW，vol. II，拉丁文本，p. 101，line 35和p. 399最早注意到他把4

改为1。

［104］GV把双鱼座中“西面一尾鱼头部背面两星中偏北一颗”置于第三位，而把“西面一尾鱼背部两星中偏西一颗”置于第四位（sig. ee2r，lines 25—24 up）。而PS 1515的次序却与此相反。在PS 1515的次序中，双鱼3的黄经比双鱼4大2°10′。在这方面，哥白尼采用了PS 1515的做法：双鱼3的黄经为321°30′，而双鱼4为319°20′（fol. 63v，line 5—4 up）。然而，他的命名采用的并非PS 1515的而是GV的。因此，哥白尼的双鱼3的经度应为他的双鱼4的，反之亦然。这种互换表明，他在编制星表时采用了GV中的描述（有所修改），而数值却采用了PS 1515的，但他并没有仔细核对以确保这两方面的情况精确符合。

［105］这里（fol. 64r，lines 6 up—5 up）哥白尼说：“我在前面谈到过，‘贝列尼塞之发’（Berenice’s Hair）是天文学家科农（Conon）命名的。”哥白尼显然没有费心看看自己在前面（fol. 60v，lines 20—21）的说法，他在那里列出了“被他们称为贝列尼塞之发”的星星而没有提到科农的名字。科农活跃于大约公元前3世纪中叶。语法学家西翁在对阿拉托斯《现象》（line 146）的评注中说，“T”使［贝列尼塞的丈夫，国王］托勒密感到满意，数学家科农把贝列尼塞之发放到恒星中去。在哥白尼所藏的西翁对阿拉托斯《现象》的评注中有一个旁注提醒人们注意科农对“贝列尼塞之发”的命名（sig. 02v，lines 15—16；cf. MK，p. 135）。

［106］PS 1515（fol. 86v，lines 16—17）因疏忽而把波江座第27和28星与它们前面的17颗星以及后面的6颗星都置于同一黄道宫内。而GV（sig. ee3v，lines 18—19）则把波江27和28正确地置于下一宫内。对于这两颗星，哥白尼采用了GV中的黄经（金牛座4 1/6，金牛座5＝34°10′，35°0′）。减去6°40′，他得到27°30′和28°20′（fol. 65v，lines 7—6 up）。

［107］哥白尼（fol. 66r，lines 9—10）把“在下巴”的天兔5描述为“较暗”，而把“在左前端末端”的天兔6描述为“较亮”。N（fol. 59r，lines 19—18 up）把这两种描述颠倒了过来，B和A也是如此。然而哥白尼的两份主要文献都把天兔5和6说成是“亮于”4等。

T（p. 147，lines 26—27）删掉了哥白尼原稿中的*minor*，从而使他与GV和PS 1515的说法相符。

［108］对天兔座最后一星的描述是“在尾梢”。哥白尼发现他的两份主要文献对该星给出了不同的黄经。根据PS 1515（fol. 86^v，line 22 up），此经度为2 11 40（=71°40′）。倘若哥白尼把该数减去6°40′，他应得出65°0′，这是梅斯特林在其N中（fol. 59^r，line 12 up）为托勒密和阿方索星表赋予的值。而另一方面，倘若哥白尼在此处严格采用GV（sig. $ee3^v$，line 12 up）的值（双子座2 1/2=62°30′），他应得到55°50′。但他写的值为56°0′（fol. 66^r，line 16）。和通常情况一样，这10′的差值可归于PS 1515和GV中白羊座1星的经度之差［参见注释（83）］。

380 ［109］对于大犬座倒数第二星的描述是“在右脚尖”。哥白尼发现此星的经度差仅为10′。GV（sig. $ee4^r$，line 8）给出的值为双子座9 1/2=69°30′，而PS 1515（fol. 86^v，line 3 up：2 9 40）为69°40′。倘若哥白尼从后一值中减去6°40′，就会得到63°0′，此即梅斯特林在其N中（fol. 59^v，line 11）归于托勒密、勋纳和阿方索星表的值。事实上，哥白尼黄经值中第一位数字为6（fol. 66^v，line 3）。但他后来在6上面重重地写了一个7，从而把黄经值变成了77°0′。该值与他所用的两份主要文献都相差很远，其原因似乎是，他在和往常一样减去6°40′时，看的是PS 1515中两行之上的地方。他在那里读出2 23 40（=83°40′），由此数减去6°40′，便得到77°0′。于是他在原先的6上面重重地写了一个7。他的黄纬值55°40′也与两份主要文献不同（这两份文献中的值都是53°45′）。哥白尼与该值的不同或许也可解释为他碰巧看的是PS 1515中位于正确一行上方或下方的某一行。下述事实可以进一步加强这种设想：他起初所写的星等属于上面一行，后来在原有的4上面写出了正确的3。

［110］对于大犬座最后一星的描述是“在尾梢”。对此星的黄经，哥白尼发现他的两份主要文献之间相差一个黄道宫（比它少10′）。因为PS 1515把大犬座的所有18颗星无一例外地都置于双子宫内，而GV则把大犬18正确地置于巨蟹宫内（sig. $ee4^r$，line 9：巨蟹座2=92°0′）。有趣的是，哥白尼把他的两份文献的最佳特征结合

了起来。他采用了GV的黄道宫，但没有采用它的度数和分数，而采取了PS 1515的2 10（fol. 86v，line 2 up）。于是他取原来的黄经为92°10′，从中减去6°40′，便得到85°30′（fol. 66v，line 3）。梅斯特林在其N中（fol. 59v，line 12）指出，托勒密著作的译本即PS 1515和阿方索星表所取的黄经都小了一个黄道宫，为55°30′。

［111］正如在PS 1515，fol. 87r，line 12以及GV，sig. ee4r，line 20中，黄经52°20′需要*sequens*（“在东面”）。然而哥白尼写的却是*praecedens*（“在西面”，fol. 66v，line 15）。他这样做也许是因为他已经想到把经度为49°20′的下一颗星说成*antecedens*（“在西面”）。N没有改正这个疏漏。

［112］对于南船座第29星的黄纬，哥白尼发现他的两份主要文献相差10°。GV（sig. ee4v，line 6）给出的值为43 1/3，而PS 1515（fol. 87r，line 9 up）则为53 20。虽然在这些情况下哥白尼通常都会采用PS 1515的值，但这里他却正确地采用了GV的值。因为根据对南船29和30的描述，它们的黄经不应相差很多。GV和PS 1515都取南船30的黄纬为43°30′。

［113］PS 1515（fol. 87v，line 10）把一等星老人星（南船44）置于南纬69°0′，而GV（sig. ee4v，line 21）将其置于更偏南6°。哥白尼这里再一次采用了GV的正确值75°0′（fol. 67r，最后一行）。

［114］对于南船座最后一星的黄纬，哥白尼发现他的两份主要文献有将近10°的差值。PS 1515（fol. 87v，line 11）把南船45置于61°50′，而GV（sig. ee4v，line 22）则将其置于71 1/2 1/4（＝71°45′）。哥白尼采用了GV中的度数和PS 1515中的分数（71°50′；fol. 67v，line 1）。他说这颗星“亮于”三等星（*maior*：fol. 67v，line 2）。N遗漏了这一描述，于是B，A和W也遗漏了，但T（p. 150，line 38）根据原稿恢复了它。

［115］哥白尼对此星的描述为其位置“在东南面”（fol. 67v，line 16）。但它被N（fol. 60v，line 12）略去了，也许是因为需要把*et Borea*从上一行移下来，而留下的空间对于*et australis*来说太小。T（p. 151，line 20）根据原稿恢复了这些词。

［116］对于巨爵座4和7两星，PS 1515给出的黄经5 30 0和

5 50 40（fol. 87^{v}，lines 11 and 8 up）显然是错误的。因为在黄经的度数列中不可能出现30和50这样的数，哥白尼必定已经意识到，它们只是因错误重写了这两星黄纬分数所导致的结果。于是对于巨爵4，他采用了GV的值（sig. ee5^{r}，line 11：室女座7＝157°0′）。他由此减去6°40′，得到150°20′（fol. 68^{r}，line 9）。然而对于巨爵7，他必定已经看出GV所给出的分数值（室女1 1/3 1/6）有排印错误，因为1/3＋1/6＝1/2°。于是他必定认为GV想说的是1/2 1/6＝40′，从而与PS 1515相符。由此哥白尼得到151°40′ －6°40′＝145°0′（fol. 68^{r}，line 12）。

［117］对于半人马座第11星的黄纬，哥白尼从他的两份文献中（PS 1515，fol. 88^{r}，line 18；GV sig. ee5^{r}，line 16 up）查出的值均为20 50。但是当他把这些数抄进自己的星表时，却由于重复书写而写成了20 20。后来他注意到了自己的错误，于是在第二个2上面重重地写了一个5（fol. 68^{r}，最后一行）。这个5必定被视为一个污迹，因此N把半人马11的黄纬印成了20°0′。接下来三个版本都重复了这一错误，最先予以纠正的是T（p. 153，line 7）。然而梅斯特林在其N中指出，莱因霍尔德、托勒密、勋纳和阿方索星表都给出了20°50′（fol. 61^{r}，line 18 up）。

381 ［118］对于半人马座第29星的黄经，GV（sig. ee5^{v}，line 3）给出的值为天秤座16，后面还有一个印得不清楚的分数。如果哥白尼认为它是1/2，那么他得出的黄经应为196°30′。从该数中减去6°40′，他应得到189°50′，但他写的是179°50′（fol. 68^{v}，line 16 up）。这个计算错误不应归咎于PS 1515（fol. 88^{r}，line 23 up），它所给出的半人马29的黄经为6 16 20（＝196°20′）。从此数中减去6°40′，应得到189°40′。梅斯特林在其N中（fol. 61^{v}，line 4）便把该值归于托勒密、勋纳和阿方索星表。

［119］为了求得半人马座第30星的黄经，哥白尼给他（错误的）半人马29的经度加上了GV给出的1°10′（sig. ee5^{v}，lines 4—5：天秤座16 1/3，天秤座17 1/2＝196°20′，197°30′）。把1°10′与179°50′相加，哥白尼得出181°0′（fol. 68^{v}，line 15 up）。而梅斯特林在其N中（fol. 61^{v}，line 5）指出，托勒密、莱因霍尔德、勋纳和阿方索星表的相应值为191°0′。A是把181°0′替换成191°0′的第一个版本。

［120］对于半人马座第33星的黄经，哥白尼选择采用PS 1515的值（fol. 88r，line 19 up：6 15 20＝195°20′）。哥白尼把该值减去6°40′，得到188°40′，这和PS 1515中半人马32的黄经（fol. 68v，lines 13—12 up）相同。而GV对半人马33给出的黄经为天秤座6 1/3（＝186°20′），比它所给出的半人马32的经度（天秤座15 1/3＝195°20′；sig. ee5v，lines 6—7）小9°。倘若哥白尼采用GV而不用PS 1515的值，他就会得到179°40′。梅斯特林在其N中（fol. 61v，line 8）根据PS 1538（p. 200，line 3）认为，这与托勒密的值是相当的。简而言之，哥白尼没有看出PS 1515中半人马32和33的黄经有哥白尼本人经常犯的那种重写错误。

［121］对于半人马座35星（这是一颗一等星，后被称为半人马座α星）的黄经，哥白尼采用了PS 1515（fol. 88r，line 17 up：6 8 20＝188°20′）的值。把该数减去6°40′，他得到181°40′（fol. 68v，line 10 up）。另一方面，倘若哥白尼采用了GV的值（sig. ee5v，line 9），他就会把半人马α置于天蝎宫内8 1/3（＝218°20′）。把该值减去6°40′，他应得到211°40′，此即梅斯特林在其N中（fol. 61v，line 10）归于某些不知姓名的“其他人”的相应值。PS 1515把半人马座中的所有37颗星无一例外都置于同一黄道宫内，而GV则正确地把半人马α从该宫移入下一宫。

［122］对于天炉座第2星的黄经，哥白尼发现他的主要文献之间有一个奇特的不一致之处。一方面，GV（sig. ee5v，line 16 up）把天炉2置于人马宫内3°处（＝243°0′）。倘若哥白尼从GV的值中减去6°40′，他应得到236°20′。但他写的是233°40′（fol. 69r，line 15 up）。这个结果暗示，他是从240°20′作为天炉2的黄经开始的。PS 1515的确给出度数和分数为0 20，但把天炉2误置于前面一宫（fol. 88v，line 14）。因此，哥白尼似乎是采用了GV的黄道宫以及PS 1515中的度数与分数。他更依赖于PS 1515，这使他未能想到它的0°20′可能是从3°变为1/3°造成的。

［123］对于南鱼座最后一星的黄经，哥白尼发现他的主要文献完全一致：在PS 1515，fol. 88v，line 12 up为9 26 0（＝296°0′）；GV sig. ee6r，line 19为摩羯座26（＝296°0′）。倘若哥白尼查阅过他

的PS 1538（p. 201，line 21），他在那里也会看到摩羯座26。因此他无法知道，在PS的星表流传过程中，这里1/6°曾被变成6°，于是正确值20°10′变成了26°。

第　三　卷

［1］为了纪念异教的希腊神宙斯，每四年举行一次奥林匹克运动会。两届奥林匹克运动会之间的这四年间隔被称为“奥林匹克会期”（Olympiad）。从公元前776年（即第一个奥林匹克会期的第一年）开始，奥林匹克会期被指定了连续的序数。此后每一年都在其所属的奥林匹克会期中有一个相应的数。

在古希腊没有公认的纪元。历史学家波利比奥斯（Polybius）（XII，11）告诉我们，他的一位前人“把希腊最早的长官与古斯巴达的国王加以比较，他还把雅典的执政官和阿尔戈斯（Argos）的女祭司与奥林匹克运动会的获胜者相提并论”。波利比奥斯以此为根据，把奥林匹克会期用作他的编年基准。于是他说（I，3；III，1）：“我的《历史》（*History*）以第140个奥林匹克会期为起点”。其他希腊历史学家和地理学家都采用了这种奥林匹克会期方案，直到罗马皇帝狄奥多修一世（Theodosius I）执政的末期，“人们不再庆祝……奥林匹克运动会”。狄奥多修一世于395年去世，正统的基督教徒赞扬他是异教徒的惩罚者（George Cedrenus，*Compendium of History*，in Migne，*Patrologia graeca*，vol. 121，column 622，573）。随着奥林匹克运动会的停止，人们不再使用奥林匹克会期纪年。

［2］根据这种早期理论，恒星天球在8°的振幅内来回摆动，以解释岁差现象。参见J. L. E. Dreyer，*A History of Astronomy from Thales to Kepler*，（New York，1953），pp. 203—204。

［3］哥白尼在临近I，11结尾时说，“现代人又加上了第十层天球”。他写这句话时还没有看到约翰·维尔纳的《第八层天球的运动》（*Motion of the Eighth Sphere*，Nuremberg，1522）。该书假定
382 了哥白尼这里谈到的第十一层天球。由于哥白尼于1524年6月3日寄送
了他的《驳维尔纳书》，我们有理由认为他在这个日期之前已经写完

了I，11，而在此之后才开始写III，1。

［4］从PS（VII，3）引用这次观测时，哥白尼将卡利普斯第一个周期的第36年与亚历山大大帝去世后的第30年等同起来。PS在论述提摩恰里斯的这次观测以及同一年的下一次观测时，都没有提到亚历山大纪元。

［5］在这里（fol. 72r，line 4）和在他的星表中（fol. 60r）一样，哥白尼把轩辕十四置于狮子的胸部（*pectore*）。但这里他把*pectore*划掉，而在左侧空白处代之以*corde*（心脏）。PS（VII，2）在确定希帕克斯的观测日期时，再次没有提到哥白尼这里引入的亚历山大纪元。

［6］在报导这些观测时，PS（VII，3）既没有提到基督纪元，也没有提到亚历山大纪元，而哥白尼在此处引入了这两种纪元。

［7］哥白尼在原稿中（fol. 72r，lines 8—9）误写为“从秋分点”，雷蒂库斯在右侧空白处（NCCW，I，17）把其改正为“从至点”。

［8］雷蒂库斯在fol. 72r，line 10右侧空白处插入“从秋分点起”。

［9］在报导这次观测时，PS（VII，2）没有提到亚历山大纪元。这个纪元是雷蒂库斯（fol. 72r，左侧空白处）插入的。

［10］雷蒂库斯在fol. 72r，line 13右侧空白处加入“与秋分点”这几个字。哥白尼从PS表查出角宿一和心宿二的黄经。然而哥白尼这里取角宿一的黄经为86°30′时，采用的是GV，Book XVII（sig. dd8r）的错误值。但在他自己的星表中（fol. 61r，line 6），哥白尼对角宿一使用了PS的值，即室女座内26°40′，因为在哥白尼的星表中，角宿一的黄经（170°）包含五个黄道宫（5 × 30°＝150°）＋26°40′－6°40′。第谷在其B的fol. 64r左侧空白处写道：“只有瓦拉取这个值（86°30′），其他人都取86°40′。”

［11］哥白尼从P-R（VI，7）了解到巴塔尼的这两次观测。

［12］哥白尼在III，6结尾对埃及年作了解释，并说明了为什么使用它。

［13］哥白尼完全忽略了蒙气差。作出此项改正后，现在取角宿一的子午圈高度为27°2′。

［14］第谷在其《恢复的天文学的机械仪器》（*Astronomiae instauratae mechanica*，Wandsbek，1598）中报告说：

> 1584年，我派一名用六分仪进行天文学研究的学生助理……借助于这种［仪器］精确测定在弗龙堡的北极高度。我猜想哥白尼测出的这个量小了将近3′。我想到这一点是因为太阳的行度与最大的黄赤交角都与他所提供的值不一样。经验本身也证实了这一情况。用我的仪器对恒星和太阳进行多次观测，结果发现北极高度为54°22$^1/_4$′……但哥白尼根据自己的观测认为该地的纬度为54°19$^1/_2$′。因此他的值比正确值小2$^3/_4$′。我以前得出这一结论完全是根据他自己的数据以及由此导出的对太阳行度的计算（Brahe，*Opera omnia*，V，45：11—25）。

在努力改正哥白尼对弗龙堡的纬度所取的错误数值过程中，第谷的结果偏高，哥白尼的偏低，两者与正确值54°21′6″之差近乎相等。

［15］54°19$^1/_2$′约数为54°20′

$$\begin{array}{r} +27\ - \\ \hline 81°20' \\ +\ \ 8\ 40 \\ \hline 90° \end{array}$$

［16］根据弦长表，25°30′对应于43051，25°20′对应于42788，因此25°28$^1/_2$′对应于43010。

［17］赤纬＝8°40′，它所对的弦长为15069。

［18］$^1/_2$弦2*AB*：*BE*＝$^1/_2$弦2*AH*：*HIK*

39832：100000＝43010：*HIK*

HIK＝107978

OP：*OK*＝$^1/_2$弦2*AH*：*HIK*

OP＝*MA*＝15069

15069：*OK*＝43010：107978

$107978 \times 15069 = 1627120482 \div 43010 = 37831$

［19］$HIK - OK = HO$

HIK　107978

$OK -$　37831

HO　70147

［20］$HGL = BGD - 2(BH = 2°) = 176°$

$HG = {}^{1}/_{2}(176°) = 88°$

88°所对弦长为99939。

［21］$OI = HOI - HO = 99939 - 70147 = 29792$。哥白尼起初写的是29892（fol. 72ᵛ，line 12 up），但后来注意到了这个错误，他在8上面写了一个7。

［22］99939∶29792＝100000∶29810

［23］根据弦长表，17°30′对应于30071，17°20′对应于29793，因此17°21′对应于29810。

［24］在原稿中（fol. 72ᵛ，line 7 up），哥白尼在原先的数上面写了1515。这始于MDX。这三个数字（＝1510）之后是表示1的带有小点的竖线（大概有四条）。后来哥白尼把它们擦掉，并且在X的左边写了一个V（＝5）。

［25］托勒密：　462亚历山大年

提摩恰里斯：30亚历山大年

432

在报道提摩恰里斯对谷穗星的第一次观测时［见注释［4］］，哥白尼为了方便计算这一时间间隔而引入了亚历山大纪元。接着在谈论托勒密的观测时他忘了这样做，于是雷蒂库斯不得不在页边插入亚历山大年［见注释［9］］。

［26］对于$4^{1}/_{3}°$为432年≈$4^{1}/_{3}$世纪。

［27］托勒密：　462亚历山大年 32°30′

希帕克斯：196亚历山大年 29°50′

266年　　2°40′
$2^2/_3$世纪　　$2^2/_3$°

［28］由于哥白尼取这段时间间隔为782年（fol. 73ʳ，line 10），他的算法是

对巴塔尼为亚历山大年　　1204
对梅内劳斯为亚历山大年　− 422
———
782 年

哥白尼对巴塔尼所取的亚历山大年份（fol. 72ʳ，line 19）现在写为“Mcc■ii”，其中的黑块抹去了两个i。当哥白尼在fol. 72ʳ上把这个数从1204减为1202时，他忘了在此处和别处作相应的改动。

［29］由于11°55′=782年中的715′，所以$65^3/_5$年中的60′≈66年。

［30］哥白尼可能把1204取为巴塔尼的亚历山大年份进行运算的。于是他对托勒密所取的亚历山大年份为463，而不是雷蒂库斯［见注释［9］；1204−463=741］所提供的462。然而，在行间出现的*uni*和*anni*（fol. 73ʳ，line 13）以及在*Dccxli*上把本应写在i上的一点误置于x之上，都表明哥白尼写作时很匆忙。

［31］巴塔尼：轩辕十四　44° 05′；　天蝎座　47° 50′
托勒密：　32 30；　36 20
———　———
11° 35′　11° 30′

取11°30′=741年中的690′，则$64^2/_5$年中的60′≈65年。

［32］哥白尼（1525）：1849亚历山大年
巴塔尼：　1204
———
645年。

［33］哥白尼忘了说明他是如何确定9°11′这个差值的，因为他的比较星是谷穗星，而他没有引用巴塔耳对这颗星的观测。9°11′=551′：645年=60′对应于$70^1/_4$年≈71年。

［34］事实上二分点岁差是均匀的，大约为每年50″，每72年1°和每26000年360°。认为岁差不均匀这一误解的部分原因是，托勒密

把岁差的变率低估为每100年1°，而实际上约为1°24′。通过补偿，巴塔尼又过高估计为每66年1°，而事实上仅为56′。由于这些相反的差错，在哥白尼和一些前人看来，在许多个世纪中岁差似乎不均匀，由不足慢慢变为过量。第谷抛弃了这种完全虚构的二分点岁差不均 384
匀性。这位伟大的丹麦天文学家在其《恢复的天文学的机械仪器》（Wandsbek，1598；*Opera omnia*，Copenhagen，1913—1929，V，113，lines 9—17）中指出：

> 我还注意到，［恒星］黄经变化的不均匀性并不像哥白尼认为的那样大。他在这方面所设想的情况可以通过古代和现代观测的缺陷暗示出来。因此，这些时代的分点岁差都不像他所指出的那样缓慢。目前恒星移动1°所需的时间并非他算出的100年，而是仅为$71^1/_2$年。如果正确处理前人的观测资料，则应认为恒星在过去也显示出与此非常接近的均匀行度，而由别的原因偶然产生的不均匀性是微不足道的。

第谷在《恢复的天文学的练习》（*Astronomiae instauratae progymnasmata*，*Opera omnia*，II，256：lines 17—19）中最后说：

> 我还不想对这件事情作最后的判断。我认为比较慎重的办法是过几年等我对天文学作一般讨论时［第谷没有来得及撰写便去世了］再来处理它。

［35］哥白尼在这里犯了一个历史错误。他曾在II，2中正确地回忆起，托勒密测出的黄赤交角23°51′20″与埃拉托色尼和希帕克斯的值相符。但托马斯·希斯（Thomas L. Heath）在《萨摩斯的阿里斯塔克》（*Aristarchus of Samos*，reprint，Oxford University Press，1959）这部详尽的研究著作中证明，哥白尼的前人没有做过这样的测量。

［36］关于巴塔尼、查尔卡里和普罗法修斯所提出的黄赤交角的值，哥白尼说法的出处尚未查明。哥白尼在这里（fol. 73^r，lines 22—

23）把23°36′归于巴塔尼，但在fol. 79[r]，line 23，他在一番犹豫之后又把这个值改为23°35′。

［37］在“23°28½′”之后，哥白尼最初写的是“根据某些［权威人士的］说法，或为29′”，后来把这句话删掉了（fol. 73[r]，line 13 up）。

［38］即使对黄赤交角的这些测量在历史上是正确的，它们也只是显示出一种稳定的减小，即从托勒密的23°51′20″变为哥白尼的23°28′30″。但哥白尼把黄赤交角的变化与岁差联系起来，并把一种实际上单调的减小变成一种周期性现象，即在3434年间在最大值23°52′与最小值23°28′之间来回振动（III，6）。

［39］在原稿中（fol. 74[r]），哥白尼把这条线画成一个稍微压扁的8字形。在N中（fol. 66[v]），它的两个圆圈被错误地分开。T（p. 164）的错误更为严重，它把哥白尼的两个近似为椭圆形的环替换成了相接触的圆。这种失实在Me（p. 136）、1964年的俄译本（p. 164）以及Otto Neugebauer，*Vistas in Astronomy*，1968，*10*：96中都被重复（“由两个相接触的小圆形成的8字形曲线”。）

［40］克拉维乌斯在其《对萨克罗博斯科〈天球论〉的评注》第四版中（p. 168）谈到III，3时说，哥白尼“的说法很混乱，他的解释和表达是如此困难，以致很难被理解，因为在我看来，他对最后两种运动的叙述彼此完全不一致。他认为使改变太阳最大赤纬的第一种运动是由天极在二至圈上靠近或离开黄极24′而产生的。但是引起恒星运动不均匀性的运动（他称之为二分点岁差）是由同一宇宙极点偏向二至圈的某一面而产生的，这种偏向大到当宇宙极点与二至圈距离为极大时，它的赤道与黄道相交于与二分点相距1°10′的同在东面或西面的两点。结果，正如他自己所说，这种运动使赤极描出的图样类似于某种扭曲的王冠。二至圈把它分成两部分，于是形成两个在黄纬上彼此相切的椭圆［印刷本印成了两次交食！］，而它们的短轴几乎成一直线，在二至圈上截出24′。但谁会看不出这些论述是完全不一致的？如果极点仿佛沿二至圈上下爬行，那么如何理解同一极点同时能在二至圈外面移动？或者如果它的确移向［二至圈的］某一面，同一［极点］如何同时沿二至圈上下移动？我真诚地承认自己绝不会完全

理解这个矛盾”。克拉维乌斯在这一注释的第7行暗示，现已成为标准术语的“二分点岁差”是哥白尼引入的。

［41］不幸的是，哥白尼并未确认他所说的“有些人”
（*aliqui*，fol. 75^{v}，line 11 up，又见fol. 75^{v}，line 12）究竟是谁。无 385
论这些未指出姓名的人是谁，他们显然都很熟悉一种直线振荡可由圆周运动的适当组合而产生这一定理。哥白尼提醒读者注意前人已经知道这条定理，从而暗示这并非他的原创。另一方面，没有迹象表明他知道大约3个世纪以前图西已经阐述过这条定理。

在一部批评托勒密并试图改进他的作品中，图西引入了一条引理，并说“我在这一点上没有从前人那里获得任何东西，此处所述是我自己发明的”（Carra de Vaux in Tannery，p. 348）。原始形式的图西双轮由两个圆组成，分别对应于哥白尼的ADB和GHD。但哥白尼的第三个圆CDE已经加入了图西的图形中。哥白尼究竟是如何得知图西双轮的（无论是原始形式的还是修改形式的），至今仍不清楚。我们尚未发现图西的*Kitab al-tadhkira* 在哥白尼之前有译本，而哥白尼也不懂阿拉伯文。

无论最终弄清楚哥白尼是如何得知图西双轮的，这位波斯天文学家的天才发明对他而言也是极有价值的。因为为了产生（1）二分点岁差的速度和（2）黄赤交角都作［被假定为周期性的］变化，哥白尼可以让一个点（它本身是一个滚动球体的中心）沿一段直线以可变速度来回滑动。然而在哥白尼的机械宇宙中，任何天体均为球形并作圆周运动。但图西双轮却有一个很大的优点，即可以由转动的圆或球体的相互作用而产生直线运动。这就说明为什么哥白尼愿意把图西双轮引入岁差和黄赤交角的机制。由此他再一次打击了亚里士多德关于天与地的严格二分。根据后者，直线运动仅限于地位较低的地界，而圆周运动则是崇高天体的区别性特征。与此相反，在哥白尼的非亚里士多德宇宙中，地球是一个天体，因此没有任何理由表明为什么在地界常见的直线运动不能同样适用于天界的其他地方。

伽利略在其早期作品《论运动》（*On Motion*）中从哥白尼那里采用了图西双轮（Galileo，*Opere*，national ed.，I，326：4—9；英译本见*Galileo Galilei on Motion and on Mechanics*，Madison，

Wisconsin，1960，p. 97）。虽然我们不知道伽利略撰写《论运动》的确切时间，但他必定是在1589年与1592年之间写的。因此，当他于1597年8月4日写信给开普勒时，他对《天球运行论》已经非常熟悉。他在信中说，他“在许多年以前已经转而支持我们的老师……哥白尼的学说了”（Galileo，*Opere*，X，68：17—18，22）。

［42］这段被删掉的话最早在T中印出，该版本把它错误地描述为“在天文学史上极为重要”（p. 166）。受到这种误解的激励，Me宣称哥白尼隐约预见到了“行星轨道的椭圆形”（Notes，p. 22）。但在产生椭圆时，哥白尼根本没有想过行星轨道。由于哥白尼删掉了这段提及椭圆的话，所以他并不打算在别处讨论这个话题。

［43］“设该圆为”在fol. 75ᵛ的结尾，这句话接下去是在fol. 78ʳ上。哥白尼在其间插入了一张E型纸（fol. 76—77），于是使原来含有五张C型纸的第h帖成为六张纸（NCCW，I，7，13）。插入一张纸的原因是，哥白尼本来在fol. 78ʳ的中部写完了III，5，并紧接在III，5之后开始写III，6。后来他决定对III，5作补充，但由于fol. 78ʳ已经没有地方，他便插入了一张E型纸，并把它编号为fol. 76—77。他把对III，5的补充写在fol. 76ʳ上，而把该页的下半部留为空白。

［44］哥白尼把“阿里斯塔克”改写为“阿里斯蒂洛斯”（Aristyllus，fol. 78ᵛ，line 2）。他在PS 1515中（fol. 73ʳ，75ᵛ）看到一位古希腊天文学家的名字被窜改为“阿尔萨蒂里斯”（Arsatilis）。在现存于瑞典乌普萨那大学图书馆的他的个人副本中（fol. 75ᵛ），他把这个名字改为“阿里斯塔克”。迟至1524年6月3日，他在《驳维尔纳书》中仍然错把“阿尔萨蒂里斯”等同于“阿里斯塔克”。只是在这之后他才把此处的“阿里斯塔克”划掉，并在页边空白处代之以正确的名字阿里斯蒂洛斯。他在II，2临近结尾处无疑也应作同样的替换，但该处的“萨摩斯的阿里斯塔克”与“阿里斯塔克”没有变（fol. 73ʳ，line 20 up and 12 up）。倘若他把该处的名字改过来，他就无法摆脱其中涉及的历史错误，因为既不能把黄赤交角为23°51′20″归于阿里斯蒂洛斯，也不能将其归于阿里斯塔克［见注释［35］］。

［45］PS（VII，3）中只提到了阿格里帕一次，把他作为与梅内

劳斯同时代的一位观测者。

［46］根据III，2，哥白尼：1849 亚历山大年

提摩恰里斯：　30

———

1819 年。

［47］这个432年的周期是从提摩恰里斯（亚历山大30年）到托勒密［亚历山大462年，见注释［25］］的时间间隔。

［48］这个742年周期是从托勒密（亚历山大462年）到巴塔尼的时间间隔，因此这里巴塔尼的亚历山大年为1204年［见注释［28］］。 386

［49］哥白尼：1849 亚历山大年

巴塔尼：1204

——

645 年。

［50］1819年：　360° +21° 24′=381°24′

381°24′：1819= 360°：1716.9，哥白尼把后一数值写成1717年。

［51］85°30′+146°51′+127°39′=360°；90°35′+155°34′+113°51′=360°

［52］　1819年　　　　645

−1717　　　　−102

———　　　　———

102　　　　543 年

［53］从提摩恰里斯到哥白尼，共1819年［见注释［46］］。

哥白尼测定的角宿一位置为从天秤座第一点量起的17°21′（II，2）；提摩恰里斯测定结果为从巨蟹座第一点量起的82°20′=室女座内22°20′；从室女座22°20′到天秤座17°21′=25°1′。

但在对1819年取25°1′（=1501′）时，哥白尼对1717年本应得到23°37′（=1417′），而非23°57′（=1437′；fol. 78ᵛ，line 4 up）。在这个数重复出现时（fol. 79ʳ，line 9），哥白尼把57′写在一个现在很难辨认的擦掉的数上。作为视行度的值，23°57′可能会对平均行度的计算产生干扰作用。

［54］由于在1717年中走过23°57′（=1437′），因此要过25809年而非25816年（如在fol. 79ʳ，line 11）才能走完360°（=21600′）；25816 ÷ 1717=15$^{1}/_{28}$。

［55］哥白尼在这里再次忘了把阿里斯塔克改为阿里斯蒂洛斯［见注释［45］］。

［56］哥白尼起初在fol. 79ʳ，line 23把巴塔尼的分数值误写为27（*xxvij*）。当他注意到这个错误时，他把两个*i*擦掉，并在左侧空白处加上第三个*x*。但在这样做时，他忘了自己以前给出的分数为36（fol. 73ʳ，line 17 up）。

［57］由于哥白尼最早记录的观测是在1497年3月9日（V，27），我们也许可以合理地推断，他写III，6大约是在1527年。他提到自己"反复观测"。有些人忽略了这一点，误认为他只是偶尔观测，而没有意识到他所讨论的并非自己的全部观测，而仅仅是挑选出来的少数几次。

［58］P-R，Book I，Prop. 17.

［59］当哥白尼在博洛尼亚大学就读时，多米尼科·马利亚·诺瓦拉（1454—1504）为该校的天文学教授。正如哥白尼对雷蒂库斯（3CT，p. 111）所说，他"与其说是博学的多米尼科·马利亚的学生，不如说是其助手和观测见证人"。

哥白尼认为黄赤交角会在3434年内变化一周，并回到之前的最大值23°52′。此后，黄赤交角进入一个新的3434年变化周期，在此期间它将再次减少到其最小值23°28′。在提出这一周期时，哥白尼违反了当时能够看到的证据，即黄赤交角从23°51′20″稳定减少到大约23°28$^{1}/_{2}$′。

与哥白尼认为黄赤交角交替增减相反，康帕内拉坚持认为，既然在历史上知道的只有减少，那么就只能预期它继续减少。因此日地距离会缩小到太阳的炽热终于烧毁我们的居所，从而实现《启示录》20中的无情预言。这种末世论的大火当然与哥白尼隐含预示的黄赤交角3434年周期的无限重复不相容。见Michel-Pierre Lerner，"Campanella et Copernic，" in *Avant, avec, après Copernic*，pp. 220，227，229。

［60］哥白尼起初把这四张表置于在fol. 69^{v}结束的星表之后。后来他意识到，最好把这些表置于他在III，1—6中关于岁差的历史和理论讨论之后。于是他删掉了逐年和逐日均匀岁差的两个表，留下了第g刀纸的残页fol. 69bis（NCCW，I，5，12）。类似地，他也没有移除第g刀纸的最后一页fol. 70，因为他担心这样做会使该页脱落。他的做法是用对角线把逐年和逐日非均匀行度的两张表划掉，然后在fol. 80^{r}—81^{v}上重写了所有四张表，并且改变了许多值。

［61］根据III，6后面的二分点岁差逐年均匀行度表，

420年＝7 × 60年：5° 51′ 24″

12　：　10　2　25‴

432年：6°　1′ 26″ 25‴，哥白尼把此数写成6°。 387

［62］对天蝎座该恒星给出的位置（III，2）为

托勒密　　36°20′

提摩恰里斯　　32

差值　4°20′；6°—4° 20′＝1°40′。

［63］在原稿中，这段话始于fol. 82^{r}的最后一行。左侧空白处的一条垂直线与贯穿该页底部的一条横线相连，表示该段移后。这种移后的标记在fol. 82^{v}依然持续，其左侧空白处有一条长长的垂直的波浪线，一直延伸到含有插入内容的那一行之上（本书第三卷第七章最后一段）。与之相对，在fol. 82^{v}的左侧空白处，哥白尼重写了被移后那段话的前三个词，但经过进一步考虑又把它们删掉了。

［64］前注讨论的后移那段话从这里开始。

［65］由于$\angle BIG \approx 23°40'$，根据弦长表，取$IB=100$时，$BG=40$，而取$IB=50$时，$BG=20$。

［66］根据弦长表，对45°20′有71121，对45°10′有70916；因此对$45°17^{1}/_{2}'$有71070，而当半径由100000减少为10000时，为7107。

［67］根据弦长表，取$ED=3°$，则AB：$BF=100000:5234\approx 19:1$。$70' \div 19 \approx 3^{2}/_{3}$，哥白尼把此数写为4′。

取$ED=6°$，则AB：$BF=100000:10453\approx 9^{3}/_{5}:1$；$70' \div 9^{3}/_{5}=7^{1}/_{3}$，哥白尼把此数写为7′。

取$ED=9°$，则AB：$BF=100000:15356=6^{1}/_{2}$；$70' \div 6^{1}/_{2}=$

$10^3/_4$，哥白尼把此数写为11′。

［68］哥白尼决定把超过23°28′的任何黄赤交角都用六十进位的分数来表示，这比十进位分数的采用早了大约半个世纪。德克·斯特勒伊克（Dirk J. Struik）在《西蒙·斯台文主要著作集》（*Principal Works of Simon Stevin*, vol. II, Amsterdam, 1958），373—385中介绍斯台文对这一主题的处理时，简要叙述了十进位分数的早期历史。

［69］22∶24＝55∶60；20∶24＝50∶60。

［70］哥白尼这里（fol. 84ᵛ, line 10）再次用巴塔尼所取的亚历山大年份1204年作运算［见注释［28］］。

［71］从III，6结尾的逐年岁差均匀行度表可知，

12×60年＝ 720年：10° 2′ 25″
+22 18 24 25‴
——
742 10° 20′ 49″ 25‴，

哥白尼把此数写为10° 21′。

［72］巴塔尼：天蝎座 47°50′
托勒密： 36 20
——
差值 11° 30′

［73］从III，6结尾的逐年岁差非均匀行度表可知，

12×60年＝ 720年：60°+15° 28′ 49″
+22 2 18 22 51‴
——
742 77° 47′ 1″ 51‴
2×77°47′＝155°34′

［74］1000∶356＝70′∶24.9′，哥白尼把后一值写为24′。$MBO=MB+BO=50'+24'=74'$。$NO=MN-MO=1°40'-74'=26'$。

［75］在这一点上，哥白尼的做法受到了16世纪法国最伟大的数学家弗朗索瓦·韦达（François Viète）的严厉批评。韦达在其《法国的阿波罗尼奥斯》（*Apollonius Gallus*, Paris, 1600）中插入了附录二，谈到：

> 天文学家对一些问题并未讨论其几何构造，因此他们的解不能令人满意。
>
> 托勒密本人以及重述托勒密的哥白尼试图由三次平冲和类似数量观测到的冲来确定高拱点的位置以及偏心率或本轮半径。这时他们没有表现出自己是几何学家，因为他们以为问题几乎已经解决，因此他们对问题的处理不能令人满意。实际上哥白尼不仅承认自己缺乏技能，还在《天球运行论》第三卷第九章显示出这一点。他试图通过提摩恰里斯、托勒密和巴塔尼的观测求出二分点的最大行差以及与减速极限处的近点距离。他命令圆转动，直到由他违反几何学的做法所产生的错误有机会得到调整。这时
> 他已不是一位科学行家，而像是一个赌徒。因此法国的阿波罗尼 388
> 奥斯［韦达］的附录二也会激励天文学家。作为几何学家，哥白尼肯定比一个无特殊技能的计算员还缺乏技能。因此他把托勒密所遗漏的东西遗漏了，而且还犯了许多错误。但是我将在我的“Francelinis”［为纪念弗朗索瓦·德·罗昂（Françoise de Rohan）而作］中提供缺少的材料并纠正大的错误。如果不满足于托勒密的假说，想摆脱围绕额外的中心和次中心的运转或者本轮倾斜，则我将在书中通过所谓的阿波罗尼奥斯假说来展示普鲁士［星表］对天体运行的计算。

韦达的著作流传范围有限，因此他对哥白尼的抨击当时影响并不广。“他的作品都靠自费印刷并自己保存，因此尽管著作颇丰，但不常见到。他毫无赢利的欲望，把自己的书慷慨赠予朋友和有关的专家。”以上关于韦达如何管理其出版物的论述，是在这位数学家死后不久由他的朋友雅克·奥古斯特·德·图（Jacques-Auguste de Thou，1553—1617）于1603年在关于当时历史的著名研究*Historiarum sui temporis libri*，Book 129，第四版（Paris，1618）中谈到的。但是当韦达的数学著作被搜集整理并重新刊印时（*Opera mathematica*，Leiden，1646），他的《法国的阿波罗尼奥斯》载于pp. 325—346，附录二在pp. 343—346。韦达的*Opera mathematica*最近被重印（Hildesheim，1970）。

当他的《法国的阿波罗尼奥斯》首次出版时，一位科学赞助人拿到这本书后立即寄了一本给第谷。当时开普勒在第谷手下工作，他见到了韦达的书，还没有机会来仔细读它（Kepler，*Gesammelte Werke*，XIV，134，lines 276—277）。于是开普勒在1600年7月12日写信给那位赞助人：

> 我寄给您一个几何学问题。如果您希望天文学能够受益，请将它转给韦达。……迄今为止我一直使用它，但没有任何证明。……我不得不用一种双重的虚构，或者这样说吧，虚构的平方：不错，借用韦达在证明哥白尼在处理这种冲的三次观测时的问题的说法，是一个赌徒的非科学做法。韦达的这一证明使我指望也由他来解决我的问题。如果我先想出证明，我将告诉他。迄今为止我一直徒劳地寻求着解答，我认为这是因为我在这一领域缺少实践（Kepler，*Gesammelte Werke*，XIV，132：lines 174—175，184—194）。

不知道开普勒的问题是否已经转给韦达。开普勒本人未能得出一个简洁的解。在与这个问题打了长期的痛苦交道之后，他得出结论说：

> 会有一些像韦达那样深刻的几何学家，他们认为证明这个方法是外行的很有意义。在这件事情上，韦达针对托勒密、哥白尼和雷吉奥蒙塔努斯提出了这种反驳。因此，如果那些几何学家继续努力，用几何学方法解决了这个问题，那么在我看来他们将宛如神明。至于我自己，为了从一个论证（包括四次观测和两个假说）导出四五个结论，也就是说，为了找到一条正确的道路走出迷宫，我没有用几何方法，只要表明非科学的思路就够了（然而这种思路会引导你得到解答）。如果这种方法难于理解，那么不用任何方法来研究问题就更难理解了（Kepler，*Gesammelte Werke*，III，156：lines 9—18）。

韦达坚持精确而对天文学的进展毫无贡献。哥白尼和开普勒把这门学科的水平提高了，他们都是在缺乏严格解的情况下诉诸于近似方法。他［韦达］蔑视天文学家（尤其是哥白尼）的数学能力，试图表明一位真正的数学家如何能够提出远非天文学家所能想象的优雅模型。……然而，他停在了几何学上，因此认为探究那些不能单靠几何学来解决的……问题是他的职责，比如他的“方程能否正确地描述一颗行星的运动”以及“观测……能否确证……这些方程的精确性”（*Journal for the History of Astronomy*，1975，*6*：206—207）。

新近这篇文章的作者设想韦达打算编写“法国表”（“French Tables”）（*ibid*.，pp. 185，188，189，196，207）。这种不合历史的说法乃是基于对韦达在其《法国的阿波罗尼奥斯》附录二中引入的一个新词的误解。韦达曾把他的《分析术导论》（*Introduction to the Analytical Art*，1591）献给一位贵妇人，韦达以其特有的热情洋溢的方式称她为“梅露西尼斯”（Melusinis）。韦达为她“最亲爱的姊妹弗朗索瓦·德·罗昂”在一次毁约诉讼中担任法律顾问。1598年初胡格诺派（Huguenots）毁灭性失败之后，弗朗索瓦给了他一个安全的避难所。正是在弗朗索瓦家，韦达为其《分析术导论》的献词签了日期。1591年12月弗朗索瓦去世后，韦达打算用他计划撰写的一本天文学著作的标题来纪念她。由于该书用拉丁文撰写，他不得不将她的姓字换成拉丁文形式，而不致令人想起与弗朗西斯卡（Francisca，
即与弗朗索瓦相应的常用拉丁名）有联系的各种额外含义。为了避 389
免混淆，韦达为梅露西尼斯的妹妹杜撰了一个名字“弗朗塞丽娜”（Francelina）。因此，遵循着*Aeneis*对应于Aeneas，*Achilleis*对应于Achillies的传统，他的书名成了“弗朗塞丽尼斯”（Francelinis）。韦达的“弗朗塞丽尼斯”旨在向弗朗索瓦·德·罗昂而不是法国表达敬意。他没打算编什么“法国表”，这只存在于我们新近那位作者的想象中，他写道：“韦达从未完成‘法国表’，但他确实开始写一本天文学巨著”（*ibid*.，p. 185）。该书标题曾经是“弗朗塞丽尼斯”，后来改为《天界的和谐》（*Harmonicum coeleste*）。

正如我们看到的，在那部从未完成的著作中，韦达提出要采用“所谓的阿波罗尼奥斯假说”。阿波罗尼奥斯假说的名称来源于这些假说把太阳置于行星运动的中心。热爱希腊文的韦达经常用阿波罗

（即希腊的太阳神）的名字作为太阳的名称。因此，韦达的阿波罗尼奥斯假说遵循哥白尼的看法，让行星围绕太阳运转。但韦达这位自居的法国的阿波罗尼奥斯并没有接受哥白尼划时代的见解，即地球是一颗运动的行星。韦达和第谷一样，也认为地球静止于宇宙的中心。正如我们在前面看到的，他指出“如果不满足于”他修正过的“托勒密的假说”，他将诉诸阿波罗尼奥斯假说。我们新近这位作者（p. 185）没有理解韦达简单的拉丁文，把这种不满从托勒密假说转移到了阿波罗尼奥斯假说。

除了托勒密和阿波罗尼奥斯的假说，韦达在《天界的和谐》中还考虑他自己的“弗朗塞丽娜假说”（*hypotheses francilinideae*）和“弗朗塞丽娜和谐”（*harmonis francilinidea*）（G. Libri，*Histoire des sciences mathématiques* etc.，Paris，1838—1841；2nd ed.，Halle，1865；IV，298，299，301）。我们新近这位作者并没有提到韦达对*francilinidea*的这些使用，这些用法与“*Francelinidis*＝法国表”绝对不相容。该作者在公布这个极为古怪的公式时，没有用任何方式予以解释或证明。

以前对韦达的新词“Francilinidean”有一种误解，认为他是“用自己的名字”来命名其理论的（*British Journal for the History of Science*，1964—1965，*2*：295）。但韦达公开高傲地宣称自己是法国的阿波罗尼奥斯，即“Apollonius Gallus”，而阿波罗尼奥斯是古希腊最著名的数学家之一，很难设想韦达会屈尊把他那个平凡的名字“弗朗索瓦”包含在像“弗朗塞丽尼斯”这样一个令人费解的名字中来使自己名垂千古，而不久前对“弗朗塞丽尼斯”一词有过两种不同误解。

［76］哥白尼把$DG=45°17\frac{1}{2}'$减少了$2°47'/2'=42°30'$。他还让$DF=45°17\frac{1}{2}'$增加$2°47'/2'=48°5'$。

［77］
$$\begin{aligned} DGCEPAF=DG+GCEP+PAF=&42°30' \\ &+155\ 34 \\ &+113\ 51 \\ \hline &311°55' \end{aligned}$$

［78］$DGCEP = DG + GCEP =$　42°30′

+155 34

―――――

198°4′

［79］按III，8结尾的行差表，对311°55′为+52′，对42°30′为-47′/2′（对42°为-47′），对198°4′为-21′。

［80］第一时段：$^{1}/_{2}$（311°55′）=155°57$^{1}/_{2}$′

第二时段：$^{1}/_{2}$（42$^{1}/_{2}$°）　=21°15′

第三时段：$^{1}/_{2}$（198°4′）　=99°2′

［81］在原稿中的此处（fol. 85^{r}，line 20），哥白尼从III，9直接进入III，11。这表明他已经在一张插入的fol. 76^{v}上写了III，10。III，10的最后两行在fol. 77^{r}的顶端。后来一个德国人把这两行抄在了fol. 76^{v}底部。

［82］哥白尼说“约有”1387年，因为他在III，6报告说，他测量黄赤交角历时30多年。

［83］根据III，6结尾的第三张表，即二分点逐年非均匀行度表，

1380年=23×60年：2×60°+24°40′ 15″

+7　　　　　　　　　　44　1　49‴

――　　　　　　　　　―――――――

1387年　　　　　　　　145°24′16″ 49‴

哥白尼没有写这个值，而是写了144°4′（fol. 76^{v}，line 10）≈1374年。由于他刚刚谈到从托勒密到他自己的时间间隔“约有1387年”而非精确的1387年，也许他是在1512年前后测定的那一时期的简单近点角，并在此后保留了这个数值。然而，N把144°4′替换成了145°24′（fol. 76^{r}，line 11）。

［84］这里N打算把75°19′换成前一注释所要求改正的值。N把 390
76°39′误印成76°29′（fol. 76^{r}，line 13 up）。

［85］$GK = GB + KB =$932

967

―――

1899

［86］1899：2000 =22′56″：24′2″，哥白尼把后一值写为24′。

［87］尼布甲尼撒二世于公元前604至前562年在位。他属于迦勒底王朝，而被哥白尼误认为迦勒底人、我们今天视之为巴比伦人的纳波纳萨尔却比尼布甲尼撒二世几乎早一个半世纪在位。PS 1515（fol. 33^v）和P-R（Bk. III，Prop. 21）都把后者误认作纳波纳萨尔。

［88］PS（Ⅲ，7）算出“从纳波纳萨尔即位到亚历山大大帝去世共424埃及年”。由于哥白尼在其《驳维尔纳书》中认为后一事件发生在公元前323年（3CT，pp. 94—95），所以哥白尼知道，曾在公元前586年征服耶路撒冷的尼布甲尼撒二世的生活年代要比纳波纳萨尔晚得多。托勒密把纳波纳萨尔的即位（公元前747年2月26日）当作其最早的纪元。

［89］夏尔曼涅瑟五世于公元前726至前722年为亚述国王而非迦勒底国王。因此，夏尔曼涅瑟五世并非在巴比伦国王纳波纳萨尔（前747—前734）死后立即登上亚述王位。

［90］这个28年的约数使第一个奥林匹克会期的起点晚了一年：747+28=公元前775年，而非776年。纳波纳萨尔即位一直被认为是在公元前747年（3CT，p. 94），而奥林匹克会期纪年的开端在过去（和现在）却鲜为人知。托勒密和后世的天文学家都忽视了奥林匹克会期，而主要是政治史家和军事史家才使用这种时间框架。不幸的是，哥白尼并未告诉我们是谁“发现第一个奥林匹克会期是在纳波纳萨尔之前28年”。对奥林匹克会期纪年的重新引入再次表明了哥白尼对古希腊的人文主义依附。

［91］森索里努斯在公元238年致力于撰写他的《论生日》（*De die natali*）一书。他在第二十一章只是说“奥林匹克运动会……在夏天举行”。哥白尼的研究者们尚未确认哥白尼是从哪些“其他公认权威”那里了解到奥运会是从夏至日（而不是从夏至之后的第一个望日）开始举行的。

［92］Hecatombaeon是雅典历的第一个月。由于其他希腊共同体各自使用各自的历法，它们始于一年中的不同时间，而且使用其他名称来代表月份，所以古希腊人没有通用的历法。

梅斯特林在他的N中（fol. 76^v，左侧空白处）写道：“哥白尼算出的从奥林匹克会期开始到纳波纳萨尔的时间间隔比真实数值28年

247天少了一整年。”

［93］哥白尼的原文*Kalendas Ianuarii, unde Iulius Caesar anni a se constituti fecit principium*直接引自森索里努斯书第二十一章第7页。

［94］哥白尼的原文*pontifex maximus suo tertioet M. Aemilii Lepidi consulatu*直接引自森索里努斯书第二十章第10页。

［95］哥白尼的原文*Ex hoc anno ita aIulio Caesare ordinato caeteri...Iuliani*直接引自森索里努斯书第二十章第11页。然而出于风格的考虑，哥白尼把森索里努斯的*ad nostram memoriam*换成了*deinceps*，把*appellantur*换成了*sunt appellati*。哥白尼的表述*ex quarto Caesaris consulatu*也取自森索里努斯书第二十章第11页。

［96］哥白尼在fol. 85^v，line 9把Lucius Munatus Plancus氏族的名字误写为“Numatius”。这一误写的名字可见于1497年5月12日在博洛尼亚（当时哥白尼正在该城求学）出版的森索里努斯的书中。

［97］哥白尼的原文*quamvis ante diem XVI Kalendas Februarii...divi filius...sententia Munati Planci a senatu caeterisque civibus appellatus...se septimo et M.Vipsanio consulibus. Sed Aegypti, quod biennio ante in potestatem venerint...*直接引自森索里努斯书第二十一章第8—9页。但哥白尼认为值得向读者说明，被奉为神明的是尤利乌斯·恺撒，而森索里努斯是在罗马帝国的鼎盛时代撰写其著作的，他感到没有必要这样做。

［98］托勒密的星表在何种程度上包含了他伟大的先行者希帕克斯（已经失传的）星表？在哥白尼时代这个问题还没有被提出。

［99］由于1埃及年正好为365日而不置闰年，每隔四年就比包含$365^1/_4$日的罗马年少一天，因此从基督纪元开始到139年2月24日托勒密星表历元（＝“138罗马年55日”），埃及年落后于罗马历34（＝136÷4）天。

［100］为了计算从第一个奥林匹克会期到托勒密星表历元之间的时间，哥白尼把以下几个时段加在一起： 391

从第一个奥林匹克会期到纳波纳萨尔　27^y　247^d

亚历山大　424

尤利乌斯·恺撒	278	$118^1/_2$
奥古斯都	15	$246^1/_2$
基督	29	$130^1/_2$
托勒密	138	89［＝55＋34］
		$831^1/_2$
	2—730	
	913^y	$101^1/_2{}^d$

哥白尼把总和中的$^1/_2$d悄悄去掉了，因为从基督到托勒密纪元即从罗马历午夜到埃及历正午，差值仅为12^h。

［101］根据III，6结尾的逐年和逐日岁差均匀行度表，

900^y＝15 × 60	12° 33′ 1″
13^y	10 52 37‴
60^d	8 15
41^d	5 38
	12° 44′ 7″ 30‴，

哥白尼写为12° 44′。

根据III，6结尾的逐年和逐日二分点非均匀行度表，

900^y	60°+34° 21′ 2″
13^y	1 21 46 13‴
60^d	1 2 2
41^d	42 23
	95° 44′ 32″ 38‴，

哥白尼写为95° 44′。

［102］根据III，8结尾的二分点行差表，对42°为47′。

［103］哥白尼起初把分数写为44（fol. 85^v，末行），他在上面［fol. 85^v，line 15 up，见注释［101］］也是这样写的。后来他把fol. 85^v末行中的44划掉，在底部空白处代之以45。

［104］360°＋21°15′＝381° 15′

−95 45

285° 30′

［105］哥白尼把基督纪元的这个历元5°32′十分突出地写在其二分点岁差均匀行度表（III，6结尾，fol. 80^{r}）的中间一列，而这一列在通常情况下是空着的。然而，N和B遗漏了这个历元，A第一次予以恢复。倘若哥白尼把他的历元置于他的数值表某列的顶部或底部，或置于其他某个显著位置上，则他的表会更便于查阅和使用。假如在他生活的地方，有一个类似于研究中心的环境使科学活动得以广泛开展，他也许会认识到这种易于理解的标题是多么有用。实际上，他一生中最多产的年代是在与同辈科学家极少个人接触的情况下度过的。此外，他与大学的联系也很少，而大学低年级学生也许会促使他引入这种有价值的标题。经验丰富且追求实效的教师梅斯特林是一个鲜明的对比。他在其N中（fol. 70^{v}，左边一列底部）列出了所有相关历元。

［106］20° 55′ 2″

20 55

16

5 32

26° 48′ 13″，哥白尼写为26°48′。

［107］120°

37 15′ 3″

2 37 15

2 4

2

6 45

166° 39′ 24″，哥白尼把此数四舍五入为2 × 60°＋46°40′。

［108］2 × 166°40′＝333°20′＝5 × 60°＋33°20′。

［109］但是32′＋26°48′＝27°20′。哥白尼最初把分数写为22，随 392

后先改成19，最后改成21（fol. 87^r，line 3）。在作这一决定时，他可能受到了前面把平均岁差超出26°48′的13″略掉［见注释［106］］的影响。另一种考虑见下一注释。

［110］与III，2中的21′相符，无疑影响了哥白尼在fol. 87^r，line 3所作的最终决定。但那些指责哥白尼捏造数字的人应当记住，他在III，2中说分数值近似（*proxime*）为21（fol. 72^v，line 9 up）。

［111］根据III，6结尾的二分点逐年非均匀行度表，

$880^y = 14 \times 60^y = 840^y$　60°+28°　3′　38″

　　　　40^y　　4　11　36　6‴

———————

92° 15′ 14″ 6‴

基督历元　6　45

———————

99°

［112］根据III，8结尾的行差表，对99°为25′。

［113］哥白尼在森索里努斯书第19章中找到了阿里斯塔克测出的年的长度。

［114］托勒密　462^y　68^d　$19^1/_5{}^h$

希帕克斯　176　363　12

———————

285^y　70^d　$7^1/_5{}^h$

［115］$285 \div 4 = 71^d 6^h$。

［116］$71^d 6^h - 70^d 7\,^1/_5{}^h = 22^4/_5{}^h$

$22.8 : 24 = 19 : 20$。

［117］一天可以分为24小时，每一小时为60时分（$=24^h \times 60^m$）；一天也可分为60日分，每一日分为60日秒（$=60^{dm} \times 60^{ds} = 3600^{ds}$）。根据这些划分一天的方法，一个回归年除$365^d$外还有$6^h - {}^1/_{300}{}^d$或$15^{dm} - {}^1/_{300}{}^d$。根据第二种方法，${}^1/_{300}{}^d = 12^{ds}$，而一个回归年＝$365^d 14^{dm} 48^{ds}$。

［118］哥白尼采用了P-R（第三卷，命题2）中巴塔尼的观测结果，即认为分点是在“日出前$4^3/_4{}^h$”，而不是$4^3/_5{}^h$（这是哥白尼著作

中fol. 88^r，line 8所取数值）。

［119］在IV，29中，哥白尼解释了如何把在某一条子午线上所作观测的时间划归为另一条子午线的地方时。

［120］$7^{d2}/_5{}^h = 168.4^h = 10140^m \div 743 = 13^m$（$+445$ m $/743 \approx 36^s$）。

［121］哥白尼最后确定这次秋分的时刻为“日出后$^1/_2$小时”。在此之前，他曾经写成日出之“前”，然后在页边写上日出“前1小时”（fol. 88^r，line 12 up）。这些变动的原因尚不清楚。根据Z，p. 204，弗龙堡这次秋分的时刻为上午8点31分。

［122］哥白尼最初写的是“瓦尔米亚”（fol. 88^r，line 15 up）。随后他把“瓦尔米亚”划掉，并在右侧空白处写上弗劳恩堡（Frauenburg），这个德文地名意为“妇人的城堡”。他由此想出了一个希腊文的对应词“吉诺提亚”（Gynautia），后来代之以“吉诺波利斯”，这是与德文弗劳恩堡精确相应的希腊名。前面在III，2中（fol. 72^r，line 10 up），哥白尼把他的观测地点称为“赫尔米亚”（Hermia），这大概是要让熟悉希腊的读者想起这里是哥白尼曾任教士会成员的大教堂之所在地。他在fol. 72^r，line 8 up甚至构造了赫尔米亚的一个派生形式，但在这上面两行他把这个词与“赫尔米亚”一齐删掉了。此后他完全不用“赫尔米亚”，因为他倾向于用“吉诺波利斯”作为其住地的希腊文名字。最近的一位想要贬低哥白尼的人宣称哥白尼喜欢这个希腊名是故弄玄虚。但这个学识浅陋的人不了解，哥白尼热爱古希腊，并一直致力于推进他的祖国对希腊的研究。

［123］哥白尼：埃及历1840年2月6日$=1839^y 36^d = 1838^y\ 401^d$

托勒密：埃及历 463年3月9日$=$　　　462　69

$\overline{\qquad\qquad}$

$1376^y\ 332^d$。

哥白尼的在弗龙堡日出后$^1/_2{}^h$≈在亚历山大日出后$1^1/_2{}^h$。

托勒密的地方时差　　　≈在亚历山大日出后1^h。

$\overline{\qquad}$

$^1/_2{}^h$

［124］$158^d\ 6^h$

$-\ 153\ \ 6^3/_4{}^h$

$4^d\,23^1/_4{}^h$，而非$4^d\,22^3/_4{}^h$。

393 $4^d\,22^3/_4{}^h$：$633^y=1^d$：127.9^y，哥白尼把此数写为128年。

［125］$1376\div4=\quad 344^d$

$-332\quad {}^1/_2{}^h$

$11\quad 23^1/_2\approx12^d$。

［126］$1376\div12=114^2/3$，哥白尼把此数写为115年。

［127］哥白尼起初把这次春分的时刻定为“日出前$3^1/_4{}^h$”（fol. 88^v，lines 2—3）=上午2:45而非上午4:20。根据Z，p. 204，真实时刻为平均时上午1:05。

［128］托勒密和哥白尼对春分点所作观测的时间间隔也为1376^y332^d，因为这两位天文学家都是在刚刚讨论过的秋分点之后对春分点进行的观测。在每一种情况下，两个分点的时间间隔均为178^d。托勒密的年份为亚历山大463年；埃及历3月9日＝第69日＋178^d＝第247日＝9月7日。对哥白尼而言，观测时段为从1515年9月14日至1516年3月11日，共计178日（在1515年9月为16日，10月为31日，11月为30日，12月为31日，1516年1月为31日，2月为29日，3月为10日）。

［129］哥白尼：午夜后$4^1/_3{}^h$

哥白尼：正午后1^h

$15^1/_3{}^h$

$+1$ （弗龙堡与亚历山大之间的时差）

$16^1/_3{}^h$

［130］哥白尼从P-R（第三卷，命题2）中了解到关于萨比特的这一情况。在萨比特的著作《论太阳年》（*on the Solar Year*）中［拉丁文译本见 Francis J. Carmody，*The Astronomical Works of Thabit b. Qurra*，Berkeley，1960，p. 74，section 108］，一个太阳年为$365^d15'22''47'''30''''$。

［131］$15^{dm}={}^1/_4{}^d=6^h$

$$1^{d}=60^{dm}=3600^{ds}=24^{h}=1440^{m}=86400^{s}$$
$$1^{ds}={}^{2}/_{5}{}^{m}$$
$$23^{ds}=9^{1}/_{5}{}^{m}=9^{m}12^{s}$$

［132］在《论圆的测量》（*On the Measurement of a Circle*）这篇短文的命题1中，阿基米德为了求出内切或外接于一个正方形的圆的面积，他在内接正方形和外切正方形中作一系列多边形，其面积逐步趋近已知圆的面积。可以认为这个量与太阳的平均行度相似，而太阳的非均匀行度可与多边形不断变化的面积相比。举出这一类比之后（fol. 89^{r}，lines 18—17 up），哥白尼将它删掉了，这或许是因为他意识到读者很少有机会看到阿基米德的著作。

［133］起初所取差值仅为1^{ds}（fol. 89^{v}，line 9）。后来哥白尼在左侧空白处加了${}^{10}/_{60}{}^{ds}$，因为他把自己测定的恒星年长度增加了这个量：

哥白尼　$365^{d}15^{dm}24^{ds}10^{dt}$
−萨比特　$365^{d}15^{dm}23^{ds}$

$1^{ds}10^{dt}$

［134］哥白尼原来测出的恒星年长度（fol. 89^{v}，lines 10—11）为$365^{d}15^{dm}24^{ds}$。他后来在左侧空白处加上了${}^{10}/_{60}{}^{ds}$。

［135］这个值原为$6^{h}9^{m}36^{24}/_{60}{}^{s}$（fol. 89^{v}，line 11），哥白尼后来把$24/60^{s}$删去，把*xxxvj*末尾的*j*擦掉，并在*v*上面书写使之成为第四个*x*。因此他必须把III，14结尾逐年太阳简单均匀行度表中载有秒数和六十分之几秒的两列删掉。他在包含被删去数字的空白处的右边写了两列新的数字。

$15^{dm}=6^{h}$
$24^{ds}=\quad 9^{3}/_{5}{}^{m}=9^{m}36^{s}$
$10^{dt}=\qquad\qquad 4^{s}$

$6^{h}\qquad 9^{m}40^{s}$

［136］简单均匀年行度：$5\times60°+59°44'\ 49''\ 7'''\ 4''''$
　　＋岁差：　　　　　　　　　　$50\ 12\ \ 5$

复合均匀行度：　$5\times60°+59°45'\ 39''\ 19'''\ 9''''$

394 简单均匀日行度：　$59'\ 8''\ 11'''\ 22''''$

＋岁差：　$8\ \ 15$

复合均匀行度：　$59'\ 8''\ 19'''\ 37''''$

［137］哥白尼在fol. 94^{r}上开始撰写这一章。但他一写下本章的标题和号码就意识到，他的逐年和逐日太阳简单均匀行度表（fol. 90^{r-v}）以及逐年和逐日太阳均匀复合行度表（fol. 93^{r-v}）应与逐年太阳近点角均匀行度表放在一起。于是他删掉了这一章的标题和号码，把逐年太阳近点角均匀行度表置于fol. 94^{r}。他从fol. 94^{v}开始写这一章。

后来在写完讨论太阳近点角的III，23之后，他对原有的数值感到不满意并作了重新推算（fol. 102^{v}，左侧空白处）。于是他把fol. 94^{r}上的太阳近点角表划掉，写了一张新的逐年太阳近点角均匀行度表以及与之相伴随的逐日行度表。他把这两张表写在一张E型纸上，并将其插入以前由C和D型纸组成的第i刀纸中。这就是现在编号为fol.

680 91^{r-v}的近点角为什么不在其应有位置的原因，因为从逻辑上说它们应在fol. 93^{r-v}上的均匀复合行度表之后。此外，他没有用fol. 92^{r-v}，而让它空着（NCCW，I，8，13）。

［138］哥白尼对偏心圆的使用引出了努内斯的以下思考：

> 哥白尼采用了偏心轨道，因此他不得不假定其他轨道，以填充与宇宙同心的行星天球。于是在我看来，他本应只寻求这样一个目标，即如何［*quonam*而不是*quoniam*］根据他自己和其他人的观测使天体运行表更为精确。他可以像传统天文学那样，让第八层天球运转，太阳也在运转，而地球在宇宙中心保持静止，来达到这一目标（《航海术的规则和仪器》，in *Opera*，Basel，1566，p. 106）。

努内斯建议哥白尼只努力改进天体运行表，而不去改变基本的天文学概念。这位葡萄牙数学家的这个迟到的建议缘于他坚定信奉传统宇宙论。

很长时间以来，巴尔迪的哥白尼传记中一段错误的解读掩盖了努内斯对哥白尼的真实态度。这一解读发表在圭多·扎卡尼尼（Guido Zaccagnini）的传记《伯纳迪诺·巴尔迪》（*Bernardino Baldi*）第二版（Pistoia，1908），p. 331。毫无戒备之心的读者从那里得知，"佩德罗·努内斯赞扬……哥白尼，称他不仅是堪比古人的天文学家，而且在天文学方面绝对了不起"。当比林斯基在*Studia Copernicana*，IX（1973）中重印扎卡尼尼这个有缺陷的巴尔迪哥白尼传时，他指出这种对哥白尼的过分颂扬并非源自努内斯，而来源自彼得·拉穆斯（Peter Ramus）（p. 76）。此后不久，比林斯基有机会查阅了巴尔迪的传记手稿，从而证明把努内斯的名字与对哥白尼的赞扬联系在一起只不过是一种错误解读（Biliński，*La vita di Copernico di B. Baldi*，1973，p. 23）。

［139］倘若哥白尼不满足于保留传统的地心说术语［见第二卷注释（3）］，他也许会想到字面意思为"离地球最远"的"远地点"对于地球的一个位置来说是完全不恰当的，因此应代之以我们现在的术语"远日点"。出于同样理由，他也许会把两行以下的"近地点"改为"近日点"。

［140］$CFD>(CED=AEB)>AFB$

［141］欧几里得，《光学》，命题5［见第一卷注释［41］］。

［142］在这种特殊情况下，哥白尼对用本轮还是用偏心圆颇为犹豫。但他毫不犹豫地相信，二者之中必有其一存在于天界（*existat in caelo*）。

［143］这一证明是仿照PS（Ⅲ，3）做的，其实质可以重述如下：

$GDF>DGF$

$EDG=EGD$

$EDF=GDF+EDG$; $EGF=DGF+(EGD=EDG)$

$\therefore EDF>EGF$

［144］根据Ⅲ，14结尾的太阳逐日简单均匀行度表，

60^{d} 59° $8'$ $11''$ $22'''$

34　33　30　38　26

$^{1}/_{2}$　　29　34　6

$94\frac{1}{2}^{d}$ 93° 8′ 23″ 54‴，哥白尼把它写为93° 9′。

60^{d}	59°	8′	11″	22‴
32	31	32	22	3
$^{1}/_{2}$		29	34	6

$92\frac{1}{2}^{d}$ 91° 10′ 7″ 31‴，哥白尼把它写为91°11′。

［145］根据弦长表，当半径＝100000时，对2°10′为3781；而当半径＝100000时为378。

［146］根据弦长表，对1°为1745，对50′为1454。因此当半径＝100000时，对59′＝BH为1716，而当半径＝100000时为172。

［147］$(378)^2=142\,884$

$(172)^2=\ \ 29\,584$

$172\,468 \approx (415)^2$

哥白尼原来写的是415（fol. 97r，line 3），后来他把最后一个数字擦掉，将其改写成一个7，随后又变为4。

［148］414 × 24＝9936≈10000。

［149］$EF:EL=NE:{}^{1}/_{2}$弦（$2NH$）

414：172＝10000：4154.6

根据弦长表，对24°30′为41469≈41546。

［150］根据III，14结尾的太阳逐日简单均匀行度表，

对60d为	59°	8′	11″	22‴	对60d 为	59°	8′	11″	22‴
28d	27	35	49	18	30d	29	34	5	41
$^{1}/_{8}$d		7	23	31	$^{1}/_{8}$d		7	23	31
$88^{1}/_{8}$d	86°	51′	24″	11‴	$90^{1}/_{8}$d	88°	49′	40″	34‴

［151］哥白尼从P-R（第三卷，命题13）中得到了关于巴塔尼和查尔卡里的这项资料。

［152］这里哥白尼非常明确地指出，他关注年的长度问题源于

第五届拉特兰会议提出的改历要求［见原序注释（18）］。因此最近有人提出，他对这个问题的关心并没有把他引向地动学说。哥白尼在关注改历问题之前就已经对托勒密体系感到不满并试图寻求一个更可接受的体系。

［153］在这个表示春分点与秋分点的间距的数下面，哥白尼最初写的是另一个数（fol. 97^{r}，line 3 up）。起先，他在PS的$94{}^1/_2{}^{\mathrm{d}}+92{}^1/_2{}^{\mathrm{d}}$之后写的是$187^{\mathrm{d}}$（*clxxxvij*）。随后他在*c*下面加了一点，表示此数有错，并把结尾的两个*i*擦掉，它们上面的小点至今仍依稀可辨。他还把最后一个数字拖长，并在它上面加了一个新点。日分数起先为$20{}^1/_2$（*xxs*），这与从秋分点到下一个春分点的间距$178^{\mathrm{d}}53{}^1/_2{}^{\mathrm{dm}}$（fol. 97^{v}，line 5）一致，并使回归年为$365^{\mathrm{d}}14^{\mathrm{dm}}$。最后，两个*x*都被擦掉而改为现在的*v*。

［154］P-R，III，14强调精确测定二至点的困难，建议改用间距各为一象限的金牛、狮子、天蝎、宝瓶四个星座的中点。当哥白尼开始列这些星座时（fol. 97^{v}，lines 2—3），他很糟糕地从白羊座和室女座开始。删去这两个星座后，他改用金牛座，但在正确地使用狮子、天蝎、宝瓶等星座之前又一次错误地重复使用室女座。

［155］根据III，14后面的太阳逐日简单均匀行度表，

45^{d}	$44°\ \ 21'\ 8''\ 31'''$
（1^{d}	$59'\ 8''\ 11'''$）
16^{dm}	$16'$
$45^{\mathrm{d}}\ 16^{\mathrm{dm}}$	$44°\ 37'$
$120^{\mathrm{d}}=2\times60^{\mathrm{d}}$	$60°+58°16'\ 22''$
58^{d}	$57\ \ 9\ 54\ \ 59'''$
$53{}^1/_2{}^{\mathrm{dm}}$	$\sim 53\ 30$
$178^{\mathrm{d}}\ 53{}^1/_2{}^{\mathrm{dm}}$	$176°\ 19'\ 46''\ 59'''$

［156］哥白尼在fol. 97^{v}，line 8说“重画圆*ABCD*”，而没有预见到他很快就把这些字母的次序列成了*ADBC*。

［157］取*B*为秋分点，*C*为天蝎座的中点，则$\angle BFC=45$。 396

［158］131°42′

+45 23

177°5′

哥白尼显然是想起46"与对应于$178^d53^1/_2{}^{dm}$的176°19′有关［见注释［155］］，他先是取和数CAD=177°6′（fol. 97^v，line 20）。后来他把6′删掉，在右侧空白处代之以$5^1/_2{}'$。

［159］这里哥白尼用他最初使用的数值CAD=177°6′（见上一注释）进行运算。

［160］哥白尼最初写的是322，后来把第二个2改成了3（fol. 97^v，line 3 up）。他没有改变IV，21中的322（fol. 130^v，line 7 up），他必定是写完这一节之后把322改成了323。

［161］EL : EF=10000 : 323=60^p : $1^p56'17''$，哥白尼把后一值写为$1^p56'$。

［162］10000 ÷ 323=30. 96；323 × 31=10013。

［163］本页下面的图用以说明III，18第二段的推理，但没有找到哥白尼亲自绘制的这幅图。英译本第161页上用以说明III，18结尾的推理的插图也是如此。N提供了这两幅图，用以取代哥白尼最初在fol. 98^v上画的图。

［164］哥白尼又一次在写完IV，21后把最初写的322（fol. 99^r，line 3）改为323［参见注释［160］］。

［165］哥白尼：亚历山大1840年埃及历2月6日日出后$^1/_2{}^h$

1839整年35整日和$18^1/_2{}^h$

+弗龙堡与亚历山大城之间的时差

1838^y400^d $19^1/_2{}^h$

希帕克斯：亚历山大177年第三闰日午夜

176^y 363^d 12^h

1838^y 400^d $19^1/_2{}^h$

− 176 363 12

$1662^y\ \ 37^d + (7^1/_2{}^h = 18^{dm}45^{ds})$

［166］这里哥白尼写的是$176^y 362^d 27^1/_2{}^{dm} = 11^h$，划归为弗龙堡的地方时。而他在III，18中暗中使用的是363^d（参见上一注释）。然而他在那里有1^d的差错，因为第三个闰日的午夜$=2^d 12^h$。

［167］根据III，14结尾的太阳逐年和逐日简单均匀行度表，

$120^y = 2 \times 60^y$	$59 \times 60° = 3540°$
	-3240
	$300° + 29°\ 38'\ 14''$
56^y	$300 + 45\ \ 49\ \ 50\ \ 35'''$
360^d	$5 \times 60° = 300 + 54\ \ 49\ \ 8$
2^d	$1\ \ 58\ \ 16\ \ 22$
11^h	$\sim\ 27\ \ 6$
$176^y\ 362^d 11^h$	$1032°\ 42'\ 35''$
	-720
	$312°\ 43'$

［168］哥白尼在III，13中已经告诉读者，在古代1月1日是在夏至日。所以这里他是考虑到罗马历或尤利乌斯历在他的时代落后的日数。

［169］梅斯特林在其N中（fol. 90^v，lines 4—5，行间）指出，这些“其他人”为阿方索星表的作者。

［170］P-R，III，13：“托勒密认为太阳的远地点相对于春、秋分点是固定不动的。巴塔尼发现……［从太阳远地点到夏至点的］弧BH＝7°43′。而查尔卡里……发现……弧BH＝12°10′。这肯定是值得注意的，因为查尔卡里生活的年代比巴塔尼晚。……查尔卡里在巴塔尼之后193年发现BH＝12°10′，于是不能不说太阳偏心圆的中心是在某个小圆上运动。”

［171］有些人认为哥白尼不加批判地接受所有前人的所有观测结果：“他对他们最微不足道的观测也表现出一种盲目的信赖”

（Delambre，*Histoire de l'astronomie moderne*，1969 reprint of 1821 edition，p. 105）。请这些人注意此处的这段话。

397 ［172］哥白尼因笔误（fol. 100r，line 16）而写了“$6°^{1}/_{2}{}^{1}/_{3}$” = 6°50′。这数值比他在III，16结尾的结果（6°40′）大10′。N把第二个分数纠正为$^{1}/_{6}$，以后各版均如此。

［173］托勒密发现在他那个时代，太阳远地点恰好位于3个世纪之前希帕克斯测定的位置。他由此得出结论说，这个位置永远固定在离春分点65°30′处。但萨比特·伊本·库拉把他当时的太阳远地点置于82°45′处。因此自希帕克斯的观测以来，在大约12个世纪里，远地点的位移约为18°，即大约每三分之二世纪1°。由于这等于萨比特的岁差速率，他结论是“太阳远地点相对于恒星永远保持固定”（*Dictionary of Scientific Biography*，I，510）。在萨比特之后半个世纪，巴塔尼把太阳远地点的位置定为82°17′，这“并不能使他自称发现了太阳远地点的运动”（*Dictionary of Scientific Biography*，I，510—511）。另一方面，“实际上对自行提出明确的（也是很正确的）定量概念的第一个人是查尔卡里”（*Dictionary of Scientific Biography*，I，511）。他求得的太阳远地点运动的速度约为每年12″，大约为现代值的8倍。但是和萨比特一样，查尔卡里相信远地点交替向前和向后运动。因此可以认为，哥白尼所说的太阳远地点的“连续的、有规则的不断前进”是天文学史上最早的这样的陈述。

［174］哥白尼又一次在运动学上彼此等价的安排中没有根据地作出了选择，但他确信其中之一会发生（*locum habeat*）。

［175］在原稿中（fol. 101r，line 2 up），哥白尼最初写的是416。后来他把这个数删掉，在右侧空白处代之以417。

他在右侧空白处指出，他在前面提到这个偏心率时（III，16，fol. 97r，line 3），他用了四个数字并取半径=100000。后来他决定只用三个数字，便把最后一个数字擦掉，使之几乎无法辨认，但他忘了把半径从100000相应地减小为10000。无论第三个数字原来是几，他在它上面重写，使偏心率成为414。

在前面第二次提到偏心率时（III，18：fol. 98v，line 16 up），他取的值为416，但6的下部模糊不清，似乎是在一个7上写的。

同样，后来在III，21中三次提到这个偏心率时（fol. 101^{v}，lines 6，17 up，14 up），他写416时都在6下面加一点，即写成6̣。他在6字下面加点也许是想表示这个数应改为417，这是他在fol. 101^{r}右侧空白处明确指出的。

如果我们对哥白尼思考这个偏心率的各个阶段的解读是正确的，则可认为他起先对采用416还是417犹豫不定，而后来才决定取414。

［176］原为322（fol. 101^{v}，line 1）。至于何时改为323，参见注释［160］。

［177］对于∢CAD的分数，哥白尼最初写的是55，后改为24（fol. 101^{v}，line 15）。根据弦长表，14°24′对应于弦长2486。哥白尼把它写在左侧空白处，以代替line 16中错误的数2596。

14° 30′	250 38
14 20	247 56
10	282
1	28.2
4	112.8
14 24	2486，取半径＝10 000。

哥白尼在2486的8下面加了一点，也许是在他（在左侧空白处）把分数值从24改为21的时候。取后一分数时，弦长应为2478。当哥白尼把近点角改为165°39′时（fol. 101^{r}，右侧空白处；101^{v}，line 5），就必须改用21′。

［178］根据弦长表，对4°20′为7555，对4°10′为7265，因此对4°13′为7352，或者取半径＝10000时为735。

［179］AB：AC＝3225：735＝416：94.8。哥白尼把后一值写成"约为94"，并且在4上面写了一个5（fol. 101^{v}，line 17 up）。

［180］由于哥白尼开始时取这一差值为321（fol. 101^{v}，line 14 up），因此在这一行和三行之上的416的6下面都有一点，表示应改为417。注释（175）对此作了讨论。

［181］正如7行之上最初写的，哥白尼取∢CBD为4°23′（fol. 101^{v}，line 12 up）。但这里他把第一个x擦掉，把分数减小为13′。于

是在line 12 up，在起初取圆心角的分数为12之后，他把该数删掉，并在右侧空白处代之以$6^1/_2$。

［182］*FDB*：*EF*＝369：48＝10000：1300。

［183］根据弦长表，取半径＝10000时，对7°30′为1305，对7°20′为1276，对7°28′为1300。

［184］这些值可从III，24结尾的太阳行差表第三列查得。

398 ［185］这里（fol. 102[r]，line 13 up）哥白尼重复了他在fol. 100[r]，line 16的笔误。但这一次，他的差错在N和以后各版中均未得到纠正［参见注释［172］］。

［186］这里哥白尼取太阳平均远地点为71°37′（fol. 102[v]，line 10）。这个分数与III，22中的32′（fol. 102[v]，右侧空白处，取代正文倒数第8行中的13′）不一致。于是，N在这里取32（fol. 93[v]）而使哥白尼前后一致。这个改动引起了另一后果。在fol. 102[v]的左侧空白处以及lines 13—14，哥白尼取太阳与远地点的平均距离为82°58′。此数与71°37′相加即得III，18中的154°35′。因此，N不得不把哥白尼的82°58′ 增加为83°3′，以补偿由71°37′减为71°32′所损失的5′。

［187］哥白尼对视太阳远地点或地球的平均年位移所取值＝87614′′′′。当这种移动持续1580年时，累积结果＝10°40′53″≈10°41′，此即哥白尼的值。现代值约为此数的$2^1/_2$倍（*Astronomical Journal*，1974，*79*：58）。哥白尼本人对他发现这一现象并没有过分注意，他宁愿让读者从其分散的论述中得出恰当的结论。但他的学生雷蒂库斯径直断言，哥白尼“仔细研究了太阳和其他行星的拱点运动，……发现……拱点在恒星天球上作独立的运动”（3CT，p. 120）。由于托勒密之后对（视）太阳远地点位置的测定结果相互抵触，这为哥白尼的发现铺平了道路。

［188］

572个整奥林匹克周期＝4×572^y＝2288^y		闰日	572^d
第573个奥林匹克周期的1整年	1	1515年7月—8月	2
从日数栏转来的365^d	1	1515年9月	12
	——		——
	2290^y		646
			−365
			——
			281^d

从正午至哥白尼的观测共历时$18^1/_2{}^h$

$$18^h = 45^{dm}$$
$$^1/_2{}^h = 1^{dm}（+被忽略的15^{ds}）$$
$$\overline{\quad\quad\quad\quad}$$
$$46^{dm}$$

从第一个奥林匹克周期至哥白尼的观测共历时：$2290^y281^d46^{dm}$。

［189］N（fol. 93^v）把这个分数从33′改为49′。通过把42°49′从83°3′（此为N对1515年所取太阳与远地点的平均距离即近点角）中减去，N对第一个奥林匹克周期求得40°14′，而哥白尼自己的值为40°25′（取代了29°4′；fol. 102^v，line 14）。根据III，14结尾的逐年和逐日太阳近点角均匀行度表，

$2290^y = 38 \times 60^y + 10^y$：	$5 \times 60° = 300° + 57°\ 24'\ 7''\ 48'''$
$281^d = 4 \times 60^d + 41^d$：	40　24　33　2
$46^{dm} \approx {}^3/_4{}^d$：	45
$2290^y\ 281^d\ 46^{dm}$：	$398°\ 33'\ 40''\ 50''' = 38°\ 33'$，

即比哥白尼原稿中（fol. 102^v，line 13）的42°33′正好少4°（$\approx 4^d$）。

［190］努内斯在其《航海术的规则和仪器》中（Basel，1566，p. 106）指出：

> 就天文学而言，哥白尼把太阳与地球的位置对换了。为了使太阳和恒星静止不动，他为地球指定了三重运动，即在一个偏心球壳上的运动以及两种天平动，使各个时代的恒星观测结果能够彼此一致。

反对新天文学的努内斯把哥白尼的推理弄得乱七八糟。哥白尼起初无意让太阳和恒星静止不动。恰恰相反，哥白尼从一开始就认识到，地球的真正地位是一颗行星。它实际的周日绕轴自转把相应的恒星运转变成了一种视觉幻觉。因此对哥白尼而言，恒星静止不动是地球的一种运动的结果，而不是像努内斯错误断言的那样是一种目的。同样，太阳的静止不动是地球的两种运动（即周年公转与周日自转）

的结果，因此努内斯再一次把哥白尼思想的一个结果与其动机混淆起来。

［191］然而在III，19中（fol. 99^{v}，line 7）这个距离为96°16′（＝巨蟹宫内0°16′）。这里在写“巨蟹宫内0°36′”（fol. 106^{r}，右侧空白处）之前，哥白尼已将“巨蟹宫内29°57′”写入正文，在把这两段话删掉之前，星座已换成双子宫。

399 （192）15时度＝1^{h}＝60^{m}

1	4
$^{51}/_{60}$	$3^{m}24^{s}$
$1^{51}/_{60}$	7^{m}

第　四　卷

［1］哥白尼强调地球与月亮之间的密切联系，这是他的宇宙论与亚里士多德及托勒密的宇宙论相反的明显特征。希腊人认为，月亮是一个天体，而地球不是。而在哥白尼这里，地球成了一个与月球密切相关的天体。这种密切关系为哥白尼的伟大追随者开普勒的地月相互吸引理论提供了基础。另一位伟大的哥白尼主义者牛顿使这种引力普遍化，为物理天文学提供了一条基本原理，即万有引力定律。

［2］欧几里得《光学》的这个命题5在第一卷注释［41］和第三卷注释［141］中已引用过。

［3］“天体的运动是均匀的、永恒的和圆周的”（1，4）。

［4］这里哥白尼小心翼翼地避免使用新奇的名字“偏心匀速点”来称呼这个“其他某一点”。

［5］这段话必定促使开普勒在其《新天文学》中向读者解释哥白尼为何要抛弃偏心匀速点。开普勒在该书第四章写道：

> 以B为圆心作偏心圆DE。设其偏心率为BA，于是A为观测者［正确地说是眼睛］的位置。过BA画的直线表示出远地点D和近地点F。沿此直线，在B之上截取与BA相等的线段BC。C为偏心匀速点，也就是说，从该点量起，行星在相等时间内扫过相等

角度，尽管行星不是绕C而是绕B作圆周运转。哥白尼在V，4和IV，7［实际上是IV，2］中出于其他理由驳斥这种设计，但也指责它宣称天界的运动是非均匀的，从而违反了物理学原理。在行星走过的圆上选一点E，把E与C、B和A相连。设DCE和ECF一样为直角。于是这两个角相等，在相等时间内被扫过，而外角DCE等于两内角之和，即$CBE+CEB$。因此，在减去部分量CEB之后，余量CBE或DBE将小于DCE。于是FBE大于DCE或FCE。但是弧DE量出角DBE，弧EF量出角EBF。因此，DE小于EF，行星在相等时间内扫过它们。

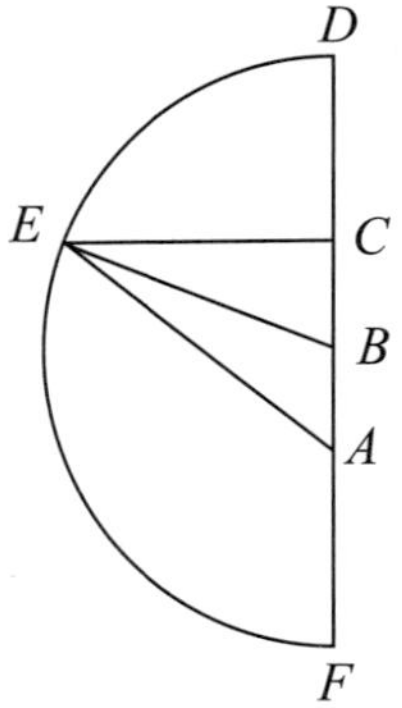

因此，当行星被携带者从D向E运动时，行星附着于其上的同一个固体球（哥白尼相信固体天球）转得慢一些，而行星从E向F运动时转得快一些。结果，整个固体球的运转时快时慢。哥白尼斥之为荒谬（*Gesammelte Werke*，III，73：9—31）。

［6］PS，V，13：月球的近地点＝$33^{p}33'$；V，15：月球的远地点＝$64^{p}10'$

［7］1618年，爱丁堡的詹姆斯·里德（James Reid）对哥白尼的这一推理提出责难。里德以如下四个命题表述他的责难：

①月球［与地球］的最大距离为其最小距离的两倍。

②虽然月亮在近地点时看起来并非在远地点时的两倍大，但哥白尼的推理中有一个错误，他由此得出结论说，一个物体两倍近时看起来有两倍大。

③然而，当在两个距离处［月球的视］直径变化不大时，托勒密的距离可能是正确的。

④因此光学将会决定，如果在不同距离观看大小相等［的两个物
400 体］，则它们的视大小之比将小于其距离之比，因为彼此相差微不足道的视大小可能［与观测者］有相当［不同的］距离（*Journal for the History of Astronomy*，1974，*5*：126，131）。

然而4年后，里德支持托勒密和反对哥白尼的立场大为改变。他的结论是："对于天文学问题，尤其是那些依赖于行星运动的问题，我们并无真正认识"（同上）。

［8］托勒密理论中的这个缺陷曾被P-R（第五卷，命题22）指出，哥白尼在1508年至1514年之间撰写的《要释》（*Commentariolus*）中从这里使用了这项资料。

［9］托勒密（PS，V，14）提到了希帕克斯对这种仪器（已经失传的）说明以及他本人用它测定日、月视直径的情况。

［10］由于托勒密的偏心匀速圆违反了匀速圆周运动原理，所以它不适合作为哥白尼机械宇宙的一个组分。于是在他的月球理论中，他用这个第二本轮或外本轮来取代偏心匀速圆。他把月球置于第二本轮的圆周上，而该轮的中心被携带着在较大的第一本轮即内本轮上运转。这种安排的一个后果是，月球必定周期性地进入第一本轮的空间。因此它不可能是一个坚固的球。否则坚固的月球将会周期性地撞进坚固的第一月球本轮。

于是，哥白尼发现自己陷入了进退两难的境地。一方面，他的机械宇宙无法容纳偏心匀速圆。另一方面，他用于替代偏心匀速圆的第二本轮不可能是一个坚固的球。这样一来，这个小本轮是怎样的？关于这个令人困惑的基本问题，哥白尼宁愿保持谨慎的沉默。他既不断言也不否认坚固的球的实在性。

后来第谷反驳了它们的物理存在性。在讨论假想中的土星天球时，第谷有条件地假定："正如哥白尼似乎也按古已有之的观点所认为的那样，这是坚固的和实在的。"（《恢复的天文学的练习》，Part II；*Opera*，II，398：32—34）。但在同书第三部分，第谷不那么犹豫地说，"正如哥白尼也承认的，假如球体是实在的"

（*Opera*，III，173：7—8）。开普勒也断定，哥白尼“相信球体的实在性”（*Opera*，ed. Frisch，282：I，10，line 3 up）。

另一个坚信球体实在性的人是努内斯。他称赞哥白尼的第二个月球小本轮，因为它克服了月球视直径大得令人无法接受的变化：

> ［哥白尼］把月球置于一个本轮的小本轮上，而小［本轮］的中心在大［本轮］的圆周上，这不是没有道理的。然而我要指出，如果［哥白尼］认为［第二个小本轮］是可用的，那么整个小［本轮］必定被包含在大［本轮］之中，这样才能避免天被粉碎（《航海术的规则和仪器》，Basel，1566，p. 106，lines 7—10）。

如果哥白尼也同意努内斯的观点，即必须避免天界的碰撞，从而把月球小本轮整个置于本轮之中，则他将不会减少托勒密对月亮视直径所取的过大变化。因此，对哥白尼而言，与观测相符显然要比与一种不必用明确语词来阐述的理论严格一致更重要。

最重视与观测的相符也许可以说明为什么哥白尼忽视了图西的月球理论（假设他熟悉该理论），尽管他全心全意地采用了一种修改形式的图西双轮（III，4）。图西“明确指出，他的目标是设计一种模型，它保留了托勒密对月球与地心之间距离所取的极值”，并“承认这些极值是无可辩驳的”（*Physics*，1969，*11*：291—292）。由于任何这类图西模型都会保留托勒密与事实不符的月球视直径变化，这位伟大波斯天文学家的这部分理论对哥白尼来说绝对毫无价值。

更无价值的是最近出现的以下评论，说在哥白尼的月球理论中，“第二个本轮球体被完全包含在第一个之中……球体相交是不容许的”（*Proceedings of the American Philosophical Society*，1973，*117*：467）。断言在哥白尼天文学中“球体相交是不容许的”，这在哥白尼的言论或其暗示中找不到任何根据。它本身只不过是一种傲慢的历史教条主义，与哥白尼在IV，3中此处的明确说法公然抵触。正如哥白尼亲手画的图（NCCW，Book I，fol. 109）和我们的教条主义者自己的图14（p. 468）都表明的，小本轮上的月球周期性地进入第一本轮的区域。

［11］这里哥白尼的措词“*caetera mundi pura sint et diurnae lucis plena*”仿效了普林尼《博物志》，II，10，48的“*supra lunam*
401 *pura omnia ac diurnae luci splena*”；而哥白尼的“*noctem non aliud esse…quam terrae umbram*”为普林尼的“*neque aliud esse noctem quam terrae umbram*”的重复。普林尼的“*hebetari*”在哥白尼书中再次出现，但普林尼的“*talis figura semper mucrone deficiat*”被哥白尼替换为“*in conicam figuram nititur desinitque in mucronem*”（fol. 109^{r}，line 2 up—109^{v}，line 2）。

［12］哥白尼写的是“第三十七”（*trigesima septima*，fol. 109^{v}，lines 12—11 up），这是一个大错误。在用字母来表示这个数之前，他起初用的是罗马数字（*xxxvij*），后来把它删掉了。这个被删的数表明了哥白尼为何会犯这个错误。如果他由一单张纸上的计算得出默冬的奥林匹克会期为第87个（*lxxxvij*）会期，则他在把这个结果抄进手稿时可能没有看见开头的“*l*”。N（fol. 101^{r}）没有察觉到他这个差错，而W（p. 255）第一次予以改正。然而梅斯特林在其N中把*trigesima*（三十）换成了*octogesima*（八十）。

［13］哥白尼从森索里努斯对默冬的讨论中（第18章）找到了这个词。然而，哥白尼颠倒了森索里努斯的数*dekaenneateris*（ed. Venice，1498，sig. $d3^{v}$）中各部分的次序。

［14］哥白尼提到304年，这表明他依赖的是森索里努斯而非托勒密的文献。后者总是使用约数“大约300^{y}”（PS，III，1）。

［15］哥白尼因笔误而把3760写成了760（*Dcclx*，fol. 110^{r}，line 5）。N（fol. 101^{v}）没有注意到这个差错，而W（p. 255）第一次作了改正。

［16］哥白尼由于笔误而写成了135（*cxxxv*；fol. 114^{r}，line 7 up）。他在接下来一段话中把第三次月食的时间定为第二次月食之后“$1^{y}137^{d}5^{h}$”，而第二次月食发生在134年10月20日。哥白尼的错误年份135重印于N（fol. 105^{v}，106^{r}），在A中（p. 239，误为p. 247）第一次得到改正。

［17］金牛宫：$30°-13^{1}/_{4}°$　　16°45′

四个整宫　　120

天秤宫　　25 10

———

161°55′

天秤宫：$30°-25^{1}/_{6}°$　　4° 50′

四个整宫　　120

双魚宫　　14 5

———

138° 55′

哥白尼因笔误而把度数写成了137（*cxxxvij*，漏掉一个*i*，fol. 114^{v}，line 3），这个差错以前没有改正过。

［18］第一次观测：哈德良17年10月埃及历10月19日　　11^{h} 15^{m}

10月份余　　10^{d} 12 45

11月，12月，5日闰日　　65

哈德良18年　　1^{y}

哈德良19年：1月，2月，3月　　90

第二次观测：4月　　1 11

———

间距：　　$1^{y}166^{d}$ 23^{h} 45^{m}

［19］第二次观测：哈德良19年4月1日　　11^{h}

在哈德良19年：4月　　$28^{d}13^{h}$

8个月＋5个闰日　　245

在哈德良20年：7个月　　210

7月　　18 16

———

502 5

－365

———

间距：　　1^{y} 137^{d} 5^{h}

［20］　　太阳　　月亮

1^{y}	359° 44′		129° 37′
$120^{d}=2\times60^{d}$（60+58）	118 16	（60×24）	22 53
46^{d}	45 20	（360）+	180
			20 46
$23^{5}/_{8}{}^{h}$	58		12 3
$1^{y}\ 166^{d}\ 23^{5}/_{8}{}^{h}$	524° 18′		365°19′
	−360		−360
	164° 18′		5°19′
	5 19		
日、月的结合均匀行度	169° 37′		

［21］ 1^{y}		88° 43′
$120^{d}=2\times60^{d}$	（1560=1440+）	120
		7 47
46^{d}	（360+）	240 59
$23^{5}/_{8}{}^{h}$		12 52
$1^{y}\ 166^{d}\ 23^{5}/_{8}{}^{h}$		470° 21′
		−360
月亮近点角行度		110° 21′

［22］	太阳		月亮
1^{y}	359°44′		129°37′
$120^{d}=2\times60^{d}$（60+58）	118 16	（60×24）	22 53
17^{d}	16 45	（180+27）	207 14
$5^{1}/_{2}{}^{h}$	14		2 48
$1^{y}\ 137^{d}5^{1}/_{2}{}^{h}$	494° 59′		362°32′
	−360		−360

$$\begin{array}{r} 134°\ 59' \\ 2\ \ 32 \\ \hline \end{array} \qquad 2°32'$$

日、月的结合均匀行度　　　137° 31′

与哥白尼的值137° 34′相比少了3′，这是由于略去了1分和1秒的六十分之几的分数。

［23］ 1^{y} 　　　　　　　　　　　　　60°

　　　　　　　　　　　　　　　　　　28 43

2×60^{d} 　$26\times 60° =$（1500－1440）＋120

　　　　　　　　　　　　　　　　　　7 47

17^{d} 　　　　　　　　　　　　　　180

　　　　　　　　　　　　　　　　　　42 6

$5^{1}/_{2}{}^{h}$ 　　　　　　　　　　　3

$1^{y}\ 137^{d}5^{1}/_{2}{}^{h}$ 　　　　　　　441° 36′

　　　　　　　　　　　　　　　　　　－360 402

　　　　　　　　　　　　　　　　　　81° 36′

［24］ 169° 37′

　－161 55

　　7° 42′

［25］ 138° 55′

　－137 34

　　1° 21′

［26］由于一个算术错误，哥白尼写成了1220460（fol. 115ʳ, line 10 up）。N（fol. 106ᵛ）印出了错误的数字6，而A（p. 249）第一次作了改正。

［27］ $LM=2KM$

$DM+KM=DK$ $\qquad DM+2KM=LD$

$(DM+KM)^2=DK^2$ $\qquad DM(DM+2KM)=LD\times DM$

（1）$DM^2+2DM\times KM+KM^2=DK^2$

（2）$DM^2+2DMK\times KM=LD\times DM$

（1－2） $KM^2=DK^2-LD\times DM$

$LD\times DM+KM^2=DK^2$

［28］哥白尼由于笔误（fol. 115^v，line 12 up）而把分数写成了49（*iL*），尽管他在下面若干行计算第三次月食时的月亮平位置时实际上用的是正确值59。这里第一次把49公开改为59，但第谷在其B中（fol. 107^v，line 1）已经私下作了改正。

403 

［29］第一次月食：从天蝎宫9° 53′到金牛宫12° 21′

天蝎宫9° 53′

五个整宫 150

金牛宫（30°－12° 21′）≈17 40

177° 33′

第二次月食：从白羊宫29°$^1/_2$′到天秤宫26°43′

白羊宫29° 30′

五个整宫150

天秤宫（30°－26° 43′）≈3 17

182° 47′

第三次月食：从处女宫17°4′到双鱼宫11°44′

处女宫 17° 4′

五个整宫150

（30°－11°44′） 18 16

185° 20′

［30］复圆 $14^h\ 20^m$

初亏 $10\ \ 52\ \ 30^s$

食延　3 27 30

半食延　1 43 45

食甚　12 36 15≈12^h35^m=午夜后$^7/_{12}{}^h$

哥白尼在fol. 116^r右侧空白处写了"$^1/_2{}^h+^1/_{12}{}^h$"，而忘记删掉第8行中的"加上一小时的十二分之一。"

[31] 哥白尼起初通过fol. 116^r右侧空白处的第五个注释来说明，这个第二次月食的初亏时刻是在午夜前"五分之二又二十分之一个均匀小时"，他后来把"二十分之一"（*vigesima parte*）删掉，于是便略去了《天球运行论》报道的与他自己观测有关的最小的时间分数。同样，他在fol. 116^r右侧空白处第七个注释中用了$^1/_{20}{}^h$来说明第三次月食的初亏时刻，但后来再次把*et vigesima*删掉。在记录天文观测的时间时，哥白尼引入了3^m这么短的时间间隔，这表明他可能偶尔使用了机械钟。然而，他在《天球运行论》中从未提到任何这样的计时仪器。他在IV，5中两次把$^1/_{20}{}^h$删掉，这可能暗示他对那项新发明不够信任。

于是，当他报导自己的行星观测时，他经常满足于均匀小时，诸如午夜后5个均匀小时（V，9），午夜后11小时、午夜后3小时、午夜后19小时（V，11），午夜后1小时、午后8小时、午前7小时、日没后1小时、午后第8小时之初（V，23）。这些观测时刻记录暗示哥白尼可能在使用一个沙漏，沙子在一小时内从上面的容器流入下面的容器，尽管他没有明确提到这样一种装置。较小的沙漏可在半小时内流空。哥白尼把1515年9月14日秋分点的时刻定为"日出后$^1/_2{}^h$"（III，13，18；fol. 88^r，右侧空白处，第三条；fol. 98^v，左侧空白处），大概用的是这种仪器。

但无论是一小时的还是半小时的记录，哥白尼显然并非完全依赖于沙漏。于是，他在V，6中把土星两次冲的时刻定为"午夜前$1^1/_5{}^h$"和"午夜后$6^2/_5{}^h$小时"（fol. 154^r，右侧空白处）。正如我们在本注释开头处看到的，在IV，5中，月食的初亏时刻也被定为"午夜前$^2/_5{}^h$"。这种把一小时化为分数是否暗示他使用了一种机械钟？VI，6把第一次月食说成在"午夜前$1^1/_8{}^h$"开始和"午夜后$2^1/_3{}^h$"结束（fol. 116^r，lines，4，6）。哥白尼把1小时的这些分数从$^1/_8$改为$^1/_3$，然后又改回到$^1/_8$，以及从$^1/_3$改为$^1/_8$，再改为$^1/_3$，又改为$^1/_8$，最后定为$^1/_3$，也许是因为他的注释没有完全清楚地说明哪个分数属于哪次观测。一些无情的批评者甚至怀疑哥白尼的数据是虚构的。这些人是否真正了解，在摆钟发明之前的16世纪，人们是如何计时的？

在这方面，马提亚斯·劳特瓦尔特（Matthias Lauterwalt）在1545年写给雷蒂库斯的一封信很有启发性。雷蒂库斯曾在莱比锡测得，1544年12月28日月食的初亏时刻为上午3：30。“但是”，劳特瓦尔特指责他说：“你没有补充说，你使用的是经过精确校准的钟，还是未经校准的普通钟。不过可以肯定，如果这真是你的观测记录，则那个钟完全错了且走得太慢。……哥白尼……用一架经过精确校准的
404 的钟进行观测。……我用维滕堡教堂的钟观测那次月食，观测到它发生在4点前半刻钟［＝3：$52^1/_2$ A. M.］。同时我还用沙漏观察教堂钟的小时数，以防这些小时不均匀，我测得日出发生在8点差4^m。由此可定出钟的误差。如果钟走得准，则太阳应在8：07升起。因此钟慢了11^m”。劳特瓦尔特于1544年用沙漏校正机械钟，结论是后者差了11^m。与此类似，哥白尼可能是用一个机械钟测出了短到3^m的时间间隔，后来认为该时间间隔太不可靠而弃置不用。

［32］天秤宫（30°−22° 25′）　7° 35′

十个整宫　300

处女宫　22　12

329°　47′

［33］处女宫（30°−22°12′）　7°　48′

十一个整宫　330

处女宫　11　21

349°　9′

［34］从1511年10月7日12：35 A. M.至1522年9月6日1：20 A. M.：

1511年10月　$24^d23^h25^m$

11月　30

12月　31

10个整年

1522年1月至8月	243
9月	5 1 20
闰日（1512，1516，1520）	3
	10^{y} 337^{d} 45^{m}

［35］从1522年9月6日1：20 A. M.至1523年8月26日4：25 A. M.

1522年9月	24^{d} 22^{h} 40^{m}
10月至12月	92
1523年1月至7月	212
8月	25 4 25
	354^{d} 3^{h} 5^{m}

［36］	太阳		月亮
			180°
10^{y}	357° 28′		36 13′
$300^{d}=5\times60^{d}$	295 40		57 13
37^{d}	36 28	（$7\times60=420-360$）	60
			31 3
$^{4}/_{5}{}^{h}$	2		24
	689° 38′		364° 53′
	−360		−360
10^{y} 337^{d} $^{4}/_{5}{}^{h}$	329° 38′		4° 53′

哥白尼忘了他是在用日、月结合的平均行度进行运算，他起初只写了太阳的值329°（fol. 116^r，line 2 up），后来想起应把329°与月亮行度的值相加。于是他删掉了正文中的329°，在右侧空白处写上334°。至于分数，他最初写的是43（*xliij*），后改为47。从以上可以看出，如果把一分的分数略去，和应为31′。

［37］10^{y}	（$2\times60°$）	120°
		47 11′

$300^{d}=5\times 60^{d}$		300	
		19	29
37^{d}	（480°－360°）	120	
		3	24
$^{4}/_{5}{}^{h}$			26
		610°	30′
		－360	
$10^{y}337^{d}\ ^{4}/_{5}{}^{h}$		250°	30′

对于分数，哥白尼最初写的是33（*xxxiij*；fol. 116^{r}，line 2 up），后来在正文中改为*xxxvj*，这被右侧空白处的阿拉伯数字36所证实。由于略去了一分的分数，以上计算结果少了几分。

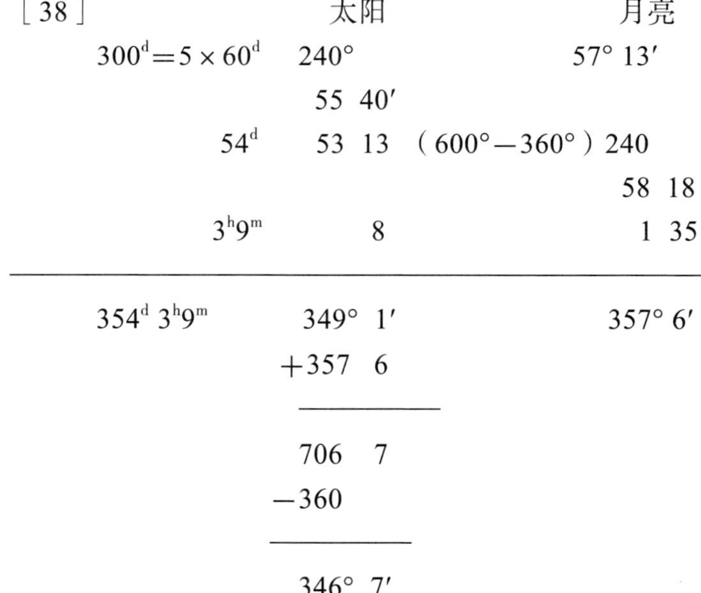

［38］	太阳		月亮
$300^{d}=5\times 60^{d}$	240°		57° 13′
	55 40′		
54^{d}	53 13	（600°－360°）	240
			58 18
$3^{h}9^{m}$	8		1 35
$354^{d}\ 3^{h}9^{m}$	349° 1′		357° 6′
	＋357 6		
	706 7		
	－360		
	346° 7′		

哥白尼忘了他是在用日、月结合的行度作计算，他最初写的只是太阳的度数349°（*cccxlix*；fol. 116^{v}，line 1）。上面给出的分数比他的值小一些，这也是因为这里略去了一分的分数。

［39］$300^{d}=5\times 60^{d}$　　300°

$$
\begin{array}{lr}
 & 19\ \ 29' \\
54^{d}\ (11\times 60°=660°-360°) & 300 \\
 & 45\ \ 30 \\
3^{h}5^{m} & 1\ \ 38 \\
\hline
354^{d}3^{h}5^{m} & 666°\ \ 37' \\
 & -360 \\
\hline
 & 306°\ \ 37'
\end{array}
$$

这个结果比哥白尼的值小6′，因为略掉了一分的分数。

[40]

$$
\begin{array}{rr}
 & BAC=306°\ 43' \\
\therefore CB\ (=360°-BAC) & =\ 53\ \ 17 \\
 & ACB=250\ \ 36 \\
 & -CB=\ 53\ \ 17 \\
\hline
 & AC=197°\ 19'
\end{array}
$$

[41]

$$
\begin{array}{r}
5° \\
-2\ \ 59' \\
\hline
2°\ \ 1'
\end{array}
$$

[42] 哥白尼在写分数时似乎是把*xviiij*中的*v*漏掉了（fol. 116^{v}，line 17 up）。为了补上这个遗漏，他在第一个*i*上面重重地写了一个*v*，于是N把这个数误印成了18（fol. 108^{r}）。由于这个数能够清晰地看见四个点，W（p. 267）改正了这个差错，虽然它只显示出最后三个*i*。

[43] $DE:AE=19865:702=8024:283.6$，哥白尼把后一值写为283。

[44] $DF:FG=116226:10000=100000:8603.9$，哥白尼把后一值写为8604。

[45] 托勒密之后和哥白尼之前的这些天文学家尚未得到确认。

[46] 这里哥白尼使用了新的地动术语（“地球的年［行度］”），

但过了几行，即在IV，6开头，他在同一语境下又改用了前哥白尼时代的传统术语，即“月亮与太阳的距离”和“月亮远离太阳的运动”。

［47］第一次月食，从天秤宫24° 13′至白羊宫22°3′

天秤宫5° 17′
五个整宫150
白羊宫 22 3

177° 20′，即比哥白尼的值少31′。

他最初取第一次月食时月亮的平均行度为白羊宫内22°加13′（fol. 117^v，line 7）。

第二次月食，从处女宫23° 59′至双鱼宫26°50′

处女宫 6° 1′
五个整宫 150
双鱼宫 26 50

182° 51′

406 第三次月食，从处女宫13° 2′至双鱼宫13°

处女宫 16° 28′
五个整宫 150
双鱼宫 13

179° 28′，即比哥白尼的值少30′。

他最初取第三次月食时月亮的平均行度为双鱼宫内13°加一个（现无法辨认的）分数值；fol. 117^v，line 11。

［48］从哈德良19年4月2日＝134年10月20日（IV，5）至1522年9月5日：

134年10月	$11^d 2^h$
11月—12月	61
1387个整年	
1522年1月—8月	243
9月	5 1 20^m

闰日（136—1520）　　347

———

667^{d}

—365

———

1388^{y}　　302^{d}3$^{1}/_{3}$^{h}

［49］哈德良19年4月2日＝134年10月20日（IV，5）

133^{y}

闰日（4—132）　　33^{d}

134年1月—9月　　273

10月　　19 22^{h}

———

133^{y}　　325^{d}22^{h}

［50］120^{y}=2×60^{y}　（4×60×60°=14400°）　——

（19×60°=1140°—1080°=）　60°

14 45′

13^{y}　（4×60°）　240

5 5

300^{d}=5×60^{d}（60×60°=3600°）　——

57 13

25^{d}　（5×60°）　300

4 46

22^{h}　11

———

692°49′

—360

———

133^{y}325^{d}22^{h}　　332°49′

［51］120^{y}=2×60^{y}　（2×60×60°=7200°）　——

（57×60°=3420°—3240°）　180°

26 18′

13^y	60
	13 20
$300^d=5\times60^d$ （$60\times60°=3600°$）	———
（$5\times60°=$）	300
	19 29
25^d （$5\times60°=$）	300
	26 37
21^h37^m	11 42
———	———
$133^y325^d21^h37^m$	937° 26′
	−720
	———
	217° 26′，

407 这与哥白尼的值在分数上略有差异，因为这里略去了分的分数。

［52］

182° 47′	64° 38′
+360	+360
———	———
542° 47′	424° 38′
−332 49	−217 32
———	———
209° 58′	207° 6′

对于这个月球近点角的分数值，哥白尼的数曾被视为7（fol. 118^r^，line 11 up）。然而，第一个*i*向下延长为末尾的*j*，而上面也有一点。虽然它右面的垂线上没有点号而且是向右弯（哥白尼常把最后的*j*向左弯），但还是被视为另一个*i*。

［53］从6月21日即夏至日的正午到1月1日前的午夜，哥白尼算出总日数为$194^1/_2{}^d$：

6月	10^d
7月—12月	184
从正午至午夜	$^1/_2$
	———

$194\frac{1}{2}^d$

然后他求出与193个奥林匹克会期加$2^y194\frac{1}{2}^d$相等的埃及年数：

193个奥林匹克会期＝$4^y \times 193 = 772^y$

$$+\ 2$$

$$774^y$$

772^y中的闰日数　　193^d

$$+\ 194\frac{1}{2}$$

$$387\frac{1}{2}^d$$

$$-365$$

$$775^y\ 22\frac{1}{2}^d$$

然而，和前面（III，19）一样，哥白尼给出的日数为$12\frac{1}{2}^d$。但他在那里把雅典历1月1日等同于7月1日，这样便改正了尤利乌斯历在他那个时代落后的10^d。另一方面，他在这里取奥林匹克—基督时段除整年外的总日数为$194\frac{1}{2}$，从而暗地里把雅典历1月1日等同于6月21日。他忘了III，19中取该时段的总长度为$775^y12\frac{1}{2}^d$依据的正是他的尤利乌斯历修正，所以这里他重复了这个总数，尽管193个奥林匹克会期又$2^y194\frac{1}{2}^d = 775^y22\frac{1}{2}^d$，而不是$12\frac{1}{2}^d$。

［54］在III，11中，哥白尼没有把从亚历山大到基督的未划分的时期取为$323^y130\frac{1}{2}^d$，而是插进了尤利乌斯・恺撒和奥古斯都：

从亚历山大到恺撒	278^y	$118\frac{1}{2}^d$
从恺撒到奥古斯都	15	$246\frac{1}{2}$
从奥古斯都到基督	29	$130\frac{1}{2}$

$$495\frac{1}{2}$$

$$-365$$

$$1^y$$

$$323^y\ 130\frac{1}{2}^d$$

［55］在上一注释中两个分时段之和：

从恺撒到奥古斯都	15^{y} $246^{1}/_{2}$
从奥古斯都到基督	29 $130^{1}/_{2}$

377^{d}

-365

1^{y}

45^{y} 12^{d}

［56］哥白尼说“弗龙堡……位于维斯图拉河口”，这表达的既是他当时的也是我们现在的地理学观念。我们这个时代的一个学识浅薄的人说，这“显然是一种毫无意义的故弄玄虚”。关于他对哥白尼的荒谬指控，3CT，pp. 290－291作了彻底驳斥。至于河的名字，哥白尼使用的是拉丁词*Istula*（fol. 118^{v}，line 13），这是古代和他那个时代的地理学家与历史学家使用的若干名称中的一个。

708

408 ［57］哥白尼从一些克拉科夫数学家的来信中了解到在弗龙堡和克拉科夫同时观测月食的这一情况。这些信件现已遗失，但在17世纪可以看到，Szymon Starowolski，*Scriptorum polonicorum εκατοντάς*（Venice，1627）第二版中所载哥白尼传记的修订本清楚地说明了这一点。

［58］埃皮达努斯城建于底耳哈琴半岛上，后来半岛的名字成了城市的名字。今天它位于阿尔巴尼亚，名为都拉斯（Durrës），尽管其意大利文名称都拉佐（Durazzo）更为人所知。

［59］根据弦长表，取半径＝100000时，对7°40′为13341；而取半径＝10000时为1334。

［60］哥白尼因笔误（fol. 119^{r}，末行）而把*fl*写成了*el*（以前未作改正）。

［61］$CE:EL=1097:237=10000:2160.4$，哥白尼把后一值写为2160。

［62］根据弦长表，取半径100000时对$12°30^{r}$为21644，对12°20′

为21360（由于笔误，在fol. 16^{r}写成了21350），因此对12°28′为21587；而取半径＝10000时为2159≈2160。

［63］这里哥白尼说的“白昼的9$^1/_3$小时”（*horis diei novem et triente transactis*，fol. 119^v，lines 7—8）是沿用PS 1515 fol. 49^v，line 13 up的“9小时和白昼的过去3小时”（*novem horis et teria horae diei praeteritis*）。这两处的白昼小时数是从日出＝6 A. M算起的。第谷在其B中（fol. 111^v，line 7）删掉了*novem*＝9，而在页边空白处代之以3 P. M.。

［64］太阳在巨蟹宫10°54

巨蟹宫19° 6′

月亮在狮子宫29

———

日月距离　　48° 6′

［65］月亮在狮子宫29°，与当时正从地平线升起的天蝎宫29°相距3个宫＝90°。

［66］这里的午后（*a meridie*）3$^1/_3$^{h}相当于白昼（*diei*）的9$^1/_3$^{h}，而根据本段开头所谈，白昼是从日出＝6 A. M.算起的［参见注释［63］］。

［67］托勒密误认为罗得岛与亚历山大城在同一条子午线上（PS，V，3）。哥白尼如何发现罗得岛是在亚历山大城以西$^1/_6$^{h}＝2$^1/_2$°，至今仍不清楚。根据哥白尼的说法，亚历山大城的4$^1/_6$^{h}＝罗得岛的4^h＝克拉科夫的3$^1/_6$^{h}。于是，哥白尼取罗得岛与克拉科夫的经度差＝$^5/_6$^{h}＝12$^1/_2$°，这比现代值大5°＝$^1/_3$^{h}左右。

［68］亚历山大197年10月17日＝196^y　　9×30^d＝ 270^d

10月　16

———

196^y　　　　286^d

［69］哥白尼最初遵循托勒密把分数写为5（*v*；fol. 120^r，line 6）。他后来在*v*上加了一点，把它改为*i*，并增加了另外两个*i*。

［70］哥白尼最初写的分数是9（*ix*），后把它删掉，并改成了5（*v*；fol. 120^r，line 10）。

［71］哥白尼忘了他已把月日距离减为45°5′（见前一注释），

这里他仍取分数为9（*ix*：fol. 120^{r}，line 15 up）。然而就在上面一行，他把弧FG从90°18′减小为90°10′（＝2×45°5′）。

［72］真太阳在巨蟹宫10°40′：巨蟹宫19°20′

视月亮在　　　　　　　狮子宫28°37′

月日距离　　　　　　　　47°57′

［73］哥白尼在GV，Book XVIII，Ch. 4（sig. ggl^{r}）找到了用以表示月球升交点的词“天龙之头”。GV说这个词是“野蛮人”（*barbaros*）的用语，而哥白尼却把这个刺耳的描述变成了“现代人”（*neoterici*；fol. 120^{v}，line 6 up）。Hartner，*Oriens-Occidens*，pp. 359—377对用一条虚构的龙的两端来表示月亮的升、降交点作了历史考察。

［74］“天龙之尾”是表示月亮降交点的“现代”用词。

［75］2°44′：1°33′＝164：93＝60：$34^{1}/_{41}$，哥白尼把后一值写成34。

［76］哥白尼这里仍把分数写为18（*xviij*；fol. 121^{r}，line 6 up）。他后来再次审阅IV，10时把那里的已知弧长从90°18′减小为90°10′［见注释［71］］。这里他忘了作相应的减小。

［77］由于常见的“复写”错误，哥白尼这里把“纬度”重写了一次（fol. 122^{v}，line 5 up）。Me（p. 222）最先指出，根据上下文显然应为“经度”。

［78］哥白尼取太阳的经度为金牛宫内6°（fol. 123^{v}，line 17），但PS 1515（fol. 63^{v}）和P-R（第六卷，命题6）都正确地指出应为7°。

409 ［79］哥白尼取食甚时刻为午夜后2季节时（fol. 123^{v}，line 15）。但PS 1515（fol. 63^{v}）正确地重复了托勒密的说法，即午夜在$2^{1}/_{2}{}^{h}$出现。P-R（第六卷，命题6）也是如此。

［80］哥白尼因笔误而写成了$^{3}/_{5}{}^{h}$（*quintis*；fol. 123^{v}，line 14 up），这与45^{m}＝$^{3}/_{4}$（fol. 124^{r}，line 1：*scrup xlv*）不一致。梅斯特林的N以及第谷的B（fol. 115^{v}，line 10 up）都私下把*quintis*改为*quartis*，但以前的任何版本或译本都未公开作此改正。

［81］亚历山大150年7月27日2：20 A. M.＝

$6\times 30^{d}=180^{d}$

7月　　26

149^{y}　　206^{d}　$14^{1}/_{3}{}^{h}$

［82］第一次把这次月食划归为比亚历山大时间迟1^{h}的克拉科夫时间时，哥白尼把$2^{1}/_{3}{}^{h}$变为$1^{1}/_{3}{}^{h}$，而没有把它注明为均匀时（fol. 123^{v}，line 18）。这里，当他重写亚历山大时间$14^{1}/_{3}{}^{h}=2^{1}/_{3}{}^{h}$时，虽然已经称之为“$2^{1}/_{3}$均匀小时”（*horas aequinoctiales duas cum triente*；fol. 123^{v}，line 16），但他误认为这是地方时。因此，当他减去1^{h}并得出$13^{1}/_{3}{}^{h}$时，他称之为克拉科夫地方时。他对这个时间作了10^{m}的修正，以求得克拉科夫均匀时。但克拉科夫均匀时本应为$13^{1}/_{3}{}^{h}$，而不是$13^{1}/_{2}{}^{h}$。

［83］根据IV，11结尾的月亮行差表，对165°≈163°33′，第一本轮行差为1°23′。

［84］从亚历山大到基督　323^{y}　$130^{d}12^{h}16^{m}$（IV，7）

从基督到第二次月食的整年数　1508

1509年：1月至5月　151

6月　1 11 45

1

1

0

1

闰日（4—1508年）　377

660

1－365

1832^{y}　$295^{d}0^{h}1^{m}$

这比哥白尼所得时段$1832^y 295^d 11^h 55^m$少$11^h 54^m$。哥白尼作这项计算显然很不顺畅。起初，他求得的总日数是3，后改为88，而小时数22还加了一个分数（fol. 123^v，末两行）。

［85］根据IV，4结尾的逐年和逐日月亮行度表，

$1800^y = 30 \times 60^y$	$(4 \times 60 \times 60° = 14400°)$	—
	$(48 \times 60° = 2880°)$	—
		41° 18′ 12″ 0‴
32^y	$3 \times 60°$	180
		7 56 3 25
$240^d = 4 \times 60^d$	$(48 \times 60° = 2880°)$	————
		45 46 46
55^d	$(11 \times 60° = 660° - 360°)$	360
		10 29 28 2
$11^h 55^m$	≈	6
		————
		591° 30′ 29″ 27‴
		−360
		————
		231° 30′
	亚历山大纪元（IV，7）	+ 310 44
		————
		542° 14′
		−360
		————
		182° 14′ 29″ 27‴

哥白尼最初的分数显然是15（*xv*），但后来塞进了三个*i*（fol. 124^r，line 3）。

［86］根据IV，4结尾的逐年和逐日的月球近点角行度表，

$1800^y = 30 \times 60^y$	$(2 \times 60 \times 60° = 7200°)$	—
	$(21 \times 60° = 1260° - 1080°)$	180°
		34 33′ 37″

32^{y}	$5\times60°$	300 410
		19　0　51　52‴
$240^{d}=4\times60^{d}$：	$52\times60°=3120°-2880°=$	240
		15　35　46
5^{d}	$11\times60°=660°-360°$	300
		58　34　26　47
	$11^{h}55^{m}$	6
$1832^{y}\ 295^{d}\ 11^{h}55^{m}$		1153°　44′　41″　39‴
		−1080
		73°　45′
亚历山大纪元（IV，7）		+ 85　41
		159°　26′

哥白尼在删掉一个或两个*i*之后，使分数成为55（*lv*）（fol. 124[r]，line 3）。至于归一化的度数，他最初写的是141（*cxlj*），后改为161。

［87］根据IV，11后面的月球行差表，第一本轮的行差对159°为1°55′，对162°为1°39′，因此对161°13′为1°43′。

［88］在第一次月食时，太阳远地点比夏至点（＝巨蟹宫0°）超前$24^1/_2$°＝双子宫$5^1/_2$°（III，16）。因此太阳在金牛宫6°时比远地点超前$29^1/_2$°。在第二次月食时，远地点落后于夏至点$6^2/_3$°（＝巨蟹宫$6^2/_3$°；III，16）。因此太阳在双子宫21°时比远地点超前$15^2/_3$°。

［89］第一次月食：月球直径的$^7/_{12}$＝7食分。

第二次月食：$^8/_{12}$＝8食分。

［90］第二次月食：因为增加的1个食分被掩食，距交点应更远$^1/_2$°；因为月亮南面被掩食，应为升交点。

第一次月食：因为月亮北面被掩食，应为降交点。

［91］月球从一个交点到另一个交点，纬度移动了180°。在本例中距离完成此移动还差$^1/_2$°。

［92］第二次月食：$1832^{y}295^{d}\ 11^{h}45^{m}$（地方时）　55^{m}（均匀时）
　　—第一次月食：149 206　13 20　　30

　　$1683^{y}\ 88^{d}\ 22^{h}25^{m}$　　25^{m}

哥白尼把分数多写了一个*x*（*xxxv*；fol. 124^{r}，line 13 up）。梅斯特林在其N中（fol. 116^{r}，Ch. 13，line 5 up）对此作了改正。

［93］月亮的纬度行度为每年13圈再加第14圈的148°42′（Ⅳ，4）：

$1683^{y} \times 13$ ＝21879圈

1683×148°	＝ 691	＋324°
1683×42′	＝ 3	＋ 98°6′
	1	62°6′
88^{d}	3	
	22 577圈	

［94］哥白尼起初把克拉科夫定为罗马以东6°处（fol. 124^{v}，line 15）。由于把这个距离减为5°，他与真实数值$7^{1}/_{2}$°相差更远。无论哥白尼所取的克拉科夫与罗马的距离从何而来，它肯定不是1492年版的《阿方索星表》。因为根据该书所载的欧洲主要城市与地区纬度表（sig. el^{v}），克拉科夫在本初子午线以东$2^{h}20^{m}$，罗马在本初子午线以东$1^{h}40^{m}$，因此这两个城市的时差应为40^{m}＝10°。有人曾误认为（*Proceedings of the American Philosophical Society*，1973，*117*：426）《阿方索星表》和另一本书“共同为哥白尼时代的天文学家提供了临时图书馆”。然而，哥白尼在《天球运行论》中从未引用过《阿方索星表》。该书中罗马和克拉科夫的距离比真实数值大10°，而哥白尼的最终数值刚好比它少这么多。

［95］取15°＝1^{h}，在罗马以东5°的克拉科夫的地方时比罗马地方时早$^{1}/_{3}{}^{h}$。

411 ［96］从亚历山大到基督：　$323^{y}130^{d}12^{h}$
　　从基督到月食：整年数　1499
　　1500年1月至10月　　304

11月	$5\ 2\ 20^m$
闰日（4—1500年）	375
	814
	−730
	$+2\ 84^d$
	$1824^y\ 84^d\ 14^h\ 20^m$

［97］第二次月食时的近点角：294°44′=从高拱点算起的65°16′
第一次月食时的近点角：64°38′

［98］

	第一次月食	第二次月食
高拱点	双子宫　5°30′	巨蟹宫　6°40′
一个中拱点	处女宫　5 30	天秤宫　6 40
	24 30	23 20
太阳在	天秤宫 25 10	天蝎宫　23 16
太阳与一个中拱点的距离	49°40′	46°36′

［99］哥白尼认为是南纬，其根据是，他可能想起阴影区在北面。

［100］

	视行度		均匀行度
第二次月食：$1824^y 84^d$=	$1823^y 449^d$	$14^h 20^m$	$14^h 16^m = 13^h 76^m$
第一次月食（IV，14，下面）	− 457 91	10	9 54
	$1366^y\ 358^d$	$4^h 20^m$	$4^h 22^m$

哥白尼起初写的是22，此为均匀行度分数的正确差值（fol. 124^v，末行）。后来他发现自己漏掉了小时数。于是他删掉22，插入正确的小时数4，并把视行度的分数写为24。他发现这个差错后删掉了四个i，留下了正确的数20。至于均匀行度的分数，他最初写的可能是26. 并在它上面写了24（fol. 125^r，line 1）。这个改变的证据是末尾有两个长划的*i*。分数值的这些变化与从亚历山大到哥白尼观测的分数改变有关。那里他的最后一个数是20，这取代了前面两个数

（也许是24和12；fol. 124^{v}）。

［101］根据IV，4结尾的逐年和逐日的月球纬度行度表，

$1366^{y}=46^{y}+（1320^{y}=22\times60^{y}）$

22×60^{y}：	$31\times60°=1820°-1800°$	60°
		40 36′
46^{y}		46
$358^{d}=58^{d}+（300^{d}=5\times60^{d}）$		
	$5\times60^{d}：60\times60°=3600°$	—
	$6\times60°=\ 360°$	—
		8 48
	58^{d}：$12\times60°=\ 720°$	—
		47 18
	$4^{h}24^{m}\approx$	2 27
1366^{y} 358^{d}	$4^{h}24^{m}$	159° 55′

716

［102］从亚历山大到基督：	323^{y}	130^{d}	12^{h}
从基督至托勒密在134年			
10月20日下午10点观测的整年数	133		
134年1月至9月		273	
10月		19	22
闰日（4—132年）		33	
		1	10^{h}
		456^{d}	
	1	—365	
	457^{y}	91^{d}	10^{h}

412 ［103］前面III，11给出的从第一个奥林匹克会期到亚历山大的时间间隔为

从第一个奥林匹克会期到纳波纳萨尔 $27^{y}247^{d}$

从纳波纳萨尔到亚历山大　+424

从第一个奥林匹克会期到亚历山大　$451^{y}247^{d}$

［104］前面III，11给出的从亚历山大到恺撒的时间间隔为

278^{y} $118^{1}/_{2}{}^{d}$

从第一个奥林匹克会期到亚历山大　+451　247

1　$365^{1}/_{2}{}^{d}$

从第一个奥林匹克会期到恺撒　730^{y}　12^{h}

［105］PS，V，12的标题并未涉及视差仪（*organon parallaktikon*）的制作。然而，P-R，V，13并没有使用这个词，而称此仪器为“托勒密之尺”（*regulae ptolemei*，sig. f 2^{v}）。同样，PS 1515，V，12也没有用“视差仪”一词，而是说“测定月球视差的仪器”（fol. 53^{r}）。由于哥白尼是用*n*帖中的D型纸来写《天球运行论》的IV，15的，因此他关于托勒密把这种设备称为视差仪的说法（fol. 125^{v}，line 17）不可能根据PS的希腊文本，因为他直到1539年夏天才看到这一文本。因此我们也许可以断言，哥白尼不是从PS希腊文本的第一版（*organon parallaktikon*出现在pp. 107，121），而是从其他地方知道托勒密这个词的。

普罗克洛斯的《生动叙述》（*Hypotyposis*），IV，49也使用了这个词，但在那里，它指的是用仪器来探测视差。因此，即使哥白尼知道普罗克洛斯的这段话，他也很难因此就说托勒密把这种设备称为视差仪。无论如何，哥白尼是通过GV才熟悉普罗克洛斯的《生动叙述》的。GV把普罗克洛斯的*parallaktikon organon*译为*commutatile… instrumentum*（sig. $ff4^{v}$，line 10），这与哥白尼的术语大相径庭。因此似乎很显然，哥白尼知道托勒密为视差仪所取的名字，这并非来自P-R，PS 1515及GV，亦非来自PS的希腊文本和普罗克洛斯的《生动叙述》。

如果进一步的研究能够成功地揭示这一文献来源，我们也许还会理解哥白尼在论述视差仪的构造时为何遗漏了托勒密的铅垂线，而把自己的仪器架在一个垂直极点上，使之绕此极点能够摆动（这与固定

在子午面上的托勒密仪器有所不同）。哥白尼还把尺子上的刻度从托勒密的六十进制改为把1414＝1000×$\sqrt{2}$作为半径为单位长度的圆的内接正方形的边长。

第谷后来得到了哥白尼的视差仪。第谷在《恢复的天文学的机械仪器》中说：

> 我已经得到一架完全为木制的这种［仪器］。它曾属于那位非凡的人物——哥白尼。（据说）这是他亲手制成的。哥白尼曾经居住过的弗龙堡的一位主教约翰内斯·哈瑙（Johannes Hanow）把这架仪器赠予我当做礼物……［第三卷注释［19］谈到，第谷于1584年派了一个学生去弗龙堡。这位约翰内斯·哈瑙主教是1575年1月23日去世的约翰内斯·哈瑙主教的侄子；ZGAE. 1929，23：755，no. 44。］我的学生回来时，他不仅把我交由他使用的六分仪完整无损地还给了我，还带给我第二架［仪器］，即哥白尼的视差仪，这是我前面提到的那位主教赠给我的礼物。尽管它是木制的且使用不便，但它让我想起它有一个如此伟大的主人，据说是他制作了这架仪器。我一看见它便喜出望外，立即情不自禁地……写了一首叙事诗。

第谷把这首含有34个六韵步的诗发表于他的*Letters*（1596；*Opera omnia*，VI，266—267）中，并注明写作日期为1584年7月23日。他指出，哥白尼画分度线使用的是黑墨水（VI，253：28，265：38），曾试图克服木料的翘曲（第谷确认木料为冷杉）（VI，104：1），还设计了使用不便的目镜。这些目镜是：

> 哥白尼仪器中的……小孔，透过小孔可以费力地看到星星。还有一个不利之处是，要想透过前面的孔正确地观测星星，它就应当比另一个孔大一些。于是它应为1°的一个分数，至少是$^{1}/_{8}$°或$^{1}/_{10}$°。但在观测时，我们并不知道恒星是否正好在孔的中央。于
> 413 是可以出现几分的误差。即使其他一切都完美无缺，我们也会惊叹哥白尼和古人使用这种目镜竟然能够达到很高的精度（Brahe，

Opera omnia，V，46：918）。

哥白尼视差仪的命运与第谷的其他仪器相同，它们都在三十年战争中都毁掉了。参见John L. E. Dreyer，*Tycho Brahe*（New York：Dover，1963；reprint of the Edinburgh 1890 ed.），pp. 125，365—366。

［106］在给出太阳位置为天秤宫内5°28′时（fol. 126^r，末两行），哥白尼并没有指明，根据托勒密的说法这是真太阳，而平太阳在天秤宫内7°31′。因此月亮与（平）太阳的距角为78°13′，

天秤宫	22°29′
天蝎宫	30
人马宫	25 44＝平月亮
	78°13′
人马宫	25°44′
行差	7 26

摩羯宫　3°10′，此即PS 1515（fol. 54^r）给出的值，而非哥白尼（fol. 126^v，line 4）错误地根据P-R（第五卷，命题15）所用的3°9′。

［107］

月亮的天顶距	50°55′	月亮的赤纬	23° 49′
	−1 7	亚历山大城的纬度	30 58
	49°48′		54° 47′
		月亮的纬度	−4 59
			49° 48′

［108］从基督纪元开始至1522年9月27日5：40 P. M.：

1521个整年	
1522年1月至8月	243^d
9月	26
闰日（1520 ÷ 4）	380

	649
1	−365
1522^y	$284^d17^2/_3{}^{'h}$

［109］哥白尼测出弗龙堡的纬度为54°19′。第谷的助手发现这个值过低（Dreyer，*Brahe*，p. 124）。

［110］从基督纪元开始至1524年8月7日6 P. M.：

1523个整年	
1524年1月至7月	212^d
8月	6
闰日（4—1524年）	381
	599
1	−365
1524^y	234^d18^h

［111］根据弦长表，对50′为1454。*AC*：*CE*＝1454：99219＝1：68.2，哥白尼把后一值写为68。

［112］哥白尼最初取IV，16中第二次观测时月亮的视天顶距为81°42½′（fol. 127ʳ，line 12 up）。后来他给度数加上第二个尾数*j*，删掉分数并擦掉*s*（＝½′），把这个值改为82°。类似地，他把fol. 127ᵛ，lines 2—3的81°42½′也增加为82°。取算出的月亮的平天顶距为80°55′（原为42′；fol. 127ᵛ，line 2），则视差＝1°5′（fol. 127ᵛ，line 3 down，5 up）。根据弦长表，与1°5′相应的弦长为1891，如fol. 127ᵛ，line 4 up所示（1°10′：2036；1°：1745；10′：291；5′：146；1°5′：1745＋146＝1891）。

［113］哥白尼在后面（fol. 128ʳ，line 15 up）用这个比进行运算。它源于哥白尼起初用来表示*CE*与*AC*之比的98953：1745（fol. 127ᵛ，line 4 up）。当他在那里把98953换成99027，把1745换成1891时，他并没有重新计算这个比，它应为*CE*：*AC*＝$52^p22'$：1^p，而非

$56^{p}42'$: 1^{p}。取AC=1745，则视差$\measuredangle AEC$=1°。因此，仍取IV，16中第二次观测时月亮平天顶距为80°55′的N（fol. 119^{r}）取视天顶距 414
为81°55′，尽管哥白尼的原稿上写的是82°而非$81°42^{1}/_{2}'$。同样，原稿中对$\measuredangle AEC$所取值（65′；fol. 127^{v}，line 5 up）被减小为60′（fol. 119^{v}）。

［114］根据IV，11结尾的月球行差表，对195°为2°39′，对192°为2°7′，因此对194°10′为2°30′。

［115］$\measuredangle KDB$=59°43′。根据弦长表，对59°50′为86457，对59°40′为86310，因此对59°43′为86354。

［116］DE : EK=9185686，354=100000 : 94010.2，哥白尼把后一值写为94010。

［117］KE : DE=94010 : 100000=$56^{p}42'$: $60^{p}18.8'$，哥白尼把后一值写为18′。

KE : DF=94010 : 8600=$56^{p}42'$: $5^{p}11'$

KE : DFG=94010 : 13340=$56^{p}42'$: $8^{p}2.7'$，哥白尼把后一值写为2′。

［118］这里我们可能本以为是$52^{p}16'$，但哥白尼最初写的是52^{p}和分数的缩写（fol. 128^{r}，line 9 up）。他随后想到用一个方便的分数，便改用$^{1}/_{4}{}^{p}$，但忘记把缩写的分数删掉。最后，他划掉$^{1}/_{4}$并在它上面写了17作为分数。

［119］得出$65^{1}/_{2}{}^{p}$和$55^{p}8'$这两个值时，哥白尼也许想到了DE=$60^{p}18.8'$≈$60^{p}19'$。

［120］哥白尼因笔误而把56改为58（*Lvjij*；fol. 129^{v}，line 12 up）。梅斯特林在其N中改正了N的这个错误（fol. 121^{v}，line 14）。

［121］KL : KD=3′11″ : 60′=$64^{p}10'$: 1209.4^{p}，托勒密取后一值的约数为1210^{p}。

［122］KM : KMS=14′22″ : 60′=$64^{p}10'$: 267.98^{p}≈268^{p}.

［123］$29^{1}/_{2}'\times{}^{13}/_{5}$=1°16′42″≈$1°16^{3}/_{4}'$。

［124］P-R，V，21把这些发现归于巴塔尼：“然而巴塔尼发现，他所观测的月食在食分和食延上都与托勒密的计算结果不同。……月食期间，当月球位于其本轮的远地点时，巴塔尼求得月亮直径为

$29\frac{1}{2}'$……。但他仍采用托勒密给出的月球半径与阴影半径之比，即5∶13或1∶2 $\frac{3}{5}$……。巴塔尼还宣布太阳的［视］直径有变化。当太阳［与地球］的距离为最大时，他说［太阳的直径］=31 $\frac{1}{3}'$，这与托勒密的值相符。……月球［与地球］的最大距离=$64^p10'$。……取地球半径=1^p，则太阳在其远地点处的距离=1146^p。……此时用同样单位表示，阴影轴的长度=254^p。"

［125］哥白尼以前曾把周年轨道的偏心率从托勒密的$\frac{1}{24}$改为自己的$\frac{1}{31}$（III，16结尾），他现在将太阳的视直径从托勒密的31′20″相应地增大为31′40″。

［126］禁书目录圣会命令删掉"这三个天体，因为地球并非如哥白尼所宣称的那样是天体"这几个字。

［127］$KL : KD = 65\frac{1}{2}^p : 1179^p = 1 : 18$.

［128］取$LO = 17'8''$（IV，19），则$18 \times LO = 5^p8'24'' \neq 5^p27'$（fol. 130^r，line 5）。然而，哥白尼最初取的LO的值为18′11″（fol. 130^r，line 6 up），而$18 \times 18'11'' \approx 5^p27'$。因此，当哥白尼把$LO$从18′11″减小为17′9″，并最终在IV，19中减小为17′8″时（fol. 130^r，line 5 up），他忘了改正IV，20中的"$18 \times LO \approx 5^p27'$"（fol. 130^v，lines 4—5）。

维滕堡的马提亚斯·劳特瓦尔特1545年写信给雷蒂库斯说："在我看来，很难认为［IV，］20的开头部分是作者［哥白尼］写的。我很奇怪，既然你核对过作者在一至四卷中的计算，你为什么没有改正那些错误。"（Burmeister，*Rhetikus*，III，63：lines 10 up—8 up。）劳特瓦尔特无法看到哥白尼的手稿，他不得不完全根据N来发表意见。和N的其他许多细心读者一样，劳特瓦尔特从N中得到的印象是，哥白尼在基本算术方面有许多疏漏。由于这些读者不了解N出版之前的复杂情况，他们没有认识到N中的计算错误往往不是因为哥白尼的运算能力不足，而是因为当他最终同意将稿件付印时，他的手稿还没有完成。他在序言中谈到，他的手稿埋藏在自己的书稿中许多年，这表明这份收起来的手稿早就可以出版了。可悲的是，甚至当把稿件交付印刷者时，它也并没有真的就绪。

劳特瓦尔特说雷蒂库斯"核对过作者在一至四卷中的计算"，这进一步说明了在纽伦堡发生的一些事情。劳特瓦尔特的话是可靠的，因为他与雷蒂库斯接触密切，甚至在后者去莱比锡大学讲授数学之后仍然如此。雷蒂库斯1544年12月28日在莱比锡进行月食观测的手 415
写记录，在1545年初就由劳特瓦尔特收藏。因此我们有充分理由相信劳特瓦尔特的说法，即雷蒂库斯核对过哥白尼“在一至四卷中的计算”。如果此说属实，我们也许可以得出结论，雷蒂库斯1542年10月离开纽伦堡赴莱比锡大学任教时，他编辑的《天球运行论》没有超过第四卷。那么，奥西安德尔是否接替雷蒂库斯担任了五至六卷的编辑工作？

1540年6月11日，劳特瓦尔特被维滕堡大学录取（*Album academiae Vitebergensis*，1［Leipzig，1841］，180）。MK（lines 591，593，606—608）把他的姓氏误为“劳特巴赫”（Lauterbach），后在pp. 682，698已予改正。然而，Z继续谈论“劳特巴赫”。Z（pp. 257，270）称“劳特巴赫”在1545年是一名学生，这也许是因为他在给雷蒂库斯信件的结尾自称为*tui studiosus*（您忠实的）。由于劳特瓦尔特来自埃尔布隆格（Elblag），他称哥白尼为同乡（*conterraneus*）。

［129］$SKD=SK+KLD=265+1179=1444$。

［130］$265\times 5^{p}27'=1444^{1}/_{4}{}^{p}$。

［131］$(5^{p}27')^{3}=161.879\approx 161^{7}/_{8}$。

［132］这里哥白尼取月亮半径=17′9″（fol. 130ᵛ，line 14）。后来他把这个值减少了1′（fol. 130ʳ，line 5 up）。当他在IV，19中作这项减少时，他忘了在这里也这样做。

［133］$42^{7}/_{8}\times 161^{7}/_{8}=6940$，对此哥白尼写的是7000－63＝6937。

［134］哥白尼又一次引用了欧几里得《光学》的命题5［参见第一卷注释［41］、第三卷注释［141］和第四卷注释［2］］。

［135］这里哥白尼没有对322做改动（fol. 130ᵛ，line 7 up）。他后来回到III，16，18时，他把322增加为323［参见第三卷注释［160］和［164］］。

［136］10322∶9678＝1179∶1105.4，哥白尼把后一值写为1105。1179－1105＝74；74÷2＝37；37＋1105＝1142。

［137］1000000÷1179=848.18，哥白尼把后一值写为848。

［138］1000000÷1105=904.98，哥白尼把后一值写为905。

［139］实际上，IV，19并未显示（*ostensum est*）太阳在远地点的视直径值。恰恰相反，哥白尼径直取它（*posuerimus*）=31′40″（fol. 130r，lines 16—17）。这也是他这里最初取的值。但是当他由计算得出31′48″时，他在两个地方插进了“*viij*”（fol. 131r，lines 9，11），但忘了回到IV，19作同样的改正。

［140］这里哥白尼保留了过大的传统值。关于后哥白尼时代这个值的减小，参见A. Pannekoek，*A History of Astronomy*（London：Allen & Unwin，1961），pp. 283—284。

［141］哥白尼的研究者尚未确认是哪些天文学家从太阳每小时的视行度推算出太阳视直径的平均长度。

［142］哥白尼因算术差错而写成了$14^1/_5$（fol. 131r，line 12 up）。梅斯特林的N删掉了第四个I（fol. 123r，line 9）。

［143］这里给出了半月的远地点=68°21′（fol. 131r，line 3 up）。哥白尼在前面IV，17中取此值=$68^1/_3{}^p$=$68^p20'$（fol. 128r，line 11 up）。

［144］这里哥白尼再次提醒读者注意，托勒密的月球理论低估了月球的近地点距离［参见注释［8］］。

［145］$CZ : ZE = EK : KS$

$4^p27' : 1105^p = 1^p : 248^p18.9'$，哥白尼把后一值写为19′。

［146］$SK : KE = SM : MR$

$248^p19' : 1^p = 186^p19' : 45'\ 19''$，哥白尼把后一值写为45′1″。

［147］由于阴影直径的最大变化为57″，所以IV，24结尾第二表最后一列的标题应为秒，而不是N中fol. 126v所载的分。劳特瓦尔特指出了N的这个排印错误（Burmeister，*Rhetikus*，III，63，line 7 up—5 up）。

［148］这里用EF来表示月球第二本轮的直径。在I，17的第二张图中，该直径$=DFG-DF=8^2/_{60}-5^{11}/_{60}=2^{51}/_{60}$地球半径。

［149］$GA={}^1/_2\,(EF=2^p51')\approx 1^p25'$

$AC=AE+EC=1^p25'+5^p11'=6^p36'$。

［150］$EF:EL=2^p37':46'=60':17.6'$，哥白尼把后一值写为18′。

［151］哥白尼因笔误而写成了第七列（fol. 133^r，末行）。

［152］虽然哥白尼作出角$MBN=60°$，但在fol. 133^r的图中，他忘了画直线BN，N对此作了补充。

［153］$3^p7'$：$55'=60$：17.6，哥白尼把后一值写为“≈18”。

［154］哥白尼在IV，17中（fol. 128^r，line 13）取地球中心与月球第一本轮中心的距离为60^p加上18′，而不是这里的19′（fol. 133^v，line 11 up）。

［155］$10^p22':2^p27'=60:14.2$，哥白尼把后一值写为14。

［156］由于重复书写，哥白尼在秒（second）数（fol. 135^r， 416
line 3 up）之后紧接着写了“第二”（second）极限。

［157］在最后一列中，96°的比例分数为32，102°的比例分数为35，因此34属于100°。

［158］虽然哥白尼（fol. 136^r，lines 6—5 up）称这些弧为KM和LG，但他的图所用字母有所不同，N对此作了修改。

［159］在II，14结尾的哥白尼星表中，此为金牛座的第15星。

［160］由于南纬5°10′的毕宿五（金牛α）距南角要比北角近$^1/_2$个月亮视直径（≈32′），而此星在月面中心之南约5′处，所以月亮当时在南纬5°6′附近。

［161］1496个整年

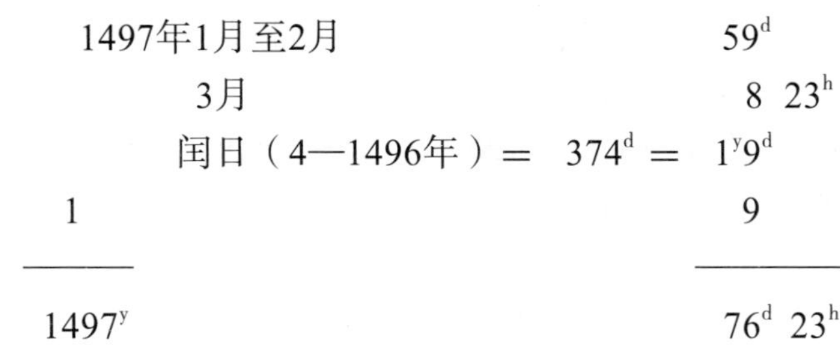

1497年1月至2月　　59^d

3月　　$8\ \ 23^h$

闰日（4—1496年）＝　374^d ＝　1^y9^d

1　　9

———　　———

1497^y　　$76^d\ \ 23^h$

［162］哥白尼说克拉科夫在博洛尼亚以东近9°处，他依据的并非他所拥有的那一版《阿方索星表》。该表（sig. el^v）并未列入博洛尼亚，但把威尼斯和佛罗伦萨都置于本初子午线以东1^h34^m处，把克拉科夫置于2^h20^m处，两者相差46^m，$=11^1/_2°$。因此，哥白尼和他所依据的文献都比《阿方索星表》更接近于真实值（$≈8^1/_2°$）。

［163］取$15°=1^h$，则$9°=36^m$。

［164］哥白尼起初想到的是一个<60的数，于是写了*scr*（分；fol. 137^v，line 3）。后来他突然想起一个略大于60′的值，于是把缩写词删掉，而代之以1°（*pars una*）。然而他在取51′为确定值时忘了把*pars una*划掉。在梅斯特林的N中把*pars una*划掉了（fol. 129^r，Ch. 27，line 4 up）。

［165］哥白尼的研究者们尚未确认是哪些天文学家完全依赖于月亮的小时行度而确定出真朔望的时刻。从太阳的小时视行度推出太阳视直径平均长度的［参见注释［141］］是否也是这些天文学家？

［166］$15°=1^h=60^m$，$1°=4^m$，$1'=4^s$.

［167］在$2^h=120^m$内，月亮移动了$1°=60'$（IV，29）。因此它在$4^m={}^1/_{15}{}^h$内移动了2′。

［168］哥白尼的研究者们尚未确认，在偏食时根据被食表面而不是直径来确定掩食区域的许多天文学家是谁。

［169］PS（VI，7）重复了阿基米德对π确定的著名界限，即<$3^1/_7$，但> $3^{10}/_{71}$，并取周长与直径之比$=3^p8'30'':1$。然而，托勒密尽管提到了阿基米德的名字，但并没有把他与叙拉古联系起来，也没有引用其著作的标题《圆的度量》。哥白尼必然是从其他地方了解到关于阿基米德的这一附加信息。

［170］哥白尼的研究者们尚未确认是哪些天文学家对月食作了更详尽的讨论。也许他们（或者其中一部分人）就是注释［141］，［165］和［168］所提到的那些天文学家。

［171］当哥白尼把《天球运行论》的卷数减为六卷时，他忘了修改此处的记录（fol. 141^v），于是留下“《天球运行论》第五卷终”。

第　五　卷

［1］在原稿中，哥白尼起初在fol. 142^r，line 12结束了第五卷的引言，并立即转入第一章。他在写出该章标题和前面两句话后，划掉了这9行字又回去写引言，以恢复据说柏拉图在《蒂迈欧篇》中使用过的行星名称。然而柏拉图在《蒂迈欧篇》中并没有用这些名称来称呼五颗行星，这些名称是他去世后很久才出现的。

如何解释这种误传呢？卡尔西迪乌斯（Chalcidius）的《柏拉图〈蒂迈欧篇〉评注》（*Commentary on Plato's Timaeus*，first edition：Paris，1520）给出了哥白尼重复的行星名称。如果卡尔西迪乌斯的著作是哥白尼这段话的来源，则我们可以得出三项有趣的推论。

首先，哥白尼没有把卡尔西迪乌斯对《蒂迈欧篇》的评注与7个多世纪以前柏拉图本人在《蒂迈欧篇》中的说法分开。换句话说，哥白尼并未查阅《蒂迈欧篇》来检验柏拉图是否真的使用过这些行星名称。其次，哥白尼知道，不能认为大部分读者都通晓希腊文，因此对他们来说这些名称可能很奇怪，甚至是无法理解的。于是哥白尼并未单纯地重复他所依据的文献，而且还对这些行星名称的含义作了解释。对于金星，他还补充了两个较为熟悉的名称。最后，如果卡尔西 417
迪乌斯的著作是哥白尼这里所依据的文献，我们就更有理由认为他在1520年以后才开始写第五卷。当然，当哥白尼在克拉科夫求学时，这里就有几部卡尔西迪乌斯的手稿。但在他只有十来岁的时候，他可能被准许研读这些珍藏的手稿吗？

这里所谈的行星名称也出现在其他一些古代作者（如西塞罗、伪普鲁塔克、马提亚努斯·卡佩拉）的著作中。虽然哥白尼知道他们的著作，但他们都没有把这些行星名称与柏拉图的《蒂迈欧篇》特别地联系起来。而在卡尔西迪乌斯那里，行星名称出现在《蒂迈欧篇》的语境中，就像它们也出现在哥白尼的著作中一样。

［2］一颗行星“总是自行向前运动”。但它有时似乎会停下来并掉转方向。这些与行星固有运动的偏离不是真实的，而只是表观的。这些现象乃是由我们作为观测者在地球这颗行星上绕太阳运动造成的。如果一位（假想的）观测者在（被认为静止不动的）太阳上观看，那么他就会看到，行星只作其固有的、向前的运动。他将看不到驻点和方向改变。这一见解是哥白尼对我们了解行星行为最重要的贡献。同时，它还为地球绕太阳的周年运转提供了一个明显的证据。常有人说，直到地球周年运动对恒星产生的影响以恒星周年视差的形式被大大改进的望远镜（哥白尼时代还没有出现）觉察到，这种运转才第一次得到证明。但他关于行星视差的发现（他称之为行星的“往来运动”［*motus commutationis*］，即往返运动）和恒星周年视差一

样，都是地球轨道运动的有力证据。该现象的微小耽搁了它的发现，直到技术进步到一定程度。但是作为一种大尺度现象，行星视差是哥白尼用肉眼发现的。参见Jean-CIaude Pecker，“Retour sur Copernic，Kepler，Bessel et les parallaxes”，in *L'Astronomie*，1974，88。

［3］这里就像在第二卷引言中那样，哥白尼提醒读者，使用通常的日动术语有时很方便，而且没有害处［参见第二卷注释［3］］。

［4］哥白尼因重复书写而写成了“六倍”（*sexies*，而不是“六十倍”，*sexagies*；fol. 143r，line 13 up），也许是因为他已经在思考三行以下提到的木星的6个恒星周。

［5］在金星逐日行度的第二列，哥白尼因笔误而写成了49（*iL*，fol. 143v，line 14 up）。但是根据附表（fol. 147v，line 3）以及为了与金星的周年行度相一致，此数应为59。

［6］在西塞罗《共和国》第六卷中有一节名为“西庇阿之梦”，其中说行星“沿其圆周和球形”路径运行（§15）。

［7］“圆周运动相对于一个并非其自身中心的另外的中心而言也可以是均匀的”，承认这一点是使哥白尼“有机会思考地球的运动以及如何保持均匀运动的其他方式和科学原理”的条件之一。在这一点上，他仍然不愿用“偏心匀速点”一词来指那种帮助他把地球构想成一个运动天体的策略。然而在其早期著作《要释》中，他的确提到了“某些偏心匀速点”（*aequantes quosdam circulos*），这迫使他找到“一种更加合理的安排，……使每个物体都能按照绝对运动规则的要求，围绕其自身的中心作均匀运动”（3CT，pp. 57—58）。

在哥白尼之前500年，伟大的穆斯林科学家伊本·海塞姆（Ibn al-Haytham，965—1040）也类似地抛弃了偏心匀速点，因为它违反了均匀运动的原则。他在其《对托勒密的怀疑》（*Doubts concerning Ptolemy*）中便是这样做的。此书的阿拉伯文本最近出版了（*Al-Shukuk 'ala Batlamyus*，edd. A. I. Sabra and N. Shehaby，Cairo：National Library Press，1971）。但它从未被译成拉丁文，因此哥白尼不会读到它。然而，哥白尼是否听说过关于伊本·海塞姆拒斥偏心匀速点的哪怕些微的回音呢？如果是这样，那么值得注意的是，这位穆斯林学者对偏心匀速点的拒斥并未使他走向地动学说。对相关段落的翻译和讨论参见Salomon Pines，“Ibn Al-Haytham’s Critique of Ptolemy，” *Proceedings of the Tenth International Congress of the History of Science*（Paris，1964），pp. 548—549。

［8］根据哥白尼的说法，古代天文学家认为行星偏离了正圆轨道。有人错误地认为，根据哥白尼的说法，他们的行星轨道为正圆，哥白尼旨在“驳斥古人的观点”，这种误解乃是基于印刷版本，所有这些版本都没有复制出fol. 151^{r}，line 7中的冒号，因此它们都弄错了哥白尼的意思。奥托·诺伊格鲍尔（Otto Neugebauer）（“On the Planetary Theory of Copernicus”，*Vistas in Astronomy*，*10*：94）对这一点当然是清楚的。倘若他不是完全依赖于印刷版本而是查阅过原稿，他就不会指责哥白尼犯了一个如此严重的错误。

418

［9］在分析五颗行星的黄经行度时，哥白尼从土星开始，接着是另外两颗外行星，即木星与火星，然后是金星和水星。而托勒密的次序却相反，从水星向外至土星（PS，IX，7—XI，8）。然而在他的表中（PS，IX，4；XI，11；XII，8）以及在处理逆行弧长时（XII，2—6），托勒密却采用了哥白尼的次序。

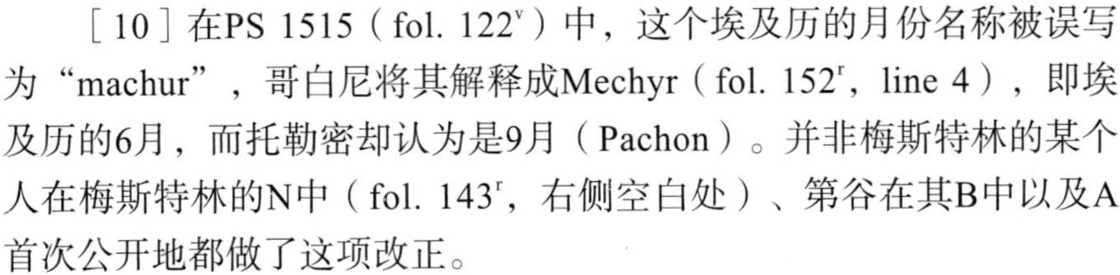

［10］在PS 1515（fol. 122^{v}）中，这个埃及历的月份名称被误写为“machur”，哥白尼将其解释成Mechyr（fol. 152^{r}，line 4），即埃及历的6月，而托勒密却认为是9月（Pachon）。并非梅斯特林的某个人在梅斯特林的N中（fol. 143^{r}，右侧空白处）、第谷在其B中以及A首次公开地都做了这项改正。

［11］托勒密对第一次冲得出土星的经度为天秤宫内1°13′，即181°13′。对该值作大约6°33′的岁差修正，哥白尼得到174°40′作为约数（*fere*）。另一方面，他对第二次和第三次冲所作的岁差修正为精确的6°37′。那么他对第一次冲为什么用了一个近似修正？这肯定不是像Z（p. 510）误以为的那样是一个“计算错误”。Z没有注意到，哥白尼注明在第一次冲时土星的位置只是近似的。

［12］哥白尼因笔误而写成了*undecim*（11）而不是*quindecim*（15），尽管在三行以下他正确地写出了罗马数字*xv*。第谷在其B中把11改为15（fol. 143^{v}，line 4）。

［13］托勒密把土星在第二次冲时的位置定为人马宫内9°40′，即249°40′。因此在这里，哥白尼取的岁差修正为精确的6°37′+243°3′=249°40′。

［14］托勒密把土星在第三次冲时的位置定为摩羯宫内14°14′，即284°14′。于是哥白尼的岁差修正再次为精确的6°37′+277°37′=284°14′。

［15］从127年3月26日5 P. M.至133年6月3日3 P. M.：

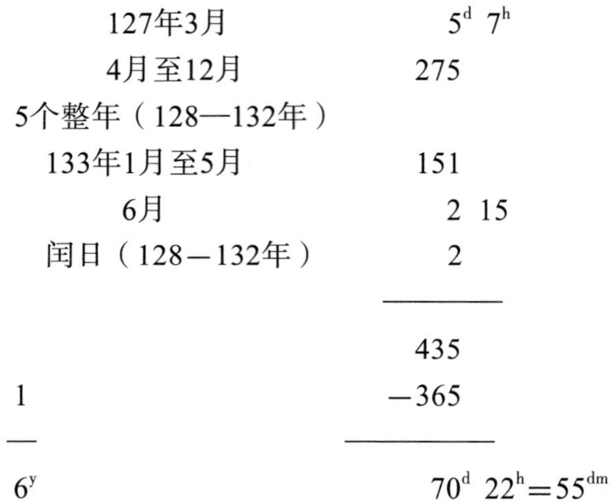

	127年3月	5^d 7^h
	4月至12月	275
	5个整年（128—132年）	
	133年1月至5月	151
	6月	2 15
	闰日（128—132年）	2
		435
1		−365
6^y		70^d 22^h=55^{dm}

［16］根据V，1结尾的土星逐年和逐日视差行度表，

6^y	240°			
	45	12′	18″	58‴
70^d：60^d	57	7	44	5
10	9	31	17	20
22^h≈	52			

6^y 70^d 22^h 352° 43′ 20″ 23‴，哥白尼把后一值写为352°44′。

［17］从133年6月3日3 P. M.至136年7月8日11 P. M.：

133年6月	27^d 9^h
7月至12月	184
2个整年（134—135年）	

136年1月至6月　　181

7月　　7　11

闰日（136年）　　1

——

400

1　　-365

——　　——

3^y　　$35^d\ 20^h\ (=50^{dm})$

［18］根据V，1结尾的土星逐年和逐日视差行度表，

3^y　　$300°$

$22\ \ 36'$

35^d　　$33\ \ 19$

$20^h \approx$　　48

3^y　35^d　20^h　$356°\ 43'$

［19］哥白尼的证明要求把A、B和C都与E相连。但他的证明中 419
并没有使用AE、BE、CE与小本轮圆周的交点，因此哥白尼在他的图中（fol. 152^v）并没有用字母标记这些交点。K、L和M为小本轮圆周与AD、BD和CD的交点，而非与AE、BE和CE的交点。

［20］关于阿基米德对化圆为方问题的间接处理，参见第三卷注释［132］。

［21］有人指责哥白尼只会鹦鹉学舌地追随托勒密，这些人应当认真考虑哥白尼这里拒斥了托勒密过分繁琐的处理。

［22］实际上，托勒密的第一弧段$=57°5'$（PS 1515，fol. 124^v）。对于第二弧段，托勒密给出的是$18°38'$（而非fol. 153^r，lines 9—10的$18°37'$）。

［23］$DF : DE = 60^p : 6^p50' = 10000 : 1139$。哥白尼因一个奇怪的笔误而把1139写成了1016（fol. 153^r，line 12），就好像取了$DE = 6^p5'45''36'''$。但就在下面一行，他实际上是用1139作计算，因为他取该数的$^3/_4$等于854，它的$^1/_4$等于285。梅斯特林在其N中和第谷在其B中（fol. 144^r，line 3 up）都把1016改为1139，但A第一次作了公开改正。

［24］哥白尼起初取$BDE=161°23'$（fol. 153ʳ，lines 4 up—3 up）。因此他当时仍然是用FB＝18°37′作计算［见上面注释［22］］。后来他擦掉了第一个*i*，把*BDE*的分数减小为22。由此，他回到了托勒密对第二弧段所取的值18°38′。

［25］哥白尼因笔误而把OBL的分数写成了36（fol. 153ᵛ，line 2）。但他实际上是用38作运算（见上一注释）。

［26］哥白尼误把*BED*当作余量（fol. 153ᵛ，line 6），但正如Mu（p. 298，n. on line 31）第一次注意到的，它实际上是被减量。

［27］哥白尼误取角*CDE*等于56°30′，实际上应为该角的补角。1952年的英译本（p. 747）首次指出了这一错误。哥白尼起初把分数写为30（*xxx*；fol. 153ᵛ，line 9）。他在此行上面最后一个*x*之前插入了一个*i*，把该值减小为29。然而他实际上还是用30′（p. 247：2）进行运算，并在V，5结尾处（fol. 154ʳ，line 18）用分数$^1/_2$的形式重复了那个数。

［28］哥白尼因可以预料的重复书写而把分数37写成了14，因为他已经想到了同一行结尾处的14（fol. 153ᵛ，line 2 up）。梅斯特林的N中（fol. 145ʳ，line 4）改正了这个错误。

［29］哥白尼因笔误而把应有的*PEF*写成了*PDF*（fol. 153ᵛ，末行）。梅斯特林的N（fol. 145ʳ，line 5）改正了这个错误，而Mu（p. 299，n. on line 12）首次作了公开更正。

［30］哥白尼起初把这次冲的时刻定为“午夜后几乎9^h”（fol. 154ᵛ，line 2 up）。接着哥白尼把数字擦掉（现已难以辨认），并在右侧空白处改写为“日出前2^h”。最后，他把这个第二说法改为“午夜后$6^2/_5{}^h$”，并且在fol. 156ᵛ，lines 7 up—6 up加以重复。于是他从头至尾把“几乎9”改为4，再改为6∶24，而这三个时刻都是在清晨前后。Z把这次冲说成是在黄昏，这是一个惊人的错误。Z（p. 209）指出哥白尼不可能用月亮（当时为新月）作为媒介，并说哥白尼把这次冲完全弄错了，应把这次冲推迟一个月到11月10日！但哥白尼是在5行以下计算第二次与第三次冲的时间间隔之前采用最后时刻（6∶24 A. M.）的［fol. 154ᵛ，line 4；参见下面的注释（32）］。该时间间隔当然与Z强词夺理的批评完全不相容。

［31］从1514年5月5日10：48 P. M.至1520年7月13日正午：

1514年5月	26^{d}	$1^{h}12^{m}$
6月至12月	214	
5个整年（1515—1519年）		
1520年1月至6月	181	
7月	12	12
闰日（1516年，1520年）	2	
	435	
1	−365	
6^{y}	70^{d}	$13^{h}12^{m}=33^{dm}$

［32］从1520年7月13日正午至1527年10月10日6：24 A. M. 420

1520年7月	$18^{d}12^{h}$
8月至12月	153
6个整年（1521—1526年）	
1527年1月至9月	273
10月	9 6 24^{m}
闰日（1526年）	1
	454
1	−365
7^{y}	$89^{d}18^{h}\ 24^{m}=46^{dm}$

［33］我们还记得（V，1），哥白尼认为不需要为土星的平均自行度制表。他给出的土星自行度为1年12°12′46″，因此6年为73°16′ 36″。从III，14结尾的太阳逐年和逐日简单均匀行度表内有关相应条目减去V，1结尾的土星逐年和逐日视差行度表的某些条目，可得其余的土星自行度。于是对$70^{d}33^{dm}$有，

60^{d}　　太阳 59° 8′　　　土星 57° 7′

10	9 51	9 31
70^d	68° 59′	66° 38′
	−66 38	
	2° 21′	
33^{dm}≈	1	
	2° 22′	
6^y	73 16 36″	
	75° 38′ 36″，哥白尼把该值写为75°39′。	

［34］$DE:AE=19090:8542=13501:6041$。哥白尼写的是6043而不是6041（fol. 154ᵛ，末行）。他这样做是因为他起初取$DE=13506$（fol. 154ᵛ，line 12 up，他在那里擦掉了6并在它上面写了1；而在line 2 up，6仍比1明显）。取$DE=13506$，则$AE=6043$。当哥白尼把DE从13506改为13501时，他忘了对AE作相应修改，它仍然$=6043$。

［35］fol. 155ʳ，line 16 up：在作此减法时，哥白尼把减数与被减数颠倒了。W首次改正了这一错误。

［36］$FG:FD=10000:1200=60^p:7^p12'$。

［37］$FD:DK=1200:650=10000:5416^2/_3$。最后一个数字虽然被擦掉了一部分，但并不是7，留下来的数字看起来像1（fol. 155ʳ，line 7 up）。根据弦长表，对32°50′为54220，对32°40′为53975，因此对32°45′为54098，取半径＝10000时为5410。与54167相应的角约为32°48′。

［38］哥白尼之前写的是7（*vij*；fol. 154ʳ，末行）。然而他这里说的是8（*octo*；fol. 156ᵛ，line 12）。倘若他这里保留了7，则土星的低拱点将在$60^1/_3$°，而不需要用“约在”（*fere*；fol. 156ᵛ，line 16）。但他在V，6结尾取土星高拱点在240°21′（fol. 156ᵛ，line 3 up）时，明确取了8。

［39］哥白尼起初把这次观测的时刻定为日出前2^h（＝4 A. M.，fol. 157^r，line 11）。后来他取较晚的时刻，把2换成6而没有任何分数，并且不像前面［见注解［30］］那样把“日出前”改为“午夜后”。

［40］从136年7月8日11 A. M.至1527年10月10日6 A. M.：

136年7月	23^d13^h
8月至12月	153
1390个整年（137—1526年）	
1527年1月至9月	273
10月	9　6
闰日（140—1524年）	347
	805
2	−730
1392^y	$75^d19^h=47^1/_2{}^{dm}$

哥白尼写的是48^{dm}，也许是因为他想起自己对第三次冲最后确定 421
的时刻是6点以后几分钟。

［41］哥白尼这里（fol. 157^r，line 20）所写分数为45，这与他在6行以上原来的计算结果相符。然而在那里他后来插进了3个i，使分数增为48。但他是在用手稿中未经改正的较小数作了这个减法之后才把45改为48。这又是一个例子，表明哥白尼在修改数字结果之后没有在其他地方作相应变化。

［42］相应的现代值应为每100年$1^1/_2{}'$（*Astronomical Journal*，1974，*79*：58）。

［43］从基督纪元开始至哈德良20年12月24日＝136年7月8日：

135个整年（137—1526年）	
136年1月至6月	181^d
7月	7 11^h
闰日（4—136年）	34

135^{y} $222^{d}\,11^{h}=27^{1}/2^{dm}$

哥白尼把该值写为27^{dm}（fol. 157^{r}，line 5 up）。

［44］从基督纪元开始至1514年2月24日5 A. M.：

1513个整年（137—1526年）

1514年1月	31^{d}
2月	23 5^{h}
闰日（4—1512年）	378
	432
1	−365
1514^{y}	$67^{d}\ 5^{h}=12^{1}/2^{dm}$，

哥白尼把该值写为13^{dm}（fol. 15^{7v}，lines 4 up—3 up）。哥白尼在这里的错误值77^{d}（*lxxvij*，多出一个*x*）在A中（p. 355）得到了改正。

［45］这里哥白尼把土星的高拱点置于“大约$240^{1}/_{3}$°”处（*fere*；fol. 158^{r}，line 3）。在V，6结尾，哥白尼更精确地说在“240°21′”（fol. 156^{v}，line 3 up）。

［46］哥白尼因笔误（fol. 158^{r}，line 17）而把度数41写成了40（*xl*，缺一个*i*）。A（p. 355）改正了这个错误。

［47］虽然哥白尼在上面（fol. 158^{r}，line 1）已经取分数为31，但这里他因笔误而写成了33。A改正了这个错误。

［48］哥白尼把本应写在上面一行的数（31′）写在这里。也许是因为意识到了这个错误，他没有注意此处所需的数（35′）。也是A改正了这个错误。哥白尼显然没有像他把计算结果从演算纸抄到手稿上那样仔细。

［49］$BD:EL=10000:1090=60^{p}:6^{p}32^{2}/_{5}{}'$，哥白尼把后一值写为32′（fol. 158^{v}，line 8）。

［50］在托勒密的土星理论中，本轮半径（类似于哥白尼理论中的地球周年运转轨道半径）$=6^{p}30'$（PS，XI，6）。

［51］$1090:10569=1^{p}:9^{p}41.8'$，哥白尼把后一值写为42′（fol. 158^{v}，line 16）。

［52］1090：9431＝1^p：$8^p39'$ 。

［53］哥白尼因笔误（fol. 159^r，line 3）而把度数写成了6（*vj*）。A（p. 357）改正了这个错误。

［54］从哈德良17年11月1日11 P. M.至哈德良21年2月14日10 P. M.:

哈德良17年	11月	28^d13^h
	12月	30
	闰日	5
3个整年（哈德良18—20年）		
哈德良21年	1月	30
	2月	13 10
3^y		106^d23^h

［55］从哈德良21年2月14日10 P. M.至安敦尼1年3月21日5 A. M.:

哈德良21年2月	16^d	14^h
10个整月（3月至12月）	300	
闰日	5	
安敦尼 1年		
2个整月（1月和2月）	60	
3月	20	17
	1	7^h
	402	
1^y	−365	
	37^d	

422

［56］60^p：$5^1/_2{}^p$＝10000^p：$916^2/_3{}^p$，哥白尼把后一值写为917（fol. 159^r，line 9 up）。

［57］哥白尼因笔误而把*EAD*和*DEA*弄颠倒了（fol. 159^v，lines

10—11）。W（p. 371）改正了这个错误。

［58］哥白尼为了简洁而省略了其几何推理中的一些步骤。于是，如果把*DB*与*EL*的交点称为Y，那么

$LEB+DBE$（$=4'+12'$）$=DYE=16'$，和

$FDB=177°10'=$（$DYE=16'$）$+$（$FEL=176°54'$）。

［59］$ECM=$（$DCE=2°8'$）$+DCM$

使$DCM=FDC$

但是$FDC=180°$（$-GDC=30°36'$）$=149°24'$

∴ $ECM=2°8'+149°24'=151°32'$，而不是哥白尼所设想的147°44′（fol. 160r，line 7，那里他原有另一个数，但部分擦去导致无法辨认）。梅斯特林在其N中（fol. 150v，line 5 up）把它改为151°32′，W则首次公开作了改正。

［60］$LEM=$（$GEM=33°23'$）$+$（$LEG=3°6'$）$=36°29'$

$LEG=180°-$（$FEL=176°54'$）$=3°6'$

［61］这里哥白尼因笔误而把分数写成了30（*xxx*；fol. 160r，line 18）。然而不久以后，他改用了正确值22（*xxij*，fol. 160r，line 4 up）。梅斯特林在其N中（fol. 151r，line 6）把30替换为正确值22，而W首次公开作了改正。

［62］从1520年4月30日11 A. M.至1526年11月28日3 A. M.:

1520年4月		13^h
5月至12月	245^d	
5个整年（1521—1525年）		
1526年1月至10月	304	
11月	27	3
闰日（1524年）	1	
	577	
1	−365	
6^y	212^d $16^h=40^{dm}$	

［63］从1526年11月28日3 A. M.至1529年2月1日7 P. M.:

1526年11月	$2^d 21^h$
12月	31
2个整年（1527—1528年）	
1529年1月	31
2月	19
闰日（1528年）	1
	1（24+）16^h
2^y	66^d

这里哥白尼把16^h写成了39^{dm}（fol. 160^v，line 12），而在他的前两次冲之间，他正确地把16^h取为与其精确的对应值40^{dm}相等。也许他最初把第三次冲的时刻定为1529年2月1日6：36 P. M.而不是7 P. M.?

［64］$ED=10918^p$（fol. 160^v，line 3 up）应为与作为内接角的$\sphericalangle CED=66°10'$相对边的正确长度。而作为中心角＝33°5′时，根据弦长表，对33°10′为54708，对33°10′为54464，因此对33°5′为54586，而在取半径＝10000时为5459。2×5459＝10918，此为哥白尼对ED误取的值。倘若他没有把66°10′ ＝$\sphericalangle CED$与64°10′ ＝$\sphericalangle DCE$混淆，他就会得到与托勒密的结果符合很好的ED值。Antonie Pannekoek，“A Remarkable Place in Copernicus' *De revolutionibus*”，in *Bulletin of the Astronomical Institutes of the Netherlands*，1945，*10*：68—69首次公开指出了哥白尼的错误。不过，第谷在其B中改正了哥白尼的错误及其推论（fol. 151^v—152^r）。

［65］$ED:AE=18992:9420=10918:5415.3$，哥白尼把后一值写为5415（fol. 161^r，line 9）。

［66］$CE:DE=18150:10918=17727:106635$，哥白尼最初把后一值写为10663，但后来在3上面写了一个5（fol. 161^r，line 17）。

［67］由于重复书写（fol. 161^r，line 14 up），哥白尼把$ED\times DB$写成了$ED\times DE$。N（fol. 152^r）改正了这个错误。

［68］哥白尼因笔误而把这个减法中的两项弄颠倒了，即写成

从长方形$GD \times DH$中减去（FDH）^{2}（fol. 161^r，line 11 up）。T（p. 347，lines 15—17 and note）改正了这个错误。

［69］$FG : FD = 10000 : 1193 = 60^p : 7^p9.48'$，哥白尼把后一值写为9′（fol. 161^r，line 8 up）。

［70］然而哥白尼在V，5中报导说，托勒密求得的土星偏心率$=6^p50' = 1139 = 854 + 285$。而在V，6中，哥白尼把这个偏心率增大为$7^p12' = 1200 = 900 + 300$，并说只是“略微不同”（*parum distant*，fol. 155^r，line 11 up）。

［71］哥白尼在V，10中报导说，托勒密求得的木星偏心率$= 5^1/_2{}^p = 917$，“与观测结果几乎完全相符”（*observatis propemodum respondebant*，fol. 159^r，lines 8 up—7 up）。这里在V，11中，哥白尼自己对木星求得的偏心率$= 7^p9' = 1193$。

［72］倘若哥白尼对$\measuredangle DCE$没有误取弧长［即注释［64］提到的错误］，他对木星偏心率所得的值就不会与托勒密相差很远。

［73］哥白尼因笔误而把$\measuredangle EAK$的分数写成了34（*xxxiiij*）（fol. 162^r，line 5）。梅斯特林在其N中（fol. 152^v，line 5 up）把这个值改为41，而T（p. 349，line 4，and note）首次作了公开改正。

［74］这里哥白尼又一次为简洁而略去几何推理中的几个步骤。如果把AD与KE的交点称为X，那么

$$(AEK = 57') + (DAE = 2°39') = 180° - (AXE = 176°24')$$

但是$AXE = (ADE = 180° - 45°2' = 134°58') + (KED = 41°26')$

［75］$DEL = DEB - (BEL = 1°10')$

但是$DEB = 180° - (BDE = 64°42') - (DBE = 3°40') = 111°38'$，因此$DEL = 111°38' - 1°10' = 110°28'$。

［76］哥白尼因笔误而把这个角误称为AED（fol. 162^r，line 12 up）。以前各版或译本均未察觉到这个错误。

［77］哥白尼因笔误而把这个角误称为FCD（fol. 162^r，line 6 up），T（p. 349，line 20）悄悄改正了这个错误。

［78］哥白尼因笔误而把这个边误称为DE（fol. 162^r，line 5 up）。Mu（p. 315，line 9，and note）改正了这个错误。

［79］哥白尼在fol. 162^{r}的图上并没有用任何字母来指称DC和

EM的交点。若称此交点为X，则有

$EXC=180°-(XEC=1°)-(DCE=2°51')=176°9'$。

但是$EXC=ECX(=180°-[FDX=49°8']=130°52')+(DEX=DEM)$，

于是$176°9'=130°52'+DEM$，得到

$DEM=45°17'$。

［80］哥白尼把∢LEM的分数写为10（x；fol. 162ᵛ，line 5）。原因是，他最初对∢DEM所取的值中分数为18（fol. 162ᵛ，line 3）。在用18做完减法并得到结果10′之后，他回到第3行擦掉了第三个i，但没有改变减法得出的结果。

［81］木星视差行度的这个1′的差异可能是因为，哥白尼用fol. 162ᵛ左侧空白处的52′，而没有用相邻第20行中的51′进行计算。与视差有关的应为51′，而非52′。

［82］哥白尼把“约为”（*fere*，fol. 162ᵛ，line 6 up）一词放错了地方。它应与木星的视差行度1°5′，而不该与木星的平均行度104°54′联系起来。

［83］托勒密的观测时间为5 A. M.，而他自己是在7 P. M.，哥白尼如何能够得出差值为37^{dm}（$=14^h48^m$，fol. 163ʳ，line 1）呢？要使其余时段$=1392^y99^d$，他必定是把托勒密观测的埃及历日期取为137年10月7日：

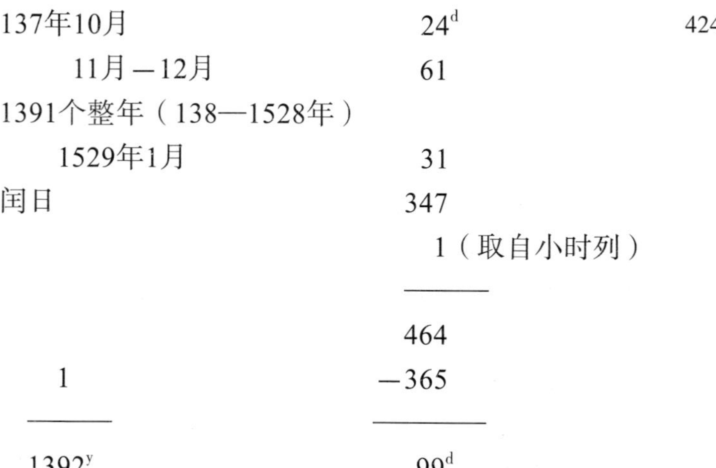

137年10月	24^d 424
11月—12月	61
1391个整年（138—1528年）	
1529年1月	31
闰日	347
	1（取自小时列）
	464
1	−365
1392^y	99^d

［84］相应的现代值应为大约每300年$1^1/_2{}'$（*Astronomical Journal*，1974，*79*：58）。

［85］根据这种算法（fol. 163^r，line 14），托勒密的观测应在137年11月11日，这个日期与V，12中的计算结果不相容［参见注释［83］］。哥白尼把小时数写为$10^{dm}=4^h$，他将其写在右侧空白处，用以替代之前使用的数5（fol. 159^r，line 6；162^v，line 3 up）。

［86］哥白尼指明为3月1日之前的第12天（fol. 163^r，line 4 up）。他在fol. 163^v，line 3的计算表明，他没有考虑到1520年为闰年，有2月29日。

［87］从基督纪元开端到1520年2月18日6 A. M.：

1519个整年	
1520年1月	31^d
2月	17　6^h
闰日（4—1516年）	379
	427
1	−365
1520^y	62^d　$6^h=15^{dm}$

［88］*FE*：*ES*=9698：1791=10373：1915. 7，哥白尼把后一值写为1916（fol. 164^r，line 13）。

［89］60^p：$11^p30'$=10000：$1916^2/_3$。

［90］*RET*：*ADC*=2×1916：2×10000=3832：20000=1^p：$5^p13'9''$。哥白尼在fol. 164^r第20行所写为后一数字，但此处在第18—19行他认为取$5^p13'$已足够准确。

［91］*AD*：*DE*=10000：687=$5^p13'$：$21'30''$，哥白尼把后一值写为$21'29''$（fol. 164^r，line 15 up）。然而这个差异可以忽略不计，因为他取$BF={}^1/_3DE=7'10''$（同一行）。但他在计算木星在远日点和近日点的距离时，实际上用的是$BF=7'\,9''$。

［92］从哈德良15年5月26日1 A. M.至哈德良19年8月6日9 P. M.：

哈德良15年　5月　　3^d　11^h

7个整月　210

闰日　5

3个整年（哈德良16—18年）　210

8月　6　9

——

434

$\frac{1}{4}^{y}$　−365

————————

$69^{d}\ 20^{h}=50^{dm}$

［93］从哈德良19年8月6日9 P. M.至安敦尼2年11月12日10 P. M.：

哈德良19年　8月　$23^{d}\ 15^{h}$

4个整月　120

闰日　5

3个整年：哈德良20—21年，安敦尼1年

安敦尼2年10个整月　300

11月　12　10

————————

1（24+）1^{h}

——

461

$\frac{1}{4}^{y}$　−365

——

96^{d}

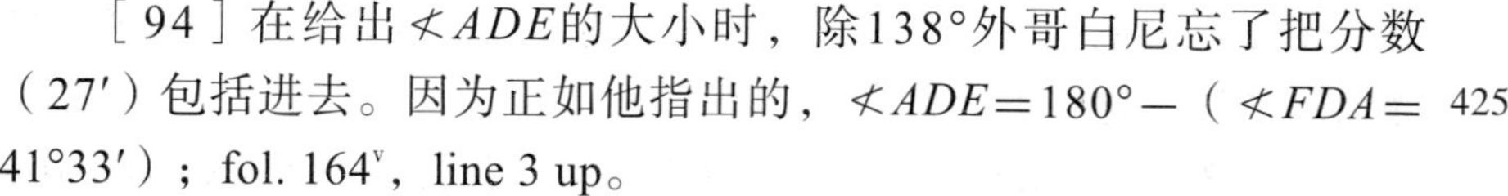

［94］在给出∢*ADE*的大小时，除138°外哥白尼忘了把分数（27′）包括进去。因为正如他指出的，∢*ADE*=180°−（∢*FDA*= 425
41°33′）；fol. 164^{v}，line 3 up。

［95］哥白尼因笔误而把第二个角误写为*AED*而非*LED*（fol. 165^{r}，line 20）。T（p. 355，line 32，and note）改正了这个错误。随后在下一行中，为了保持一致，哥白尼写了*DEA*，而上下文要求的是*DEL*，对此*T*悄悄做了改正。如果把*DA*与*EL*的交点称为*X*，那么*AEL*+*DAE*=1°56′+5°7′=7°3′=*DXE*。但是*DXE*=7°3′=*ADF*−*DEL*=

41°33′−34°30′。后来在讨论火星的第二次冲快结束时，为了计算整个*MEL*，哥白尼取*DEL*（而不是*DEA*）=34°30′。另一方面，*DEA*=*DEL*+*AEL*=34°30′+1°56′=36°26′。

［96］哥白尼因笔误而把∢*EBM*的分数写为13（*xiij*）（fol. 165^r，line 8 up），而此数应为9。

［97］哥白尼取*CED*=37°39′（fol. 165^v，line 3），这是一个异乎寻常的错误。他显然是由减法*CDE*−*DCE*=44°21′--6°42′=37°39′而得到这一结果的。当然，他本应使用减法180°−（*DCE*+*CDE*=6°42′+44°21′=51°3′）=128°57′。然而，在求下面第7行中的*NED*时，他默默使用了*CED*=128°57′≠37°39′。梅斯特林在其N中（fol. 156^r，line 4 up）把37°39′改为128°57′。

［98］从1512年6月5日1 A. M.至1518年12月12日8 P. M.历时6^y191^d。对于$19^h=47^1/_2{}^{dm}$，哥白尼写成45^{dm}（$=18^h$；fol. 166^r，line 15）。

［99］从1518年12月12日8 P. M.至1523年2月22日5 A. M.历时4^y72^d。对于$9^h=22^1/_2{}^{dm}$，哥白尼写成23^{dm}（fol. 166^r，line 16）。

［100］该图由N（fol. 157^v）提供，以取代哥白尼在原稿中（fol. 166^v）开始绘制但后来放弃的图。

［101］哥白尼因笔误而把*BF*的分数写为18（*xviij*）（fol. 166^v，line 5），但他在计算火星的第二次冲时用的是25。

［102］哥白尼在fol. 166^v左侧空白处插入了对三角形*BDE*的讨论。在那里，对于*BDE*的分数，他最后写为35（*xxxv*），这与前注中指出的*BF*的值25相一致。然而他没有改正第5行中的值18。另一方面，他原来在页边写的分数似为37，但应为42才能与*BF*的18相一致。鉴于哥白尼在图中（他没有画完和标上字母）除圆以外只画了四条必需的线，这些不一致之处并不奇怪。

［103］对于*EBM*的分数，哥白尼起初写的是18（*xviij*；fol. 166^v，末行），这似乎仅仅是对*BF*的值18（见前两条注释）的粗心重复。然而，哥白尼后来把18删掉并代之以36（*xxxvj*），后一值是他取*BF*的分数为25而得到的。不过就像经常发生的那样，他没有回到第5行把那里的18改为25。

［104］如果设*NE*和*CD*的交点为*X*，则*CEN*+*DCE*=50′+2°6′=

$2°56'=DXE=FDC-DEN=16°36'-13°40'$。

［105］哥白尼的值≈每世纪47′又一次远远大于现代值≈每世纪27′（*Astronomical Journal*，1974，*79*：58）。

［106］在把托勒密的第三次观测划归为克拉科夫地方时的过程中，为了将它与自己的观测相比较，哥白尼把亚历山大时间10 P. M.（V，15）改为克拉科夫时间9 P. M.，因为他以为克拉科夫在亚历山大城以东$1^{h}=15°$（III，18）。

［107］哥白尼（V，18）认为这个埃及日期（安敦尼2年11月12日9 P. M.）等于139年5月27日8：48 P. M.。从此时至1523年2月22日5 A. M.共历时$1384^{y}251^{d}10^{h}12^{m}$（$=25^{1}/2^{dm}$），哥白尼把后一值写为$19^{dm}$（$=7^{h}36^{m}$；fol. 168^{r}，line 3）。

［108］从基督纪元开始至安敦尼2年11月12日9 P. M.，哥白尼算出历时$138^{y}180^{d}52^{dm}$：

138个整年	
闰日（4—136年）	34^{d}
公元139年1月至4月	120
5月	26 52^{dm}（=8：48 P. M.≈9 P. M.）
——	——
138^{y}	180^{d}，139年5月27日9 P. M.（见前注）

［109］哥白尼在fol. 168^{r}右侧空白处把这个视差行度的分数最后写为22（*xxij*）。由于他在对基督纪元的开端算出位置=238°22′时（见本章，line 7），他实际上是用4作运算，所以哥白尼似乎又是由于重复书写而在本章第4行右侧空白处写了22。第谷在其B中（fol. 158^{v}，Ch. 18，line 5）把22改成了4，而W首次公开作了改正。 426

［110］

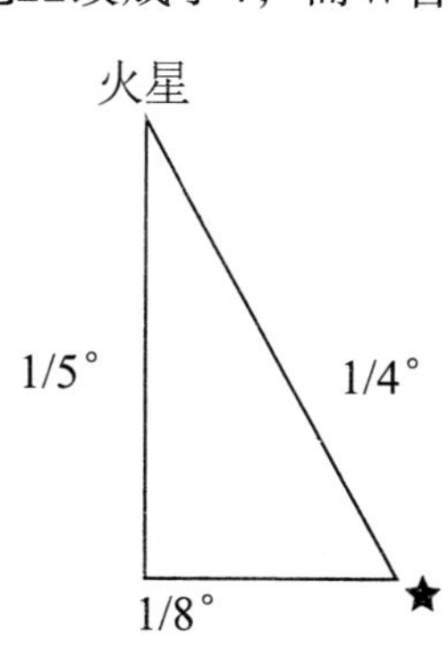

［111］由于$FSE=70°32'$，根据弦长表，对70°40′为94361，对70°30′为94264，因此对70°32′为94283. 4，或在取半径＝10000时为9428。

［112］由于$EFS=35°9'$，根据弦长表，对35°10′为57596，对35°0′为57358，因此对35°9′为57572. 2，或在取半径＝10000时为5757。

［113］$EF : ES=9428 : 5757=10776 : 6580.1$，哥白尼把后一值写成“约为6580”（*fere*，fol. 169r，line 6 up）。

［114］ES：ADE ＝ 6580：10960＝1^p：$1^p39'56''21'''$。哥白尼把在56上面的一个现已无法辨认的分数删掉（fol. 169v，line 4），最后写上57″（*lvjj*）。

［115］$ES : EC=6580 : 9040=1^p : 1^p22'25''54'''$。哥白尼在两行之间插入*vj*，对后一值最终写成26"（fol. 169v，line 4）。这种从20"到26"的变化与VI，3中被删掉的一段话有关。哥白尼在那里擦去了某个数字（大概是*vj*；fol. 193r，line 1），而留下20。

［116］哥白尼（fol. 169v，line 6 up）误认为这位西翁来自亚历山大城。但亚历山大的西翁生活于4世纪，即远在托勒密逝世之后。其观测资料供较为年轻的同时代人托勒密使用的是另一位西翁。但托勒密并没有把这个西翁与士麦那或任何其他希腊地区联系在一起。托勒密曾说，对于当前的目的来说，他找不到令人满意的古代天文学家的观测资料。但他接着谈道：“另一方面，我在我们这个时代的观测中的确找到了这项研究所需要的东西。我从数学家西翁的观测中找到了……”（PS 1515，fol. 109r，Ch. 1，lines 11—14）。托勒密提到他的同时代人“数学家”西翁，还说他看到了西翁的观测资料，这可能使哥白尼误以为这位西翁与亚历山大城有关。

1539年夏天，哥白尼收到了雷蒂库斯寄送的一本托勒密的《天文学大成》希腊文第一版（Basel，1538），该书附有西翁的评注。扉页上用希腊文和拉丁文清晰地标明这位评注家是“亚历山大的西翁”。倘若哥白尼在写V，20之前哪怕只是扫过一眼这个扉页，他也会立即意识到，为《天文学大成》写评注因而生活年代晚于托勒密的这位亚历山大的西翁，不可能是仍然健在的托勒密撰写《大成》时借用其金星观测资料的那位西翁。因此我们可以推断，哥白尼是在写完V，20之后才注意到了西翁的评注。

另一方面，到了哥白尼撰写V，35（fol. 197^{v}）时，他采用了只有从《天文学大成》的1538年版才能得知的一个表述。因此我们也许可以确定，哥白尼是在写完V，20之后和撰写V，35之前收到雷蒂库斯赠送的那本附有西翁评注的《天文学大成》的。

［117］托勒密取平太阳在双鱼宫内$14^1/_4$°，即344°15′。哥白尼把该值减去由岁差引起的6°34′，以得出337°41′。

［118］哥白尼起初认为安敦尼4年是公元144年，后来以为是公元142年（fol. 170^{v}，line 5）。这只是他的笔误，这可见于他在《驳维尔纳书》（3CT，pp. 94—97）中的详细讨论，还可见于他在V，26中把安敦尼4年取为公元140年（fol. 176^{v}，末三行）。梅斯特林在其N中（fol. 160^{v}，line 5）把此处V，20中的错误年份142改为140，而Me，p. 56，n. 417首次对此作公开改正。

［119］托勒密取平太阳在狮子宫内$5^3/_4$°，即125°45′。哥白尼从该值中减去由岁差引起的约6°45′，以得出大约119°（fol. 170^{r}，line 8）。

［120］哥白尼依据P-R（第十卷，命题1；sig. 1_2^{v}。）把这次观测的时间错误地定为哈德良4年（fol. 170^{r}，line 18）。PS 1515也把年份错误地定为哈德良2年（fol. 109^{r}）。PS（X，1）把年份定为哈德良12年。根据埃及历，哈德良1年开始于116年7月25日，哈德良被认为此时开始和前任图拉真（Trajan）分享最高权力。因此，哈德良4年开始于119年7月25日。幸好哥白尼既没有用哈德良4年或119年作为进一步计算的基础。梅斯特林在N中（fol. 160^{v}第16和18行）把哈德良4年改为12年，把119年改为127年。

［121］托勒密取太阳的平位置在天秤宫内17°52′，即为197°52′ 427
处。哥白尼从此数减去由岁差引起的6°39′，才能得出191°13′（fol. 170^{r}，line 13 up）。

［122］托勒密取太阳的平位置在摩羯宫内$2^1/_{15}$°，即为272°4′处。哥白尼从此数减去由岁差引起的7°4′，才能得出265°（fol. 170^{r}，line 8 up）。

［123］托勒密取太阳的平位置在金牛宫内$25^2/_5$°，即为55°24′处。哥白尼从此数减去由岁差引起的6°34′，才能得出48°50′（fol. 170^v，line 5）。

［124］罗马历书中正确的等价日期为11月18日，哥白尼实际上已经开始写了（fol. 170^v，line 9：*xiiij Cal*）。但他没有继续写上正确的月份（12月），而是改为1月，并把日期从14改成5。这也许是因为与托勒密于哈德良21年对金星所作的另一次观测（PS，X，1，最后一次观测）相混淆了。梅斯特林在其N中（fol. 161^r，line 2）把日期改为11月18日＝罗马历12月14朔日，而A首次作公开的改正。

［125］托勒密取太阳的平位置为天蝎宫内25°30′，即为235°30′。哥白尼把它减去由岁差引起的6°36′，得到228°54′（fol. 170^v，line 10）。

［126］根据弦长表，对44°50′为70505，对44°40′为70298，因此对44°48′为70463.6，或在取半径＝10000时为7046。

［127］这里（171^r，line 2）哥白尼把V，20中托勒密第三次观测时的大距定为$47^1/_3$°。这也是他在V，20中（fol. 170^v，line 12）原来所用的值。但后来他把该处的“$^1/_3$”删掉，在右侧空白处代之以16′。然而在V，21中，他并没有作相应的改变，而是让“$^1/_3$”保留下来。可是在求*DF*的长度时他并没有用47°20′，而是用47°16′进行运算。根据弦长表，对47°20′为73531，而对47°10′为73333，因此对47°16′为73451.8。在取半径＝10000时，哥白尼把后一值写为7346。另一方面，取*DBF*＝47°20′时，*DF*＝7353。第谷在其B中把对*DBF*应与47°相加的分数由$^1/_3$改为$^1/_4$（＝15′，fol. 161^r，line 5 up）。

［128］*DF*：*BD*＝7346：10000＝7046：9591.6。哥白尼把后一值误写为9582（fol. 171^r，line 5），它将使*DF*＝7353。

［129］*AC*：*DE*＝9791：7046＝1^p：$43^1/_6$′；*AC*：*CD*＝9791：209＝1^p：1′16″51‴，哥白尼把后一值写成“约为$1^1/_4$′”（fol. 171^r，line 8）。

［130］*AC*：*DE*＝1^p：$43^1/_6$′＝10000：$7194^1/_3$。哥白尼最终把后一值写为7193，但原来此数后面有某个分数值，被他擦去了（fol. 171^r，line 9）。*AC*：*CD*＝1^p：$1^1/_4$′＝10000：$208^1/_3$，哥白尼把后一值

写成“约为208”。

［131］托勒密取平太阳在宝瓶宫内$25^1/_2°$，即为325°30′。哥白尼把它减去由岁差引起的6°40′，得到318°50′（fol. 171^r，本章line 7）。

［132］托勒密取金星位于摩羯宫内11°55′，即为281°55′。哥白尼把它减去由岁差引起的6°40′，得到275°15′（fol. 171^r，本章line 8）。

［133］哥白尼因笔误而把*sextante*＝$^1/_6$写为*dextante*＝$^5/_6$（fol. 171^r，line 7 up）。梅斯特林在其N中（fol. 161^v，Ch. 22，line 15）改正了这个错误，而A（p. 385）首次作了公开改正。

［134］哥白尼因笔误而写成了*EGD*（fol. 171^r，line 1），梅斯特林的N和第谷的B（fol. 161^v，line 10 up）改为*EGC*，而T（p. 368，line 6）首次作了公开改正。

［135］根据弦长表，对2°30′为4362，对2°20′为4071，因此对2°23′为4158.3，或在取半径＝10000时为416。

［136］哥白尼因笔误而写成了第20（fol. 172^r，line 8），而PS 1515则正确地说“第29”（fol. 110^v）。

［137］在写$3^3/_4{}^h=9^{dm}32^{ds}$时（fol. 172^r，line 13 up）哥白尼出现笔误，把*xxiij*写成了*xxxij*。因为$3^h45^m=9^{dm}22^1/_2{}^{ds}$，他经常把尾数四舍五入为23。

［138］托勒密取太阳在人马宫内22°9′，即在262°9′处。哥白尼把它减去由岁差引起的6°39′，得到255°30′（fol. 172^r，被删去那段话的line 17）。

［139］月亮在　　209° 55′
　　恒星在　　209　40，
　　　　　　———
它们之间的距离为　　15′，划分为$1^1/_2$：1＝9：6，
于是金星的位置为　　209°46′＝209°55′－9′＝209°40′＋6′。
同样，对于纬度，
　　月亮在　　4°42′
　　恒星在　　1 20
　　　　　　——

它们之间的距离为　3°22′，划分为$1^{1}/_{2}$：1≈2°：1°20′，

于是金星的位置为　　2°40′=4°42′−2°≈2°42′=1°20′+1°20′=2°40′。

428　［140］哥白尼因笔误而把*BCE*写成了*BDE*（fol. 172^{v}，line 15 up）。他在fol. 172^{v}末行取*CDF*等于54°20′=2×27°10′，在fol. 172^{v}，line 7 up取*DCE*（=*BCE*）=27°10′，因此*CDF*=2×*BCE*。另一方面，很快可得*BDE*=28°［见下面注释［142］］。

［141］哥白尼画此图（fol. 172^{v}）所取的尺度和位置使他没有地方完全绘出金星轨道，并显示它与*EF*交于点*L*和与*FK*交于点*K*。读者由此图很容易看出，金星的远地点距离与近地点距离相差甚大。结果，金星的目视亮度应当有很大变化。但事实并非如此。由于哥白尼无法解释为什么没有这种变化，他采用了在这类事情上的常见做法，即保持审慎的沉默。他从未“指出托勒密无法说明金星亮度变化的错误”，尽管在这方面普莱斯对哥白尼作了毫无根据的攻击（见对“序言”的注释）。伟大的哥白尼主义者伽利略对这种情况更为了解。伽利略在其1632年的重要著作《关于两大世界体系的对话》第三天的对话中指出，“关于金星尺寸的微小变化，哥白尼什么也没有说，……我认为这是因为他对一个与该论点如此不相容的现象无法作出令自己满意的解释”（*Opere*，national edition，VII，362：12—15）。在这方面，伽利略犯了一个不幸的错误，即误把金星自行发光或透明的想法归于哥白尼，而实际上哥白尼已经把这种观念归于别人。N中的一处印刷错误误导了伽利略，而他的崇高威望使后来许多作者都采用了他的说法。参见Rosen，“Copernicus on the Phases and the Light of the Planets，”*Organon*，1965，*2*：69—74.

［142］因此，*BDE*=*DCE*+*CED*=27°10′+50′=28°。由于*BDE*=28°，*CDF*=54°20′，所以*CDF*≠2×*BDE*。此为上面注释［140］所改正的笔误。

［143］整个*FDE*=*FDB*+*BDE*=125°40′+28°=153°40′≠152°50′，哥白尼误把*BCE*当成了*BDE*，因此得和=152°50′（fol. 173^{r}，line 2）。但*BDE*=*BCE*+*CED*=27°10′+50′=28°。

［144］哥白尼的日期（*xiij Cal Januarii*；fol. 173^{r}，line 10 up）=

138年（原为139年）12月20日3 A. M.。这与他在fol. 172^r，lines 16—19所取从基督纪元开始至托勒密观测的时间间隔不一致，那里他给出$138^y18^d3^3/_4{}^h$

137个整年

138年1月至11月	334^d
12月	$15\ \ 3^3/_4{}^h$
闰日（4—136年）	34
	383
1	−365
138^y	$18^d\ 3^3/_4{}^h$，或138年12月16日3 A. M.

［145］这里（fol. 174^v，line 17）哥白尼给出的这颗恒星的经度＝$151^1/_2°$。这也是他的恒星表中的值（fol. 60^v，line 5 up），在N中（fol. 54^v）也是如此。后来，哥白尼之外的某个人把零遮盖了，在它上面写了一个不易识别的5；然后，为了清楚起见，他在旁边的空列中写上35。他得出151°35′，大概是用托勒密的经度处女宫内8°15′即158°15′，减去哥白尼常用的岁差修正6°40′。

［146］由于可以预料的重复书写，哥白尼把正确的和数147°4′写成了144°4′（fol. 175^r，line 1）。

［147］弧KLG＝半圆KL＋（LG＝∢LFG）。哥白尼对180°加上EFG＝72°5′，而忘了把它减去EFL＝CEF＝1°21′。于是他得出了错误值KLG＝252°5′，而不是正确值250°44′，正如Me中所指出的那样（Notes，p. 59，n. 428）。

［148］从基督纪元开始至1529年3月12日7：30 P. M.：

1528个整年

1529年1月至2月	59^d
3月	$11\ \ 19^1/_2{}^h$
闰日（4—1528年）	382
	452

1	−365
——	——
1529^{y}	$87^{d}\ 19\frac{1}{2}^{h}$

哥白尼忘了考虑从1529年3月12日午夜至正午的12^{h}，他对$1529^{y}87^{d}$只加上了$7\frac{1}{2}^{h}$（fol. 173^{v}，line 6）。梅斯特林在其N中（fol. 163^{r}，lines 16—17）把$7\frac{1}{2}$改为$19\frac{1}{2}$，而A首次作了公开改正。

429 ［149］哥白尼显然取托勒密·费拉德尔弗斯13年12月18日破晓等于公元前272年10月12日3：30 A. M.：

272年10月	19^{d}	$20\frac{1}{2}^{h}$
11月至12月	61	
271个整年		
闰日	68	
——	——	——
271^{y}	148^{d}	$20\frac{1}{2}^{h}$
+1529	87	$19\frac{1}{2}$
——		——
1800^{y}	1	（24+）16^{h}（$=40^{dm}$）
	——	
	236^{d}	

从基督纪元开始至哥白尼的观测历时$1529^{y}87^{d}19\frac{1}{2}^{h}$，见前注。

［150］从138年12月16日［并非20日，见注释（144）］3：45 A. M.至1529年3月12日7：30 P. M.：

138年12月	15^{d}	$20\frac{1}{4}^{h}$
1390个整年（139—1528年）		
1529年1月至2月	59	
3月	11	$19\frac{1}{2}$
闰日（140—1528年）	348	——
	1	（24+）$15\frac{3}{4}^{h}$
	——	
	434	
1	−365	

1391^{y}　　　69^{d}　$15^{3}/_{4}{}^{h}=39^{dm}22^{1}/_{2}{}^{ds}$,

哥白尼把尾数写为23^{ds}（fol. 174^{r}，line 5）。哥白尼对此时段的计算表明，他实际上是从12月16日算起的，因此他显然想写*xvij Cal.*，而fol. 173^{r}，line 10 up的*xiij Cal.*只是一个笔误。

［151］这里（fol. 174^{v}，line 3）哥白尼写的是$9^{1}/_{2}{}^{dm}\approx3^{3}/_{4}{}^{h}$（fol. 172^{r}，line 19）；$9^{1}/_{2}{}^{dm}=3^{h}48^{m}$。

［152］这里哥白尼显然把第一个奥林匹克会期的开始时间定为公元前775年7月1日正午：

775	184^{d}	
502个整年（774—273年）		
272年1月至9月	273	
10月	11	16^{h}
闰日（772—276年）	125	
	593	
1	−365	
503^{y}	228^{d} 16^{h}=40^{dm}	

关于托勒密·费拉德尔弗斯13年12月18日＝公元272年10月12日，见注释［149］。

［153］虽然托勒密使用了偏心匀速圆模型，但他并未使用任何这样的术语。然而，阿拉伯作者引入了一个名称，它在被译成拉丁文时逐步演变为“偏心匀速圆”。这一名称见于12世纪的塞维利亚的约翰（John of Seville）所译的法加尼（Al-Farghani）著作的拉丁文译本，但在克雷莫纳的杰拉德（Gerard of Cremona）所译的托勒密《天文学大成》拉丁文译本中却找不到这个词。后者于1175年译出，1515年出版，哥白尼读过它。他在P-R中（例如第九卷，命题7）遇到过“偏心匀速圆”一词。P-R于1463年4月28日之前写成，但直到1496年8月31日才印出。关于对“偏心匀速圆”一词如何出现的讨论，见Francis S. Benjamin and G. J. Toomer，*Campanus of Novara*

（University of Wisconsin Press，1971），p. 405，n. 3。

［154］根据普罗克洛斯的《评注》（*Commentary*），一条直线可“由多重运动［的组合］而产生”（tr. Morrow，p. 86）。1539年春天，雷蒂库斯把普罗克洛斯《评注》的希腊文第一版以及欧几里得《几何原本》希腊文第一版作为礼物送给哥白尼。哥白尼把普罗克洛斯这句话写在了fol. 176^{r}的右侧空白处。因此，哥白尼不可能在1539年之前写这个旁注。倘若他是从布鲁泽沃的阿尔伯特（Albert of Brudzewo）的《对普尔巴赫的评注》（*Commentary on Peurbach*，Milan，1495）中了解到这种产生直线的方法，他为何要等到1539年才引用普罗克洛斯呢？此前哥白尼未曾引用过阿尔伯特的著作，这可能暗示他并不熟悉布鲁泽沃的《对普尔巴赫的评注》。

另一方面，哥白尼在III，4中删去的这段话里提到了椭圆，这让人间接想起了普罗克洛斯著作中的这段话。因为在那里，这位欧几里得评注家讨论了两端附着在一个直角的两边上的一条直线。举例来说，让一个梯子的一端靠在垂直的墙上，而另一端放在水平地面上。

430 现在让梯子滑动，其上端沿墙壁往下滑，而下端远离墙壁。如果此时梯子的中点产生一段圆弧，则梯子上除两端外的所有其他各点都会产生椭圆。

有人曾把普罗克洛斯的构造错误地等同于图西双轮（*Journal for the History of Astronomy*，1973，*4*：129）。不知为何，普罗克洛斯的希腊文在那里被误译成：“如果我们设想一条直线靠在一个直角的两边上，则直线中心将描出一个圆”。但若直线靠在某个地方，它的中心将什么也描不出来。至于说直线的“两端作直线运动”，这也是误译。实际上希腊文原本说的是作“均匀”运动，尽管它被不得已地改成“非均匀”（＝unequally；Paul Tannery，*Mémoires scientifiques*，II，36）。此外说“中心作曲线运动”，这也是误译。希腊文原本说的是“非均匀”运动。

不仅如此，我们被告知，“普罗克洛斯旨在证明如何由两个直线运动得出一个圆周运动”。实际上，普罗克洛斯思考的是简单线与复合线之间的区分。虽然圆是一条简单线，但在给定条件下它可由一种非均匀运动产生。

［155］哥白尼因笔误而把这个直径误称为HK（fol. 176^{v}，左侧空白处，note 3，line 4）。他在此处提到的图出现在fol. 176^{r}。T（p. 378，line 13）改正了他的错误。

［156］在哥白尼实际称为“水星逐日视差行度”的表中，与58^{d}相应的值=3×60°=180°，因此对一整圈360°为2×58^{d}=116^{d}。

［157］157个整年

闰日（4—136年）	34^{d}
138年1月至5月	151
6月	3　42$^{1}/_{2}$^{dm}=17^{h}
	188^{d}

因此，哥白尼把托勒密的观测时间定为138年6月4日克拉科夫时间5 P. M.。

［158］托勒密取平太阳在双子宫内10$^{1}/_{2}$°，即为

70° 30′，哥白尼从该值中减去

6　40　得到

63° 50′，即位他得到的太阳平位置。

［159］140个整年

闰日（4—136年）	34^{d}
141年1月	31
2月	2　12^{dm}=4^{h}48^{m}
	67^{d}

因此，哥白尼把托勒密的观测时间定为141年2月3日4：48 A. M.。

［160］托勒密取平太阳为宝瓶宫内10°，即310°。哥白尼把该值减去由岁差引起的6°41′，得到平太阳的位置为303°19′。

［161］哥白尼没有用276°49′=第二次观测时的水星位置，而是取第一次观测时的太阳位置=63°50′（fol. 177^{r}，line 8）。然而他在下面的计算中使用的是正确值276°49′。

［162］托勒密取平太阳在天秤宫内9°15′，即189°15′。哥白尼把

该值减去由岁差引起的6°37′，得到他自己的平太阳位置182°38′（fol. 177^r，line 14）。

［163］托勒密取水星在室女宫内20°12′，即170°12′。哥白尼把该值减去由岁差引起的6°37′，本应得到他自己的水星位置为163°35′。但他由于换位笔误，他把度数*clxiij*写成了*cxliij*（fol. 177^r，line 16）。梅斯特林在其N中（fol. 166^r，line 8）改正了这个错误，A（p. 396）首次作了公开改正。

［164］在取“哈德良的同一年”即哈德良19年等于基督纪元的某一年时，哥白尼并不是指这两年的范围相同。托勒密作第一次观测是在埃及历3月，第二次在埃及历10月。由于哈德良的即位年从夏季开始，因此托勒密的第一次观测是在公元134年，第二次在135年。哥白尼把后一数字误写为*Mcccv*（=1305，fol. 177^r，line 18）。倘若他在这段话的初步注释中使用了罗马数字*cxxxv*=135，则他在fol. 177^r，line 18就不会改用*Mcccv*。另一方面，可以设想fol. 177^r，line 18把初步注释中的印度–阿拉伯数字135错误地改成了*Mcccv*。如果这段话能够代表哥白尼的通常做法，则可认为他实际上是用印度–阿拉伯数字进行私下运算，但后来为了出版而把它们变为传统的罗马数字。

［165］托勒密取水星位于金牛宫内4°20′，即等于34°20′。哥白尼把该值减去与岁差有关的6°37′，以便得出自己对水星所取位置27°43′（fol. 177^r，line 20）。

431 ［166］托勒密取平太阳位于白羊宫内11°5′处。哥白尼把该值减去与岁差有关的6°37′，得出自己对平太阳所取位置4°28′（fol. 177^r，line 21）。

［167］根据弦长表，对19°10′为32832，对19°0′为32557，因此对19°3′为32639.5。哥白尼把后一值写为32639（起初为32649；fol. 177^v，line 7）。

［168］根据弦长表，在取DBF=23°15′时，对23°20′为39608，而对23°10′为39341，因此对23°15′为39474.5。哥白尼把后一值写为39474（fol. 177^v，line 8）。

［169］哥白尼把AD误称为“ADC”（fol. 177^v，line 10）。他在

上面不远处的第6行中出了同样的错，但在那里他把C删掉，从而改正了这个错误。然而这里的错误符号未被改正。

［170］$FD=ED:AD=32639:100000:FD=AD\left(\frac{32639}{100000}\right)$

$$FD:DB=39474:100000:FD=DB\left(\frac{39474}{100000}\right)$$

$$AD\left(\frac{32639}{100000}\right)=DB\left(\frac{39474}{100000}\right)$$

$AD:DB=39474:32639=100000:82684.8$，哥白尼把后一值写为82685（fol. 177^{v}，左侧空白处，取代了line 10的一个错误）。

［171］$AC:DE=91342:32639=60':21'26''$

$AC:CD=91342:8658=60':5'41''$

［172］$AC:DF=91342:32639=100000:35732.9$。哥白尼把后一值写为35733（fol. 177^{v}，line 15）

$AC:CD=91342:8658=100000:9478.7$。哥白尼把后一值写为9479（fol. 177^{v}，左侧空白处）。

［173］129个整年

闰日（4—128年）	32^{d}
130年1月至6月	181
7月	3 $45^{dm}=18^{h}$
	216^{d}

于是，哥白尼把西翁的观测时间定为130年7月4日6 P. M.。

［174］托勒密取平太阳位于巨蟹宫内10°5′，即100°5′。哥白尼把该值减去由岁差引起的6°35′，得出自己的平太阳位置93°30′。

［175］哥白尼因笔误而写成“以西”（*praecedere*，fol. 177^{v}，line 7 up）。Z（p. 448）改正了这个错误。

［176］分数应为$^{2}/_{3}$，而非$^{3}/_{4}$（*dodrans*，fol. 177^{v}，line 5 up；Z，p. 448）。

［177］托勒密确定这次观测在12月24日。PS 1515（fol. 106^{r}，

line 15 up）把日数误改为21，这无疑是哥白尼错误的来源。

［178］138个整年

闰日（4—136年）	34^d
139年1月至6月	181
7月	4 $12^{dm}=4\,^4/_5{}^h$
	219^d

于是，哥白尼把托勒密观测的时间误定为139年7月5日4：48 A. M.，而根据前注，正确日期应为7月8日。

［179］托勒密取平太阳位置为巨蟹宫内10°20′处，即100°20′。哥白尼把该值减去由岁差引起的6°41′，得到自己的平太阳位置93°39′。

［180］托勒密取水星位于双子宫内20°5′处，即80°5′。哥白尼把该值减去由岁差引起的6°41′，得到自己的水星位置73°24′。

［181］根据弦长表，对3°0′为5234。在取半径＝10000时，哥白尼把后一值写为524（fol. 178^r，line 17）。

［182］由于用DF＝422（＋IF＝212）作计算，哥白尼起初（fol. 178^r，右侧空白处）取CFI＝634。后来他意识到，为了求得CFI，必须把CF＝524而不是DF与IF＝212相加。于是他删去634，代之以737，后来又换成736加上$^1/_2$。在fol. 180，line 3，他在写上737之后把737改
432 为$736^1/_2$。在那里，他在第二个7上面重重地写了一个6，并插进了一个$^1/_2$。此前，他在fol. 178^v删掉的那段话之上的第5行也这样做过。

［183］参见前面注释［168］。

［184］EF：FH＝10000：3947＝10014：3952.53。哥白尼把后一值写为3953（fol. 178^r，line 6 up）。

［185］与哥白尼这里的表述等价的托勒密表述见PS，IX，8。

［186］EF：FG＝9540：3858＝10000：4044，哥白尼把后一值写为4054（fol. 179^r，line 6 up）。他得出这个结果是用FG＝3868进行计算。在fol. 179^r，line 11 up重重写上的5下面，大概有一个被擦掉的6。这个值（3868）应为3573（fol. 178^v，line 4）加上$^3/_4\times380$之和。然而哥白尼把$^3/_4\times380$误写为295，这大概是由于重复书写，因为

他在前面得到过$^1/_4 \times 380 = 95$（fol. 179^r，line 14 up）。察觉到这个错误后，他把295改为285，把3868改为3858。然后移到4054，把此数删去。但并未代之以正确值4044，而是在右侧空白处再次写上4054（因为重复书写？）。

在取FG＝4054时，哥白尼取相应的角＝23°55′（fol. 179^r，line 5 up）。根据弦长表，

对	24°	0′	为	40674
	−23	50′		−40408
		10		266
		5		133
	+23	50		+40408
	23°	55′		40541

但他把分数从55减为52$^1/_2$，因此显然是打算减小4054，尽管我们在前面谈到，他未能实现这个意图。取半径＝10000时，角度23°52$^1/_2$′将对应于4047。

［187］哥白尼交换了经度和纬度上的距离。他取经度距离为“2个月亮直径”，纬度距离为“1个月亮直径”（fol. 179^v，lines 11—12）。而托勒密则把经度间距取为1个月亮直径，纬度间距取为2个月亮直径。

［188］在通常情况下，哥白尼并不按照埃及人的方式写分数，即分子都为一，很少有例外。然而这里他却写了“一半和三分之一”，这等于“六分之五”（fol. 179^v，lines 16—17）。但在他自己的星表中（fol. 61^v，line 19），和托勒密的星表一样，这颗恒星的黄纬＝1°40′，而非1°50′。于是我们这里看到了哥白尼重复书写的又一个例子，因为他在两行以下取1°50′ 为水星而非该恒星的黄纬。

［189］由于受到PS 1515中（fol. 108^r，line 9）一处令人困惑的说法的误导，哥白尼说“在接下来4天里”（*subsequentibus iiij diebus*；fol. 179^v，line 11 up），而托勒密的意思是“在此之后的第4天”。

［190］哥白尼起初（fol. 180^{r}，line 3）写的是737。后来他在第二个7上面重重地写了一个6，并插入$^{1}/_{2}$。这与他在fol. 178^{v}右侧空白处和fol. 178^{r}，line 13 up所作的修改是一致的。把*CI*的长度从737减为736$^{1}/_{2}$，伴随着*IF*从212（fol. 178^{r}，line 13 up；fol. 179^{r}，line 4）相应地减为211$^{1}/_{2}$（fol. 180^{r}，line 12）。

［191］哥白尼在原稿中没有画这幅图。他取直径$LM=380^{p}$，这是水星与其轨道中心距离的最大变化［V，27］。

［192］有时这段话的意思被误解为哥白尼从未见过水星。于是勒维叶（Le Verrier）说，哥白尼“永远不可能成功看到水星”（*Annales de l'Observatoire de Paris*，V，1859，1—2）。德朗布尔错误地指出，“由于维斯图拉河的雾气，哥白尼从来没能见到水星”（*Histoire del'astronomiemoderne*），I，134，这句话也许误导了勒维叶。

［193］瓦尔特于1504年去世5年之后，他的继承人把他在纽伦堡的住宅卖给了著名艺术家丢勒（Dürer）（*Albrecht Dürer's Wohnhaus und seine Geschichte*，Nuremberg，1896，pp. 4—6）。瓦尔特手书的观测记录归勋纳所有，40年后，勋纳将这些记录在纽伦堡付印。一年前哥白尼逝世，《天球运行论》也于那年在纽伦堡出版。勋纳编辑了瓦尔特的老师雷吉奥蒙塔努斯的一些著作和观测，并附上了瓦尔特的观测记录（*Scripta clarissimi mathematici M. Joannis Regiomontani*，Nuremberg，1544）。在维勒布罗德·斯涅耳（Willebrord Snel）编辑的海塞的伯爵领主（Landgrave of Hesse）的观测资料（*Coeli et siderum in eo errantium observationes Hassiacae*，Leiden，1618）中，瓦尔特的观测记录第二次被刊印。第三版是作为*Historia coelestis*（Augsburg，1666）的一部分，该书编者化名为Barettus（而不是像Donald de B. Beaver，“Bernard Walther”，*Journal for the History of Astronomy*，1970，*1*：40中所说的“Barethis”）。

［194］瓦尔特没有提到9月9日观测时所用的仪器（*Scripta ... Regiomontani*，fol. 55^{r}，页码误为59）。然而他在1491年8月26日首次观测水星时，他说他的仪器指向毕宿五（“*Armillis rectificatis per Aldebaran*”）；对于8月31日的观测，他又说“*rectificatis Armillis ut prius*”；而对9月2日的观测，他再次说“*Armillis rectificatis iterum per Aldebaran*”。在这方面应当注意，瓦尔特毫不犹豫地使用了毕宿五的阿拉伯星名Aldebaran。而忠实于重新回到古典时代的人文主义理想的哥白尼，则把这个星名换成了Palilicium。我们还记得，哥白尼在其星表中列出金牛南眼的一等星时说，这颗星“被罗马人称为‘*Palilicium*’”（fol. 58^v，末行）。

［195］瓦尔特说，“我发现水星在室女宫内13°23′处”。哥白尼起初取分数为“大约五分之二”≈24′，随后将其删掉并代之以“一个宫的$^1/_4$=15′（fol. 180^v，lines 8—7 up）。哥白尼在该页左侧空白处最终决定用$^1/_2$°。对于哥白尼从23′到“大约24′”到15′再到30′的相继改变，有些学者认为自己发现了某种不良的或不诚实的动机。

［196］瓦尔特1491年对水星的观测从8月26日开始，于9月11日结束。在哥白尼所挑选的观测即9月9日的观测中，瓦尔特指出“水星显得非常模糊”。两天后瓦尔特报告说：“9月11日，水星仍然可见，但很暗淡”。

［197］从基督纪元开始至1491年9月9日5 A. M.共历时$1491^y258^d5^h$=$12^1/_2{}^{dm}$。

［198］哥白尼对149°48′=太阳的平位置加上由岁差引起的26°59′，得出太阳的黄经为176°47′。他在V，23中取1529年的岁差=27°24′。

［199］约翰·勋纳（1477—1547）是一位被授予司铎职位的罗马天主教神父，直到反叛的农民威胁把所有这些神职人员处死为止。此后他在纽伦堡的梅兰希顿高中教数学。正是他于1544年编辑了雷吉奥蒙塔努斯和瓦尔特的著作。

［200］哥白尼所根据的文献（*Scripta ... Regiomontani*，fol. 58^r）说，这次观测是在“1月9日”。作为人文主义者的哥白尼说这个日期是罗马历“1月13日之前5天”。这次观测是瓦尔特做的，但哥白尼误认为是勋纳（fol. 181^r，line 3）。哥白尼为何会犯这样一个错误？

津纳（Zinner）说，“哥白尼有勋纳向他报告的对水星位置的三次测定结果”（*Leben und Wirken des Johannes Müller von Königsberg genannt Regiomontanus*, Munich, 1938, p. 173; second edition, Osnabrück, 1968, p. 231），就好像这是历史事实似的。但没有丝毫历史证据表明，哥白尼和勋纳有过任何直接联系。不过最近有人向我们保证，哥白尼“从约翰·勋纳那里获悉……瓦尔特对水星作过大量观测。……哥白尼与瓦尔特或许有过较为密切的联系，尽管这只是一种猜测。哥白尼在1496年秋、1501年春和1503年春都可能途经纽伦堡，于是可能拜访过当时住在城里的瓦尔特。哥白尼似乎不会错过与雷吉奥蒙塔努斯的这位著名学生见面的机会，但这两位天文学家是否见了面则不得而知”（Beaver, p. 42）。哥白尼与瓦尔特进行私人接触的证据甚至比哥白尼与勋纳接触的证据还要少。Z不知何故竟认为哥白尼在上一段开头处的说法“证明……他［哥白尼］通过勋纳收到了瓦尔特的观测资料”（p. 212）。然而，哥白尼的说法并不能证明这件事情，也不能对哥白尼取得水星的纽伦堡观测资料的过程提供任何线索。

由于误解*primum*一词在这种上下文中的含义（fol. 180ᵛ, line 12 up），Z对哥白尼误认为是勋纳的原因提出了一种错误解释。哥白尼的*primum*仅仅指瓦尔特对水星的三次观测中的“第一”次，而Z把*primum*误译为“首先”（*zuerst*），这意味着后来的观测是瓦尔特以外的某个人做的。根据Z的说法，哥白尼“想起瓦尔特死于1504年，因此并未进行所有［三次］观测”。但瓦尔特去世于1504年6月19日，而1504年的两次观测是在1月9日和3月18日做的。因此，如果哥白尼知道瓦尔特的去世日期，他没有理由否认1504年的两次观测是瓦尔特做的。

那么，哥白尼为什么会出这个差错？他是如何获得瓦尔特的观测资料的？在雷蒂库斯来到弗龙堡与哥白尼协商之前，他在纽伦堡拜访了勋纳。很可能是勋纳建议雷蒂库斯应当直接跟哥白尼学习新天文学。难道这不足以说明，1539年5月14日雷蒂库斯在去目的地的中途，在波兹南（Poznań）写信给勋纳（已遗失），说自己已经开始了这次旅行（3CT, p. 109）？

在V，35中，哥白尼引入了一个不同寻常的词，他是从雷蒂库斯1539年带给他的一本书知道这个词的。这里在V，30中，哥白尼使用雷蒂库斯从勋纳那里带给他的纽伦堡观测资料，难道不是完全可能的吗？难道出现瓦尔特观测资料的编者勋纳的名字就能解释哥白尼的错 434
误吗？在梅斯特林的N中（fol. 169v，line 10，左侧空白处）有另外某个人对此作了改正。

［201］哥白尼在fol. 181r，line 6误写为“宝瓶宫”，而根据上下文显然应为“摩羯宫”。因为他在lines 6—7取水星的位置为太阳以西23°42′，而该行星在摩羯宫内3°多（lines 3—4）。于是位于27°7′的太阳必定在摩羯宫内，而非在宝瓶宫内。哥白尼想到的显然是在纽伦堡对水星做的另一次观测。

水星在摩羯宫内的位置为3°加一个分数，哥白尼将此分数从$^1/_4$（line 4，和他参考的文献一样）改为$^1/_3$（右侧空白处）。因此，取太阳在摩羯宫内（而非宝瓶宫内）27°7′，而水星在同一宫内3°20′，则行星的西距角为23°47′。然而哥白尼把分数误写为42（*xlij*，line 7）。不过从后面V，30的论述（fol. 195r，lines 5—7）可知，他对这个间距所取值实际上是23°47′。他在那里说，算出的距离23°46′与测出的距角“只差一点点”（*parum demunt*），因此后者必定是23°47′。在梅斯特林的N中（fol. 169v，lines 13—14），其他某个人把上述值改为23°47′，并把宝瓶宫换成摩羯宫。在第谷的B中，宝瓶宫被删掉，在它上面写了摩羯宫的符号。

［202］哥白尼所根据的文献说的是“3月18日”（*Scripta ... Regiomontani*，fol. 60r），哥白尼又一次使用了与之等价的罗马历日期，即“4月朔日之前的15日”（fol. 181r，line 8）。

［203］哥白尼所根据的文献取水星为白羊宫内26°30′处。起初，显然是由于疏忽，哥白尼把分数遗漏了，后来他在右侧空白处插入了“*cum deunce unius gradus*”（取$^{11}/_{12}$°＝55′；fol. 181r）。但是N（fol. 169v，line 16）把*deunce*误解为*decima*（$^1/_{10}$°＝6′）。梅斯特林认为*decima*是正确的。然而他意识到这里出了某个差错，于是在其N的fol. 169v左侧空白处写道：我认为我们应当理解成“在27°减$^1/_{10}$°处”［＝26°54′］。第谷也意识到有一个差错，于是在其B页边写上“26°48′”。

［204］从1491年9月9日5 A. M.至1504年1月9日6：30 A. M.：

1491年9月	21^{d} 19^{h}
10月至12月	92
12个整年（1492—1503年）	
1504年1月	8 6^{h} 30^{m}
闰日（1492—1500年）	3
	1（24+）$1^{h}30^{m}=3^{dm}45^{ds}$
12^{y}	125^{d}

［205］根据III，14结尾的逐年和逐日太阳简单均匀行度表，

12^{y}	$5\times60°=300°$
	56 57′ 49″ 24‴
$120^{d}=2\times60^{d}$	60
	58 16 22
5^{d}	4 55 40 56
$3^{dm}45^{ds}\approx$	4
	480° 13′ 52″ 20‴
	−360
	120° 13′ 52″ 20‴

120° 13′ 52″ 20‴，哥白尼把后一值写为120°14′（fol. 181^{r}，line 16）。

［206］根据V，1结尾的逐年和逐日水星视差行度表，

12^{y}		$4\times60°=240°$
		47 28′ 37″ 18‴
$120^{d}=2\times60^{d}$	$6\times60°=$	360
		12 48 27
5^{d}		15 32 1 8
$3^{dm}45^{ds}\approx$		12
		676° 1′ 5″ 26‴

-360

$316°$

哥白尼在改正了一项错误之后把后一值写为316°1′（fol. 181^{r}，line 17）。

［207］从1504年1月9日 6：30 A. M.至1504年3月18日7：30 P. M.：

1504年1月　22^{d}　　$17^{h}30^{m}$

2月　29　435

3月　17　　19 30

1（24＋）　$13^{h}=32^{1}/2^{dm}$

69^{d}

哥白尼把$32^{1}/_{2}{}^{dm}$写成$31^{dm}45^{ds}$（$=12^{h}42^{m}$；fol. 181^{r}，line 18）

［208］根据III，14结尾的逐日太阳均匀行度表，

60^{d}　　59°　8′

9^{d}　　8　52

$31^{dm}45^{ds}\approx$　　32

68° 32′＝太阳的平均行度

哥白尼本应把“行度”写为*motus*，而非*locus*（＝位置，fol. 181^{r}，line 18）。

［209］哥白尼写的是$28^{1}/_{2}$（*xxviij s*；fol. 181^{r}，line 7 up）。

［210］取水星的远地点在211°30′，第一次观测时太阳的平位置为149°48′，则太阳与该行星远地点的距离

$=360°-211°30′=148°\ 30′$

$+149\ \ 48$

298° 18′，哥白尼把该值写为298°15′

（fol. 181^{r}，line 3 up）。

［211］第二次观测时，平太阳在297°7′，考虑27°8′的岁差后改正为

$$\begin{array}{r} 269° \ 59' \\ -211 \quad 30 \\ \hline 58° \ 29' \end{array}$$

［212］在第三次观测时，平太阳在5°39′，考虑27°8′的岁差后改正为

$$\begin{array}{r} 365° \ 39' \\ -27 \quad 8 \\ \hline 338° \ 31' \\ -221 \quad 30 \\ \hline 127° \quad 1' \end{array}$$

［213］哥白尼起初用一些后来删掉的字母来表示这个角（fol. 181^v，line 3），并且（不正确地）代之以*IEC*。T（p. 389，line 19，and note）改正了这个错误。

［214］哥白尼（fol. 181^v，line 17）把此角误标为*POM*，Me（Notes，p. 62，n. 455）改正了这个错误。

［215］为了得出比值190：105，哥白尼贝本应用5519＝sin33°30′＝∢*OPS*来计算。但他写的并非5519而是8349（fol. 181^v，line 15 up）。这里他显然打算取8339＝sin56°30′＝∢*POS*。他不仅把角选错了，还把它的正弦值抄错了。他大概是在别的便条纸上作计算，把（偶尔有错的）计算结果抄入手稿后便把这些纸丢掉了。

［216］哥白尼（fol. 182^r，line 14）把此三角形误标为*CIF*。T（p. 390，line 30）悄悄改正了这个错误。

［217］在手稿（fol. 182^r）和N（fol. 170^v）中都找不到这张小图。它是梅斯特林在其N中补画的。T（p. 391）独立于梅斯特林也补充了这个图，但不必要地为其加上了直径NR； 在这方面，Me（p. 320）仿效了T。哥白尼可能不经意间遗漏了这张小图，因为他正是在此处中断了V，30的写作。当此章由N的出版商排印时，责任编辑为奥西安德尔。假如雷蒂库斯当时仍在纽伦堡，更熟悉文本内容的他会

不会察觉到这个遗漏并且进行修补呢？

［218］10000：4535＝190：86。哥白尼把后一值写为85（fol. 182^r，line 7 up），尽管在下面一行他把此数与190相加，得到和276。

［219］哥白尼（fol. 195^r，line 12）把此角误标为*CIE*。T（p. 392，line 4）悄悄改正了这个错误。

［220］哥白尼因重复书写（fol. 195^r，line 15 up）而把第二个角误标为*IEC*。W（p. 426）改正了这个错误。

［221］从亚历山大去世至基督纪元开始，哥白尼（IV，7）算出共历时 436

	$323^y 130^d\ 12^h$
他在V，29中定出这次古代观测是在	$59\ \ 17\ \ 18^h$（$=45^{dm}$）
即亚历山大去世后	$264^y\ 112^d\ 18^h$

对水星的第三次近代观测于1504年3月18日7：30 P. M.进行：

1503个整年		
1504年1月至2月	59^d	
3月	17	19^h30^m
闰日（4—1504年）	376	
	452	
1	−365	
1504^y	87^d	19^h30^m
+ 264	112	18
	1（24+）	$13^h30^m=33^3/4^{dm}$
1768^y	200^d	

哥白尼把该值写为33^{dm}（fol. 195^v，line 16 up）。

［222］在V，1中，哥白尼取水星的年行度为3个整周再加大约

54°。后一值对于V，1结尾附表中略有差异的值也是合适的。现在，20 × 54°＝1080°＝

3个整周

+（20 × 3）＝60

——

63

［223］这里（fol. 195ᵛ，line 10 up）哥白尼漏掉了表示“年”的词，并把正确值1768（*MDCClxviij*）写为5768（*VDCClxviij*），此数的第一个数字由于可以预料的重复书写而写错，*VDLxx*为下一行中的圈数。梅斯特林在其N中（fol. 172ʳ，line 3）改正了这个错误，而T（p. 393，line 23，and note）首次公开作了改正。

［224］这里（fol. 195ᵛ，line 11 up）哥白尼漏掉了“200”，T（p. 393，line 22，and note）改正了这个错误。

［225］相应的现代数值为每63年大约$6'2^{1}/_{3}''$（*Astronomical Journal*，1974，*79*：58）。勒维叶最先指出，水星近日点行度的理论值与观测值不一致。西蒙·纽科姆（Simon Newcomb）证实了这个差异的存在，并求得其值为每世纪43"。这个异动在相对论中变得至关重要，相对论要求水星近日点的进动比之前的理论所要求的每世纪多出43"。

［226］从上面的注释［221］可知，从基督纪元开始到1504年3月18日7：30 P. M.共历时$1504^{y}87^{d}19^{h}30^{m}=48^{3}/_{4}{}^{dm}$。哥白尼把后一值写为$48^{dm}$（fol. 196ʳ，line 2）。

［227］V，1和该节结尾的水星逐日视差行度表都把水星的年日行度取为

3° 6′ 24″，从该值中减去

59′ 8″，此为太阳的（即地球的）每日行度

————

2°7′ 16″，此为III，14结尾所取的每日简单均匀行度。

［228］这里（fol. 197ᵛ，line 2 up）哥白尼使用了希腊词“lemmation”。他所查阅的拉丁文文献中找不到这个词，他是从雷蒂库斯1539年送给他的《天文学大成》希腊文本第一版中读到遮

盖词的。他在fol. 188^{r}上开始写V，35，但只写了该章标题，就用一个特殊符号注明此章不在其应有的位置上，而是移到后面。这即是fol. 197^v，是一张E型纸，他在雷蒂库斯到达弗龙堡前几年才开始使用这种纸（NCCW，I，4）。因此1964年的俄文译本认为，哥白尼写V，35的时间可能不早于1539年夏天。GV（第十八卷，第四章，sig. ff8^v）把阿波罗尼奥斯的定理称为*inventum*，而哥白尼以前用的词为*demonstrata*（V，3；fol. 149^v，末行）。

由于1539年哥白尼仍在忙于撰写第五卷的后面几章，我们可以理解为什么雷蒂库斯会在那年9月23日完成的《第一报告》中说，哥白尼“已经基本完成了”他的工作（3CT，p. 162）。1541年4月15日，雷蒂库斯在维滕堡的一位朋友告诉梅兰希顿，雷蒂库斯“从普鲁士写信说，他正在等他的老师［哥白尼］完成其著作”（《天球运行论》；Rosen，“Rheticus' Earliest Extant Letter to Paul Eber，” Commentary by Karl Heinz Burmeister，*Isis*，1970，*61*：385—386）。迟至1541年6月2日，雷蒂库斯仍然报告说，“他的老师……正在大量写作”（Burmeister，*Rhetikus*，III，27）。

［229］哥白尼最初写的是“扇形*AEG*”（fol. 198^r，line 17），后来他意识到“扇形*AEG*”属于第二个比，而非第一个。于是他删掉“扇形”，但是忘了把扇形的字母（*AEG*）改成三角形所要求的字母（*AEC*）。T（p. 405，line 1，and note）改正了这个错误。 437

［230］在第二个不等式中，哥白尼把直线*GE*误标为*GF*（fol. 199^r，line 1）。Mu（p. 369，note to line 32）改正了这个错误。

［231］N把*CM*印成了*CL*（fol. 180^v，line 15 up）。这不是一个普通的排印错误。因为N也把第二次留取在*L*，而非*M*；它画直线*ELM*，而非*EMN*；它把*LM*的一半而非*MN*与*LE*而非*ME*相比较；它把第二次留取在点*L*而非点*M*；它提到了弧*FCL*，而非*FCM*。N的这些异文的确出现在原稿中（fol. 199^r，lines 9—13）。然而在每一种情况下，原稿都把N中出现的这些异文统统删掉，而代之以英译本中的那些字母。这种情况该如何解释呢？很可能，当雷蒂库斯抄写手稿而准备付印时，还未作这些改动。换句话说，当雷蒂库斯1541年底离开弗龙堡之后，哥白尼继续改进着他的手稿。N是根据雷蒂库斯的倒数

第二次抄写（也许我们可以这样说）而印出的。梅斯特林的N（fol. 180^{v}）改正了这些错误。

［232］哥白尼说“画……*DG*垂直于*EFB*”。但在fol. 199^{v}上画出直线*DG*之后，他在它上面画五个叉号，表示应当删去。他这样做大概是因为他在早期版本中用的是三角形*DFG*，而在印刷版本中没有用它。他想到不需要使用直线*DG*，便把它删掉。但在这样做的时候，他忘掉以前所说的“画*DG*”。

［233］这个乘积63963984（fol. 200^{r}，line 5 up）是哥白尼偶尔会犯的重复书写的又一例。第四和第五个数字应为51，而不是63的重复。

［234］$DE : DA = 10000 : 6580 = 60^{p} : 39^{p}28.8'$。哥白尼把后一值写为29′（fol. 200^{v}，line 3）。

［235］$99^{p}29' \times 20^{p}31' = 2041^{p}3.9'$。哥白尼把后面的数字写成4′（fol. 200^{v}，line 5）。

［236］$2041^{p}4' \div 3^{p}16'14'' = 7347840'' \div 11774'' = 624^{p}4.4'$。哥白尼把后一值写为$624^{p}4'$（fol. 200^{v}，line 8）。

［237］$DE : EF = 60^{p} : 24^{p}58'52'' = 216000'' : 89932'' = 10000^{p} : 4163^{p}31'$。哥白尼把后一值写为5′（fol. 200^{v}，左侧空白处）。

［238］$DE : DA = 10960 : 6580 = 216000'' : 129678'' = 60^{p} : 36^{p}1'18''50^{p}$。哥白尼把后一值写为20″（fol. 201^{r}，line 13）。

［239］$AE \times EC = 96^{p}1'20'' \times 23^{p}58'40'' = 345680'' \times 86320 = 29839097600'' \div 12960000 = 2302^{p}23'56''$。哥白尼把后一值写为58″（fol. 201^{r}，line 15）。

［240］$DE : DF = 60^{p} : 30^{p}4'51'' = 216000'' : 108291'' = 100000 : 50134.7$。哥白尼把后一值写为50135（fol. 201^{r}，line 15 up）。

［241］$DE : AD = 9040 : 6580; 60^{p} = 216000'' \times 6580 = 1421280000'' \div 9040 = 157221'' = 43^{p}40'21''$.

［242］$DE : EF = 60^{p} : 18^{p}59'58'' = 216000'' : 68398'' = 100000 : 316657$。哥白尼把后一值写为31665（fol. 201^{v}，line 7）。

［243］手稿第五卷的状态非常混乱，以致哥白尼没有标明它在哪里结束。N标明此处为本卷之末，以后各版均仿此。

第 六 卷

［1］哥白尼把其他行星的纬度行度与地球的轨道运动联系起来，他认为这可以进一步加强他对地球运动的论证。可是他挑出地球这个特殊的行星，赋予它以优先地位。如果地球真的只是绕太阳运转的若干行星之一，为什么其他行星的纬度行度会受地球经度运转的支配？在采用这个原则时，哥白尼太依附托勒密模型了，他没有认识到他关于地球作为一颗运动行星的观念需要彻底重建行星纬度的传统理论。

在目前情况下，运动的地球是哥白尼贯穿《天球运行论》的主要主题。然而有一位贬低者最近说，哥白尼的

> 理论概要只占该书开头处不到20页的篇幅，即约为全书的5％。其余的95％都是理论的应用。当它完成后，原来的学说几乎没有什么留下来。可以说，它在过程中把自己毁掉了。这也许可以解释为什么在该书结尾没有总结、结论或任何清理，尽管书中反复向读者许诺要这样做。

很典型的是，这位贬低者虽然称书中“反复许诺”要做一个总结，但他对这种许诺连一个例子也举不出来。哥白尼从未做过这种许诺。

［2］在fol. 189^{r}，line 11 up，哥白尼写的是*aliis*（其他），然而 438
正如T（p. 413，Note to line 24）表明的，上下文所要求的词显然是*mediis*（中间）。

［3］根据哥白尼所绘的图（fol. 192^{r}），*F*为近地点，*G*为远地点，这与正文内容（fol. 191^{v}，line 13 up）相反。

［4］在fol. 192^{v}，line 12，木星的分数上有一个污点，这也许暗示哥白尼原来写的是8（*viij*），即与托勒密相符。至于火星，哥白尼写的是“7分”，然后把它删掉。

［5］和托勒密一样，哥白尼起初（fol. 192^{v}，line 15）对火星写的是4（*iiij*）。后来把它删掉代之以5（*v*）。

[6] 哥白尼起初写的秒数是26（*xxvi*，fol. 193^r^，line 1）。后来他把*vi*擦掉。在V，19中，他取火星的近地点距（不是远地点距）为$1^{p}22'26''$。

[7] 哥白尼把*ED*写成了*FD*（fol. 193^r^，line 18）。

[8] 哥白尼把*GED*写成了*DFE*（fol. 193^r^，line 14 up）。T（p. 421，line 3，and note）改正了这个错误。

[9] 哥白尼不经意间把*xxviij*中的一个*x*漏掉了（fol. 193^v^，line 6 up），于是把此数写为18。Mu（p. 383，note on line 22）改正了这个错误。N（fol. 186^v^，line 4）把此数误取为19，梅斯特林的N将其改为28。

[10] 土星：$2°16'-(^{1}/_{2}\times 28'=14')\approx 2°3'$。

木星：$1°18'-(^{1}/_{2}\times 24'=12')=1°6'$。

[11] 这里（fol. 194^v^，line 4）哥白尼把分数写为50（*L*），而非"大约51"（*Lj fere*，fol. 193^v^，line 1）。

[12] 根据弦长表，在取半径＝100000时，对45°为70711。

[13] $DE:GE=10000:2929=50^{1}/_{2}:14.79\approx 15$。

[14] $ED:FG=100000:7071=6580:4652.7$。哥白尼把后一值写为4653（fol. 194^v^，line 17）。

[15] 哥白尼因笔误而把度数写为8（*viii*）（fol. 203^r^，line 8）。N（fol. 187^v^）改正了这个错误。

[16] 参见前注[12]。

[17] $BE:EK=10000:7071=7193:5086$（$=HK$）。

[18] $BE:KL=10000:308=7139:221.5$。哥白尼把后一值写为221（fol. 203^v^，line 13 up）。

[19] $BE:BL=10000:7064=7193:5081$。

[20] 哥白尼因笔误而把这个45°57′的角称为*ALM*（fol. 204^r^，line 1）。但他已经表明*ALM*为直角（fol. 203^v^，line 11 up）。T（p. 426，line 11，and note）采用了正确的字母*MAL*。

[21] $BH:BK=10000:7071=3953:2795$。

[22] 哥白尼因笔误而把此对角线称为*LK*（fol. 204^r^，line 9 up）。W（p. 466）改正了这个错误。

［23］这里（fol. 204v，lines 8—9）哥白尼把托勒密对金星的取值$^1/_6$°和水星的取值$^3/_4$°都加了一倍。然而当他在VI，8中再次回到这一论题时（fol. 207v，line 14—12 up），他引用了正确的值。

［24］$BA : AD = BD : DF$

10000 : 6947=7193 : 4996.97。哥白尼把后一值写为4997（由4994修改而成；fol. 205v，line 6 up）。

［25］$AG : FG$=6940 : 4988=10000 : 7187.3。哥白尼把后一值写为7187（fol. 206r，line 10）。

根据弦长表，对46°0′为71934，对45°50′为71732，因此对45°57′为71873.4，或在取半径=10000时为7187。

［26］$AD : DF$=6947 : 4997=10000 : 7193（参见注释［24］）。

根据弦长表，对46°为71934，或在取半径=10000时为7193。

［27］$AB : AD = BD : DF$。

10000 : 9340=3573 : 3337.2。哥白尼把后一值写为3337（fol. 206r，line 11 up）。

［28］$AB : AD = BD : DF$（哥白尼因笔误而把最后一项写为BF）。

10208 : 7238=7139 : 5100.2。大概是由于誊写中的差错，哥白尼把后一值写为5102（fol. 206v，line 17）。

［29］$AD : DG$=7238 : 309=10000 : 4269。哥白尼把后一值写为427（fol. 206r，line 14 up）。

［30］根据弦长表，对2°30′为4362，对2°20′为4071，因此对2°27′为4274.7，或在取半径=10000时为428。

［31］$AB : AD = BD : DF$。

9792 : 6644=7193 : 4880.5。哥白尼把后一值写为4883（fol. 206v，line 9 up）。

［32］参见注释［23］。

［33］哥白尼同意当时人们普遍持有的信念，即光是瞬时传播的。这种信念在他去世后一个多世纪才第一次遭到决定性地驳斥。

［34］*tempori* 一词对哥白尼的论证（fol. 207v，末行）是必不可

少的，但N把它误印为*ipsi*（fol. 192r，lines 6—7）。梅斯特林的N将其替换为*tempori*。

［35］根据弦长表，对10′为291，或在取半径＝10000时为29。

［36］根据弦长表，对50′为1454，对40′为1163，因此对45′为1308.5，或在取半径＝10000时为131。

［37］在原稿中（fol. 211r-v），哥白尼把金星和水星的偏离置于第7—8列。然而N却把金星的偏离移入第5列，这大概是为了把关于金星的三列集中在一起。但N未在标题中作相应改变，因此在那里，金星偏离被误加了水星赤纬的标题（fol. 194v）。梅斯特林在其N中改正了这一连串错误。

［38］哥白尼的手稿径直停在fol. 212v。N提供了适当的结束说明，以后各版均仿此。

人名索引

（下列数码为原书页码，本书边码）

地 名 索 引

（下列数码为原书页码，本书边码）

784

主题索引

（下列数码为原书页码，本书边码）

图书在版编目(CIP)数据

天球运行论/(波)哥白尼著;张卜天译.—北京:商务印书馆,2017
(汉译世界学术名著丛书:120年纪念版:珍藏本)
ISBN 978-7-100-14773-6

Ⅰ.①天… Ⅱ.①哥… ②张… Ⅲ.①日心地动说 Ⅳ.①P134

中国版本图书馆CIP数据核字(2017)第160883号

汉译世界学术名著丛书
(120年纪念版·珍藏本)
天球运行论
〔波兰〕哥白尼 著
张卜天 译

商务印书馆出版
(北京王府井大街36号 邮政编码100710)
商务印书馆发行
北京冠中印刷厂印刷
ISBN 978-7-100-14773-6

2017年12月第1版 开本710×1000 1/16
2017年12月北京第1次印刷 印张52¼
定价:255.00元